试题分册

管理类综合能力

华明讲数学

真题篇

主编 孙华明

【编委会】卢荣桂 沈　洁 汪文钦 解毅庚
张苏新 赵鼎诚（按姓氏拼音排序）

中国宇航出版社
·北京·

图书在版编目（CIP）数据

管理类综合能力华明讲数学. 真题篇 / 孙华明主编
. -- 北京 : 中国宇航出版社, 2022.7
ISBN 978-7-5159-2092-4

Ⅰ. ①管… Ⅱ. ①孙… Ⅲ. ①高等数学—研究生—入学考试—习题集 Ⅳ. ①O13

中国版本图书馆 CIP 数据核字 (2022) 第 110408 号

策划编辑 冯佳佳　李　莹　　**装帧设计** 褚　琼
责任编辑 冯佳佳　李　莹　　**责任校对** 刘　杰

出版发行 中国宇航出版社
社　址 北京市阜成路 8 号　**邮　编** 100830
（010）68768548
网　址 www.caphbook.com
经　销 新华书店
发行部 （010）68767386　（010）68371900
（010）68767382　（010）88100613（传真）
零售店 读者服务部　（010）68371105
承　印 北京天恒嘉业印刷有限公司

版　次 2022 年 7 月第 1 版
2022 年 7 月第 1 次印刷
规　格 787×1092
开　本 1/16
印　张 23.75
字　数 660 千字
书　号 ISBN 978-7-5159-2092-4
定　价 92.80 元（全 2 册）

前　言

扫描二维码回复[华明数学]领取电子版试卷

本书主要对管理类综合能力考试(MBA,MPA,MPAcc,MEM, MAud,MTA,MLIS, EMBA)历年数学真题按照考点与要点进行分类解析,笔者汇总了从 1997 年 1 月至 2021 年 12 月的数学真题,包括双证和单证两类试题(目前单证考试已经取消,但以往的考题亦可供借鉴).

本书共包含两个分册:"试题分册"和"解析分册",每个分册均包含 11 章,分别是实数,整式与分式,函数、代数方程和不等式,数列,平面几何,立体几何,解析几何,数据描述,计数原理(排列组合),概率初步,应用题. "试题分册"中每章的章前通过【考试地位】栏目将本章在综合能力考试中的地位和重要程度做了简要说明,并通过【知识框架】进行梳理,然后多数小节通过【考点突破】【要点浏览】栏目对各个考点进行突破讲解,梳理重点公式与结论. 每道试题都设有【考点】【难度】,便于学习. "解析分册"中对每道试题都进行详细讲解,按【解析】【技巧】【点睛】分别详尽阐述,其中,【技巧】和【点睛】这两个栏目特别重要.【技巧】栏目主要是将笔者 15 年来研究管理类综合能力考试数学的各类应试技巧一一展现在真题之中,如果读者对技巧的理解不够明白和透彻,可以学习本书的赠书《华明讲数学技巧手册》,也可以与笔者进行互动交流(新浪微博:@专硕数学孙华明,微信订阅号:专硕数学孙华明).【点睛】栏目则是笔者对解题的理解和心得的展现,读者要自己研究透彻. 笔者对每小节的考点和考法进行了总结,考生通过本书中真题的复习和训练,能够准确地把握管理类综合能力考试数学的命题方向. 这也是考生在系统强化阶段必备的复习过程. 本书还配了 13 套近些年真题试卷的电子版,方便学生自测(扫描二维码获取).

本书是作者多年来对历年真题总结的精华,可以与其姊妹篇《管理类综合能力华明讲数学 教程篇》搭配使用.(注:★为比较简单的题目,必须掌握,做 1 遍即可,占综合能力考试数学的 20%;★★为中等难度的题目,必须掌握,一般做 2 遍比较合适,占综合能力考试数学的 60%;★★★为比较难的题目,部分需要考高分的考生掌握即可,占综合能力考试数学的 20%.)

本书适合参加管理类综合能力考试的考生在系统或者强化时间段学习使用,推荐使用时间为 7 月至 11 月,本书还附赠了《华明讲数学技巧手册》,适合考生在 12 月使用. 本书同时也适合辅导机构老师作为学生教材使用. 在本书的编写与出版过程中,得到了云图教育领导的鼎力支持,在这里表示感谢. 由于笔者水平有限,难免会有疏漏和错误,希望广大同仁和考友提出宝贵的意见和建议.

预祝:

金榜题名　联考必胜

孙华明

2022 年 6 月于中国上海

条件充分性判断题解题说明

本书中每章均涉及“二、条件充分性判断题”. 此类题是管理类综合能力考试特有的题型，其一般形式如下：

题干：(条件部分)、结论部分.

条件(1)：(内容)

条件(2)：(内容)

题干部分，可能有已知的条件，解题时可用，也可能没有这一部分，但结论部分必须具备，这是本题需要求解得到的结果. 如题干中有条件部分，则必须条件部分在前，结论部分在后，两部分的区分以用词、语气来判断. 条件(1)、条件(2)是两项已知条件.

此类题型的解答以 A、B、C、D、E 五个选项中单选一项作答，各选项的规定意义如下：

如仅已知条件(1)、不知条件(2)可以推出结论，而仅已知条件(2)、不知条件(1)不可以推出结论，则选择 A；

如仅已知条件(2)、不知条件(1)可以推出结论，而仅已知条件(1)、不知条件(2)不可以推出结论，则选择 B；

如仅已知条件(1)或仅已知条件(2)均不可以推出结论，而条件(1)、条件(2)都已知才可以推出结论，则选择 C；

如仅已知条件(1)、不知条件(2)，或仅已知条件(2)、不知条件(1)均可以推出结论，则选择 D；

如仅已知条件(1)、不知条件(2)，或仅已知条件(2)、不知条件(1)均不可以推出结论，且条件(1)、条件(2)都已知时仍不能推出结论，则选择 E.

以上五种情况必然有且仅有一种情况成立. 当然，不论在任何情况下，题干中如有条件部分，均可作为已知条件使用.

目 录

第一章　实　数

【考试地位】

实数是考试的基础模块，同时又是学习其他数学知识的一个基础，所以要了解其运算特点，熟悉八类基本运算法则，包括比例运算、绝对值运算等，并且掌握一些常用的运算技巧，方便考试时提高速度. 本部分在考试中一般考查 3 道题.

【知识框架】

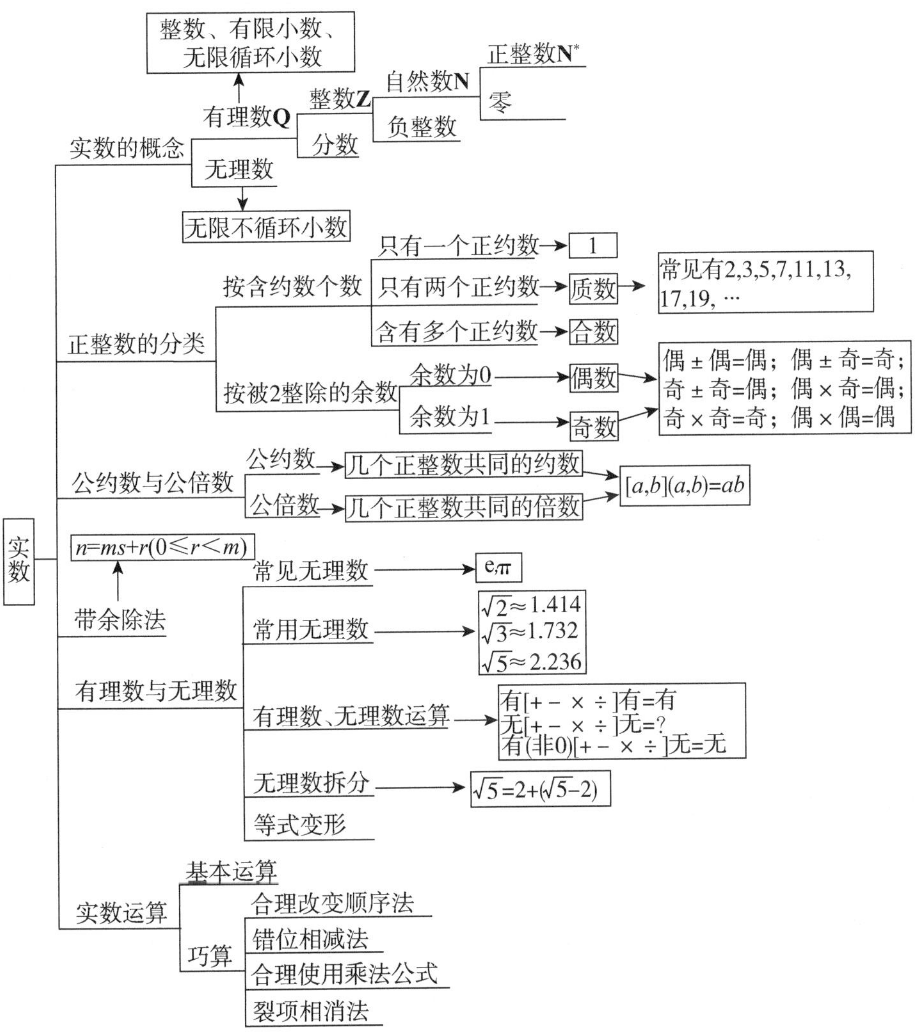

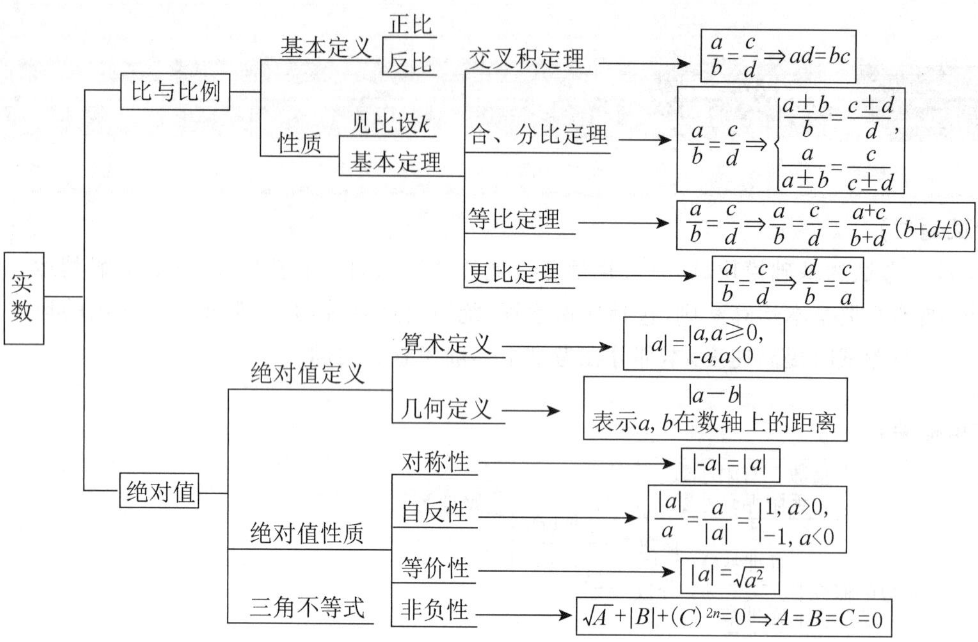

第一节　实数的运算与性质

【考点突破】 本节主要考查实数的运算和性质,其中实数运算主要掌握裂项相消的解题方法,而实数的性质则要掌握实数的非负数性质及其运用、奇数与偶数的性质及其运用、质数与合数的性质及其运用、有理数和无理数的性质及其运用等.

【要点浏览】 (1)裂项公式:$\frac{1}{n(n+k)}=\frac{1}{k}\left(\frac{1}{n}-\frac{1}{n+k}\right)$.

(2)30以内的质数有2,3,5,7,11,13,17,19,23,29. 其中只有2是偶质数.

(3)奇数个奇数的和是奇数,偶数个奇数的和是偶数,偶数与任何整数相乘都是偶数.

(4)有理数与无理数相加运算结果还是无理数,非零有理数与无理数相乘运算后还是无理数.

(5)若干个非负代数式的和为0,只能每一个非负代数式都为0.

【名师总结】 本节要求考生在备考中不仅要注重数学计算能力的培养,更要注重用逻辑的思维处理数学推理试题.

考点1　实数的非负性

【考点阐述】 ①若干个非负代数式(数)的和为0,只能每一个表达式都为0. ②若干个代数式(数)之和大于0,可以得出其中至少有1个大于0.

【真题梳理】

☆问题求解题:

【1】 (1997-1)若$\sqrt{(a-60)^2}+|b+90|+(c-130)^{10}=0$,则$a+b+c$的值是(　　).

A. 0　　B. 280　　C. 100　　D. -100　　E. 无法确定

【考点】 实数的非负性.

【难度】 ★

【2】 (1998—1)设实数 x, y 满足等式 $x^2-4xy+4y^2+\sqrt{3}x+\sqrt{3}y-6=0$,则 $x+y$ 的最大值为(　　).

A. $\frac{\sqrt{3}}{2}$　　B. $\frac{2\sqrt{3}}{3}$　　C. $2\sqrt{3}$　　D. $3\sqrt{2}$　　E. $3\sqrt{3}$

【考点】 利用非负性求最值.

【难度】 ★★

【3】 (2002—1)已知 a, b, c 是不完全相等的任意实数,若 $x=a^2-bc$, $y=b^2-ac$, $z=c^2-ab$,则 x, y, z(　　).

A. 都大于 0　　B. 至少有一个大于 0

C. 至少有一个小于 0　　D. 都不小于 0

【考点】 利用非负性判断符号.

【难度】 ★★

【4】 (2008—10) $|3x+2|+2x^2-12xy+18y^2=0$,则 $2y-3x=$(　　).

A. $-\frac{14}{9}$　　B. $-\frac{2}{9}$　　C. 0　　D. $\frac{2}{9}$　　E. $\frac{14}{9}$

【考点】 乘法公式与非负性.

【难度】 ★

【5】 (2009—1)已知实数 a, b, x, y 满足 $y+|\sqrt{x}-\sqrt{2}|=1-a^2$ 和 $|x-2|=y-1-b^2$,则 $3^{x+y}+3^{a+b}=$(　　).

A. 25　　B. 26　　C. 27　　D. 28　　E. 29

【考点】 实数的非负性.

【难度】 ★★

【6】 (2011—1)若实数 a, b, c 满足 $|a-3|+\sqrt{3b+5}+(5c-4)^2=0$,则 $abc=$(　　).

A. -4　　B. $-\frac{5}{3}$　　C. $-\frac{4}{3}$　　D. $\frac{4}{5}$　　E. 3

【考点】 实数的非负性.

【难度】 ★

☆条件充分性判断题:

【7】 (2009—10) $2^{x+y}+2^{a+b}=17$.(　　)

(1) a, b, x, y 满足 $y+|\sqrt{x}-\sqrt{3}|=1-a^2+\sqrt{3}b$

(2) a, b, x, y 满足 $|x-3|+\sqrt{3}b=y-1-b^2$

【考点】 实数的非负性.

【难度】 ★★

考点2 裂项求和法

【考点阐述】 ①公式: $\frac{1}{n(n+k)}=\frac{1}{k}\left(\frac{1}{n}-\frac{1}{n+k}\right)$. ②常见: $\frac{1}{n(n+1)}=\frac{1}{n}-\frac{1}{n+1}$.

【真题梳理】

☆问题求解题:

【8】 (2000−10)$\frac{1}{1\times2}+\frac{1}{2\times3}+\frac{1}{3\times4}+\cdots+\frac{1}{99\times100}=($ $)$.

A. $\frac{99}{100}$ B. $\frac{100}{101}$ C. $\frac{99}{101}$ D. $\frac{97}{100}$

【考点】 实数求和技巧(裂项相消法).

【难度】 ★

【9】 (2009−1)设直线 $nx+(n+1)y=1$(n 为正整数)与两坐标轴围成的三角形面积为 $S_n(n=1,2,\cdots,2\,009)$,则 $S_1+S_2+\cdots+S_{2\,009}=($ $)$.

A. $\frac{1}{2}\cdot\frac{2\,009}{2\,008}$ B. $\frac{1}{2}\cdot\frac{2\,008}{2\,009}$ C. $\frac{1}{2}\cdot\frac{2\,009}{2\,010}$

D. $\frac{1}{2}\cdot\frac{2\,010}{2\,009}$ E. 以上结论都不正确

【考点】 直线与坐标轴所围成面积的问题.

【难度】 ★★

【10】 (2013−1)已知 $f(x)=\frac{1}{(x+1)(x+2)}+\frac{1}{(x+2)(x+3)}+\cdots+\frac{1}{(x+9)(x+10)}$,则 $f(8)=($ $)$.

A. $\frac{1}{9}$ B. $\frac{1}{10}$ C. $\frac{1}{16}$ D. $\frac{1}{17}$ E. $\frac{1}{18}$

【考点】 裂项求和运算问题.

【难度】 ★★

考点 3 实数的基本计算

【考点阐述】 主要包括:四则运算、乘方开方运算、相反数、倒数、绝对值等.

【真题梳理】

☆问题求解题:

【11】 (2008−1)一辆出租车有段时间的营运全在东西走向的一条大道上,若规定向东为正,向西为负,且知该车的行驶公里数依次为−10,+6,+5,−8,+9,−15,+12,则将最后一名乘客送到目的地时,该车的位置( ).

A. 在首次出发地东面 1 公里处 B. 在首次出发地西面 1 公里处

C. 在首次出发地东面 2 公里处 D. 在首次出发地西面 2 公里处

E. 仍在首次出发地

【考点】 实数的运算.

【难度】 ★

【12】 (2008−1)$\frac{(1+3)(1+3^2)(1+3^4)(1+3^8)\cdots(1+3^{32})+\frac{1}{2}}{3\times3^2\times3^3\times3^4\times\cdots\times3^{10}}=($ $)$.

A. $\frac{1}{2}\times3^{10}+3^{19}$ B. $\frac{1}{2}+3^{19}$ C. $\frac{1}{2}\times3^{19}$

D. $\frac{1}{2}\times 3^9$　　　　E. 以上结果均不正确

【考点】 实数的运算.

【难度】 ★★

【13】 (2008－10)以下命题中正确的是(　　).

A. 两个数的和为正数,则这两个数都是正数

B. 两个数的差为负数,则这两个数都是负数

C. 两个数中较大的一个其绝对值也较大

D. 加上一个负数,等于减去这个数的绝对值

E. 一个数的 2 倍大于这个数本身

【考点】 实数的运算.

【难度】 ★

【14】 (2008－10)一个大于 1 的自然数的算术平方根为 a,则与这个自然数左右相邻的两个自然数的算术平方根分别为(　　).

A. $\sqrt{a}-1,\sqrt{a}+1$　　B. $a-1,a+1$　　C. $\sqrt{a-1},\sqrt{a+1}$

D. $\sqrt{a^2-1},\sqrt{a^2+1}$　　E. a^2-1,a^2+1

【考点】 平方根的概念.

【难度】 ★

【15】 (2009－10)设 a 与 b 之和的倒数的 2 007 次方等于 1,a 的相反数与 b 之和的倒数的 2 009 次方也等于 1,则 $a^{2007}+b^{2009}=$(　　).

A. -1　　B. 2　　C. 1　　D. 0　　E. 2^{2007}

【考点】 实数的运算.

【难度】 ★

【16】 (2009－10)若 x,y 是有理数,且满足 $(1+2\sqrt{3})x+(1-\sqrt{3})y-2+5\sqrt{3}=0$,则 x,y 的值分别为(　　).

A. 1,3　　B. -1,2　　C. -1,3

D. 1,2　　E. 以上结论都不正确

【考点】 有理数的运算性质.

【难度】 ★★

【17】 (2020－12)$\frac{1}{1+\sqrt{2}}+\frac{1}{\sqrt{2}+\sqrt{3}}+\cdots+\frac{1}{\sqrt{99}+\sqrt{100}}=$(　　).

A. 9　　B. 10　　C. 11　　D. $3\sqrt{11}-1$　　E. $3\sqrt{11}$

【考点】 实数的运算.

【难度】 ★

☆条件充分性判断题:

【18】 (2008－10)整个队列的人数是 57.(　　)

(1)甲、乙两人排队买票,甲后面有 20 人,而乙前面有 30 人

(2)甲、乙两人排队买票,甲、乙之间有5人

【考点】 实数的运算.

【难度】 ★★

考点4 奇数、偶数的特性

【考点阐述】 奇偶数的运算:偶±偶=偶,奇±奇=偶,奇±偶=奇,奇×奇=奇,奇×偶=偶.

【真题梳理】

☆条件充分性判断题:

【19】 (2010−1)有偶数位来宾.(　　)

(1)聚会时所有来宾都被安排坐在一张圆桌周围,且每位来宾与其邻座性别不同

(2)聚会时男宾人数是女宾人数的两倍

【考点】 偶数的概念.

【难度】 ★

【20】 (2012−1)已知 m,n 是正整数,则 m 为偶数.(　　)

(1)$3m+2n$ 是偶数　　(2)$3m^2+2n^2$ 是偶数

【考点】 偶数的性质.

【难度】 ★★

【21】 (2013−10)m^2n^2-1 能被2整除.(　　)

(1)m 是奇数　　(2)n 是奇数

【考点】 奇偶数分析.

【难度】 ★

【22】 (2014−10)m^2-n^2 是4的倍数.(　　)

(1)m,n 都是偶数　　(2)m,n 都是奇数

【考点】 奇数与偶数.

【难度】 ★

【23】 (2015−12)利用长度为 a 和 b 的两种管材能连接成长度为37的管道(单位:米).(　　)

(1)$a=3,b=5$　　(2)$a=4,b=6$

【考点】 奇数与偶数的性质.

【难度】 ★★

考点5 质数、合数的概念与特性

【考点阐述】 ①常见质数有2,3,5,7,11,13,17,19,23,29等,其中2为唯一偶质数.

②一个合数可以分解成若干质因数之积.

【真题梳理】

☆问题求解题:

【24】 (2010−1)三名小孩中有一名学龄前儿童(年龄不足6岁),他们的年龄都是质数(素数),且依次相差6岁,他们的年龄之和为(　　).

A. 21　　B. 27　　C. 33　　D. 39　　E. 51

【考点】　质数的概念.

【难度】　★

【25】　(2011－1)若 a,b,c 是小于 12 的三个不同的质数(素数)，且 $|a-b|+|b-c|+|c-a|=8$，则 $a+b+c=$(　　).

A. 10　　B. 12　　C. 14　　D. 15　　E. 19

【考点】　质数的概念.

【难度】　★★

【26】　(2014－1)若几个质数(素数)的乘积为 770，则它们的和为(　　).

A. 85　　B. 84　　C. 27　　D. 26　　E. 25

【考点】　分解质因数.

【难度】　★

【27】　(2014－10)两个相邻的正整数都是合数，则这两个数的乘积的最小值是(　　).

A. 420　　B. 240　　C. 210　　D. 90　　E. 72

【考点】　质数与合数.

【难度】　★

【28】　(2014－12)设 m,n 是小于 20 的质数，满足条件 $|m-n|=2$ 的 $\{m,n\}$ 共有(　　).

A. 2 组　　B. 3 组　　C. 4 组　　D. 5 组　　E. 6 组

【考点】　质数与绝对值.

【难度】　★

【29】　(2020－12)设 p,q 是小于 10 的质数，则满足条件 $1<\frac{q}{p}<2$ 的 p,q 有(　　)组.

A. 2　　B. 3　　C. 4　　D. 5　　E. 6

【考点】　质数.

【难度】　★

☆条件充分性判断题：

【30】　(2009－10)$a+b+c+d+e$ 的最大值是 133.(　　)

(1)a,b,c,d,e 是大于 1 的自然数，且 $abcde=2\ 700$

(2)a,b,c,d,e 是大于 1 的自然数，且 $abcde=2\ 000$

【考点】　分解质因数.

【难度】　★★★

【31】　(2013－1)$p=mq+1$ 为质数.(　　)

(1)m 为正整数，q 为质数　　(2)m,q 均为质数

【考点】　质数的性质.

【难度】　★

考点 6　整除(约数、倍数)问题与带余除法问题

【考点阐述】　①会求两个数的最大公约数和最小公倍数. ②两个互质的数的最大公约数为 1，最小公倍数为这两个数之积.

【真题梳理】

☆问题求解题：

【32】 (2000－10)车间工会为职工买来足球、排球和篮球共 94 只．按人数平均每 3 人一只足球，每 4 人一只排球，每 5 人一只篮球，该车间共有职工(　　)人．

A. 110　　B. 115　　C. 120　　D. 125

【考点】 整除问题．

【难度】 ★★

【33】 (2010－10)某种同样的商品装成一箱，每个商品的质量都超过 1 千克，并且是 1 千克的整数倍，去掉箱子质量后净重 210 千克，拿出若干个商品后，净重 183 千克，则每个商品的质量为(　　)千克．

A. 1　　B. 2　　C. 3　　D. 4　　E. 5

【考点】 实数的性质：最大公约数．

【难度】 ★

【34】 (2015－12)从 1 到 100 的整数中任取 1 个数，则该数能被 5 或 7 整除的概率为(　　)．

A. 0.02　　B. 0.14　　C. 0.2　　D. 0.32　　E. 0.34

【考点】 容斥问题．

【难度】 ★★

【35】 (2016－12)将长、宽、高分别是 12，9 和 6 的长方体切割成正方体，且切割后无剩余，则能切割成相同正方体的最少个数为(　　)．

A. 3　　B. 6　　C. 24　　D. 96　　E. 648

【考点】 公约数问题．

【难度】 ★★

【36】 (2021－12)桌面上放有 8 只杯子，将其中的 3 只杯子翻转(杯口朝上与朝下互换)作为 1 次操作，8 只杯口朝上的杯子经 n 次操作后，杯口全部朝下，则 n 的最小值为(　　)．

A. 3　　B. 4　　C. 5　　D. 6　　E. 8

【考点】 整除问题与不定方程．

【难度】 ★★★

☆条件充分性判断题：

【37】 (2007－10)m 是一个整数．(　　)

(1)若 $m=\frac{p}{q}$，其中 p 与 q 为非零整数，且 m^2 是一个整数

(2)若 $m=\frac{p}{q}$，其中 p 与 q 为非零整数，且 $\frac{2m+4}{3}$ 是一个整数

【考点】 整除的性质．

【难度】 ★★

【38】 (2008－10)$\frac{n}{14}$ 是一个整数．(　　)

(1)n 是一个整数,且$\frac{3n}{14}$也是一个整数　　(2)n 是一个整数,且$\frac{n}{7}$也是一个整数

【考点】 整除的性质.

【难度】 ★

【39】 (2014－12)几个朋友外出游玩,购买了一些瓶装水,则能确定购买的瓶装水数量.(　　)

(1)若每人分 3 瓶,则剩余 30 瓶　　(2)若每人分 10 瓶,则只有 1 人不够

【考点】 带余除法问题.

【难度】 ★★

【40】 (2018－12)设 n 为正整数,则能确定 n 除以 5 的余数.(　　)

(1)已知 n 除以 2 的余数　　(2)已知 n 除以 3 的余数

【考点】 数的整除.

【难度】 ★

【41】 (2019－12)共有 n 辆车,则能确定人数.(　　)

(1)若每辆车 20 座,1 车未满　　(2)若每辆车 12 座,则少 10 个座

【考点】 带余除法问题.

【难度】 ★★

考点 7　实数的大小关系(比较)

【考点阐述】 ①保持性:$a>b\Rightarrow a^3>b^3$,$a>b>0\Rightarrow a^2>b^2$.

②可加性:$a>b,c>d\Rightarrow a+c>b+d$.

③传递性:$a>b,b>c\Rightarrow a>c$.

【真题梳理】

☆条件充分性判断题:

【42】 (2012－1)已知 a,b 是实数,则 $a>b$.(　　)

(1)$a^2>b^2$　　(2)$a^2>b$

【考点】 实数的大小比较.

【难度】 ★

【43】 (2014－10)$x\geqslant 2\,014$.(　　)

(1)$x>2\,014$　　(2)$x=2\,014$

【考点】 实数的大小.

【难度】 ★

【44】 (2014－12)已知 a,b 为实数,则 $a\geqslant 2$ 或 $b\geqslant 2$.(　　)

(1)$a+b\geqslant 4$　　(2)$ab\geqslant 4$

【考点】 实数运算.

【难度】 ★

第二节　比和比例

【考点突破】 本节主要考查比和比例的运算，要求考生遇到连比时会设 k，即统一比例法，然后用 k 进行相关运算. 另外，比例的相关性质，如等比定理等都是值得关注的.

【要点浏览】 (1)合比定理：$\frac{a}{b}=\frac{c}{d}\Rightarrow\frac{a+b}{b}=\frac{c+d}{d}$.

(2)分比定理：$\frac{a}{b}=\frac{c}{d}\Rightarrow\frac{a-b}{b}=\frac{c-d}{d}$.

(3)等比定理：$\frac{a}{b}=\frac{c}{d}=\frac{e}{f}\Rightarrow\frac{a+c+e}{b+d+f}=\frac{a}{b}(b+d+f\neq 0)$.

【名师总结】 本节要求能将一个比例式化成最简整数比，从而用设比例系数 k 的方法解决问题，目前此类题考查力度在逐年减少.

考点1　利用比例性质化简求值

【考点阐述】 合比定理，分比定理，等比定理.

【真题梳理】

☆问题求解题：

【45】 (2002－10)若$\frac{a+b-c}{c}=\frac{a-b+c}{b}=\frac{-a+b+c}{a}=k$，则 k 值为(　　).

A. 1　　B. 1 或－2　　C. －1 或 2　　D. －2

【考点】 比例式的运算(等比定理).

【难度】 ★★

考点2　见比设 k 法

【考点阐述】 若 $a:b:c=d:e:f$，则设 $a=dk,b=ek,c=fk$，从而化简试题.

【真题梳理】

☆问题求解题：

【46】 (2002－1)设$\frac{1}{x}:\frac{1}{y}:\frac{1}{z}=4:5:6$，则使 $x+y+z=74$ 成立的 y 值是(　　).

A. 24　　B. 36　　C. $\frac{74}{3}$　　D. $\frac{37}{2}$

【考点】 比例式的运算.

【难度】 ★

【47】 (2008－10)若 $a:b=\frac{1}{3}:\frac{1}{4}$，则$\frac{12a+16b}{12a-8b}=$(　　).

A. 2　　B. 3　　C. 4　　D. －3　　E. －2

【考点】 比例式的运算.

【难度】 ★

【48】 (2013－10)如果 a,b,c 的算术平均值等于 13,且 $a:b:c=\frac{1}{2}:\frac{1}{3}:\frac{1}{4}$,那么 $c=$(　　).

A. 7　　B. 8　　C. 9　　D. 12　　E. 18

【考点】 比例问题.

【难度】 ★

【49】 (2014－12)若实数 a,b,c 满足 $a:b:c=1:2:5$,且 $a+b+c=24$,则 $a^2+b^2+c^2=$(　　).

A. 30　　B. 90　　C. 120　　D. 240　　E. 270

【考点】 比例问题.

【难度】 ★

☆条件充分性判断题:

【50】 (2013－1)设 x,y,z 为非零实数,则 $\frac{2x+3y-4z}{-x+y-2z}=1$.(　　)

(1) $3x-2y=0$　　(2) $2y-z=0$

【考点】 比例式的计算.

【难度】 ★

第三节　数轴和绝对值

【考点突破】 本节主要考查数轴和绝对值的相关概念(要理解绝对值的定义,尤其是几何定义),以及利用几何定义解决问题的能力.另外,绝对值不等式(三角不等式)以及运用是值得关注的.

【要点浏览】 (1)绝对值的算术定义:$|a|=\begin{cases}a, & a\geqslant 0,\\ -a, & a<0.\end{cases}$几何定义:$|a|$表示实数 a 在数轴上所对应的点到原点的距离.

(2)自反性:$\frac{x}{|x|}=\frac{|x|}{x}=\begin{cases}1, & x>0,\\ -1, & x<0.\end{cases}$

(3)三角不等式:$|a\pm b|\leqslant|a|+|b|$,其中当且仅当 $ab\geqslant 0$ 时,$|a+b|=|a|+|b|$;当且仅当 $ab\leqslant 0$ 时,$|a-b|=|a|+|b|$.

【名师总结】 处理绝对值的最值问题时,可以采用算术的方法去掉绝对值后进行讨论,从而研究最值,但这样的方法比较慢,也可以从几何定义的角度,将绝对值问题理解成距离从而进行研究,也可以用零点直接代入检验(这样的方法比较快捷).熟悉常见绝对值函数 $y=|x-a|+|x-b|$,最小值为$|a-b|$,其图象形如平底锅.

考点 1　绝对值定义的运用

【考点阐述】 主要利用绝对值的算术定义和几何定义合理地进行化简求值.

【真题梳理】

☆问题求解题：

【51】 (2001－1)已知$|a|=5$，$|b|=7$，$ab<0$，则$|a-b|=$(　　).

A. 2　　B. －2　　C. 12　　D. －12

【考点】 绝对值的定义.

【难度】 ★

【52】 (2002－10)已知$t^2-3t-18\leqslant 0$，则$|t+4|+|t-6|=$(　　).

A. $2t-2$　　B. 10　　C. 3　　D. $2t+2$

【考点】 绝对值的化简.

【难度】 ★★

【53】 (2009－10)设$y=|x-a|+|x-20|+|x-a-20|$，其中$0<a<20$，则对于满足$a\leqslant x\leqslant 20$的x值，y的最小值是(　　).

A. 10　　B. 15　　C. 20　　D. 25　　E. 30

【考点】 绝对值函数的最值.

【难度】 ★★

☆条件充分性判断题：

【54】 (2006－10)$|b-a|+|c-b|-|c|=a$.(　　)

(1)实数a,b,c，在数轴上的位置为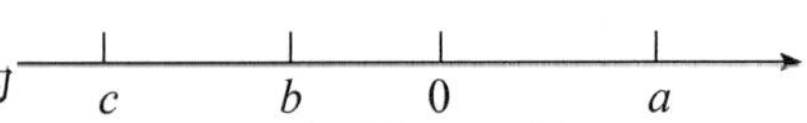

(2)实数a,b,c在数轴上的位置为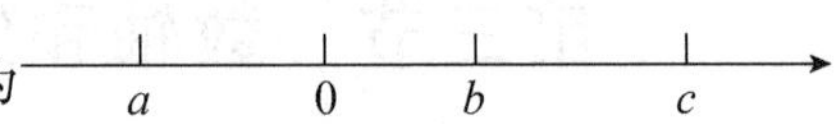

【考点】 绝对值的化简.

【难度】 ★

【55】 (2011－10)已知$g(x)=\begin{cases}1, & x>0,\\ -1, & x<0,\end{cases}$ $f(x)=|x-1|-g(x)|x+1|+|x-2|+|x+2|$，则$f(x)$是与$x$无关的常数.(　　)

(1)$-1<x<0$　　(2)$1<x<2$

【考点】 绝对值与函数问题.

【难度】 ★★

【56】 (2013－10)方程$|x+1|+|x+3|+|x-5|=9$存在唯一解.(　　)

(1)$|x-2|\leqslant 3$　　(2)$|x-2|\geqslant 2$

【考点】 绝对值方程与不等式.

【难度】 ★★★

【57】 (2016－12)已知a,b,c为三个实数，则$\min\{|a-b|,|b-c|,|a-c|\}\leqslant 5$.(　　)

(1)$|a|\leqslant 5$，$|b|\leqslant 5$，$|c|\leqslant 5$　　(2)$a+b+c=15$

【考点】 绝对值最值问题.

【难度】 ★★★

考点2　绝对值表达式符号判断

【考点阐述】 ①若$|x|=x\Rightarrow x\geqslant 0$；$|x|=-x\Rightarrow x\leqslant 0$.

②$|x+y|=|x|+|y|\Rightarrow xy\geqslant 0$；$|x-y|=|x|+|y|\Rightarrow xy\leqslant 0$.

【真题梳理】

☆问题求解题：

【58】 (2001－10)已知$\sqrt{x^3+2x^2}=-x\sqrt{2+x}$，则$x$的取值范围是(　　).

A. $x<0$　　B. $x\geqslant -2$　　C. $-2\leqslant x\leqslant 0$　　D. $-2<x<0$

【考点】 绝对值的性质.

【难度】 ★

【59】 (2003－10)已知$\left|\frac{5x-3}{2x+5}\right|=\frac{3-5x}{2x+5}$，则实数$x$的取值范围为(　　).

A. $x<-\frac{5}{2}$或$x\geqslant\frac{3}{5}$　　B. $-\frac{5}{2}\leqslant x\leqslant\frac{3}{5}$

C. $-\frac{5}{2}<x\leqslant\frac{3}{5}$　　D. $-\frac{3}{5}\leqslant x<\frac{5}{2}$

【考点】 绝对值的定义.

【难度】 ★

☆条件充分性判断题：

【60】 (2003－10)可以确定$\frac{|x+y|}{x-y}=2$.(　　)

(1)$\frac{x}{y}=3$　　(2)$\frac{x}{y}=\frac{1}{3}$

【考点】 绝对值的性质.

【难度】 ★★

【61】 (2004－1)x，y是实数，$|x|+|y|=|x-y|$.(　　)

(1)$x>0$，$y<0$　　(2)$x<0$，$y>0$

【考点】 绝对值的性质.

【难度】 ★

【62】 (2004－10)$\sqrt{a^2b}=-a\sqrt{b}$.(　　)

(1)$a>0$，$b<0$　　(2)$a<0$，$b>0$

【考点】 绝对值的性质.

【难度】 ★

【63】 (2005－1)实数a，b满足$|a|(a+b)>a|a+b|$.(　　)

(1)$a<0$　　(2)$b>-a$

【考点】 绝对值的性质.

【难度】 ★

【64】 (2008－1)$\frac{b+c}{|a|}+\frac{c+a}{|b|}+\frac{a+b}{|c|}=1$.(　　)

(1)实数 a,b,c 满足 $a+b+c=0$

(2)实数 a,b,c 满足 $abc>0$

【考点】 绝对值的性质.

【难度】 ★★

【65】 (2008—10) $-1<x\leqslant\frac{1}{3}$.(　　)

(1) $\left|\frac{2x-1}{x^2+1}\right|=\frac{1-2x}{1+x^2}$

(2) $\left|\frac{2x-1}{3}\right|=\frac{2x-1}{3}$

【考点】 绝对值的性质.

【难度】 ★★

【66】 (2008—10) $|1-x|-\sqrt{x^2-8x+16}=2x-5$.(　　)

(1) $x>2$

(2) $x<3$

【考点】 绝对值的化简.

【难度】 ★★

【67】 (2010—1) $a|a-b|\geqslant|a|(a-b)$.(　　)

(1)实数 $a>0$

(2)实数 a,b 满足 $a>b$

【考点】 绝对值的性质.

【难度】 ★★

考点3　绝对值函数、方程、不等式问题

【考点阐述】 函数 $y=|x-a|+|x-b|(a<b)$ 的最小值为 $|a-b|$(此时 x 的取值为 $x\in[a,b]$).图象形如平底锅,而函数 $y=|x-a|-|x-b|(a<b)$ 的最小值为 $-|a-b|$,最大值为 $|a-b|$,图象形如“Z”形.

【真题梳理】

☆问题求解题:

【68】 (2007—10)设 $y=|x-2|+|x+2|$,则下列结论正确的是(　　).

A. y 没有最小值

B. 只有一个 x 使 y 取到最小值

C. 有无穷多个 x 使 y 取到最大值

D. 有无穷多个 x 使 y 取到最小值

E. 以上结论均不正确

【考点】 绝对值函数的最值.

【难度】 ★★

【69】 (2008—10)设 a,b,c 为整数,且 $|a-b|^{20}+|c-a|^{41}=1$,则 $|a-b|+|a-c|+|b-c|=$(　　).

A. 2　　B. 3　　C. 4　　D. -3　　E. -2

【考点】 绝对值的运算.

【难度】 ★★

☆条件充分性判断题:

【70】 (2003—1)不等式 $|x-2|+|4-x|<s$ 无解.(　　)

(1) $s\leqslant2$

(2) $s>2$

【考点】 绝对值不等式.

【难度】 ★★

【71】 (2008－1)$f(x)$有最小值2.(　　)

(1)$f(x)=\left|x-\frac{5}{12}\right|+\left|x-\frac{1}{12}\right|$　　(2)$f(x)=|x-2|+|4-x|$

【考点】 绝对值函数的最值.

【难度】 ★★

【72】 (2008－1)方程$|x+1|+|x|=2$无根.(　　)

(1)$x\in(-\infty,-1)$　　(2)$x\in(-1,0)$

【考点】 绝对值方程.

【难度】 ★★

【73】 (2021－12)设实数x满足$|x-2|-|x-3|=a$,则能确定x的值.(　　)

(1)$0<a\leqslant\frac{1}{2}$　　(2)$\frac{1}{2}<a\leqslant 1$

【考点】 绝对值函数的图象.

【难度】 ★★

考点4 三角不等式运用

【考点阐述】 $|a\pm b|\leqslant|a|+|b|$.

【真题梳理】

☆条件充分性判断题:

【74】 (2013－1)已知a,b为实数,则$|a|\leqslant 1,|b|\leqslant 1$.(　　)

(1)$|a+b|\leqslant 1$　　(2)$|a-b|\leqslant 1$

【考点】 绝对值不等式问题(三角不等式运用).

【难度】 ★★

【75】 (2014－12)已知x_1,x_2,x_3都是实数,$\overline{x}$为x_1,x_2,x_3的平均数,则$|x_k-\overline{x}|\leqslant 1$,$k=1,2,3$.(　　)

(1)$|x_k|\leqslant 1,k=1,2,3$　　(2)$x_1=0$

【考点】 实数的性质与平均数.

【难度】 ★★★

【76】 (2021－12)设实数a,b满足$|a-2b|\leqslant 1$,则$|a|>|b|$.(　　)

(1)$|b|>1$　　(2)$|b|<1$

【考点】 绝对值不等式、三角不等式.

【难度】 ★★★

第二章　整式与分式

【考试地位】

整式与分式是考试的重点，也关系到后面的方程、不等式、数列等诸多内容，应该这样说，这部分过关了才能保证数学拿 50 分以上，尤其是乘法公式和因式分解，是整个代数的基础. 本部分在考试中一般考查 3 道题.

【知识框架】

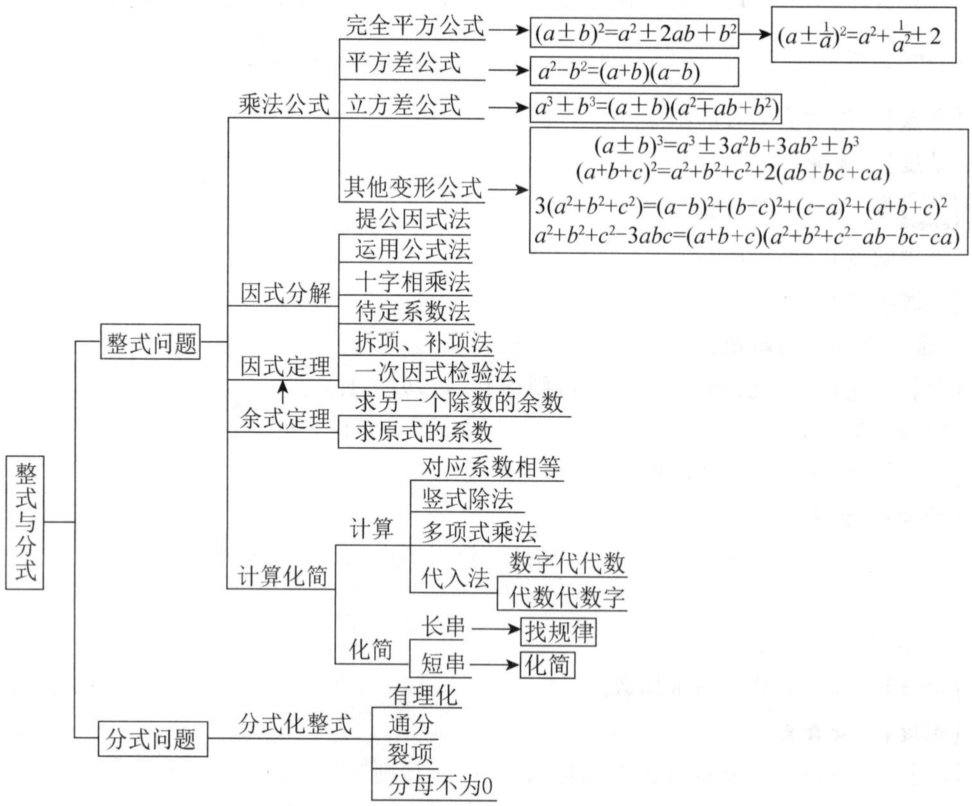

第一节　整式运算

【考点突破】 本节主要考查整式的运算，包括整式的乘法运算、乘法公式（平方差公式、完全平方公式等）、整式的除法运算、因式定理与因式分解、余数定理等内容.

【要点浏览】 (1)常用的乘法公式：

$a^2-b^2=(a+b)(a-b)$，$(a\pm b)^2=a^2\pm 2ab+b^2$.

$(a+b+c)^2=a^2+b^2+c^2+2ab+2ac+2bc$.

$(a\pm b)^3=a^3\pm 3a^2b+3ab^2\pm b^3$.

$a^3\pm b^3=(a\pm b)(a^2\mp ab+b^2)$.

(2)余数定理：$F(x)=a_0x^n+a_1x^{n-1}+\cdots+a_n$ 除以一次因式 $x-a$ 所得的余数一定是 $F(a)$. 因式定理：$F(x)$ 能被 $x-a$ 整除，则 $F(a)=0$.

【名师总结】 除法问题一般可以转化为乘法进行运算（待定系数法），也可以令除式为0，得到相应的变量 x 的值，这样代入被除式后即为余数，也就能求出字母参数的值.

考点1　利用乘法运算（乘法公式）合理化简与求值

【考点阐述】 平方差公式：$a^2-b^2=(a+b)(a-b)$.

立方差/和公式：$a^3\mp b^3=(a\mp b)(a^2\pm ab+b^2)$.

完全平方公式：$(a\pm b)^2=a^2\pm 2ab+b^2$.

【真题梳理】

☆问题求解题：

【1】 (2008－1)若△ABC 的三边 a,b,c 满足 $a^2+b^2+c^2=ab+ac+bc$，则△ABC 为(　　).

A. 等腰三角形　　B. 直角三角形　　C. 等边三角形

D. 等腰直角三角形　　E. 以上结果均不对

【考点】 整式的运算.

【难度】 ★★

【2】 (2010－10)若实数 a,b,c 满足：$a^2+b^2+c^2=9$，则代数式 $(a-b)^2+(b-c)^2+(c-a)^2$ 的最大值是(　　).

A. 21　　B. 27　　C. 29　　D. 32　　E. 39

【考点】 整式运算与最值.

【难度】 ★★★

【3】 (2015－12)有一批同规格的正方形瓷砖，用它们铺满整个正方形区域时剩余180块，将此正方形区域的边长增加一块瓷砖的长度时，还需要增加21块瓷砖才能铺满，则该批瓷砖共有(　　).

A. 9 981块　　B. 10 000块　　C. 10 180块　　D. 10 201块　　E. 10 222块

【考点】 乘法公式.

【难度】 ★★

【4】 (2017－12)设实数 a,b 满足 $|a-b|=2$, $|a^3-b^3|=26$,则 $a^2+b^2=$(　　).

A. 30　　B. 22　　C. 15　　D. 13　　E. 10

【考点】 乘法公式问题.

【难度】 ★★

【5】 (2019－12)已知实数 x 满足 $x^2+\frac{1}{x^2}-3x-\frac{3}{x}+2=0$,则 $x^3+\frac{1}{x^3}=$(　　).

A. 12　　B. 15　　C. 18　　D. 24　　E. 27

【考点】 乘法公式.

【难度】 ★★

☆条件充分性判断题:

【6】 (2008－10)ax^2+bx+1 与 $3x^2-4x+5$ 的积不含 x 的一次方项和三次方项.(　　)

(1)$a:b=3:4$　　(2)$a=\frac{3}{5}$, $b=\frac{4}{5}$

【考点】 整式的运算.

【难度】 ★★

【7】 (2010－1)设 a,b 为非负实数,则 $a+b\leqslant\frac{5}{4}$.(　　)

(1)$ab\leqslant\frac{1}{16}$　　(2)$a^2+b^2\leqslant1$

【考点】 乘法公式.

【难度】 ★★

【8】 (2011－10)已知 $x(1-kx)^3=a_1x+a_2x^2+a_3x^3+a_4x^4$ 对所有实数 x 都成立,则 $a_1+a_2+a_3+a_4=-8$.(　　)

(1)$a_2=-9$　　(2)$a_3=27$

【考点】 多项式问题.

【难度】 ★★

【9】 (2012－1)某户要建一个长方形的羊栏,则羊栏的面积大于 500 m^2.(　　)

(1)羊栏的周长为 120 m　　(2)羊栏对角线的长不超过 50 m

【考点】 代数式的运算与平面几何.

【难度】 ★★

【10】 (2017－12)设 x,y 为实数,则 $|x+y|\leqslant2$.(　　)

(1)$x^2+y^2\leqslant2$　　(2)$xy\leqslant1$

【考点】 均值不等式.

【难度】 ★★

【11】 (2018－12)能确定小明的年龄.(　　)

(1)小明的年龄是完全平方数　　(2)20 年后小明的年龄是完全平方数

【考点】 实数的运算.

【难度】 ★★

考点 2　除法运算(整除)问题

【考点阐述】 综合除法运算、因式定理及余式定理.

【真题梳理】

☆问题求解题:

【12】 (2007－10)若多项式 $f(x)=x^3+a^2x^2+x-3a$ 能被 $x-1$ 整除,则实数 $a=$ (　　).

A. 0　　B. 1　　C. 0 或 1　　D. 2 或 −1　　E. 2 或 1

【考点】 整式的除法运算.

【难度】 ★

【13】 (2010－1)多项式 x^3+ax^2+bx-6 的两个因式是 $x-1$ 和 $x-2$,则其第三个一次因式为(　　).

A. $x-6$　　B. $x-3$　　C. $x+1$　　D. $x+2$　　E. $x+3$

【考点】 整式的运算.

【难度】 ★★

【14】 (2012－1)若 x^3+x^2+ax+b 能被 x^2-3x+2 整除,则(　　).

A. $a=4,b=4$　　B. $a=-4,b=-4$

C. $a=10,b=-8$　　D. $a=-10,b=8$

E. $a=-2,b=0$

【考点】 整式的运算.

【难度】 ★★

☆条件充分性判断题:

【15】 (2009－10)二次三项式 x^2+x-6 是多项式 $2x^4+x^3-ax^2+bx+a+b-1$ 的一个因式.(　　)

(1) $a=16$　　(2) $b=2$

【考点】 整式的运算.

【难度】 ★★

【16】 (2010－10) $ax^3-bx^2+23x-6$ 能被 $(x-2)(x-3)$ 整除.(　　)

(1) $a=3,b=-16$　　(2) $a=3,b=16$

【考点】 整式的除法运算.

【难度】 ★★

考点 3　因式分解运算

【考点阐述】 十字相乘法、提取公因式法、分组分解法.

【真题梳理】

☆条件充分性判断题:

【17】 (2008－10)方程 $x^2+mxy+6y^2-10y-4=0$ 的图形是两条直线.(　　)

(1) $m=7$　　(2) $m=-7$

【考点】 因式分解.

【难度】 ★★

【18】 (2009－1)$\frac{a^2-b^2}{19a^2+96b^2}=\frac{1}{134}$.(　　)

(1)a,b 均为实数，且$|a^2-2|+(a^2-b^2-1)^2=0$　(2)a,b 均为实数，且$\frac{a^2b^2}{a^4-2b^4}=1$

【考点】 整式的运算.

【难度】 ★★

【19】 (2009－10)$\triangle ABC$ 是等边三角形.(　　)

(1)$\triangle ABC$ 的三边满足 $a^2+b^2+c^2=ab+bc+ac$

(2)$\triangle ABC$ 的三边满足 $a^3-a^2b+ab^2+ac^2-b^3-bc^2=0$

【考点】 整式的运算与因式分解.

【难度】 ★★

【20】 (2009－10)关于 x 的方程 $a^2x^2-(3a^2-8a)x+2a^2-13a+15=0$ 至少有一个整数根.(　　)

(1)$a=3$　　(2)$a=5$

【考点】 一元二次方程的根的问题.

【难度】 ★★

考点 4　代数式的化简与求值

【考点阐述】 常见方法有直接代入法、整体代入法、换元法.

【真题梳理】

☆问题求解题：

【21】 (2018－12)设实数 a,b 满足 $ab=6$，$|a+b|+|a-b|=6$，则 $a^2+b^2=$(　　).

A. 10　　B. 11　　C. 12　　D. 13　　E. 14

【考点】 乘法公式.

【难度】 ★★

☆条件充分性判断题：

【22】 (2013－10)已知 $f(x,y)=x^2-y^2-x+y+1$，则 $f(x,y)=1$.(　　)

(1)$x=y$　　(2)$x+y=1$

【考点】 代数运算与函数问题.

【难度】 ★

【23】 (2014－1)曲线 $l:y=a+bx-6x^2+x^3$，则$(a+b-5)(a-b-5)=0$.(　　)

(1)l 过点$(1,0)$　　(2)l 过点$(-1,0)$

【考点】 曲线方程与代数运算.

【难度】 ★

【24】 (2014－10)代数式 $2a(a-1)-(a-2)^2$ 的值为-1.(　　)

(1)$a=-1$　　(2)$a=-3$

【考点】 代数式运算.

【难度】 ★

【25】 (2014－12)已知 $M=(a_1+a_2+\cdots+a_{n-1})(a_2+a_3+\cdots+a_n)$，$N=(a_1+a_2+\cdots+a_n)(a_2+a_3+\cdots+a_{n-1})$，则 $M>N$.(　　)

(1)$a_1>0$　　　　(2)$a_1a_n>0$

【考点】 整式运算.

【难度】 ★★

第二节　分式及其运算

【考点突破】 本节主要考查分式的运算，包括分式的通分运算、分式方程的增根问题等.

【名师总结】 求解分式方程时，一般先将其转化为整式方程求解，但解出整式方程的根后必须代入原分式方程验证，如果有使得分式方程分母为0的根(增根)要舍去.

考点1　利用乘法公式合理化简与求值

【考点阐述】 同上一节，要注意平方差公式、完全平方公式、立方和公式、立方差公式的运用.

【真题梳理】

☆问题求解题：

【26】 (2010－10)若 $x+\frac{1}{x}=3$，则$\frac{x^2}{x^4+x^2+1}=$(　　).

A. $-\frac{1}{8}$　　B. $\frac{1}{6}$　　C. $\frac{1}{4}$　　D. $-\frac{1}{4}$　　E. $\frac{1}{8}$

【考点】 分式的化简与运算.

【难度】 ★★

【27】 (2011－1)已知 $x^2+y^2=9$，$xy=4$，则$\frac{x+y}{x^3+y^3+x+y}=$(　　).

A. $\frac{1}{2}$　　B. $\frac{1}{5}$　　C. $\frac{1}{6}$　　D. $\frac{1}{13}$　　E. $\frac{1}{14}$

【考点】 分式的化简与运算.

【难度】 ★★

☆条件充分性判断题：

【28】 (2014－1)设 x 是非零实数，则 $x^3+\frac{1}{x^3}=18$.(　　)

(1)$x+\frac{1}{x}=3$　　　　(2)$x^2+\frac{1}{x^2}=7$

【考点】 乘法公式运算.

【难度】 ★★

考点2　分式的化简与分式方程

【考点阐述】 分式方程运算中要注意增根的检验与排除.

【真题梳理】

☆条件充分性判断题：

【29】 (2007－10)方程$\frac{a}{x^2-1}+\frac{1}{x+1}+\frac{1}{x-1}=0$有实数根.(　　)

(1)实数$a\neq2$　　　　(2)实数$a\neq-2$

【考点】 分式方程.

【难度】 ★★

【30】 (2009－1)对于使$\frac{ax+7}{bx+11}$有意义的一切的x值,这个分式为一个定值.(　　)

(1)$7a-11b=0$　　　　(2)$11a-7b=0$

【考点】 分式的求值.

【难度】 ★

【31】 (2009－1)$2a^2-5a-2+\frac{3}{a^2+1}=-1$.(　　)

(1)a是方程$x^2-3x+1=0$的根　　　　(2)$|a|=1$

【考点】 分式的化简与运算.

【难度】 ★★★

【32】 (2009－10)关于x的方程$\frac{1}{x-2}+3=\frac{1-x}{2-x}$与$\frac{x+1}{x-|a|}=2-\frac{3}{|a|-x}$有相同的增根.(　　)

(1)$a=2$　　　　(2)$a=-2$

【考点】 分式方程的增根.

【难度】 ★★

【33】 (2014－12)已知p,q为非零实数,则能确定$\frac{p}{q(p-1)}$的值.(　　)

(1)$p+q=1$　　　　(2)$\frac{1}{p}+\frac{1}{q}=1$

【考点】 整式与分式.

【难度】 ★★

【34】 (2017－12)设m,n是正整数,则能确定$m+n$的值.(　　)

(1)$\frac{1}{m}+\frac{3}{n}=1$　　　　(2)$\frac{1}{m}+\frac{2}{n}=1$

【考点】 不定方程问题.

【难度】 ★★★

【35】 (2021－12)已知x为正实数,则能确定$x-\frac{1}{x}$的值.(　　)

(1)已知$\sqrt{x}+\frac{1}{\sqrt{x}}$的值　　　　(2)已知$x^2-\frac{1}{x^2}$的值

【考点】 分式运算.

【难度】 ★★★

第三章 函数、代数方程和不等式

【考试地位】

应该说，函数、方程和不等式是整个综合能力考试的核心，要作为一个密不可分的整体进行复习，要求考生能够迅速求解一些简单方程或不等式，以及由方程和不等式的解的特性研究其参数，包括会利用方程和不等式的思想解决实际应用问题. 本部分在考试中一般考查 3 道题.

【知识框架】

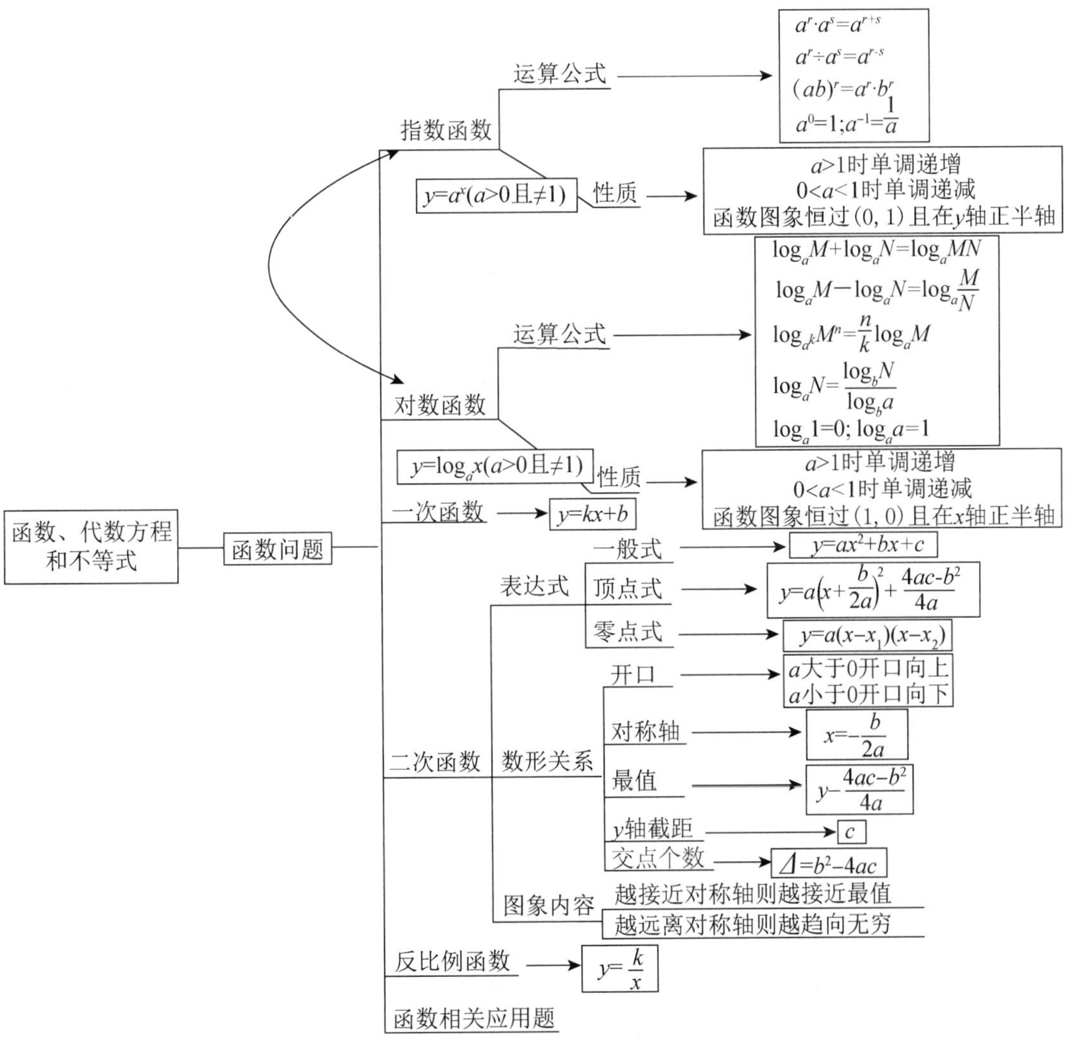

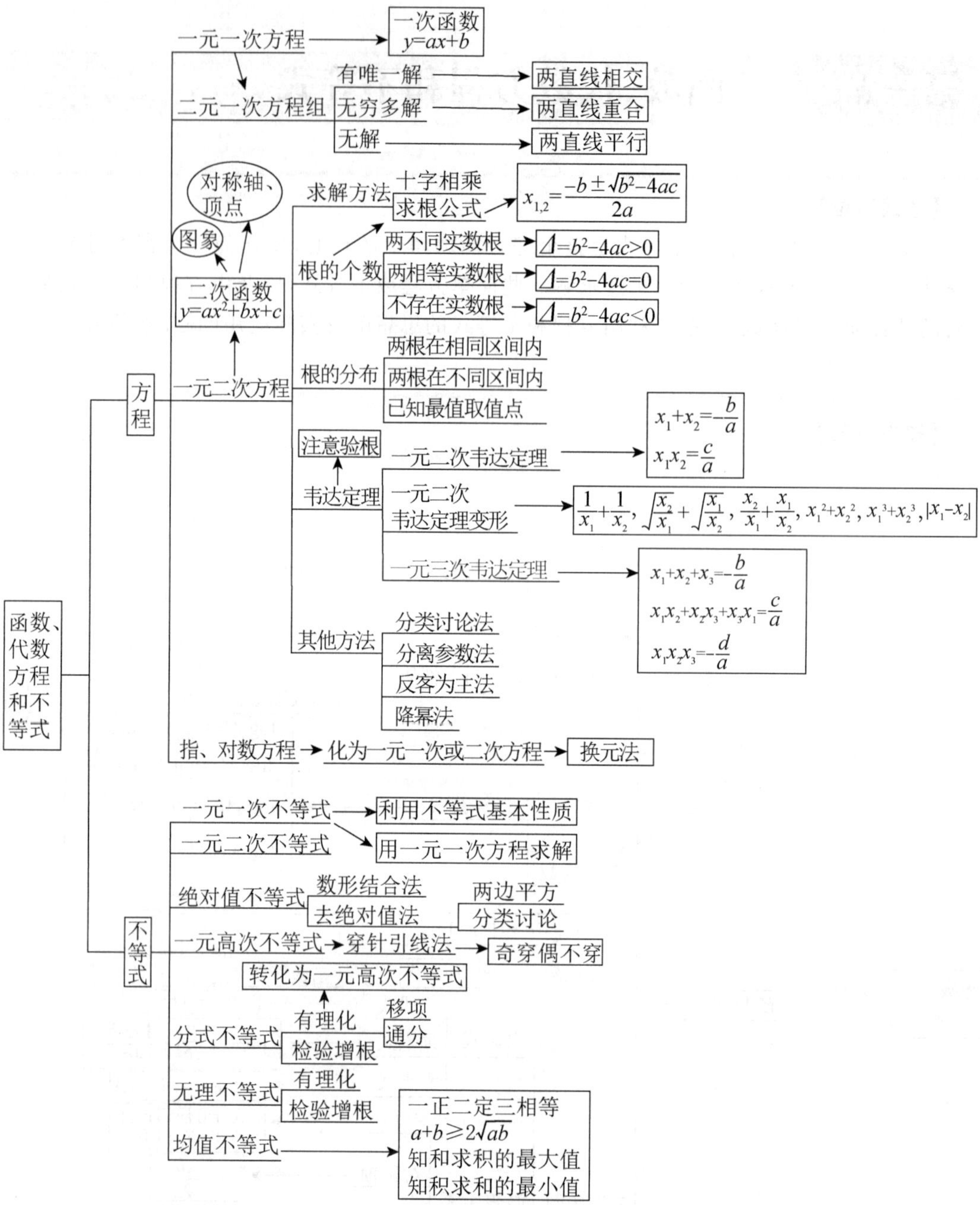

第一节　常用函数及其应用

【考点突破】 本节主要考查一次函数、分段函数、二次函数、均值函数（不等式）、指数函数与对数函数的图象与性质，以及它们的实际运用等．函数的性质比较重要的有最值的性质、单调性等．

【要点浏览】 (1)一次函数的解析式为 $y=kx+b$，图形为一条直线，斜率为 k，当 k 越大($k>0$)时，直线越陡峭，变化越快.

(2)二次函数 $y=ax^2+bx+c$ 的对称轴为 $x=-\frac{b}{2a}$，顶点坐标为 $\left(-\frac{b}{2a},\frac{4ac-b^2}{4a}\right)$，开口方向由 a 的正负决定.

(3)均值定理：$a,b,c\in\mathbf{R}^+$，$\frac{a+b}{2}\geqslant\sqrt{ab}$，$\frac{a+b+c}{3}\geqslant\sqrt[3]{abc}$；均值函数：$y=x+\frac{m}{x}(m>0,x>0)$的最小值为 $2\sqrt{m}$，且当且仅当 $x=\sqrt{m}$ 时函数取到最小值.

【名师总结】 一般求解函数的最值问题时，可以利用二次函数、均值函数这样的工具进行求解，也可以利用图形等相关方法求解.

考点1　二次函数的最值与图象

【考点阐述】 一元二次函数 $y=ax^2+bx+c$ 的对称轴方程 $\left(x=-\frac{b}{2a}\right)$，顶点坐标 $\left(-\frac{b}{2a},\frac{4ac-b^2}{4a}\right)$，最值 $\left(\frac{4ac-b^2}{4a}\right)$ 等.

【真题梳理】

☆问题求解题：

【1】 (2003－10)已知某厂生产 x 件产品的成本为 $C=25\ 000+200x+\frac{1}{40}x^2$ 元，若产品以每件 500 元售出，则使利润最大的产量是(　　).

A. 2 000 件　　B. 3 000 件　　C. 4 000 件　　D. 5 000 件　　E. 6 000 件

【考点】 二次函数求最值问题.

【难度】 ★★

【2】 (2007－1)设罪犯与警察在一开阔地上相隔一条宽 0.5 km 的河，罪犯从北岸 A 点处以每分钟 1 km 的速度向正北逃窜，警察从南岸 B 点以每分钟 2 km 的速度向正东追击(见图 3-1)，则警察从 B 点到达最佳射击位置(即罪犯与警察相距最近的位置)所需的时间是(　　).

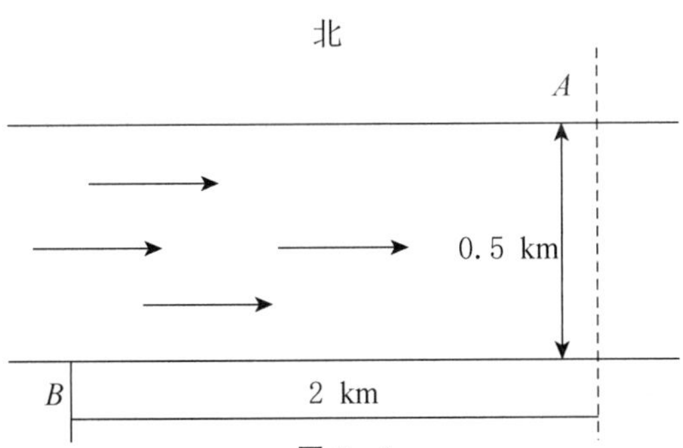

图 3-1

A. $\frac{3}{5}$分　　B. $\frac{5}{3}$分　　C. $\frac{10}{7}$分　　D. $\frac{7}{10}$分　　E. $-\frac{3}{5}$分

【考点】 二次函数求最值问题.

【难度】 ★★

【3】 (2007－10)一元二次函数 $y=x(1-x)$的最大值为(　　).

A. 0.05　　B. 0.10　　C. 0.15　　D. 0.20　　E. 0.25

【考点】 二次函数求最值.

【难度】 ★

【4】 (2010－1)甲商店销售某种商品，该商品的进价为每件 90 元. 若每件定价为 100 元，则一天内能售出 500 件. 在此基础上，定价每增加 1 元，一天便少售出 10 件. 甲商店欲获得最大利润，则该商品的定价应为(　　).

A. 115 元　　B. 120 元　　C. 125 元　　D. 130 元　　E. 135 元

【考点】 二次函数求最值问题.

【难度】 ★★

【5】 (2012－10)设实数 x,y 满足 $x+2y=3$，则 x^2+y^2+2y 的最小值为(　　).

A. 4　　B. 5　　C. 6　　D. $\sqrt{5}-1$　　E. $\sqrt{5}+1$

【考点】 函数最值问题.

【难度】 ★★

【6】 (2014－12)设点 $A(0,2)$和 $B(1,0)$，在线段 AB 上取一点 $M(x,y)(0<x<1)$，则以 x,y 为两边的矩形面积的最大值为(　　).

A. $\frac{5}{8}$　　B. $\frac{1}{2}$　　C. $\frac{3}{8}$　　D. $\frac{1}{4}$　　E. $\frac{1}{8}$

【考点】 二次函数(均值定理).

【难度】 ★★

【7】 (2015－12)某商场将每台进价为 2 000 元的冰箱以 2 400 元销售时，每天销售 8 台，调研表明这种冰箱的售价每降低 50 元，每天就能多销售 4 台，若要每天销售利润最大，则该冰箱的定价应为(　　)元.

A. 2 200　　B. 2 250　　C. 2 300　　D. 2 350　　E. 2 400

【考点】 二次函数最值问题.

【难度】 ★★

【8】 (2017－12)函数 $f(x)=\max\{x^2,-x^2+8\}$的最小值为(　　).

A. 8　　B. 7　　C. 6　　D. 5　　E. 4

【考点】 分段函数与二次函数问题.

【难度】 ★★

【9】 (2020－12)函数 $f(x)=x^2-4x-2|x-2|$的最小值是(　　).

A. -4　　B. -5　　C. -6　　D. -7　　E. -8

【考点】 二次函数最值与绝对值结合.

【难度】 ★★

【10】 (2021－12)设 x,y 为实数，则 $f(x,y)=x^2+4xy+5y^2-2y+2$ 的最小值为(　　).

A. 1　　B. $\frac{1}{2}$　　C. 2　　D. $\frac{3}{2}$　　E. 3

【考点】 二元二次函数的最值.

【难度】 ★★

☆条件充分性判断题：

【11】 (2016－12)设 a,b 是两个不相等的实数，则函数 $f(x)=x^2+2ax+b$ 的最小值小于零.(　　)

(1)1，a,b 成等差数列　　(2)1，a,b 成等比数列

【考点】 数列与函数最值问题.

【难度】 ★★★

【12】 (2017－12)设函数 $f(x)=x^2+ax$. 则 $f(x)$的最小值与 $f[f(x)]$的最小值相等.(　　)

(1)$a\geqslant 2$　　(2)$a\leqslant 0$

【考点】 一元二次函数与复合函数的最值问题.

【难度】 ★★★

考点 2　二次函数(抛物线)的解析式问题

【考点阐述】 二次函数(抛物线)解析式有三大形式，如下。

一般式：$y=ax^2+bx+c(a\neq 0)$.

顶点式：$y=a(x-h)^2+k$(顶点为(h,k))$(a\neq 0)$.

零点式：$y=a(x-x_1)(x-x_2)$(x_1,x_2 为抛物线与 x 轴交点的横坐标)$(a\neq 0)$.

【真题梳理】

☆问题求解题：

【13】 (2013－1)已知抛物线 $y=x^2+bx+c$ 的对称轴为 $x=1$，且过点$(-1,1)$，则(　　).

A. $b=-2,c=-2$　　B. $b=2,c=2$　　C. $b=-2,c=2$

D. $b=-1,c=-1$　　E. $b=1,c=1$

【考点】 抛物线的对称轴问题.

【难度】 ★

【14】 (2020－12)设二次函数 $f(x)=ax^2+bx+c$，且 $f(2)=f(0)$，则$\frac{f(3)-f(2)}{f(2)-f(1)}=$(　　).

A. 2　　B. 3　　C. 4　　D. 5　　E. 6

【考点】 二次函数解析式.

【难度】 ★★

☆条件充分性判断题：

【15】 (2014－1)已知二次函数为 $f(x)=ax^2+bx+c$，则能确定 a,b,c.(　　).

(1)曲线 $y=f(x)$过点$(0,0)$和$(1,1)$

(2)曲线 $y=f(x)$与直线 $y=a+b$ 相切

【考点】 二次函数和解析几何.

【难度】 ★★★

【16】 (2019－12)设函数 $f(x)=(ax-1)(x-4)$，则在 $x=4$ 左侧附近有 $f(x)<0$.（　　）

(1)$a>\frac{1}{4}$　　　　(2)$a<4$

【考点】 二次函数图象问题.

【难度】 ★★

考点3　均值不等式(函数)的最值

【考点阐述】 $y=x+\frac{m}{x}(m>0,x>0)$的最小值为 $2\sqrt{m}$（此时的 $x=\sqrt{m}$）. $y=x^2+\frac{2m}{x}(m>0,x>0)$的最小值为 $3\sqrt[3]{m^2}$（此时的 $x=\sqrt[3]{m}$）.

【真题梳理】

☆问题求解题：

【17】 (2003－1)已知某厂生产 x 件产品的成本为 $C=25\ 000+200x+\frac{1}{40}x^2$ 元，要使平均成本最小，则应生产的产品件数为（　　）.

A. 100 件　　B. 200 件　　C. 1 000 件

D. 2 000 件　　E. 以上结果均不正确

【考点】 均值函数求最值.

【难度】 ★★

【18】 (2003－1)某产品的产量 Q 与原材料 A,B,C 的数量 x,y,z（单位均为吨）满足 $Q=0.05xyz$，已知 A,B,C 的价格分别是 3，2，4（百元）. 若用 5 400 元购买 A,B,C 三种原材料，则使产量最大的 A,B,C 的采购量分别为（　　）.

A. 6，9，4.5 吨　　B. 2，4，8 吨　　C. 2，3，6 吨

D. 2，2，2 吨　　E. 以上结果均不正确

【考点】 均值函数求最值.

【难度】 ★★

【19】 (2009－1)某工厂定期购买一种原料. 已知该厂每天需用该原料 6 吨，每吨价格 1 800 元，原料保管等费用平均每天每吨 3 元，每次购买原料需支付运费 900 元. 若该厂要使平均每天支付的总费用最省，则应该每（　　）天购买一次原料.

A. 11　　B. 10　　C. 9　　D. 8　　E. 7

【考点】 均值函数求最值问题.

【难度】 ★★★

【20】 (2019－12)设函数 $f(x)=2x+\frac{a}{x^2}(a>0)$在$(0,+\infty)$内的最小值为 $f(x_0)=12$，则 $x_0=$（　　）.

A. 5　　B. 4　　C. 3　　D. 2　　E. 1

【考点】 均值函数求最值.

【难度】 ★★★

考点 4　函数图象的实际应用

【考点阐述】 由一些函数图象进行合理分析.

【真题梳理】

☆问题求解题：

【21】 (2009—10)如图 3－2 所示，向放在水槽底部的口杯注水(流量一定)，注满口杯后继续注水，直到注满水槽，水槽中水平面上升高度 h 与注水时间 t 之间的函数关系大致是(　　).

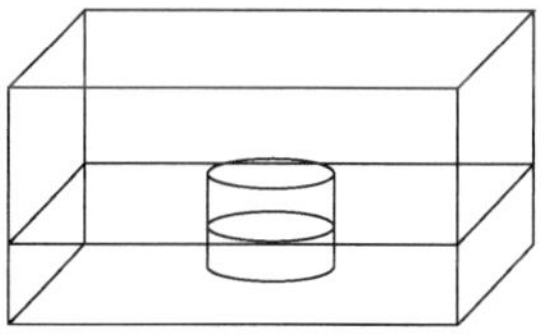

图 3－2

A. 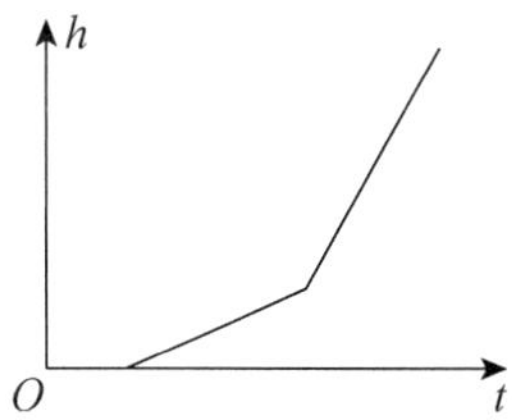

B. 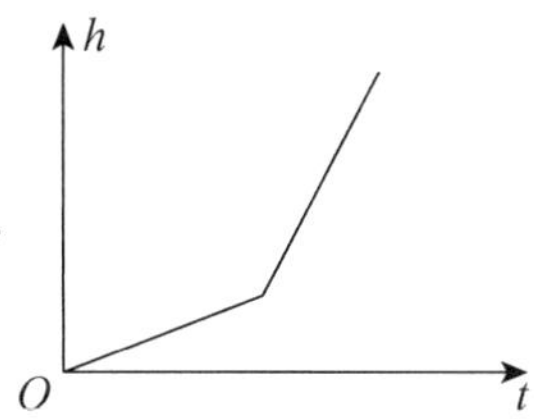

C. 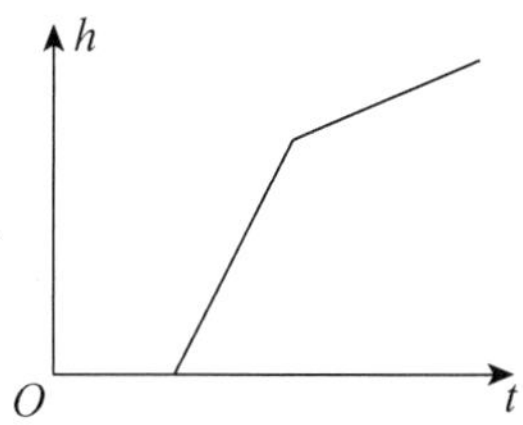

D. 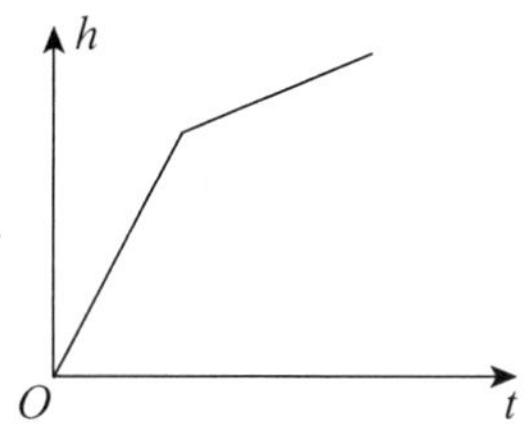

E. 以上图形均不正确

【考点】 函数图象问题.

【难度】 ★★

【22】 (2018—12)货车行驶 72 千米用时 1 小时，其速度 v 与行驶时间 t 的关系如图 3－3 所示，则 $v_0=$(　　).

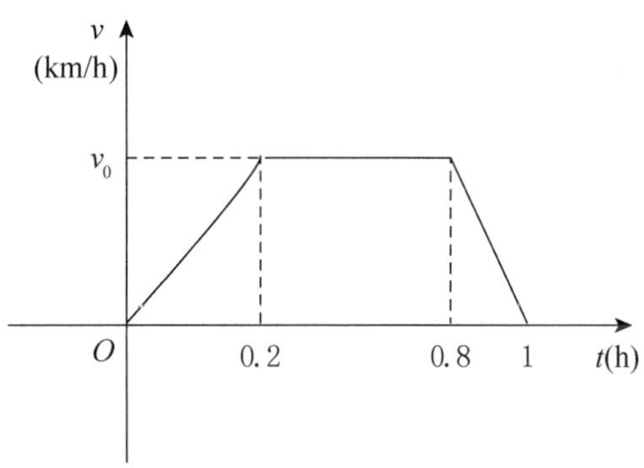

图 3－3

A. 72　　B. 80　　C. 90　　D. 85　　E. 100

【考点】 速度与路程的函数图象问题.

【难度】 ★★

第二节 代数方程

【考点突破】 本节主要考查一元一次方程、一元二次方程、二元一次方程组、绝对值方程、指数方程、对数方程等内容. 要求考生具有求解一个方程,以及由方程的解研究参数的变化情况的能力.

【要点浏览】 一元二次方程 $ax^2+bx+c=0,a,b,c\in\mathbf{R},a\neq0$.

(1)根的判别式($a,b,c\in\mathbf{R}$),$\Delta=b^2-4ac\begin{cases}>0,两个不相等的实根,\\=0,两个相等的实根,\\<0,无实根.\end{cases}$

(2)根的求解公式,$x_1,x_2=\dfrac{-b\pm\sqrt{b^2-4ac}}{2a}$.

(3)韦达定理:两个根分别为 x_1,x_2,则 $x_1+x_2=-\dfrac{b}{a},x_1x_2=\dfrac{c}{a},|x_1-x_2|=\dfrac{\sqrt{\Delta}}{|a|}$.

【名师总结】 求解一个一元二次方程的主要方法有因式分解法、配方法、求根公式法. 另外,如果解决方程根与系数的关系时,需要使用判别式 Δ 和韦达定理等.

考点1 一元二次方程的解的存在判断

【考点阐述】 一元二次方程 $ax^2+bx+c=0(a\neq0)$的根的判别式;一元二次方程的求根公式.

【真题梳理】

☆问题求解题:

【23】 (1999-1)若方程$(a^2+c^2)x^2-2c(a+b)x+b^2+c^2=0$有实根,则( ).

A. a,b,c 成等比数列　　B. a,c,b 成等比数列

C. b,a,c 成等差数列　　D. a,b,c 成等差数列

E. 以上答案均不对

【考点】 一元二次方程判别式与数列.

【难度】 ★★

【24】 (1999-10)已知方程 $x^2-6x+8=0$ 有两个相异实根,下列方程中仅有一根在已知方程两根之间的方程是( ).

A. $x^2+6x+9=0$　　B. $x^2-2\sqrt{2}x+2=0$

C. $x^2-4x+2=0$　　D. $x^2-5x+7=0$

E. $x^2-6x+5=0$

【考点】 一元二次方程的解法.

【难度】 ★★

【25】 (2000-10)已知 a,b,c 是$\triangle ABC$ 的三条边长,并且 $a=c=1$,若$(b-x)^2-4(a-x)(c-x)=0$有相同实根,则$\triangle ABC$ 为( ).

A. 等边三角形　　B. 等腰三角形

C. 直角三角形　　　　D. 钝角三角形

【考点】 一元二次方程判别式与平面几何.

【难度】 ★★

【26】 (2001－1)已知关于 x 的一元二次方程 $k^2x^2-(2k+1)x+1=0$ 有两个相异实根,则 k 的取值范围是(　　).

A. $k>-\frac{1}{4}$　　　　B. $k\geqslant-\frac{1}{4}$

C. $k>-\frac{1}{4}$ 且 $k\neq0$　　　　D. $k\geqslant-\frac{1}{4}$ 且 $k\neq0$

【考点】 一元二次方程判别式.

【难度】 ★

【27】 (2002－1)已知关于 x 的方程 $x^2-6x+(a-2)|x-3|+9-2a=0$ 有两个不同实数根,则系数 a 的取值范围是(　　).

A. $a=2$ 或 $a<0$　　　　B. $a<0$

C. $a>0$ 或 $a=-2$　　　　D. $a=-2$

【考点】 一元二次方程的求解.

【难度】 ★★

☆条件充分性判断题:

【28】 (2004－1)x_1,x_2 是方程 $x^2-2(k+1)x+k^2+2=0$ 的两个实根.(　　)

(1)$k>\frac{1}{2}$　　　　(2)$k=\frac{1}{2}$

【考点】 一元二次方程判别式.

【难度】 ★

【29】 (2006－1)方程 $x^2+ax+2=0$ 与 $x^2-2x-a=0$ 有一公共实数解.(　　)

(1)$a=3$　　　　(2)$a=-2$

【考点】 一元二次方程的解法.

【难度】 ★★

【30】 (2008－10)方程 $3x^2+[2b-4(a+c)]x+(4ac-b^2)=0$ 有相等的实根.(　　)

(1)a,b,c 是等边三角形的三条边

(2)a,b,c 是等腰直角三角形的三条边

【考点】 一元二次方程判别式问题.

【难度】 ★★

【31】 (2010－10)一元二次方程 $ax^2+bx+c=0$ 无实根.(　　)

(1)a,b,c 成等比数列,且 $b\neq0$　　　　(2)a,b,c 成等差数列

【考点】 数列与一元二次方程.

【难度】 ★★

【32】 (2011－10)抛物线 $y=x^2+(a+2)x+2a$ 与 x 轴相切.(　　)

(1)$a>0$　　　　(2)$a^2+a-6=0$

【考点】 一元二次函数与方程.

【难度】 ★

【33】 (2012－1)直线 $y=x+b$ 是抛物线 $y=x^2+a$ 的切线.(　　)

(1)$y=x+b$ 与 $y=x^2+a$ 有且仅有一个交点

(2)$x^2-x\geqslant b-a(x\in\mathbf{R})$

【考点】 二次函数与解析几何.

【难度】 ★★

【34】 (2012－1)一元二次方程 $x^2+bx+1=0$ 有两个不同实根.(　　)

(1)$b<-2$　　(2)$b>2$

【考点】 一元二次方程实根分布问题.

【难度】 ★

【35】 (2013－1)已知二次函数 $f(x)=ax^2+bx+c$,则方程 $f(x)=0$ 有两个不同实根.(　　)

(1)$a+c=0$　　(2)$a+b+c=0$

【考点】 一元二次方程的根的判别.

【难度】 ★★

【36】 (2013－10)设 a 是整数,则 $a=2$.(　　)

(1)二次方程 $ax^2+8x+6=0$ 有实根

(2)二次方程 $x^2+5ax+9=0$ 有实根

【考点】 一元二次方程的实根问题.

【难度】 ★★

【37】 (2013－10)设 a,b 为常数,则关于 x 的二次方程$(a^2+1)x^2+2(a+b)x+b^2+1=0$ 具有重实根.(　　)

(1)$a,1,b$ 成等差数列　　(2)$a,1,b$ 成等比数列

【考点】 方程与数列相结合.

【难度】 ★★

【38】 (2014－1)方程 $x^2+2(a+b)x+c^2=0$ 有实根.(　　)

(1)a,b,c 是一个三角形的三边长　　(2)实数 a,c,b 成等差数列

【考点】 一元二次方程与数列.

【难度】 ★★

【39】 (2014－10)关于 x 的方程 $mx^2+2x-1=0$ 有两个不相等的实根.(　　)

(1)$m>-1$　　(2)$m\neq 0$

【考点】 一元二次方程.

【难度】 ★

【40】 (2016－12)直线 $y=ax+b$ 与抛物线 $y=x^2$ 有两个交点.(　　)

(1)$a^2>4b$　　(2)$b>0$

【考点】 二次函数问题.

【难度】 ★

【41】 (2018－12)关于 x 的方程 $x^2+ax+b-1=0$ 有实根.(　　)

(1)$a+b=0$　　(2)$a-b=0$

【考点】 一元二次方程的根的判别式.

【难度】 ★

考点2 一元二次方程的根与系数的关系

【考点阐述】 韦达定理：$x_1+x_2=-\frac{b}{a}$，$x_1x_2=\frac{c}{a}$，$|x_1-x_2|=\frac{\sqrt{\Delta}}{|a|}$.

【真题梳理】

☆问题求解题：

【42】 (1997－1)若 $x^2+bx+1=0$ 的两个根为 x_1 和 x_2，且 $\frac{1}{x_1}+\frac{1}{x_2}=5$，则 b 的值为(　　).

A. －10　　B. －5　　C. 3　　D. 5　　E. 10

【考点】 韦达定理的重要变形式.

【难度】 ★

【43】 (1997－10)x_1，x_2 是方程 $6x^2-7x+a=0$ 的两个实根，若 $\frac{1}{x_1}$，$\frac{1}{x_2}$ 的几何平均值是 $\sqrt{3}$，则 a 的值是(　　).

A. 2　　B. 3　　C. 4　　D. －2　　E. －3

【考点】 韦达定理与几何平均值.

【难度】 ★

【44】 (1997－10)已知二次方程 $x^2-2ax+10x+2a^2-4a-2=0$ 有实根，则其两根之积的最小值为(　　).

A. －4　　B. －3　　C. －2　　D. －1　　E. －6

【考点】 韦达定理与最值问题.

【难度】 ★★

【45】 (1998－1)已知 a，b，c 三个数成等差数列，又成等比数列，设 α，β 是方程 $ax^2+bx-c=0$ 的两个根，且 $\alpha>\beta$，则 $\alpha^3\beta-\alpha\beta^3=$(　　).

A. $\sqrt{5}$　　B. $\sqrt{2}$　　C. $\sqrt{3}$　　D. $\sqrt{7}$　　E. $\sqrt{11}$

【考点】 数列与方程的根.

【难度】 ★★

【46】 (1998－10)若方程 $x^2+px+37=0$ 恰有两个正整数解 x_1，x_2，则 $\frac{(x_1+1)(x_2+1)}{p}$ 的值是(　　).

A. －2　　B. －1　　C. 0　　D. 1　　E. 2

【考点】 韦达定理与整数.

【难度】 ★★

【47】 (1999－10)设方程 $3x^2-8x+a=0$ 的两个实根为 x_1 和 x_2，$\frac{1}{x_1}$ 和 $\frac{1}{x_2}$ 的算术平均值为 2，则 a 的值是(　　).

A. -2　　B. -1　　C. 1　　D. $\frac{1}{2}$　　E. 2

【考点】 韦达定理与算术平均值.

【难度】 ★★

【48】 (2000－1)已知 $x^3+2x^2-5x-6=0$ 的根为 $x_1=-1, x_2, x_3$，则 $\frac{1}{x_2}+\frac{1}{x_3}=$ (　　).

A. $\frac{1}{6}$　　B. $\frac{1}{5}$　　C. $\frac{1}{4}$　　D. $\frac{1}{3}$

【考点】 一元三次方程的韦达定理.

【难度】 ★★

【49】 (2001－10)已知方程 $3x^2+px+5=0$ 的两个根 x_1, x_2 满足 $\frac{1}{x_1}+\frac{1}{x_2}=2$，则 $p=$ (　　).

A. 10　　B. -6　　C. 6　　D. -10

【考点】 韦达定理.

【难度】 ★

【50】 (2002－1)已知方程 $3x^2+5x+1=0$ 的两个根为 α, β，则 $\sqrt{\frac{\beta}{\alpha}}+\sqrt{\frac{\alpha}{\beta}}=$ (　　).

A. $-\frac{5\sqrt{3}}{3}$　　B. $\frac{5\sqrt{3}}{3}$　　C. $\frac{\sqrt{3}}{5}$　　D. $-\frac{\sqrt{3}}{5}$

【考点】 一元二次方程韦达定理.

【难度】 ★★

【51】 (2002－10)设方程 $3x^2+mx+5=0$ 的两个实根 x_1, x_2 满足 $\frac{1}{x_1}+\frac{1}{x_2}=1$，则 m 的值为(　　).

A. 5　　B. -5　　C. 3　　D. -3

【考点】 韦达定理.

【难度】 ★

【52】 (2007－10)若方程 $x^2+px+q=0$ 的一个根是另一个根的 2 倍，则 p 和 q 应满足(　　).

A. $p^2=4q$　　B. $2p^2=9q$　　C. $4p=9q^2$

D. $2p=3q^2$　　E. 以上结论均不对

【考点】 一元二次方程韦达定理.

【难度】 ★★

【53】 (2009－1)$3x^2+bx+c=0(c\neq 0)$的两个根为 α, β，如果又以 $\alpha+\beta, \alpha\beta$ 为根的一元二次方程是 $3x^2-bx+c=0$，则 b 和 c 应该为(　　).

A. 2，6　　B. 3，4　　C. -2，-6　　D. -3，-6

E. 以上结果都不正确

【考点】 一元二次方程韦达定理.

【难度】 ★★

【54】 (2011－10)若三次方程 $ax^3+bx^2+cx+d=0$ 的三个不同实根 x_1,x_2,x_3 满足：$x_1+x_2+x_3=0, x_1x_2x_3=0$,则下列关系中恒成立的是( ).

A. $ac=0$ B. $ac<0$ C. $ac>0$ D. $a+c<0$ E. $a+c>0$

【考点】 一元三次方程的韦达定理.

【难度】 ★★

【55】 (2014－12)已知 x_1,x_2 是方程 $x^2-ax-1=0$ 的两个实根,则 $x_1^2+x_2^2=$( ).

A. a^2+2 B. a^2+1 C. a^2-1 D. a^2-2 E. $a+2$

【考点】 一元二次方程的韦达定理.

【难度】 ★

【56】 (2015－12)设抛物线 $y=x^2+2ax+b$ 与 x 轴相交于 A,B 两点,点 C 坐标为 $(0,2)$,若 $\triangle ABC$ 的面积等于 6,则( ).

A. $a^2-b=9$ B. $a^2+b=9$

C. $a^2-b=36$ D. $a^2+b=36$

E. $a^2-4b=9$

【考点】 二次函数与几何结合.

【难度】 ★★

☆条件充分性判断题：

【57】 (2005－10)方程 $x^2+ax+b=0$ 有一正一负两个实数根.( )

(1) $b=-C_4^3$ (2) $b=-C_7^5$

【考点】 一元二次方程实根分布.

【难度】 ★

【58】 (2008－10) $\alpha^2+\beta^2$ 的最小值是 $\frac{1}{2}$.( )

(1) α 与 β 是方程 $x^2-2ax+(a^2+2a+1)=0$ 的两个实根 (2) $\alpha\beta=\frac{1}{4}$

【考点】 一元二次方程韦达定理.

【难度】 ★★

【59】 (2012－10)设 a,b 为实数,则 $a^2+b^2=16$.( )

(1) a 和 b 是方程 $2x^2-8x-1=0$ 的两个根

(2) $|a-b+3|$ 与 $|2a+b-3|$ 互为相反数

【考点】 一元二次方程与实数结合问题.

【难度】 ★★

【60】 (2012－10)设 a,b 为实数,则 $a=1,b=4$.( )

(1)曲线 $y=ax^2+bx+1$ 与 x 轴的两个交点的距离为 $2\sqrt{3}$

(2)曲线 $y=ax^2+bx+1$ 关于直线 $x+2=0$ 对称

【考点】 二次函数与抛物线的图象.

【难度】 ★★

考点3　一元二次方程的实根分布问题

【考点阐述】 若 $ax^2+bx+c=0(a\neq 0)$ 的两根 x_1,x_2 均在区间 (m,n) 之内 $\Leftrightarrow$ $\begin{cases}\Delta>0,\\ \text{对称轴},\\ \text{端点符号}.\end{cases}$ 若 $ax^2+bx+c=0(a\neq 0)$ 的两根在不同区间之内 $\Leftrightarrow$ 端点符号讨论即可.

【真题梳理】

☆问题求解题：

【61】 (1998－1)要使方程 $3x^2+(m-5)x+(m^2-m-2)=0$ 的两个根分别满足 $0<x_1<1$ 和 $1<x_2<2$，实数 m 的取值范围是(　　).

A. $-2<m<-1$　　B. $-4<m<-1$

C. $-4<m<-2$　　D. $\frac{-1-\sqrt{65}}{2}<m<-1$

E. $-3<m<1$

【考点】 一元二次方程实根的分布.

【难度】 ★★

【62】 (2009－10)若关于 x 的二次方程 $mx^2-(m-1)x+m-5=0$ 有两个实根 α,β，且满足 $-1<\alpha<0$ 和 $0<\beta<1$，则 m 的取值范围是(　　).

A. $3<m<4$　　B. $4<m<5$

C. $5<m<6$　　D. $m>6$ 或 $5>m$

E. $m>5$ 或 $4>m$

【考点】 一元二次方程实根分布.

【难度】 ★★

☆条件充分性判断题：

【63】 (2005－1)方程 $4x^2+(a-2)x+(a-5)=0$ 有两个不等的负实根.(　　)

(1) $a<6$　　(2) $a>5$

【考点】 一元二次方程实根分布.

【难度】 ★★

【64】 (2007－1)方程 $\sqrt{x-p}=x$ 有两个不相等的正根.(　　)

(1) $p\geqslant 0$　　(2) $p<\frac{1}{4}$

【考点】 一元二次方程实根分布问题.

【难度】 ★★

【65】 (2008－1)方程 $2ax^2-2x-3a+5=0$ 的一个根大于1，另一个根小于1.(　　)

(1) $a>3$　　(2) $a<0$

【考点】 一元二次方程实根分布问题.

【难度】 ★★

【66】 (2015－12)已知 $f(x)=x^2+ax+b$，则 $0\leqslant f(1)\leqslant 1$.(　　)

(1)$f(x)$在区间$[0,1]$中有两个零点

(2)$f(x)$在区间$[1,2]$中有两个零点

【考点】 二次函数与不等式.

【难度】 ★★★

考点 4　无理方程与超越方程

【考点阐述】 遇到根式方程，指数、对数方程，要分别转化为整式方程.

【真题梳理】

☆问题求解题：

【67】 (2000－1)解方程 $4^{x-\frac{1}{2}}+2^x=1$，则(　　).

A. 方程有两个正实根　　B. 方程只有一个正实根

C. 方程只有一个负实根　　D. 方程有一正一负两个实根

E. 方程有两个负实根

【考点】 指数方程.

【难度】 ★★

考点 5　线性方程的解与参数问题

【考点阐述】 包含绝对值方程、一元一次方程、二元一次方程组、三元一次方程组等.

【真题梳理】

☆问题求解题：

【68】 (2007－1)如果方程$|x|=ax+1$有一个负根，那么 a 的取值范围是(　　).

A. $a<1$　　B. $a=1$　　C. $a>-1$　　D. $a<-1$

E. 以上的结论均不正确

【考点】 绝对值方程.

【难度】 ★★

【69】 (2008－10)某学生在解方程$\frac{ax+1}{3}-\frac{x+1}{2}=1$时，误将式中的 $x+1$ 看成 $x-1$，得出的解为 $x=1$. 那么 a 的值和原方程的解应是(　　).

A. $a=1,x=-7$　　B. $a=2,x=5$

C. $a=2,x=7$　　D. $a=5,x=2$

E. $a=5,x=\frac{1}{7}$

【考点】 一元一次方程的解法.

【难度】 ★★

【70】 (2009－1)方程$|x-|2x+1||=4$ 的根是(　　).

A. $x=-5$ 或 $x=1$　　B. $x=5$ 或 $x=-1$

C. $x=3$ 或 $x=-\frac{5}{3}$　　D. $x=-3$ 或 $x=\frac{5}{3}$

E. 不存在

【考点】 带绝对值的线性方程.

【难度】 ★★

【71】 (2014－10)$\frac{x}{2}+\frac{x}{3}+\frac{x}{6}=-1$,则 $x=$(　　).

A. -2　　B. -1　　C. 0　　D. 1　　E. 2

【考点】 实数的运算.

【难度】 ★

☆条件充分性判断题：

【72】 (2004－1)方程组$\begin{cases}x+y=a,\\ y+z=4,\\ z+x=2,\end{cases}$得 x,y,z 成等差数列.(　　)

(1)$a=1$　　(2)$a=0$

【考点】 线性方程与数列结合.

【难度】 ★★

【73】 (2010－10)$(\alpha+\beta)^{2009}=1$.(　　)

(1)$\begin{cases}x+3y=7,\\ \beta x+\alpha y=1\end{cases}$与$\begin{cases}3x-y=1,\\ \alpha x+\beta y=2\end{cases}$有相同的解

(2)α 与 β 是方程 $x^2+x-2=0$ 的两个根

【考点】 一元二次方程与二元一次方程组的解法.

【难度】 ★★

【74】 (2010－10)不等式 $3ax-\frac{5}{2}\leqslant 2a$ 的解集是 $x\leqslant\frac{3}{2}$.(　　)

(1)直线$\frac{x}{a}+\frac{y}{b}=1$ 与 x 轴的交点是(1,0)

(2)方程$\frac{3x-1}{2}-a=\frac{1-a}{3}$的根为 $x=1$

【考点】 一元一次方程与解析几何.

【难度】 ★★

【75】 (2020－12)设 a,b 为实数,则能确定$|a|+|b|$的值.(　　)

(1)已知$|a+b|$的值　　(2)已知$|a-b|$的值

【考点】 绝对值与方程.

【难度】 ★★

第三节　不等式

【考点突破】 本节主要考查一元一次不等式、一元二次不等式、分式不等式、指数与对数不等式的解法,以及由不等式的解集情况求参数的题型.

【要点浏览】 1.一元二次不等式的解法:设方程 $ax^2+bx+c=0(a>0)$有两个不等实根 x_1,x_2,且 $x_1<x_2$,则 $ax^2+bx+c>0(a>0)$的解集为 $x<x_1$ 或 $x>x_2$;而 ax^2+bx+

$c<0$ 的解集为 $x_1<x<x_2$.

若方程 $ax^2+bx+c=0$ 有两个相等实根 $x_1=x_2$，则 $ax^2+bx+c>0$ 的解集为 $x\neq x_1$ 的任意实数，而 $ax^2+bx+c<0$ 的解集为空集$\varnothing$(其中 $a>0$).

若方程无实根，即 $ax^2+bx+c=0$ 的解集为$\varnothing$，则 $ax^2+bx+c>0$ 的解集为全体实数 $\mathbf{R}$，而 $ax^2+bx+c<0$ 的解集仍为$\varnothing$(其中 $a>0$).

2. 恒成立结论：$ax^2+bx+c>0$ 对任意 x 都成立，则有 $a>0$，$\Delta<0$；$ax^2+bx+c<0$ 对任意 x 都成立，则有 $a<0$，$\Delta<0$.

3. 绝对值不等式的解法：$|f(x)|>g(x)\Leftrightarrow f(x)>g(x)$ 或 $f(x)<-g(x)$，$|f(x)|<g(x)\Leftrightarrow -g(x)<f(x)<g(x)$.

4. 分式不等式的解法：$\dfrac{f(x)}{g(x)}\geqslant 0(\leqslant 0)\Leftrightarrow f(x)g(x)\geqslant 0(\leqslant 0)$ 且 $g(x)\neq 0$.

5. 均值不等式：当 a，b 都为正实数时，它们的算术平均值必然大于等于它们的几何平均值，即$\dfrac{a+b}{2}\geqslant\sqrt{ab}$，当且仅当 $a=b$ 时等号成立.

【名师总结】 求解一元二次不等式的主要方法是采用数形结合的方法，画出二次函数的基本图形，然后观察解集，如果遇到其他类型的不等式时，主要转化为一元二次不等式求解. 另外，由不等式的解集求参数的范围这类题目也要引起关注.

考点1　一元二次不等式的解法

【考点阐述】 注意开口方向；根据 Δ 的正负号，找到三种不同类型中的某一种.

【真题梳理】

☆问题求解题：

【76】 (1998－1)一元二次不等式 $3x^2-4ax+a^2<0(a<0)$ 的解集是(　　).

A. $\dfrac{a}{3}<x<a$　　B. $x>a$ 或 $x<\dfrac{a}{3}$

C. $a<x<\dfrac{a}{3}$　　D. $x>\dfrac{a}{3}$或 $x<a$

E. $a<x<3a$

【考点】 一元二次不等式的解法.

【难度】 ★

【77】 (2000－10)已知 $-2x^2+5x+c\geqslant 0$ 的解为$-\dfrac{1}{2}\leqslant x\leqslant 3$，则 c 为(　　).

A. $\dfrac{1}{3}$　　B. 3　　C. $-\dfrac{1}{3}$　　D. -3

【考点】 一元二次不等式的解法.

【难度】 ★

【78】 (2002－10)不等式 $4+5x^2>x$ 的解集是(　　).

A. 全体实数　　B. $(-5,1)$　　C. $(-4,2)$　　D. 空集

【考点】 一元二次不等式的解法.

【难度】 ★

【79】 (2005－1)满足不等式$(x+4)(x+6)+3>0$的所有实数x的集合是(　　).

A. $[4,+\infty)$　　B. $(4,+\infty)$

C. $(-\infty,-2]$　　D. $(-\infty,-1)$

E. $(-\infty,+\infty)$

【考点】 一元二次不等式的解法.

【难度】 ★

【80】 (2006－10)已知不等式$ax^2+2x+2>0$的解集是$\left(-\frac{1}{3},\frac{1}{2}\right)$,则$a=$(　　).

A. -12　　B. 6　　C. 0　　D. 12

E. 以上结论均不对

【考点】 一元二次不等式的解法.

【难度】 ★

【81】 (2007－10)$x^2+x-6>0$的解集是(　　).

A. $(-\infty,-3)$　　B. $(-3,2)$

C. $(2,+\infty)$　　D. $(-\infty,-3)\cup(2,+\infty)$

E. 以上结论均不正确

【考点】 一元二次不等式的解法.

【难度】 ★

☆条件充分性判断题:

【82】 (2005－10)$4x^2-4x<3$.(　　)

(1)$x\in\left(-\frac{1}{4},\frac{1}{2}\right)$　　(2)$x\in(-1,0)$

【考点】 一元二次不等式的解法.

【难度】 ★

考点2 **高次不等式的解法**

【考点阐述】 一般遇到高次不等式,我们可以将其转化为一元二次不等式求解或用穿针引线法求解.

穿针引线法使用方法:

将高次不等式化为标准型,$a(x-x_1)(x-x_2)(x-x_3)\cdots(x-x_n)>0(<0)$,$x_1$,$x_2$,$\cdots$,$x_n$各不相同,其中$a>0$,在数轴上标出每一个根后从右上方穿入,每过一根穿入一次,然后根据不等式定解集,最后原不等式的偶数次因式单独讨论.例如:$(x-1)(x-2)(x-3)>0$,画出数轴如图3-4所示:

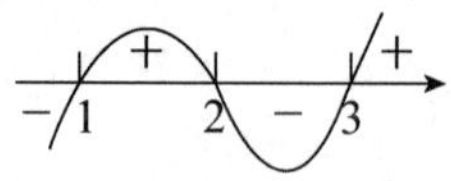

图3-4

解集观察数轴上方对应的x的范围,则为$(1,2)\cup(3,+\infty)$.

【真题梳理】

☆问题求解题：

【83】 (1999－10)不等式$(x^4-4)-(x^2-2)\geqslant 0$的解是(　　).

A. $x\geqslant\sqrt{2}$或$x\leqslant-\sqrt{2}$　　B. $-\sqrt{2}\leqslant x\leqslant\sqrt{2}$

C. $x<-\sqrt{3}$或$x>\sqrt{3}$　　D. $-\sqrt{2}<x<\sqrt{2}$

E. 空集

【考点】 一元二次不等式的解法.

【难度】 ★

☆条件充分性判断题：

【84】 (2008－1)$(2x^2+x+3)(-x^2+2x+3)<0$.(　　)

(1)$x\in[-3,-2]$　　(2)$x\in(4,5)$

【考点】 一元二次不等式的解法.

【难度】 ★★

【85】 (2009－1)$(x^2-2x-8)(2-x)(2x-2x^2-6)>0$.(　　)

(1)$x\in(-3,-2)$　　(2)$x\in[2,3]$

【考点】 一元高次不等式的解法.

【难度】 ★★

考点3 分式不等式解法

【考点阐述】 分式不能化为零或不等式时，注意必须考虑分母的符号.

【真题梳理】

☆问题求解题：

【86】 (2001－1)设$0<x<1$，则不等式$\frac{3x^2-2}{x^2-1}>1$的解是(　　).

A. $0<x<\frac{1}{\sqrt{2}}$　　B. $\frac{1}{\sqrt{2}}<x<1$

C. $0<x<\sqrt{\frac{2}{3}}$　　D. $\sqrt{\frac{2}{3}}<x<1$

【考点】 分式不等式的解法.

【难度】 ★★

【87】 (2013－10)不等式$\frac{x^2-2x+3}{x^2-5x+6}\geqslant 0$的解是(　　).

A. $(2,3)$　　B. $(-\infty,2]$

C. $[3,+\infty)$　　D. $(-\infty,2]\cup(3,+\infty)$

E. $(-\infty,2)\cup(3,+\infty)$

【考点】 不等式解法.

【难度】 ★★

☆条件充分性判断题：

【88】 (2014－10)x是实数，则x的取值范围是$(0,1)$.(　　)

(1)$x<\frac{1}{x}$　　　　(2)$2x>x^2$

【考点】 不等式的解法.

【难度】 ★★

考点4 绝对值不等式解法

【考点阐述】 掌握基本结构：$|f(x)|<g(x)\Leftrightarrow -g(x)<f(x)<g(x)$. $|f(x)|>g(x)\Leftrightarrow f(x)<-g(x)$或$f(x)>g(x)$.

【真题梳理】

☆问题求解题：

【89】 (2016－12)不等式$|x-1|+x\leqslant 2$的解集为(　　).

A. $(-\infty,1]$　　B. $\left(-\infty,\frac{3}{2}\right]$

C. $\left[1,\frac{3}{2}\right]$　　D. $[1,+\infty)$

E. $\left[\frac{3}{2},+\infty\right)$

【考点】 绝对值不等式.

【难度】 ★★

【90】 (2019－12)设$A=\{x\,|\,|x-a|<1,x\in\mathbf{R}\}$，$B=\{x\,|\,|x-b|<2,x\in\mathbf{R}\}$，则$A\subset B$的充分必要条件是(　　)

A. $|a-b|\leqslant 1$　B. $|a-b|\geqslant 1$　C. $|a-b|<1$　D. $|a-b|>1$　E. $|a-b|=1$

【考点】 绝对值几何意义.

【难度】 ★★

☆条件充分性判断题：

【91】 (2012－10)$x^2-x-5>|2x-1|$.(　　)

(1)$x>4$　　　　(2)$x<-1$

【考点】 绝对值不等式的解法.

【难度】 ★★

【92】 (2014－1)不等式$|x^2+2x+a|\leqslant 1$的解集为空集.(　　)

(1)$a<1$　　　　(2)$a>2$

【考点】 绝对值不等式.

【难度】 ★★★

考点5 无理不等式/超越不等式解法

【考点阐述】 根式不等式化简时候要注意其定义域. 对数不等式要注意对数函数单调性.

【真题梳理】

☆条件充分性判断题：

【93】 (2007－10)$\sqrt{1-x^2}<x+1$.(　　)

(1)$x\in[-1,0]$　　　　(2)$x\in\left(0,\frac{1}{2}\right]$

【考点】 根式不等式的解法.

【难度】 ★★

【94】 (2009－1)$|\log_a x|>1$.(　　)

(1)$x\in[2,4]$,$\frac{1}{2}<a<1$　　　　(2)$x\in[4,6]$,$1<a<2$

【考点】 对数不等式的解法.

【难度】 ★★★

考点6 不等式性质运用

【考点阐述】 利用一些不等式的常见性质与关系解题.

常见性质有:

①$a>b,c>0$,则$ac>bc$;$a>b,d<0$,则$ad<bd$.

②传递性:$a>b,b>c\Rightarrow a>c$.

③同向皆正相乘性:$\begin{cases}a>b>0,\\c>d>0\end{cases}\Rightarrow ac>bd$.

④皆正倒数性:$a>b>0\Rightarrow\frac{1}{b}>\frac{1}{a}>0$.

⑤皆正乘方性:$a>b>0\Rightarrow a^n>b^n>0$.

⑥皆正开方性:$a>b>0\Rightarrow\sqrt[n]{a}>\sqrt[n]{b}>0$($n$为正整数).

【真题梳理】

☆问题求解题:

【95】 (2001－10)若$a>b>0,k>0$,则下列不等式中能够成立的是(　　).

A. $-\frac{b}{a}<-\frac{b+k}{a+k}$　　　　B. $\frac{a}{b}>\frac{a-k}{b-k}$

C. $-\frac{b}{a}>-\frac{b+k}{a+k}$　　　　D. $\frac{a}{b}<\frac{a-k}{b-k}$

【考点】 不等式的性质.

【难度】 ★

☆条件充分性判断题:

【96】 (2004－10)$\frac{c}{a+b}<\frac{a}{b+c}<\frac{b}{c+a}$.(　　)

(1)$0<c<a<b$　　　　(2)$0<a<b<c$

【考点】 不等式的性质.

【难度】 ★★

【97】 (2008－10)$a>b$.(　　)

(1)a,b为实数,且$a^2>b^2$　　　　(2)a,b为实数,且$\left(\frac{1}{2}\right)^a<\left(\frac{1}{2}\right)^b$

【考点】 不等式的性质.

【难度】 ★

【98】 (2015－12)设 x, y 是实数，则 $x \leqslant 6, y \leqslant 4$.(　　)

(1) $x \leqslant y+2$　　　　(2) $2y \leqslant x+2$

【考点】 实数运算与不等式性质.

【难度】 ★★

考点7　不等式的恒成立问题

【考点阐述】 ①一元二次不等式 $ax^2+bx+c>0$(解为 $\mathbf{R}$)恒成立 $\Leftrightarrow \begin{cases} a>0(a<0), \\ \Delta<0. \end{cases}$

② $f(x)<g(x)$ 恒成立等价于 $f(x)<g(x)_{\min}$，或 $g(x)>f(x)_{\max}$.

【真题梳理】

☆问题求解题：

【99】 (2008－10)若 $y^2-2(\sqrt{x}+\frac{1}{\sqrt{x}})y+3<0$ 对一切正实数 x 恒成立，则 y 的取值范围是(　　).

A. $1<y<3$　B. $2<y<4$　C. $1<y<4$　D. $3<y<5$　E. $2<y<5$

【考点】 不等式恒成立问题.

【难度】 ★★★

【100】 (2012－10)不等式 $\frac{(x-a)^2+(x+a)^2}{x}>4$ 对 $x \in (0,+\infty)$ 恒成立，则实数 a 的取值范围是(　　).

A. $(-\infty,-1)$　B. $(1,+\infty)$　C. $(-1,1)$

D. $(-1,+\infty)$　E. $(-\infty,-1) \cup (1,+\infty)$

【考点】 不等式恒成立问题.

【难度】 ★★

☆条件充分性判断题：

【101】 (2003－10)不等式 $(k+3)x^2-2(k+3)x+k-1<0$，对 x 的任意数值都成立.(　　)

(1) $k=0$　　　　(2) $k=-3$

【考点】 一元二次不等式恒成立问题.

【难度】 ★★

【102】 (2011－10)不等式 $ax^2+(a-6)x+2>0$ 对所有实数 x 都成立.(　　)

(1) $0<a<3$　　　　(2) $1<a<5$

【考点】 一元二次不等式恒成立问题.

【难度】 ★★

考点8　均值不等式运用

【考点阐述】 当 $a,b \in \mathbf{R}^+$，$\frac{a+b}{2} \geqslant \sqrt{ab}$；当 $a,b,c \in \mathbf{R}^+$，$\frac{a+b+c}{3} \geqslant \sqrt[3]{abc}$，等号当且仅当所有的数相等时取到.

【真题梳理】

☆问题求解题：

【103】 (2008－1)直角边之和为 12 的直角三角形面积的最大值为(　　).

A. 16　　B. 18　　C. 20　　D. 22　　E. 不能确定

【考点】 三角形的面积计算.

【难度】 ★★

☆条件充分性判断题：

【104】 (2009－10)$\frac{1}{a}+\frac{1}{b}+\frac{1}{c}>\sqrt{a}+\sqrt{b}+\sqrt{c}$.(　　)

(1)$abc=1$　　(2)a,b,c 为不全相等的正数

【考点】 均值不等式的运用.

【难度】 ★★

【105】 (2011－1)已知实数 a,b,c,d 满足 $a^2+b^2=1,c^2+d^2=1$，则 $|ac+bd|<1$.(　　)

(1)直线 $ax+by=1$ 与 $cx+dy=1$ 仅有一个交点　　(2)$a\neq c,b\neq d$

【考点】 不等式综合问题.

【难度】 ★★★

【106】 (2015－12)设 x,y 是实数，则可以确定 x^3+y^3 的最小值.(　　)

(1)$xy=1$　　(2)$x+y=2$

【考点】 均值定理求最值.

【难度】 ★★

【107】 (2017－12)甲、乙、丙三人的年收入成等比数列，则能确定乙的年收入的最大值.(　　)

(1)已知甲、丙两人的年收入之和　　(2)已知甲、丙两人的年收入之积

【考点】 均值不等式与等比数列.

【难度】 ★★

【108】 (2019－12)设 a,b 是正实数，则$\frac{1}{a}+\frac{1}{b}$存在最小值.(　　)

(1)已知 ab 的值

(2)已知 a,b 是方程 $x^2-(a+b)x+2=0$ 的不同实数根

【考点】 均值定理与韦达定理.

【难度】 ★★

【109】 (2019－12)设 a,b,c,d 是正实数，则$\sqrt{a}+\sqrt{d}\leqslant\sqrt{2(b+c)}$

(1)$a+d=b+c$　　(2)$ad=bc$

【考点】 均值不等式.

【难度】 ★★★

第四章　数　列

【考试地位】

数列主要研究元素的变化规律，可将其看成函数：若把 n 看成自变量，则 a_n 或 S_n 可看成特殊的函数. 等差数列和等比数列是两类最基本的数列. 对于等差数列，a_n 为一次函数，其中 d 可看成直线的斜率，S_n 为恒过原点的二次函数，d 的正负决定了开口方向，在等差数列中，关键的量是 a_1 和 d，只要知道这两个量，那么 a_n，S_n 就很容易求得了；同样在等比数列中，关键的量是 a_1 和 q，只要转化为这两个量，问题就迎刃而解了. 本部分在考试中一般考查 2 道题.

【知识框架】

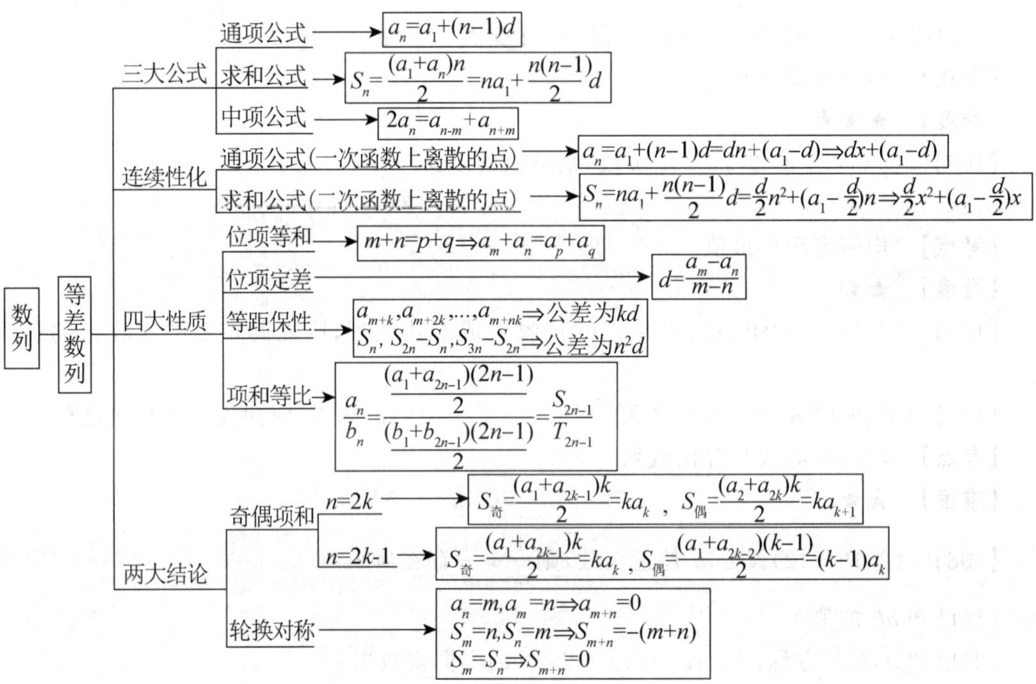

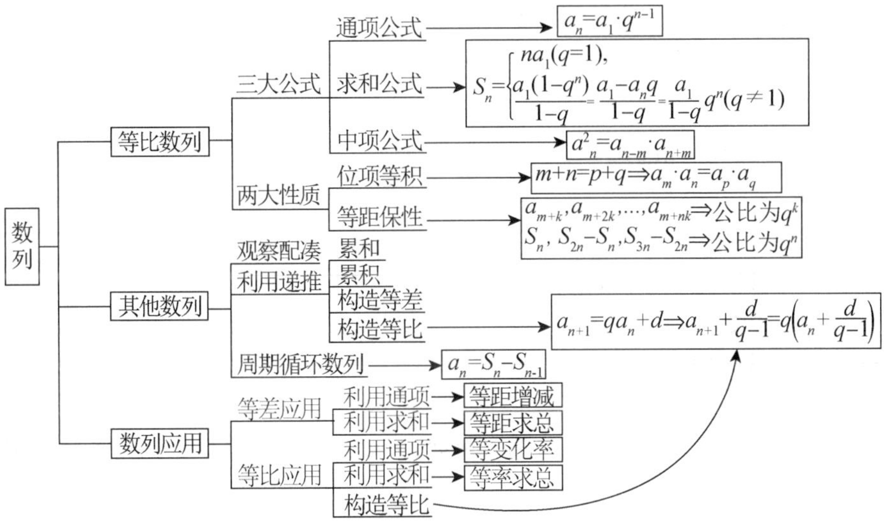

第一节　数列的通项或参数计算

【考点突破】　本节主要考查数列的通项公式计算，主要包括等差数列的通项计算、等比数列的通项计算、由递推公式求通项公式、由前 n 项和 S_n 求通项公式 a_n 等.

【要点浏览】　(1)等差数列的通项公式：$a_n=a_1+(n-1)d$.

(2)等比数列的通项公式：$a_n=a_1\times q^{n-1}$.

(3)一般数列：$a_n=\begin{cases}S_1, & n=1,\\ S_n-S_{n-1}, & n\geqslant2.\end{cases}$

(4)重要性质：等差数列中，若$m+n=k+l\Rightarrow a_m+a_n=a_k+a_l$；

等比数列中，若$m+n=k+l\Rightarrow a_m\times a_n=a_k\times a_l$.

(5)三个数 a,b,c 成等差数列，则 $2b=a+c$；三个数 a,b,c 成等比数列，则 $b^2=ac$.

【名师总结】　一般遇到求一个数列的通项或者某一项(或参数)时，可以用前 n 项和的方法，也可以用递推公式转化的方法(累和与累积)，如果是等差数列或等比数列时可以直接使用相关公式求解.

考点1　等差数列的通项公式

【考点阐述】　$a_n=a_1+(n-1)d$，推广：$a_n=a_m+(n-m)d$.

【真题梳理】

☆问题求解题：

【1】　(1997－1)一等差数列中，$a_1=2$，$a_4+a_5=-3$，该等差数列的公差为(　　).

A. －2　　B. －1　　C. 1　　D. 2　　E. 3

【考点】　求等差数列的公差.

【难度】　★

【2】 (2008－10)下列通项公式表示的数列为等差数列的是(　　).

A. $a_n=\frac{n}{n+1}$　　B. $a_n=n^2-1$

C. $a_n=5n+(-1)^n$　　D. $a_n=3n-1$

E. $a_n=\sqrt{n}-\sqrt[3]{n}$

【考点】 等差数列的识别.

【难度】 ★

☆条件充分性判断题:

【3】 (2008－10)$a_1a_8<a_4a_5$.(　　)

(1)$\{a_n\}$为等差数列,且$a_1>0$　　(2)$\{a_n\}$为等差数列,且公差$d\neq0$

【考点】 等差数列的通项运算.

【难度】 ★★

【4】 (2010－1)已知数列$\{a_n\}$为等差数列,公差为d,$a_1+a_2+a_3+a_4=12$,则$a_4=0$.(　　)

(1)$d=-2$　　(2)$a_2+a_4=4$

【考点】 等差数列的通项.

【难度】 ★★

【5】 (2014－12)设$\{a_n\}$是等差数列,则能确定数列$\{a_n\}$.(　　)

(1)$a_1+a_6=0$　　(2)$a_1a_6=-1$

【考点】 等差数列.

【难度】 ★★

考点2 等比数列的通项公式

【考点阐述】 $a_n=a_1\times q^{n-1}$,推广:$a_n=a_m\times q^{n-m}$.

【真题梳理】

☆问题求解题:

【6】 (2001－1)在等差数列$\{a_n\}$中,$a_3=2$,$a_{11}=6$;数列$\{b_n\}$是等比数列.若$b_2=a_3$,$b_3=\frac{1}{a_2}$,则满足$b_n>\frac{1}{a_{26}}$的最大的n为(　　).

A. 3　　B. 4　　C. 5　　D. 6

【考点】 数列的运算.

【难度】 ★★

【7】 (2008－1)如图4－1所示,P是以a为边长的正方形,P_1是以P的四边中点为顶点的正方形,P_2是以P_1的四边中点为顶点的正方形,…,P_i是以P_{i-1}的四边中点为顶点的正方形,则P_6的面积为(　　).

图 4－1

A. $\frac{a^2}{16}$　　B. $\frac{a^2}{32}$　　C. $\frac{a^2}{40}$

D. $\frac{a^2}{48}$　　E. $\frac{a^2}{64}$

【考点】 数列的应用.

【难度】 ★★

【8】 (2012－10)在等差数列$\{a_n\}$中,$a_2=4$,$a_4=8$,若$\sum_{k=1}^{n}\frac{1}{a_k a_{k+1}}=\frac{5}{21}$,则$n=$(　　).

A. 16　　B. 17　　C. 19　　D. 20　　E. 21

【考点】 等差数列与裂项计算.

【难度】 ★★

☆条件充分性判断题:

【9】 (2012－1)已知$\{a_n\}$,$\{b_n\}$分别为等比数列与等差数列,$a_1=b_1=1$,则$b_2\geqslant a_2$.(　　)

(1)$a_2>0$　　(2)$a_{10}=b_{10}$

【考点】 数列的运用.

【难度】 ★★★

【10】 (2013－10)设$\{a_n\}$是等比数列,则$a_2=2$.(　　)

(1)$a_1+a_3=5$　　(2)$a_1a_3=4$

【考点】 等比数列的通项.

【难度】 ★★

【11】 (2014－10)等比数列$\{a_n\}$满足$a_2+a_4=20$,则$a_3+a_5=40$.(　　)

(1)公比$q=2$　　(2)$a_1+a_3=10$

【考点】 等比数列.

【难度】 ★★

【12】 (2020－12)已知数列$\{a_n\}$,则数列$\{a_n\}$为等比数列.(　　)

(1)$a_na_{n+1}>0$　　(2)$a_{n+1}^2-2a_n^2-a_na_{n+1}=0$

【考点】 等比数列的定义.

【难度】 ★★

考点3 等差等比数列的中项计算

【考点阐述】 a,b,c成等差数列$\Leftrightarrow 2b=a+c$,a,b,c成等比数列$\Leftrightarrow b^2=ac$.

【真题梳理】

☆问题求解题:

【13】 (2000－1)若$\alpha^2,1,\beta^2$成等比数列,而$\frac{1}{\alpha},1,\frac{1}{\beta}$成等差数列,则$\frac{\alpha+\beta}{\alpha^2+\beta^2}=$(　　).

A. $-\frac{1}{2}$或1　　B. $-\frac{1}{3}$或1　　C. $\frac{1}{2}$或1　　D. $\frac{1}{3}$或1

【考点】 已知数列求关系式.

【难度】 ★★

【14】 (2000－10)已知等差数列$\{a_n\}$的公差不为0,但第3,4,7项构成等比数列,则$\frac{a_2+a_6}{a_3+a_7}=$(　　).

A. $\frac{3}{5}$　　B. $\frac{2}{3}$　　C. $\frac{3}{4}$　　D. $\frac{4}{5}$

【考点】 已知数列求元素之比.

【难度】 ★★

【15】 (2001-1)若 $2,2^x-1,2^x+3$ 成等比数列,则 $x=($　　$)$.

A. $\log_2 5$　　B. $\log_2 6$　　C. $\log_2 7$　　D. $\log_2 8$

【考点】 等比数列与指数运算.

【难度】 ★

【16】 (2002-1)设有两个数列 $\{\sqrt{2}-1,a\sqrt{3},\sqrt{2}+1\}$ 和 $\left\{\sqrt{2}-1,\frac{a\sqrt{6}}{2},\sqrt{2}+1\right\}$,则使前者成等差数列,后者成等比数列的实数 a 的值有(　　).

A. 0 个　　B. 1 个　　C. 2 个　　D. 3 个

【考点】 已知数列求参数.

【难度】 ★★

【17】 (2002-10)设 $3^a=4,3^b=8,3^c=16$,则 a,b,c(　　).

A. 是等比数列,但不是等差数列

B. 是等差数列,但不是等比数列

C. 既是等比数列也是等差数列

D. 既不是等比数列,也不是等差数列

【考点】 数列的识别.

【难度】 ★★

【18】 (2006-1)若 $6,a,c$ 成等差数列,且 $36,a^2,-c^2$ 也成等差数列,则 $c=($　　$)$.

A. -6　　B. 2　　C. 3 或 -2　　D. -6 或 2　　E. 以上均不对

【考点】 等差数列的运算.

【难度】 ★★

【19】 (2010-1)如表 4-1 所示,每行为等差数列,每列为等比数列,$x+y+z=($　　$)$.

表 4-1

2	$\frac{5}{2}$	3
x	$\frac{5}{4}$	$\frac{3}{2}$
a	y	$\frac{3}{4}$
b	c	z

A. 2　　B. $\frac{5}{2}$　　C. 3

D. $\frac{7}{2}$　　E. 4

【考点】 已知数列求参数.

【难度】 ★★

☆条件充分性判断题:

【20】 (2003-1)$\frac{a+b}{a^2+b^2}=-\frac{1}{3}$.(　　)

(1)$a^2,1,b^2$ 成等差数列　　(2)$\frac{1}{a},1,\frac{1}{b}$成等比数列

【考点】 数列运算.

【难度】 ★★

【21】 (2007－1)整数数列 a,b,c,d 中 a,b,c 成等比数列，b,c,d 成等差数列.（　　）

(1)$b=10,d=6a$　　　　(2)$b=-10,d=6a$

【考点】 数列的运算.

【难度】 ★★

【22】 (2011－1)实数 a,b,c 成等差数列.（　　）

(1)e^a,e^b,e^c 成等比数列　　　　(2)$\ln a,\ln b,\ln c$ 成等差数列

【考点】 数列的识别.

【难度】 ★★

【23】 (2014－1)甲、乙、丙三人年龄相同.（　　）

(1)甲、乙、丙的年龄成等差数列　　　　(2)甲、乙、丙的年龄成等比数列

【考点】 等差数列与等比数列结合.

【难度】 ★

【24】 (2021－12)已知 a,b 为实数，则能确定 $\frac{a}{b}$ 的值.（　　）

(1)$a,b,a+b$ 成等比数列　　　　(2)$a(a+b)>0$

【考点】 数列与方程结合.

【难度】 ★★

考点 4　由前 n 项和 S_n 求 a_n

【考点阐述】 $a_n=\begin{cases}S_1, & n=1,\\ S_n-S_{n-1}, & n\geqslant 2.\end{cases}$

【真题梳理】

☆问题求解题：

【25】 (2003－10)数列$\{a_n\}$的前 n 项和为 $S_n=4n^2+n-2$，则它的通项 a_n 是（　　）.

A. $3n-2$　　B. $4n+1$　　C. $8n-2$　　D. $8n-1$

E. 以上结论均不正确

【考点】 数列通项与前 n 项和的关系.

【难度】 ★★

【26】 (2008－1)如果数列$\{a_n\}$的前 n 项和 $S_n=\frac{3}{2}a_n-3$，那么这个数列的通项公式是（　　）.

A. $a_n=2(n^2+n+1)$　　B. $a_n=3\times 2^n$

C. $a_n=3n+1$　　D. $a_n=2\times 3^n$

E. 以上结果均不对

【考点】 数列通项与前 n 项和的关系.

【难度】 ★★

【27】 (2009－1)若数列$\{a_n\}$中，$a_n\neq 0(n\geqslant 1)$，$a_1=\frac{1}{2}$，前 n 项和 S_n 满足 $a_n=\frac{2S_n^2}{2S_n-1}$

$(n\geqslant2)$，则$\left\{\frac{1}{S_n}\right\}$是(　　).

A. 首项为2，公比为$\frac{1}{2}$的等比数列

B. 首项为2，公比为2的等比数列

C. 既非等差数列也非等比数列

D. 首项为2，公差为$\frac{1}{2}$的等差数列

E. 首项为2，公差为2的等差数列

【考点】 数列通项与前n项和的关系.

【难度】 ★★★

☆条件充分性判断题：

【28】 (2018－12)设数列$\{a_n\}$前n项和为S_n，则$\{a_n\}$是等差数列.(　　)

(1)$S_n=n^2+2n,n=1,2,3$　　(2)$S_n=n^2+2n+1,n=1,2,3$

【考点】 等差数列的前n项和.

【难度】 ★★★

考点5　由递推公式求通项公式a_n

【考点阐述】 常见方法有：累和法，累积法，构造法，例举归纳法等. 构造法一般运用在线性关系的递推公式中，将其构造成一个等比数列. 常见：

$$a_{n+1}=ka_n+b\Rightarrow a_{n+1}+c=ka_n+c,$$

c通过待定系数求解得$c=\frac{b}{k-1}$.

【真题梳理】

☆问题求解题：

【29】 (2013－10)设数列$\{a_n\}$满足$a_1=1,a_{n+1}=a_n+\frac{n}{3}(n\geqslant1)$，则$a_{100}=$(　　).

A. 1 650　　B. 1 651　　C. $\frac{5\ 050}{3}$　　D. 3 300　　E. 3 301

【考点】 求数列的通项公式.

【难度】 ★★

【30】 (2014－10)已知数列$\{a_n\}$，满足$a_{n+1}=\frac{a_n+2}{a_n+1},n=1,2,3,\cdots$，且$a_2>a_1$，那么$a_1$的取值范围是(　　).

A. $a_1<\sqrt{2}$　　B. $-1<a_1<\sqrt{2}$

C. $a_1>\sqrt{2}$　　D. $-\sqrt{2}<a_1<\sqrt{2}$且$a_1\neq-1$

E. $-1<a_1<\sqrt{2}$或$a_1<-\sqrt{2}$

【考点】 数列与不等式.

【难度】 ★★

【31】 (2018－12)设数列$\{a_n\}$满足$a_1=0,a_{n+1}-2a_n=1$，则$a_{100}=$(　　).

A. $2^{99}-1$　　B. 2^{99}　　C. $2^{99}+1$　　D. $2^{100}-1$　　E. $2^{100}+1$

【考点】 数列的通项的递推.

【难度】 ★★

【32】 (2019－12)已知数列$\{a_n\}$满足 $a_1=1,a_2=2$ 且 $a_{n+2}=a_{n+1}-a_n(n=1,2,3,\cdots)$，则 $a_{100}=($　　$)$.

A. 1　　B. -1　　C. 2　　D. -2　　E. 0

【考点】 周期循环数列.

【难度】 ★★

☆条件充分性判断题：

【33】 (2008－10)$a_1=\frac{1}{3}$.(　　)

(1)在数列$\{a_n\}$中，$a_3=2$

(2)在数列$\{a_n\}$中，$a_2=2a_1,a_3=3a_2$

【考点】 数列的运算.

【难度】 ★

【34】 (2010－10)$x_n=1-\frac{1}{2^n}(n=1,2,\cdots)$.(　　)

(1)$x_1=\frac{1}{2},x_{n+1}=\frac{1}{2}(1-x_n)(n=1,2,\cdots)$

(2)$x_1=\frac{1}{2},x_{n+1}=\frac{1}{2}(1+x_n)(n=1,2,\cdots)$

【考点】 等比数列的递推与通项.

【难度】 ★★

【35】 (2011－10)已知数列 a_n 满足 $a_{n+1}=\frac{a_n+2}{a_n+1}(n=1,2,3,\cdots)$，则 $a_2=a_3=a_4$.(　　)

(1)$a_1=\sqrt{2}$

(2)$a_1=-\sqrt{2}$

【考点】 数列(数列的递推).

【难度】 ★★

【36】 (2013－1)设 $a_1=1,a_2=k,\cdots,a_{n+1}=|a_n-a_{n-1}|(n\geqslant 2)$，则 $a_{100}+a_{101}+a_{102}=2$.(　　)

(1)$k=2$

(2)k 是小于 20 的正整数

【考点】 数列的递推运算.

【难度】 ★★★

【37】 (2015－12)已知数列 $a_1,a_2,a_3,\cdots,a_{10}$，则 $a_1-a_2+a_3-\cdots+a_9-a_{10}\geqslant 0$.(　　)

(1)$a_n\geqslant a_{n+1},n=1,2,\cdots,9$

(2)$a_n^2\geqslant a_{n+1}^2,n=1,2,\cdots,9$

【考点】 数列递推问题.

【难度】 ★★

【38】 (2021－12)已知正数列$\{a_n\}$，则$\{a_n\}$是等差数列.(　　)

(1)$a_{n+1}^2-a_n^2=2n,n=1,2,\cdots$　　　　(2)$a_1+a_3=2a_2$

【考点】 递推公式求通项公式.

【难度】 ★★★

考点6　等差、等比数列的角标性质

【考点阐述】 ①在等差数列中,若$m+n=p+q\Rightarrow a_m+a_n=a_p+a_q$. ②在等比数列中,若$m+n=p+q\Rightarrow a_m\times a_n=a_p\times a_q$.

【真题梳理】

☆问题求解题:

【39】 (2010-10)等比数列$\{a_n\}$中a_3,a_8是$3x^2+2x-18=0$的两个根,则$a_4\cdot a_7=$(　　).

A. -9　　B. -8　　C. -6　　D. 6　　E. 8

【考点】 等比数列的性质与韦达定理.

【难度】 ★

【40】 (2011-10)若等比数列a_n满足:$a_2a_4+2a_3a_5+a_2a_8=25$,且$a_1>0$,则$a_3+a_5=$(　　).

A. 8　　B. 5　　C. 3　　D. 2　　E. 1

【考点】 等比数列(角标性质).

【难度】 ★★

【41】 (2013-1)已知$\{a_n\}$为等差数列,若a_2和a_{10}是方程$x^2-10x-9=0$的两个根,则$a_5+a_7=$(　　).

A. -10　　B. -9　　C. 9　　D. 10　　E. 12

【考点】 等差数列的性质.

【难度】 ★

第二节　数列的求和

【考点突破】 本节主要考查数列前n项和公式及其运用,主要包括等差数列的前n项和计算、等比数列的前n项和计算,以及裂项相消的求和运算. 另外,还包括前n项的相关重要性质等.

【要点浏览】 (1)等差数列的求和公式:$S_n=\dfrac{(a_1+a_n)\times n}{2}=na_1+\dfrac{n(n-1)}{2}d$;

(2)等比数列的求和公式:$S_n=\dfrac{a_1(1-q^n)}{1-q}(q\neq1)$;

(3)阶段项和性质:$\begin{cases}\text{等差}:S_m,S_{2m}-S_m,S_{3m}-S_{2m}\text{ 也成等差数列},\\ \text{等比}:S_m,S_{2m}-S_m,S_{3m}-S_{2m}\text{ 也成等比数列}.\end{cases}$

【名师总结】 一般求一个数列的前n项和时,可以采用相关公式,也可以用一些技巧(比如阶段项和)进行求解.

考点1 等差数列的求和公式

【考点阐述】 $S_n=\frac{(a_1+a_n)\times n}{2}=na_1+\frac{n(n-1)}{2}d$.

【真题梳理】

☆问题求解题:

【42】 (1998－10)若在等差数列中前5项和 $S_5=15$,前15项和 $S_{15}=120$,则前10项和 $S_{10}=$(　　).

A. 40　　B. 45　　C. 50　　D. 55　　E. 60

【考点】 等差数列的求和运算.

【难度】 ★★

【43】 (2001－10)等差数列 $\{a_n\}$ 中,$a_5<0$,$a_6>0$,且 $a_6>|a_5|$,S_n 是前 n 项之和,则(　　).

A. S_1,S_2,S_3 均小于0,而 $S_4,S_5,\cdots$ 均大于0

B. $S_1,S_2,\cdots,S_5$ 均小于0,而 $S_6,S_7,\cdots$ 均大于0

C. $S_1,S_2,\cdots,S_9$ 均小于0,而 $S_{10},S_{11},\cdots$ 均大于0

D. $S_1,S_2,\cdots,S_{10}$ 均小于0,而 $S_{11},S_{12},\cdots$ 均大于0

【考点】 等差数列的前 n 项和.

【难度】 ★★★

【44】 (2007－10)已知等差数列 $\{a_n\}$ 中,$a_2+a_3+a_{10}+a_{11}=64$,则 $S_{12}=$(　　).

A. 64　　B. 81　　C. 128　　D. 192　　E. 188

【考点】 等差数列求和.

【难度】 ★★

【45】 (2011－10)若等差数列 a_n 满足 $5a_7-a_3-12=0$,则 $\sum_{k=1}^{15}a_k=$(　　).

A. 15　　B. 24　　C. 30　　D. 45　　E. 60

【考点】 等差数列(前 n 项和).

【难度】 ★★

【46】 (2014－1)已知 $\{a_n\}$ 为等差数列,且 $a_2-a_5+a_8=9$,则 $a_1+a_2+\cdots+a_9=$(　　).

A. 27　　B. 45　　C. 54　　D. 81　　E. 182

【考点】 等差数列的求和与性质,

【难度】 ★★

【47】 (2014－10)等差数列 $\{a_n\}$ 的前 n 项和为 S_n,已知 S_3-3,S_6-24,则此等差数列的公差 d 等于(　　).

A. 3　　B. 2　　C. 1　　D. $\frac{1}{2}$　　E. $\frac{1}{3}$

【考点】 等差数列的求和公式.

【难度】 ★★

【48】 (2019－12)若等差数列 $\{a_n\}$ 满足 $a_1=8$,$a_2+a_4=a_1$,则 $\{a_n\}$ 前 n 项和的最大值为(　　).

A. 16　　B. 17　　C. 18　　D. 19　　E. 20

【考点】 等差数列求和公式和性质.

【难度】 ★★

☆条件充分性判断题：

【49】 (2003－10)数列$\{a_n\}$的前k项和$a_1+a_2+\cdots+a_k$与其后$2k$项的和之比与k无关.(　　)

(1)$a_n=2n-1(n=1,2,\cdots)$　　(2)$a_n=2n(n=1,2,\cdots)$

【考点】 等差数列的前n项和.

【难度】 ★★★

【50】 (2009－1)$\{a_n\}$的前n项和S_n与$\{b_n\}$的前n项和T_n满足$S_{19}:T_{19}=3:2$.(　　)

(1)$\{a_n\}$和$\{b_n\}$是等差数列　　(2)$a_{10}:b_{10}=3:2$

【考点】 等差数列的求和性质.

【难度】 ★★

【51】 (2009－10)等差数列$\{a_n\}$的前18项和$S_{18}=\frac{19}{2}$.(　　)

(1)$a_3=\frac{1}{6},a_6=\frac{1}{3}$　　(2)$a_3=\frac{1}{4},a_6=\frac{1}{2}$

【考点】 等差数列的求和.

【难度】 ★★

【52】 (2011－1)已知$\{a_n\}$为等差数列，则该数列的公差为零.(　　)

(1)对任何正整数n，都有$a_1+a_2+\cdots+a_n\leqslant n$　　(2)$a_2\geqslant a_1$

【考点】 等差数列的前n项和性质.

【难度】 ★

【53】 (2014－12)已知$\{a_n\}$是公差大于零的等差数列，S_n是$\{a_n\}$的前n项和，则$S_n\geqslant S_{10},n=1,2,\cdots$.(　　)

(1)$a_{10}=0$　　(2)$a_{11}a_{10}<0$

【考点】 等差数列求和性质.

【难度】 ★★★

【54】 (2017－12)设$\{a_n\}$为等差数列，则能确定$a_1+a_2+\cdots+a_9$的值.(　　)

(1)已知a_1的值　　(2)已知a_5的值

【考点】 等差数列的求和性质.

【难度】 ★★

考点2　等比数列的求和公式

【考点阐述】 $S_n=\frac{a_1(1-q^n)}{1-q}(q\neq1)$. 当$|q|<1$时，$S_n$的极限值$\frac{a_1}{1-q}$.

【真题梳理】

☆问题求解题：

【55】 (1999－1)$S_n=3+2\times3^2+3\times3^3+4\times3^4+\cdots+n\times3^n$，求$S_n=$(　　).

A. $\frac{3(3^n-1)}{4}+\frac{n\cdot 3^n}{2}$　　B. $\frac{3(1-3^n)}{4}+\frac{3^{n+1}}{2}$

C. $\frac{3(1-3^n)}{4}+\frac{(n+2)\cdot 3^n}{2}$　　D. $\frac{3(3^n-1)}{4}+\frac{3^n}{2}$

E. $\frac{3(1-3^n)}{4}+\frac{n\cdot 3^{n+1}}{2}$

【考点】 等差数列和等比数列元素混合求和.

【难度】 ★★★

【56】 (2007－10)$\frac{\frac{1}{2}+\left(\frac{1}{2}\right)^2+\left(\frac{1}{2}\right)^3+\cdots+\left(\frac{1}{2}\right)^8}{0.1+0.2+0.3+\cdots+0.9}=$(　　).

A. $\frac{85}{768}$　B. $\frac{85}{512}$　C. $\frac{85}{384}$　D. $\frac{255}{256}$　E. 以上结论均不正确

【考点】 数列的运算.

【难度】 ★★

【57】 (2009－1)若$(1+x)+(1+x)^2+\cdots+(1+x)^n=a_1(x-1)+2a_2(x-1)^2+\cdots+na_n(x-1)^n$,则$a_1+2a_2+3a_3+\cdots+na_n=$(　　).

A. $\frac{3^n-1}{2}$　B. $\frac{3^{n+1}-1}{2}$　C. $\frac{3^{n+1}-3}{2}$

D. $\frac{3^n-3}{2}$　E. $\frac{3^n-3}{4}$

【考点】 整式的运算.

【难度】 ★★

【58】 (2012－10)设$\{a_n\}$是非负等比数列,若$a_3=1,a_5=\frac{1}{4}$,则$\sum_{k=1}^{8}\frac{1}{a_k}=$(　　).

A. 255　B. $\frac{255}{4}$　C. $\frac{255}{8}$　D. $\frac{255}{16}$　E. $\frac{255}{32}$

【考点】 等比数列求和运算.

【难度】 ★★

☆条件充分性判断题:

【59】 (2007－10)$S_6=126$.(　　)

(1)数列$\{a_n\}$的通项公式是$a_n=10(3n+4)(n\in\mathbf{N})$

(2)数列$\{a_n\}$的通项公式是$a_n=2^n(n\in\mathbf{N})$

【考点】 数列的求和.

【难度】 ★★

【60】 (2008－1)$S_2+S_5=2S_8$.(　　)

(1)等比数列前n项的和为S_n,且公比$q=-\frac{\sqrt[3]{4}}{2}$

(2)等比数列前n项的和为S_n,且公比$q=\frac{1}{\sqrt[3]{2}}$

【考点】 等比数列的求和.

【难度】 ★★

【61】 (2009－1)$a_1^2+a_2^2+a_3^2+\cdots+a_n^2=\frac{1}{3}(4^n-1)$.(　　)

(1)数列$\{a_n\}$的通项公式为$a_n=2^n$

(2)在数列$\{a_n\}$中,对任意正整数n,有$a_1+a_2+a_3+\cdots+a_n=2^n-1$

【考点】 等比数列运算.

【难度】 ★★

第三节　数列的实际应用题

【考点突破】 本节主要考查数列的实际运用,包括等差数列和等比数列的运用. 涉及了分期付款、存款变化、还贷款等各种实际问题.

【要点浏览】 等差数列通项公式:$a_n=a_1+(n-1)d$.

等差数列求和公式:$S_n=\frac{(a_1+a_n)\times n}{2}=na_1+\frac{n(n-1)}{2}d$.

等比数列通项公式:$a_n=a_1\times q^{n-1}$.

等比数列求和公式:$S_n=\begin{cases} na_1, & q=1, \\ \frac{a_1(1-q^n)}{1-q}, & q\neq 1. \end{cases}$

【名师总结】 数列的应用类问题可以先找出其一般规律,利用数学归纳的方法从而找出其一般规律求解.

考点1 等差数列应用题

【考点阐述】 要正确区分数列实际应用问题的内涵,考查的是等差数列还是等比数列,是通项公式还是求和公式.

【真题梳理】

☆问题求解题:

【62】 (2011－1)一所四年制大学每年的毕业生七月份离校,新生九月份入学,该校2001年招生2 000名,之后每年比上一年多招200名,则该校2007年九月底的在校学生有(　　).

A. 14 000名　　B. 11 600名

C. 9 000名　　D. 6 200名

E. 3 200名

【考点】 等差数列应用题.

【难度】 ★★

【63】 (2012－10)在一次数学考试中,某班前6名同学的成绩恰好成等差数列,若前6名同学的平均成绩为95分,前4名同学的成绩之和为388分,则第6名同学的成绩为(　　)分.

A. 92　　B. 91　　C. 90　　D. 89　　E. 88

【考点】 平均值问题与等差数列求和.

【难度】 ★★

【64】 (2015－12)某公司以分期付款方式购买一套定价为1 100万元的设备,首期付款100万元,之后每月付款50万元,并支付上期余款的利息,月利率1%,该公司共为此设备支付了(　　).

A. 1 195万元　　B. 1 200万元

C. 1 205万元　　D. 1 215万元

E. 1 300万元

【考点】 等额本金还款(等差数列).

【难度】 ★★★

【65】 (2016－12)甲、乙、丙三种货车载重量成等差数列,2辆甲种车和1辆乙种车的载重量为95吨,1辆甲种车和3辆丙种车的载重量为150吨,则甲、乙、丙分别各一辆车一次最多运送货物为(　　).

A. 125吨　　B. 120吨　　C. 115吨　　D. 110吨　　E. 105吨

【考点】 数列运用.

【难度】 ★★

考点2 等比数列应用题

【考点阐述】 要正确区分数列实际应用问题的内涵,考查的是等差数列还是等比数列,是通项公式还是求和公式.

【真题梳理】

☆问题求解题:

【66】 (2009－10)一个球从100米高处自由落下,每次着地后又跳回前一次高度的半再落下. 当它第10次着地时,共经过的路程是(　　)米.(精确到1米且不计任何阻力)

A. 300　　B. 250　　C. 200　　D. 150　　E. 100

【考点】 等比数列求和应用.

【难度】 ★★

【67】 (2010－10)某地震灾区现居民住房的总面积为a平方米,当地政府计划每年以10%的住房增长率建设新房,并决定每年拆除固定数量的危旧房. 如果10年后该地的住房总面积正好比现有住房面积增加一倍,那么,每年应该拆除危旧房的面积是(　　)平方米.

(注:$1.1^9\approx2.4$,$1.1^{10}\approx2.6$,$1.1^{11}\approx2.9$ 精确到小数点后一位.)

A. $\frac{1}{80}a$　　B. $\frac{1}{40}a$　　C. $\frac{3}{80}a$　　D. $\frac{1}{20}a$

E. 以上结论都不正确

【考点】 等比数列(还贷款模型).

【难度】 ★★★

【68】 (2012－1)某人在保险柜中存放了M元现金,第一天取出它的$\frac{2}{3}$,以后每天取出

前一天所取的$\frac{1}{3}$，共取了7天，保险柜中剩余的现金为(　　).

A. $\frac{M}{3^7}$　　　　B. $\frac{M}{3^6}$

C. $\frac{2M}{3^6}$　　　　D. $\left[1-\left(\frac{2}{3}\right)^7\right]M$

E. $\left[1-7\times\left(\frac{2}{3}\right)^7\right]M$

【考点】 等比数列求和.

【难度】 ★★

【69】 (2017－12)如图4－2所示，四边形$A_1B_1C_1D_1$是平行四边形，A_2，B_2，C_2，D_2分别是四边形$A_1B_1C_1D_1$四边的中点，A_3，B_3，C_3，D_3分别是四边形$A_2B_2C_2D_2$四边的中点，依次下去，得到四边形序列$A_nB_nC_nD_n$($n=1,2,3,\cdots$).设$A_nB_nC_nD_n$的面积为S_n，且$S_1=12$，则$S_1+S_2+S_3+\cdots=$(　　).

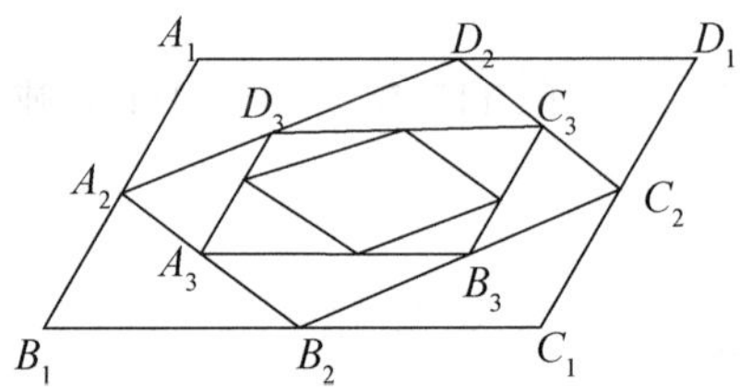

图4－2

A. 16　　B. 20　　C. 24　　D. 28　　E. 30

【考点】 四边形面积与等比数列求和相结合问题.

【难度】 ★★

☆条件充分性判断题：

【70】 (2018－12)甲、乙、丙三人各自拥有不超过10本图书，甲再购入2本图书后，他们拥有的图书数量构成等比数列，则能确定甲拥有图书的数量.(　　)

(1)已知乙拥有的图书数量　　(2)已知丙拥有的图书数量

【考点】 数列的应用.

【难度】 ★★

第五章　平面几何

【考试地位】

几何是数学中的一个分支，与前面的代数有很大的差别，它不仅要求有一定的逻辑推理、运算能力，还需要一定的空间想象能力. 简言之，它是建立在空间想象能力基础上的演绎推理、数学计算.

几何的解题思路一般建立在直观的图形基础上，从图形入手，找到已知量与所求量的关系，进而通过简单的计算即可得出答案. 平面几何主要考查几何图形的面积计算，所考查的图形一般都是组合类图形，需要把复杂图形分解为简单的图形求解. 本部分在考试中一般考查 2 道题.

【知识框架】

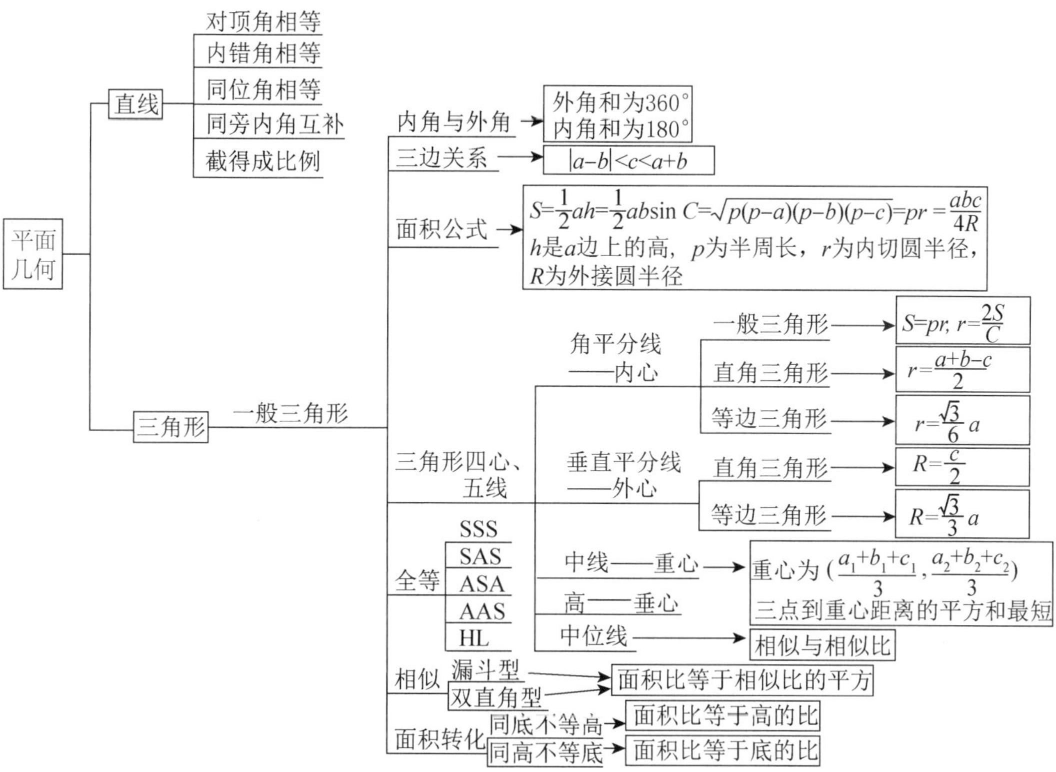

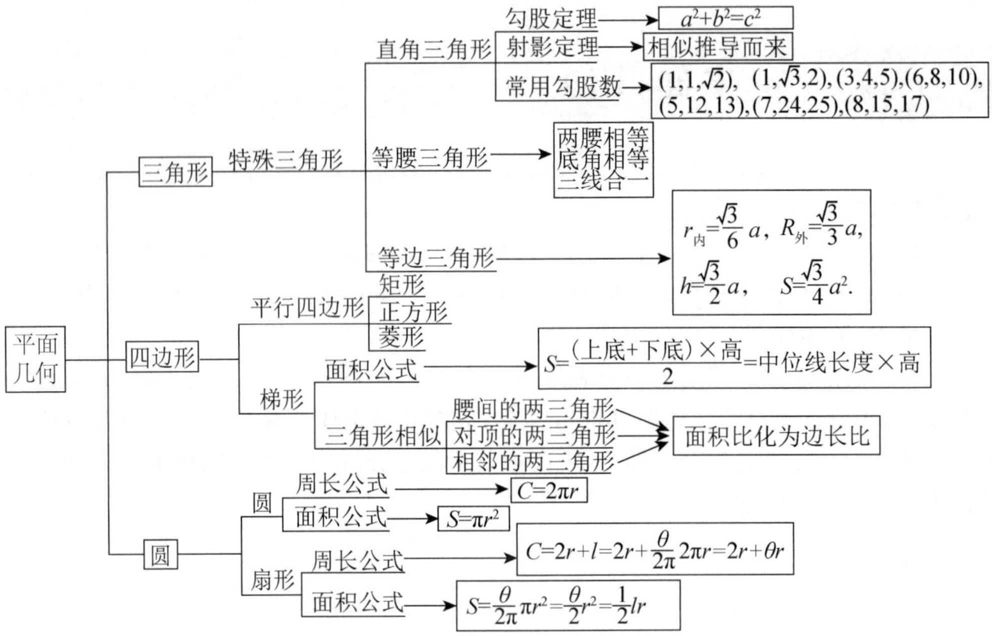

第一节　多边形问题

【考点突破】 本节主要考查三角形(包括等边三角形、直角三角形等)的面积、三角形的相似和全等等知识的运用,以及四边形(包括菱形、矩形、正方形等)的面积.

【要点浏览】 (1)三角形面积公式:$S=\frac{1}{2}ah$,其中 h 是 a 边上的高.

(2)若等边三角形的边长为 a,则它的高$\frac{\sqrt{3}}{2}a$,面积为 $S_{\triangle}=\frac{\sqrt{3}}{4}a^2$.

(3)梯形面积为 $S=\frac{(a+b)h}{2}$,上底为 a,下底为 b,高为 h.

(4)菱形面积为 $S=\frac{1}{2}mn$,其中 m,n 是对角线的长.

(5)勾股定理:$a^2+b^2=c^2$. 常见勾股数有:$(1,1,\sqrt{2})$,$(1,\sqrt{3},2)$,(3,4,5),(6,8,10),(5,12,13).

【名师总结】 一般处理多边形的面积问题可以采用直接用公式的方法,也可以用相似、全等、比例转化等方法进行求解.

考点1 三角形的长度和面积问题

【考点阐述】 面积公式有:$S=\frac{1}{2}ah=\frac{1}{2}ab\sin C=p\cdot r$.($h$ 是 a 边上的高,p 为半周长,r 为三角形内切圆半径)

【真题梳理】

☆问题求解题：

【1】 (1998—1)在如图 5-1 所示的四边形 $ABCD$ 中，设 AB 的长为 8，$\angle A:\angle B:\angle C:\angle D=3:7:4:10$，$\angle CDB=60°$，则$\triangle ABD$ 的面积是(　　).

A. 8　　B. 32　　C. 4

D. 16　　E. 18

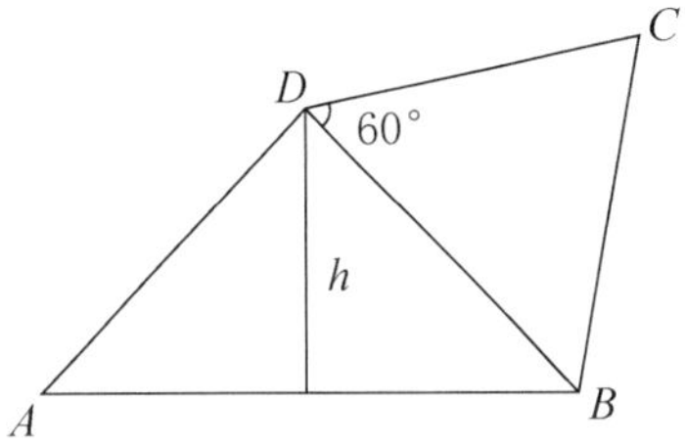

图 5-1

【考点】 三角形面积的计算.

【难度】 ★

【2】 (1998—10)已知等腰直角三角形 ABC 和等边三角形 BDC(见图 5-2)，设$\triangle ABC$ 的周长为 $2\sqrt{2}+4$，则$\triangle BDC$ 的面积是(　　)

A. $3\sqrt{2}$　　B. $6\sqrt{2}$　　C. 12

D. $2\sqrt{3}$　　E. $4\sqrt{3}$

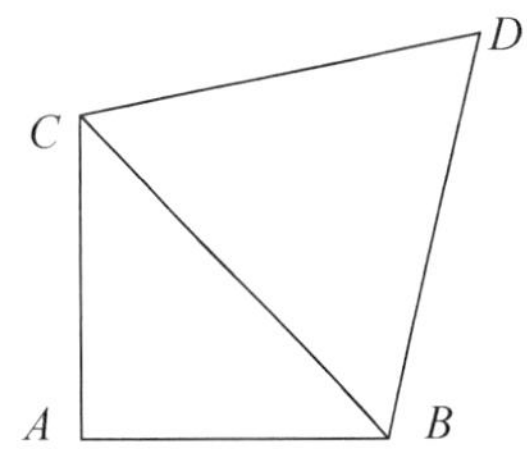

图 5-2

【考点】 三角形的面积计算.

【难度】 ★★

【3】 (1999—1)在等腰三角形 ABC 中，$AB=AC$，$BC=\frac{2\sqrt{2}}{3}$，且 AB，AC 的长分别为方程 $x^2-\sqrt{2}mx+\frac{3m-1}{4}=0$ 的两个根，求$\triangle ABC$ 的面积为(　　).

A. $\frac{\sqrt{5}}{9}$　　B. $\frac{2\sqrt{5}}{9}$　　C. $\frac{5\sqrt{5}}{9}$　　D. $\frac{\sqrt{5}}{3}$　　E. $\frac{\sqrt{5}}{18}$

【考点】 方程与三角形的面积计算.

【难度】 ★★

【4】 (2007—10)方程 $x^2-(1+\sqrt{3})x+\sqrt{3}=0$ 的两根分别为等腰三角形的腰 a 和底 b $(a<b)$，则该等腰三角形的面积是(　　).

A. $\frac{\sqrt{11}}{4}$　　B. $\frac{\sqrt{11}}{8}$　　C. $\frac{\sqrt{3}}{4}$　　D. $\frac{\sqrt{3}}{5}$　　E. $\frac{\sqrt{3}}{8}$

【考点】 三角形的面积计算.

【难度】 ★★

【5】 (2008—10)如图 5-3 所示，若$\triangle ABC$ 的面积为 1，$\triangle AEC$，$\triangle DEC$，$\triangle BED$ 的面积相等，则$\triangle AED$ 的面积 =(　　).

A. $\frac{1}{3}$　　B. $\frac{1}{6}$　　C. $\frac{1}{5}$

C. $\frac{1}{4}$　　D. $\frac{2}{5}$

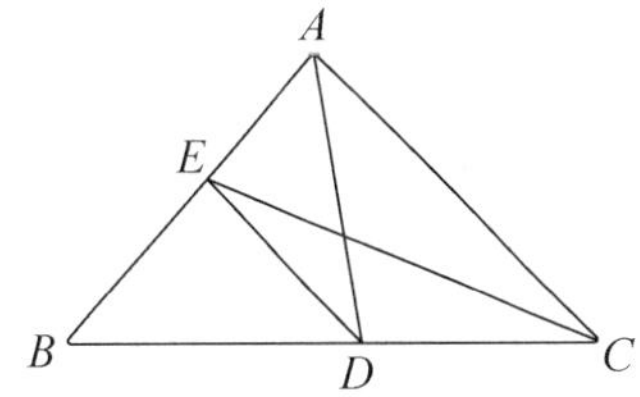

图 5-3

【考点】 三角形的面积计算.

【难度】 ★★

【6】 (2010－1)如图 5－4 所示，在直角三角形 ABC 区域内部有座山，现计划从 BC 边上的某点 D 开凿一条隧道到点 A，要求隧道长度最短，已知 AB 长为 5 km，AC 长为 12 km，则所开凿的隧道 AD 的长度约为(　　).

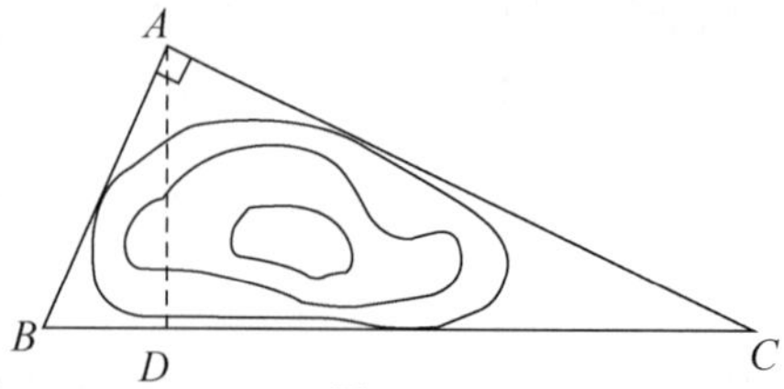

图 5－4

A. 4.12 km　B. 4.22 km　C. 4.42 km　D. 4.62 km　E. 4.92 km

【考点】 三角形的面积计算.

【难度】 ★

【7】 (2013－10)如图 5－5 所示，$AB=AC=5$，$BC=6$，E 是 BC 的中点，$EF\perp AC$，则 $EF=$(　　).

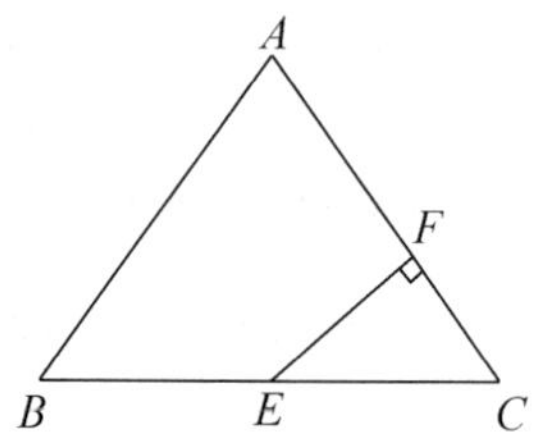

图 5－5

A. 1.2　B. 2　C. 2.2

D. 2.4　E. 2.5

【考点】 由面积求长度问题.

【难度】 ★★

【8】 (2014－1)如图 5－6 所示，已知 $AE=3AB$，$BF=2BC$. 若$\triangle ABC$ 的面积是 2，则$\triangle AEF$ 的面积为(　　).

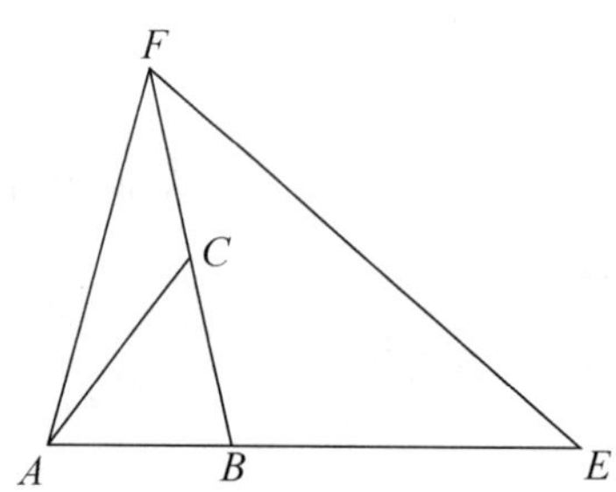

图 5－6

A. 14　B. 12　C. 10　D. 8　E. 6

【考点】 比例传递法求面积(单燕尾型面积).

【难度】 ★

【9】 (2016－12)已知$\triangle ABC$ 和$\triangle A'B'C'$满足 $AB:A'B'=AC:A'C'=2:3$，$\angle A+\angle A'=\pi$，则$\triangle ABC$ 和$\triangle A'B'C'$的面积比为(　　).

A. $\sqrt{2}:\sqrt{3}$　B. $\sqrt{3}:\sqrt{5}$　C. $2:3$　D. $2:5$　E. $4:9$

【考点】 三角形面积.

【难度】 ★

【10】 (2017—12)如图 5-7 所示,圆 O 是$\triangle ABC$ 的内切圆,若$\triangle ABC$ 的面积与周长的大小之比为 1∶2,则圆 O 的面积为(　　).

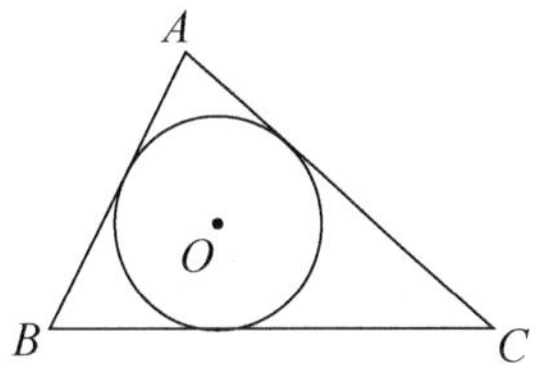

图 5-7

A. π　　B. 2π　　C. 3π

D. 4π　　E. 5π

【考点】 三角形与圆的面积问题.

【难度】 ★★

【11】 (2019—12)如图 5-8 所示,在$\triangle ABC$ 中,$\angle ABC=30°$,将线段 AB 绕点 B 旋转至 DB 使$\angle DBC=60°$,则$\triangle DBC$ 与$\triangle ABC$ 的面积之比为(　　).

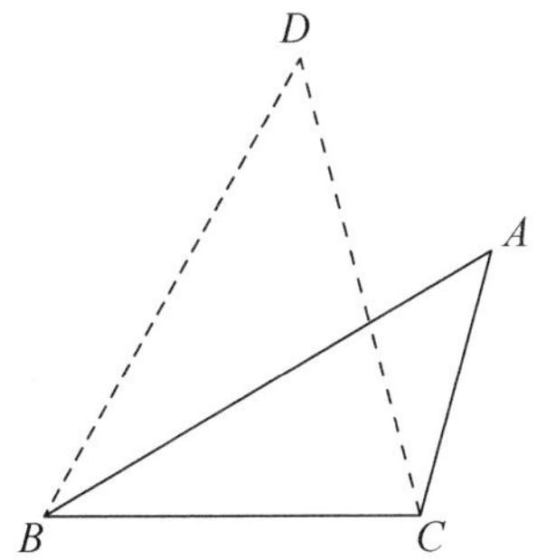

图 5-8

A. 1　　B. $\sqrt{2}$　　C. 2　　D. $\frac{\sqrt{3}}{2}$　　E. $\sqrt{3}$

【考点】 平面几何一共底三角形面积比.

【难度】 ★★

☆条件充分性判断题:

【12】 (2007—10)三角形 ABC 的面积保持不变.(　　)

(1)底边 AB 增加了 2 厘米,AB 上的高 h 减少了 2 厘米

(2)底边 AB 扩大了 1 倍,AB 上的高 h 减少了 50%

【考点】 三角形面积的计算.

【难度】 ★

【13】 (2008—1)两直线 $y=x+1$,$y=ax+7$ 与 x 轴所围成面积为$\frac{27}{4}$.(　　)

(1)$a=-3$　　(2)$a=-2$

【考点】 直线方程与三角形面积.

【难度】 ★★

【14】 (2008—10)直线 $y=x$,$y=ax+b$ 与 $x=0$ 所围成的三角形的面积等于 1.(　　)

(1)$a=-1,b=2$　　(2)$a=-1,b=-2$

【考点】 直线与三角形面积的问题.

【难度】 ★★

【15】 (2008－10)$PQ \cdot RS=12$.(　　)

(1)如图 5－9 所示,$QR \cdot PR=12$

(2)如图 5－9 所示,$PQ=5$

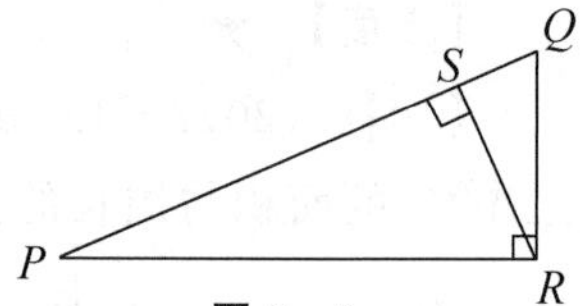

图 5－9

【考点】 三角形面积的计算.

【难度】 ★

【16】 (2014－1)如图 5－10 所示,O 是半圆圆心,C 是圆上的一点,$OD \perp AC$,则能确定 OD 的长.(　　)

(1)已知 BC 的长　　(2)已知 AO 的长

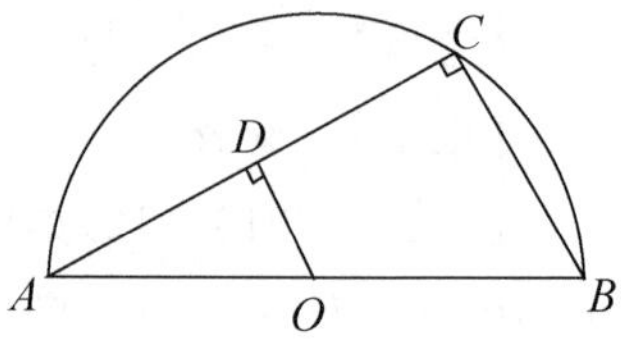

图 5－10

【考点】 中位线定理.

【难度】 ★★

【17】 (2018－12)如图 5－11 所示,已知正方形 $ABCD$ 面积,O 为 BC 上一点,P 为 AO 的中点,Q 为 DO 上一点,则能确定三角形 PQD 的面积.(　　)

(1)O 为 BC 三等分点　　(2)Q 为 DO 三等分点

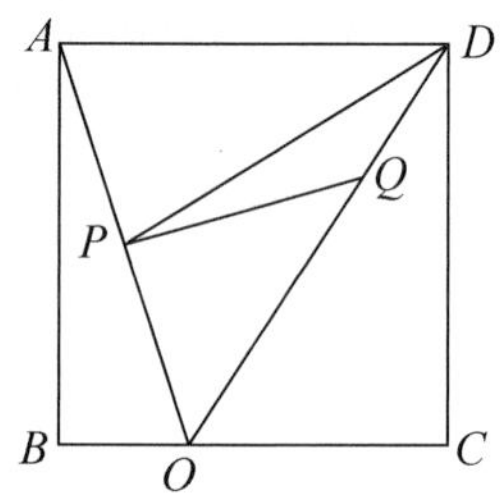

图 5－11

【考点】 三角形的面积.

【难度】 ★★

考点 2　四边形的面积问题

【考点阐述】 熟悉矩形、菱形、梯形的面积求解方法.

【真题梳理】

☆问题求解题:

【18】 (1997－1)若菱形 $ABCD$ 的两条对角线 $AC=a$,$BD=b$,则它的面积是(　　).

A. ab　　B. $\frac{1}{3}ab$　　C. $\sqrt{2}ab$　　D. $\frac{1}{2}ab$　　E. $\frac{\sqrt{2}}{2}ab$

【考点】 菱形的面积计算.

【难度】 ★

【19】 (2007－10)如图 5－12 所示,正方形 $ABCD$ 四条边与圆 O 相切,而正方形 $EFGH$ 是圆 O 的内接正方形,已知正方形 $ABCD$ 的面积为 1,则正方形 $EFGH$ 的面积是(　　).

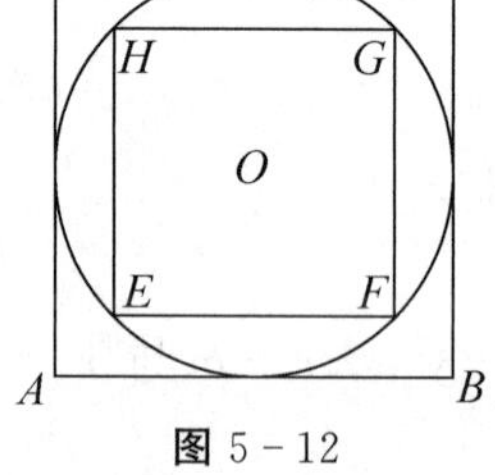

图 5－12

A. $\frac{2}{3}$　　B. $\frac{1}{2}$　　C. $\frac{\sqrt{2}}{2}$　　D. $\frac{\sqrt{2}}{3}$　　E. $\frac{1}{4}$

【考点】 正方形面积的计算.

【难度】 ★

【20】 (2009—10)曲线$|xy|+1=|x|+|y|$所围成的图形的面积为(　　).

A. $\frac{1}{4}$　　B. $\frac{1}{2}$　　C. 1　　D. 2　　E. 4

【考点】 四边形的面积问题.

【难度】 ★★

【21】 (2010—1)如图 5－13 所示,长方形 $ABCD$ 的两条边长分别为 8 m 和 6 m,四边形 $OEFG$ 的面积是 4 m^2,则阴影部分的面积为(　　).

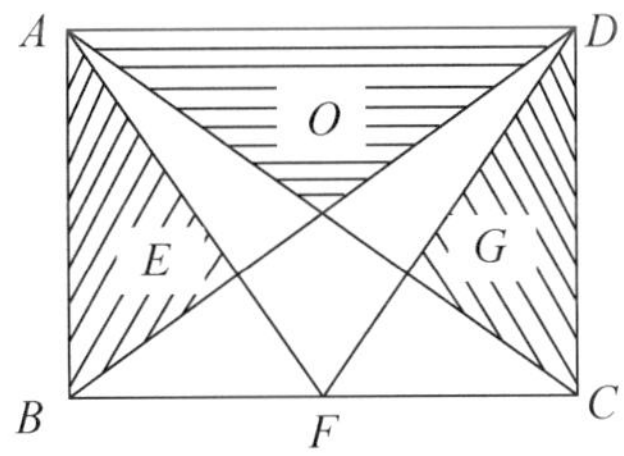

图 5－13

A. 32 m^2　　B. 28 m^2　　C. 24 m^2　　D. 20 m^2　　E. 16 m^2

【考点】 组合图形的面积计算.

【难度】 ★★

【22】 (2010—10)如图 5－14 所示,小正方形的$\frac{3}{4}$被阴影所覆盖,大正方形的$\frac{6}{7}$被阴影所覆盖,则小、大正方形阴影部分面积之比为(　　).

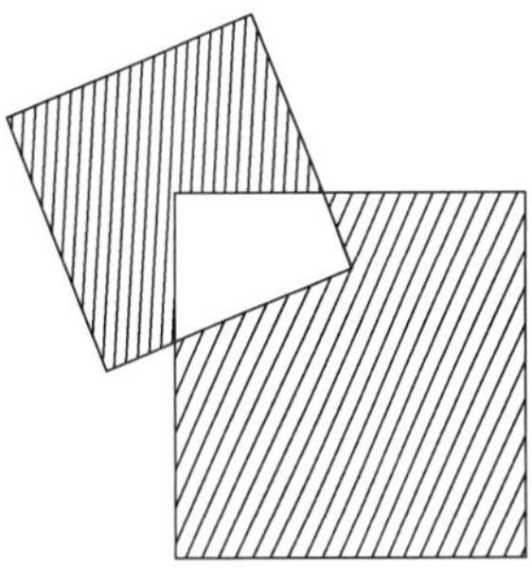
图 5－14

A. $\frac{7}{8}$　　B. $\frac{6}{7}$　　C. $\frac{3}{4}$

D. $\frac{4}{7}$　　E. $\frac{1}{2}$

【考点】 组合图形的面积.

【难度】 ★★

【23】 (2011—10)如图 5－15 所示,一块面积为 400 平方米的正方形土地被分割成甲、乙、丙、丁四个长方形区域作为不同的功能区域,它们的面积分别为 128,192,48 和 32 平方米. 乙的左下角划出一块正方形区域(阴影面积)作为公共区域,这块小正方形的面积为(　　)平方米.

图 5－15

A. 16　　B. 17　　C. 18

D. 19　　E. 20

【考点】 长方形的面积(比例法).

【难度】 ★★

【24】 (2012—10)若菱形两条对角线的长分别为 6 和 8,则这个菱形的周长与面积分别为(　　).

A. 14;24　　B. 14;48　　C. 20;12　　D. 20;24　　E. 20;48

【考点】 菱形的周长与面积计算.

【难度】 ★

【25】 (2021—12)如图 5-16 所示,在棱长为 2 的正方体中,A,B 是顶点,C,D 是所在棱的中点,则四边形 $ABCD$ 的面积为(　　)

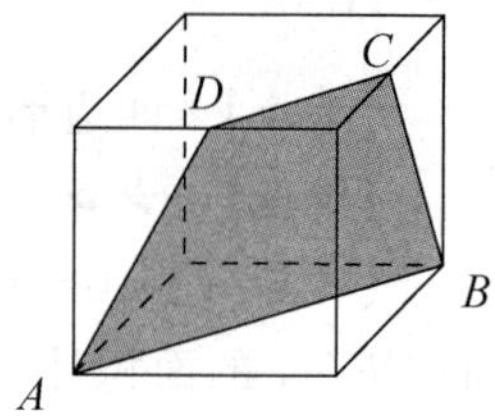

图 5-16

A. $\frac{9}{2}$　　B. $\frac{7}{2}$　　C. $\frac{3\sqrt{2}}{2}$

D. $2\sqrt{5}$　　E. $3\sqrt{2}$

【考点】 四边形面积.

【难度】 ★★

☆条件充分性判断题:

【26】 (2007—10)如图 5-17 所示,正方形 $ABCD$ 的面积为 1.(　　)

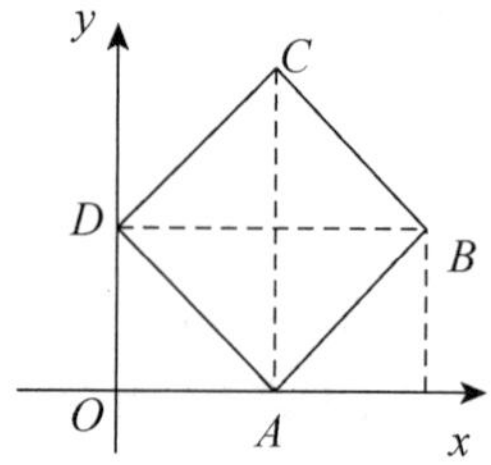

图 5-17

(1)AB 所在的直线方程为 $y=x-\frac{1}{\sqrt{2}}$

(2)AD 所在的直线方程为 $y=1-x$

【考点】 直线方程与正方形面积.

【难度】 ★★

【27】 (2011—1)如图 5-18 所示,等腰梯形的上底与腰均为 x,下底为 $x+10$,则 $x=13$.(　　)

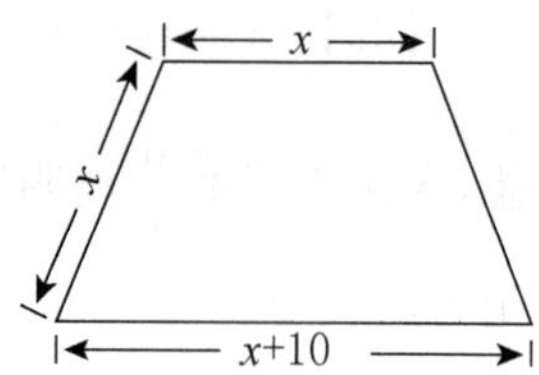

图 5-18

(1)该梯形的上底与下底之比为 13∶23

(2)该梯形的面积为 216

【考点】 梯形面积问题.

【难度】 ★★

【28】 (2011—10)如图 5-19 所示,在直角坐标系 xOy 中,矩形 $OABC$ 的顶点 B 的坐标是(6,4).则直线 l 将矩形 $OABC$ 分成了面积相等的两部分.(　　)

(1)l:$x-y-1=0$　　(2)l:$x-3y+3=0$

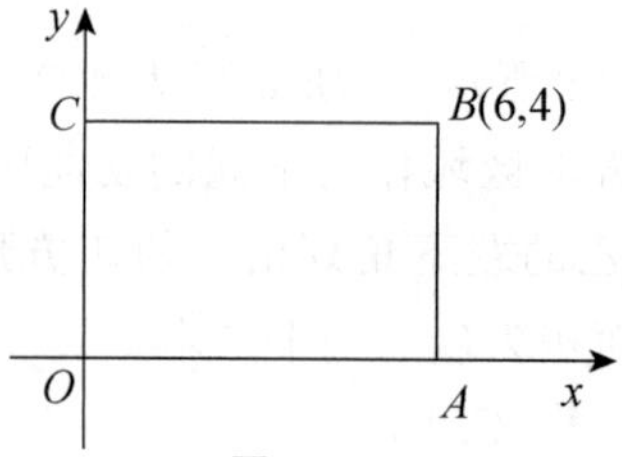

图 5-19

【考点】 矩形面积与直线方程.

【难度】 ★★

【29】 (2012—10)如图 5-20 所示,长方形 $ABCD$ 的长与宽分别为 $2a$ 和 a,对其以顶点 A 为中心顺时针旋转 60°,则四边形 $AECD$ 的面积为 $24-2\sqrt{3}$.(　　)

(1)$a=2\sqrt{3}$

(2)$\triangle AB_1B$ 的面积为 $3\sqrt{3}$

【考点】 长方形和三角形的面积.

【难度】 ★★

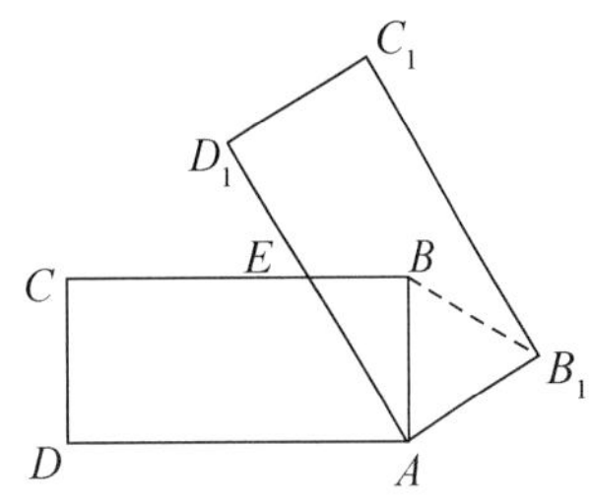

图 5-20

【30】 (2015—12)如图 5-21 所示,正方形 $ABCD$ 由四个相同的长方形和一个小正方形拼成,则能确定小正方形的面积.

(1)已知正方形 $ABCD$ 的面积

(2)已知长方形的长宽之比

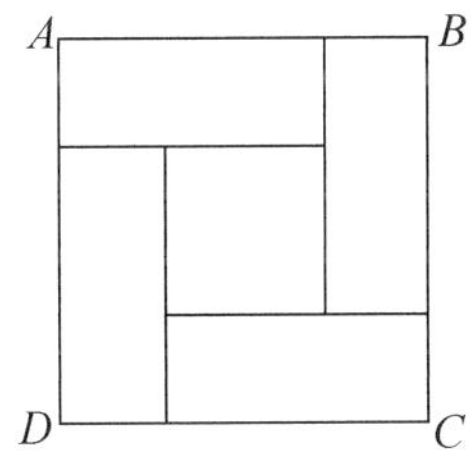

图 5-21

【考点】 平面图形.

【难度】 ★★

考点 3　其他多边形问题

【考点阐述】 利用割补法和重叠法将其转化为三角形的面积问题.

【真题梳理】

☆问题求解题:

【31】 (2011—10)如图 5-22 所示,若相邻点的水平距离和垂直距离都是 1,则多边形 $ABCDE$ 的面积为(　　).

A. 7　　B. 8　　C. 9　　D. 10　　E. 11

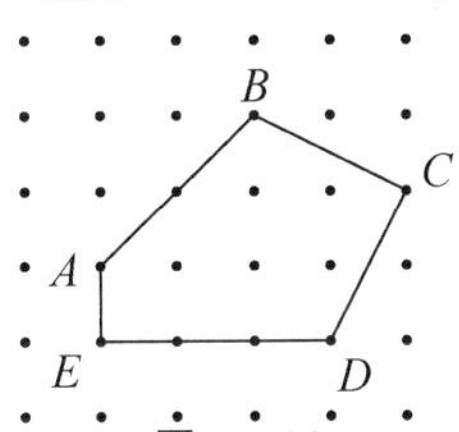

图 5-22

【考点】 多边形面积(格点问题).

【难度】 ★★

【32】 (2012—1)如图 5-23 所示,三个边长为 1 的正方形所覆盖区域(实线所围)的面积为(　　).

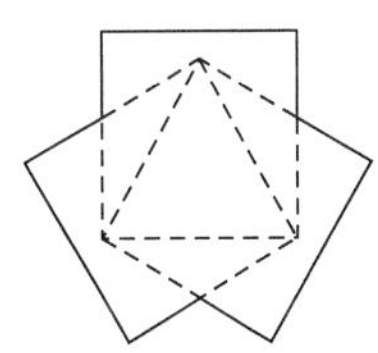
图 5-23

A. $3-\sqrt{2}$　　B. $3-\frac{3\sqrt{2}}{4}$

C. $3-\sqrt{3}$　　D. $3-\frac{\sqrt{3}}{2}$

E. $3-\frac{3\sqrt{3}}{4}$

【考点】 组合图形面积问题.

【难度】 ★★★

【33】 (2018—12)如图 5-24 所示,六边形 $ABCDEF$ 是平面与棱长为 2 的正方体所截

得到的，若 A,B,D,E 分别是相应棱的中点，则六边形 $ABCDEF$ 的面积为(　　).

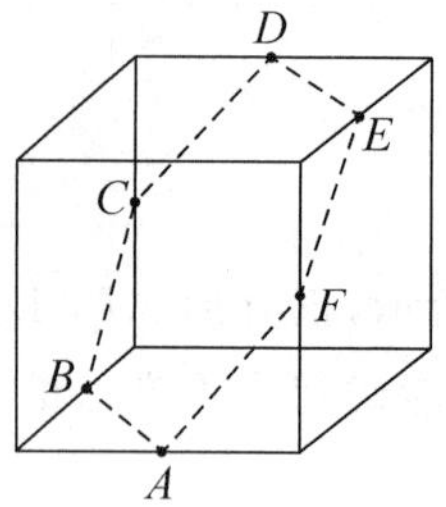

图 5-24

A. $\frac{\sqrt{3}}{2}$　　B. $\sqrt{3}$　　C. $2\sqrt{3}$　　D. $3\sqrt{3}$　　E. $4\sqrt{3}$

【考点】 立体几何截面问题.

【难度】 ★★★

考点 4　勾股定理及其应用

【考点阐述】 利用勾股定理建立方程，从而求解出未知量.

勾股定理：若直角三角形三边为 a,b,c（c 为斜边），则可得 $c^2=a^2+b^2$，反之也成立.

【真题梳理】

☆问题求解题：

【34】 (2009－1)直角三角形 ABC 的斜边 $AB=13$ 厘米，直角边 $AC=5$ 厘米，把 AC 对折到 AB 上去与斜边相重合，点 C 与点 E 重合，折痕为 AD(见图 5－25)，则图中阴影部分的面积为(　　)平方厘米.

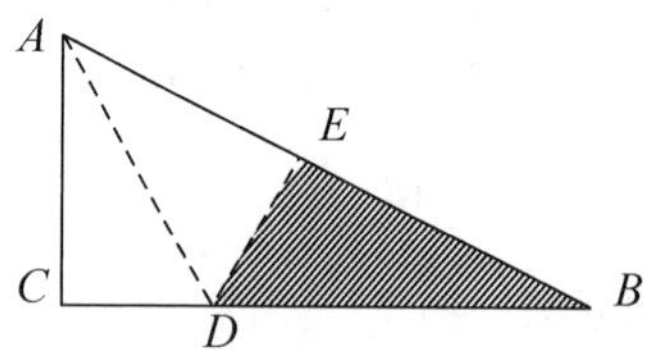

图 5-25

A. 20　　B. $\frac{40}{3}$　　C. $\frac{38}{3}$　　D. 14　　E. 12

【考点】 翻折型面积问题.

【难度】 ★★

【35】 (2018－12)在三角形 ABC 中，$AB=4$，$AC=6$，$BC=8$，D 为 BC 上的中点，则 $AD=$(　　).

A. $\sqrt{11}$　　B. $\sqrt{10}$　　C. 3　　D. $2\sqrt{2}$　　E. $\sqrt{7}$

【考点】 三角形的面积问题.

【难度】 ★★

☆条件充分性判断题：

【36】 (2020－12)给定两个直角三角形，则这两个直角三角形相似.

(1)每个直角三角形边长成等比数列　　(2)每个直角三角形边长成等差数列

【考点】 数列与相似三角形.

【难度】 ★★★

【37】 (2021－12)某直角三角形的三边长 a,b,c 成等比数列,则能确定公比的值.

(1)a 是直角边长　　(2)c 是斜边长

【考点】 直角三角形勾股定理与等比数列.

【难度】 ★★★

考点5 三角形的全等与相似

【考点阐述】 证明两个三角形全等的方法有 SSS(边边边)、SAS(边角边)、AAS(角角边)、ASA(角边角)、HL(斜边和高),而证明两个三角形相似的话只需要 2 个角对应相等.

【真题梳理】

☆问题求解题:

【38】 (2003－1)如图 5－26 所示,设 P 是正方形 $ABCD$ 外的一点,$PB=10$ 厘米,$\triangle APB$ 的面积是 80 平方厘米,$\triangle CPB$ 的面积为 90 平方厘米,则正方形 $ABCD$ 的面积为(　　).

A. 720 平方厘米　　B. 580 平方厘米

C. 640 平方厘米　　D. 600 平方厘米

E. 560 平方厘米

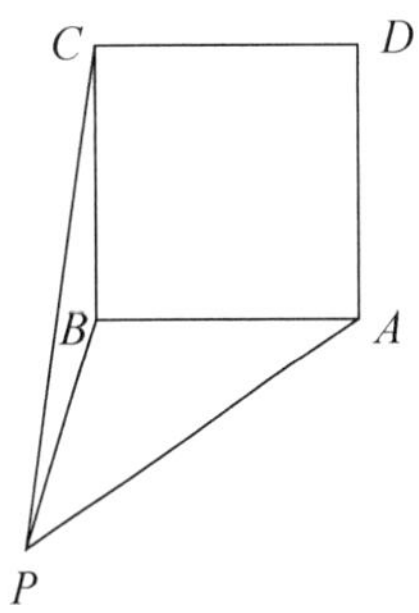

图 5－26

【考点】 正方形的面积计算.

【难度】 ★★

【39】 (2012－1)如图 5－27 所示,$\triangle ABC$ 是直角三角形,S_1,S_2,S_3 为正方形,已知 a,b,c 分别是 S_1,S_2,S_3 的边长,则(　　).

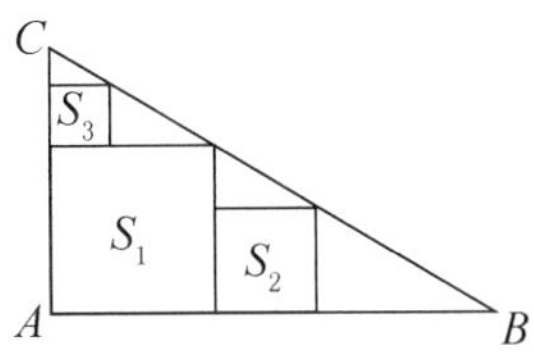

图 5－27

A. $a=b+c$　　B. $a^2=b^2+c^2$

C. $a^2=2b^2+2c^2$　　D. $a^3=b^3+c^3$

E. $a^3=2b^3+2c^3$

【考点】 相似三角形.

【难度】 ★★★

【40】 (2013－1)如图 5－28 所示,在直角三角形 ABC 中,$AC=4$,$BC=3$,$DE/\!/BC$,已知梯形 $BCED$ 的面积为 3,则 DE 的长为(　　).

A. $\sqrt{3}$　　B. $\sqrt{3}+1$

C. $4\sqrt{3}-4$　　D. $\frac{3\sqrt{2}}{2}$

E. $\sqrt{2}+1$

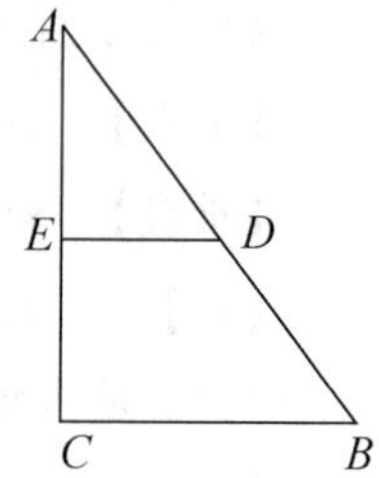

图 5-28

【考点】 相似三角形问题.

【难度】 ★★

【41】 (2014－12)如图 5-29 所示,梯形 $ABCD$ 的上底与下底分别为 5,7,E 为 AC 与 BD 的交点,MN 过点 E 且平行于 AD,则 MN=(　　).

A. $\frac{26}{5}$　　B. $\frac{11}{2}$

C. $\frac{35}{6}$　　D. $\frac{36}{7}$

E. $\frac{40}{7}$

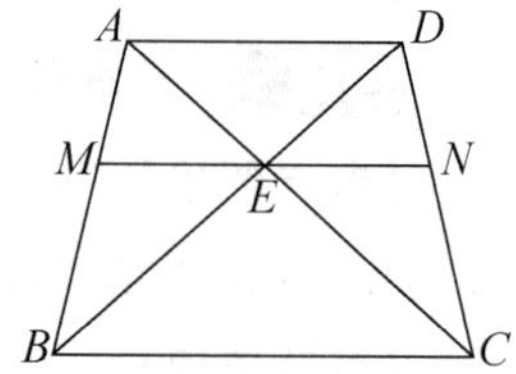

图 5-29

【考点】 相似三角形.

【难度】 ★★

【42】 (2015－12)如图 5-30 所示,在四边形 $ABCD$ 中,$AB/\!/CD$,AB 与 CD 的边长分别为 4 和 8,若△ABE 的面积为 4,则四边形 $ABCD$ 的面积为(　　).

A. 24　　B. 30　　C. 32

D. 36　　E. 40

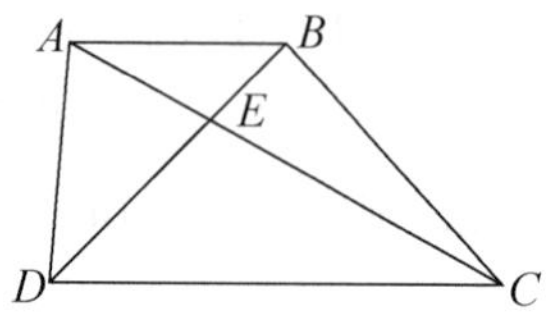

图 5-30

【考点】 相似三角形与四边形面积.

【难度】 ★★

【43】 (2021－12)如图 5-31 所示,在直角△ABC 中,D 是斜边 AC 的中点,以 AD 为直径的圆交 AB 于 E. 若△ABC 的面积为 8,则△AED 的面积为(　　)

A. 1　　B. 2　　C. 3

D. 4　　E. 6

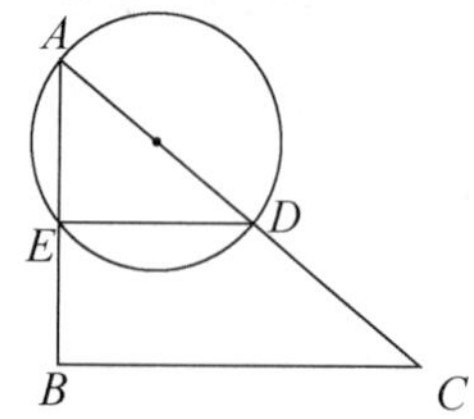

图 5-31

【考点】 相似三角形.

【难度】 ★★

☆条件充分性判断题:

【44】 (2010－1)如图 5-32 所示,在三角形 ABC 中,已知 $EF/\!/BC$,则三角形 AEF 的面积等于梯形 $EBCF$ 的面积.

(1) $|AG|=2|GD|$

(2) $|BC|=\sqrt{2}|EF|$

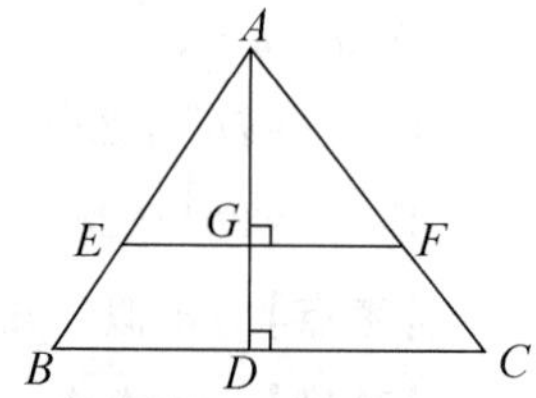

图 5-32

【考点】 三角形的相似.

【难度】 ★★

【45】 (2017－12)如图 5-33 所示,在矩形 $ABCD$ 中,$AE=FC$,则△AED 与四边形 $BCFE$ 能拼接成一个直角三角形.(　　)

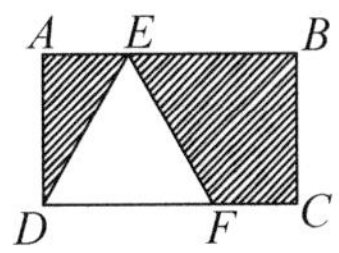

图 5－33

(1)$EB=2FC$　　　　(2)$ED=EF$

【考点】 三角形的全等判定.

【难度】 ★★★

【46】 (2021－12)如图 5－34 所示,AD 与圆相切于点 D,AC 与圆相交于点 B,C,则能确定$\triangle ABD$ 与$\triangle BDC$ 的面积比.

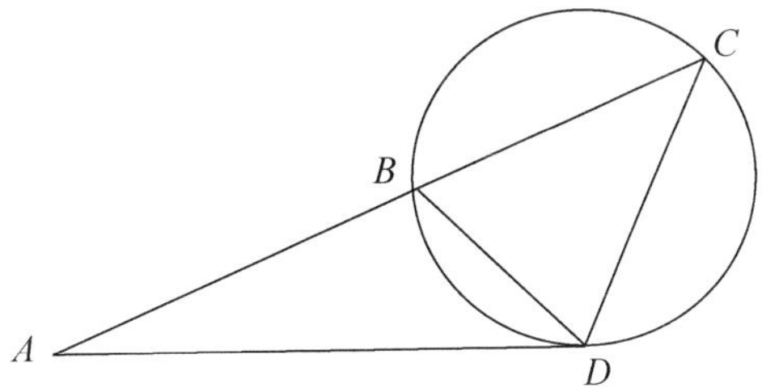

图 5－34

(1)已知$\frac{AD}{CD}$　　　　(2)已知$\frac{BD}{CD}$

【考点】 相似三角形、弦切角定理.

【难度】 ★★

【47】 (2021－12)在$\triangle ABC$ 中,D 为 BC 边上的点,BD,AB,BC 成等比数列,则$\angle BAC=90°$

(1)$BD=DC$　　　　(2)$AD\perp BC$

【考点】 相似三角形(射影定理).

【难度】 ★★

考点 6　角度计算问题

【考点阐述】 利用同位角、内错角、同旁内角、圆心角、圆周角等知识解题.

【真题梳理】

☆问题求解题:

【48】 (2014－10)如图 5－35 所示,在平行四边形 $ABCD$ 中,$\angle ABC$ 的平分线交 AD 于 E,$\angle BED=150°$,则$\angle A$ 的大小为(　　).

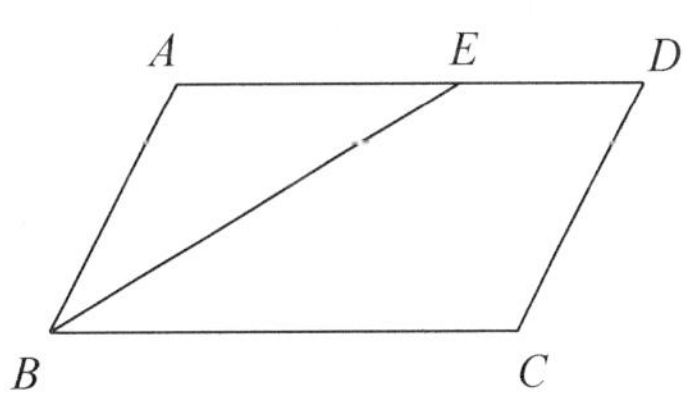

图 5－35

A. 100°　　　　B. 110°

C. 120°　　　　D. 130°

E. 150°

【考点】 角度问题.

【难度】 ★

☆条件充分性判断题：

【49】 (2019－12)在$\triangle ABC$中，$\angle B=60°$. 则$\frac{c}{a}>2$.(　　)

(1)$\angle C<90°$　　　　(2)$\angle C>90°$

【考点】 角度变化与边长的关系.

【难度】 ★

考点7　三角形形状的判断及构成

【考点阐述】 主要判断的形状有直角三角形、等腰直角三角形、等边三角形等.

【真题梳理】

☆条件充分性判断题：

【50】 (2011－1)已知三角形ABC的三条边长分别为a,b,c，则三角形ABC是等腰直角三角形.(　　)

(1)$(a-b)(c^2-a^2-b^2)=0$　　　　(2)$c=\sqrt{2}b$

【考点】 代数式的运算与平面几何.

【难度】 ★★

【51】 (2013－1)$\triangle ABC$的边长分别为a,b,c，则$\triangle ABC$为直角三角形.(　　)

(1)$(c^2-a^2-b^2)(a^2-b^2)=0$　　　　(2)$\triangle ABC$的面积为$\frac{1}{2}ab$

【考点】 三角形形状的判定.

【难度】 ★★★

【52】 (2014－10)三条长度分别为a,b,c的线段能构成一个三角形.(　　)

(1)$a+b>c$　　　　(2)$b-c<a$

【考点】 三角形的构成.

【难度】 ★★

【53】 (2015－12)已知M是一个平面有限点集，则平面上存在到M中各点距离相等的点.(　　)

(1)M中只有三个点　　　　(2)M中的任意三点都不共线

【考点】 平面几何.

【难度】 ★★

第二节　圆与扇形问题

【考点突破】 本节主要考查圆与扇形的角度、周长、面积等计算. 另外，重叠法和割补法是求解此类面积问题的主要手段.

【要点浏览】 扇形的面积公式：$S=\frac{n}{360°}\pi r^2$，弧长公式$L=\frac{n}{360°}\times 2\pi r=\frac{n\pi r}{180°}$，其中$r$表

示扇形的半径，n 表示扇形的圆心角.

扇形的弧度面积公式：$S=\frac{1}{2}\theta\cdot r^2=\frac{1}{2}r\cdot l$，弧长公式：$L=\theta\cdot r$（其中 θ 为扇形圆心角的弧度数）.

【名师总结】 一般处理组合图形的面积时，可以采用割补法、重叠法（整体法）、标号法等，当不会做时可以用蒙猜大法：圆弧面积外拱的选 $A\pi-B$，圆弧面积内凹的选 $A-B\pi$.

考点1　计算角度与弧线问题

【考点阐述】 扇形的弧长 $L=\frac{n}{360^\circ}\times 2\pi r=\frac{n\cdot\pi r}{180^\circ}$.

【真题梳理】

☆问题求解题：

【54】 (2012—10)如图 5 - 36 所示，AB 是半圆 O 的直径，BC 是弦，若 $|AB|=6$，$\angle BCO=\frac{\pi}{6}$，则弧 AC 的长度为(　　).

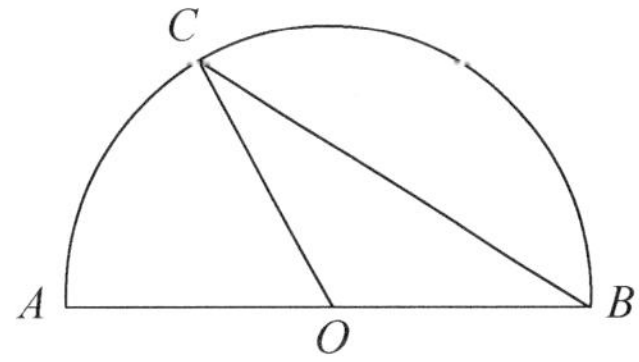

图 5 - 36

A. $\frac{\pi}{3}$　　B. π　　C. 2π

D. 1　　E. 2

【考点】 弧长计算.

【难度】 ★★

【55】 (2014—10)一个长为 8 cm、宽为 6 cm 的长方形木板在桌面上做无滑动的滚动（顺时针方向），如图 5 - 37 所示，第二次滚动中被一小木块垫住而停止，使木板边沿 AB 与桌面成 30°角，则木板滚动中，点 A 经过的路径长为(　　)cm.

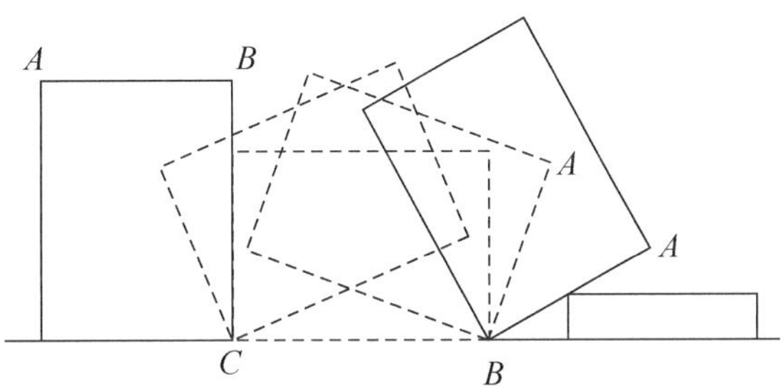

图 5 - 37

A. 4π　　B. 5π　　C. 6π　　D. 7π　　E. 8π

【考点】 扇形弧长计算.

【难度】 ★★★

【56】 (2019—12)如图 5 - 38 所示，圆 O 的内接$\triangle ABC$ 是等腰三角形，底边 $BC=6$，顶角为$\frac{\pi}{4}$，则圆 O 的面积为(　　).

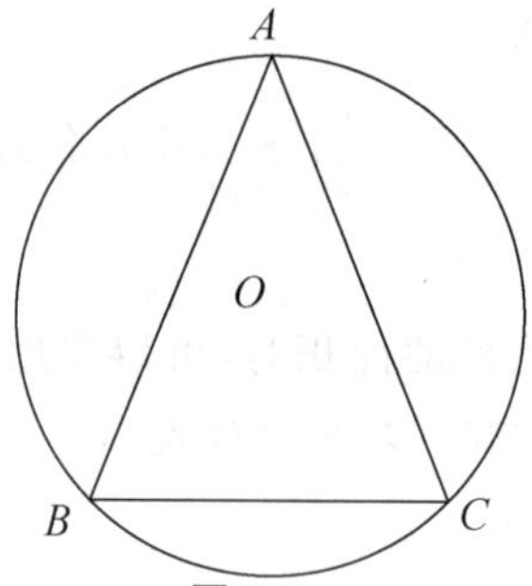

图 5-38

A. 12π　　B. 16π　　C. 18π　　D. 32π　　E. 36π

【考点】 圆周角与圆心角关系.

【难度】 ★★

考点2　圆与扇形的面积问题

【考点阐述】

扇形面积公式：$S=\frac{n\pi r^2}{360^\circ}$.

常见方法有：利用割补法、重叠法的思维解题.

【真题梳理】

☆问题求解题：

【57】 (1997—10)如图 5-39 所示，C 是以 AB 为直径的半圆上的一点，再分别以 AC，BC 为直径作半圆，若 $AB=5$，$BC=3$，则图中阴影部分的面积是(　　).

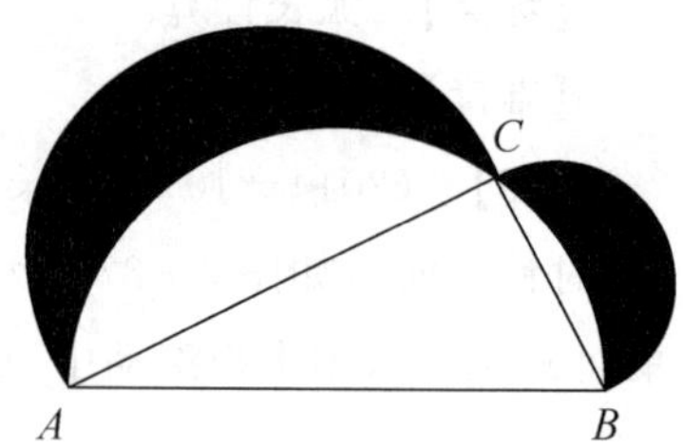

图 5-39

A. 3π　　B. 4π

C. 6π　　D. 6

E. 4

【考点】 组合图形面积.

【难度】 ★★

【58】 (1999—10)如图 5-40 所示，半圆 ADB 以 C 为圆心，半径为 1，且 $CD\perp AB$，延长 BD 和 AD，分别与以 B，A 为圆心，2 为半径的圆弧交于 E，F 两点，则图中的阴影部分的面积是(　　).

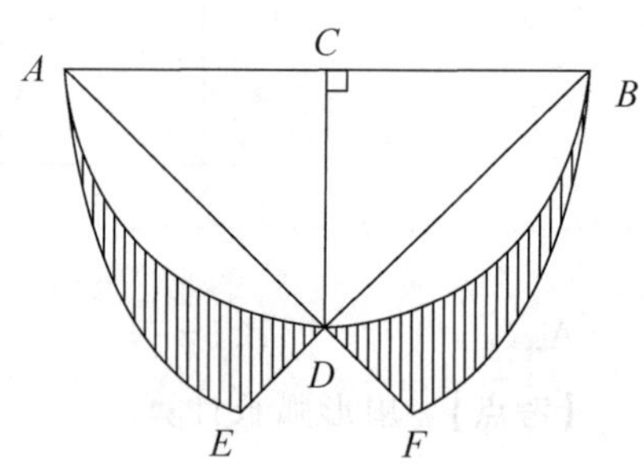

图 5-40

A. $\frac{\pi}{2}-\frac{1}{2}$　　B. $(1-\sqrt{2})\pi$

C. $\frac{\pi}{2}-1$　　D. $(\sqrt{3}-1)\pi$

E. $(2-\sqrt{3})\pi$

【考点】 组合图形面积.

【难度】 ★★

【59】 (2008—1)如图 5-41 所示，长方形 $ABCD$ 中，$AB=10$ 厘米，$BC=5$ 厘米，分别

以 AB 和 AD 为半径作$\frac{1}{4}$圆，则图中阴影部分的面积为（　　）平方厘米.

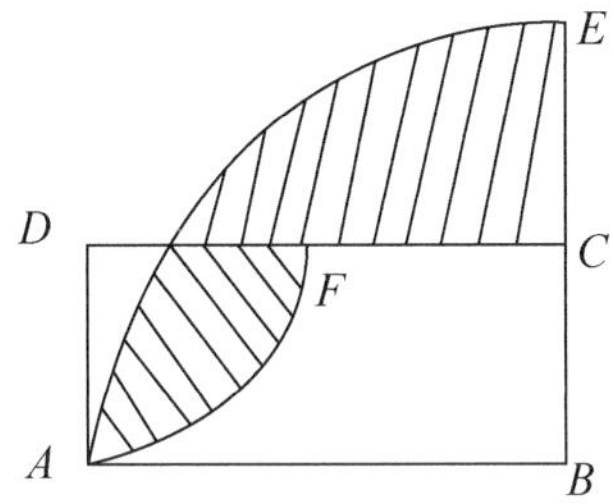

图 5－41

A. $25-\frac{25}{2}\pi$　　B. $25+\frac{125}{2}\pi$

C. $50+\frac{25}{4}\pi$　　D. $\frac{125}{4}\pi-50$

E. 以上结果均不正确

【考点】 组合图形的面积计算.

【难度】 ★★

【60】（2008－10）过点 $A(2,0)$ 向圆 $x^2+y^2=1$ 作两条切线 AM 和 AN（见图 5－42），则两切线和弧 MN 所围成的面积（图中阴影部分）为（　　）.

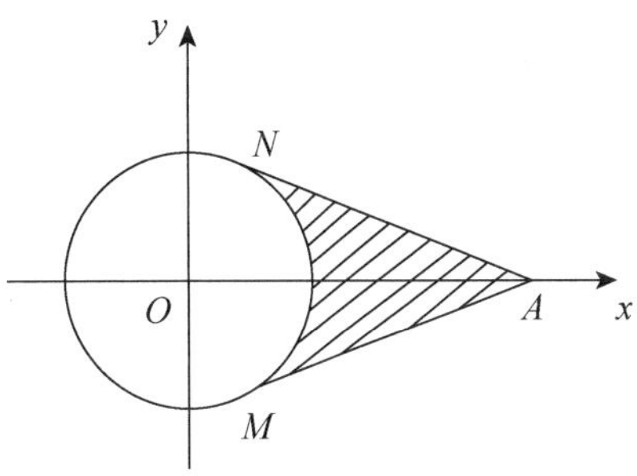

图 5－42

A. $1-\frac{\pi}{3}$　　B. $1-\frac{\pi}{6}$

C. $\frac{\sqrt{3}}{2}-\frac{\pi}{6}$　　D. $\sqrt{3}-\frac{\pi}{6}$

E. $\sqrt{3}-\frac{\pi}{3}$

【考点】 组合图形的面积的计算.

【难度】 ★★

【61】（2010－10）如图 5－43 所示，阴影甲的面积比阴影乙的面积多 28 cm^2，$AB=40$ cm，则 BC 的长为（　　）cm.（π 取到小数点后两位）

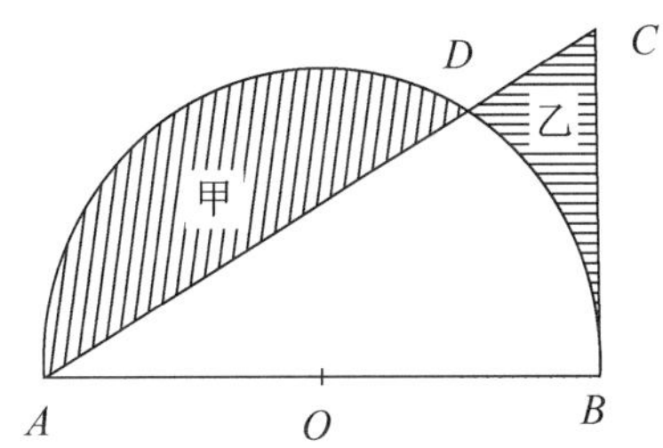

图 5－43

A. 30　　B. 32　　C. 34

D. 36　　E. 40

【考点】 组合图形的面积.

【难度】 ★★

【62】（2011－1）如图 5－44 所示，四边形 $ABCD$ 是边长为 1 的正方形，弧 AOB，BOC，COD，DOA 均为半圆，则阴影部分的面积为（　　）.

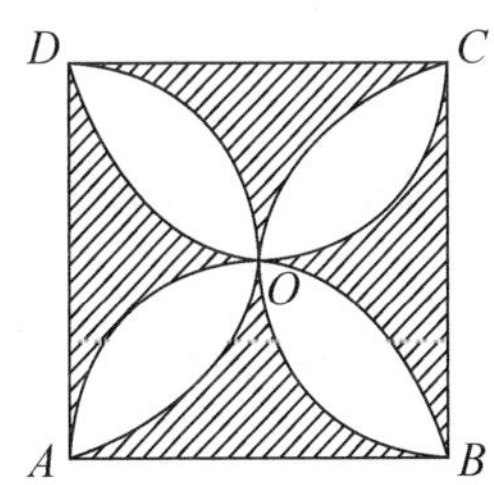

图 5－44

A. $\frac{1}{2}$　　B. $\frac{\pi}{2}$

C. $1-\frac{\pi}{4}$　　D. $\frac{\pi}{2}-1$

E. $2-\frac{\pi}{2}$

【考点】 组合图形的面积计算.

【难度】 ★★

【63】　(2012－1)在直角坐标系中,若平面区域 D 中所有点的坐标 (x,y) 均满足:$0\leqslant x\leqslant 6$,$0\leqslant y\leqslant 6$,$|y-x|\leqslant 3$,$x^2+y^2\geqslant 9$,则 D 的面积是(　　).

A. $\frac{9}{4}(1+4\pi)$　　B. $9\left(4-\frac{\pi}{4}\right)$

C. $9\left(3-\frac{\pi}{4}\right)$　　D. $\frac{9}{4}(2+\pi)$

E. $\frac{9}{4}(1+\pi)$

【考点】　曲边多边形的面积问题.

【难度】　★★

【64】　(2013－10)如图 5－45 所示,在正方形 $ABCD$ 中,弧 AOC 是四分之一圆周,$EF/\!/AD$.若 $DF=a$,$CF=b$,则阴影部分的面积为(　　).

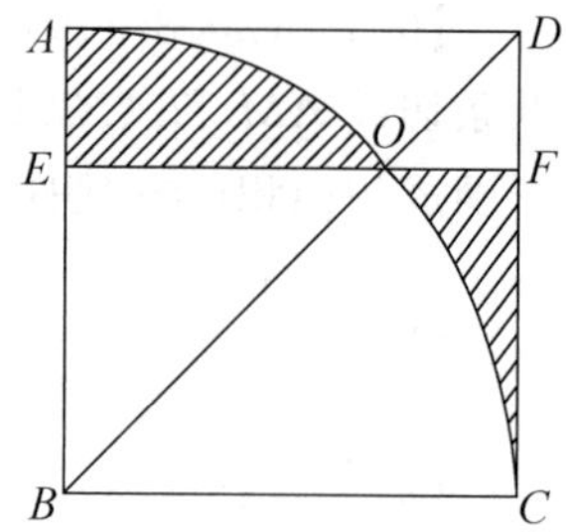

图 5－45

A. $\frac{1}{2}ab$　　B. ab　　C. $2ab$

D. b^2-a^2　　E. $(b-a)^2$

【考点】　割补法求阴影部分面积.

【难度】　★★

【65】　(2014－1)如图 5－46 所示,圆 A 与圆 B 的半径均为 1,则阴影部分的面积为(　　).

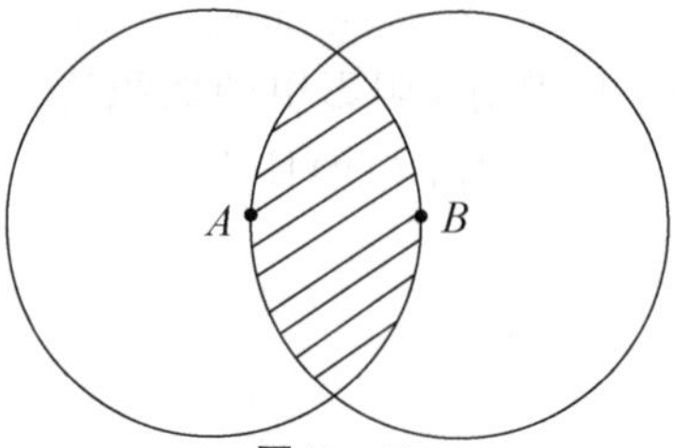

图 5－46

A. $\frac{2\pi}{3}$　　B. $\frac{\sqrt{3}}{2}$　　C. $\frac{\pi}{3}-\frac{\sqrt{3}}{4}$　　D. $\frac{2\pi}{3}-\frac{\sqrt{3}}{4}$　　E. $\frac{2\pi}{3}-\frac{\sqrt{3}}{2}$

【考点】　组合图形的面积.

【难度】　★★★

【66】　(2014－12)如图 5－47 所示,BC 是半圆的直径,且 $BC=4$,$\angle ABC=30^\circ$,则图中阴影部分的面积为(　　).

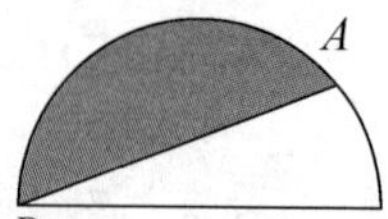

图 5－47

A. $\frac{4}{3}\pi-\sqrt{3}$　　B. $\frac{4}{3}\pi-2\sqrt{3}$

C. $\frac{2}{3}\pi+\sqrt{3}$　　D. $\frac{2}{3}\pi+2\sqrt{3}$

E. $2\pi-2\sqrt{3}$

【考点】　弓形的面积计算.

【难度】 ★★

【67】 (2016—12)某种机器人可搜索到的区域是半径为 1 米的圆,若该机器人沿直线行走 10 米,则其搜索出的区域的面积(单位:平方米)为( ).

A. $10+\frac{\pi}{2}$ B. $10+\pi$ C. $20+\frac{\pi}{2}$ D. $20+\pi$ E. 10π

【考点】 曲边多边形面积问题.

【难度】 ★★

【68】 (2016—12)如图 5-48 所示,在扇形 AOB 中,$\angle AOB=\frac{\pi}{4}$,$OA=1$,$AC\perp OB$,则阴影部分的面积为( ).

A. $\frac{\pi}{8}-\frac{1}{4}$ B. $\frac{\pi}{8}-\frac{1}{8}$

C. $\frac{\pi}{4}-\frac{1}{2}$ D. $\frac{\pi}{4}-\frac{1}{4}$

E. $\frac{\pi}{4}-\frac{1}{8}$

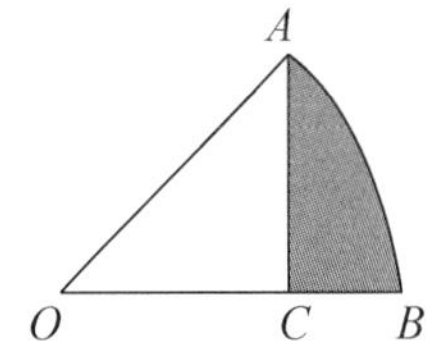

图 5-48

【考点】 弓形的面积计算.

【难度】 ★

【69】 (2020—12)如图 5-49 所示,已知六边形边长为 1,分别以六边形的顶点 O,P,Q 为圆心,以 1 为半径作圆弧,则阴影部分面积为( ).

A. $\pi-\frac{3\sqrt{3}}{2}$ B. $\pi-\frac{3\sqrt{3}}{4}$ C. $\frac{\pi}{2}-\frac{3\sqrt{3}}{4}$

D. $\frac{\pi}{2}-\frac{3\sqrt{3}}{8}$ E. $2\pi-3\sqrt{3}$

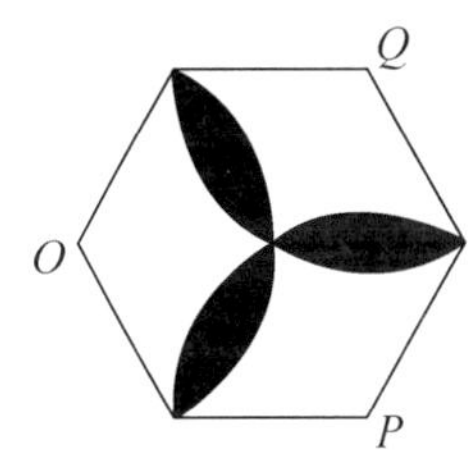

图 5-49

【考点】 组合图形的面积问题

【难度】 ★★

【70】 (2021—12)如图 5-50 所示,△ABC 是等腰直角三角形,以 A 为圆心的圆弧交 AC 于 D,交 BC 于 E,交 AB 的延长线于 F,若曲边三角形 CDE 与 BEF 的面积相等,则 $\frac{AD}{AC}=$( ).

A. $\frac{\sqrt{3}}{2}$ B. $\frac{2}{\sqrt{5}}$ C. $\sqrt{\frac{3}{\pi}}$

D. $\frac{\sqrt{\pi}}{2}$ E. $\sqrt{\frac{2}{\pi}}$

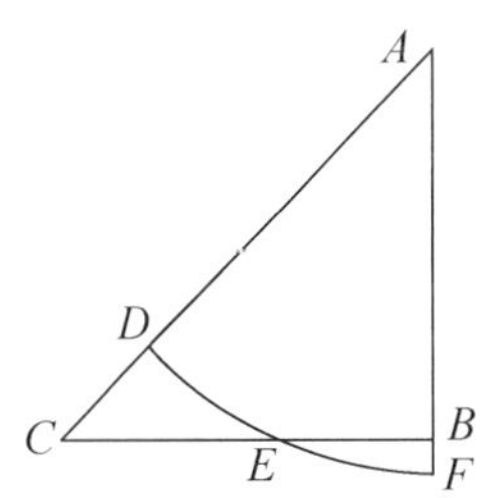

图 5-50

【考点】 三角形与扇形的面积问题.

【难度】 ★★

第六章　立体几何

【考试地位】

立体几何是综合能力考试的新增大纲的一部分，是将平面几何进行扩展，在空间中讨论几何问题，要求考生有比较强的空间想象能力．本部分在考试中一般考查1道题．

【知识框架】

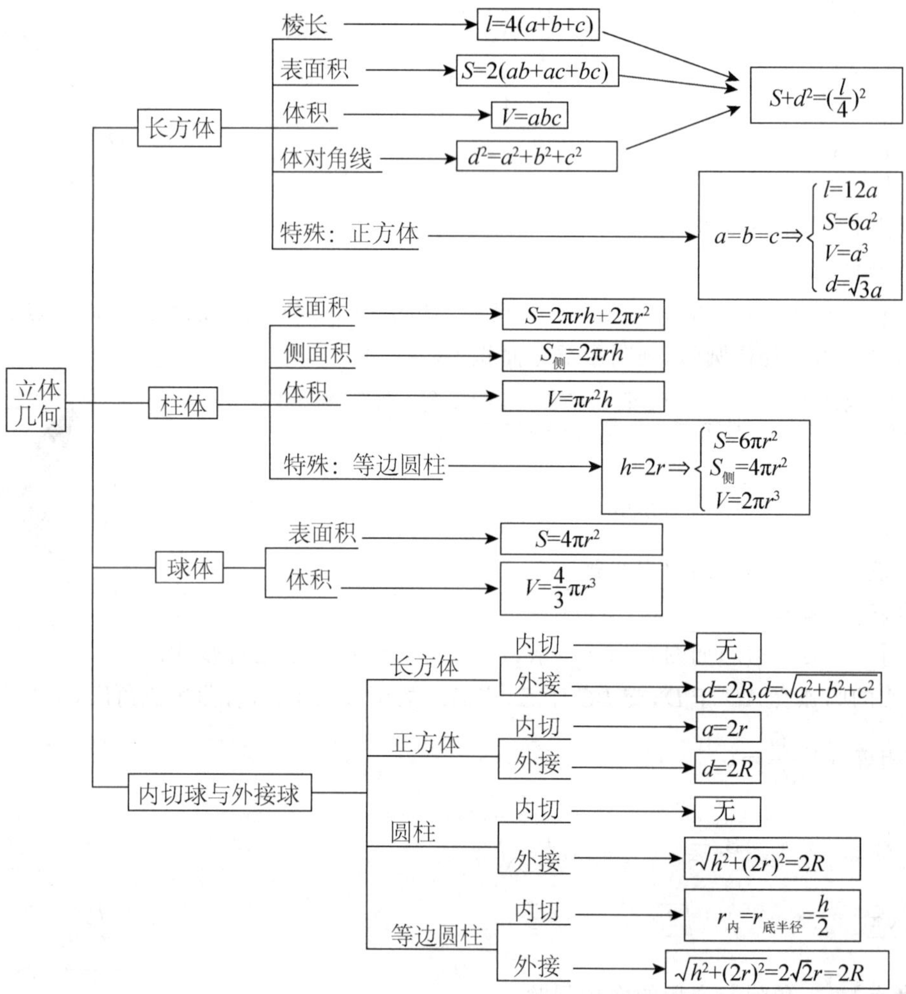

第一节　立体图形

【考点突破】 本章主要考查立体图形(包括长方体、球体、圆柱体)的表面积和体积计算公式,包括立体问题的比例关系.

【要点浏览】 (1)若长方体的长、宽、高分别为 a,b,c,则其总棱长 $L=4(a+b+c)$;其体对角线长 $l=\sqrt{a^2+b^2+c^2}$;其表面积 $S=2(ab+bc+ac)$;其体积 $V=abc$.

L,l,S 的关系:$\left(\frac{L}{4}\right)^2=l^2+S$.

(2)设圆柱体高为 h,底面半径为 r,圆柱体的侧面积 $S=ch=2\pi rh$,圆柱体的全面积 $S=2\pi r(h+r)$;圆柱体的体积 $V=\pi r^2h$.

(3)设球的半径为 R,球的表面积 $S=4\pi R^2$;球的体积 $V=\frac{4}{3}\pi R^3$.

【名师总结】 一般遇到立体图形求表面积或体积时,可以直接采用公式,而遇到立体几何的切接问题或者求长度或者角度等问题时,一般可以先将立体问题平面化再进行分析.

考点1　长方体的长度、表面积、体积问题

【考点阐述】 若一个长方体的长、宽、高分别为 a,b,c,则其表面积为 $2(ab+bc+ca)$,体积为 abc,体对角线长为 $\sqrt{a^2+b^2+c^2}$.

【真题梳理】

☆问题求解题:

【1】 (1997-10)一个长方体,长与宽之比为 2∶1,宽与高之比是 3∶2,若长方体的全部棱长之和是 220 厘米,则长方体的体积是(　　).

A. 2 880 立方厘米　　B. 7 200 立方厘米

C. 4 600 立方厘米　　D. 4 500 立方厘米

E. 3 600 立方厘米

【考点】 长方体的体积.

【难度】 ★★

【2】 (2014-1)如图 6-1 所示,正方体 $ABCD-A'B'C'D'$ 的棱长为 2,F 是 $C'D'$ 的中点,则 AF 的长为(　　).

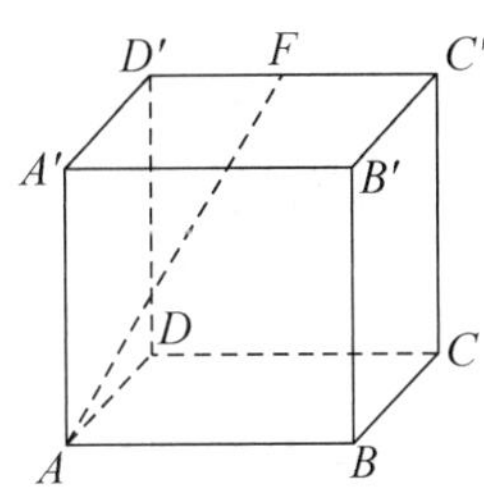

图 6-1

A. 3　　B. 5　　C. $\sqrt{5}$

D. $2\sqrt{2}$　　E. $2\sqrt{3}$

【考点】 长方体的线段长度计算.

【难度】 ★★

【3】 (2014-10)如图 6-2 所示,是一个棱长为 1 的正方体表面展开图.在该正方体中,AB 与 CD 确定的截面面积为(　　).

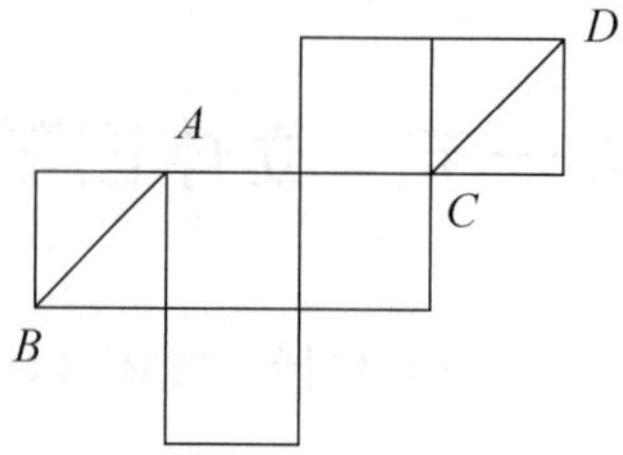

图 6-2

A. $\frac{\sqrt{3}}{2}$　　B. $\frac{\sqrt{5}}{2}$　　C. 1　　D. $\sqrt{2}$　　E. $\sqrt{3}$

【考点】 长方体的展开图.

【难度】 ★★

【4】 (2015－12)现有长方形木板340张,正方形木板160张(见图6-3),这些木板恰好可以装配成若干竖式和横式的无盖箱子(见图6-4),则装配成的竖式和横式箱子的个数为(　　).

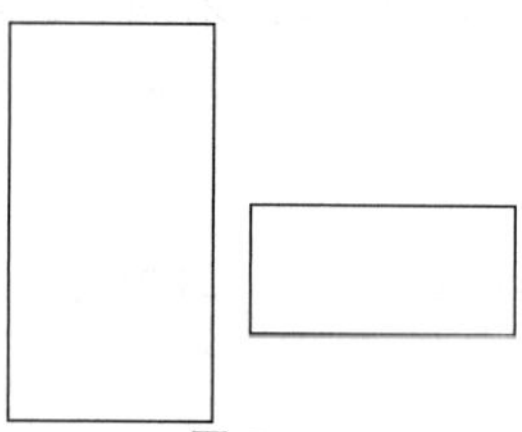

图 6-3

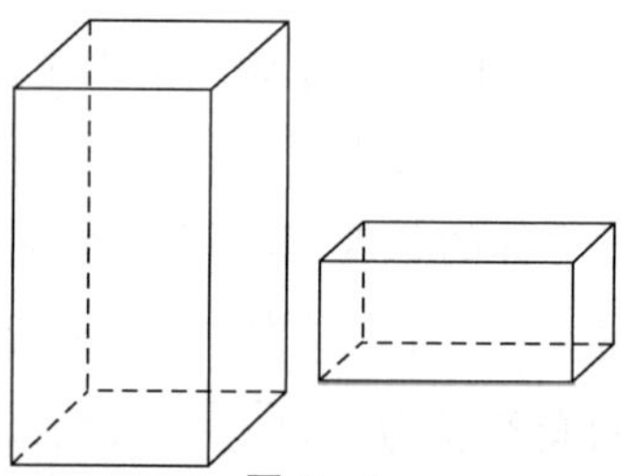

图 6-4

A. 25,80　　B. 60,50　　C. 20,70　　D. 60,40　　E. 40,60

【考点】 二元一次方程与空间几何体.

【难度】 ★★

☆条件充分性判断题:

【5】 (2019－12)则能确定长方体的体对角线.(　　)

(1)已知长方体一个顶点的三个面的面积

(2)已知长方体一个顶点的三个面的面对角线

【考点】 体对角线与乘法公式.

【难度】 ★★

考点2　圆柱体的表面积与体积

【考点阐述】 若一个圆柱体的底面半径为r,高为h,则表面积为$S=2\pi rh+2\pi r^2$,体积为$V=\pi r^2h$.

【真题梳理】

☆问题求解题:

【6】 (1997－1)若圆柱体的高增大到原来的3倍,底面半径增大到原来的1.5倍,则其体积增大到原来的体积的倍数是(　　).

A. 4.5　　B. 6.75　　C. 9　　D. 12.5　　E. 15

【考点】 圆柱体的体积.

【难度】 ★

【7】 (1998－1)圆柱体的底面半径和高的比是 1∶2,若体积增加到原来的 6 倍,底面半径和高的比保持不变,则底面半径(　　).

A. 增加到原来的$\sqrt{6}$倍　　B. 增加到原来的$\sqrt[3]{6}$倍

C. 增加到原来的$\sqrt{3}$倍　　D. 增加到原来的$\sqrt[3]{3}$倍

E. 增加到原来的 6 倍

【考点】 圆柱体的体积.

【难度】 ★

【8】 (1999－1)一个两头密封的圆柱形水桶,水平横放时桶内有水部分占水桶一头圆周长的$\frac{1}{4}$,则水桶直立时水的高度和桶的高度的比值是(　　).

A. $\frac{1}{4}$　　B. $\frac{1}{4}-\frac{1}{\pi}$　　C. $\frac{1}{4}-\frac{1}{2\pi}$　　D. $\frac{1}{8}$　　E. $\frac{\pi}{4}$

【考点】 圆柱体的体积.

【难度】 ★★

【9】 (1999－10)一个圆柱体的高减少到原来的 70%,底半径增加到原来的 130%,则它的体积(　　).

A. 不变　　B. 增加到原来的 121%

C. 增加到原来的 130%　　D. 增加到原来的 118.3%

E. 减少到原来的 91%

【考点】 圆柱体的体积.

【难度】 ★

【10】 (2004－1)矩形周长为 2,将它绕其一边旋转一周,所得圆柱体体积最大时的矩形面积为(　　).

A. $\frac{4\pi}{27}$　　B. $\frac{2}{3}$　　C. $\frac{2}{9}$

D. $\frac{27}{4}$　　E. 以上答案都不正确

【考点】 圆柱体的体积最大值.

【难度】 ★★★

【11】 (2014－12)有一根圆柱形铁管,管壁厚度为 0.1 m,内径为 1.8 m,长度为 2 m,若将其熔化后做成长方体,则长方体的体积为(　　)m^3.(π 取 3.14)

A. 0.38　　B. 0.59　　C. 1.19　　D. 5.09　　E. 6.28

【考点】 圆柱体的体积问题.

【难度】 ★★

【12】 (2017－12)如图 6－5 所示，圆柱体的底面半径为 2，高为 3，垂直于底部的平面截圆柱体所得截面为矩形 $ABCD$，若弦 AB 所对的圆心角是$\frac{\pi}{3}$，则截掉部分(较小部分)的体积为(　　).

A. $\pi-3$　　B. $2\pi-6$

C. $\pi-\frac{3\sqrt{3}}{2}$　　D. $2\pi-3\sqrt{3}$

E. $\pi-\sqrt{3}$

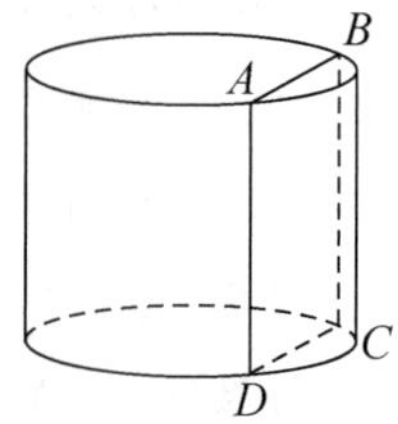

图 6－5

【考点】 柱体的体积.

【难度】 ★★

考点 3 球的表面积与体积

【考点阐述】 若一个球的半径为 R，则表面积为 $S=4\pi R^2$，体积为$\frac{4}{3}\pi R^3$.

【真题梳理】

☆问题求解题：

【13】 (1998－10)若一个球体的表面积增加到原来的 9 倍，则它的体积(　　).

A. 增加到原来的 9 倍　　B. 增加到原来的 27 倍

C. 增加到原来的 3 倍　　D. 增加到原来的 6 倍

E. 增加到原来的 8 倍

【考点】 球的表面积与体积.

【难度】 ★

【14】 (2012－1)如图 6－6 所示，一个储物罐的下半部分是底面直径与高均是 20 米的圆柱形，上半部分(顶部)是半球形. 已知底面与顶部的造价是 400 元/平方米，圆柱侧面的造价是 300 元/平方米，则该储物罐的造价是(　　). ($\pi=3.14$)

A. 56.52 万元　　B. 62.8 万元

C. 75.36 万元　　D. 87.92 万元

E. 100.48 万元

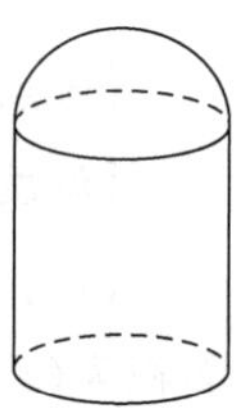
图 6－6

【考点】 圆柱与球的表面积的计算.

【难度】 ★★

【15】 (2013－1)将体积为 $4\pi\ cm^3$ 和 $32\pi\ cm^3$ 的两个实心金属球熔化后铸成一个实心大球，则大球的表面积为(　　)cm^2.

A. 32π　　B. 36π　　C. 38π　　D. 40π　　E. 42π

【考点】 球的表面积与体积.

【难度】 ★★

【16】 (2014－1)某工厂在半径为 5 cm 的球形工艺品上镀一层装饰金属，厚度为 0.01 cm. 已知装饰金属的原材料是棱长为 20 cm 的正方体锭子，则加工 10 000 个该工艺品

需要的锭子数量最少为（　　）.（不考虑加工损耗，$\pi\approx3.14$）

A. 2　　B. 3　　C. 4　　D. 5　　E. 20

【考点】 球体与长方体的体积.

【难度】 ★★

☆条件充分性判断题：

【17】（2014—12）底面半径为 r、高为 h 的圆柱体表面积记为 S_1，半径为 R 的球体表面积记为 S_2，则 $S_1\leqslant S_2$.（　　）

(1)$R\geqslant\frac{r+h}{2}$　　(2)$R\leqslant\frac{2h+r}{3}$

【考点】 不等式与立体图形结合.

【难度】 ★★★

【18】（2016—12）如图 6－7 所示，一个铁球沉入水池中，则能确定铁球的体积.（　　）

(1)已知铁球露出水面的高度

(2)已知水深及铁球与水面交线的周长

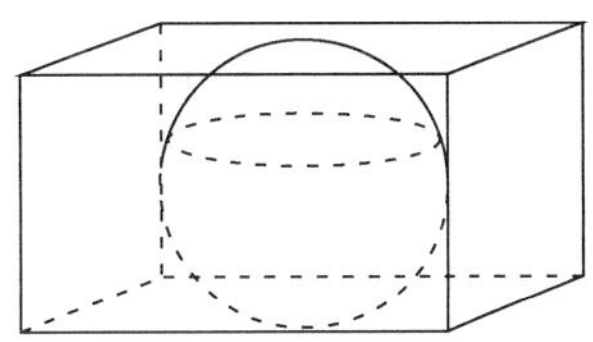

图 6－7

【考点】 球的体积计算.

【难度】 ★★

考点 4　球与其他图形的切接问题

【考点阐述】 当球与长方体相接时，那么球的直径就是长方体的体对角线.

【真题梳理】

☆问题求解题：

【19】（2011—1）现有一个半径为 R 的球体，拟用刨床将其加工成正方体，则能加工成的最大正方体的体积是（　　）.

A. $\frac{8}{3}R^3$　　B. $\frac{8\sqrt{3}}{9}R^3$　　C. $\frac{4}{3}R^3$　　D. $\frac{1}{3}R^3$　　E. $\frac{\sqrt{3}}{9}R^3$

【考点】 切接关系.

【难度】 ★★

【20】（2015—12）如图 6－8 所示，在半径为 10 厘米的球体上开一个底面半径是 6 厘米的圆柱形洞，则洞的内壁面积为（　　）(单位：平方厘米).

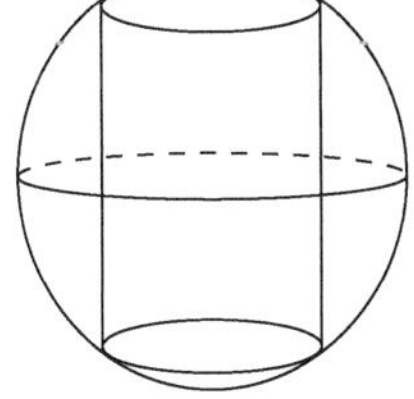

图 6－8

A. 48π　　B. 288π　　C. 96π　　D. 576π　　E. 192π

【考点】 切接问题.

【难度】 ★★

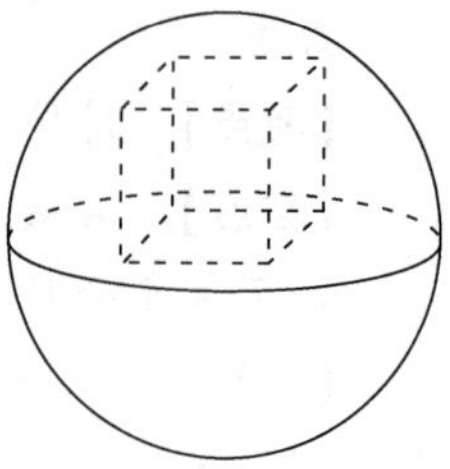
图 6－9

【21】 (2018－12)如图 6－9 所示,正方体位于半径为 3 的球内,且一面位于球的大圆上,则正方体表面积最大为(　　).

A. 12　　B. 18　　C. 24

D. 30　　E. 36

【考点】 切接问题.

【难度】 ★★

【22】 (2020－12)若球体的内接正方体的体积为 8 m^3,则该球体的表面积为(　　)m^3.

A. 4π　　B. 6π　　C. 8π　　D. 12π　　E. 24π

【考点】 球与正方体的切接问题.

【难度】 ★★

第七章　解析几何

【考试地位】

解析几何是代数和平面几何的桥梁，主要考查的是平面直角坐标系中直线、圆、直线与直线、直线与圆的位置关系. 解此类问题时，最好采用数形结合的方法，先画图分析，再套用公式求解. 有时候，画出图象后题目不用计算就已经知道答案了. 本部分在考试中一般考查 2 道题.

【知识框架】

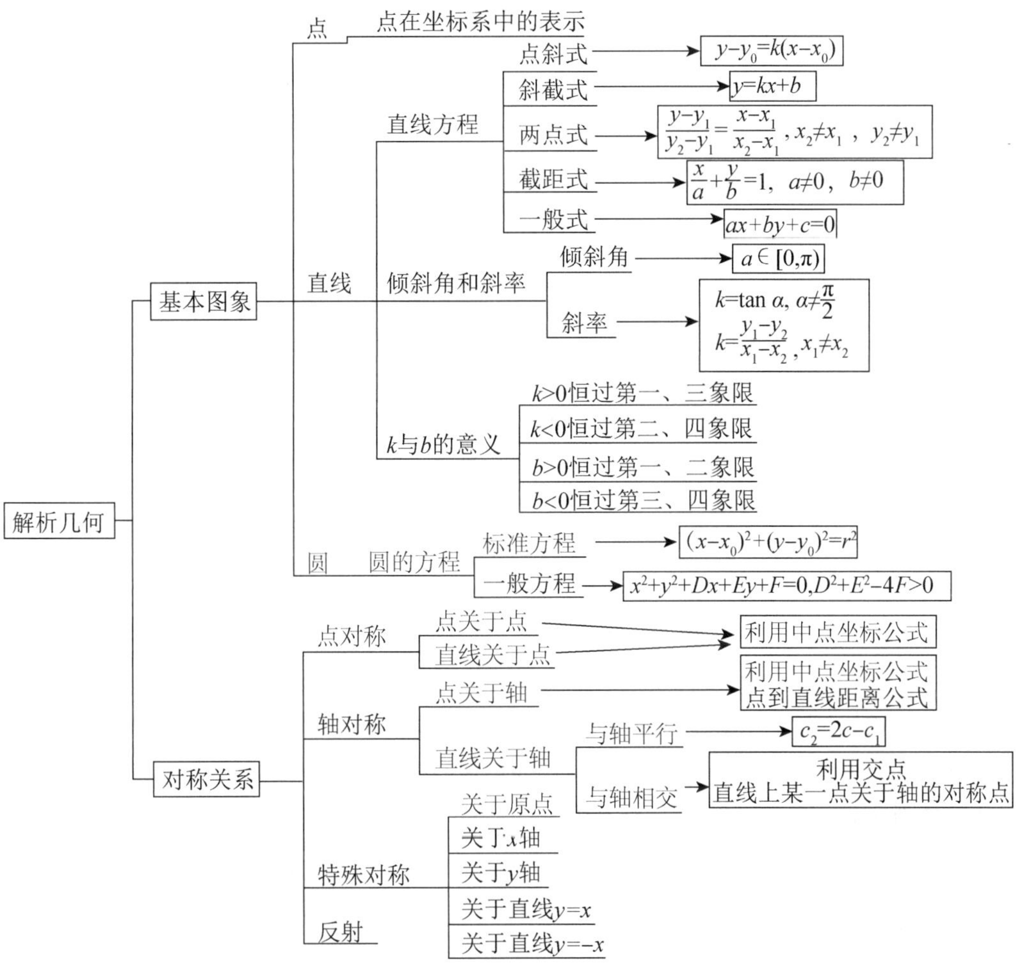

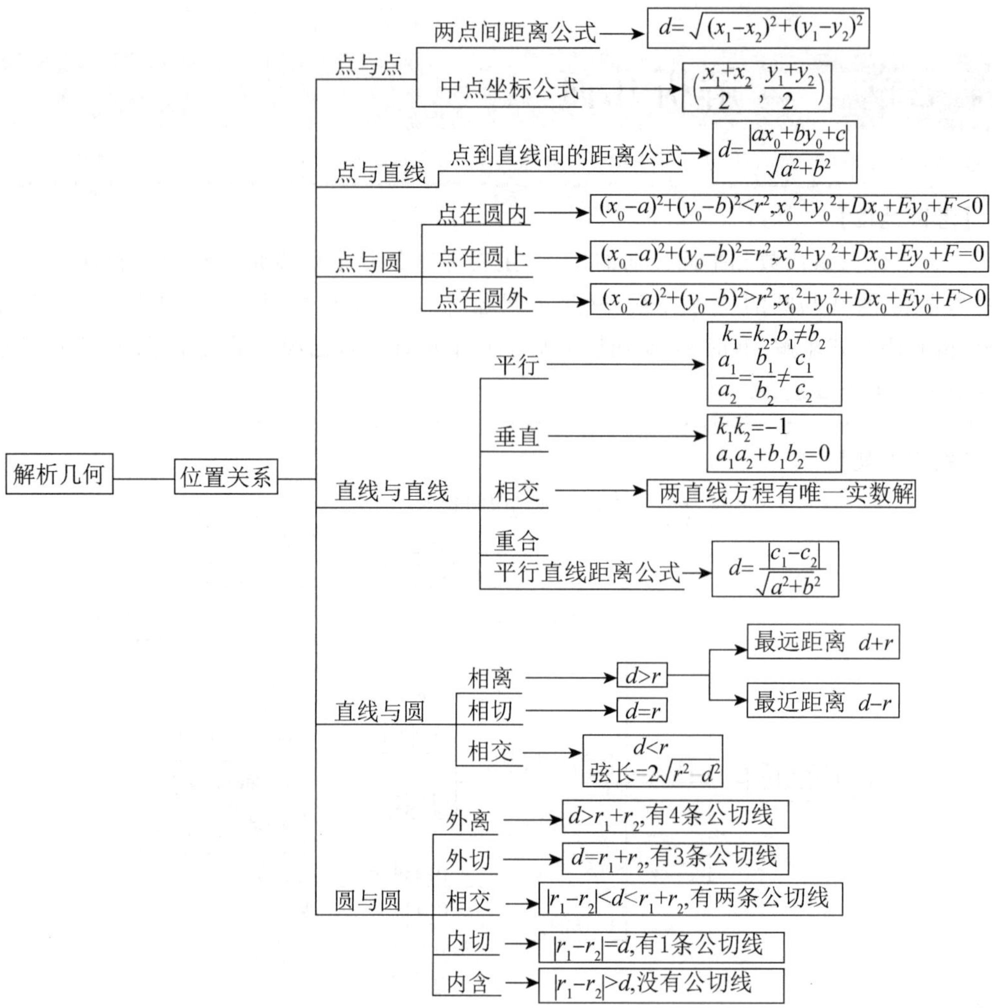

第一节　直线与圆的方程式求解

【考点突破】 本节主要考查直线的方程式、直线的斜率、直线的截距，以及直线的位置判断等；另外还考查了圆的方程式、圆心的坐标、圆的半径等基本元素.

【要点浏览】

(1)两点 $A(x_1,y_1)$,$B(x_2,y_2)$间的距离 $d=\sqrt{(x_2-x_1)^2+(y_2-y_1)^2}$.

(2)点 $M(x_0,y_0)$到直线 $L:Ax+By+C=0$ 的距离 $d=\frac{|Ax_0+By_0+C|}{\sqrt{A^2+B^2}}$.

(3)斜率公式:$k=\frac{y_2-y_1}{x_2-x_1}(x_2\neq x_1)$;两直线平行:$k_1=k_2$;两直线垂直:$k_1\cdot k_2=-1$.

(4)直线方程:点斜式:$y-y_0=k(x-x_0)$,通过点(x_0,y_0),k 为斜率.

(5)圆的方程:标准方程:$(x-a)^2+(y-b)^2=r^2$,(a,b)为圆心,r 为半径.

【名师总结】 一般来说,求一个圆的方程需要找到圆心和半径这两个元素,而求解一条直线方程则需要找到直线的斜率和所过的定点.如果对公式不熟悉,也可以采取作图的方法解决问题.

考点1　圆的基本元素与圆的方程的建立

【考点阐述】 圆 $x^2+y^2+Dx+Ey+F=0$. 圆心为$\left(-\frac{D}{2},-\frac{E}{2}\right)$,半径为$\frac{\sqrt{D^2+E^2-4F}}{2}$.

【真题梳理】

☆问题求解题:

【1】 (1997－1)圆方程 $x^2-2x+y^2+4y+1=0$ 的圆心是(　　).

A. $(-1,-2)$　　B. $(-1,2)$　　C. $(-2,-2)$

D. $(2,-2)$　　E. $(1,-2)$

【考点】 求圆心的坐标(配方).

【难度】 ★

【2】 (1998－1)设 AB 是圆 C 的直径,点 A,B 的坐标分别是$(-3,5)$,$(5,1)$,则圆 C 的方程是(　　).

A. $(x-2)^2+(y-6)^2=80$　　B. $(x-1)^2+(y-3)^2=20$

C. $(x-2)^2+(y-4)^2=80$　　D. $(x-2)^2+(y-4)^2=20$

E. $x^2+y^2=20$

【考点】 求圆的方程.

【难度】 ★★

【3】 (1999－10)一个圆通过坐标原点,又通过抛物线 $y=\frac{x^2}{4}-2x+4$ 与坐标轴的交点,该圆的半径为(　　).

A. $\sqrt{2}$　　B. $2\sqrt{2}$　　C. $3\sqrt{2}$　　D. $\frac{\sqrt{2}}{2}$　　E. $4\sqrt{2}$

【考点】 求圆的半径.

【难度】 ★★

【4】 (2007－10)圆 $x^2+(y-1)^2=4$ 与 x 轴的两个交点是(　　).

A. $(-\sqrt{5},0)$,$(\sqrt{5},0)$　　B. $(-2,0)$,$(2,0)$

C. $(0,-\sqrt{5})$,$(0,\sqrt{5})$　　D. $(-\sqrt{3},0)$,$(\sqrt{3},0)$

E. $(-\sqrt{2},-\sqrt{3})$,$(\sqrt{2},\sqrt{3})$

【考点】 圆的方程.

【难度】 ★

【5】 (2010－1)已知直线 $ax-by+3=0(a>0,b>0)$过圆 $x^2+4x+y^2-2y+1=0$ 的圆心,则 ab 的最大值为(　　).

A. $\frac{9}{16}$　　B. $\frac{11}{16}$　　C. $\frac{3}{4}$　　D. $\frac{9}{8}$　　E. $\frac{9}{4}$

【考点】 直线与圆的方程.

【难度】 ★★

【6】 (2010－10)若圆的方程是 $x^2+y^2=1$,则它的右半圆(在第一象限和第四象限内的部分)的方程是(　　).

A. $y-\sqrt{1-x^2}=0$　　B. $x-\sqrt{1-y^2}=0$

C. $y+\sqrt{1-x^2}=0$　　D. $x+\sqrt{1-y^2}=0$

E. $x^2+y^2=\frac{1}{2}$

【考点】 圆的标准方程化简.

【难度】 ★

【7】 (2015－12)圆 $x^2+y^2-6x+4y=0$ 上到原点距离最远的点是(　　).

A. $(-3,2)$　B. $(3,-2)$　C. $(6,4)$　D. $(-6,4)$　E. $(6,-4)$

【考点】 圆的方程.

【难度】 ★

【8】 (2020－12)已知 $ABCD$ 是圆 $x^2+y^2=25$ 的内接四边形,若 AC 是直线 $x=3$ 与圆 $x^2+y^2=25$ 的交点,则四边形 $ABCD$ 面积的最大值为(　　).

A. 20　B. 24　C. 40　D. 48　E. 60

【考点】 圆的方程与面积结合.

【难度】 ★★★

☆条件充分性判断题:

【9】 (2008－1)动点 (x,y) 的轨迹是圆.(　　)

(1) $|x-1|+|y|=4$　　(2) $3(x^2+y^2)+6x-9y+1=0$

【考点】 圆的方程判定.

【难度】 ★★

【10】 (2008－10)曲线 $ax^2+by^2=1$ 通过 4 个定点.(　　)

(1) $a+b=1$　　(2) $a+b=2$

【考点】 曲线的定点问题.

【难度】 ★★

【11】 (2013－1)已知平面区域 $D_1=\{(x,y)\mid x^2+y^2\leqslant 9\}$, $D_2=\{(x,y)\mid (x-x_0)^2+(y-y_0)^2\leqslant 9\}$,则 D_1, D_2 覆盖区域的边界长度为 8π.(　　)

(1) $x_0^2+y_0^2=9$　　(2) $x_0+y_0=3$

【考点】 直线与圆的方程问题.

【难度】 ★★★

考点 2 直线的基本元素与直线方程建立

【考点阐述】 ①若直线的斜率为 k,过点 $P_0(x_0,y_0)$,方程式为 $y-y_0=k(x-x_0)$. ②若直线斜率为 k,截距为 b,则方程式为 $y=kx+b$.

【真题梳理】

☆问题求解题：

【12】　(1997－1)$ab<0$ 时，直线 $y=ax+b$ 必然（　　）.

A. 经过一、二、四象限　　B. 经过一、三、四象限

C. 在 y 轴上的截距为正数　　D. 在 x 轴上的截距为正数

E. 在 x 轴上的截距为负数

【考点】　直线的位置判定.

【难度】　★

【13】　(1997－10)若圆的方程是 $y^2+4y+x^2-2x+1=0$，直线方程为 $3x+2y=1$，则过已知圆的圆心并与已知直线平行的直线方程是（　　）.

A. $2y+3x+1=0$　　B. $2y+3x-7=0$

C. $3x+2y+4=0$　　D. $3x+2y-8=0$

E. $2x+3y-6=0$

【考点】　求直线与圆的方程.

【难度】　★★

【14】　(1998－1)设正方形 $ABCD$ 如图 7－1 所示，其中 $A(2,1)$，$B(3,2)$，则边 CD 所在的直线方程是（　　）.

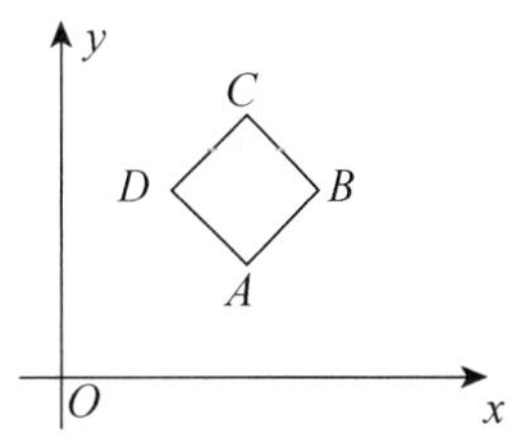

图 7－1

A. $y=-x-1$　　B. $y=x+1$

C. $y=x-2$　　D. $y=2x+2$

E. $y=-x+2$

【考点】　求直线的方程.

【难度】　★★

【15】　(1998－10)已知直线 l 的方程为 $x+2y-4=0$，点 A 的坐标为(5,7)，过 A 点作直线垂直于 l，则垂足的坐标为（　　）.

A. (6,5)　　B. (5,6)　　C. (2,1)　　D. (－2,6)　　E. $\left(\frac{1}{2},3\right)$

【考点】　直线方程.

【难度】　★★

【16】　(1999－10)在直角坐标系中(见图 7－2)，O 为原点，点 A，B 的坐标分别为(－2,0)，(2,－2)，以 OA 为一边，OB 为另一边作平行四边形 $OACB$，则平行四边形的边 AC 的方程是（　　）.

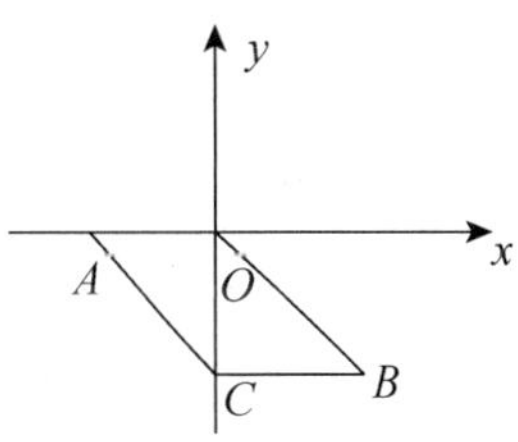

图 7－2

A. $y=-2x-1$　　B. $y=-2x-2$

C. $y=-x-2$　　D. $y=\frac{1}{2}x-\frac{3}{2}$

E. $y=-\frac{1}{2}x-\frac{3}{2}$

【考点】　求直线方程.

【难度】　★★

☆条件充分性判断题：

【17】 (2010－10)直线 $y=ax+b$ 经过第一、二、四象限.(　　)

(1)$a<0$　　　　　　　　　　　　　(2)$b>0$

【考点】 直线的位置判断.

【难度】 ★

【18】 (2012－1)直线 $y=ax+b$ 过第二象限.(　　)

(1)$a=-1,b=1$　　　　　　　　　　　(2)$a=1,b=-1$

【考点】 直线的位置判定.

【难度】 ★

第二节　解析几何位置关系

【考点突破】 本节主要考查点与直线的位置关系，直线与直线的位置关系、直线与圆的位置关系，以及圆与圆的位置关系，包括各类对称问题的归纳.

【要点浏览】 (1)设点 $M(x_0,y_0)$ 关于直线 $L:Ax+By+C=0(B\neq 0)$ 对称的点 N 的坐标为(x,y)，则 x,y 是以下方程组的解：

$$\begin{cases}A\cdot\left(\dfrac{x_0+x}{2}\right)+B\cdot\left(\dfrac{y_0+y}{2}\right)+C=0,\\ \dfrac{y-y_0}{x-x_0}\cdot\left(-\dfrac{A}{B}\right)=-1\end{cases}\Rightarrow\begin{cases}x=x_0-\dfrac{2A}{A^2+B^2}(Ax_0+By_0+C),\\ y=y_0-\dfrac{2B}{A^2+B^2}(Ax_0+By_0+C).\end{cases}$$

(2)在直角坐标平面内，圆 $C:(x-a)^2+(y-b)^2=r^2$ 的圆心到直线 $L:Ax+By+C=0$ 的距离 $d=\dfrac{|Aa+Bb+C|}{\sqrt{A^2+B^2}}$.

当 $d>r$ 时，直线 L 与圆 C 相离；

当 $d=r$ 时，直线 L 与圆 C 相切；

当 $d<r$ 时，直线 L 与圆 C 相交.

(3)若直线 $L:Ax+By+C=0$ 与圆 $C:(x-a)^2+(y-b)^2=r^2$ 相交，则所截得的弦长 $l=2\sqrt{r^2-d^2}$，其中 r 为圆 C 半径，d 为圆 C 的圆心到直线 L 的距离.

(4)圆 $C_1:(x-a_1)^2+(y-b_1)^2=r_1^2$ 和圆 $C_2:(x-a_2)^2+(y-b_2)^2=r_2^2$ 的圆心距 $d=\sqrt{(a_1-a_2)^2+(b_1-b_2)^2}$.

当 $d>r_1+r_2$ 时，两圆外离；当 $d=r_1+r_2$ 时，两圆外切；当 $|r_1-r_2|<d<r_1+r_2$ 时，两圆相交；当 $d=|r_1-r_2|$ 时，两圆内切；当 $0\leqslant d<|r_1-r_2|$ 时，两圆内含.

【名师总结】 一般遇到直线与圆的问题时，总是先考虑圆心到直线的距离，而遇到两个圆的问题时，总是考虑两圆的圆心之间的距离. 当然也可以作图进行分析，找出关系.

考点 1　对称问题

【考点阐述】 本考点主要包含点(曲线)关于直线的对称点(曲线)和直线(曲线)关于点

的对称直线(曲线)两种类型,如果遇到特殊类型可以通过观察图象解决.

【真题梳理】

☆问题求解题:

【19】 (2000－1)在平面直角坐标系中,以直线 $y=2x+4$ 为轴与原点对称的点的坐标是(　　).

A. $(-\frac{16}{5},\frac{8}{5})$　B. $(-\frac{8}{5},\frac{4}{5})$　C. $(\frac{16}{5},\frac{8}{5})$　D. $(\frac{8}{5},\frac{4}{5})$

【考点】 点关于直线的对称.

【难度】 ★★

【20】 (2007－10)点 $P(2,3)$关于直线 $x+y=0$ 的对称点是(　　).

A. (4,3)　B. (－2,－3)　C. (－3,－2)　D. (－2,3)　E. (－4,－3)

【考点】 点关于直线的对称问题.

【难度】 ★★

【21】 (2008－1)以直线 $y+x=0$ 为对称轴且与直线 $y-3x=2$ 对称的直线方程为(　　).

A. $y=\frac{x}{3}+\frac{2}{3}$　B. $y=-\frac{x}{3}+\frac{2}{3}$

C. $y=-3x-2$　D. $y=-3x+2$

E. 以上都不正确

【考点】 直线关于直线的对称问题.

【难度】 ★★

【22】 (2013－1)点(0,4)关于直线 $2x+y+1=0$ 的对称点为(　　).

A. (2,0)　B. (－3,0)　C. (－6,1)　D. (4,2)　E. (－4,2)

【考点】 点关于直线对称问题.

【难度】 ★★

【23】 (2018－12)设圆 C 与圆:$(x-5)^2+y^2=2$ 关于 $y=2x$ 对称,则圆 C 的方程为(　　).

A. $(x-3)^2+(y-4)^2=2$　B. $(x+4)^2+(y-3)^2=2$

C. $(x-3)^2+(y+4)^2=2$　D. $(x+3)^2+(y+4)^2=2$

E. $(x+3)^2+(y-4)^2=2$

【考点】 圆关于直线的对称问题.

【难度】 ★★

☆条件充分性判断题:

【24】 (2010－10)圆 C_1 是圆 C_2:$x^2+y^2+2x-6y-14=0$ 关于直线 $y=x$ 的对称圆.(　　)

(1)圆 C_1:$x^2+y^2-2x-6y-14=0$　(2)圆 C_1:$x^2+y^2+2y-6x-14=0$

【考点】 圆关于直线的对称问题.

【难度】 ★★

【25】 (2012－10)直线 L 与直线 $2x+3y=1$ 关于 x 轴对称.(　　)

(1)$L:2x-3y=1$　　　　(2)$L:3x+2y=1$

【考点】 直线关于直线的对称问题.

【难度】 ★★

考点2 直线与直线位置关系

【考点阐述】 两直线位置关系包含平行、垂直等,可以利用斜率或直线的系数进行判断.

【真题梳理】

☆问题求解题:

【26】 (1999－1)已知直线 $l_1:(a+2)x+(1-a)y-3=0$ 和直线 $l_2:(a-1)x+(2a+3)y+2=0$ 互相垂直,则 $a=$(　　).

A. -1　　B. 1　　C. ±1　　D. $-\frac{3}{2}$　　E. 0

【考点】 两直线的位置关系(垂直).

【难度】 ★★

【27】 (2014－10)直线 $x-2y=0,x+y-3=0,2x-y=0$ 两两相交构成△ABC,以下各点中,位于△ABC 内的点的是(　　).

A. (1,1)　　B. (1,3)　　C. (2,2)　　D. (3,2)　　E. (4,0)

【考点】 直线的位置关系.

【难度】 ★★

☆条件充分性判断题:

【28】 (2008－1)$a=-4$.(　　)

(1)点 $A(1,0)$关于直线 $x-y+1=0$ 的对称点是 $A'(\frac{a}{4},-\frac{a}{2})$

(2)直线 $l_1:(2+a)x+5y=1$ 与直线 $l_2:ax+(2+a)y=2$ 垂直

【考点】 直线的位置关系与对称点问题.

【难度】 ★★

考点3 圆与圆的位置关系

【考点阐述】 两圆的位置关系包含外离、外切、相交、内切、内含五种,可以利用两圆圆心距与两个半径之间关系进行讨论.

【真题梳理】

☆问题求解题:

【29】 (2014－10)圆 $x^2+y^2+2x-3=0$ 与圆 $x^2+y^2-6y+6=0$(　　).

A. 外离　　B. 外切　　C. 相交　　D. 内切　　E. 内含

【考点】 两圆的位置关系.

【难度】 ★

☆条件充分性判断题:

【30】 (2008－1)圆 $C_1:(x-\frac{3}{2})^2+(y-2)^2=r^2$ 与圆 $C_2:x^2-6x+y^2-8y=0$ 有交

点.(　　)

(1)$0<r<\frac{5}{2}$　　　　(2)$r>\frac{15}{2}$

【考点】 两圆的位置关系.

【难度】 ★★

【31】 (2009－10)圆$(x-3)^2+(y-4)^2=25$与圆$(x-1)^2+(y-2)^2=r^2(r>0)$相切.(　　)

(1)$r=5\pm2\sqrt{3}$　　　　(2)$r=5\pm2\sqrt{2}$

【考点】 两圆的位置关系.

【难度】 ★★

【32】 (2013－10)已知圆$A:x^2+y^2+4x+2y+1=0$,则圆B和圆A相切.(　　)

(1)圆$B:x^2+y^2-2x-6y+1=0$　　　　(2)圆$B:x^2+y^2-6x=0$

【考点】 两圆的位置关系讨论.

【难度】 ★★

考点4　直线与圆位置关系

【考点阐述】 直线与圆的位置关系有相交、相切、相离三种,通常用圆心到直线距离d与圆的半径r进行比较判断;也可以利用直线方程与圆方程联立后判断公共解的存在性来解决.

【真题梳理】

☆问题求解题:

【33】 (2009－10)曲线$x^2-2x+y^2=0$上的点到直线$3x+4y-12=0$的最短距离是(　　).

A. $\frac{3}{5}$　　B. $\frac{4}{5}$　　C. 1　　D. $\frac{4}{3}$　　E. $\sqrt{2}$

【考点】 直线与圆的位置关系.

【难度】 ★★

【34】 (2010－10)直线L与圆$x^2+y^2=4$相交于A,B两点,且线段AB的中点的坐标为(1,1),则直线L的方程为(　　).

A. $y-x=1$　　B. $y-x=2$　　C. $y+x=1$　　D. $y+x=2$　　E. $2y-3x=1$

【考点】 直线与圆的方程.

【难度】 ★★

【35】 (2014－12)若直线$y=ax$与圆$(x-a)^2+y^2=1$相切,则$a^2=$(　　).

A. $\frac{1+\sqrt{3}}{2}$　　B. $1+\frac{\sqrt{3}}{2}$　　C. $\frac{\sqrt{5}}{2}$　　D. $1+\frac{\sqrt{5}}{3}$　　E. $\frac{1+\sqrt{5}}{2}$

【考点】 直线与圆的位置关系.

【难度】 ★★

☆条件充分性判断题：

【36】（2009－1）圆$(x-1)^2+(y-2)^2=4$和直线$(1+2\lambda)x+(1-\lambda)y-3-3\lambda=0$相交于两点.（　　）

(1)$\lambda=\frac{2\sqrt{3}}{5}$　　(2)$\lambda=\frac{5\sqrt{3}}{2}$

【考点】 直线与圆的位置问题.

【难度】 ★★★

【37】（2014－12）圆盘$x^2+y^2\leqslant 2(x+y)$被直线L分成面积相等的两部分.（　　）

(1)$L:x+y=2$　　(2)$L:2x-y=1$

【考点】 直线与圆的方程.

【难度】 ★★

【38】（2016－12）$x^2+y^2-ax-by+c=0$与x轴相切，则能确定c的值.（　　）

(1)已知a的值　　(2)已知b的值

【考点】 直线与圆的位置关系.

【难度】 ★★

【39】（2017－12）设a,b为实数，则圆$x^2+y^2=2y$与直线$x+ay=b$不相交.（　　）

(1)$|a-b|>\sqrt{1+a^2}$　　(2)$|a+b|>\sqrt{1+a^2}$

【考点】 直线与圆的位置关系.

【难度】 ★★

【40】（2018－12）直线$y=kx$与圆$x^2+y^2-4x+3=0$有两个交点.（　　）

(1)$-\frac{\sqrt{3}}{3}<k<0$　　(2)$0<k<\frac{\sqrt{2}}{2}$

【考点】 直线与圆的位置关系.

【难度】 ★★

【41】（2019－12）$x^2+y^2=2x+2y$上的点到$ax+by+\sqrt{2}=0$的距离最小值大于1.（　　）

(1)$a^2+b^2=1$　　(2)$a>0,b>0$

【考点】 线圆位置关系.

【难度】 ★★★

【42】（2020－12）设a为实数，圆$C:x^2+y^2=ax+ay$，则能确定圆C的方程.（　　）

(1)直线$x+y=1$与圆C相切　　(2)直线$x-y=1$与圆C相切

【考点】 直线与圆的位置关系.

【难度】 ★★

考点5　圆的切线方程问题

【考点阐述】 如果通过圆周上的一个点作圆的切线，可以采用切线与法线的垂直关系求解，也可以采用技巧（半代入法）来解决. 半代入法：若点$P_0(x_0,y_0)$在圆$(x-a)^2+(y-b)^2=r^2$上，那么过点P_0的圆的切线方程为$(x-a)(x_0-a)+(y-b)(y_0-b)=r^2$.

【真题梳理】

☆问题求解题：

【43】　(2009－1)若圆 $C:(x+1)^2+(y-1)^2=1$ 与 x 轴交于点 A，与 y 轴交于点 B，则与此圆相切于劣弧中点 M(注：小于半圆的弧称为劣弧)的切线方程是(　　).

A. $y=x+2-\sqrt{2}$　　B. $y=x+1-\dfrac{1}{\sqrt{2}}$

C. $y=x-1+\dfrac{1}{\sqrt{2}}$　　D. $y=x-2+\sqrt{2}$

E. $y=x+1-\sqrt{2}$

【考点】　圆的切线方程.

【难度】　★★

【44】　(2011－1)设 P 是圆 $x^2+y^2=2$ 上的一点，该圆在点 P 的切线平行于直线 $x+y+2=0$，则点 P 的坐标为(　　).

A. $(-1,1)$　　B. $(1,-1)$　　C. $(0,\sqrt{2})$　　D. $(\sqrt{2},0)$　　E. $(1,1)$

【考点】　圆的切线方程.

【难度】　★★

【45】　(2014－1)已知直线 l 是圆 $x^2+y^2=5$ 在点(1,2)处的切线，则 l 在 y 轴上的截距为(　　).

A. $\dfrac{2}{5}$　　B. $\dfrac{2}{3}$　　C. $\dfrac{3}{2}$　　D. $\dfrac{5}{2}$　　E. 5

【考点】　圆的切线方程.

【难度】　★★

【46】　(2017－12)已知圆 $C:x^2+(y-a)^2=b$，若圆 C 在点(1,2)处的切线与 y 轴的交点为(0,3)，则 $ab=$(　　).

A. -2　　B. -1　　C. 0　　D. 1　　E. 2

【考点】　圆的切线方程.

【难度】　★★★

☆条件充分性判断题：

【47】　(2010－10)直线 $y=k(x+2)$ 是圆 $x^2+y^2=1$ 的一条切线.(　　)

(1)$k=-\dfrac{\sqrt{3}}{3}$　　(2)$k=\dfrac{\sqrt{3}}{3}$

【考点】　圆的切线方程.

【难度】　★★

【48】　(2011－10)直线 l 是圆 $x^2-2x+y^2+4y=0$ 的一条切线.(　　)

(1)$l:x-2y=0$　　(2)$l:2x-y=0$

【考点】　圆的切线方程.

【难度】　★★

【49】　(2014－10)直线 $y=k(x+2)$ 与圆 $x^2+y^2=1$ 相切.(　　)

(1)$k=\frac{1}{2}$　　　　(2)$k=\frac{\sqrt{3}}{3}$

【考点】 圆的切线方程.

【难度】 ★★

考点6 直线与曲线的弦长问题

【考点阐述】 ①若遇到直线与圆的弦长问题，直接利用公式 $L=2\sqrt{r^2-d^2}$（r 为圆的半径，d 为圆心到直线的距离）.

②若遇到直线与其他曲线的弦长问题，利用弦长公式$\sqrt{1+k^2}\frac{\sqrt{\Delta}}{|a|}$(其中 a 和 Δ 为直线与曲线联立方程组后的一元二次方程的系数和判别式).

【真题梳理】

☆问题求解题:

【50】 (2000－10)一抛物线以 y 轴为对称轴，且过$(-1,\frac{1}{2})$点和原点，一直线 l 过$(1,\frac{5}{2})$和$(0,\frac{3}{2})$点，则直线 l 被抛物线截得的线段长度为(　　).

A. $4\sqrt{2}$　　B. $3\sqrt{2}$　　C. $4\sqrt{3}$　　D. $3\sqrt{3}$

【考点】 抛物线的弦长问题.

【难度】 ★★

【51】 (2011－10)已知直线 $y=kx$ 与圆 $x^2+y^2=2y$ 有两个交点 A，B. 若弦 AB 的长度大于$\sqrt{2}$，则 k 的取值范围是(　　).

A. $(-\infty,-1)$　　B. $(-1,0)$　　C. $(0,1)$

D. $(1,+\infty)$　　E. $(-\infty,-1)\cup(1,+\infty)$

【考点】 圆的弦长问题.

【难度】 ★★

☆条件充分性判断题:

【52】 (2011－1)直线 $ax+by+3=0$ 被圆$(x-2)^2+(y-1)^2=4$ 截得的线段长度为$2\sqrt{3}$.(　　)

(1)$a=0,b=-1$　　　　(2)$a=-1,b=0$

【考点】 直线与圆所截弦长问题.

【难度】 ★★

【53】 (2013－10)设直线 $y=x+b$ 分别在第一和第三象限与曲线 $y=\frac{4}{x}$ 相交于点 A，B. 则能确定 b 的值.(　　)

(1)已知以 AB 为对角线的正方形的面积　　　　(2)点 A 的横坐标小于纵坐标

【考点】 弦长问题.

【难度】 ★★★

第三节　解析几何中的数形结合运用

考点1　形如$\frac{y}{x}$的最值问题

【考点阐述】　该考点其实可以理解为动点(x,y)与原点$(0,0)$之间连线的斜率.

【真题梳理】

☆问题求解题：

【54】　(2012－10)设A，B分别是圆$(x-3)^2+(y-\sqrt{3})^2=3$上使得$\frac{y}{x}$取得最大值和最小值的点，O是坐标原点，则$\angle AOB$的大小为(　　).

A. $\frac{\pi}{2}$　　B. $\frac{\pi}{3}$　　C. $\frac{\pi}{4}$　　D. $\frac{\pi}{6}$　　E. $\frac{5\pi}{12}$

【考点】　最值问题.

【难度】　★★

考点2　形如x^2+y^2的最值问题

【考点阐述】　该考点其实可以理解为动点(x,y)到原点$(0,0)$的距离的平方.

【真题梳理】

☆问题求解题：

【55】　(2019－12)设实数x，y满足$|x-2|+|y-2|\leqslant 2$，则x^2+y^2的取值范围是(　　).

A. $[2,18]$　　B. $[2,20]$　　C. $[2,36]$　　D. $[4,18]$　　E. $[4,20]$

【考点】　解析几何－数形结合.

【难度】　★★★

☆条件充分性判断题：

【56】　(2014－1)已知x，y为实数，则$x^2+y^2\geqslant 1$.(　　)

(1)$4y-3x\geqslant 5$　　　(2)$(x-1)^2+(y-1)^2\geqslant 5$

【考点】　直线与圆的方程的图形理解.

【难度】　★★★

【57】　(2018－12)设三角形区域D由直线$x+8y-56=0$，$x-6y+42=0$，$kx-y+8-6k=0(k<0)$围成，则对任意的$(x,y)\in D$，$\lg(x^2+y^2)\leqslant 2$.(　　)

(1)$k\in(-\infty,-1]$　　　(2)$k\in[-1,-\frac{1}{8})$

【考点】　数形结合问题.

【难度】　★★

考点3　形如$Ax+By$的最值问题

【考点阐述】　该考点其实就是直线$Ax+By=C$中C的最值，转化为$y=\frac{-A}{B}x+\frac{C}{B}$，

那么就是截距$\frac{C}{B}$的最值了.

【真题梳理】

☆问题求解题：

【58】（2015－12）如图 7－3 所示，点 A，B，O 的坐标分别为(4，0)，(0，3)，(0，0)，若$(x，y)$是$\triangle AOB$ 中的点，则 $2x+3y$ 的最大值为（　　）.

A. 6　　B. 7　　C. 8

D. 9　　E. 12

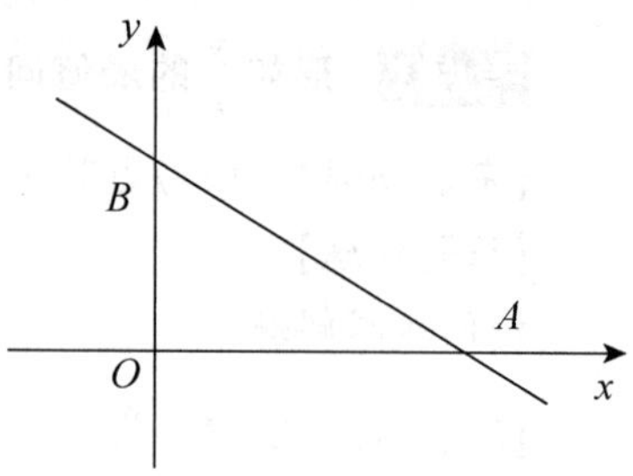

图 7－3

【考点】 线性规划问题.

【难度】 ★★★

☆条件充分性判断题：

【59】（2017－12）已知点 $P(m,0)$，$A(1,3)$，$B(2,1)$，点(x,y)在$\triangle PAB$ 上，则 $x-y$ 的最小值与最大值分别为－2 和 1.（　　）

(1)$m\leqslant1$　　(2)$m\geqslant-2$

【考点】 线性规划问题.

【难度】 ★★★

【60】（2020－12）设 x，y 为实数，则能确定 $x\leqslant y$.（　　）

(1)$x^2\leqslant y-1$　　(2)$x^2+(y-2)^2\leqslant2$

【考点】 数形结合.

【难度】 ★★★

第八章　数据描述

【考试地位】

数据描述这个章节其实考查的内容就是中学的统计学初步，主要包括平均值、方差与标准差、统计图表等内容，目前考试重点仍然是平均值与方差，要求考生能够熟练记住它们的基本公式以及快速运用估计的技巧．本部分在考试中一般考查1道题．

【知识框架】

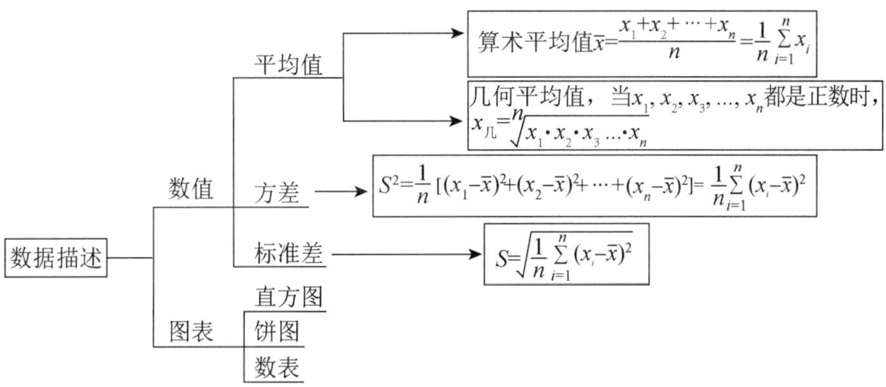

第一节　平均值与方差

【考点突破】　本节主要考查几类平均值的概念与计算方法等．

【要点浏览】　(1)算术平均值：$\bar{x}=\frac{x_1+x_2+\cdots+x_n}{n}$(其中$x_1,x_2,\cdots,x_n$为任意实数)．

(2)几何平均值：$x_{几}=\sqrt[n]{x_1\cdot x_2\cdot\cdots\cdot x_n}$(其中$x_1,x_2,\cdots,x_n$为任意正实数)．

(3)方差：$S^2=\frac{(x_1-\bar{x})^2+(x_2-\bar{x})^2+\cdots+(x_n-\bar{x})^2}{n}$．

(4)标准差：$S=\sqrt{\frac{(x_1-\bar{x})^2+(x_2-\bar{x})^2+\cdots+(x_n-\bar{x})^2}{n}}$．

【名师总结】　本节目前只需要知道具体的知识点与公式即可，要了解平均值主要反映的是样本的平均水平，方差则反映的是样本的离散状态，真题的方向逐步向应用题过渡．

考点1　**平均值问题**

【考点阐述】　本考点要了解算术平均值与几何平均值的定义．

【真题梳理】

☆问题求解题：

【1】（2006－1）如果 x_1,x_2,x_3 的算术平均值为 5，则 x_1+2,x_2-3,x_3+6 与 8 的算术平均值为（　　）.

A. $3\frac{1}{4}$　　B. 6　　C. 7　　D. $9\frac{1}{5}$　　E. $7\frac{1}{2}$

【考点】 算术平均值的计算.

【难度】 ★

【2】（2007－1）设变量 $x_1,x_2,\cdots,x_{10}$ 的算术平均值为 $\overline{x}$，若 $\overline{x}$ 为定值，则诸 $x_i(i=1,2,\cdots,10)$ 中可以任意取值的变量有（　　）.

A. 10 个　　B. 9 个　　C. 2 个　　D. 1 个　　E. 0 个

【考点】 算术平均值.

【难度】 ★★

【3】（2016－12）在 1 到 100 之间，能被 9 整除的整数的平均值是（　　）.

A. 27　　B. 36　　C. 45　　D. 54　　E. 63

【考点】 整除问题与平均值.

【难度】 ★

☆条件充分性判断题：

【4】（2005－10）a,b,c 的算术平均值为 $\frac{14}{3}$，则几何平均值是 4.（　　）

(1) a,b,c 是满足 $a>b>c>1$ 的三个整数，$b=4$

(2) a,b,c 是满足 $a>b>c>1$ 的三个整数，$b=2$

【考点】 算术平均值、几何平均值.

【难度】 ★★

【5】（2007－10）三个实数 x_1,x_2,x_3 的算术平均值为 4.（　　）

(1) x_1+6,x_2-2,x_3+5 的算术平均值为 4

(2) x_2 为 x_1 和 x_3 的等差中项，且 $x_2=4$

【考点】 算术平均值、等差中项.

【难度】 ★★

【6】（2019－12）若 a,b,c 是实数，则能确定 a,b,c 的最大值.（　　）

(1) 已知 a,b,c 的平均值　　(2) 已知 a,b,c 的最小值

【考点】 平均值与最值结合.

【难度】 ★★

考点 2　方差问题

【考点阐述】 要熟悉方差的计算公式，了解方差的特性是反映出一组数据波动性的大小.

【真题梳理】

☆问题求解题：

【7】（2016－12）甲、乙、丙三人每轮各投篮 10 次，投了三轮，投中数如表 8－1 所示.

表 8－1

项目	第一轮	第二轮	第三轮
甲	2	5	8
乙	5	2	5
丙	8	4	9

设 $\sigma_1,\sigma_2,\sigma_3$ 分别为甲、乙、丙投中数的方差，则（　　）.

A. $\sigma_1>\sigma_2>\sigma_3$　　B. $\sigma_1>\sigma_3>\sigma_2$

C. $\sigma_2>\sigma_1>\sigma_3$　　D. $\sigma_2>\sigma_3>\sigma_1$

E. $\sigma_3>\sigma_2>\sigma_1$

【考点】 平均值与方差.

【难度】 ★★

【8】 (2018－12)10 名同学的语文和数学成绩如表 8－2 所示：

表 8－2

语文成绩	90	92	94	88	86	95	87	89	91	93
数学成绩	94	88	96	93	90	85	84	80	82	98

语文和数学成绩的均值分别为 E_1 和 E_2，标准差分别为 σ_1 和 σ_2，则（　　）.

A. $E_1>E_2,\sigma_1>\sigma_2$　　B. $E_1>E_2,\sigma_1<\sigma_2$

C. $E_1>E_2,\sigma_1=\sigma_2$　　D. $E_1<E_2,\sigma_1>\sigma_2$

E. $E_1<E_2,\sigma_1<\sigma_2$

【考点】 平均值和方差.

【难度】 ★★

☆条件充分性判断题：

【9】 (2014－1)已知 $m=\{a,b,c,d,e\}$ 是一个整数集合，则能确定 m.（　　）

(1) a,b,c,d,e 的平均值为 10　　(2) a,b,c,d,e 的方差为 2

【考点】 算术平均值与方差.

【难度】 ★★

【10】 (2015－12)设有两组数据 S_1：3，4，5，6，7 和 S_2：4，5，6，7，a，则能确定 a 的值.

(1) S_1 与 S_2 的均值相等　　(2) S_1 与 S_2 的方差相等

【考点】 平均值与方差.

【难度】 ★★

第二节　统计图表

【考点突破】 本节属于新增大纲，考试频率较低，也是为了与现行初中义务教育相匹配.

考点1 统计图

【考点阐述】 本考点主要要求考生能看得懂一些常见的统计图，比如频率分布直方图等.

【真题梳理】

☆问题求解题：

【11】 (2018－12)某影城统计了第一季度的观众人数(见图8－1)，则第一季度的男、女观众人数之比为(　　).

A. 3∶4　　B. 5∶6　　C. 12∶13　　D. 13∶12　　E. 4∶3

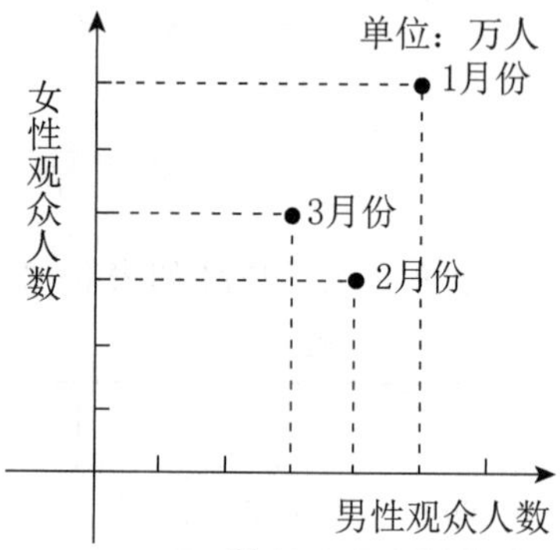

图8－1

【考点】 统计图.

【难度】 ★★

考点2 统计表

【考点阐述】 本考点会以二维表格形式呈现，审题非常关键.

【真题梳理】

☆问题求解题：

【12】 (2019－12)某人在同一观众群体中调查了对五部电影的看法，得到了如表8－3所示的数据：

表8－3

电影	第一部	第二部	第三部	第四部	第五部
好评率	0.25	0.5	0.3	0.8	0.4
差评率	0.75	0.5	0.7	0.2	0.6

据此数据，观众中意见分歧最大的电影为(　　).

A. 第一和第三　　B. 第二和第三

C. 第二和第五　　D. 第四和第一

E. 第四和第二

【考点】 统计表.

【难度】 ★★

第九章　计数原理(排列组合)

【考试地位】

排列组合是综合能力考试中数据分析的考试内容，要求考生对所给数据进行分析和探究，主要考查的是加法和乘法原理的运用、排列数和组合数的计算问题. 解决限制型排列问题的原则是对于特殊元素的优先处理，对于相邻的排列问题则采用捆绑法，对于不相邻的排列问题则采用插空法，适当的时候可以采用穷举法. 而组合问题则是要分类清晰，不重复不遗漏.

【知识框架】

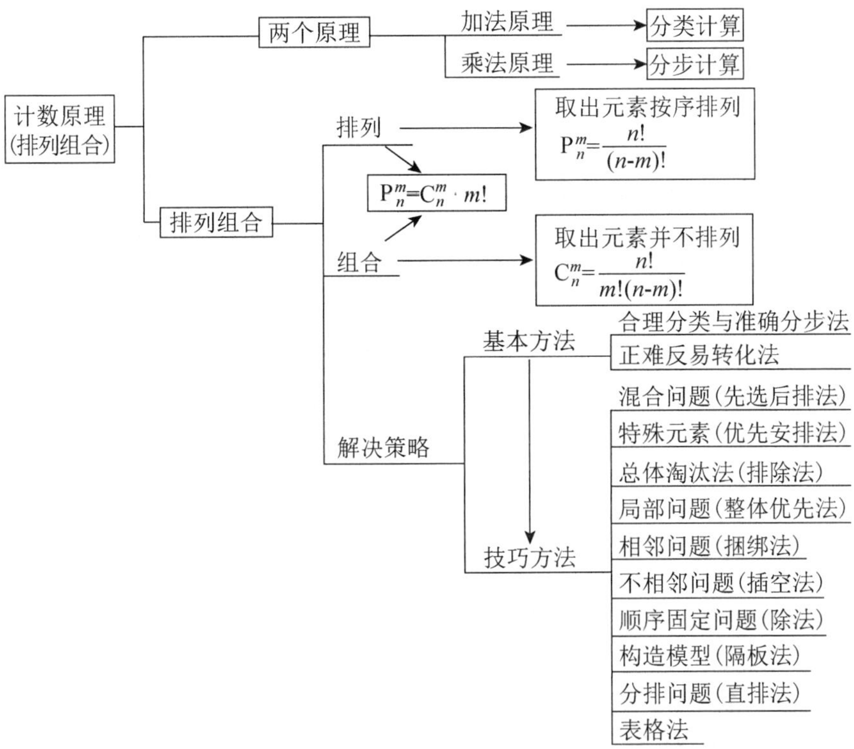

第一节　计数原理

【考点突破】 本节主要考查加法和乘法两个基本计数原理的运用，即分类计数原理和分步计数原理.

【要点浏览】 一般来说，如果完成一件事有 n 类办法，这 n 类办法彼此是相互独立的，无论哪一类办法中的哪一种方法都能独立完成这件事，求完成这件事的方法种数时，就用分类计数加法原理；如果完成一件事需要分成 n 个步骤，缺一不可，即需要完成所有的步骤，才能完成这件事，而完成每一个步骤各有若干种不同的方法，求完成这件事的方法种数时，就用分步计数乘法原理.

【名师总结】 一般遇到混合类的问题时，采用先分类后分步的原则.

考点 1　两大原理的运用

【考点阐述】 要熟悉加法和乘法原理的适用条件(或和且的关系).

【真题梳理】

☆问题求解题：

【1】 (2000－1)用五种不同的颜色涂在如图 9-1 所示的四个区域内，每一个区域涂上一种颜色，且相邻的区域的颜色必须不同，则共有不同的涂法(　　)种.

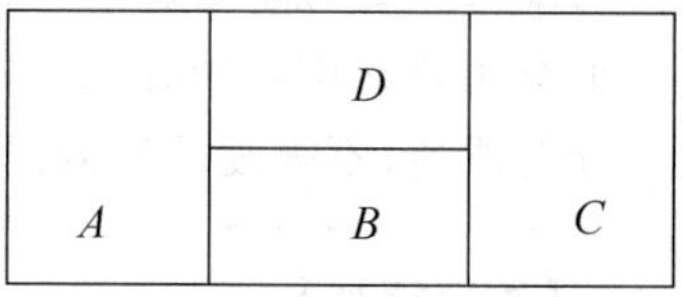

图 9-1

A. 120　　B. 140

C. 160　　D. 180

【考点】 乘法原理.

【难度】 ★★

【2】 (2003－1)若平面内有 10 条直线，其中任何两条不平行，且任何三条不共点，即不相交于一点，则这 10 条直线将平面分成了(　　).

A. 21 部分　　B. 32 部分　　C. 43 部分　　D. 56 部分　　E. 77 部分

【考点】 加法原理与数学归纳法.

【难度】 ★★

【3】 (2008－10)某公司员工义务献血，在体检合格的人中，O 型血的有 10 人，A 型血的有 5 人，B 型血的有 8 人，AB 型血的有 3 人. 若从四种血型的人中各选 1 人去献血，则不同的选法种数共有(　　).

A. 1 200　　B. 600　　C. 400　　D. 300　　E. 26

【考点】 乘法原理.

【难度】 ★

【4】 (2013－1)确定两人从 A 地出发经过 B，C，沿逆时针方向行走一圈回到 A 地的方案如图 9-2 所示，若从 A 地出发时，每人均可选大路或山道，经过 B，C 时至多有 1 人更改道路，则不同的方案有(　　).

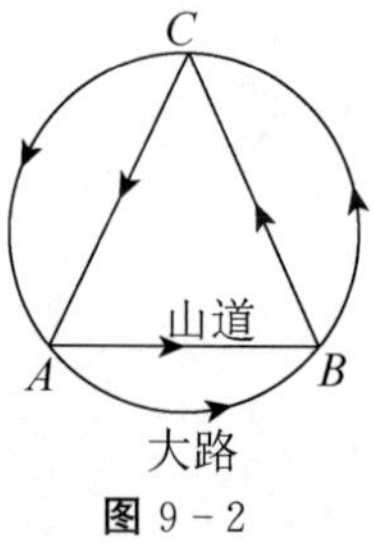

图 9-2

A. 16 种　　B. 24 种　　C. 36 种

D. 48 种　　E. 64 种

【考点】 计数原理(乘法原理).

【难度】 ★★★

【5】 (2014-10)在一次足球预选赛中有 5 个球队进行双循环赛(每两个球队之间赛两场). 规定胜一场得 3 分，平一场得 1 分，负一场得 0 分. 赛完后一个球队的积分不同情况的种数为(　　).

A. 25　　B. 24　　C. 23　　D. 22　　E. 21

【考点】 计数原理.

【难度】 ★★

【6】 (2015－12)某委员会由三个不同专业的人组成，三个专业的人数分别是2,3,4，从中选派两位不同专业的委员外出调研，则不同的选派方式有(　　).

A. 36 种　　B. 26 种　　C. 12 种　　D. 8 种　　E. 6 种

【考点】 计数原理.

【难度】 ★

【7】 (2021－12)如图 9－3 所示，用 4 种颜色对图中的五块区域进行涂色，每块区域涂一种颜色，且相邻的两块区域颜色不同，不同的涂色方法有(　　).

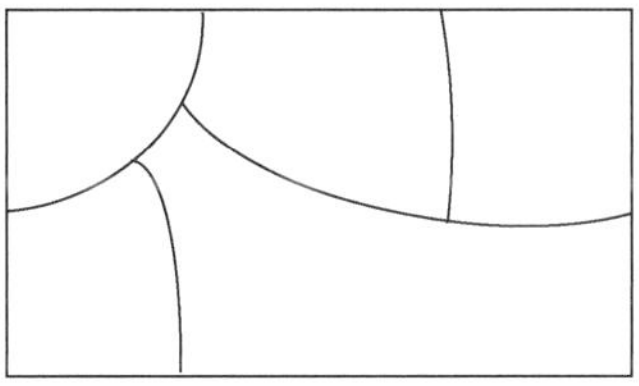

图 9－3

A. 12 种　　B. 24 种　　C. 32 种

D. 48 种　　E. 96 种

【考点】 计数原理—染色问题.

【难度】 ★★

考点 2　乘方运用(球盒问题)

【考点阐述】 本考点要熟悉的是必须是将球去选盒子，考生很容易做反.

【真题梳理】

☆问题求解题：

【8】 (2007－10)有 5 人参加 3 项不同的培训，每人都只报一项，则不同的报法有(　　).

A. 243 种　　B. 125 种　　C. 81 种

D. 60 种　　E. 以上结论均不正确

【考点】 计数原理.

【难度】 ★★

第二节　排列计算及其运用

【考点突破】 本节主要以排队、座位、数字为背景，考查元素的限制问题、定序问题，位置的限制问题、相邻和不相邻问题等，以及一些否定类的关键词.

【要点浏览】 (1)$P_n^m = A_n^m = n(n-1)(n-2)\cdots(n-m+1)$，$P_n^n = n(n-1)(n-2)\cdots 3\times 2\times 1 = n!$.

(2)$C_n^m = \dfrac{P_n^m}{P_m^m} = \dfrac{n(n-1)(n-2)\cdots(n-m+1)}{m!}$，$C_n^n = C_n^0 = 1$，$C_n^m = C_n^{n-m}$.

【名师总结】 一般处理限制类的问题主要采用元素优先法或者位置优先法，即将有限制的元素或者位置优先考虑，然后再考虑无限制的元素或位置.

考点 1　限制类排列问题

【考点阐述】 本考点一般题型中会有某限制元素不能放在某个位置. 那么一般考虑时

先将有限制的元素或位置安排好.

【真题梳理】

☆问题求解题:

【9】（1997－10)某公司电话号码有 5 位,若第一位数字必须是 5,其余各位可以是 0 到 9 的任意数字,则由完全不同的数字组成的电话号码的个数是(　　).

A. 126　　B. 1 260　　C. 3 024　　D. 5 040　　E. 3 024

【考点】 排队问题(数字问题).

【难度】 ★★

【10】（1999－1)加工某产品需要经过 5 个工种,其中某一工种不能最后加工,则可安排(　　)种工序.

A. 96　　B. 102　　C. 112　　D. 92　　E. 86

【考点】 排队问题.

【难度】 ★★

【11】（2012－1)在两队进行的羽毛球对抗赛中,每队派出 3 男 2 女共 5 名运动员进行 5 局单打比赛,如果女子比赛安排在第二和第四局进行,则每队队员的不同出场顺序有(　　)种.

A. 12　　B. 10　　C. 8　　D. 6　　E. 4

【考点】 排列问题.

【难度】 ★★

☆条件充分性判断题:

【12】（2011－1)现有 3 名男生和 2 名女生参加面试,则面试的排序法有 24 种.(　　)

(1)第一位面试的是女生　　(2)第二位面试的是指定的某位男生

【考点】 排队问题.

【难度】 ★★

考点 2　相邻不相邻问题

【考点阐述】 本考点一般会遇到某些元素必须相邻或者必须不相邻,那么一般采用捆绑或插空等方法.

【真题梳理】

☆问题求解题:

【13】（2008－1)有两排座位,前排 6 个座位,后排 7 个座位,若安排 2 人就座,规定前排中间 2 个座位不能坐,且此 2 人始终不能相邻就座,则不同的坐法种数为(　　).

A. 92　　B. 93　　C. 94　　D. 95　　E. 96

【考点】 排队问题.

【难度】 ★★★

【14】（2011－1)3 个 3 口之家一起观看演出,他们购买了同一排的 9 张连座票,则每一家的人都坐在一起的不同坐法有(　　).

A. $(3!)^2$ 种　　B. $(3!)^3$ 种　　C. $3(3!)^3$ 种　　D. $(3!)^4$ 种　　E. 9! 种

【考点】 排队问题.

【难度】 ★★

【15】 (2021－12)4 名男生和 2 名女生随机站成一排,女生既不在两端也不相邻的概率为(　　).

A. $\frac{1}{2}$　　B. $\frac{5}{12}$　　C. $\frac{3}{8}$　　D. $\frac{1}{3}$　　E. $\frac{1}{5}$

【考点】 排队问题.

【难度】 ★★

考点 3　全错位问题

【考点阐述】 本考点指的是若干对元素与位置打乱顺序后,使原来配对的元素和位置不再匹配,该问题直接记住结论即可.

【真题梳理】

☆问题求解题:

【16】 (2014－1)某单位决定对 4 个部门的经理进行轮岗,要求每位经理必须轮换到 4 个部门中其他部门任职,则不同的轮岗方案有(　　)种.

A. 3　　B. 6　　C. 8　　D. 9　　E. 10

【考点】 全错位问题.

【难度】 ★★

【17】 (2017－12)某单位为检查 3 个部门的工作,由这 3 个部门的主任和外聘的 3 名人员组成检查组,分 2 人一组检查工作,每组有 1 名外聘成员,规定本部门主任不能检查本部门,不同的交换方式有(　　).

A. 6 种　　B. 8 种　　C. 12 种　　D. 18 种　　E. 36 种

【考点】 全错位问题.

【难度】 ★★

第三节　组合计算及其运用

【考点突破】 本节主要考查组合运算的公式,以及以摸球、取数、分组、分配、几何计数等为背景的组合实际应用问题.

【名师总结】 一般遇到排列组合的混合问题时,要先组合后排列,先考虑整体,后考虑局部,如果是一些元素放入对象中去,我们一般需要先打包后放入对象.

考点 1　普通的选择问题

【考点阐述】 直接找出问题的结果与组合之间的对应关系.

【真题梳理】

☆问题求解题:

【18】 (1999－10)从 0,1,2,3,5,7,11 七个数字中每次取两个相乘,不同的积有(　　).

A. 15 种　　B. 16 种　　C. 19 种　　D. 23 种　　E. 21 种

【考点】 组合问题.

【难度】 ★★

【19】 (2002－10)某办公室有男职工 5 人,女职工 4 人,欲从中抽调 3 人支援其他工作,但至少有两位是男士,问抽调方案有(　　).

A. 50 种　　B. 40 种　　C. 30 种　　D. 20 种

【考点】 组合问题.

【难度】 ★★

【20】 (2011－10)在 8 名志愿者中,只能做英语翻译的有 4 人,只能做法语翻译的有 3 人,既能做英语翻译又能做法语翻译的有 1 人. 现从这些志愿者中选取 3 人做翻译工作,确保英语和法语都有翻译的不同选法共有(　　)种.

A. 12　　B. 18　　C. 21　　D. 30　　E. 51

【考点】 组合问题(摸球问题).

【难度】 ★★

【21】 (2012－1)某商店经营 15 种商品,每次在橱窗内陈列 5 种. 若每两次陈列的商品不完全相同,则最多可陈列(　　).

A. 3 000 次　　B. 3 003 次　　C. 4 000 次　　D. 4 003 次　　E. 4 300 次

【考点】 组合问题

【难度】 ★★

【22】 (2014－10)用 0,1,2,3,4,5 组成没有重复数字的四位数,其中千位数字大于百位数字且百位数字大于十位数字的四位数的个数是(　　).

A. 36　　B. 40　　C. 48　　D. 60　　E. 72

【考点】 定序问题.

【难度】 ★★

【23】 (2015－12)某学生要在 4 门不同课程中选修 2 门课程,这 4 门课程中的 2 门各开设一个班,另外 2 门各开设两个班,该学生不同的选课方式共有(　　).

A. 6 种　　B. 8 种　　C. 10 种　　D. 13 种　　E. 15 种

【考点】 分层抽样问题.

【难度】 ★★★

【24】 (2018－12)某中学的 5 个学科各推荐 2 名教师作为支教候选人,若从中选出来自不同学科的 2 人参加支教工作,则不同的选派方式有(　　)种.

A. 20　　B. 24　　C. 30　　D. 40　　E. 45

【考点】 分层抽样问题.

【难度】 ★★

【25】 (2020－12)甲乙两组同学中,甲组有 3 男 3 女,乙组有 4 男 2 女,从甲、乙两组中各选出 2 名同学,这 4 人中恰有 1 女的选法有(　　)种.

A. 26　　B. 54　　C. 70　　D. 78　　E. 105

【考点】 组合问题

【难度】 ★★

☆条件充分性判断题:

【26】 (2013－1)三个科室的人数分别为6,3和2,因工作需要,每晚需要3人值班,在两个月中以便每晚值班人员不完全相同.( )

(1)值班人员不能来自同一个科室　　(2)值班人员来自三个不同科室

【考点】 组合问题.

【难度】 ★★

考点2 分组打包问题.

【考点阐述】 要明确问题究竟只是需要分组(无序),还是需要分了组后再进入对象(有序).

【真题梳理】

☆问题求解题:

【27】 (2000－10)三位教师分配到6个班任教,若其中1个人教1个班,1个人教2个班,1个人教3个班,则其分配方法有( ).

A. 720种　B. 360种　C. 120种　D. 60种　E. 以上都不正确

【考点】 分组问题.

【难度】 ★★

【28】 (2001－1)将4封信投入3个不同的邮筒,若4封信全部投完,且每个邮筒至少有1封信,则共有投法( ).

A. 12种　B. 21种　C. 36种　D. 42种

【考点】 分组问题与分配问题.

【难度】 ★★

【29】 (2010－1)某大学派出5名志愿者到西部4所中学支教.若每所中学至少有一名志愿者,则不同的分配方案共有( ).

A. 240种　B. 144种　C. 120种　D. 60种　E. 24种

【考点】 分组问题与分配问题.

【难度】 ★★

【30】 (2013－10)在某次比赛中有6名选手进入决赛,若决赛设有1个一等奖,2个二等奖,3个三等奖,则可能的结果共有( )种.

A. 16　B. 30　C. 45　D. 60　E. 120

【考点】 分组问题.

【难度】 ★★

【31】 (2016－12)将6人分成3组,每组2人,则不同的分组方式共有( )种.

A. 12　B. 15　C. 30　D. 45　E. 90

【考点】 分组问题.

【难度】 ★★

【32】 (2017－12)将6张不同的卡片2张一组分别装入甲、乙、丙3个袋中,若指定的

两张卡片要在同一组，则不同的装法有（　　）.

A. 12 种　　B. 18 种　　C. 24 种　　D. 30 种　　E. 36 种

【考点】 分配问题.

【难度】 ★★

【33】 (2019－12)若科室有 4 名男职员，2 名女职员，若将这 6 名职员分为 3 组，每组 2 人. 且女职员不同组，则不同的分组方式有（　　）种.

A. 4　　B. 6　　C. 9　　D. 12　　E. 15

【考点】 排列组合－分组分堆.

【难度】 ★★

考点 3 排列组合交汇问题

【考点阐述】 本考点一般做题思路是先组合后排列.

【真题梳理】

☆问题求解题：

【34】 (2001－10)一个班级里有 5 名男工和 4 名女工，若要安排 3 名男工和 2 名女工分别担任不同的工作，则不同的安排方法有（　　）.

A. 300 种　　B. 720 种　　C. 1 440 种　　D. 7 200 种

【考点】 排列组合交汇问题.

【难度】 ★★

【35】 (2017－12)羽毛球队有 4 名男运动员和 3 名女运动员，从中选出两对参加混双比赛，则不同的选择方式有（　　）.

A. 9 种　　B. 18 种　　C. 24 种　　D. 36 种　　E. 72 种

【考点】 排列组合交汇问题.

【难度】 ★★

【36】 (2021－12)一个自然数的各位数字都是 105 的质因数，且每个质因数最多出现一次，这样的自然数有（　　）.

A. 6 个　　B. 9 个　　C. 12 个　　D. 15 个　　E. 27 个

【考点】 排列组合交汇问题.

【难度】 ★★

考点 4 组合方程的计算问题

【考点阐述】 本考点必需熟记组合计算公式，以及一些重要性质.($C_n^m=C_n^{n-m}$)

【真题梳理】

☆问题求解题：

【37】 (2001－10)若 $C_{m-1}^{m-2}=\frac{3}{n-1}C_{n+1}^{n-2}$，则（　　）.

A. $m=n-2$　　B. $m=n+2$　　C. $m=\sum_{k=1}^{n}k$　　D. $m=1+\sum_{k=1}^{n}k$

【考点】 组合的计数问题.

【难度】 ★★

【38】 (2002−1)方程$\frac{1}{C_5^x}-\frac{1}{C_6^x}=\frac{7}{10\cdot C_7^x}$的解是(　　).

A. 4　　B. 3　　C. 2　　D. 1

【考点】 方程与组合数的计算.

【难度】 ★★

☆条件充分性判断题:

【39】 (2008−10)$C_n^4>C_n^6$.(　　)

(1)$n=10$　　(2)$n=9$

【考点】 组合计算公式.

【难度】 ★★

【40】 (2010−10)$C_{31}^{4n-1}=C_{31}^{n+7}$.(　　)

(1)$n^2-7n+12=0$　　(2)$n^2-10n+24=0$

【考点】 组合数与一元二次方程的解法.

【难度】 ★★

考点5　组合几何问题

【考点阐述】 在几何数问题中巧妙地使用组合.

【真题梳理】

☆问题求解题:

【41】 (2002−1)两线段 MN 和 PQ 不相交,线段 MN 上有 6 个点 $A_1,A_2,\cdots,A_6$,线段 PQ 上有 7 个点 $B_1,B_2,\cdots,B_7$,若将每一个 A_i 和每一个 B_j,连成不作延长的线段 A_iB_j $(i=1,2,\cdots,6,j=1,2,\cdots,7)$,则由这些线段 A_iB_j 相交得到的交点最多有(　　).

A. 315 个　　B. 316 个　　C. 317 个　　D. 318 个

【考点】 求直线交点个数.

【难度】 ★★★

【42】 (2009−1)湖中有四个小岛,它们的位置恰好近似成正方形的四个顶点.若要修建三座桥将这四个小岛连接起来,则不同的建桥方案有(　　)种.

A. 12　　B. 16　　C. 18　　D. 20　　E. 24

【考点】 图形中的计数问题.

【难度】 ★★★

【43】 (2014−12)平面上有 5 条平行直线,与另一组 n 条平行直线垂直,若两组平行线共构成 280 个矩形,则 $n=$(　　).

A. 5　　B. 6　　C. 7　　D. 8　　E. 9

【考点】 组合计数问题.

【难度】 ★★★

考点6 相同元素的分配问题

【考点阐述】 本考点主要学会采用挡板隔在元素之间,使其合理地进行分配. 常见公式:n 个相同元素分配到 m 个不同对象之中,每个对象至少一个元素:C_{n-1}^{m-1}.

【真题梳理】

☆问题求解题:

【44】 (2009—10)若将 10 只相同的球随机放入编号为 1,2,3,4 的四个盒子中,则每个盒子不空的投放方法有( )种.

A. 72　　B. 84　　C. 96　　D. 108　　E. 120

【考点】 名额分配问题.

【难度】 ★★★

考点7 赛制类问题

【考点阐述】 主要会出现单循环比赛等,n 个球队进行单循环比赛需要 C_n^2 场.

【真题梳理】

☆问题求解题:

【45】 (2012—10)某次乒乓球单打比赛中,先将 8 名选手等分为 2 组进行小组单循环赛,若一位选手只打了 1 场比赛后就因故退赛,则小组赛的实际比赛场数是( ).

A. 24　　B. 19　　C. 12　　D. 11　　E. 10

【考点】 组合问题.

【难度】 ★★

【46】 (2021—12)甲、乙两支足球队进行比赛,比分为 4∶2,且在比赛过程中乙队没有领先过,则不同的进球顺序有( )

A. 6 种　　B. 8 种　　C. 9 种　　D. 10 种　　E. 12 种

【考点】 组合问题.

【难度】 ★★

☆条件充分性判断题:

【47】 (2008—1)公路 AB 上各站之间共有 90 种不同的车票.( )

(1)公路 AB 上有 10 个车站,每两站之间都有往返车票

(2)公路 AB 上有 9 个车站,每两站之间都有往返车票

【考点】 排列组合交汇问题.

【难度】 ★★

【48】 (2010—10)12 支篮球队进行单循环比赛,完成全部比赛共需 11 天.( )

(1)每天每队只比赛 1 场　　(2)每天每队比赛 2 场

【考点】 组合问题.

【难度】 ★★

考点8 多项式展开式问题

【考点阐述】 要熟悉$(a+b)^n$和$(a+b+c)^n$的展开式，$(a+b)^n=\sum_{i=0}^{n}C_n^i a^{n-i}b^i$.

【真题梳理】

☆问题求解题：

【49】 (2013－1)在$(x^2+3x+1)^5$的展开式中，x^2的系数为(　　).

A. 5　　B. 10　　C. 45　　D. 90　　E. 95

【考点】 三项式展开.

【难度】 ★★★

第十章　概率初步

【考试地位】

概率主要研究的是不确定问题，主要考查古典概率和独立性事件的概率计算，古典概率通常是利用排列组合的方法来计算概率题目中分子和分母的情况数，然后作比值即可，而独立性事件的概率需要先分析事件的运算，然后用相应公式进行计算.

【知识框架】

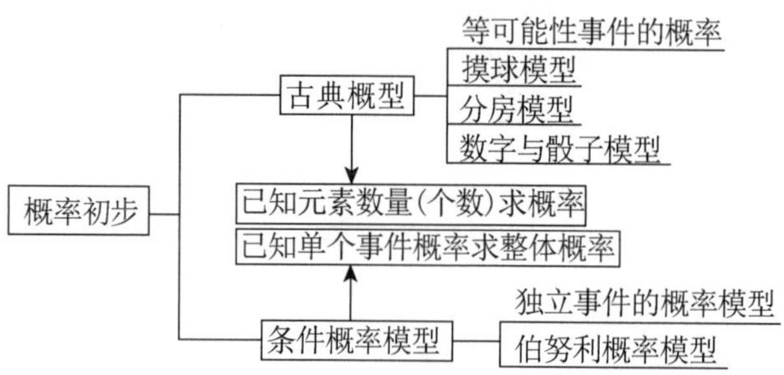

第一节　等可能性事件的概率

【考点突破】 本节主要考查等可能性事件的概率，要掌握基本的做题思路，概率 $P(A)=\frac{n(A)}{N(\Omega)}$，其中 $n(A)$ 表示满足事件 A 的样本点个数，而 $N(\Omega)$ 表示整个样本空间的样本点个数，具体的计数一般可以采用枚举法、排列组合法等.

【名师总结】 本节属于古典概型的简单计算题，考生要熟悉计算概率的基本思路，在计数过程中要遵循等可能性的原则，不重不漏地计数.

考点1 **古典概率**

【考点阐述】 $P(A)=\frac{n(A)}{n(\Omega)}$(其中 $n(\Omega)$ 表示样本空间包含的基本事件个数，$n(A)$ 表示事件 A 包含的基本事件个数).

【真题梳理】

☆问题求解题：

【1】 (1997－10)一种编码由 6 位数字组成，其中每位数字可以是 0，1，2，…，9 中任意一个，则编码的前两位数字都不超过 5 的概率为(　　).

A. 0.36　　B. 0.37　　C. 0.38　　D. 0.46　　E. 0.39

【考点】 古典概型.

【难度】 ★★

【2】 (2000—10)某剧院正在上演一部新歌剧,前座票价为50元,中座票价为35元,后座票价为20元,如果购到任何一种票是等可能的,现任意购买到2张票,则其值不超过70元的概率是(　　).

A. $\frac{1}{3}$　　B. $\frac{1}{2}$　　C. $\frac{3}{5}$　　D. $\frac{2}{3}$

【考点】 等可能性事件的概率.

【难度】 ★★

【3】 (2001—1)在共有10个座位的小会议室内随机地坐上6名与会者,则指定的4个座位被坐满的概率是(　　).

A. $\frac{1}{14}$　　B. $\frac{1}{13}$　　C. $\frac{1}{12}$　　D. $\frac{1}{11}$

【考点】 古典概型.

【难度】 ★★

【4】 (2001—1)将一块各面涂有红漆的正立方体锯成125个大小相同的小正方体,从这些小正方体中随机取一个,所取到的小正方体至少两面涂有红漆的概率是(　　).

A. 0.064　　B. 0.216　　C. 0.288　　D. 0.352

【考点】 古典概型与立体图形结合.

【难度】 ★★

【5】 (2002—1)在盛有10只螺母的盒子中有0只,1只,2只,…,10只铜螺母是等可能的,今向盒子中放入一个铜螺母,然后随机从盒中取出一个螺母,则这个螺母为铜螺母的概率是(　　).

A. $\frac{6}{11}$　　B. $\frac{5}{10}$　　C. $\frac{5}{11}$　　D. $\frac{4}{11}$

【考点】 概率的加法公式.

【难度】 ★★

【6】 (2012—10)如图10-1所示是一个简单电路图,S_1,S_2,S_3表示开关,随机闭合S_1,S_2,S_3中的两个,灯泡⊗发光的概率是(　　).

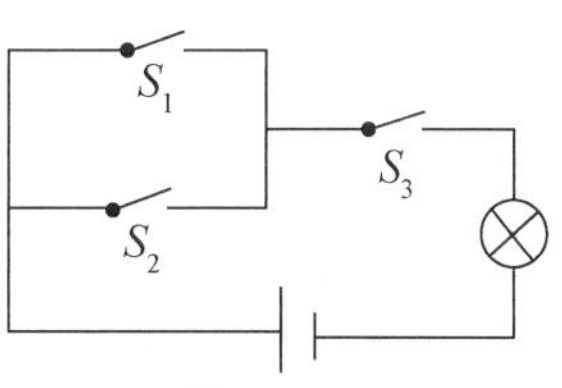

图10-1

A. $\frac{1}{6}$　　B. $\frac{1}{4}$　　C. $\frac{1}{3}$

D. $\frac{1}{2}$　　E. $\frac{2}{3}$

【考点】 用枚举法求古典概型.

【难度】 ★★

【7】 (2013—10)如图10-2所示是某市3月1日至14日的空气质量指数趋势图,空气质量指数小于100表示空气质量优良,空气质量指数大于200表示空气重度污染,某人随机选择3月1日至3月13日中的某一天到达该市,并停留2天,此人停留期间空气质量都是优良的概率为(　　).

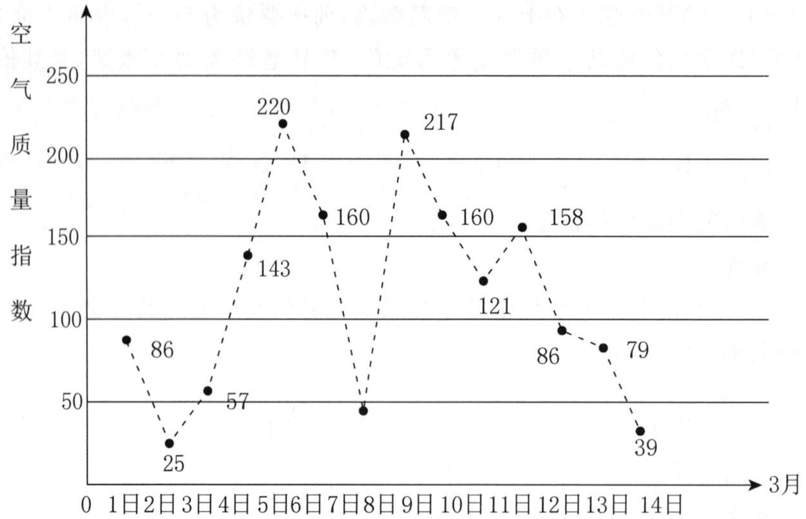

图 10 - 2

A. $\frac{2}{7}$　　B. $\frac{4}{13}$　　C. $\frac{5}{13}$　　D. $\frac{6}{13}$　　E. $\frac{1}{2}$

【考点】 古典概型.

【难度】 ★★

【8】 (2012－1)在一次商品促销活动中,主持人出示一个 9 位数,让顾客猜测商品的价格,商品的价格是该 9 位数中从左到右相邻 3 个数字组成的 3 位数.若主持人出示的是 513 535 319,则顾客一次猜中价格的概率是(　　).

A. $\frac{1}{7}$　　B. $\frac{1}{6}$　　C. $\frac{1}{5}$　　D. $\frac{2}{7}$　　E. $\frac{1}{3}$

【考点】 古典概型.

【难度】 ★★

【9】 (2014－10)李明的讲义夹里放了大小相同的试卷共 12 页,其中语文 5 页、数学 4 页、英语 3 页,他随机地从讲义夹中抽出 1 页,抽出的是数学试卷的概率等于(　　).

A. $\frac{1}{12}$　　B. $\frac{1}{6}$　　C. $\frac{1}{5}$　　D. $\frac{1}{4}$　　E. $\frac{1}{3}$

【考点】 古典概型.

【难度】 ★

【10】 (2016－12)甲从 1,2,3 中抽取一个数,记为 a;乙从 1,2,3,4 中抽取一个数,记为 b,规定当 $a>b$ 或者 $a+1<b$ 时甲获胜,则甲取胜的概率为(　　).

A. $\frac{1}{6}$　　B. $\frac{1}{4}$　　C. $\frac{1}{3}$　　D. $\frac{5}{12}$　　E. $\frac{1}{2}$

【考点】 古典概型.

【难度】 ★★

【11】 (2019－12)如图 10 - 3 所示,节点 A、B、C、D 两两相连,从一个节点沿线段到另一个节点当作 1 步,若机器人从节点 A 出发,随机走了 3 步,则机器人未到达节点 C 的概率

为(　　).

A. $\frac{4}{9}$　　B. $\frac{11}{27}$　　C. $\frac{10}{27}$

D. $\frac{19}{27}$　　E. $\frac{8}{27}$

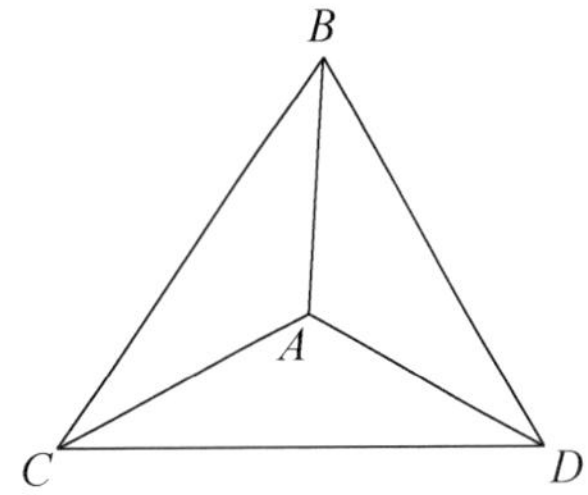

图 10-3

【考点】 古典概型—枚举法.

【难度】 ★★

【12】 (2021—12)如图 10-4 所示,已知相邻的圆都相切,从这 6 个圆中随机取出 2 个圆,这 2 个圆不相切的概率是(　　).

A. $\frac{8}{15}$　　B. $\frac{7}{15}$　　C. $\frac{3}{5}$

D. $\frac{2}{5}$　　E. $\frac{2}{3}$

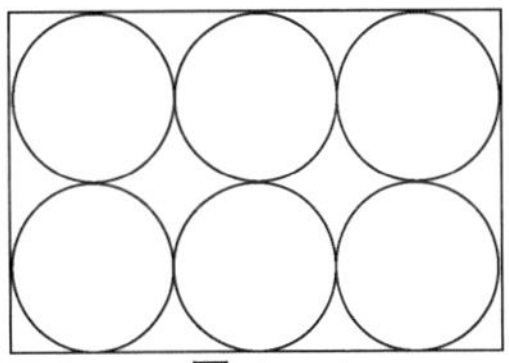
图 10-4

【考点】 古典概型.

【难度】 ★★

☆条件充分性判断题:

【13】 (2012—10)直线 $y=kx+b$ 经过第三象限的概率为$\frac{5}{9}$.(　　)

(1)$k\in\{-1,0,1\},b\in\{-1,1,2\}$　　(2)$k\in\{-2,-1,2\},b\in\{-1,0,2\}$

【考点】 古典概型与解析几何结合.

【难度】 ★★

考点 2 几何概型

【考点阐述】 在几何图形中建立概率模型,常见的有长度比、角度比、面积比、体积比.本考点只需了解即可.

【真题梳理】

☆条件充分性判断题:

【14】 (2014—10)如图 10-5 所示,在矩形 $ABCD$ 的边 CD 上随机取一点 P,使得 AB 是$\triangle APB$ 的最大边的概率大于$\frac{1}{2}$.(　　)

(1)$\frac{AD}{AB}<\frac{\sqrt{7}}{4}$　　(2)$\frac{AD}{AB}>\frac{1}{2}$

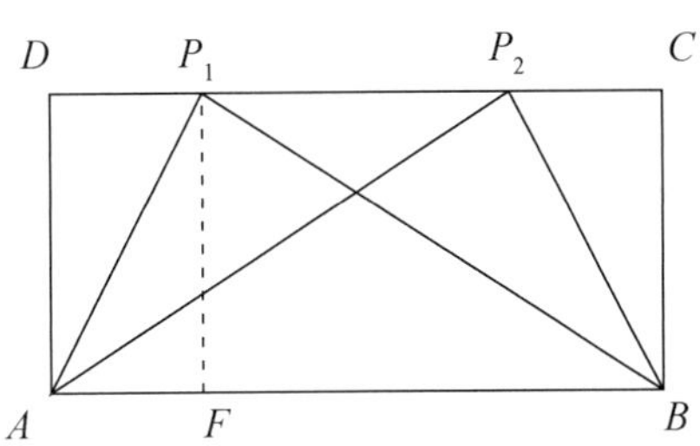

图 10-5

【考点】 几何概型.

【难度】 ★★★

第二节　取球模型(随机取样模型)

【考点突破】 本节主要考查古典概型中的一个基本问题,即随机取样问题,也称为超几何分布问题,是组合在概率中的经典运用.

【要点浏览】 袋中共有 N 个球,其中红球 M 个,非红球 $N-M$ 个,若从袋中取 n 个球,则其中恰好有 k 个红球的概率为 $P=\frac{C_M^k C_{N-M}^{n-k}}{C_N^n}$.

【名师总结】 此类试题尤其遇到"至多""至少"时,一般只能使用分类的方法或者反面排除的方法.

考点1　取球模型(超几何分布)

【考点阐述】 注意分子分母的组合数的角标规律.

【真题梳理】

☆问题求解题:

【15】 (1997－1)10 件产品中有 3 件次品,从中随机抽出 2 件,至少抽到一件次品的概率是(　　).

A. $\frac{1}{3}$　　B. $\frac{2}{5}$　　C. $\frac{7}{15}$　　D. $\frac{8}{15}$　　E. $\frac{3}{5}$

【考点】 产品抽样问题.

【难度】 ★★

【16】 (1997－10)一批灯泡共 10 只,其中有 3 只质量不合格,今从该批灯泡中随机取出 5 只,问(1)这 5 只灯泡都合格的概率是(　　).

A. $\frac{7}{36}$　　B. $\frac{5}{24}$　　C. $\frac{1}{6}$　　D. $\frac{5}{36}$　　E. $\frac{1}{12}$

(2)这 5 只灯泡中只有 3 只合格的概率为(　　).

A. $\frac{5}{12}$　　B. $\frac{1}{12}$　　C. $\frac{7}{24}$　　D. $\frac{11}{24}$　　E. $\frac{1}{6}$

【考点】 抽样问题.

【难度】 ★★

【17】 (1999－1)甲盒子内有红球 4 只,黑球 2 只,白球 2 只;乙盒子内有红球 5 只,黑球 3 只;丙盒子内有黑球 2 只,白球 2 只,现从这三个盒子的任意一个中任取出一只球,它是红球的概率为(　　).

A. 0.562 5　　B. 0.5　　C. 0.45　　D. 0.375　　E. 0.225

【考点】 摸球问题.

【难度】 ★★★

【18】 (1999－1)设 N 件产品中 D 件是不合格品,从这 N 件产品中任取 2 件,则恰有一件不合格的概率是(　　).

A. $\frac{DN}{N(N-1)}$　　B. $\frac{D(D-1)}{N(N-1)}$　　C. $\frac{D(N-D)}{N(N-1)}$

D. $\frac{D-1}{N(N-1)}$　　E. $\frac{2D(N-D)}{N(N-1)}$

【考点】 产品抽样问题.

【难度】 ★★

【19】 (1999－10)匣中有 4 只球,其中红球、黑球、白球各一只,另有一只红、黑、白三色球,现从匣中任取 2 球,其中恰有一球上有红色的概率为(　　).

A. $\frac{1}{6}$　　B. $\frac{1}{3}$　　C. $\frac{1}{2}$　　D. $\frac{2}{3}$　　E. $\frac{5}{6}$

【考点】 摸球问题.

【难度】 ★★

【20】 (2000－1)袋中有 6 只红球、4 只黑球,今从袋中随机取出 4 只球,设取到一只红球得 2 分,取到一只黑球得 1 分,则得分不大于 6 分的概率为(　　).

A. $\frac{23}{42}$　　B. $\frac{4}{7}$　　C. $\frac{25}{42}$　　D. $\frac{13}{21}$

【考点】 摸球问题.

【难度】 ★★★

【21】 (2001－1)甲文具盒内有 2 支蓝色笔和 3 支黑色笔,乙文具盒内也有 2 支蓝色笔和 3 支黑色笔,先从甲文具盒中任取 2 支笔放入乙文具盒中,然后再从乙文具盒中任取 2 支笔,则最后取出的 2 支笔都是黑色笔的概率为(　　).

A. $\frac{23}{70}$　　B. $\frac{27}{70}$　　C. $\frac{29}{70}$　　D. $\frac{3}{7}$

【考点】 抽样问题.

【难度】 ★★★

【22】 (2009－1)在 36 人中,血型情况如下:A 型 12 人,B 型 10 人,AB 型 8 人,O 型 6 人.若从中随机选出两人,则两人血型相同的概率是(　　).

A. $\frac{77}{315}$　　B. $\frac{44}{315}$　　C. $\frac{33}{315}$　　D. $\frac{9}{122}$

E. 以上结论都不正确

【考点】 抽样问题.

【难度】 ★★

【23】 (2010－1)某商场举行店庆活动,顾客消费达到一定数量后,可以在 4 种赠品中随机选取 2 件不同的赠品,任意两位顾客所选的赠品中,恰有 1 件品种相同的概率是(　　).

A. $\frac{1}{6}$　　B. $\frac{1}{4}$　　C. $\frac{1}{3}$　　D. $\frac{1}{2}$　　E. $\frac{2}{3}$

【考点】 摸球问题.

【难度】 ★★★

【24】 (2010−10)某公司有 9 名工程师,张三是其中之一. 从中任意抽调 4 人组成攻关小组,包括张三的概率是( ).

A. $\frac{2}{9}$ B. $\frac{2}{5}$ C. $\frac{1}{3}$ D. $\frac{4}{9}$ E. $\frac{5}{9}$

【考点】 随机抽样问题.

【难度】 ★

【25】 (2010−10)在 10 道备选试题中,甲能答对 8 题,乙能答对 6 题.若某次考试从这 10 道备选题中随机抽出 3 道作为考题,至少答对 2 题才算合格,则甲、乙两人考试都合格的概率是( ).

A. $\frac{28}{45}$ B. $\frac{2}{3}$ C. $\frac{14}{15}$ D. $\frac{26}{45}$ E. $\frac{8}{15}$

【考点】 独立事件概率与古典概型相结合.

【难度】 ★★★

【26】 (2011−1)现从 5 名管理专业、4 名经济专业和 1 名财会专业的学生中随机派出一个 3 人小组,则该小组中 3 个专业各有 1 名学生的概率为( ).

A. $\frac{1}{2}$ B. $\frac{1}{3}$ C. $\frac{1}{4}$ D. $\frac{1}{5}$ E. $\frac{1}{6}$

【考点】 摸球模型.

【难度】 ★

【27】 (2013−1)已知 10 件产品中有 4 件一等品,从中任取 2 件,则至少有 1 件一等品的概率为( ).

A. $\frac{1}{3}$ B. $\frac{2}{3}$ C. $\frac{2}{15}$ D. $\frac{8}{15}$ E. $\frac{13}{15}$

【考点】 摸球问题.

【难度】 ★★

【28】 (2013−10)将一个白木质的正方体的六个表面都涂上红漆,再将它锯成 64 个小正方体,从中任取 3 个,其中至少有 1 个三面是红漆的小正方体的概率是( ).

A. 0.665 B. 0.578 C. 0.563 D. 0.482 E. 0.335

【考点】 摸球问题.

【难度】 ★

【29】 (2020−12)从装有 1 个红球,2 个白球,3 个黑球的袋中随机取出 3 个球,则这 3 个球颜色至多有两种的概率为( )

A. 0.3 B. 0.4 C. 0.5 D. 0.6 E. 0.7

【考点】 古典概型——取球问题.

【难度】 ★★

☆条件充分性判断题:

【30】 (2007−10)从含有 2 件次品,$n-2(n>2)$件正品的 n 件产品中随机抽查 2 件,其

中恰有 1 件次品的概率为 0.6.(　　)

(1)$n=5$　　　　(2)$n=6$

【考点】 产品抽样问题.

【难度】 ★★

【31】 (2012—10)在一个不透明的口袋中装有 2 个白球,m 个黄球和若干个黑球,它们只有颜色不同,则 $m=3$.(　　)

(1)从口袋中随机摸出一个球,摸到白球的概率是 0.2

(2)从口袋中随机摸出一个球,摸到黄球的概率是 0.3

【考点】 摸球问题.

【难度】 ★★

【32】 (2014—1)已知袋中装有红、黑、白三色球若干,则红球数量最多.(　　)

(1)随机取出的一球是白球的概率是$\frac{2}{5}$

(2)随机取出的两球中至少有一个黑球的概率小于$\frac{1}{5}$

【考点】 摸球问题.

【难度】 ★★★

【33】 (2014—12)信封中装有 10 张奖券,只有一张有奖,从信封中同时抽取 2 张,中奖概率为 P;从信封中每次抽取 1 张奖券后放回,如此重复抽取 n 次,中奖概率为 Q.则 $P<Q$.(　　)

(1)$n=2$　　　　(2)$n=3$

【考点】 独立性事件概率与古典概型的结合.

【难度】 ★★★

【34】 (2019—12)某商店有 20 部手机,从中任选 2 部,则恰有 1 部甲的概率为 P,则 $P>\frac{1}{2}$.(　　)

(1)甲手机不少于 8 部　　　　(2)乙手机大于 7 部

【考点】 古典概型——取球问题.

【难度】 ★★

考点 2 取数模型

【考点阐述】 取数模型类似于取球模型,只是要注意枚举法的运用.

【真题梳理】

☆问题求解题:

【35】 (2001—10)一只口袋中有 5 只同样大小的球,编号分别为 1,2,3,4,5,今从中随机抽取 3 只球,则取到的球中最大号码是 4 的概率为(　　).

A. 0.3　　B. 0.4　　C. 0.5　　D. 0.6

【考点】 取数问题.

【难度】 ★

【36】 (2015—12)在分别标记了数字 1,2,3,4,5,6 的 6 张卡片中随机取 3 张,其上数字之和等于 10 的概率为(　　).

A. 0.05　　B. 0.1　　C. 0.15　　D. 0.2　　E. 0.25

【考点】 取数问题.

【难度】 ★★

【37】 (2017—12)从标号为 1 到 10 的 10 张卡片中随机抽取 2 张,它们的标号之和能被 5 整除的概率为(　　).

A. $\frac{1}{5}$　　B. $\frac{1}{9}$　　C. $\frac{2}{9}$　　D. $\frac{2}{15}$　　E. $\frac{7}{45}$

【考点】 取数问题.

【难度】 ★★

【38】 (2018—12)在分别标记 1,2,3,4,5,6 的六张卡片中,甲抽取 1 张,乙从余下的卡片中再抽取 2 张,乙的卡片数字之和大于甲的概率为(　　).

A. $\frac{11}{60}$　　B. $\frac{13}{60}$　　C. $\frac{43}{60}$　　D. $\frac{47}{60}$　　E. $\frac{49}{60}$

【考点】 取数问题.

【难度】 ★★

【39】 (2019—12)从 1 至 10 这 10 个整数中任意取 3 个数,恰有 1 个质数的概率是(　　).

A. $\frac{2}{3}$　　B. $\frac{1}{2}$　　C. $\frac{5}{12}$　　D. $\frac{2}{5}$　　E. $\frac{1}{120}$

【考点】 取数模型.

【难度】 ★

考点 3　分层取物问题

【考点阐述】 遇到大对象中包含小对象时,取球往往需要先取大对象,再取小对象.

【真题梳理】

☆问题求解题:

【40】 (2002—10)从 6 双不同的鞋子中任取 4 只,则其中没有成双鞋子的概率是(　　).

A. $\frac{4}{11}$　　B. $\frac{5}{11}$　　C. $\frac{16}{33}$　　D. $\frac{2}{3}$

【考点】 分层取样问题.

【难度】 ★★

第三节　分房模型(人房问题)

【考点突破】 本节主要考查球盒模型的概率,主要是将若干个不同的球放入若干个不同的盒子中,从而研究某个盒子中球的情况的概率.

【要点浏览】 将 n 个球放入 N 个盒子中去，

(1)恰有 $n(n\leqslant N)$ 个盒子各有一球的概率为 $P(A)=\frac{C_N^n\cdot n!}{N^n}$.

(2)某指定的盒子恰有 $k(k\leqslant n)$ 个球的概率 $P(B)=\frac{C_n^k(N-1)^{n-k}}{N^n}$.

【名师总结】 本类试题尤其注意“指定”和“非指定”的区别，如果是指定某个盒子了，就不需要再选择了，若没指定则要先选择盒子.

考点1　指定性问题

【考点阐述】 注意优先考虑指定(特殊)的对象或元素.

【真题梳理】

☆问题求解题：

【41】 (1998－1)有 3 个人，每人都以相同的概率被分配到 4 间房的每一间中，某指定房间中恰好有 2 人的概率为(　　).

A. $\frac{1}{64}$　　B. $\frac{3}{64}$　　C. $\frac{9}{64}$　　D. $\frac{5}{32}$　　E. $\frac{3}{16}$

【考点】 分房问题.

【难度】 ★★

【42】 (1998－10)将 3 人分配到 4 间房的每一间中，若每人被分配到这 4 间房的每一间房中的概率都相同，则第一、二、三号房中各有 1 人的概率是(　　).

A. $\frac{3}{4}$　　B. $\frac{3}{8}$　　C. $\frac{3}{16}$　　D. $\frac{3}{32}$　　E. $\frac{3}{64}$

【考点】 分房模型.

【难度】 ★★

【43】 (1999－10)将 3 人以相同的概率分配到 4 间房的每一间中，恰有 3 间房中各有 1 人的概率是(　　).

A. 0.75　　B. 0.375　　C. 0.187 5　　D. 0.125　　E. 0.105

【考点】 分房问题.

【难度】 ★★

【44】 (2011－1)将 2 个红球与 1 个白球随机地放入甲、乙、丙三个盒子中，则乙盒中至少有 1 个红球的概率为(　　).

A. $\frac{1}{9}$　　B. $\frac{8}{27}$　　C. $\frac{4}{9}$　　D. $\frac{5}{9}$　　E. $\frac{17}{27}$

【考点】 分房模型.

【难度】 ★★★

考点2　平均分组(分房)问题

【考点阐述】 平均分组(分房)问题要注意除序法的使用.

【真题梳理】

☆问题求解题：

【45】 (2011－10)10 名网球选手中有两名种子选手，先将他们分成两组，每组 5 人，则两名种子选手不在同一组的概率为(　　).

A. $\frac{5}{18}$　　B. $\frac{4}{9}$　　C. $\frac{5}{9}$　　D. $\frac{1}{2}$　　E. $\frac{2}{3}$

【考点】 分组分堆问题.

【难度】 ★★

【46】 (2014－1)在某项活动中，3 男 3 女 6 名志愿者随机分成甲、乙、丙三组，每组 2 人，则每组志愿者都是异性的概率为(　　).

A. $\frac{1}{90}$　　B. $\frac{1}{15}$　　C. $\frac{1}{10}$　　D. $\frac{1}{5}$　　E. $\frac{2}{5}$

【考点】 分组问题.

【难度】 ★★

第四节　数字与骰子模型

【考点突破】 本节主要考查骰了与数字的问题，包括抽签问题、骰子与解析几何的交汇问题、取数字等问题.

【要点浏览】 抽签问题的重要结论就是：某事件在第 i 次发生的概率和第一次发生的概率相同，即抽签对于任何人都是平等的.

【名师总结】 抽签问题的处理方法：

(1)当作有放回的摸球模型处理，假设袋中有 a 个红球，b 个黑球，每次看后放回袋中再取下一个球，则每次取到红球的概率为$\frac{a}{a+b}$；

(2)当作第一次来处理，假设袋中有 a 个红球，b 个黑球，则第一次摸到红球的概率为$\frac{a}{a+b}$.

考点 1　不放回取物问题(抽签问题)

【考点阐述】 注意抽签问题的先后公平性.

【真题梳理】

☆问题求解题：

【47】 (2000－1)某人忘记三位号码锁(每位均有 0 到 9 十个数码)的最后一个数码，因此在正确拨出前两个数码后，只能随机地试拨最后一个数码，每拨一次算作一次试开，则他在第 4 次试开时才将锁打开的概率是(　　).

A. $\frac{1}{4}$　　B. $\frac{1}{6}$　　C. $\frac{2}{5}$　　D. $\frac{1}{10}$

【考点】 抽签问题

【难度】 ★★

【48】 (2010－1)某装置的启动密码由 0 到 9 中的 3 个不同数字组成，连续 3 次输入错误密码，就会导致该装置永久关闭，一个仅记得密码是由 3 个不同数字组成的人能够启动此装置的概率为(　　).

A. $\frac{1}{120}$　　B. $\frac{1}{168}$　　C. $\frac{1}{240}$　　D. $\frac{1}{720}$　　E. $\frac{1}{1000}$

【考点】 抽签问题.

【难度】 ★★★

【49】 (2020－12)某商场利用抽奖方式促销，100 个奖券中有 3 个一等奖，7 个二等奖，则一等奖先于二等奖抽完的概率为(　　).

A. 0.3　　B. 0.5　　C. 0.6　　D. 0.7　　E. 0.73

【考点】 古典概率.

【难度】 ★★★

考点 2　骰子问题(数字问题)

【考点阐述】 其实骰子问题与可重复数字多位数问题是一种概率的类型，分母都是 m^n.

【真题梳理】

☆问题求解题：

【50】 (2001－10)从集合$\{0,1,3,5,7\}$中先任取一个数记为 a，放回集合后再任取一个数记为 b，若 $ax+by=0$ 能表示一条直线，则该直线的斜率等于-1的概率是(　　).

A. $\frac{4}{25}$　　B. $\frac{1}{6}$　　C. $\frac{1}{4}$　　D. $\frac{4}{15}$

【考点】 古典概率与解析几何结合.

【难度】 ★★

【51】 (2008－10)若以连续掷两枚骰子分别得到的点数 a 与 b 作为点 M 的坐标，则点 M 落入圆 $x^2+y^2=18$ 内(不含圆周)的概率是(　　).

A. $\frac{7}{36}$　　B. $\frac{2}{9}$　　C. $\frac{1}{4}$　　D. $\frac{5}{18}$　　E. $\frac{11}{36}$

【考点】 掷骰子问题与解析几何相结合.

【难度】 ★★

【52】 (2009－10)若以连续两次掷骰子得到的点数 a 和 b 作为点 P 的坐标，则点 $P(a,b)$落在直线 $x+y=6$ 和两坐标轴围成的三角形内的概率为(　　).

A. $\frac{1}{6}$　　B. $\frac{7}{36}$　　C. $\frac{2}{9}$　　D. $\frac{1}{4}$　　E. $\frac{5}{18}$

【考点】 掷骰子问题与解析几何结合.

【难度】 ★★

☆条件充分性判断题：

【53】 (2009－1)点(s,t)落入圆$(x-a)^2+(y-a)^2=a^2$ 内的概率为$\frac{1}{4}$.(　　)

(1)s,t 是连续掷一枚骰子两次所得到的点数,$a=3$

(2)s,t 是连续掷一枚骰子两次所得到的点数,$a=2$

【考点】 掷骰子问题与解析几何结合.

【难度】 ★★

第五节　独立事件的概率模型

【考点突破】 本节主要考查独立性事件的概率,以及与别的知识相交汇的运用.

【要点浏览】 若两个事件 A,B 相互独立,那么它们同时发生的概率为 $P(AB)=P(A)P(B)$,它们至少发生一个的概率为 $P(A+B)=1-P(\bar{A})P(\bar{B})$.

独立事件的条件概率公式:$P(A|B)=P(AB)/P(B)=P(A)P(B)/P(B)=P(A)$.

【名师总结】 一般遇到几个事件至少有 1 个发生(即和事件)时,可以采用两种办法思考:一是分类研究,分情况进行讨论,然后将每类的方法数求解出来相加;二是用反面思考的方式,即先计算出全部没有发生的概率,然后求出对立面即可.

考点 1　合理分类,准确分步

【考点阐述】 一般遇到复杂类型的独立性事件概率,先分类后分步.

【真题梳理】

☆问题求解题:

【54】 (1998－1)甲、乙两选手进行乒乓球单打比赛,甲选手发球成功后,乙选手回球失误的概率为 0.3,若乙选手回球成功,甲选手回球失误的概率为 0.4,若甲选手回球成功,乙选手再次回球失误的概率为 0.5,试计算这几个回合中,乙选手输掉 1 分的概率是(　　).

A. 0.36　　B. 0.43　　C. 0.49　　D. 0.51　　E. 0.57

【考点】 概率加法公式和独立事件.

【难度】 ★★

【55】 (1998－10)甲、乙、丙三人进行定点投篮比赛,已知甲的命中率为 0.9,乙的命中率为 0.8,丙的命中率为 0.7,现每人各投一次,求(1)三人中至少有两人投进的概率是(　　);

A. 0.802　　B. 0.812　　C. 0.832　　D. 0.842　　E. 0.902

(2)三人中至多有两人投进的概率是(　　).

A. 0.396　　B. 0.416　　C. 0.426　　D. 0.496　　E. 0.506

【考点】 独立事件的概率.

【难度】 ★★

【56】 (2003－10)甲、乙、丙依次轮流投掷一枚均匀的硬币,若先投出正面为胜,则甲、乙、丙获胜的概率分别为(　　).

A. $\frac{1}{3},\frac{1}{3},\frac{1}{3}$　　B. $\frac{4}{8},\frac{2}{8},\frac{1}{8}$

C. $\frac{4}{8},\frac{3}{8},\frac{1}{8}$　　　　D. $\frac{4}{7},\frac{2}{7},\frac{1}{7}$

E. 以上结论都不正确

【考点】 独立性事件概率.

【难度】 ★★★

【57】 (2008－1)若从原点出发的质点 M 向 x 轴正向移动一个和两个坐标单位的概率分别是$\frac{2}{3}$和$\frac{1}{3}$,则该质点移动 3 个坐标单位到达点 $x=3$ 的概率是(　　).

A. $\frac{19}{27}$　B. $\frac{20}{27}$　C. $\frac{7}{9}$　D. $\frac{22}{27}$　E. $\frac{23}{27}$

【考点】 独立性事件的概率与解析几何交汇.

【难度】 ★★

【58】 (2010－1)在一次竞猜活动中,设有 5 关,如果连续通过 2 关就算闯关成功,小王通过每关的概率都是$\frac{1}{2}$,他闯关成功的概率为(　　).

A. $\frac{1}{8}$　B. $\frac{1}{4}$　C. $\frac{3}{8}$　D. $\frac{4}{8}$　E. $\frac{19}{32}$

【考点】 独立性事件的概率模型.

【难度】 ★★★

【59】 (2014－1)掷一枚均匀的硬币若干次,当正面向上的次数大于反面向上的次数时停止,则在 4 次之内停止的概率为(　　).

A. $\frac{1}{8}$　B. $\frac{3}{8}$　C. $\frac{5}{8}$　D. $\frac{3}{16}$　E. $\frac{5}{16}$

【考点】 独立性事件的概率.

【难度】 ★★

【60】 (2014－12)某次网球比赛的四强对阵为甲对乙、丙对丁,两场比赛的胜者将争夺冠军,选手之间相互获胜的概率见表 10－1.

表 10－1

项目	甲	乙	丙	丁
甲获胜的概率	—	0.3	0.3	0.8
乙获胜的概率	0.7	—	0.6	0.3
丙获胜的概率	0.7	0.4	—	0.5
丁获胜的概率	0.2	0.7	0.5	—

则甲获得冠军的概率为(　　).

A. 0.165　B. 0.245　C. 0.275　D. 0.315　E. 0.330

【考点】 独立性事件的概率.

【难度】 ★★

【61】(2016－12)某试卷由15道选择题组成，每道题有4个选项，只有一项是符合试题要求的，甲有6道题能确定正确选项，有5道题能排除2个错误选项，有4道题能排除1个错误选项，若从每题排除后剩余的选项中选一个作为答案，则甲得满分的概率为(　　).

A. $\frac{1}{2^4}\cdot\frac{1}{3^5}$　　B. $\frac{1}{2^5}\cdot\frac{1}{3^4}$　　C. $\frac{1}{2^5}+\frac{1}{3^4}$　　D. $\frac{1}{2^4}\cdot\left(\frac{3}{4}\right)^5$　　E. $\frac{1}{2^4}+\left(\frac{3}{4}\right)^5$

【考点】 独立性事件概率问题.

【难度】 ★★

☆条件充分性判断题：

【62】(2012－1)某产品由两道独立工序加工完成.则该产品是合格品的概率大于0.8.(　　)

(1)每道工序的合格率为0.81　　(2)每道工序的合格率为0.9

【考点】 独立性事件的概率.

【难度】 ★

考点2 条件概率

【考点阐述】 在B事件发生的条件下，A事件发生的概率为$P(A|B)=P(AB)/P(B)$.若A,B为相互独立事件，$P(A|B)=P(A)$.

【真题梳理】

☆问题求解题：

【63】(2004－10)甲、乙两名篮球运动员投篮的命中率分别为0.80和0.75，今每人各投一球，结果有一球命中.则乙未命中的概率为(　　).

A. $\frac{2}{7}$　　B. $\frac{5}{14}$　　C. $\frac{4}{7}$　　D. $\frac{9}{14}$　　E. $\frac{5}{7}$

【考点】 独立性事件的概率和条件概率.

【难度】 ★★

【64】(2017－12)甲、乙两人进行围棋比赛，约定先胜两盘者赢得比赛，已知每盘棋甲获胜的概率是0.6，乙获胜的概率是0.4，若乙在第一盘获胜，则甲赢得比赛的概率为(　　).

A. 0.144　　B. 0.288　　C. 0.36　　D. 0.4　　E. 0.6

【考点】 独立性概率与条件概率.

【难度】 ★★

第六节　伯努利概率模型

【考点突破】 本节主要考查独立重复性试验(即伯努利试验)的概率.常见典型问题有抛硬币、做试验、有放回地测试样品、对抗比赛等.

【要点浏览】 在n重伯努利试验中，假定每次试验中事件A出现的概率为$p(0<p<1)$，则在这n重伯努利试验中事件A恰好出现$k(k\leqslant n)$次的概率为

$$P_n(k)=C_n^k p^k(1-p)^{n-k}(k=0,1,2,\cdots,n).$$

【名师总结】 此类概率主要分成两种类型，一种是 n 次试验全部要做完，问其中有 k 次成功的概率；另一种是 n 次试验内一旦成功就停止的概率，这类概率需要逐次试验进行分析.

考点1 n 重独立重复试验成功 k 次的概率

【考点阐述】 $P_n(k)=C_n^k p^k(1-p)^{n-k}(k=0,1,2,\cdots,n)$.

【真题梳理】

☆问题求解题：

【65】 (1998－10)掷一枚不均匀的硬币，正面朝上的概率为$\frac{2}{3}$，若将此硬币掷 4 次，则正面朝上 3 次的概率是(　　).

A. $\frac{8}{81}$　　B. $\frac{8}{27}$　　C. $\frac{32}{81}$　　D. $\frac{1}{2}$　　E. $\frac{26}{27}$

【考点】 伯努利概率模型.

【难度】 ★★

【66】 (2003－1)两只一模一样的铁罐里都装有大量的红球和黑球，其中一罐(取名“甲罐”)内的红球数与黑球数之比为 2∶1，另一罐(取名“乙罐”)内的黑球数与红球数之比为 2∶1，今任取一罐从中取出 50 个球，查得其中有 30 个红球和 20 个黑球，则该罐为甲罐的概率是该罐为乙罐的概率的(　　).

A. 154 倍　　B. 254 倍　　C. 438 倍　　D. 798 倍　　E. 1 024 倍

【考点】 伯努利概率模型.

【难度】 ★★★

☆条件充分性判断题：

【67】 (2007－10)若王先生驾车从家里到单位必须经过三个有红绿灯的十字路口，则他没有遇到红灯的概率为 0.125.(　　)

(1)他在每一个路口遇到红灯的概率都是 0.5

(2)他在每一个路口遇到红灯的事件相互独立

【考点】 独立性事件的概率.

【难度】 ★★

【68】 (2008－10)张三以卧姿射击 10 次，命中靶子 7 次的概率是$\frac{15}{128}$.(　　)

(1)张三以卧姿打靶的命中率是 0.2　　(2)张三以卧姿打靶的命中率是 0.5

【考点】 伯努利概率.

【难度】 ★★

【69】 (2009－10)命中来犯敌机的概率是 99%.(　　)

(1)每枚导弹命中率为 0.6　　(2)至多同时向来犯敌机发射 4 枚导弹

【考点】 伯努利概率.

【难度】 ★★

【70】 (2012－1)在某次考试中,3 道题中答对 2 道即为及格.假设某人答对各题的概率相同,则此人及格的概率是$\frac{20}{27}$.(　　)

(1)答对各题的概率均为$\frac{2}{3}$　　(2)3 道题全部答错的概率为$\frac{1}{27}$

【考点】 伯努利概率.

【难度】 ★★

【71】 (2016－12)某人参加资格考试,有 A 类和 B 类选择,A 类的合格标准是抽 3 道题至少会做 2 道,B 类的合格标准是抽 2 道题须都会做,则此人参加 A 类合格的机会大.(　　)

(1)此人 A 类题中有 60%会做　　(2)此人 B 类题中有 80%会做

【考点】 伯努利概率问题.

【难度】 ★★

考点 2　直到第 n 次成功 k 次的概率

【考点阐述】 $P(A)=C_{n-1}^{k-1}p^k(1-p)^{n-k}(k=1,2,\cdots,n)$.

【真题梳理】

☆问题求解题:

【72】 (1999－1)进行一系列独立的试验,每次试验出现成功的概率为 p,则在成功两次前恰已失败三次的概率为(　　).

A. $4p^2(1-p)^3$　　B. $4p(1-p)^3$　　C. $10p^2(1-p)^3$

D. $p^2(1-p)^3$　　E. $(1-p)^3$

【考点】 伯努利概率模型.

【难度】 ★★

【73】 (2008－1)某乒乓球男子单打决赛在甲、乙两选手之间进行,比赛采用 7 局 4 胜制,已知每局比赛甲选手战胜乙选手的概率均为 0.7,则甲选手以 4∶1 战胜乙选手的概率为(　　).

A. 0.84×0.7^3　　B. 0.7×0.7^3　　C. 0.3×0.7^3

D. 0.9×0.7^3　　E. 以上都不正确

【考点】 伯努利概率.

【难度】 ★★

考点 3　至多至少问题(德摩根定律)

【考点阐述】 至少成功 1 次的概率＝1－都未成功的概率.

【真题梳理】

☆问题求解题:

【74】 (2000－1)假设实验室器皿中产生 A 类细菌与 B 类细菌的机会相等,且每个细菌的产生是相互独立的,若某次发现产生了 n 个细菌,则其中至少有一个 A 类细菌的概率为(　　).

A. $1-\left(\frac{1}{2}\right)^n$　B. $1-C_n^1\left(\frac{1}{2}\right)^n$　C. $\left(\frac{1}{2}\right)^n$　D. $1-\left(\frac{1}{2}\right)^{n-1}$　E. $1-\left(\frac{1}{2}\right)^{n+1}$

【考点】 伯努利概率.

【难度】 ★★

【75】 (2000－1)某人将 5 个环一一投向木栓,直到有一个套中为止.若每次套中的概率为 0.1,则至少剩下一个环未投的概率是(　　).

A. 0.000 1　B. 0.656 1　C. 0.734 1　D. 0.343 9　E. 0.257 1

【考点】 伯努利概率模型.

【难度】 ★★

【76】 (2007－1)一个人的血型为 O,A,B,AB 型的概率分别为 0.46,0.40,0.11,0.03.现任选 5 人,则至多一人血型为 O 型的概率为(　　).

A. 0.045　B. 0.196　C. 0.201　D. 0.241　E. 0.461

【考点】 伯努利概率.

【难度】 ★★

【77】 (2012－1)经统计,某机场的一个安检口每天中午办理安检手续的乘客人数及相应的概率见表 10－2:

表 10－2

乘客人数	0～5	6～10	11～15	16～20	21～25	25 以上
概率	0.1	0.2	0.2	0.25	0.2	0.05

该安检口两天中至少有 1 天中午办理安检手续的乘客人数超过 15 的概率是(　　).

A. 0.2　B. 0.25　C. 0.4　D. 0.5　E. 0.75

【考点】 伯努利概率.

【难度】 ★★

【78】 (2020－12)如图 10－6 所示,由 P 到 Q 的电路中有三个元件,分别标有 T_1,T_2,T_3,电流能通过 T_1,T_2,T_3 概率分别为 0.9,0.9,0.99,假设电流能否通过三个元件相互独立,则电流能在 P,Q 之间通过的概率是(　　).

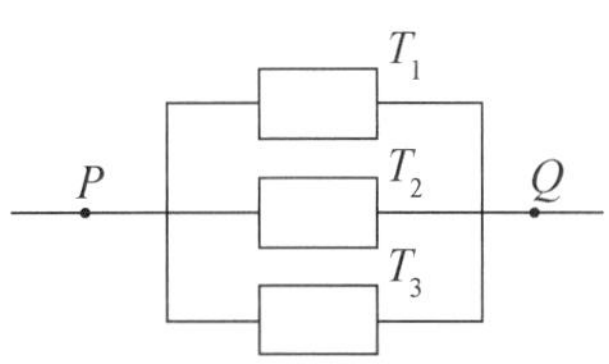

图 10－6

A. 0.801 9　B. 0.998 9

C. 0.999　D. 0.999 9

E. 0.999 99

【考点】 独立性事件的概率,德摩根律运用.

【难度】 ★★

☆条件充分性判断题:

【79】 (2011－10)某种流感在流行.从人群中任意找出 3 人,其中至少有 1 人患该种流感的概率为 0.271.(　　)

(1)该流感的发病率为 0.3　(2)该流感的发病率为 0.1

【考点】 伯努利概率.

【难度】 ★★

【80】 (2013－1)一个库房安装了 n 个烟火反应报警器，每个报警器遇到烟火成功报警的概率为 p，该库房遇到烟火发出报警的概率达到 0.999.(　　)

(1)$n=3,p=0.9$　　　　(2)$n=2,p=0.97$

【考点】 伯努利概率模型.

【难度】 ★★

【81】 (2018－12)有甲、乙两袋奖券，获奖率分别为 p 和 q，某人从两袋中各随机抽取 1 张奖券，则此人获奖的概率不小于 $\frac{3}{4}$.(　　)

(1)已知 $p+q=1$　　　　(2)已知 $pq=\frac{1}{4}$

【考点】 伯努利概率与均值不等式结合.

【难度】 ★★

第十一章 应用题

【考试地位】

应用题是将所有已学数学知识运用于实际问题中，在综合能力考试中一直占有很大的比例，考题数量较多，占总题量的$\frac{1}{3}$，是考试的重点模块. 应用题主要是通过建立数学模型求解实际问题，由于其文字量较多，线索比较隐蔽，所以在有限的时间内把应用题做好是备考的关键所在. 常见经典问题：比和比例问题、商品打折问题、平均值问题、浓度问题、工程问题、行程问题、容斥问题、不定方程问题、最优化问题等.

【知识框架】

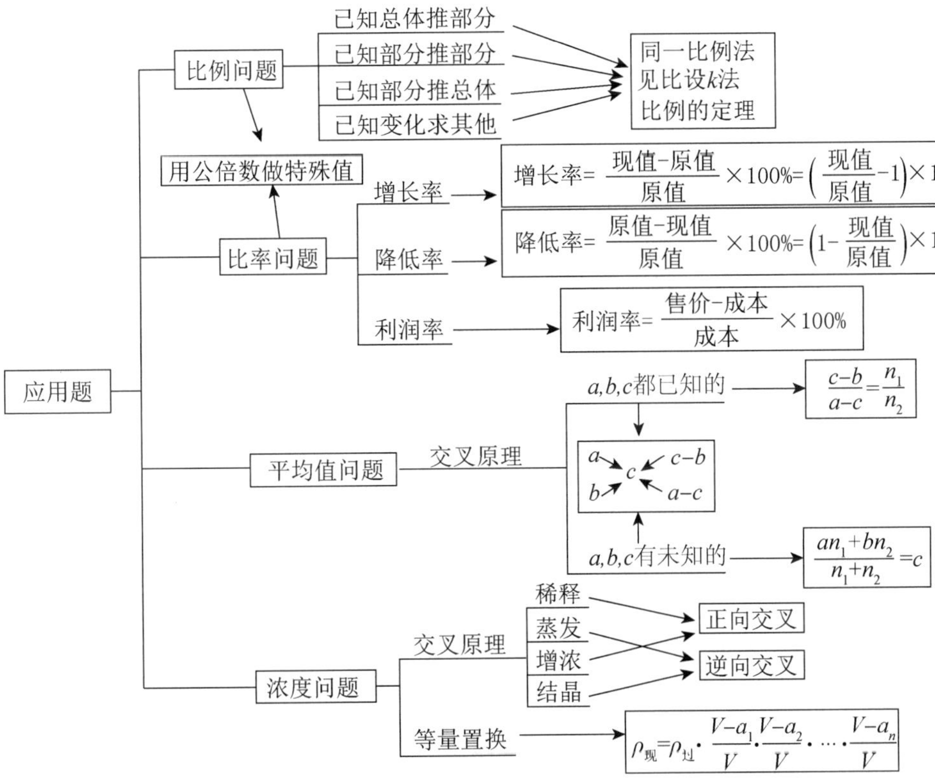

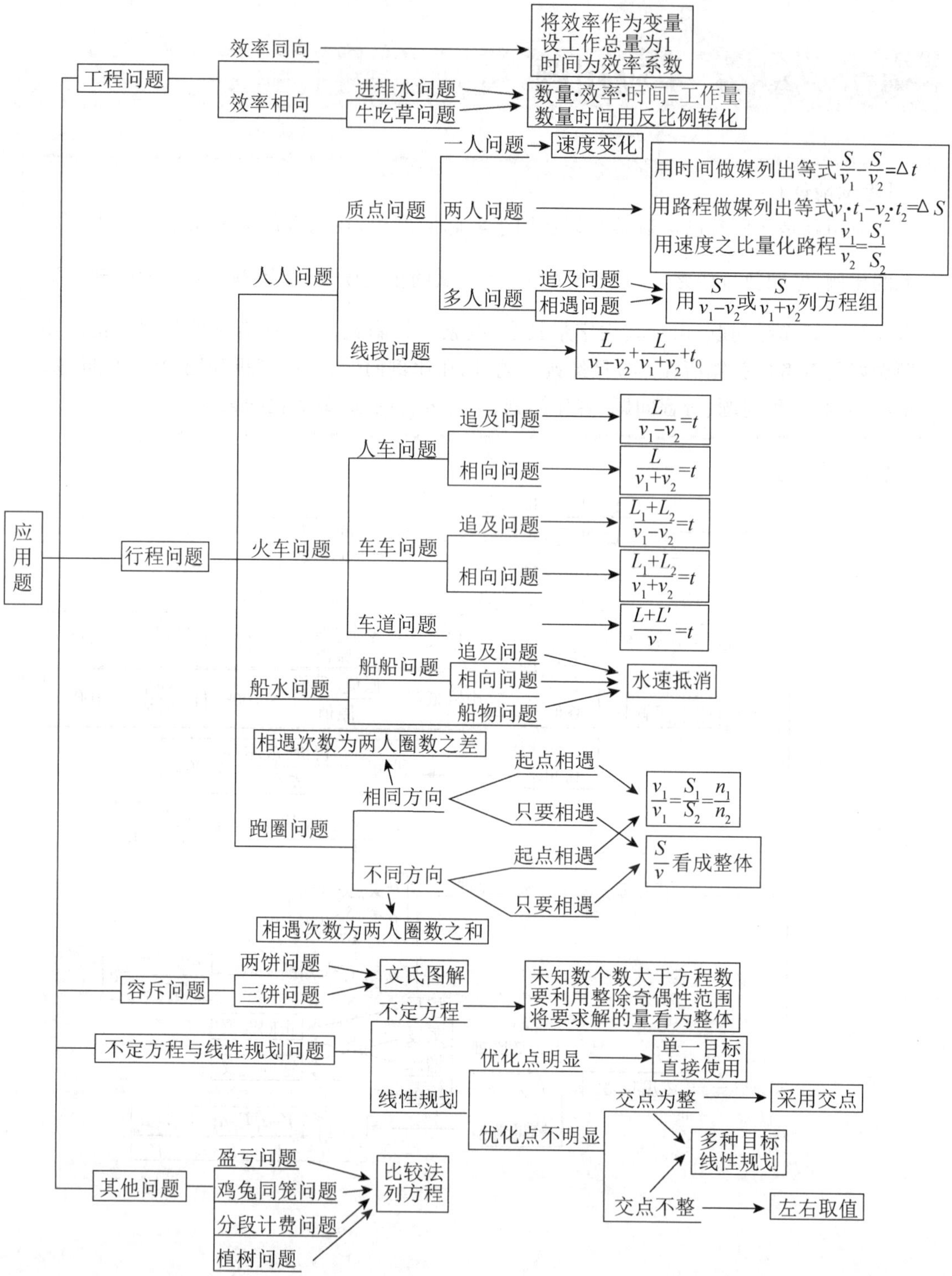
应用题
工程问题
效率同向
将效率作为变量
设工作总量为1
时间为效率系数
效率相向
进排水问题
牛吃草问题
数量·效率·时间=工作量
数量时间用反比例转化
行程问题
人人问题
质点问题
一人问题
速度变化
两人问题
用时间做媒列出等式$\frac{S}{v_1}-\frac{S}{v_2}=\Delta t$
用路程做媒列出等式$v_1 \cdot t_1-v_2 \cdot t_2=\Delta S$
用速度之比量化路程$\frac{v_1}{v_2}=\frac{S_1}{S_2}$
多人问题
追及问题
相遇问题
用$\frac{S}{v_1-v_2}$或$\frac{S}{v_1+v_2}$列方程组
线段问题
$\frac{L}{v_1-v_2}+\frac{L}{v_1+v_2}+t_0$
火车问题
人车问题
追及问题
$\frac{L}{v_1-v_2}=t$
相向问题
$\frac{L}{v_1+v_2}=t$
车车问题
追及问题
$\frac{L_1+L_2}{v_1-v_2}=t$
相向问题
$\frac{L_1+L_2}{v_1+v_2}=t$
车道问题
$\frac{L+L'}{v}=t$
船水问题
船船问题
追及问题
相向问题
船物问题
水速抵消
跑圈问题
相遇次数为两人圈数之差
相同方向
起点相遇
只要相遇
$\frac{v_1}{v_1}=\frac{S_1}{S_2}=\frac{n_1}{n_2}$
不同方向
起点相遇
只要相遇
$\frac{S}{v}$看成整体
相遇次数为两人圈数之和
容斥问题
两饼问题
三饼问题
文氏图解
不定方程与线性规划问题
不定方程
未知数个数大于方程数
要利用整除奇偶性范围
将要求解的量看为整体
线性规划
优化点明显
单一目标
直接使用
优化点不明显
交点为整
采用交点
多种目标
线性规划
交点不整
左右取值
其他问题
盈亏问题
鸡兔同笼问题
分段计费问题
植树问题
比较法
列方程

第一节　经典问题

【考点突破】 本部分的内容考试中比较少见，一般都可以提炼出题目线索，建立方程进行求解.

【名师总结】 鸡兔同笼问题和盈亏问题一般都可以采用比较法这个技巧来进行解决.

考点1　和、差、倍问题

【考点阐述】 本考点是小学特色考题，既可以用到方程方法解决，也能用算术的方法来解决.

【真题梳理】

☆问题求解题：

【1】 (1997－1)甲仓库存粮30吨，乙仓库存粮40吨，要再往甲仓和乙仓共运进粮食80吨，使甲仓粮食是乙仓粮食数量的1.5倍，则应运往乙仓的粮食是(　　).

A. 15吨　　B. 20吨　　C. 25吨　　D. 30吨　　E. 35吨

【考点】 算术问题.

【难度】 ★

【2】 (2000－1)一本书内有三篇文章，第一篇的页数分别是第二篇页数和第三篇页数的2倍和3倍，已知第三篇比第二篇少10页，则这本书共有(　　).

A. 100页　　B. 105页　　C. 110页　　D. 120页

【考点】 列方程解应用题.

【难度】 ★★

【3】 (2013－1)甲、乙两商店同时购进了一批某品牌电视机，当甲店售出15台时，乙售出了10台，此时两店的库存比为8∶7，库存差为5，则甲、乙两店的总进货量为(　　)台.

A. 75　　B. 90　　C. 95　　D. 100　　E. 125

【考点】 算术问题.

【难度】 ★★

考点2　盈亏问题

【考点阐述】 本类问题经常会出现两种情况，往往一种情况下有盈余，一种情况下有亏损.

【真题梳理】

☆问题求解题：

【4】 (1997－10)用一条绳子量井深，若将绳子折成三折来量，井外余绳4尺，折成4折来量，井外余绳1尺，则井深是(　　).

A. 6尺　　B. 7尺　　C. 8尺　　D. 9尺　　E. 12尺

【考点】 盈亏问题.

【难度】 ★★

【5】 (1998－10)一笔钱购买 A 型彩色电视机，若买 5 台余 2 500 元，若买 6 台则缺 4 000 元，今将这笔钱用于购买 B 型彩色电视机，正好可购 7 台，B 型彩色电视机每台的售价是(　　).

A. 4 000 元　　B. 4 500 元　　C. 5 000 元　　D. 5 500 元　　E. 6 000 元

【考点】 盈亏问题.

【难度】 ★

考点 3　鸡兔同笼问题(简易方程)

【考点阐述】 鸡兔同笼问题既可以列线性方程求解，也可以用算术法解决.

【真题梳理】

☆问题求解题：

【6】 (2000－1)商店委托搬运队运送 500 只瓷花瓶，双方商定每只花瓶运费 0.50 元，若搬运中打破一只，则不但不计运费，还要从运费中扣除 2.00 元，已知搬运队共收到 240 元，试问搬运中打破了(　　)只花瓶.

A. 3　　B. 4　　C. 5　　D. 6

【考点】 鸡兔同笼问题.

【难度】 ★★

【7】 (2000－1)购买商品 A,B,C，第一次各买 2 件，共 11.40 元，第二次购买 A 商品 4 件，B 商品 3 件，C 商品 2 件，共 14.80 元，第三次购买 A 商品 5 件，B 商品 4 件，C 商品 2 件，共 17.50 元，每件 A 商品的价格是(　　)元.

A. 0.7　　B. 0.8　　C. 0.9　　D. 1.0

【考点】 鸡兔同笼问题.

【难度】 ★★

【8】 (2008－1)将价值 200 元的甲原料与价值 480 元的乙原料配成一种新原料，若新原料每千克的售价分别比甲、乙原料每千克的售价少 3 元和多 1 元，则新原料的售价是(　　).

A. 15 元　　B. 16 元　　C. 17 元　　D. 18 元　　E. 19 元

【考点】 算术问题.

【难度】 ★★★

【9】 (2012－1)在一次捐赠活动中，某市将捐赠的物品打包成件，其中帐篷和食品共 320 件，帐篷比食品多 80 件，则帐篷的件数是(　　).

A. 180　　B. 200　　C. 220　　D. 240　　E. 260

【考点】 和差问题.

【难度】 ★★

【10】 (2021－12)购买 A 玩具和 B 玩具各 1 件需花费 1.4 元，购买 200 件 A 玩具和 150 件 B 玩具需花费 250 元. A 玩具的单价为(　　).

A. 0.5 元　　B. 0.6 元　　C. 0.7 元　　D. 0.8 元　　E. 0.9 元

【考点】 鸡兔同笼问题.

【难度】 ★

考点4 **抽屉原理**

【考点阐述】 本部分内容比较少见，但涉及小学一些特色问题，值得关注.

【真题梳理】

☆问题求解题：

【11】 (2006—10)将放有乒乓球的 577 个盒子从左到右排成一行，如果最左边的盒子里放了 6 个乒乓球，且每相邻的四个盒子里共有 32 个乒乓球，那么最右边的盒子里的乒乓球个数为(　　).

A. 6　　B. 7　　C. 8　　D. 9　　E. 以上结论均不正确

【考点】 算术问题.

【难度】 ★★

☆条件充分性判断题：

【12】 (2011—1)某年级共有 8 个班，在一次年级考试中，共有 21 名学生不及格，每班不及格的学生最多有 3 名，则(一)班至少有 1 名学生不及格.(　　)

(1)(二)班的不及格人数多于(三)班　　(2)(四)班不及格的学生有 2 名

【考点】 "至多""至少"问题.

【难度】 ★★★

第二节　比例与分数问题

【考点突破】 本节主要考查比例类应用题，包括比例变化题、总量还原题，是真题中考查力度最大的部分，备考中值得关注.

【要点浏览】 总量$=\frac{\text{部分量}}{\text{部分量占总量的比}}$.

【名师总结】 一般遇到比例问题主要是采用设参数 k 的方法，然后建立对应方程组，从而求解方程，另外，要注意一些经典技巧的使用，比如统一比例法等.

考点1 **部分量与部分量关系**

【考点阐述】 常见结论：甲是乙的$\frac{n}{m}\Rightarrow$甲$=$乙$\times\frac{n}{m}$；甲比乙多$\frac{n}{m}\Rightarrow$甲$=\left(1+\frac{n}{m}\right)\times$乙；甲比乙少$\frac{n}{m}\Rightarrow$甲$=\left(1-\frac{n}{m}\right)\times$乙.

【真题梳理】

☆问题求解题：

【13】 (1997—10)某地连续举办三场国际商业足球比赛，第二场观众比第一场少了 80%，第三场观众比第二场少了 50%，若第三场观众仅有 2 500 人，则第一场观众有(　　).

A. 15 000 人　　B. 20 000 人　　C. 22 500 人　　D. 25 000 人　　E. 27 500 人

【考点】 通过部分量求部分量.

【难度】 ★

【14】 (1999－10)甲、乙、丙三名工人加工完一批零件,甲工人完成了总件数的 34%,乙、丙两工人完成的件数之比是 6∶5,已知丙工人完成了 45 件,则甲工人完成了(　　).

A. 48 件　　B. 51 件　　C. 60 件　　D. 63 件　　E. 132 件

【考点】 部分量的关系.

【难度】 ★★

【15】 (1999－10)容器内装满铁质或木质的黑球与白球,其中 30% 是黑球,60% 的白球是铁质的,则容器中木质白球的百分比是(　　).

A. 28%　　B. 30%　　C. 40%　　D. 42%　　E. 70%

【考点】 求部分量所占的百分比.

【难度】 ★★

【16】 (2001－10)健身房中,某个周末下午 3:00,参加健身的男士与女士人数之比为 3∶4,下午 5:00,男士中有 25% 、女士中有 50% 离开了健身房,此时留在健身房内的男士与女士人数之比是(　　).

A. 10∶9　　B. 9∶8　　C. 8∶9　　D. 9∶10

【考点】 比例变化题.

【难度】 ★

【17】 (2003－10)某工厂人员由技术人员、行政人员和工人组成,共有男职工 420 人,是女职工的 $1\frac{1}{3}$倍,其中行政人员占全体职工的 20%,技术人员比工人少$\frac{1}{25}$,那么该工厂有工人(　　).

A. 200 人　　B. 250 人　　C. 300 人　　D. 350 人　　E. 400 人

【考点】 已知部分量求部分量.

【难度】 ★★

【18】 (2010－1)电影开演时观众中女士与男士人数之比为 5∶4,开演后无观众入场,放映一小时后,女士的 20% 、男士的 15% 离场,则此时在场的女士和男士人数之比为(　　).

A. 4∶5　　B. 1∶1　　C. 5∶4　　D. 20∶17　　E. 85∶64

【考点】 比例变化问题.

【难度】 ★★

☆条件充分性判断题:

【19】 (2007－10)1 满杯酒容积为$\frac{1}{8}$升.(　　)

(1)瓶中有$\frac{3}{4}$升酒,再倒入 1 满杯酒可使瓶中的酒增至$\frac{7}{8}$升

(2)瓶中有$\frac{3}{4}$升酒,再从瓶中倒出 2 满杯酒可使瓶中的酒减至$\frac{1}{2}$升

【考点】 已知部分量求总量.

【难度】 ★

【20】 (2020－12)某单位进行投票表决,已知该单位的男女员工人数之比为 3∶2,则能确定至少有 50%的女员工参加了投票.(　　)

(1)投赞成票的人数超过总人数 40%　　　　(2)参加投票的女员工比男员工多

【考点】 双重比例问题.

【难度】 ★★★

考点 2　部分量与总量关系

【考点阐述】 $总量=\dfrac{部分量}{部分量与总量之比}$

【真题梳理】

☆问题求解题：

【21】 (2000－10)某单位有男职工 420 人,男职工人数是女职工人数的 $1\dfrac{1}{3}$倍,工龄 20 年以上者占全体职工人数的 20%,工龄 10～20 年者是工龄 10 年以下者人数的一半,工龄在 10 年以下者人数是(　　).

A. 250 人　　B. 275 人　　C. 392 人　　D. 401 人

【考点】 求某部分的数量.

【难度】 ★★

【22】 (2000－10)菜园里的白菜获得丰收,收到$\dfrac{3}{8}$时, 装满 4 筐还多 24 斤(1 斤＝500 克),其余部分收完后刚好又装满了 8 筐,菜园人共收了白菜(　　).

A. 381 斤　　B. 382 斤　　C. 383 斤　　D. 384 斤

【考点】 求总量问题.

【难度】 ★★

【23】 (2001－10)用一笔钱的$\dfrac{5}{8}$购买甲商品,再以所余金额的$\dfrac{2}{5}$购买乙商品,最后剩余 900 元,这笔钱的总额是(　　).

A. 2 400 元　　B. 3 600 元　　C. 4 000 元　　D. 4 500 元

【考点】 求总量问题.

【难度】 ★

【24】 (2002－1)奖金发给甲、乙、丙、丁四人,其中$\dfrac{1}{5}$发给甲,$\dfrac{1}{3}$发给乙,发给丙的奖金数正好是甲、乙奖金之差的 3 倍,已知发给丁的奖金为 200 元,则这批奖金为(　　)元.

A. 1 500　　B. 2 000　　C. 2 500　　D. 3 000　　E. 以上都不对

【考点】 总量还原问题.

【难度】 ★★

【25】 (2003－1)所得税是工资加奖金总和的 30%,如果一个人的所得税为 6 810 元,奖金为 3 200 元,则他的工资为(　　).

A. 12 000 元　　B. 15 900 元　　C. 19 500 元　　D. 25 900 元　　E. 62 000 元

【考点】 求部分量.

【难度】 ★★

【26】 (2003－10)某培训班有学员96人，其中男生占全班人数的$\frac{7}{12}$，女生中有15%是30岁和30岁以上的，则女生中不到30岁的人数是(　　)人.

A. 30　　B. 31　　C. 32　　D. 33　　E. 34

【考点】 已知总量求部分量.

【难度】 ★★

【27】 (2009－10)某人在市场上买猪肉，小贩称得肉重为4斤，但此人不放心，拿出一个自备的100克重的砝码，将肉和该砝码放在一起让小贩用原秤复称，结果质量为4.25斤，由此可知顾客应要求小贩补猪肉(　　)两.

A. 3　　B. 6　　C. 4　　D. 7　　E. 8

【考点】 比例问题.

【难度】 ★★

【28】 (2013－10)某物流公司将一批货物的60%送到了甲商场，100件送到了乙商场，其余的都送到了丙商场，若送到甲、丙两商场的货物数量之比为7∶3，则该批货物共有(　　)件.

A. 700　　B. 800　　C. 900　　D. 1 000　　E. 1 100

【考点】 比例问题.

【难度】 ★★

【29】 (2014－1)某公司投资一个项目，已知上半年完成了预算的$\frac{1}{3}$，下半年完成了剩余部分的$\frac{2}{3}$，此时还有8 000万元投资未完成，则该项目的预算为(　　)亿元.

A. 3　　B. 3.6　　C. 3.9　　D. 4.5　　E. 5.1

【考点】 总量还原问题.

【难度】 ★★

【30】 (2016－12)张老师到一所中学进行招生咨询，上午接到了45名学生的咨询，其中9位学生下午又咨询了张老师，占张老师下午咨询学生的10%，一天中向张老师咨询的学生人数为(　　).

A. 81　　B. 90　　C. 115　　D. 126　　E. 135

【考点】 比例问题.

【难度】 ★★

【31】 (2017－12)学科竞赛设一等奖、二等奖和三等奖，比例为1∶3∶8，获奖率为30%，已知10人获得一等奖，则参加竞赛的人数为(　　).

A. 300　　B. 400　　C. 500　　D. 550　　E. 600

【考点】 比例问题.

【难度】 ★★

☆条件充分性判断题：

【32】 (2008－1)本学期，某大学的a个学生，或者付x元的全额学费或者付半额学费，

付全额的学生所付的学费占这 a 个学生所付学费总额的比率是 $\frac{1}{3}$.(　　)

(1)在这 a 个学生中,20% 的人付全额学费

(2)这 a 个学生本学期共付 9 120 元学费

【考点】 部分量占总量的比值.

【难度】 ★★

【33】 (2008－1)一件含有 25 张一类贺卡和 30 张二类贺卡的邮包的总质量(不计包装质量)为 700 克.(　　)

(1)一类贺卡质量是二类贺卡质量的 3 倍

(2)一张一类贺卡与两张二类贺卡总质量是 $\frac{100}{3}$ 克

【考点】 由部分量求总量.

【难度】 ★★

【34】 (2016－12)某人需要处理若干份文件,第一小时处理了全部文件的 $\frac{1}{5}$,第二小时处理了剩余文件的 $\frac{1}{4}$,则此人需要处理的文件数为 25 份.(　　)

(1)前两小时处理了 10 份文件　　(2)第二小时处理了 5 份文件

【考点】 由部分量求总量.

【难度】 ★★

考点 3　比例分配题

【考点阐述】 甲∶乙∶丙＝a∶b∶c,则甲占总量 $\frac{a}{a+b+c}$,乙占总量 $\frac{b}{a+b+c}$,丙占总量 $\frac{c}{a+b+c}$.

【真题梳理】

☆问题求解题:

【35】 (1997－1)某投资者以 2 万元购买甲、乙两种股票,甲股票的价格为 8 元/股,乙股票的价格为 4 元/股,它们的投资额之比为 4∶1,在甲、乙股票价格分别为 10 元/股和 3 元/股时,该投资者全部抛出这两种股票,他共获利(　　).

A. 3 000 元　　B. 3 889 元　　C. 4 000 元　　D. 5 000 元　　E. 2 300 元

【考点】 比例分配问题.

【难度】 ★★

【36】 (1997－1)甲仓库存粮 30 吨,乙仓库存粮 40 吨,要再往甲仓和乙仓共运进粮食 80 吨,使甲仓粮食是乙仓粮食数量的 1.5 倍,则应运往乙仓的粮食是(　　).

A. 15 吨　　B. 20 吨　　C. 25 吨　　D. 30 吨　　E. 35 吨

【考点】 数量分配和比例问题.

【难度】 ★

【37】（2001－1）一公司向银行借款 34 万元，欲按$\frac{1}{2}:\frac{1}{3}:\frac{1}{9}$的比例分配给下属甲、乙、丙三车间进行技术改造，则甲车间应得（　　）.

A. 17 万元　　B. 8 万元　　C. 12 万元　　D. 18 万元

【考点】 总量与部分量的关系.

【难度】 ★

【38】（2004－1）装一台机器需要甲、乙、丙三种部件各一件，现库中存有这三种部件共 270 件，分别用甲、乙、丙库存件数的$\frac{3}{5}$，$\frac{3}{4}$，$\frac{2}{3}$装配若干机器，那么原来库存有甲种部件的件数是（　　）.

A. 80　　B. 90　　C. 100　　D. 110　　E. 以上均不对

【考点】 由总量求部分量.

【难度】 ★★

【39】（2012－10）将 3 700 元奖金按$\frac{1}{2}:\frac{1}{3}:\frac{2}{5}$的比例分给甲、乙、丙三人，则乙应得奖金（　　）元.

A. 1 000　　B. 1 050　　C. 1 200　　D. 1 500　　E. 1 700

【考点】 比例问题.

【难度】 ★

☆条件充分性判断题：

【40】（2007－10）某公司得到一笔贷款共 68 万元，用于下属三个工厂的设备改造，结果甲、乙、丙三个工厂按比例分别得到 36 万元、24 万元和 8 万元.（　　）

（1）甲、乙、丙三个工厂按$\frac{1}{2}:\frac{1}{3}:\frac{1}{9}$的比例贷款

（2）甲、乙、丙三个工厂按 9∶6∶2 的比例贷款

【考点】 已知总量求部分量.

【难度】 ★★

考点 4　总量不变的比例变化题

【考点阐述】 可以采用统一比例法，将两次变化中的总量进行统一（找最小公倍数），从而寻求关系.

【真题梳理】

☆问题求解题：

【41】（1999－1）一批图书放在两个书柜中，其中第一柜占 55%，若从第一柜中取出 15 本放入第二柜中，则两个书柜的书各占这批图书的 50%，这批图书共有（　　）.

A. 200 本　　B. 260 本　　C. 300 本　　D. 360 本　　E. 600 本

【考点】 总量还原问题.

【难度】 ★

【42】（2005－10）甲、乙两个储煤仓库的库存煤量之比为 10∶7，要使这两仓库的库存

煤量相等，甲仓库需向乙仓库搬入的煤量占甲仓库库存煤量的(　　).

A. 10%　　B. 15%　　C. 20%　　D. 25%　　E. 30%

【考点】 总量不变的比例问题.

【难度】 ★

【43】 (2014－12)某公司共有甲、乙两个部门，如果从甲部门调 10 人到乙部门，那么乙部门的人数是甲部门的 2 倍；如果把乙部门的 $\frac{1}{5}$ 调到甲部门，那么两个部门的人数相等，该公司的总人数为(　　).

A. 150　　B. 180　　C. 200　　D. 240　　E. 250

【考点】 比例问题.

【难度】 ★★

考点 5　单量不变的比例变化题

【考点阐述】 可以采用统一比例法，将两次变化中的部分量进行统一，从而寻求关系.

【真题梳理】

☆问题求解题：

【44】 (2002－1)某厂生产的一批产品经检验，优等品与二等品的比是 5∶2，二等品与次品的比是 5∶1，则该批产品的合格率(合格品包括优等品与二等品)为(　　).

A. 92%　　B. 92.3%　　C. 94.6%　　D. 96%

【考点】 比例化简问题.

【难度】 ★

【45】 (2006－10)甲、乙两仓库储存的粮食质量之比为 4∶3，现从甲仓库中调出 10 万吨粮食，则甲、乙两仓库库存粮食吨数之比为 7∶6，甲仓库原有粮食的吨数为(　　).

A. 70　　B. 78　　C. 80　　D. 85　　E. 以上均不对

【考点】 比例变化问题.

【难度】 ★

【46】 (2006－10)仓库中有甲、乙两种产品若干件，其中甲占总库存量的 45%，若再存入 160 件乙产品后，甲产品占新库存量的 25%，那么甲产品原有件数为(　　).

A. 80　　B. 90　　C. 100　　D. 110　　E. 以上结论均不正确

【考点】 比例变化问题.

【难度】 ★★

【47】 (2007－10)某产品有一等品、二等品和不合格品三种，若在一批产品中一等品件数和二等品件数的比是 5∶3，二等品件数和不合格品件数的比是 4∶1，则该产品的不合格率约为(　　).

A. 7.2%　　B. 8%　　C. 8.6%　　D. 9.2%　　E. 10%

【考点】 比例变化问题.

【难度】 ★

【48】 (2009－1)某国参加北京奥运会的男女运动员比例原为 19∶12. 由于先增加若干名女运动员，使男女运动员比例变为 20∶13，后又增加了若干名男运动员，于是男女运动员

比例最终变为30∶19.如果后增加的男运动员比先增加的女运动员多3人，则最后运动员的总人数为(　　).

A. 686　　B. 637　　C. 700　　D. 661　　E. 600

【考点】 单量不变的比例变化问题.

【难度】 ★★★

【49】 (2015-12)某家庭在一年总支出中，子女教育支出与生活资料支出的比为3∶8，文化娱乐支出与子女教育支出的比为1∶2，已知文化娱乐支出占家庭总支出的10.5%，则生活资料支出占家庭总支出的(　　).

A. 40%　　B. 42%　　C. 48%　　D. 56%　　E. 64%

【考点】 单量不变的比例变化问题.

【难度】 ★★

第三节　增长率、利润率问题

【考点突破】 本节主要考查增长率问题、利润率问题、折扣问题.要熟悉增长率的基本公式以及运用，另外要注意整除技巧的运用.

【要点浏览】 (1)原值：$a\xrightarrow{\text{增长 }p\%}$现值：$a(1+p\%)$；

原值：$a\xrightarrow{\text{下降 }p\%}$现值：$a(1-p\%)$.

(2)甲比乙大$p\%\Leftrightarrow\dfrac{甲-乙}{乙}=p\%\Leftrightarrow 甲=乙\times(1+p\%)$.

(3)甲比乙小$p\%\Leftrightarrow\dfrac{乙-甲}{乙}=p\%\Leftrightarrow 甲=乙\times(1-p\%)$.

(4)甲是乙的$p\%\Leftrightarrow 甲=乙\times p\%$.

(5)利润＝售价－进价；利润率$=\dfrac{利润}{进价}\times100\%$；变化率$=\dfrac{变化量}{变前量}\times100\%$.

【名师总结】 折扣和利润问题主要是抓住基本公式求解，有时候也需要用整除的一些特性来巧妙求解.

考点1　增长率与下降率问题

【考点阐述】 本考点命题规律是先增长再下降或先打折再增长，寻求其中的变化关系.

【真题梳理】

☆问题求解题：

【50】 (1997-10)某商品打九折会使销售量增加20%，则这一折扣会使销售额增加的百分比是(　　).

A. 18%　　B. 10%　　C. 8%　　D. 5%　　E. 2%

【考点】 增长率问题.

【难度】 ★★

【51】　(1998－1)一种货币贬值 15%，一年后又增值(　　)才能保持原币值.

A. 15%　　B. 15.25%　　C. 16.78%　　D. 17.17%　　E. 17.65%

【考点】　增长率问题.

【难度】　★

【52】　(1998－10)某种商品降价 20% 后，若欲恢复原价，应提价(　　).

A. 20%　　B. 25%　　C. 22%　　D. 15%　　E. 24%

【考点】　增长率问题.

【难度】　★

【53】　(1998－10)商店本月的计划销售额为 20 万元，由于开展了促销活动，上半月完成了计划的 60%，若全月要超额完成计划的 25%，则下半月应完成销售额(　　)万元.

A. 12　　B. 13　　C. 14　　D. 15　　E. 16

【考点】　增长率问题.

【难度】　★★

【54】　(2001－10)商店某种服装换季降价，原来可买 8 件的钱现在可以买 13 件，问这种服装价格下降的百分比是(　　).

A. 36.5%　　B. 38.5%　　C. 40%　　D. 42%

【考点】　打折问题.

【难度】　★★

【55】　(2002－10)甲花费 5 万元购买了股票，随后他将这些股票转卖给乙，获利 10%，不久乙又将这些股票返卖给甲，但乙损失了 10%，最后甲按乙卖给他的价格的 9 折把这些股票卖掉了，不计交易费，甲在上述股票交易中(　　).

A. 不盈不亏　B. 盈利 50 元　C. 盈利 100 元　D. 亏损 50 元

【考点】　增长率问题.

【难度】　★★

【56】　(2014－10)高速公路假期免费政策带动了京郊旅游的增长. 据悉，2014 年春节 7 天假期，北京市乡村民俗旅游接待游客约 697 000 人次，比去年同期增长 14%，则去年大约接待游客人次为(　　).

A. $6.97\times10^5\times0.14$　　B. $6.97\times10^5-6.97\times10^5\times0.14$

C. $\dfrac{6.97\times10^5}{0.14}$　　D. $\dfrac{6.97\times10^7}{0.14}$

E. $\dfrac{6.97\times10^7}{114}$

【考点】　增长率问题.

【难度】　★★

【57】　(2019－12)某产品去年涨价 10%，今年涨价 20%，则该产品这两年涨价(　　).

A. 15%　　B. 16%　　C. 30%　　D. 32%　　E. 33%

【考点】　增长率问题.

【难度】　★

☆条件充分性判断题：

【58】 (2003－10)某城区2001年绿地面积较上年增加了20%，人口却负增长，结果人均绿地面积比上年增长了21%.(　　)

(1)2001年人口较上年下降了0.826%　　(2)2001年人口较上年下降了10%

【考点】 增长率问题.

【难度】 ★

【59】 (2007－10)1千克鸡肉的价格高于1千克牛肉的价格.(　　)

(1)一家超市出售袋装鸡肉与袋装牛肉，一袋鸡肉的价格比一袋牛肉的价格高30%

(2)一家超市出售袋装鸡肉与袋装牛肉，一袋鸡肉比一袋牛肉重25%

【考点】 增长率问题.

【难度】 ★

【60】 (2009－1)A企业的职工人数今年比前年增加了30%.(　　)

(1)A企业的职工人数去年比前年减少了20%

(2)A企业的职工人数今年比去年增加了50%

【考点】 增长率问题.

【难度】 ★

【61】 (2010－1)甲企业今年人均成本是去年的60%.(　　)

(1)甲企业今年总成本比去年减少25%，员工人数增加25%

(2)甲企业今年总成本比去年减少28%，员工人数增加20%

【考点】 增长率问题.

【难度】 ★

考点2　多次增长(存款)问题

【考点阐述】 本考点一般抓住模型：$a(1+p)^n$，其中a为原值，p为增长率，n为增长次数.

【真题梳理】

☆问题求解题：

【62】 (1997－10)银行的一年期定期存款利率为10%，某人于1991年1月1日存入10 000元，1994年1月1日取出，若按复利计算，他取出的本金和利息共计是(　　).

A. 10 300元　B. 10 303元　C. 13 000元　D. 13 310元　E. 14 641元

【考点】 增长率问题.

【难度】 ★

【63】 (2007－10)某电镀厂两次改进操作方法，使用锌量比原来节约15%，则平均每次节约(　　).

A. 42.5%　　B. 7.5%

C. $(1-\sqrt{0.85})\times100\%$　　D. $(1+\sqrt{0.85})\times100\%$

E. 以上均不对

【考点】 平均增长率问题.

【难度】 ★

【64】 (2011－10)已知某种商品的价格从一月份到三月份的月平均增长速度为10%，那么该商品三月份的价格是其一月份价格的(　　).

A. 21%　　B. 110%　　C. 120%　　D. 121%　　E. 133.1%

【考点】 百分比应用题(增长率问题).

【难度】 ★

【65】 (2012－1)某商品的定价为200元，受金融危机的影响，连续两次降价20%后的售价为(　　).

A. 114　　B. 120　　C. 128　　D. 144　　E. 160

【考点】 平均增长率问题.

【难度】 ★

【66】 (2014－12)某新兴产业在2005年末至2009年末产值的年平均增长率为q，在2009年末至2013年末产值的年平均增长率比前面下降了40%，2013年末产值约为2005年末产值的14.46($\approx 1.95^4$)倍，则q为(　　).

A. 30%　　B. 35%　　C. 40%　　D. 45%　　E. 50%

【考点】 增长率问题与指数运算.

【难度】 ★★

☆条件充分性判断题：

【67】 (2004－10)A公司在2003年6月份的产值是1月份产值的a倍.(　　)

(1)在2003年上半年，A公司月产值的平均值增长率为$\sqrt[5]{a}$

(2)在2003年上半年，A公司月产值的平均值增长率为$\sqrt[6]{a}-1$

【考点】 增长率问题.

【难度】 ★

【68】 (2010－1)该股票涨了.(　　)

(1)某股票连续三天涨10%后，又连续三天跌10%

(2)某股票连续三天跌10%后，又连续三天涨10%

【考点】 增长率问题.

【难度】 ★

【69】 (2012－10)某商品经过八月份到九月份连续两次降价，售价由m元降到了n元，则该商品的售价平均每次下降了20%.(　　)

(1)$m-n=900$　　(2)$m+n=4\ 100$

【考点】 增长率问题.

【难度】 ★★

考点3　利润率与打折问题

【考点阐述】 ①利润率$=\dfrac{利润}{成本}$；②成本×(1＋利润率)＝售价.

【真题梳理】

☆问题求解题：

【70】（1999－10）某商店将每套服装按原价提高 50% 后再作七折"优惠"的广告宣传，这样每售出一套服装可获利 625 元．已知每套服装的成本是 2 000 元，该店按"优惠价"售出一套服装比按原价（　　）．

A. 多赚 100 元　　B. 少赚 100 元　　C. 多赚 125 元
D. 少赚 125 元　　E. 多赚 155 元

【考点】 打折问题．

【难度】 ★★

【71】（2001－1）一商店把某商品按标价的九折出售，仍可获利 20%，若该商品的进价为每件 21 元，则该商品每件的标价为（　　）元．

A. 26　　B. 28　　C. 30　　D. 32

【考点】 利润计算问题．

【难度】 ★★

【72】（2010－1）某商品的成本为 240 元．若按该商品标价的八折出售，利润率是 15%，则该商品的标价为（　　）．

A. 276 元　　B. 331 元　　C. 345 元　　D. 360 元　　E. 400 元

【考点】 折扣问题．

【难度】 ★★

【73】（2019－12）某网店对单价为 55 元、75 元、80 元的三种商品进行促销．促销策略是，每单满 200 元减 m 元．如果每单减 m 元后，实际售价均不低于原价的 8 折，那么 m 的最大值为（　　）．

A. 40　　B. 41　　C. 43　　D. 44　　E. 48

【考点】 折扣问题与优化问题．

【难度】 ★★★

【74】（2021－12）某商品的成本利润率为 12%，若其成本降低 20% 而售价不变，则利润率为（　　）．

A. 30%　　B. 35%　　C. 40%　　D. 45%　　E. 48%

【考点】 利润率问题．

【难度】 ★★

考点 4　双因素增长率（利润率）问题

【考点阐述】 本考点一般会遇到一件商品亏，一件商品赚这样的口吻．

【真题梳理】

☆问题求解题：

【75】（2002－10）商店出售两套礼盒，均以 210 元售出，按进价计算，其中一套盈利 25%，而另一套亏损 25%，结果商店（　　）．

A. 不赔不赚　　B. 赚了 24 元　　C. 亏了 28 元　　D. 亏了 24 元

【考点】 利润率问题．

【难度】 ★★

【76】 (2004－1)某工厂生产某种新型产品，一月份每件产品销售的利润是出厂价的25%(利润＝ 出厂价－ 成本)，二月份每件产品出厂价降低了10%，成本不变，销售件数比一月份增加80%，则利润增长(　　).

A. 6%　　B. 8%　　C. 15.5%　　D. 25.5%　　E. 以上均不对

【考点】 多因素增长率问题.

【难度】 ★★

【77】 (2006－1)某电子产品一月份按原定价的80%出售，能获利20%，二月份由于进价降低，按同样原定价的75%出售，却能获利25%，那么二月份进价是一月份进价的百分之(　　).

A. 92　　B. 90　　C. 85　　D. 80　　E. 75

【考点】 利润率问题.

【难度】 ★★

【78】 (2007－10)王女士以一笔资金分别投入股市和基金，但因故需抽回一部分资金，若从股市中抽回10%，从基金中抽回5%，则其总投资额减少8%，若从股市和基金的投资额中各抽回15%和10%，则其总投资额减少130万元，其总投资额为(　　)万元.

A. 1 000　　B. 1 500　　C. 2 000　　D. 2 500　　E. 3 000

【考点】 平均增长率问题.

【难度】 ★★

【79】 (2009－1)一家商店为回收资金，把甲、乙两件商品以480元一件卖出，已知甲商品赚了20%，乙商品亏了20%，则商店盈亏结果为(　　).

A. 不亏不赚　　B. 亏了50元　　C. 赚了50元
D. 赚了40元　　E. 亏了40元

【考点】 利润率问题.

【难度】 ★★

【80】 (2009－10)甲、乙两商店的进货价格都是200元，甲店以高于进货价格20%的价格出售，乙店以高于进货价格15%的价格出售，结果乙店的售出件数是甲店的2倍，扣除营业税后乙店的利润比甲店多5 400元. 若设营业税率是营业额的5%，那么甲、乙两店售出该商品各为(　　)件.

A. 450，900　　B. 500，1 000　　C. 550，1 100
D. 600，1 200　　E. 650，1 300

【考点】 利润率问题.

【难度】 ★★★

【81】 (2011－1)2007年，某市的全年研究与发展(R&D)经费支出300亿元，比2006年增长20%，该市的GDP为10 000亿元，比2006年增长10%. 2006年，该市的R&D经费支出占当年GDP的(　　).

A. 1.75%　　B. 2%　　C. 2.5%　　D. 2.75%　　E. 3%

【考点】 双因素增长率问题.

【难度】 ★★

【82】 (2012－10)第一季度甲公司的产值比乙公司的产值低 20%，第二季度甲公司的产值比第一季度增长了 20%，乙公司的产值比第一季度增长了 10%，第二季度甲、乙两公司的产值之比是(　　).

A. 96∶115　　B. 92∶115　　C. 48∶55　　D. 24∶25　　E. 10∶11

【考点】 双因素增长率问题.

【难度】 ★★

【83】 (2013－10)某公司今年第一季度和第二季度的产值分别比去年同期增长了 11%和 9%，且这两个季度产值的同比绝对增加量相等，该公司今年上半年的产值同比增长了(　　).

A. 9.5%　　B. 9.9%　　C. 10%　　D. 10.5%　　E. 10.9%

【考点】 双因素增长率问题.

【难度】 ★★

【84】 (2013－10)福彩中心发行彩票的目的是为了筹措资金资助福利事业，现在福彩中心准备发行一种面值为 5 元的福利彩票刮刮卡，方案设计如下：(1)该福利彩票的中奖率为 50%；(2)每张中奖彩票的中奖奖金有 5 元和 50 元两种，假设购买一张彩票获得 50 元奖金的概率为 p，且彩票中心筹得资金不少于发行彩票面值总和的 32%，则(　　).

A. $p\leqslant 0.005$　　B. $p\leqslant 0.01$　　C. $p\leqslant 0.015$　　D. $p\leqslant 0.02$　　E. $p\leqslant 0.025$

【考点】 增长率与概率结合.

【难度】 ★★★

☆条件充分性判断题：

【85】 (2012－10)某人用 10 万元购买了甲、乙两种股票，若甲种股票上涨 $a\%$，乙种股票下降 $b\%$ 时，此人购买的甲、乙两种股票总值不变，则此人购买甲种股票用了 6 万元.(　　)

(1)$a=2, b=3$　　　　(2)$3a-2b=0(a\neq 0)$

【考点】 两部分增长率问题.

【难度】 ★★

【86】 (2017－12)如果甲公司的年终奖总额增加 25%，乙公司的年终奖总额减少 10%，两者相等.则能确定两公司的员工人数之比.(　　)

(1)甲公司的人均年终奖与乙公司的相同

(2)两公司的员工人数之比与两公司的年终奖总额之比相等

【考点】 双因素增长率问题.

【难度】 ★★

考点 5　工程问题与增长率结合

【考点阐述】 本考点一般会遇到在工程任务中，提前完成或者延误工期等背景.

【真题梳理】

☆问题求解题：

【87】 (2013－1)某工厂生产一批零件，计划 10 天完成任务，实际提前 2 天完成，则每天的产量比计划平均提高了(　　).

A. 15%　　B. 20%　　C. 25%　　D. 30%　　E. 35%

【考点】 增长率与工程问题.

【难度】 ★★

【88】 (2018－12)某车间计划 10 天完成一项任务，工作 3 天后因故停工 2 天，若要按原计划完成任务，则工作效率需要提高( ).

A. 20% B. 30% C. 40% D. 50% E. 60%

【考点】 增长率与工作效率问题.

【难度】 ★★

考点 6 增长率与等比数列结合

【考点阐述】 注意等比数列求和公式使用的准确性.

【真题梳理】

☆条件充分性判断题：

【89】 (2010－1)甲企业一年的总产值为$\frac{a}{p}[(1+p)^{12}-1]$.( )

(1)甲企业一月份的产值为 a，以后每月产值的增长率为 p

(2)甲企业一月份的产值为$\frac{a}{2}$，以后每月产值的增长率为 $2p$

【考点】 增长率与数列计算问题.

【难度】 ★★

【90】 (2016－12)能确定某企业产值的月平均增长率.( )

(1)已知一月份的产值 (2)已知全年的总产值

【考点】 增长率与数列问题.

【难度】 ★★

第四节 平均值应用问题

【考点突破】 本节主要考查平均值的计算，包括加权平均数的计算等，另外，本节运算中有个相当有用的技巧——十字交叉法，值得大家关注.

【要点浏览】 (1)平均值$=\frac{\text{总量}}{\text{总数量}}$.

(2)十字交叉法：

$$\begin{array}{ccccc} n_{甲}: & M_{甲} & & & |M_{混}-M_{乙}| \\ & & \searrow & \nearrow & \\ & & & M_{混} & \\ & & \nearrow & \searrow & \\ n_{乙}: & M_{乙} & & & |M_{甲}-M_{混}| \end{array} \qquad \frac{n_{甲}}{n_{乙}}=\frac{|M_{混}-M_{乙}|}{|M_{甲}-M_{混}|}$$

【名师总结】 本节主要要求考生能用交叉法解决两因素变量的混合问题，如平均值(分)和浓度等.

考点 1 平均值计算

【考点阐述】 (算术)平均值 $\overline{X}=\frac{x_1+x_2+\cdots+x_n}{n}$.

【真题梳理】

☆问题求解题：

【91】（2005－1）某公司二月份产值为 36 万元，比一月份产值增加了 11 万元，比三月份产值减少了 7.2 万元，第二季度产值为第一季度的 1.4 倍，该公司上半年产值的月平均值为（　　）.

A. 40.51 万元　　B. 41.68 万元　　C. 48.25 万元
D. 50.16 万元　　E. 52.16 万元

【考点】 平均值问题.

【难度】 ★

【92】（2010－10）某学生在军训时进行打靶测试，共射击 10 次. 他的第 6，7，8，9 次射击分别射中 9.0 环、8.4 环、8.1 环、9.3 环，他的前 9 次射击的平均环数高于前 5 次的平均环数. 若要使 10 次射击的平均环数超过 8.8 环，则他第 10 次射击至少应该射中（　　）环.（报靶成绩精确到 0.1 环）

A. 9.0　　B. 9.2　　C. 9.4　　D. 9.5　　E. 9.9

【考点】 平均分问题.

【难度】 ★★★

【93】（2014－10）a,b,c,d,e 五个数满足 $a\leqslant b\leqslant c\leqslant d\leqslant e$，其平均数 $m=100$，$c=120$，则 $e-a$ 的最小值是（　　）.

A. 45　　B. 50　　C. 55　　D. 60　　E. 65

【考点】 平均值问题.

【难度】 ★★

【94】（2014－12）在某次考试中，甲、乙、丙三个班的平均成绩为 80，81，81.5，三个班的学生分数之和为 6 952，三个班共有（　　）人.

A. 85　　B. 86　　C. 87　　D. 88　　E. 90

【考点】 平均值问题.

【难度】 ★★

【95】（2017－12）为了解某公司员工的年龄结构，按男、女人数的比例进行了随机抽样，结果如表 11－1 所示.

表 11－1

男员工年龄/岁	23	26	28	30	32	34	36	38	41
女员工年龄/岁	23	25	27	27	29	31			

根据表 11－1 中数据统计，该公司男员工的平均年龄与全体员工的平均年龄分别是（　　）.（单位：岁）

A. 32，30　　B. 32，29.5　　C. 32，27　　D. 30，27　　E. 29.5，27

【考点】 平均值问题.

【难度】 ★★

☆条件充分性判断题：

【96】 (2011—1)在一次英语考试中，某班的及格率为 80%.（ ）

(1)男生及格率为 70%，女生及格率为 90%

(2)男生的平均分与女生的平均分相等

【考点】 平均数计算.

【难度】 ★★

【97】 (2012—1)已知三种水果的平均价格为 10 元/千克，则每种水果的价格均不超过 18 元/千克.（ ）

(1)三种水果中价格最低的为 6 元/千克

(2)购买质量分别是 1 千克、1 千克和 2 千克的三种水果共用了 46 元

【考点】 平均值问题.

【难度】 ★★

【98】 (2018—12)某校理学院五个系每年录取人数如表 11-2 所示.

表 11-2

系列	数学系	物理系	化学系	生物系	地学系
录取人数	60	120	90	60	30

今年与去年相比，物理系平均分没变，则理学院录取平均分升高了.（ ）

(1)数学系录取平均分升高了 3 分，生物系录取平均分降低了 2 分

(2)化学系录取平均分升高了 1 分，地学系录取平均分降低了 4 分

【考点】 平均值问题.

【难度】 ★★

考点 2 加权平均值问题

【考点阐述】 注意交叉法的使用.

【真题梳理】

☆问题求解题：

【99】 (2001—1)某班同学在一次测验中，平均成绩为 75 分，其中男同学人数比女同学多 80%，而女同学平均成绩比男同学高 20%，则女同学的平均成绩为（ ）.

A. 83 分　　B. 84 分　　C. 85 分　　D. 86 分

【考点】 平均分问题.

【难度】 ★★

【100】 (2002—1)公司有职工 50 人，理论知识考核平均成绩为 81 分，按成绩将公司职工分为优秀与非优秀两类，优秀职工的平均成绩为 90 分，非优秀职工的平均成绩是 75 分，则非优秀职工的人数为（ ）.

A. 30 人　　B. 25 人　　C. 20 人　　D. 无法确定

【考点】 平均分问题.

【难度】 ★★

【101】 (2002—10)甲、乙两组射手打靶，乙组平均成绩为 171.6 环，比甲组平均成绩高出 30%，而甲组人数比乙组人数多 20%，则甲、乙两组射手的总平均成绩是（ ）.

A. 140 环　　B. 145.5 环　　C. 150 环　　D. 158.5 环

【考点】 平均分问题.

【难度】 ★★

【102】 (2003—1)车间共有 40 人,某技术操作考核的平均成绩为 80 分,其中男工平均成绩为 83 分,女工平均成绩为 78 分. 该车间有女工(　　).

A. 16 人　　B. 18 人　　C. 20 人　　D. 24 人　　E. 28 人

【考点】 平均分问题.

【难度】 ★★

【103】 (2008—10)某班有学生 36 人,期末各科平均成绩为 85 分以上的为优秀生. 若该班优秀生的平均成绩为 90 分,非优秀生的平均成绩为 72 分,全班平均成绩为 80 分,则该班优秀生的人数是(　　).

A. 12　　B. 14　　C. 16　　D. 18　　E. 20

【考点】 平均分问题.

【难度】 ★★

【104】 (2009—10)已知某车间的男工人数比女工人数多 80%,若在该车间一次技术考核中全体工人的平均成绩为 75 分,而女工平均成绩比男工平均成绩高 20%,则女工的平均成绩为(　　)分.

A. 88　　B. 86　　C. 84　　D. 82　　E. 80

【考点】 平均分问题.

【难度】 ★

【105】 (2012—1)甲、乙、丙三个地区的公务员参加一次测评,其人数和考分情况见表 11 - 3:

表 11 - 3

项目	6	7	8	9
甲	10	10	10	10
乙	15	15	10	20
丙	10	10	15	15

三个地区按平均分由高到低的排名顺序为(　　).

A. 乙、丙、甲　　B. 乙、甲、丙　　C. 甲、丙、乙
D. 丙、甲、乙　　E. 丙、乙、甲

【考点】 平均数计算.

【难度】 ★★

【106】 (2013—1)甲班共有 30 名学生,在一次满分为 100 分的考试中,全班的平均成绩为 90 分,则成绩低于 60 分的学生至多有(　　)个.

A. 8　　B. 7　　C. 6　　D. 5　　E. 4

【考点】 平均分与抽屉原理(逻辑问题).

【难度】 ★★★

【107】　(2013－10)某学校高一年级男生人数占该年级学生人数的 40%. 在一次考试中,男、女的平均分数分别为 75 和 80,则这次考试高一年级学生的平均分数为(　　).

A. 76　　B. 77　　C. 77.5　　D. 78　　E. 79

【考点】 平均值问题.

【难度】 ★★

【108】　(2014－1)某部门在一次联欢活动中共设了 26 个奖,奖品均价为 280 元,其中一等奖单价为 400 元,其他奖品均价为 270 元,一等奖的个数为(　　).

A. 6　　B. 5　　C. 4　　D. 3　　E. 2

【考点】 平均值问题.

【难度】 ★★

【109】　(2019－12)一项考试的总成绩是由甲、乙、丙三部分构成,总成绩＝甲成绩×30%＋乙成绩×20%＋丙成绩×50%,考试通过的标准是每部分≥50 分且总成绩≥60 分,已知某人甲成绩 70 分,乙成绩 75 分且通过了这项考试,则此人丙成绩的分数至少是(　　).

A. 48　　B. 50　　C. 55　　D. 60　　E. 62

【考点】 加权平均值问题.

【难度】 ★

☆条件充分性判断题:

【110】　(2011－10)甲、乙两组射手打靶.两组射手的平均成绩是 150 环.(　　)

(1)甲组的人数比乙组多 20%

(2)乙组的平均成绩是 171.6 环,比甲组的平均成绩高 30%

【考点】 平均值问题(交叉法).

【难度】 ★★

【111】　(2015－12)已知某公司男员工的平均年龄和女员工的平均年龄,则能确定该公司员工的平均年龄.

(1)已知该公司员工的人数　　(2)已知该公司男女员工的人数之比

【考点】 加权平均数计算.

【难度】 ★

【112】　(2020－12)某班增加两名同学,该班同学的平均身高增加了.

(1)增加的两名同学的平均身高与原来男同学的平均身高相同

(2)原来男同学的平均身高大于女同学的平均身高

【考点】 平均值问题.

【难度】 ★★

【113】　(2021－12)两个人数不等的班数学测验的平均分不相等,则能确定人数多的班.(　　)

(1)已知两个班的平均分　　(2)已知两个班的总平均分

【考点】 平均值问题.

【难度】 ★★

第五节　浓度问题

【考点突破】 本节主要考查浓度问题，包括溶液的混合、溶剂的蒸发、稀释、加溶质等问题，可以采用浓度公式解决相关问题，也可以利用技巧——交叉法和比例统一法求解．

【要点浏览】 (1)浓度$=\frac{溶质}{溶液}=\frac{溶质}{溶质+溶剂}\times 100\%$．

(2)溶质$=$溶液$\times$浓度，溶剂$=$溶液$\times(1-$浓度$)$．

(3)十字交叉法：

$$\begin{array}{lcccc} n_{甲}: & M_{甲} & & & |M_{混}-M_{乙}| \\ & & \searrow & \nearrow & \\ & & M_{混} & & \\ & & \nearrow & \searrow & \\ n_{乙}: & M_{乙} & & & |M_{甲}-M_{混}| \end{array} \qquad \frac{n_{甲}}{n_{乙}}=\frac{|M_{混}-M_{乙}|}{|M_{甲}-M_{混}|}$$

【名师总结】 浓度问题一般都利用交叉法解决，是考试至关重要的方法，基础中等以上的考生最好能掌握娴熟．遇到稀释类问题，即反复倒出后加清水的问题，则直接采用浓度公式进行求解．

考点 1　两溶液混合问题

【考点阐述】 本考点要抓住两种溶液混合后溶液的溶质就是原来两种溶液各自的溶质之和．

【真题梳理】

☆问题求解题：

【114】 (2008－1)若用浓度为 30％和 20％ 的甲、乙两种食盐溶液配成浓度为 24％ 的食盐溶液 500 克，则甲、乙两种溶液应各取(　　)．

A. 180 克和 320 克　　B. 185 克和 3150 克　　C. 190 克和 310 克

D. 195 克和 305 克　　E. 200 克和 300 克

【考点】 浓度问题．

【难度】 ★★

【115】 (2013－10)甲、乙、丙三个容器中装有盐水，现将甲容器中盐水的$\frac{1}{3}$倒入乙容器，摇匀后将乙容器中盐水的$\frac{1}{4}$倒入丙容器，摇匀后再将丙容器中盐水的$\frac{1}{10}$倒回甲容器，此时甲、乙、丙三个容器中盐水的含盐量都是 9 千克，则甲容器中原来的盐水含盐量是(　　)千克．

A. 13　　B. 12.5　　C. 12　　D. 10　　E. 9.5

【考点】 浓度问题．

【难度】 ★★

【116】 (2020－12)现有甲、乙两种浓度酒精，已知用 10 升甲酒精和 12 升乙酒精可以配成浓度为 70％的酒精，用 20 升甲和 8 升乙可以配成浓度为 80％的酒精，则甲酒精的浓度为(　　)．

A. 72%　　B. 80%　　C. 84%　　D. 88%　　E. 91%

【考点】 浓度问题(两溶液混合).

【难度】 ★★

☆条件充分性判断题:

【117】 (2015−12)将 2 升甲酒精和 1 升乙酒精混合,得到丙酒精,则能确定甲、乙两种酒精的浓度.

(1)1 升甲酒精和 5 升乙酒精混合后的浓度是丙酒精浓度的$\frac{1}{2}$倍

(2)1 升甲酒精和 2 升乙酒精混合后的浓度是丙酒精浓度的$\frac{2}{3}$倍

【考点】 浓度问题.

【难度】 ★★

考点 2　加水问题(稀释)

【考点阐述】 稀释问题如果要使用交叉法的话,可以将清水的浓度视作为 0%.

【真题梳理】

☆问题求解题:

【118】 (2009−1)在某实验中,三个试管各盛水若干克. 现将浓度为 12% 的盐水 10 克倒入 A 管中,混合后,取 10 克倒入 B 管中,混合后再取 10 克倒入 C 管中,结果 A,B,C 三个试管中盐水的浓度分别为 6%,2%,0.5%,那么三个试管中原来盛水最多的试管及其盛水量是(　　).

A. A 试管,10 克　　B. B 试管,20 克　　C. C 试管,30 克

D. B 试管,40 克　　E. C 试管,50 克

【考点】 浓度问题.

【难度】 ★★

考点 3　蒸发问题

【考点阐述】 蒸发问题本质上其实就是稀释问题的逆运算.

【真题梳理】

☆问题求解题:

【119】 (2011−10)含盐 12.5% 的盐水 40 千克蒸发掉部分水分后变成了含盐 20% 的盐水,蒸发掉的水分质量为(　　)千克.

A. 19　　B. 18　　C. 17　　D. 16　　E. 15

【考点】 浓度问题.

【难度】 ★★

考点 4　兑水问题

【考点阐述】 注意经验公式,原浓度$\times\frac{(V-V_1)(V-V_2)\cdots n(V-V_m)}{V^m}=$最终浓度(其中 V 为总体积,$V_1,V_2,\cdots,V_m$ 为每次倒出的体积).

【真题梳理】

☆问题求解题：

【120】　(2012－10)一桶纯酒精倒出10升后，加满清水，再倒出4升后，再加满清水，此时，桶中的纯酒精与水的体积之比为2∶3，则该桶的体积是(　　)升.

A. 17　　B. 18　　C. 20　　D. 22　　E. 25

【考点】　浓度问题.

【难度】　★★

【121】　(2014－1)某容器中装满了浓度为90％的酒精，倒出1升后用水将容器注满，搅拌均匀后又倒出1升，再用水将容器注满. 已知此时的酒精浓度为40％，则该容器的容积是(　　)升.

A. 2.5　　B. 3　　C. 3.5　　D. 4　　E. 4.5

【考点】　浓度问题.

【难度】　★★

第六节　工程问题

【考点突破】　本节主要考查效率问题，包括效率变化问题、几个人的效率和差问题等.

【要点浏览】　(1)总效率等于各效率代数和.

(2)工作效率$=\dfrac{\text{工作量}}{\text{工作时间}}$.

【名师总结】　一般遇到工程问题尽量转化成效率问题求解，而遇到用两种不同的方式完成了同一个任务的工程问题，则可以考虑使用纵向对比法.

考点1　单人工程问题

【考点阐述】　本考点会涉及一个工程队完成某件任务，经常会与比例相结合.

【真题梳理】

☆问题求解题：

【122】　(1997－1)某厂一生产流水线，若15秒可出产品4件，则1小时该流水线可出产品(　　).

A. 480件　　B. 540件　　C. 720件　　D. 960件　　E. 1 080件

【考点】　求工作量问题.

【难度】　★

【123】　(1998－1)制鞋厂本月计划生产旅游鞋5 000双，结果12天就完成了计划的45％，照这样的进度，这个月(按30天计算)旅游鞋的产量将为(　　).

A. 5 625双　　B. 5 650双　　C. 5 700双　　D. 5 750双　　E. 5 800双

【考点】　求工作总量问题.

【难度】　★★

【124】　(1998－10)采矿场有数千吨矿石要运走，运矿石汽车7天可运走全部的35％，

照这样的进度，余下的矿石都运走还需(　　).

A. 13 天　　B. 12 天　　C. 11 天　　D. 10 天　　E. 9 天

【考点】 求工作时间.

【难度】 ★★

【125】 (2007－10)完成某项任务，甲单独做需要 4 天，乙单独做需要 6 天，丙单独做需要 8 天，现甲、乙、丙三人依次一日一轮换地工作，则完成该项任务共需的天数为(　　).

A. $6\frac{2}{3}$　　B. $5\frac{1}{3}$　　C. 6　　D. $4\frac{2}{3}$　　E. 4

【考点】 轮流工作问题.

【难度】 ★★

【126】 (2011－1)某施工队承担了开凿一条长为 2 400 m 隧道的工程，在掘进了 400 m 后，由于改进了施工工艺，每天比原计划多掘进 2 m，最后提前 50 天完成了施工任务，原计划施工工期是(　　).

A. 200 天　　B. 240 天　　C. 250 天　　D. 300 天　　E. 350 天

【考点】 效率变化问题.

【难度】 ★★

【127】 (2011－10)打印一份材料，若每分钟打 30 个字，需要若干小时打完. 当打到此材料的 $\frac{2}{5}$ 时，打字效率提高了 40%，结果提前半小时打完. 这份材料的字数是(　　)个.

A. 4 650　　B. 4 800　　C. 4 950　　D. 5 100　　E. 5 250

【考点】 求总工程量.

【难度】 ★★

【128】 (2021－12)一项工程施工 3 天后，因故停工 2 天，之后工程队提高工作效率 20%，仍能按原计划完成，则原计划共为(　　).

A. 9 天　　B. 10 天　　C. 12 天　　D. 15 天　　E. 18 天

【考点】 工程问题－效率变化问题.

【难度】 ★★

考点 2　两人及多人合作问题

【考点阐述】 本考点经常会用两种不同方式告知两个工程队是如何一起完成工程的，可以采用的技巧有：纵向比较法.

【真题梳理】

☆问题求解题：

【129】 (1998－1)一批货物要运进仓库，由甲、乙两队合运 9 小时，可运进全部货物的 50%，乙队单独运则要 30 小时才能运完，又知甲队每小时可运进 3 吨，则这批货物共有(　　).

A. 135 吨　　B. 140 吨　　C. 145 吨　　D. 150 吨　　E. 155 吨

【考点】 求工作总量问题.

【难度】 ★★

【130】 (1999－1)一项工程由甲、乙两队一起做 30 天可以完成,甲单独做 24 天后,乙队加入,两队一起做 10 天后,甲队调走,乙队继续做了 17 天才完成,若这项工程由甲队单独做需(　　).

A. 60 天　　B. 70 天　　C. 80 天　　D. 90 天　　E. 100 天

【考点】 两次合作问题.

【难度】 ★★

【131】 (2000－1)一艘轮船发生漏水事故. 当漏进水 600 桶时,两部抽水机开始排水,甲机每分钟能排水 20 桶,乙机每分钟能排水 16 桶,经 50 分钟刚好将水全部排完. 每分钟漏进的水有(　　).

A. 12 桶　　B. 18 桶　　C. 24 桶　　D. 30 桶

【考点】 给排水问题.

【难度】 ★★

【132】 (2000－10)甲、乙两机床 4 小时共生产某种零件 360 个,现在两台机床同时生产这种零件,在相同时间内,甲机床生产了 1 225 个,乙机床生产了 1 025 个,甲机床每小时生产零件(　　).

A. 49 个　　B. 50 个　　C. 51 个　　D. 52 个

【考点】 工作效率问题.

【难度】 ★★

【133】 (2001－10)有 A,B 两种型号收割机,在第一个工作日,9 部 A 型机和 3 部 B 型机共收割小麦 189 公顷;在第二个工作日,5 部 A 型机和 6 部 B 型机共收割小麦 196 公顷. A,B 两种收割机一个工作日内收割小麦的公顷数分别是(　　).

A. 14,21　　B. 21,14　　C. 15,18　　D. 18,15

【考点】 求工作效率.

【难度】 ★★

【134】 (2002－10)有大、小两种货车,2 辆大车与 3 辆小车可以运货 15.5 吨,5 辆大车与 6 辆小车可以运货 35 吨,则 3 辆大车与 5 辆小车可以运货(　　).

A. 20.5 吨　　B. 22.5 吨　　C. 24.5 吨　　D. 26.5 吨

【考点】 求工作量.

【难度】 ★★★

【135】 (2006－1)甲、乙两项工程分别由一、二工程队负责完成. 晴天时,一队完成甲工程需要 12 天,二队完成乙工程需要 15 天;雨天时,一队的效率是晴天时的 60%,二队的效率是晴天时的 80%. 结果两队同时开工并同时完成各自的工程,那么,在这段工期内,雨天的天数为(　　).

A. 8 天　　B. 10 天　　C. 12 天　　D. 15 天　　E. 以上均不对

【考点】 求工作时间.

【难度】 ★★★

【136】 (2007－1)甲、乙两队修一条公路，甲单独施工需要40天完成，乙单独施工需要24天完成，现在两队同时从两端开始施工，在距离公路中点7.5公里处会合完工，则公路长度为(　　).

A. 60公里　　B. 70公里　　C. 80公里　　D. 90公里　　E. 100公里

【考点】 求总工作量.

【难度】 ★★

【137】 (2010－10)一项工程要在规定时间内完成. 若甲单独做要比规定的时间推迟4天，若乙单独做要比规定的时间提前2天完成，若甲、乙合作了3天，剩下的部分由甲单独做，恰好在规定时间内完成，则规定时间为(　　)天.

A. 19　　B. 20　　C. 21　　D. 22　　E. 24

【考点】 求工作时间.

【难度】 ★★★

【138】 (2012－1)某单位春季植树100棵，前2天安排乙组植树，其余任务由甲、乙两组用3天完成. 已知甲组每天比乙组多植树4棵，则甲组每天植树(　　)棵.

A. 11　　B. 12　　C. 13　　D. 15　　E. 17

【考点】 求工作效率.

【难度】 ★

【139】 (2013－1)某工程由申公司承包需要60天完成，由甲、乙两公司共同承包需要28天完成，由乙、丙两公司共同承包需要35天完成. 则由丙公司承包完成该工程需要的天数为(　　).

A. 85　　B. 90　　C. 95　　D. 100　　E. 105

【考点】 工程问题.

【难度】 ★★

☆条件充分性判断题：

【140】 (2007－10)管径相同的三条不同管道甲、乙、丙同时向某基地容积为1 000立方米的油罐供油，丙管道的供油速度比甲管道供油速度大.(　　)

(1)甲、乙同时供油10天可灌满油罐　　(2)乙、丙同时供油5天可灌满油罐

【考点】 工作效率比较.

【难度】 ★

【141】 (2011－1)现有一批文字材料需要打印，两台新型打印机单独完成此任务分别需要4小时与5小时，两台旧型打印机单独完成此任务分别需要9小时与10小时，则能在2.5小时内完成此任务.(　　)

(1)安排两台新型打印机同时打印

(2)安排一台新型打印机与两台旧型打印机同时打印

【考点】 效率与时间关系.

【难度】 ★★

【142】 (2012－10)一项工作,甲、乙、丙三人各自独立完成需要的天数分别为3,4,6,则丁独立完成该项工作需要4天时间.(　　)

(1)甲、乙、丙、丁四人共同完成该项工作需要1天时间

(2)甲、乙、丙三人各做1天,剩余部分由丁独立完成

【考点】 工程问题.

【难度】 ★★

【143】 (2013－10)产品出厂前,需要在外包装上打印某些标志,甲、乙两人一起每小时可完成600件,则可以确定甲每小时完成多少件.(　　)

(1)乙的打件速度是甲的打件速度的$\frac{1}{3}$　　(2)乙工作5小时可以完成1 000件

【考点】 工程问题.

【难度】 ★★

【144】 (2020－12)清理一块场地,则甲,乙,丙三人能在2天内完成.(　　)

(1)甲、乙两人需要3天完成　　(2)甲、丙两人需要4天完成

【考点】 工程问题.

【难度】 ★★

考点3 分报酬问题

【考点阐述】 本考点不仅要考虑几个工程队之间如何合作完成工程,还需要考虑报酬该如何分配.

【真题梳理】

☆问题求解题:

【145】 (2002－1)公司的一项工程由甲、乙两队合作6天完成,公司需付8 700元,由乙、丙两队合作10天完成,公司需付9 500元,甲、丙两队合作7.5天完成,公司需付8 250元,若单独承包给一个工程队并且要求不超过15天完成全部工作,则公司付钱最少的队是(　　).

A. 甲队　　B. 乙队　　C. 丙队　　D. 不能确定

【考点】 工作费用分配问题.

【难度】 ★★★

【146】 (2014－1)某单位进行办公室装修,若甲、乙两个装修公司合作,需10周完成,工时费为100万元;甲公司单独做6周后由乙公司接着做18周完成,工时费为96万元. 甲公司每周的工时费为(　　)万元.

A. 7.5　　B. 7　　C. 6.5　　D. 6　　E. 5.5

【考点】 分报酬问题.

【难度】 ★★

【147】 (2014－12)一件工作,甲、乙合作需要2天,人工费为2 900元,乙、丙合作需要

4 天，人工费为 2 600 元，甲、丙合作 2 天完成全部工作量的$\frac{5}{6}$，人工费为 2 400 元，则甲单独完成这件工作需要的时间与人工费为（　　）.

A. 3 天，3 000 元　　B. 3 天，2 580 元　　C. 4 天，3 000 元

D. 4 天，2 700 元　　E. 4 天，2 900 元

【考点】 分报酬问题.

【难度】 ★★★

【148】 (2018－12)某单位要铺设草坪，若甲、乙两公司合作需 6 天完成，工时费共 2.4 万元，若甲公司单独做 4 天后由乙公司接着做 9 天完成，工时费共计 2.35 万元，若由甲公司单独完成该项目，则工时费共计（　　）万元.

A. 2.25　　B. 2.35　　C. 2.4　　D. 2.45　　E. 2.5

【考点】 分报酬问题.

【难度】 ★★

第七节　行程问题

【考点突破】 行程问题是应用题的重点部分，是各类考试的重点，包含相遇问题、追及问题、圆圈问题、流水行船问题、返程问题等. 要抓住速度、时间、路程三者的关系：路程＝速度×时间.

【要点浏览】 (1)类型一：直线路程问题，此类问题是常考的问题. 做题中可结合示意图(见图 11－1)来分析.

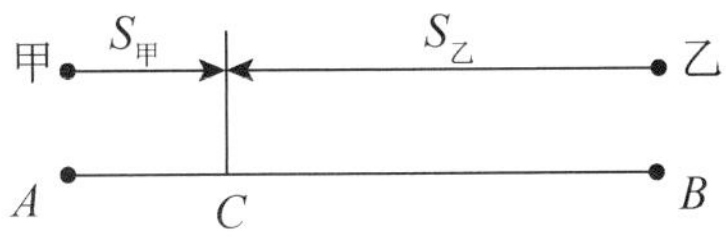

图 11－1

等量关系：$s_甲+s_乙=s$，$\frac{v_甲}{v_乙}=\frac{AC}{BC}$(时间相同).

(2)类型二：同向圆圈跑道型问题. 设跑道周长为 s，如图 11－2 所示.

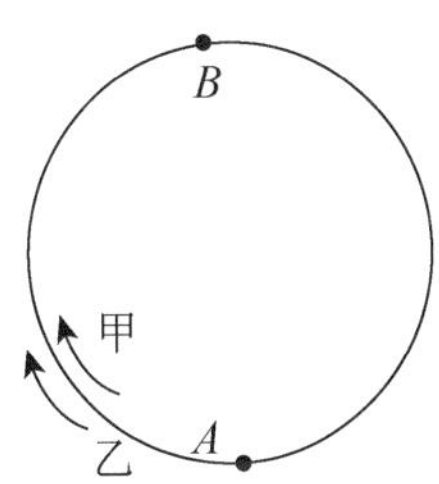

图 11－2

等量关系：(经历时间相同)$s_甲-s_乙=s$.

甲、乙每相遇一次，甲比乙多跑一圈，若相遇 n 次，则有

$$s_甲-s_乙=ns,\frac{v_甲}{v_乙}=\frac{s_甲}{s_乙}=\frac{s_乙+n\cdot s}{s_乙}.$$

(3)类型三：逆向圆圈跑道型问题. 设跑道周长为 s，如图 11－3 所示.

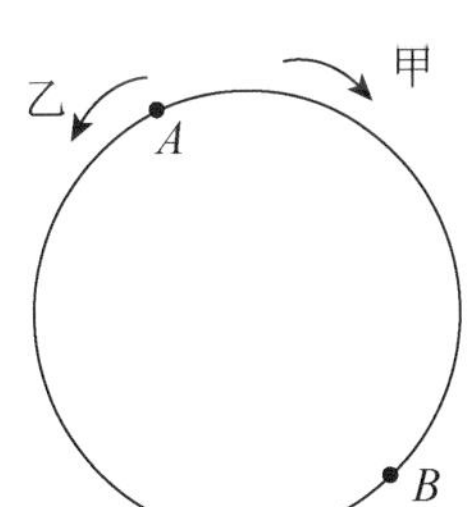

图 11－3

等量关系：$s_甲+s_乙=s$.

即每相遇一次，甲与乙路程之和为一圈，若相遇 n 次则有

$$s_甲+s_乙=ns,$$

$$\frac{v_甲}{v_乙}=\frac{s_甲}{s_乙}=\frac{n\cdot s-s_乙}{s_乙}.$$

(4)流水行船问题：船顺流时的速度为 $v=v_{船}+v_{水}$，船逆流时的速度为 $v=v_{船}-v_{水}$.

【名师总结】 一般遇到相向航行问题，速度相加；遇到同向航行问题，速度则要相减；流水行船问题则要注意相对速度问题，有时候可以选择不同的参照物进行研究.

考点1 超车错车问题

【考点阐述】 本考点要抓住超车和错车实际两车的相对位移.

【真题梳理】

☆问题求解题：

【149】 (1998－10)在有上、下行的轨道上，两列火车相向开来，若甲车长 187 米，每秒行驶 25 米，乙车长 173 米，每秒行驶 20 米，则从两车头相遇到车尾离开，需要(　　).

A. 12 秒　　B. 11 秒　　C. 10 秒　　D. 9 秒　　E. 8 秒

【考点】 相对速度问题.

【难度】 ★★

【150】 (2004－1)快、慢两列车长度分别为 160 米和 120 米，它们相向驶在平行轨道上，若坐在慢车上的人见整列快车驶过的时间是 4 秒，那么坐在快车上的人见整列慢车驶过的时间是(　　).

A. 3 秒　　B. 4 秒　　C. 5 秒　　D. 6 秒　　E. 以上结论均不正确

【考点】 错车问题.

【难度】 ★★

【151】 (2005－1)一支部队排成长度为 800 米的队列行军，速度为 80 米/分，在队首的通信员以 3 倍于行军的速度跑步到队尾，花 1 分钟传达首长命令后，立即以同样的速度跑回到队首，在其往返全过程中通信员所花费的时间为(　　)分钟.

A. 6.5　　B. 7.5　　C. 8　　D. 8.5　　E. 10

【考点】 超车问题.

【难度】 ★★

【152】 (2010－10)在一条与铁路平行的公路上有一行人与一骑车人同向行进，行人速度为 3.6 千米/时，骑车人速度为 10.8 千米/时. 如果一列火车从他们的后面同向匀速驶来，它通过行人的时间是 22 秒，通过骑车人的时间是 26 秒，则这列火车的车身长为(　　)米.

A. 186　　B. 268　　C. 168　　D. 286　　E. 188

【考点】 超车错车问题.

【难度】 ★★

考点2 火车(列车)过桥(隧道)问题

【考点阐述】 列车过桥(隧道)实际通过了车长与桥长之和.

【真题梳理】

☆问题求解题：

【153】 (1999－10)一列火车长 75 米，通过 525 米长的桥梁需要 40 秒，若以同样的速度穿过 300 米的隧道，则需要(　　).

A. 20 秒　　B. 约 23 秒　　C. 25 秒　　D. 约 27 秒　　E. 约 28 秒

【考点】 列车过桥(隧道)问题.

【难度】 ★★

【154】 (2005−10)一列火车完全通过一个长为1 600米的隧道用了25秒,通过一根电线杆用了5秒,则该列火车的长度为(　　).

A. 200米　B. 300米　C. 400米　D. 450米　E. 500米

【考点】 列车过桥(隧道)问题.

【难度】 ★★

【155】 (2011−10)一列火车匀速行驶时,通过一座长为250米的桥梁需要10秒钟,通过一座长为450米的桥梁需要15秒钟,该火车通过长为1 050米的桥梁需要(　　)秒.

A. 22　B. 25　C. 28　D. 30　E. 35

【考点】 列车过桥(隧道)问题.

【难度】 ★★

考点3　单车问题

【考点阐述】 本考点一般会遇到中途故障,平均速度等问题.

【真题梳理】

☆问题求解题:

【156】 (2001−1)两地相距351千米,汽车已行驶了全程的$\frac{1}{9}$,则再行驶(　　)千米,剩下的路程是行驶的路程的5倍.

A. 19.5　B. 21　C. 21.5　D. 22

【考点】 路程的比例问题.

【难度】 ★★

【157】 (2001−1)某人下午3:00出门赴约,若他每分钟走60米,会迟到5分钟,若他每分钟走75米,会提前4分钟到达. 所定的约会时间是下午(　　).

A. 3:50　B. 3:40　C. 3:35　D. 3:30

【考点】 速度问题.

【难度】 ★★

【158】 (2006−1)一辆大巴车从甲城以均速v行驶,可按预定时间到达乙城,但在距乙城还有150千米处,因故停留半小时,因此需要平均每小时增加10千米才能按预定时间到达乙城,则大巴车原来的速度$v=$(　　).

A. 45千米/时　B. 50千米/时　C. 55千米/时

D. 60千米/时　E. 以上答案均不对

【考点】 变速问题.

【难度】 ★★

【159】 (2006−10)某人以6千米/时的平均速度上山,上山后立即以12千米/时的平均速度原路返回,那么此人在往返过程中每小时平均所走的千米数为(　　).

A. 9　B. 8　C. 7　D. 6　E. 以上均不对

【考点】 平均速度问题.

【难度】 ★★

【160】 (2008－10)一批救灾物资分别随16列火车从甲站紧急调到600千米以外的乙站,每列车的平均速度都为125千米/时.若两列相邻的火车在运行中的间隔不得小于25千米,则这批物资全部到达乙站最少需要的小时数为(　　).

A. 7.4　　B. 7.6　　C. 7.8　　D. 8　　E. 8.2

【考点】 等间隔的多个物体运动.

【难度】 ★★

【161】 (2013－10)老王上午8:00骑自行车离家去办公楼开会,若每分钟骑行150米,则他会迟到5分钟;若每分钟骑行210米,则他会提前5分钟,会议开始的时间是(　　).

A. 8:20　　B. 8:30　　C. 8:45　　D. 9:00　　E. 9:10

【考点】 行程问题.

【难度】 ★★

【162】 (2014－12)某人驾车从A地赶往B地,前一半路程比计划多用了45分钟,速度只有计划的80%,若后一半路程的平均速度为120千米/时,此人还能按原定时间到达B地,则A,B两地距离为(　　)千米.

A. 450　　B. 480　　C. 520　　D. 540　　E. 600

【考点】 变速问题.

【难度】 ★★★

☆条件充分性判断题:

【163】 (2016－12)某人从A地出发,先乘时速为220千米的动车,后转乘时速为100千米的汽车到达B地,则A,B两地的距离为960千米.(　　)

(1)乘动车时间与乘汽车的时间相等

(2)乘动车时间与乘汽车的时间之和为6小时

【考点】 行程问题.

【难度】 ★★

【164】 (2020－12)某人开车去上班,有一段路因修路限速通行,则可以算出此人上班的距离.(　　)

(1)路上比平时多用了半小时　　(2)已知维修路段的通行速度

【考点】 行程问题.

【难度】 ★★

考点4 顺流逆流问题

【考点阐述】 顺流速度＝船速＋水速,逆流速度＝船速－水速.

【真题梳理】

☆问题求解题:

【165】 (2009－1)一艘轮船往返航行于甲、乙两码头之间.若船在静水中的速度不变,则当这条河的水流速度增加50%时,往返一次所需的时间比原来将(　　).

A. 增加　　B. 减少半个小时　　C. 不变

D. 减少1个小时　　E. 无法判断

【考点】 流水行船问题.

【难度】 ★★

【166】 (2009—10)一艘小轮船上午 8:00 起航逆流而上(设船速和水速一定),中途船上一块木板落入水中,直到 8:50 船员才发现这块重要木板丢失,立即调转船头去追,最终于 9:20 追上木板.由上述数据可以算出木板落水的时间是( ).

A. 8:35 B. 8:30 C. 8:25 D. 8:20 E. 8:15

【考点】 流水行船问题.

【难度】 ★★★

【167】 (2011—1)已知船在静水中的速度为 28 km/h,河水的流速为 2 km/h,则此船在相距 78 km 的两地间往返一次所需时间是( )h.

A. 5.9 B. 5.6 C. 5.4 D. 4.4 E. 4

【考点】 流水行船问题.

【难度】 ★★

考点5 相遇、追及问题

【考点阐述】 相遇(追及)问题本质要抓住两车的路程和(差)关系.

【真题梳理】

☆问题求解题:

【168】 (1998—1)甲、乙两汽车从相距 695 千米的两地出发,相向而行,乙车比甲车迟 2 个小时出发,甲车每小时行驶 55 千米,若乙车出发后 5 小时与甲相遇,则乙车每小时行驶( ).

A. 55 千米 B. 58 千米 C. 60 千米 D. 62 千米 E. 65 千米

【考点】 相遇问题.

【难度】 ★★

【169】 (2001—10)从甲地到乙地,水路比公路近 40 千米,上午 10:00,一艘轮船从甲地驶往乙地,下午 1:00,一辆汽车从甲地开往乙地,最后船、车同时到达乙地.若汽车的速度是每小时 40 千米,轮船的速度是汽车的$\frac{3}{5}$,则甲、乙两地的公路长为( ).

A. 320 千米 B. 300 千米 C. 280 千米 D. 260 千米

【考点】 求总路程.

【难度】 ★★

【170】 (2002—10)A,B 两地相距 15 千米,甲中午 12 时从 A 地出发,步行前往 B 地,20 分钟后乙从 B 地出发骑车前往 A 地,到达 A 地后乙停留 40 分钟后骑车从原路返回,结果甲、乙同时到达 B 点,若乙骑车比甲步行每小时快 10 千米,则两人同时到达 B 地的时间是( ).

A. 下午 2 时 B. 下午 2 时半 C. 下午 3 时 D. 下午 3 时半

【考点】 求时间.

【难度】 ★★

【171】 (2004—10)甲、乙两人同时从同一地点出发相背而行,1 小时后分别到达各自

的终点 A 和 B，若从原地出发，互换彼此的目的地，则甲在乙到达 A 之后 35 分钟到达 B，则甲的速度与乙的速度之比是（　　）.

A. $\frac{3}{5}$　　B. $\frac{4}{3}$　　C. $\frac{4}{5}$　　D. $\frac{3}{4}$　　E. 以上均不对

【考点】 速度问题.

【难度】 ★★

【172】（2009－10）甲、乙两人在环形跑道上跑步，他们同时从起点出发. 当方向相反时每隔 48 秒相遇一次，当方向相同时每隔 10 分钟相遇一次. 若甲每分钟比乙快 40 米，则甲、乙两人的跑步速度分别是（　　）米/分.

A. 470，430　　B. 380，340　　C. 370，330　　D. 280，240　　E. 270，230

【考点】 圆圈跑道问题.

【难度】 ★★

【173】（2013－1）甲、乙两人同时从 A 点出发，沿 400 米跑道同向匀速行走，25 分钟后乙比甲少走了一圈，若乙行走一圈需要 8 分钟，则甲的速度是（　　）米/分.

A. 62　　B. 65　　C. 66　　D. 67　　E. 69

【考点】 圆圈型行程问题.

【难度】 ★★

【174】（2014－1）甲、乙两人上午 8:00 分别自 A，B 出发相向而行，9:00 第一次相遇，之后速度均提高了 1.5 千米/时，甲到 B、乙到 A 后都立刻沿原路返回，若两人在 10:30 第二次相遇，则 A，B 两地的距离为（　　）千米.

A. 5.6　　B. 7　　C. 8　　D. 9　　E. 9.5

【考点】 相遇问题.

【难度】 ★★

【175】（2015－12）上午 9 时一辆货车从甲地出发前往乙地，同时一辆客车从乙地出发前往甲地，中午 12 时两车相遇，货、客车的速度分别是 90 千米/时、100 千米/时. 则当客车到达甲地时，货车距乙地的距离是（　　）.

A. 30 千米　　B. 43 千米　　C. 45 千米　　D. 50 千米　　E. 57 千米

【考点】 相遇问题.

【难度】 ★★

【176】（2019－12）甲、乙两人从一条 1 800 m 道路的两端同时出发，往返行走，已知甲每分钟行走 100 m，乙每分钟行走 80 m. 则两人第三次相遇时，甲距其出发点（　　）m.

A. 600　　B. 900　　C. 1 000　　D. 1 400　　E. 1 600

【考点】 行程问题相遇追击.

【难度】 ★★★

【177】（2020－12）甲、乙两人相距 330 千米，他们驾车同时出发，经过 2 小时相遇，甲继续行驶 2 小时 24 分钟后达到乙的出发地，则乙车速为（　　）km/h.

A. 20　　B. 25　　C. 80　　D. 90　　E. 96

【考点】 行程问题－相遇问题.

【难度】 ★★

【178】（2021－12）已知 A、B 两地相距 208 km，甲、乙、丙三车的速度分别为 60 km/h，80 km/h，90 km/h. 甲、乙两车从 A 地出发去 B 地，丙车从 B 地出发去 A 地，三车同时出发，当丙车与甲、乙两车距离相等时，用时（　　）.

A. 70 min　　B. 75 min　　C. 78 min　　D. 80 min　　E. 86 min

【考点】 行程问题.

【难度】 ★★★

☆条件充分性判断题：

【179】（2011－10）甲、乙两人赛跑. 甲的速度是 6 米/秒.（　　）

(1)乙比甲先跑 12 米，甲起跑后 6 秒钟追上乙

(2)乙比甲先跑 2.5 秒，甲起跑后 5 秒钟追上乙

【考点】 追及与路程问题.

【难度】 ★★

【180】（2013－10）甲、乙两人以不同的速度在环形跑道上跑步，甲比乙快，则乙跑一圈需要 6 分钟.

(1)甲、乙相向而行，每隔 2 分钟相遇一次

(2)甲、乙同向而行，每隔 6 分钟相遇一次

【考点】 圆圈问题.

【难度】 ★★

考点 6　速度比问题

【考点阐述】 本考点主要抓住几个车的路程比、速度比之间的关系解题.

【真题梳理】

☆问题求解题：

【181】（2007－1）甲、乙、丙三人进行百米赛跑，假设他们的速度不变，当甲到达终点时，乙距离终点还有 10 米，丙距离终点还有 16 米，则当乙到达终点时，丙离终点还差（　　）米.

A. $\frac{22}{3}$　　B. $\frac{20}{3}$　　C. $\frac{15}{3}$　　D. $\frac{10}{3}$　　E. 以上均不对

【考点】 多个对象运动问题.

【难度】 ★★

【182】（2012－10）甲、乙、丙三人同时在起点出发进行 1 000 米自行车比赛（假设他们各自的速度保持不变），甲到终点时，乙距终点还有 40 米，丙距终点还有 64 米，那么乙到达终点时，丙距终点（　　）米.

A. 21　　B. 25　　C. 30　　D. 35　　E. 39

【考点】 行程问题.

【难度】 ★★

第八节　容斥问题(集合问题,文氏图问题)

【考点突破】 容斥问题其实就是集合类问题,通过画出集合图象解决问题. 它也是逻辑中的经典题型.

【要点浏览】 (1)容斥原理1:如果被计数的事物有 A,B 两类,那么,A 类与 B 类元素个数总和$=A$ 类元素个数$+B$ 类元素个数$-$既是 A 类又是 B 类的元素个数. 即

$$N(A\cup B)=N(A)+N(B)-N(A\cap B).$$

(2)容斥原理2:如果被计数的事物有 A,B,C 三类,那么,A 类,B 类和 C 类元素个数总和$=A$ 类元素个数$+B$ 类元素个数$+C$ 类元素个数$-$既是 A 类又是 B 类的元素个数$-$既是 A 类又是 C 类的元素个数$-$既是 B 类又是 C 类的元素个数$+$既是 A 类又是 B 类而且是 C 类的元素个数. 即

$$N(A\cup B\cup C)=N(A)+N(B)+N(C)-N(A\cap B)-N(A\cap C)-N(B\cap C)+N(A\cap B\cap C).$$

【名师总结】 一般遇到此类问题可以采用以上两个集合计数结论来解决,但遇到相对复杂点的问题也可以尽量先画出文氏图,通过图形分析解决问题.

考点1　两饼问题

【考点阐述】 多画文氏图即可解决. 核心公式:

$$N(A\cup B)=N(A)+N(B)-N(A\cap B).$$

【真题梳理】

☆问题求解题:

【183】 (2004－10)某单位有职工40人,其中参加计算机考核的有31人,参加外语考核的有20人,有8人没有参加任何一种考核,则同时参加两项考核的职工有(　　).

A. 10人　　B. 13人　　C. 15人　　D. 19人　　E. 以上结论均不正确

【考点】 求两集合的交集.

【难度】 ★★

【184】 (2008－1)某单位有90人,其中65人参加外语培训,72人参加计算机培训,已知参加外语培训没参加计算机培训的有8人,则参加计算机培训而没参加外语培训的人数为(　　).

A. 5　　B. 8　　C. 10　　D. 12　　E. 15

【考点】 两集合问题.

【难度】 ★★

【185】 (2011－1)某年级60名学生中,有30人参加合唱团、45人参加运动队,其中参加合唱团而未参加运动队的有8人,则参加运动队而未参加合唱团的有(　　).

A. 15人　　B. 22人　　C. 23人　　D. 30人　　E. 37人

【考点】 两集合问题.

【难度】 ★★

☆条件充分性判断题：

【186】（2008－1）申请驾驶执照时，必须参加理论考试和路考，且两种考试均通过，若在同一批学员中有70%的人通过理论考试，80%的人通过了路考，则最后领到驾驶执照的人有60%.（　　）

(1)10%的人两种考试都没有通过　　(2)20%的人仅通过了路考

【考点】 两集合问题.

【难度】 ★★

考点2 三饼问题

【考点阐述】 多画文氏图即可解决.

核心公式：$N(A\cup B\cup C)=N(A)+N(B)+N(C)-N(A\cap B)-N(B\cap C)-N(C\cap A)+N(A\cap B\cap C)$.

【真题梳理】

☆问题求解题：

【187】（2008－10）某班同学参加智力竞赛，共有A,B,C三题，每题或得0分或得满分. 竞赛结果无人得0分，三题全部答对的有1人，答对2题的有15人. 答对A题的人数和答对B题的人数之和为29人，答对A题的人数和答对C题的人数之和为25人，答对B题的人数和答对C题的人数之和为20人，那么该班的人数为（　　）.

A. 20　　B. 25　　C. 30　　D. 35　　E. 40

【考点】 三集合问题.

【难度】 ★★★

【188】（2010－1）某公司的员工中，拥有本科毕业证、计算机等级证、汽车驾驶证的人数分别为130，110，90. 又知只有一种证的人数为140，三证齐全的人数为30，则恰有双证的人数为（　　）.

A. 45　　B. 50　　C. 52　　D. 65　　E. 100

【考点】 三集合问题.

【难度】 ★★

【189】（2016－12）老师问班上50名同学周末复习的情况，结果有20人复习过数学、30人复习过语文、6人复习过英语，且同时复习了数学和语文的有10人、语文和英语的有2人、英语和数学的有3人. 若同时复习过这三门课的人数为0，则没复习过这三门课程的学生人数为（　　）.

A. 7　　B. 8　　C. 9　　D. 10　　E. 11

【考点】 三集合问题.

【难度】 ★★★

【190】（2017－12）有96位顾客至少购买了甲、乙、丙三种商品中的一种，经调查：同时购买了甲、乙两种商品的有8位，同时购买了甲、丙两种商品的有12位，同时购买了乙、丙两种商品的有6位，同时购买了三种商品的有2位. 则仅购买一种商品的顾客有（　　）.

A. 70位　　B. 72位　　C. 74位　　D. 76位　　E. 82位

【考点】 三集合问题.

【难度】 ★★★

【191】 (2021－12)某便利店第一天售出 50 种商品,第二天 45 种,第三天售出 60 种,前两天有 25 种相同,后两天售出商品有 30 种相同,这三天售出商品至少(　　)种.

A. 20　　B. 75　　C. 80　　D. 85　　E. 100

【考点】 集合问题(文氏图).

【难度】 ★★★

考点 3 多因素容斥问题

【考点阐述】 建议分清属性的不同维度进行分析.

【真题梳理】

☆条件充分性判断题:

【192】 (2010－1)某班有 50 名学生,其中女生 26 名,已知在某次选拔测试中,有 27 名同学未通过,则有 9 名男生通过.(　　)

(1)在通过的学生中,女生比男生多 5 人

(2)在男生中,未通过的人数比通过的人数多 6 人

【考点】 多因素问题.

【难度】 ★★

第九节　不定方程与线性规划

【考点突破】 此类问题也是综合能力考试的新增考法,主要是通过已知信息建立不定方程或者不等式等约束条件,在方程和不等式中寻求最优解或整数解,有时候也需要通过解析几何画图象(线性规划)的方法来解决.

【要点浏览】 线性规划主要是通过题目所给信息,建立不等式组(线性约束条件),在可行域下寻求目标函数的最优解问题.

【名师总结】 一般处理线性规划问题,只需要建立不等式后当成方程求出方程的解(即交点坐标)即可,当然有时候交点并不是最优解,这时候就需要就近取最优解.

考点 1 不定方程问题

【考点阐述】 当未知数个数多于方程个数时,称之为不定方程问题,通常可以凑整数求解.

【真题梳理】

☆问题求解题:

【193】 (2010－10)一次考试有 20 道题,做对一题得 8 分,做错一题扣 5 分,不做不计分. 某同学共得 13 分,则该同学没做的题数是(　　).

A. 4　　B. 6　　C. 7　　D. 8　　E. 9

【考点】 不定方程问题.

【难度】 ★★

【194】 (2011－1)在年底的献爱心活动中,某单位共有 100 人参加捐款. 经统计,捐款总额是 19 000 元,个人捐款数额有 100 元、500 元和 2 000 元三种,该单位捐款 500 元的人数为( ).

A. 13 B. 18 C. 25 D. 30 E. 38

【考点】 不定方程问题.

【难度】 ★★

【195】 (2016－12)某公司用 1 万元购买了价格分别为 1 750 和 950 的甲、乙两种办公设备,则购买的甲、乙办公设备的件数分别为( ).

A. 3,5 B. 5,3 C. 4,4 D. 2,6 E. 6,2

【考点】 不定方程问题.

【难度】 ★★

【196】 (2020－12)三位年轻人的年龄成等差数列,且最大与最小的两人年龄差的 10 倍是另一人年龄,则三人年龄最大的是( ).

A. 19 B. 20 C. 21 D. 22 E. 23

【考点】 等差数列与不定方程.

【难度】 ★★

【197】 (2021－12)某公司有甲、乙、丙三个部门,若从甲部门调 26 人到丙部门,则丙部门人数是甲部门人数的 6 倍;若从乙部门调 5 人到丙部门,则丙部门人数与乙部门人数相等. 甲、乙两部门人数之差除以 5 的余数为( ).

A. 0 B. 1 C. 2 D. 3 E. 4

【考点】 不定方程问题.

【难度】 ★★

☆条件充分性判断题:

【198】 (2013－1)某单位年终奖共发了 100 万元奖金,奖金金额分别是一等奖 1.5 万元,二等奖 1 万元,三等奖 0.5 万元,则该单位至少有 100 人.( )

(1)得二等奖的人数最多 (2)得三等奖的人数最多

【考点】 不定方程问题.

【难度】 ★★★

【199】 (2016－12)某机构向 12 位教师征题,并征集到 5 种题型的试题 52 道,则能确定供题教师的人数.( )

(1)每位供题教师提供试题数相同

(2)每位供题教师提供的题型不超过 2 种

【考点】 不定方程问题.

【难度】 ★★

【200】 (2017－12)甲购买了若干件 A 玩具,乙购买了若干件 B 玩具送给幼儿园,甲比

乙少花了 100 元. 则能确定甲购买的玩具件数.（　　）

(1)甲与乙共购买了 50 件玩具.　　(2)A 玩具的价格是 B 玩具的 2 倍.

【考点】 不定方程问题.

【难度】 ★★

【201】 (2019－12)已知甲、乙、丙三人共捐款 3 500 元，则能确定每人的捐款金额.（　　）

(1)三人的捐款金额各不相同.　　(2)三人的捐款金额都是 500 的倍数.

【考点】 不定方程问题.

【难度】 ★

【202】 (2020－12)某人购买了果汁，牛奶，咖啡三种物品，已知果汁每瓶 12 元，牛奶每袋 15 元，咖啡每盒 35 元，则能确定所买各种物品的数量.（　　）

(1)总花费为 104 元.　　(2)总花费为 215 元.

【考点】 不定方程问题.

【难度】 ★★

【203】 (2021－12)将 75 名学生分成 25 组，每组 3 人，则能确定女生人数.（　　）

(1)已知全是男生的组数和全是女生的组数

(2)只有 1 名男生的组数与只有 1 名女生的组数相等

【考点】 不定方程问题.

【难度】 ★★

考点2　线性规划问题

【考点阐述】 将约束条件转化为二元不等式后，求目标函数最优解.

【真题梳理】

☆问题求解题：

【204】 (2010－1)某居民小区决定投资 15 万元修建停车位，据测算，修建一个室内车位的费用为 5 000 元，修建一个室外车位的费用为 1 000 元. 考虑到实际因素，计划室外车位的数量不少于室内车位的 2 倍，也不多于室内车位的 3 倍，这笔投资最多可建车位的数量为（　　）.

A. 78　　B. 74　　C. 72　　D. 70　　E. 66

【考点】 不等式相关的最优化问题.

【难度】 ★★★

【205】 (2011－10)某地区平均每天产生生活垃圾 700 吨，由甲、乙两个处理厂处理，甲厂每小时可处理垃圾 55 吨，所需费用为 550 元；乙厂每小时可处理垃圾 45 吨，所需费用为 495 元. 如果该地区每天的垃圾处理费不能超过 7 370 元，那么甲厂每天处理垃圾的时间至少需要（　　）小时.

A. 6　　B. 7　　C. 8　　D. 9　　E. 10

【考点】 不等式相关的最优化问题.

【难度】 ★★★

【206】 (2012－1)某公司计划送180台电视机和110台洗衣机下乡. 现有两种货车,甲种货车每辆最多可载40台电视机和10台洗衣机,乙种货车每辆最多可载20台电视机和20台洗衣机. 已知甲、乙两种货车的租金分别是每辆400元和360元,则最少的运费是(　　)元.

A. 2 560　　B. 2 600　　C. 2 640　　D. 2 680　　E. 2 720

【考点】 线性规划问题.

【难度】 ★★★

【207】 (2013－1)有一批水果要装箱,一名熟练工单独装箱需要10天,每天报酬为200元;一名普通工人单独装箱需要15天,每天报酬为120元. 由于场地限制最多可同时安排12人装箱,若要求在一天内完成装箱任务,则支付的最少的报酬为(　　).

A. 1 800元　　B. 1 840元　　C. 1 920元　　D. 1 960元　　E. 2 000元

【考点】 线性规划问题.

【难度】 ★★★

【208】 (2013－10)某单位在甲、乙两个仓库中分别存放着30吨和50吨货物,现要将这批货物转运到A,B两地存放,A,B两地的存放量都是40吨,甲、乙两个仓库到A,B两地的距离(单位:公里)如表11-4所示,甲、乙两个仓库运送到A,B两地的货物质量如表11-5所示,若每吨货物每公里的运费是1元,则下列调运方案中总运费最少的是(　　).

表 11-4

项目	甲	乙
A	10	15
B	15	10

表 11-5

项目	甲	乙
A	x	y
B	u	v

A. $x=30,y=10,u=0,v=40$　　B. $x=0,y=40,u=30,v=10$

C. $x=10,y=30,u=20,v=20$　　D. $x=20,y=20,u=10,v=30$

E. $x=15,y=25,u=15,v=25$

【考点】 线性规划问题.

【难度】 ★★★

☆条件充分性判断题:

【209】 (2014－10)A,B两种型号的客车载客量分别为36人和60人,租金分别为1 600元/辆和2 400元/辆. 某旅行社租用A,B两种车辆安排900名旅客出行. 则至少要花租金37 600元.(　　)

(1)B型车租用数量不多于A型车租用数量　　(2)租用车总数量不多于20辆

【考点】 线性规划问题.

【难度】 ★★★

第十节　分段计费问题与植树问题

考点1　分段计费

【考点阐述】 本考点主要考查个人所得税计算、水电费计算等.

【真题梳理】

☆问题求解题:

【210】 (2007—1)某地水费的收费标准如下:每户每月使用不超过5吨,按4元/吨收费,若超过5吨则按更高的标准收费,9月份张家的用水量比李家多50%,两家的水费分别为90元和55元,则超过5吨的收费标准是(　　).

A. 5元/吨　　B. 5.5元/吨　　C. 6元/吨　　D. 6.5元/吨　　E. 7元/吨

【考点】 分段函数计费问题.

【难度】 ★★

【211】 (2011—10)为了调节个人收入,减少中低收入者的赋税负担,国家调整了个人工资薪金所得税的征收方案,已知原方案的起征点为2 000元/月,税费分九级征收,前四级税率见表11-6:

表11-6

级数	全月应纳税所得额q/元	税率/%
1	$0<q\leqslant500$	5
2	$500<q\leqslant2\ 000$	10
3	$2\ 000<q\leqslant5\ 000$	15
4	$5\ 000<q\leqslant20\ 000$	20

新方案的起征点为3 500元/月,税费分七级征收,前三级税率见表11-7:

表11-7

级数	全月应纳税所得额q/元	税率/%
1	$0<q\leqslant1\ 500$	3
2	$1\ 500<q\leqslant4\ 500$	10
3	$4\ 500<q\leqslant9\ 000$	20

若某人在新方案下每月缴纳的个人工资薪金所得税是345元,则此人每月缴纳的个人工资薪金所得税比原方案减少了(　　)元.

A. 825　　B. 480　　C. 345　　D. 280　　E. 135

【考点】 分段函数计费问题.

【难度】 ★★★

【212】 (2012－10)某商场在一次购物中规定：一次购物不超过100元时没有优惠，超过100元而没有超过200元时，给予全额9折优惠，超过200元时，其中200元按照9折优惠，超过200元的部分给8.5折优惠，若甲、乙两人在商场购买的物品分别付费94.5元和197元，若两人购买的商品没有优惠时需要的付费总额是(　　)元.

A. 291.5　　B. 314.5　　C. 325　　D. 291.5或314.5

E. 314.5或325

【考点】 分段函数计费问题.

【难度】 ★★★

【213】 (2017－12)某单位采取分段收费的方式收取网络流量(单位：GB)费用：每月流量20(含)以内免费，流量20到30(含)的每GB收费1元，流量30到40(含)的每GB收费3元，流量40以上的每GB收费5元，小王这个月用了45GB的流量，则他应该交费(　　).

A. 45元　　B. 65元　　C. 75元　　D. 85元　　E. 135元

【考点】 分段函数计费问题.

【难度】 ★

考点2 植树问题

【考点阐述】 本考点主要要明确线排植树与环排植树的区别.

【真题梳理】

☆问题求解题：

【214】 (2018－12)将一批树苗种在正方形花圃边上，四角都种，如果每隔3米种一棵，那么剩下10棵树苗，如果每隔2米种一棵，那么恰好种满正方形的3条边，则这批树苗有(　　)棵.

A. 54　　B. 60　　C. 70　　D. 82　　E. 94

【考点】 实数运算.

【难度】 ★

解析分册

管理类综合能力

华明讲数学

真题篇

主编 孙华明

【编委会】卢荣桂 沈 洁 汪文钦 解毅庚
张苏新 赵鼎诚（按姓氏拼音排序）

中国宇航出版社
·北京·

目　录

第一章　实　数

第一节　实数的运算与性质

【1】

【解析】 选 C. 由于开方、绝对值以及代数式的偶次幂运算均大于等于 0，故为了使整个算式等于 0，必须让每项都等于 0，得方程组：

$$\begin{cases}\sqrt{(a-60)^2}=0,\\ |b+90|=0,\\ (c-130)^{10}=0\end{cases}\Rightarrow\begin{cases}a=60,\\ b=-90,\\ c=130,\end{cases}$$

则 $a+b+c=60-90+130=100$，选 C.

【技巧】 本题由于发现 100 和 -100 具有对称性质，备选答案只能在 C 和 D 中选择了，而本题正的可能性比负的可能性大点，所以一般可以蒙猜选 C.

【点睛】 实数的非负性在真题的考查中是比较多的，要熟悉经验结论：若干个非负数的代数和为 0 时，只能每个非负数都为 0. 常见的非负数有 $a^2\geqslant0$，$|a|\geqslant0$，$\sqrt{a}\geqslant0$.

【2】

【解析】 选 C. 由于

$$x^2-4xy+4y^2+\sqrt{3}x+\sqrt{3}y-6=0\Rightarrow$$
$$(x-2y)^2+\sqrt{3}(x+y)-6=0\Rightarrow$$
$$\sqrt{3}(x+y)=6-(x-2y)^2\leqslant6,$$

因此 $x+y\leqslant\frac{6}{\sqrt{3}}=2\sqrt{3}$.

【技巧】 本题可以令 $y=0$，得 $x^2+\sqrt{3}x-6=0\Rightarrow x=\frac{-\sqrt{3}+\sqrt{3+24}}{2}=\sqrt{3}$，那么答案应该在 C,D,E 中选择了，而 D 选项出现$\sqrt{2}$，故可能性不大，那么只能在 C 和 E 中进行选择了.

【点睛】 通过对表达式进行配方，利用非负性求解最值. 考生要熟悉常见的完全平方式：如 $x^2\pm4xy+4y^2=(x\pm2y)^2$，$x^2\pm6xy+9y^2=(x\pm3y)^2$ 等.

【3】

【解析】 选 B. $x+y+z=a^2+b^2+c^2-ab-bc-ca=\frac{1}{2}(2a^2+2b^2+2c^2-2ab-2bc-2ca)=\frac{1}{2}[(a-b)^2+(b-c)^2+(c-a)^2]>0$. 显然至少有一个大于 0.

【技巧】 本题也可以采用特殊值法求解，但速度也并不是很快.

【点睛】 要判断至少、至多问题，往往对某个判断比较困难时，可以采用一起求和后来判断的手段.

【4】

【解析】 选 E. $|3x+2|+2x^2-12xy+18y^2=0\Rightarrow|3x+2|+2(x-3y)^2=0$

$$\Rightarrow\begin{cases}3x+2=0,\\x=3y\end{cases}\Rightarrow\begin{cases}x=-\dfrac{2}{3},\\y=-\dfrac{2}{9}\end{cases}\Rightarrow 2y-3x=-\frac{4}{9}+2=\frac{14}{9}.$$

【技巧】 本题明显可以排除 C 这个选项.

【点睛】 实数的非负性往往要结合配方法一起使用. 要熟悉重要结论:若干个非负数的代数和为 0 时,只能每个非负数都是 0.

【5】

【解析】 选 D. 从所给二式中消去 y 即得

$$|\sqrt{x}-\sqrt{2}|+|x-2|+a^2+b^2=0,$$

可见必有$\begin{cases}\sqrt{x}-\sqrt{2}=0,\\a^2=0,\\b^2=0,\\x-2=0,\end{cases}$ 即 $x=2$,且 $a=b=0$,从而 $y=1$,所求为 $3^3+3^0=28$.

【技巧】 采用尾数判别法,3 的指数幂结果的尾数应该有 1,3,9,7,显然 28 的可能性最高了.

【点睛】 本题的关键在于要学会消元的思想,由于两个式子中 y 不是非负数,那么应该将其消去才能解决问题.

【6】

【解析】 选 A.

$$\begin{cases}a-3=0,\\3b+5=0,\\5c-4=0\end{cases}\Rightarrow\begin{cases}a=3,\\b=-\dfrac{5}{3},\\c=\dfrac{4}{5}\end{cases}\Rightarrow abc=-4.$$

【技巧】 本题发现选项中 4 比较多,所以在 A,C,D 中选择.

【点睛】 本题要熟悉非负数的基本特性.

【7】

【解析】 选 C. 联合条件(1)和条件(2),消去 y 得 $|x-3|+|\sqrt{x}-\sqrt{3}|+a^2+b^2=0$,即 $x=3,a=b=0\Rightarrow y=1$,故 $2^{x+y}+2^{a+b}=2^{3+1}+2^0=17$.

【点睛】 此题的关键在于要消去干扰变量 $y,\sqrt{3}b$ 等. 本题与 2009 年 1 月的真题相似.

【8】

【解析】 选 A.

$$\frac{1}{1\times2}+\frac{1}{2\times3}+\frac{1}{3\times4}+\cdots+\frac{1}{99\times100}=\left(1-\frac{1}{2}\right)+\left(\frac{1}{2}-\frac{1}{3}\right)+\cdots+\left(\frac{1}{99}-\frac{1}{100}\right)=\frac{99}{100}.$$

【技巧】 最后一项的分母中含有 100,显然选项在 A,D 中选择了.

【点睛】 考生要熟悉裂项技巧:$\frac{1}{n(n+k)}=\frac{1}{k}\left(\frac{1}{n}-\frac{1}{n+k}\right)$.

【9】

【解析】 选 C. 直线与 x 轴交点为 $\left(\frac{1}{n},0\right)$,与 y 轴交点为 $\left(0,\frac{1}{n+1}\right)$,面积 $S_n=\frac{1}{2}\cdot\frac{1}{n(n+1)}$,故 $S_1+S_2+\cdots+S_{2\,009}=\frac{1}{2}\cdot\frac{2\,009}{2\,010}$.

【点睛】 此题的关键是找到第 n 个三角形的面积,并且用含 n 的表达式表示,在求和时,采用拆裂项抵消的方法求解.

【10】

【解析】 选 E. 因为 $\frac{1}{x+m}-\frac{1}{x+m+1}=\frac{1}{(x+m)(x+m+1)}$,所以可得

$$f(x)=\frac{1}{x+1}-\frac{1}{x+2}+\frac{1}{x+2}-\frac{1}{x+3}+\cdots+\frac{1}{x+9}-\frac{1}{x+10}=\frac{1}{x+1}-\frac{1}{x+10},$$

则 $f(8)=\frac{1}{9}-\frac{1}{18}=\frac{1}{18}$.

【技巧】 通过 $f(8)$ 发现分母中肯定含有 18 这个数字(分母最大化原则),那么 $\frac{1}{18}$ 的可能性就非常的高了.

【点睛】 熟练掌握裂项基本公式:$\frac{k}{n(n+k)}=\frac{1}{n}-\frac{1}{n+k}$.

【11】

【解析】 选 B. 由规定向东为正,向西为负,故 -10 表示向西 10 公里,$+6$ 表示再向东 6 公里,所在位置为 $-10+6=-4$ 表示在首次出发向西 4 公里处,故最后一名乘客为 $-10+6+5-8+9-15+12=-1$,即在首次出发地西面 1 公里处.

【技巧】 从选项的结构看,可以首先排除 E 选项.

【点睛】 本题主要考查了有理数的求和运算.

【12】

【解析】 选 D.

$$原式=\frac{(1-3)\left[(1+3)(1+3^2)(1+3^4)(1+3^8)\cdots(1+3^{32})+\frac{1}{2}\right]}{(1-3)\times3\times3^2\times3^3\times\cdots\times3^{10}}$$

$$=\frac{(1-3)(1+3)(1+3^2)(1+3^4)(1+3^8)\cdots(1+3^{32})+\frac{(1-3)}{2}}{(1-3)\times3^{1+2+3+\cdots+10}}$$

$$=\frac{(1-3^2)(1+3^2)(1+3^4)(1+3^8)\cdots(1+3^{32})+\frac{(1-3)}{2}}{(1-3)\times3^{55}}$$

$$=\frac{1-3^{64}-1}{(-2)\times3^{55}}=\frac{1}{2}\times3^9.$$

【技巧】　此题主要运用了平方差公式，在考试时由于时间紧迫，很难想得到这样做，所以也可以进行大致估计，列式如下：

$$\frac{(1+3)(1+3^2)(1+3^4)(1+3^8)\cdots(1+3^{32})+\frac{1}{2}}{3\times3^2\times3^3\times3^4\times\cdots\times3^{10}}\approx\frac{3\times3^2\times3^4\times\cdots\times3^{32}}{3\times3^2\times3^3\times3^4\times\cdots\times3^{10}}=\frac{3^{63}}{3^{55}}=3^8,$$

显然 D 的可能性最大.

【点睛】　本题要熟悉平方差公式 $(a-b)(a+b)=a^2-b^2$ 的运用，体现了在数字中运用乘法公式的转化思维能力.

【13】

【解析】　选 D. 本题主要考实数运算的基本概念，A 选项中，两个数的和为正数，只能得到至少有一个为正数；B 选项中，两个数的差为负数，这两个数符号无法确定；C 选项中，只有当两个数都为正数时，此描述才正确；E 选项对于正数才成立，故只能选 D.

【技巧】　本题可以举特殊的数字进行排除，比如 A 选项可以取 2 和 -1，B 选项可以取 1 和 2，C 选项可以取 1 和 -2，E 选项可以取这个数为 -1，显然 2 倍后反而小于本身.

【点睛】　本题要熟悉实数运算的正负特性，可以举反例排除干扰选项.

【14】

【解析】　选 D. 本题主要考查实数运算的基本概念，一个大于 1 的自然数的算术平方根为 a，则原自然数为 a^2，该自然数左右相邻的两个自然数为 a^2-1 和 a^2+1，再开方得到算术平方根分别为 $\sqrt{a^2-1}$ 和 $\sqrt{a^2+1}$.

【技巧】　采用特殊值法，设自然数为 4，则 $a=2$，左右相邻的两个自然数为 3 和 5，代入选项验证答案.

【点睛】　本题要熟悉平方根与算术平方根的概念，一般来说，一个正数的平方根会有正负两个数，而算术平方根只有一个正的数.

【15】

【解析】　选 C.

$$\begin{cases}\left(\dfrac{1}{a+b}\right)^{2\,007}=1,\\ \left(\dfrac{1}{-a+b}\right)^{2\,009}=1\end{cases}\Rightarrow\begin{cases}a+b=1,\\ a-b=-1\end{cases}\Rightarrow\begin{cases}a=0,\\ b=1\end{cases}\Rightarrow a^{2\,007}+b^{2\,009}=1.$$

【技巧】　由于本题出现 1 和 -1 两个数进行干扰，所以应该在 A 和 C 中进行选择了.

【点睛】　本题要熟悉 1 的奇数次方根为 1，1 的偶数次方根为 ±1，通过开方，很容易求解.

【16】

【解析】　选 C. 变形为 $(2x-y+5)\sqrt{3}+(x+y-2)=0$，因为 $x,y\in\mathbf{Q}$（有理数），所以 $\begin{cases}2x-y+5=0,\\ x+y-2=0\end{cases}\Rightarrow\begin{cases}x=-1,\\ y=3.\end{cases}$

【技巧】　此题也可以采用选项一一验证的方法，这样就显得很简单了.

【点睛】　本题要熟悉基本结论：有理数 a + 有理数 $b\times$ 无理数 $r=0\Rightarrow a=b=0$.

【17】

【解析】 选 A. 分母有理化,

$$原式=\frac{\sqrt{2}-1}{(\sqrt{2}+1)(\sqrt{2}-1)}+\frac{\sqrt{3}-\sqrt{2}}{(\sqrt{3}+\sqrt{2})(\sqrt{3}-\sqrt{2})}+\cdots+\frac{\sqrt{100}-\sqrt{99}}{(\sqrt{100}+\sqrt{99})(\sqrt{100}-\sqrt{99})}$$

$$=\sqrt{2}-1+\sqrt{3}-\sqrt{2}+\cdots+\sqrt{100}-\sqrt{99}=\sqrt{100}-1=9.$$

【点睛】 本题要注意分母有理化的基本公式:

$$\frac{1}{\sqrt{A}+\sqrt{B}}=\frac{\sqrt{A}-\sqrt{B}}{(\sqrt{A}+\sqrt{B})(\sqrt{A}-\sqrt{B})}=\frac{\sqrt{A}-\sqrt{B}}{A-B}.$$

【18】

【解析】 选 E. 单独肯定不充分,联合后发现有“$\underbrace{人\cdots人}_{24}$甲$\underbrace{人人人人人}_{5}$乙$\underbrace{人\cdots人}_{14}$”的情况,总数为 45 人,不充分.

【点睛】 本题考生比较容易受迷惑,认为联合充分,误选成 C.

【19】

【解析】 选 A. 条件(1):有男必有女与之相邻,故总人数为偶数,充分;条件(2):只需要找到反例,6 男 3 女总人数 9 人,不充分.

【技巧】 本题很容易发现条件(2)不充分,那么认为条件(1)正确的可能性比较大.

【20】

【解析】 选 D.

条件(1):由于 $2n$ 是偶数,得 $3m$ 也是偶数,则 m 为偶数,充分;

条件(2):一个整数进行正整数次幂的运算后,其奇偶性不变,所以 m^2 与 m,n^2 与 n 具有相同的奇偶性. 故条件(2)与条件(1)本质上一样.

【技巧】 其实本题由于条件(1)和条件(2)只相差了一个平方,而平方不会改变一个数的奇偶特性,那么直接可以认为两个条件都充分.

【点睛】 奇数±奇数=偶数,偶数±偶数=偶数,奇数±偶数=奇数,奇数的正整数次幂是奇数,偶数的正整数次幂是偶数.

【21】

【解析】 选 C. 条件(1)与条件(2)单独显然均不充分,考虑联合:$m^2n^2-1=(mn)^2-1$,当 m 和 n 均为奇数时,mn 为奇数,故 m^2n^2-1 为偶数.

【技巧】 本题属于变量缺失型,由选 C 的四大蒙猜准则可以直接选 C.

【22】

【解析】 选 D. $m^2-n^2=(m+n)(m-n)$.

条件(1):因为偶数+偶数=偶数,偶数-偶数=偶数,偶数×偶数必定是 4 的倍数,故充分.

条件(2):因为奇数+奇数=偶数,奇数-奇数=偶数,偶数×偶数必定是 4 的倍数,故充分.

【技巧】 本题其实只需要在两个条件中各取一组特殊值适当检验后发现两个条件都是充分的.

【23】

【解析】 选 A. 条件(1)：$3x+5y=37$，x，y 均为整数，且为一奇一偶，简单取值检验后可解得 $x=9$，$y=2$ 或 $x=4$，$y=5$. 充分.

条件(2)：$4x+6y=37$，由于 4，6 都是偶数，显然没有整数解，故不充分.

【技巧】 很明显，条件(2)都是偶数，不可能满足，直接选 A.

【24】

【解析】 选 C. 列举所有的质数为 2，3，5，7，11，13，17，19，23，29，…，通过观察能得到相差 6 的质数只能是 5，11，17，那么和为 33.

【技巧】 本题通过选项成等差数列的原则可以马上排除 E 选项.

【点睛】 考生要熟悉 30 以内的所有质数，而 2 是其中唯一的偶质数.

【25】

【解析】 选 D. 小于 12 的质数为 2，3，5，7，11，不妨设 $a<b<c$，则 $2c-2a=8\Rightarrow c-a=4$，显然 $c=7$，$a=3$，那么 $b=5$，则 $a+b+c=15$.

【技巧】 本题直接写出 12 以内的质数后观察就能看出是 3，5，7 了.

【点睛】 本题要熟悉 20 以内的所有质数. 另外，本题也可以在数轴上根据距离求出结果.

【26】

【解析】 选 E. $N=770=7\times11\times2\times5$，之和为 25，故选 E.

【技巧】 根据选项成等差数列的特性，本题应该在 C，D，E 中选择.

【27】

【解析】 选 E. 因为是连续合数，依次列举：4，6，8，9，…，发现 8 和 9 相邻，乘积 72 最小.

【技巧】 观察选项反向验证，发现 72 最小，$72=8\times9$ 符合题干条件，故选 E.

【点睛】 要熟悉 30 以内的所有合数，分别为 4，6，8，9，10，12，14，15，16，18，20，21，22，24，25，26，27，28，30.

【28】

【解析】 选 C. 本题是反复强调的质数的掌握，列举所有 20 以内的质数只有 2，3，5，7，11，13，17，19，那么显然只有$\{3,5\}$，$\{5,7\}$，$\{11,13\}$，$\{17,19\}$四组，属于简单题.

【点睛】 本题要注意集合的意思，由于集合$\{m,n\}$具有无序性，那么就不需要再交换它们的顺序了.

【29】

【解析】 选 B. 小于 10 的质数有 2，3，5，7，列举得 $p=2$，$q=3$；$p=3$，$q=5$；$p=5$，$q=7$. 一共有 3 组.

【点睛】 要熟记常见的质数：2，3，5，7，11，13，17，19，23，29.

【30】

【解析】 选 B. 分解质因数：条件(1)，$2\,700=2\times2\times3\times3\times75$；条件(2)，$2\,000=2\times2\times2\times2\times125$. 所以$(a+b+c+d+e)_{\max}=2\times4+125=133$.

【点睛】 平均值定理的精髓在于：乘积为定值，和有最小值；和为定值，乘积有最大值；当几个数相等时，取到最值，反之，几个数相差越大，反向变化效果就越明显.

【31】

【解析】 选 E. 显然只需要取 $m=q=3$ 这组值，满足两个条件，但代入后计算得 $p=10$，不充分，那么就只能选 E 了.

【点睛】 显然我们考试的 E 选项基本都是选择两个条件都满足的情况代入检验，发现不成立，这样的做法比较快捷.

【32】

【解析】 选 C. 设该车间共有职工 x 人，则足球为$\frac{x}{3}$个，排球为$\frac{x}{4}$个，篮球为$\frac{x}{5}$个，共有 $\frac{x}{3}+\frac{x}{4}+\frac{x}{5}=94 \Rightarrow x=120$.

【技巧】 可以采用整除来验证选项，人数应该是 3,4,5 的倍数，故选 C.

【点睛】 平均数问题可以转化为分数问题思考，遇到分数时，可以通过整除特征进行巧解.

【33】

【解析】 选 C. 该商品的质量显然是 210 的约数，同时还是 183 的约数，只能是 3 了.

【技巧】 本题只要用选项逐一检验发现只有 3 符合要求.

【点睛】 本题要熟悉最大公约数和最小公倍数的概念，根据每个商品的质量是 1 千克的整数倍来找到突破口.

【34】

【解析】 选 D. 能被 5 整除：$\frac{100}{5}=20$(个)；能被 7 整除：$\frac{100}{7}=14$(个)…2；能被 35 整除：$\frac{100}{35}=2$(个). 能被 5 或 7 整除：$20+14-2=32$(个)，所以概率为 0.32.

【点睛】 本题是交叠元素问题，肯定要先加再扣除重叠的部分，由于 $0.34-0.02=0.32$，那么显然就选 0.32 比较合适.

【35】

【解析】 选 C. 12，9 与 6 的最大公约数为 3，从而体积最大的小正方体为 27，因此最少个数为$\frac{12\times 9\times 6}{27}=24$.

【点睛】 本题虽然像立体几何，其实主要还是考查了初等数学中整除和公约数的一些简单思维.

【36】

【解析】 选 B. 方法一：设需要 x 次，y 个杯子重复翻转，则 $3x=8+2y \Rightarrow$ 当 $x=4$ 时，为最少次数，故选 B.

方法二：如图 1-1 所示，空心表示杯口朝上，实心表示杯口向下，

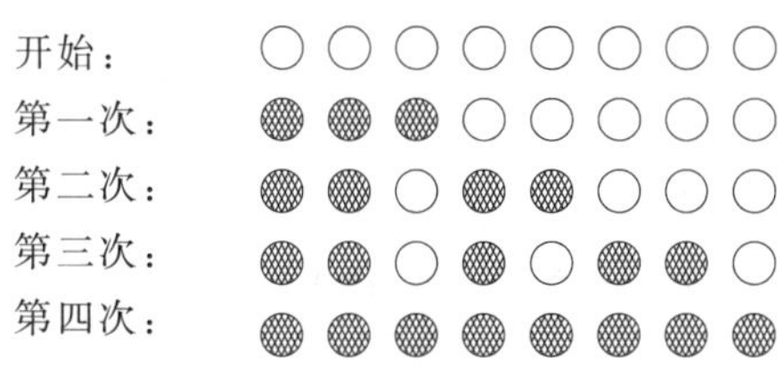

图 1-1

则最少经过 4 次操作，杯口全部朝下，故选 B.

【点睛】 此题其实就是每个杯子至少要翻了 1 次，有几个杯子当然会每个多翻了 2 次，那么只需要用 3 先去除 8，发现无法整除，那么就 $8+2=10$，发现还是不可以被 3 整除，那么就 $8+2+2=12$，发现能被 3 整除，显然商是 4，就是翻的次数.

【技巧】 遇到最小值问题，选次小数的命中率会比较高.

【37】

【解析】 选 A. 条件(1)：由于 $m=\dfrac{p}{q}$，说明 m 为有理数，又因 m^2 是一个整数，所以 m 也为整数，充分；条件(2)：只需要取 $p=-1,q=2,m=-\dfrac{1}{2}$，显然$\dfrac{2m+4}{3}$是一个整数，但 m 不是整数，就不充分了.

【技巧】 本题可以先观察条件(2)，明显可以找到反例，发现不充分，那么条件(1)充分的可能性就比较大了.

【点睛】 本题要理解条件(1)的内涵，一个有理数的平方若为整数，只能是这个有理数自己是整数.

【38】

【解析】 选 A. 条件(1)：$\dfrac{3n}{14}$是一个整数，因为 3 不是 14 的约数，所以 n 是 14 的倍数，则$\dfrac{n}{14}$是一个整数，充分；条件(2)：只需取 $n=7$ 就不充分.

【点睛】 其实很容易发现本题条件(2)是不正确的，那么考试的时候就应该认为条件(1)正确的可能性非常大，快速选 A.

【39】

【解析】 选 C. 条件(1)说明总数被 3 除余 30，即 $N=3k+30$，条件(2)说明总数被 10 除有余数，即 $N=10(k-1)+m$，很明显两个条件单独都不充分，联合：$N=3k+30=10(k-1)+m\Rightarrow 7k+m=40\Rightarrow k=5,m=5$，显然联合充分.

【技巧】 本题显然需要进行联合，而计算量又比较大，所以在考试时应该直接选联合充分.

【40】

【解析】 选 E. 明显两个条件单独都不充分，只需要举反例，设 $n=6k+1$，显然，被 2 除一定余 1，被 3 除也一定余 1，两个条件都满足，但 $n=6k+1$ 是被 5 除余数根本没法确定，所以只能选 E.

【41】

【解析】 选 E. 设一共有 x 辆车，人数为 y 人.

条件(1)：根据题意 $y=20\cdot(x-1)+b$，其中 $0<b<20$，单独无法确定人数.

条件(2)：根据题意 $y=12x+10$，单独无法确定人数. 联合：$\begin{cases}y=20x-20+b,\\y=12x+10\end{cases}\Rightarrow 8x+$

$b=30$.

根据奇偶性判断，b 只能为偶数，取 2，4，6，…做整数试探，得到 $b=6,x=3,y=46$，或者 $b=14,x=2,y=34$. 联合也不能确定，选择 E.

【技巧】 定性加定量一般也可以锁定 C，E 选项，通常大概率蒙猜 C，本题稍有不同.

【42】

【解析】 选 E. 只需要取 $a=-1,b=0$，这组值两个条件都满足，而不满足题干，即可说明两条件都不充分，联合当然也不充分.

【技巧】 带平方或绝对值的表达式一般无法得到不带平方和绝对值的表达式大小关系.

【43】

【解析】 选 D. 条件(1)$x>2\ 014$ 和条件(2)$x=2\ 014$ 都是题干 $x\geqslant 2\ 014$ 的子集.

【点睛】 本题要熟悉题干 $x\geqslant 2\ 014$，等价于 $x>2\ 014$ 或 $x=2\ 014$，那么两个条件都是它的子集了，也就是小范围(子集)对大范围来说一定是充分的.

【44】

【解析】 选 A. 条件(1)显然能得出 a,b 中至少有一个大于等于 2，(我们可以采用逆否命题证明法，因为$a<2,b<2\Rightarrow a+b<4$，那么就可以得出$a+b\geqslant 4\Rightarrow a\geqslant 2$或 $b\geqslant 2$)，所以充分；条件(2)存在负数的情况，不充分.

【点睛】 由于本题的题干结构是“或”，那么是不可能选 C 的，而当本题观察出条件(2)不充分时，条件(1)充分的可能性就比较高了.

第二节　比和比例

【45】

【解析】 选 B. 当 $a+b+c\neq 0$ 时，$k=\dfrac{a+b-c}{c}=\dfrac{a-b+c}{b}=\dfrac{-a+b+c}{a}=\dfrac{a+b+c}{a+b+c}=1$；当 $a+b+c=0$ 时，$k=\dfrac{a+b-c}{c}=\dfrac{-c-c}{c}=-2$.

【技巧】 由于 B 选项中包含了 A 和 D 选项，那么考试时一般可以猜答案为 B.

【点睛】 本题的关键是要熟悉等比定理的适用范围.

【46】

【解析】 选 A. 即 $x:y:z=\dfrac{1}{4}:\dfrac{1}{5}:\dfrac{1}{6}=15:12:10$，设$\dfrac{x}{15}=\dfrac{y}{12}=\dfrac{z}{10}=k$，则 $x=15k,y=12k,z=10k$，从而 $15k+12k+10k=74,k=2$，所以 $y=24$.

【点睛】 遇到比例式问题，首先要化成最简的整数比.

【47】

【解析】 选 C. $a:b=\dfrac{1}{3}:\dfrac{1}{4}=4:3$，设取 $a=4k,b=3k$，代入运算得结果为 4.

【技巧】 取 $a=4,b=3$，则$\frac{12a+16b}{12a-8b}=\frac{48+48}{48-24}=4$，故选 C.

【48】

【解析】 选 C. $\frac{a+b+c}{3}=13\Rightarrow a+b+c=39,a:b:c=\frac{1}{2}:\frac{1}{3}:\frac{1}{4}=\frac{6}{12}:\frac{4}{12}:\frac{3}{12}=6:4:3$，则 $c=39\times\frac{3}{6+4+3}=9$.

【点睛】 一般遇到连比问题都需要化成最简的整数比. 本题考生很容易直接将 c 认为就是 $13\times3\times\frac{1}{4}=\frac{39}{4}$，导致解题错误.

【49】

【解析】 选 E. 设 $a=k,b=2k,c=5k$，那么$k+2k+5k=24\Rightarrow 8k=24\Rightarrow k=3$，那么 $a=3,b=6,c=15$，则 $a^2+b^2+c^2=9+36+225=270$.

【点睛】 遇见比就设 k 的方法非常重要.

【50】

【解析】 选 C. 条件(1)：$3x-2y=0\Rightarrow 3x=2y$，取 $x=2,y=3$ 代入得$\frac{2x+3y-4z}{-x+y-2z}=\frac{4+9-4z}{-2+3-2z}=\frac{13-4z}{1-2z}$，显然与 z 的取值有关，不充分；条件(2)：$2y-z=0\Rightarrow 2y=z$，取 $y=1$，$z=2$，代入得$\frac{2x+3y-4z}{-x+y-2z}=\frac{2x+3-8}{-x+1-4}=\frac{2x-5}{-x-3}$，与 x 的取值有关，也不充分；

联合条件(1)和条件(2)得$\begin{cases}3x=2y,\\2y=z\end{cases}\Rightarrow\begin{cases}x=\frac{2}{3}y,\\z=2y,\end{cases}$代入得

$$\frac{2x+3y-4z}{-x+y-2z}=\frac{2\cdot\frac{2}{3}y+3y-4\cdot2y}{-\frac{2}{3}y+y-2\cdot2y}=1,$$

充分.

【技巧】 变量缺失型的两个条件非常容易选择联合充分的. 当然我们只需要取一组数，例如 $x=2,y=3,z=6$，代入检验就可以了.

【点睛】 比例式的运算可以有一个自由变量，也能运算出结果.

第三节　数轴和绝对值

【51】

【解析】 选 C. $a=5,b=-7$ 或 $a=-5,b=7$，代入后$|a-b|=12$.

【技巧】 可以采用特殊值 $a=-5,b=7$，则$|a-b|=12$.

【52】

【解析】 选 B. $t^2-3t-18\leqslant0\Rightarrow(t-6)(t+3)\leqslant0\Rightarrow-3\leqslant t\leqslant6$,则$|t+4|+|t-6|=t+4-t+6=10$.

【技巧】 可以采用特殊值 $t=0$,代入后$|t+4|+|t-6|=10$.

【点睛】 本题也可以将$|t+4|+|t-6|$理解为 t 到 -4 和 6 的距离之和,而 t 满足 $-3\leqslant t\leqslant6$,显然在两个零点之间,那么距离之和就是两个零点间的距离,也就是 10.

【53】

【解析】 选 C. 因为 $0<a<20,a\leqslant x\leqslant20$,所以 $x-a\geqslant0,x-20\leqslant0$,

$y=|x-a|+|x-20|+|x-a-20|=x-a+20-x-(x-a-20)=-x+40$,

而 $a\leqslant x\leqslant20$,所以 $20\leqslant-x+40\leqslant40-a$,所以 $y_{\min}=20$.

【技巧】 本题也可以用绝对值的几何定义的方法来做,表示数轴上实数 x 到三个点 a,20,$a+20$ 的距离之和,显然最小值就是当 $x=20$ 时能取到,最小值就为 20.

【54】

【解析】 选 A. 条件(1):$c<b<0<a$,$|b-a|+|c-b|-|c|=a-b+b-c+c=a$,充分;

条件(2):$a<0<b<c$,$|b-a|+|c-b|-|c|=b-a+c-b-c=-a$,不充分.

【技巧】 也可以根据数轴上的位置取特殊值来判断.

【55】

【解析】 选 D. 条件(1):在$-1<x<0$ 时:

$f(x)=|x-1|+|x+1|+|x-2|+|x+2|\Rightarrow1-x+x+1+2-x+x+2=6$,充分;

条件(2):在 $1<x<2$ 时:

$f(x)=|x-1|-|x+1|+|x-2|+|x+2|\Rightarrow x-1-x-1+2-x+x+2=2$,也充分.

【点睛】 绝对值表达式为常数的关键在于:去掉绝对值符号后,变量被抵消约去,只剩下常数项了,并且此题还考查了简单的分段函数,属于一个小综合的试题.

【56】

【解析】 选 A. 条件(1),即$-3\leqslant x-2\leqslant3\Rightarrow-1\leqslant x\leqslant5$,原方程可化为 $x+1+x+3+5-x=9\Rightarrow x=0$,存在唯一解,故条件(1)充分.

条件(2),即 $x-2\geqslant2$ 或$x-2\leqslant-2\Rightarrow x\geqslant4$或 $x\leqslant0$.

①$x\geqslant4$ 时,$x+1+x+3+|x-5|=9\Rightarrow|x-5|=5-2x\geqslant0$,解得 $x_1=0,x_2=\dfrac{10}{3}$(都舍去);

②当 $x\leqslant0$ 时,$|x+1|+|x+3|-x+5-9$,$|x+1|+|x+3|=x+4$.

方法一:分区间讨论去掉绝对值求解.

当 $x<-3$ 时,原式$\Rightarrow-x-1-x-3=x+4\Rightarrow x=-\dfrac{8}{3}$(舍去);当$-3\leqslant x\leqslant-1$ 时,原式$\Rightarrow-x-1+x+3=x+4\Rightarrow x=-2$;当 $x\geqslant-1$ 时,原式$\Rightarrow x+1+x+3=x+4\Rightarrow x=0$. 综上所述:此时存在 $x=-2$ 或 0 两个根,则条件(2)不充分.

方法二:画图如图 1-2 所示:可知 $y=|x+1|+|x+3|$与 $y=x+4$ 有 2 个交点,且分别在 $x=-2$ 和 0 处有交点,则条件(2)不充分.

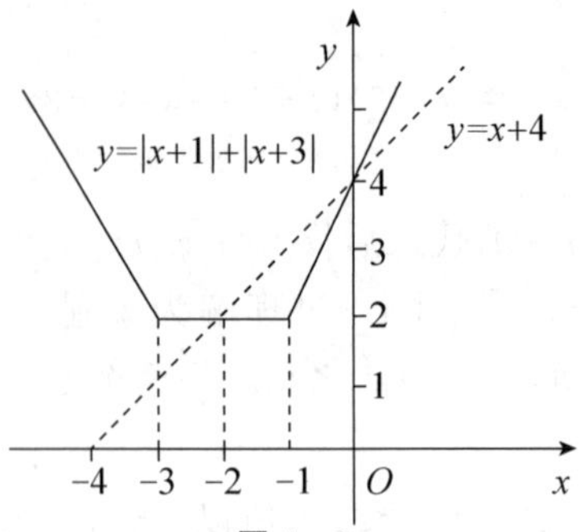

图 1-2

【技巧】 本题属于绝对值方程的问题，最适合的做法就是使用几何定义来做，由条件(1)，当$-1\leqslant x\leqslant 5$时，明显发现只能取$x=0$时，三段距离才能满足结果是 9，而条件(2)，当$x\leqslant 0$或$x\geqslant 4$时，明显发现可以取$x=0$或-2都满足结果是 9，即存在两组解，不充分.

【57】

【解析】 选 A. 条件(1)，题干要求结论为三个表达式最小值为 5，考虑最大值，根据三角不等式$0\leqslant|a-b|\leqslant 10$，即$a,b$同号取最小值 0，$a,b$异号取最大值 10. 同理$0\leqslant|b-c|\leqslant 10$，即$b,c$同号取最小值 0，$b,c$异号取最大值 10. 同理$0\leqslant|a-c|\leqslant 10$，即$a,c$同号取最小值 0，$a,c$异号取最大值 10，然而$a,b,c$为三个实数不可能两两之间都是异号，所以三个表达式最小的小于等于 5，条件(1)充分.

条件(2)只需要取反例，$a=-2,b=4,c=13$，即不充分.

【技巧】 用绝对值的几何定义，即用距离来考虑，a,b,c即为数轴上-5到 5 之间的数字，明显最外端的两个字母之间的距离小于等于 5，那么中间那个字母与两端字母之间的距离总有一个会小于等于 5. 本题带有一些逻辑思维，是一个非常不错的题目.

【58】

【解析】 选 C. 所给即$|x|\sqrt{x+2}=-x\sqrt{2+x}$，可见其解为$x+2=0\Rightarrow x=-2$或$|x|=-x$(即$x\leqslant 0$)，解集合并为$x\leqslant 0$，但又有$x\geqslant -2$，故$-2\leqslant x\leqslant 0$.

【技巧】 本题也可用排除法，明显当$x=0$时题给式成立，可排除选项 A,D，又$x>0$时，等式两边符号不同，可排除 B，故只能选 C.

【点睛】 本题要熟悉重要结论：$\sqrt{x^2}=|x|$.

【59】

【解析】 选 C. $\frac{5x-3}{2x+5}\leqslant 0\Rightarrow -\frac{5}{2}<x\leqslant\frac{3}{5}$.

【技巧】 采用结构特征法. B 和 C 选项非常相似，B 比 C 就多了$x=-\frac{5}{2}$的情况，而由于题干中分母的限制，$x\neq -\frac{5}{2}$，因此就只能选择 C 了.

【点睛】 本题要理解重要结论：$|x|=x\Rightarrow x\geqslant 0$，$|x|=-x\Rightarrow x\leqslant 0$.

【60】

【解析】 选 E. 条件(1)：当$\frac{x}{y}=3$，即$x=3y$时，$\frac{|x+y|}{x-y}=\frac{|4y|}{2y}=\begin{cases}2, & y>0,\\ -2, & y<0.\end{cases}$

条件(2)：$\frac{x}{y}=\frac{1}{3}$，即 $3x=y$ 时，$\frac{|x+y|}{x-y}=\frac{|4x|}{-2x}=\begin{cases}-2, & x>0,\\ 2, & x<0.\end{cases}$故应该选 E.

【技巧】 条件(1)取 $x=-3,y=-1$，条件(2)取 $x=1,y=3$，都可以发现题干的分母是负数，不满足，显然选 E.

【61】

【解析】 选 D. $|x|+|y|=|x-y|\Rightarrow xy\leqslant 0$，所以条件(1)和条件(2)都满足.

【技巧】 本题也可以从条件出发，直接验证题干是否正确，当条件(1)成立时，$|x|+|y|=x-y$，而 $|x-y|=x-y$，题干成立，同理当条件(2)成立时题干也成立，故选 D.

【点睛】 三角不等式 $|x+y|\leqslant|x|+|y|$，等号当且仅当 $xy\geqslant 0$ 时成立；$|x-y|\leqslant|x|+|y|$，等号当且仅当 $xy\leqslant 0$ 时成立.

【62】

【解析】 选 B. $\sqrt{a^2b}=|a|\sqrt{b}=-a\sqrt{b}\Rightarrow a\leqslant 0,b\geqslant 0$，显然条件(2)成立.

【技巧】 由于题干中有 $\sqrt{b}$，那么条件(1)显然不成立，条件(2)正确的可能性相当大.

【63】

【解析】 选 C. 显然单独不充分，联合起来题干就能得到 $-a(a+b)>a(a+b)$，明显是成立的，故直接选 C.

【技巧】 本题也可以从题干出发，$|a|(a+b)>a|a+b|\Leftrightarrow\frac{a+b}{|a+b|}>\frac{a}{|a|}$，不等式要成立的条件只能是左边是 1，右边是 -1，那么得 $\begin{cases}a+b>0,\\ a<0,\end{cases}$ 显然必须联合两个条件，故选 C.

【点睛】 本题需要掌握绝对值的重要性质，自反性：$\frac{a}{|a|}=\begin{cases}1, & a>0,\\ -1, & a<0.\end{cases}$

【64】

【解析】 选 C. 条件(1)只需要取 $a=b=c=0$ 即可说明不充分，条件(2)只需要取 $a=b=c=1$，题干就为 6，也不充分，考虑条件(1)和条件(2)的联合，不妨设 $a>b>c$，故由条件(1)和条件(2)知，$a>0,b<0,c<0$，那么题干即为：

$$\frac{b+c}{|a|}+\frac{c+a}{|b|}+\frac{a+b}{|c|}=\frac{-a}{|a|}+\frac{-b}{|b|}+\frac{-c}{|c|}=-1+1+1=1.$$

【点睛】 掌握绝对值自反性，$\frac{a}{|a|}=\frac{|a|}{a}=\begin{cases}1, & a>0,\\ -1, & a<0.\end{cases}$

【65】

【解析】 选 E. 条件(1)：$\frac{2x-1}{1+x^2}\leqslant 0\Rightarrow x\leqslant\frac{1}{2}$，不充分；

条件(2)：$\frac{2x-1}{3}\geqslant 0\Rightarrow x\geqslant\frac{1}{2}$，不充分；

联合也不充分，故选 E.

【技巧】 可以看出两个条件都包含 $x=\frac{1}{2}$，直接取 $x=\frac{1}{2}$，不满足题干，都不充分，故选 E.

【点睛】 本题考生很容易自上而下，把题干当成条件进行分析，这样就容易误选成 A. 另外，本题要熟悉绝对值的自反性结论：$|a|=a\Rightarrow a\geqslant 0$，$|a|=-a\Rightarrow a\leqslant 0$.

【66】

【解析】 选 C. 因为 $x^2-8x+16=(x-4)^2$，所以题干$\Rightarrow|1-x|-|x-4|=2x-5\Rightarrow$ $\begin{cases}1-x\leqslant 0,\\x-4\leqslant 0\end{cases}\Rightarrow 1\leqslant x\leqslant 4$，显然联合充分，故选 C.

【技巧】 当两个条件可以联合，且联合后的约束范围很小时，联合后充分即 C 的可能性非常大.

【点睛】 本题要熟悉绝对值的等价性$\sqrt{a^2}=|a|$.

【67】

【解析】 选 A. 从题干分析：$a|a-b|\geqslant|a|(a-b)$，当$|a|$和$|a-b|$都不是 0 时，两边同除以$|a||a-b|$，原式得$\dfrac{a}{|a|}\geqslant\dfrac{a-b}{|a-b|}$，那么只需要满足 $a>0$ 或 $a<b$ 即可成立，则条件(1)充分，条件(2)不充分.

【技巧】 本题也可以从条件出发，在条件(1)的情况下，题干为$|a-b|\geqslant a-b$，显然题干成立，故条件(1)充分，而在条件(2)的情况下，题干即为 $a\geqslant|a|$，显然不成立，也就不充分. 故选 A.

【点睛】 本题错误率极其高，考生很容易误认为联合充分，误选成 C. 要知道，当某个条件单独能够充分时，哪怕联合后也充分，我们也不能选 C.

【68】

【解析】 选 D. 函数 $y=|x-2|+|x+2|$ 的本质是分段函数，其表达式为：

$$y=\begin{cases}-(x-2)-(x+2), & x<-2,\\-(x-2)+x+2, & -2\leqslant x\leqslant 2,\\x-2+x+2, & x>2\end{cases}\Rightarrow y=\begin{cases}-2x, & x<-2,\\4, & -2\leqslant x\leqslant 2,\\-2x, & 2x>2.\end{cases}$$

其函数图象如图 1 - 3 所示，当且仅当$-2\leqslant x\leqslant 2$ 时，y 能取到最小值 4，故选 D.

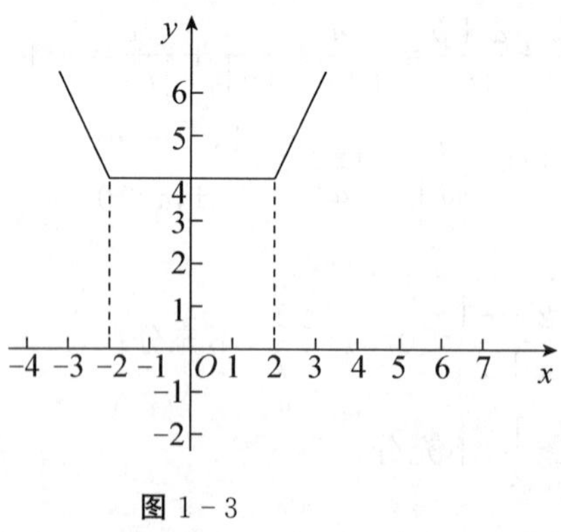

图 1 - 3

【技巧】 由于“无穷多个”字眼同时在 C 和 D 选项中出现，而 A,B,D 选项都是表述了“最小值”字眼，那么就直接可以选择 D 进行秒杀.

【点睛】 函数 $y=|x-a|+|x-b|(a<b)$ 当且仅当 $a\leqslant x\leqslant b$ 时，y 取到最小值 $|a-b|$，图象形如平底锅.

【69】

【解析】 选 A. 取 $a=b=0,c=1$，代入后得 $|a-b|+|a-c|+|b-c|=2$.

【技巧】 本题可以发现答案肯定是正数，那么只能在 A,B,C 中选择了，而 4 的可能性比较小，所以答案应该在 A 和 B 中选择.

【70】

【解析】 选 A. 函数 $y=|x-2|+|4-x|$ 的图象如图 1－4 所示，所以 $|x-2|+|4-x|$ 的最小值为 2，则 $s\leqslant 2$ 才能保证不等式无解.

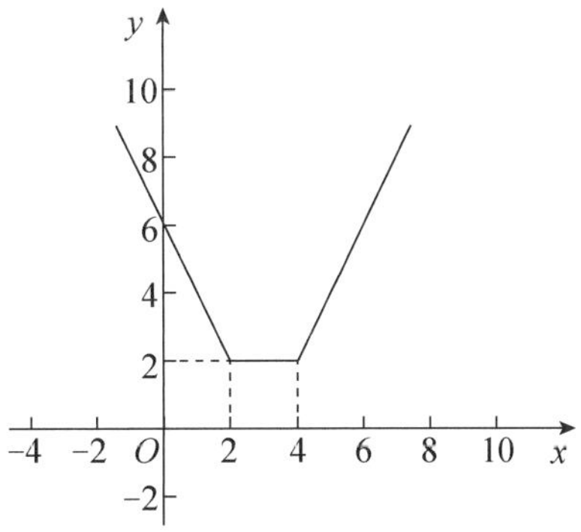

图 1－4

【技巧】 由于两个条件对立，选项一般在 A,B 中选择，那么取 $s=2$ 代入运算，$|x-2|+|4-x|<2$ 显然是无解的，那么选 A 的可能性非常大.

【点睛】 本题表面上是考查无解问题，实际是考查绝对值的最值问题. 另外，遇到不等式的无解问题，可以转化成解为任意实数的恒成立问题来进行分析，此题"$|x-2|+|4-x|<s$ 无解"可以等价转化为"$|x-2|+|4-x|\geqslant s$ 的解为任意实数".

【71】

【解析】 选 B. 根据以上的结论可以知道，$y=|x-a|+|x-b|$ 的最小值即为 $|a-b|$，那么条件(1)的最小值为 $\left|\frac{5}{12}-\frac{1}{12}\right|=\frac{1}{3}$，不充分，条件(2)的最小值为 $|4-2|=2$，故选 B.

【技巧】 本题也可以直接采用零点进行验证，一般最值都是体现在零点的地方，那么条件(1)的零点为 $\frac{1}{12}$ 和 $\frac{5}{12}$，检验后都不充分，条件(2)检验后发现充分.

【72】

【解析】 选 B. 从条件出发，条件(1)：$|x+1|+|x|=2\Rightarrow -x-1-x=2\Rightarrow x=-\frac{3}{2}$，有根，不充分；条件(2)：$|x+1|+|x|=2\Rightarrow 1=2$，无根，充分.

【技巧】 本题需要画出图象，如图 1－5 所示.

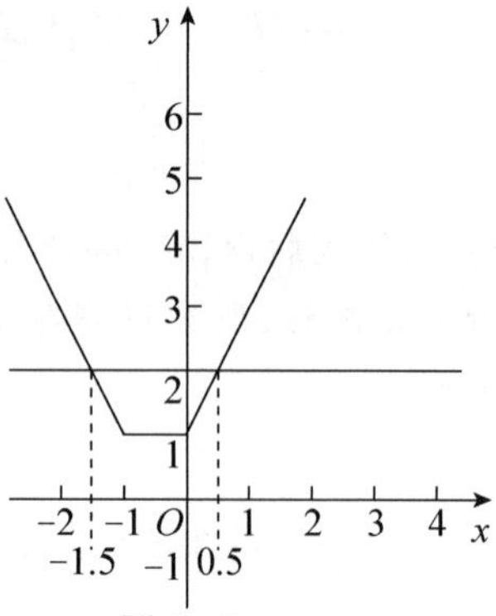

图 1-5

该方程的左边 $y=|x+1|+|x|$ 是一个平底锅形，右边 $y=2$ 是一条直线，那么条件(1)在 $x\in(-\infty,-1)$ 时，明显发现它们是有交点的，而条件(2)，$x\in(-1,0)$ 明显没有交点，也就是无实数根了.

【73】

【解析】 选 A. 方法一：采用数形结合法，令 $y_1=\begin{cases}-1, & x<2,\\ 2x-5, & 2\leqslant x<3,\\ 1, & x\geqslant 3,\end{cases}$ $y_2=a$. 如图 1-6 所示：

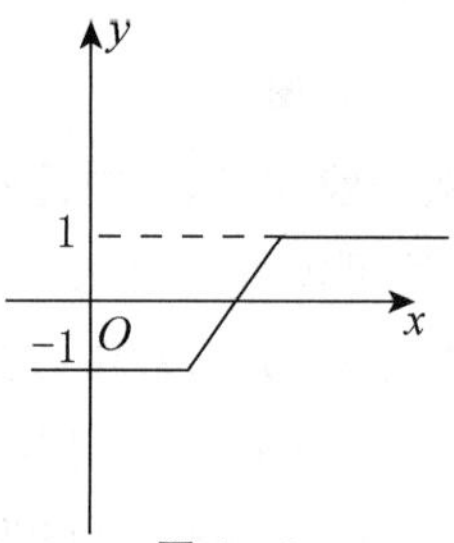

图 1-6

条件(1)，当 $0<a\leqslant\frac{1}{2}$ 时，显然 $y=a$ 与 $y=|x-2|-|x-3|$ 只有一个交点，充分.

条件(2)，当 $\frac{1}{2}<a\leqslant 1$ 时，显然当 $a=1$ 时，$y=1$ 与 $y=|x-2|-|x-3|$ 有无穷多个交点，不充分.

方法二：

$-|2-3|\leqslant|x-2|-|x-3|\leqslant|2-3|$，$-1\leqslant|x-2|-|x-3|\leqslant 1$.

当 $|x-2|-|x-3|=\pm 1$ 时，方程有无穷多个解；

当 $|x-2|-|x-3|=a(-1<a<1)$ 时，方程有唯一的解.

比较两个条件，只有条件(1)充分. 选 A.

【点睛】 要熟悉两种重要的绝对值函数的图象：

$$y=|x-a|+|x-b|,y=|x-a|-|x-b|.$$

【74】

【解析】 选 C. 条件(1)：取 $a=-2,b=1$，即可发现不充分；条件(2)：取 $a=2,b=1$ 也

可以发现不充分；联合两个条件：$2|a|=|(a+b)+(a-b)|\leqslant|a+b|+|a-b|\leqslant2\Rightarrow|a|\leqslant1$.

同理：$2|b|=|(a+b)-(a-b)|\leqslant|a+b|+|a-b|\leqslant2\Rightarrow|b|\leqslant1$，联合充分，故选 C.

【技巧】 此题显然联合后就别再去证明了，一般来说 C 的可能性会很大了.

【点睛】 熟练掌握三角不等式：$|a\pm b|\leqslant|a|+|b|$，以及熟悉什么时候能取到等号.

【75】

【解析】 选 C. 条件(1)：只需要取 $x_k=x_1=1$，$x_2=x_3=-1$，那么 $\overline{x}=-\frac{1}{3}$，则 $|x_k-\overline{x}|=\left|1+\frac{1}{3}\right|=\frac{4}{3}$ 不充分；条件(2)单独也不充分，只能联合. 假设 $k=2$，得 $|x_k-\overline{x}|=\left|x_2-\frac{x_1+x_2+x_3}{3}\right|=\left|\frac{2x_2-x_3}{3}\right|\leqslant\frac{2}{3}|x_2|+\frac{1}{3}|x_3|\leqslant\frac{2}{3}+\frac{1}{3}=1$，充分.

【技巧】 本题两个条件中一个是不等式的约束，另一个条件是等量关系，属于定性和定量模式，应该秒杀选 C.

【76】

【解析】 选 A. 方法一：条件(2)，取 $b=0$，$a=0$，显然题干不成立，不充分；

条件(1)，分类讨论：

若 $b>1$，则 $|a-2b|\leqslant1\Rightarrow a>2b-1>b$；

若 $b<-1$，则 $|a-2b|\leqslant1\Rightarrow a<2b+1<b\Rightarrow|a|>|b|$，充分，故选 A.

方法二：条件(2)，取 $a=0$，$b=0.5$，满足题干，但此时 $|a|<|b|$，不符合.

条件(1)，

$$\begin{aligned}&|a-2b|\leqslant1<|b|\\&\Rightarrow|a-2b|<|b|\\&\Rightarrow(a-2b)^2<b^2\\&\Rightarrow(a-2b)^2-b^2<0\\&\Rightarrow(a-3b)(a-b)<0.\end{aligned}$$

当 $b>0$ 时，$3b>a>b>0$，则 $|a|>|b|$；

当 $b<0$ 时，$3b<a<b<0$，则同样有 $|a|>|b|$. 因此，充分. 选 A.

方法三：利用三角不等式，

由条件(1)可得$\begin{cases}2|b|-|a|\leqslant|a-2b|,\\|a-2b|\leqslant1,\\|b|>1\end{cases}\Rightarrow2|b|-|a|<|b|\Rightarrow|a|>|b|$，充分，而条件(2)明显不充分，选 A.

【点睛】 遇到绝对值不等式问题，常用的方法有：利用绝对值不等式的解法去掉绝对值；也可以采用两边平方去绝对值的方法（不等式两边都需要为正数时才可以）；当然也可以利用三角不等式的方法求解.

【技巧】 两个条件为对立关系时，一般就是一真一假，那么就在 A 和 B 中选择了，而本题条件(2)很容易找出反例，那么就可以直接选 A 了.

第二章　整式与分式

第一节　整式运算

【1】

【解析】 选 C. 由于 $a^2+b^2+c^2=ab+ac+bc$，得

$$2a^2+2b^2+2c^2-2ab-2ac-2bc=0,$$

即

$$a^2-2ab+b^2+b^2-2bc+c^2+c^2-2ac+a^2=0,$$

配方后得 $(a-b)^2+(b-c)^2+(c-a)^2=0\Rightarrow a=b=c$，则三角形为等边三角形.

【点睛】 一般遇到形如 ab,ac,bc 之类的轮换式，很容易求出 $a=b=c$.

【2】

【解析】 选 B.

$$\begin{aligned}&(a-b)^2+(b-c)^2+(c-a)^2\\=&2(a^2+b^2+c^2)-2(ab+bc+ca)\\=&3(a^2+b^2+c^2)-(a^2+b^2+c^2+2ab+2bc+2ca)\\=&3(a^2+b^2+c^2)-(a+b+c)^2.\end{aligned}$$

由于 $(a+b+c)^2\geqslant 0$，故 $3(a^2+b^2+c^2)-(a+b+c)^2\leqslant 3(a^2+b^2+c^2)$，又因为 $a^2+b^2+c^2=9$，所以 $3(a^2+b^2+c^2)-(a+b+c)^2\leqslant 3\times 9=27$.

【技巧】 本题很容易发现 27 中含有 9 这个因子，很容易正确，直接秒杀选 B.

【点睛】 首先利用完全平方公式将代数式展开，然后再配方，利用非负性求解最值，本题的关键在于 $(2ab+2bc+2ca)=(a+b+c)^2-(a^2+b^2+c^2)$，然后才能利用非负性求解.

【3】

【解析】 选 C. 设原来正方形边长为 y. 根据题意，可得

$$(y+1)^2=y^2+180+21,$$

解得 $y=100$. 则该批瓷砖共有 $100\times 100+180=10\ 180$(块).

【点睛】 选项减去 180 应该是一个完全平方数，加上 21 应该也是一个完全平方数，那么就可以直接选 10 180.

【4】

【解析】 选 E. 由于 $|a-b|=2$，则

$$|a^3-b^3|=|(a-b)(a^2+ab+b^2)|=|(a-b)[(a-b)^2+3ab]|=2\times|4+3ab|=26,$$

则 $ab=3$ 或 $ab=-\frac{17}{3}$(舍去)，$|a-b|=2\Rightarrow(a-b)^2=4\Rightarrow a^2+b^2=(a-b)^2+2ab=10$，故选 E.

【技巧】 本题很容易观察出来 a,b 是 3 和 1 两个数字，直接就选 E 了.

【5】

【解析】 选 C.

$$x^2+\frac{1}{x^2}-3x-\frac{3}{x}+2=0$$

$$\Rightarrow x^2+2+\frac{1}{x^2}-3\cdot\left(x+\frac{1}{x}\right)=0$$

$$\Rightarrow\left(x+\frac{1}{x}\right)^2-3\cdot\left(x+\frac{1}{x}\right)=0$$

$$\Rightarrow\left(x+\frac{1}{x}\right)\cdot\left(x+\frac{1}{x}-3\right)=0,$$

所以 $x+\frac{1}{x}=0$(舍去)或 $x+\frac{1}{x}=3$,

$$x^3+\frac{1}{x^3}=\left(x+\frac{1}{x}\right)\left[\left(x+\frac{1}{x}\right)^2-3\cdot x\cdot\frac{1}{x}\right]=3\cdot(3^2-3)=18.$$

【点睛】 可以记忆常见结论,当 $x+\frac{1}{x}=3$ 时,$x^2+\frac{1}{x^2}=7$,$x^3+\frac{1}{x^3}=18$.

【6】

【解析】 选 B.$(ax^2+bx+1)(3x^2-4x+5)$中一次方项有:$(5b-4)x$;三次方项有:$(3b-4a)x^3$.则 $b=\frac{4}{5}$,$a=\frac{3}{5}$.

【技巧】 当两个条件是包含关系时(即一个条件的范围是另一个条件的子集),考试倾向于选择范围小的那个条件正确.

【点睛】 本题不用将 ax^2+bx+1 与 $3x^2-4x+5$ 完全乘出来,利用结论:两个多项式中的 m 次方项和 n 次方项乘积得到 $m+n$ 次方项,来找对应次方项的系数.

【7】

【解析】 选 C.条件(1):取 $a=2$,$b=\frac{1}{32}$,$a+b=2\frac{1}{32}>\frac{5}{4}$,不充分;

条件(2):取 $a=\frac{\sqrt{2}}{2}$,$b=\frac{\sqrt{2}}{2}$,$a+b=\sqrt{2}>\frac{5}{4}$,也不充分;

联合两个条件:

$$\begin{cases}ab\leqslant\frac{1}{16},\\ a^2+b^2\leqslant 1\end{cases}\Rightarrow(a+b)^2=a^2+b^2+2ab\leqslant 1+\frac{1}{8}=\frac{9}{8}\Rightarrow a+b\leqslant\frac{3\sqrt{2}}{4}<\frac{5}{4},\text{充分}.$$

【点睛】要熟悉完全平方公式:$(a\pm b)^2=a^2+b^2\pm 2ab$.

【8】

【解析】 选 A.题干为

$$x-3kx^2+3k^2x^3-k^3x^4=a_1x+a_2x^2+a_3x^3+a_4x^4\Rightarrow\begin{cases}a_1=1,\\a_2=-3k,\\a_3=3k^2,\\a_4=-k^3,\\a_1+a_2+a_3+a_4=(1-k)^3.\end{cases}$$

条件(1)：$a_2=-9\Rightarrow k=3\Rightarrow a_1+a_2+a_3+a_4=-8$，充分；

条件(2)：$a_3=27\Rightarrow 3k^2=27\Rightarrow k=\pm3\Rightarrow a_1+a_2+a_3+a_4=-8$或 64，不充分.

【点睛】 本题主要考查多项式两边系数对等，先求出 k 的数值，然后再判断是否充分.

【9】

【解析】 选 C. 设羊栏的长和宽分别为 a，b，联合两个条件得

$$\begin{cases}a+b=60,\\\sqrt{a^2+b^2}\leqslant50\end{cases}\Rightarrow\begin{cases}a^2+b^2+2ab=3\ 600,\\a^2+b^2\leqslant2\ 500\end{cases}\Rightarrow3\ 600-2ab\leqslant2\ 500\Rightarrow ab\geqslant550>500,$$

所以联合后充分.

【技巧】 当遇到两个条件一个是等量关系，另一个是不等式的约束，且两个条件是完全可以联合的状态时，一般倾向于认为联合后充分，选 C.

【10】

【解析】 选 A. 条件(1)：$(x+y)^2=x^2+y^2+2xy\leqslant2(x^2+y^2)\leqslant2\times2=4\Rightarrow|x+y|\leqslant2$，充分.

条件(2)：只需要取 $x=2,y=\dfrac{1}{2}$，代入题干后得$|x+y|=\dfrac{5}{2}>2$，显然不充分. 所以选 A.

【技巧】 其实条件(1)也可以用图形（数形结合）来理解，$x^2+y^2\leqslant2$ 表示是以$(0,0)$为圆心，$\sqrt{2}$为半径的圆的内部区域，$|x+y|\leqslant2$ 表示的是与圆相切的两条平行线之间的区域，所以条件(1)充分. 本题很多考生容易选成 C.

【11】

【解析】 选 C. 两条件显然单独都不充分，考虑联合，设小明的年龄为 n，则

$$\begin{cases}n=k^2,\\n+20=m^2\end{cases}\Rightarrow m^2-k^2=20\Rightarrow(m+k)(m-k)=20,$$

由于 $m+k$，$m-k$ 是同奇同偶，因此得到$\begin{cases}m+k=10,\\m-k=2\end{cases}\Rightarrow\begin{cases}m=6,\\k=4,\end{cases}$则小明现在的年龄是 16 岁，20 年后 36 岁，明显唯一确定.

【技巧】 直接枚举一下即可发现，小明年龄只能是 1，4，9，16，25 等，加上 20 岁还是平方数的只能是 16.

【12】

【解析】 选 E. 方法一：由$f(1)=0\Rightarrow1+a^2+1-3a=0\Rightarrow a^2-3a+2=0\Rightarrow a=1$或 $a=2$.

方法二：待定系数法，设商为 $x^2+mx+3a$，那么

$$x^3+a^2x^2+x-3a=(x-1)(x^2+mx+3a)=x^3+(m-1)x^2+(3a-m)x-3a,$$

通过每一项系数对应相等就可以计算出 a 的值.

【点睛】 因式定理可以巧妙地理解为，因式为零时，原被除式也为零.

【13】

【解析】 选 B. 方法一：利用因式定理，得 $\begin{cases}f(1)=0,\\ f(2)=0\end{cases}\Rightarrow\begin{cases}1+a+b-6=0,\\ 8+4a+2b-6=0,\end{cases}$ 从而计算出 a,b 后，再用综合除法求出商式. 此法显然比较麻烦.

方法二：采用待定系数的方法，设 $x^3+ax^2+bx-6=(x-1)(x-2)(x+m)$，根据常数项 $-6=(-1)\times(-2)\times m$，得出 $m=-3$，故选 B.

【技巧】 当然本题也可以采用选项验证的方法进行求解.

【点睛】 遇到多项式乘法时，要先从最高次方的系数和常数项找到突破口，此题如果不知道常数项是如何乘出来的，则得找 a,b 的值，反而复杂了.

【14】

【解析】 选 D. 方法一：

$$f(x)=x^3+x^2+ax+b=(x^2-3x+2)g(x)=(x-1)(x-2)g(x),$$

则 $\begin{cases}f(1)=1+1+a+b=0,\\ f(2)=8+4+2a+b=0\end{cases}\Rightarrow\begin{cases}a=-10,\\ b=8.\end{cases}$

方法二：

$$\begin{array}{r@{}l}
 & \quad x+4 \\
x^2-3x+2 & \overline{)\,x^3+x^2+ax\qquad+b} \\
 & \underline{\;x^3-3x^2+2x\qquad\quad} \\
 & \qquad 4x^2+(a-2)x+b \\
 & \qquad \underline{4x^2-12x+8\qquad} \\
 & \qquad\qquad (a+10)x+b-8
\end{array}$$

【技巧】 可以列出表达式 $f(1)=1+1+a+b=0\Rightarrow a+b+2=0$，不用解方程组，直接验证选项可得 D 正确.

【点睛】 本题也可以采用综合除法进行运算，列式如下，因为整除，即可得

$$\begin{cases}a+10=0,\\ b-8=0\end{cases}\Rightarrow\begin{cases}a=-10,\\ b=8,\end{cases}$$

故选 D.

【15】

【解析】 选 E.

令多项式 $2x^4+x^3-ax^2+bx+a+b-1=f(x)$，因为 x^2+x-6 是 $f(x)$ 的因式，所以 $f(x)$ 可以表示成

$$f(x)=(x^2+x-6)g(x)=(x+3)(x-2)g(x),$$

即 $\begin{cases}f(2)=0,\\ f(-3)=0\end{cases}\Rightarrow\begin{cases}a-b-13=0,\\ 4a+b=67\end{cases}\Rightarrow\begin{cases}a=16,\\ b=3.\end{cases}$

【技巧】 联合起来，看常数项. 因为 $a+b-1=16+2-1=17$，显然不是 6 的倍数，所以选 E.

【16】

【解析】 选 B.

由因式定理可得 $\begin{cases}f(2)=0,\\ f(3)=0\end{cases}\Rightarrow\begin{cases}8a-4b+46-6=0,\\ 27a-9b+69-6=0\end{cases}\Rightarrow\begin{cases}a=3,\\ b=16.\end{cases}$

【技巧】 本题也可以用条件进行检验，发现条件(1)不充分，那么可以认为条件(2)是充分的.

【17】

【解析】 选 D. 采用自下而上双十字相乘法.

条件(1)：$m=7, x^2+7xy+6y^2-10y-4=0$，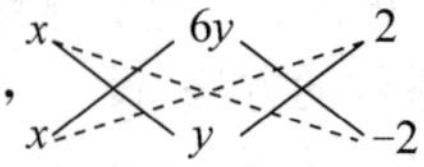，分解为$(x+6y+2)\cdot(x+y-2)=0$，显然满足是两条直线的结论，该条件充分；同理条件(2)也充分.

【点睛】 本题要熟悉双十字相乘法的运用，当然此类考法再出现的可能性非常小.

【18】

【解析】 选 D. 条件(1)根据绝对值与偶次幂的非负性，得方程组

$$\begin{cases}a^2-2=0,\\a^2-b^2-1=0\end{cases}\Rightarrow\begin{cases}a^2=2,\\b^2=1\end{cases}\Rightarrow\frac{a^2-b^2}{19a^2+96b^2}=\frac{1}{134},$$

充分. 由条件(2)有

$$a^2b^2=a^4-2b^4\Rightarrow(a^2+b^2)(a^2-2b^2)=0\Rightarrow a^2=2b^2\Rightarrow\frac{a^2-b^2}{19a^2+96b^2}=\frac{1}{134},$$

也充分.

【点睛】 本题条件(1)考查的是非负性，条件(2)考查的是因式分解，一般情况下如果两个条件从两个不同角度进行命题，直接认为都充分，选 D.

【19】

【解析】 选 A. 条件(1)：$(a-b)^2+(b-c)^2+(c-a)^2=0\Rightarrow a=b=c$，显然充分，

条件(2)：$(a^3-b^3)-ab(a-b)+c^2(a-b)=0\Rightarrow(a-b)(a^2+b^2+c^2)=0$.

得 $a=b$，只能得到是等腰三角形，不充分，故选 A.

【点睛】 本题很容易用等边三角形的特殊值情况 $a=b=c=1$，代入条件检验后发现两个条件都是正确的，那么就会误认为都充分，要注意这样的做法是不严谨的.

【20】

【解析】 选 D. 条件(1)：将 $a=3$ 代入，得$(3x+2)(x-1)=0\Rightarrow x_1=1, x_2=-\frac{2}{3}$.

条件(2)：将 $a=5$ 代入，得$x(5x-7)=0\Rightarrow x_1=0, x_2=\frac{7}{5}$.

【技巧】 对题干 $a^2x^2-(3a^2-8a)x+2a^2-13a+15=0$ 进行因式分解，得

$$a^2x^2-(3a^2-8a)x+(a-5)(2a-3)=0\Rightarrow[ax-(a-5)][ax-(2a-3)]=0,$$

解出方程的根为 $x_1=\frac{a-5}{a}=1-\frac{5}{a}, x_2=\frac{2a-3}{a}=2-\frac{3}{a}$，显然两个条件都能保证方程有一个整数根，那么也就充分了.

【点睛】 关于方程整数根的问题，一般先把带参数的方程因式分解，找到根的表达式，然后利用整数的性质即可推理找到.

【21】

【解析】 不妨设 $a>b>0$，即得$\begin{cases}ab=6,\\2a=6\end{cases}\Rightarrow\begin{cases}a=3,\\b=2,\end{cases}$所以 $a^2+b^2=13$.

【技巧】 观察即可，取特殊值 $a=2,b=3$，则 $a^2+b^2=13$（和 2018 年真题几乎无区别）.

【22】

【解析】 选 D. 条件(1)：当 $x=y$ 时，代入得 $f(x,y)=1$，充分.

条件(2)：当 $x+y=1$ 时，则 $f(x,y)=x^2-y^2-x+y+1=(x+y)(x-y)-(x-y)+1=1$，充分.

【点睛】 本题很多同学容易误选成 C，联合后其实也是正确的，但单独正确是不需要联合的.

【23】

【解析】 选 A. 条件(1)：将点代入得 $a+b=5$.

条件(2)：将点代入得 $a-b=7$.

仅条件(1)充分.

【24】

【解析】 选 B. 将条件(1)代入得 $2a(a-1)-(a-2)^2=-5$，不充分；将条件(2)代入得 $2a(a-1)-(a-2)^2=-1$，充分.

【25】

【解析】 选 B. 设 $a_2+a_3+a_4+\cdots+a_{n-1}=t$，那么题干就为 $M=(a_1+t)(t+a_n)$，$N=(a_1+t+a_n)t$.

要证明 $M>N\Leftrightarrow(a_1+t)(t+a_n)>(a_1+t+a_n)t\Leftrightarrow a_1a_n>0$，明显条件(2)充分，故选 B.

【点睛】 本题考查了代数式整体运算的理解能力，一般遇到复杂整体的时候，可以利用换元法将复杂的整体换成一个变量.

第二节　分式及其运算

【26】

【解析】 选 E.

$$\frac{x^2}{x^4+x^2+1}=\frac{1}{x^2+\frac{1}{x^2}+1}=\frac{1}{\left(x+\frac{1}{x}\right)^2-1}=\frac{1}{8}.$$

【点睛】 完全平方公式的重要运用：$a^2+\frac{1}{a^2}=\left(a\pm\frac{1}{a}\right)^2\mp2$，$\left(a\pm\frac{1}{a}\right)^2=a^2+\frac{1}{a^2}\pm2$.

【27】

【解析】 选 C.

$$\frac{x+y}{x^3+y^3+x+y}=\frac{x+y}{(x+y)(x^2-xy+y^2)+x+y}=\frac{1}{6}.$$

【点睛】 先用立方和公式进行因式分解，然后约分，最后代入求值.

【28】

【解析】 选 A.

条件(1)：$x+\frac{1}{x}=3$，$x^3+\left(\frac{1}{x}\right)^3=\left(x+\frac{1}{x}\right)\left[x^2-x\cdot\frac{1}{x}+\left(\frac{1}{x}\right)^2\right]=\left(x+\frac{1}{x}\right)\cdot\left[\left(x+\frac{1}{x}\right)^2-3x\cdot\frac{1}{x}\right]=3\cdot(9-3)=18$，充分；

条件(2)：$x^2+\left(\frac{1}{x}\right)^2=7\Rightarrow\left(x+\frac{1}{x}\right)^2-2=7\Rightarrow x+\frac{1}{x}=\pm3$，不充分.

【技巧】 因为条件(2)中有负数的情况，所以并不充分，又因为两条件不可能联合，只能选条件(1)充分.

【点睛】 本题很容易选成C，觉得需要联合才能充分，这样就陷入了出题陷阱之中，因此夯实基础非常重要.

【29】

【解析】 选C.　$\frac{a}{x^2-1}+\frac{1}{x+1}+\frac{1}{x-1}=0\Rightarrow a+x-1+x+1=0\Rightarrow x=-\frac{a}{2}$.

$$x=-\frac{a}{2}\neq\mp1\Rightarrow a\neq\pm2.$$

【点睛】 本题很容易误选成D，认为两个条件都是充分的，其实要理解$a\neq\pm2$的逻辑关系，是$a\neq2$且$a\neq-2$，这个题干的范围比两个条件自身都要小，所以单独是不充分的.要记住重要推理关系：p且$q\Rightarrow p(q)\Rightarrow p$或$q$.

【30】

【解析】 选B.

由条件(1)：令$a=11, b=7\Rightarrow\frac{ax+7}{bx+11}=\frac{11x+7}{7x+11}$，不为定值；

由条件(2)：$11a-7b=0$，$a:b=7:11\Rightarrow\frac{ax+7}{bx+11}=\frac{7kx+7}{11kx+11}=\frac{7}{11}$，条件(2)充分.

【点睛】 对于此题的解法，条件(1)采用取特殊值的方法来排除，条件(2)采用比例设k的方法来证明.

【31】

【解析】 选A.由条件(1)：a是方程$x^2-3x+1=0$的根，所以$a^2+1=3a$，等式两边同乘以2，得$2a^2+2=6a$，可将公式变形为$2a^2-6a+2=0\Rightarrow2a^2-5a=a-2$，故

$$2a^2-5a-2+\frac{3}{a^2+1}=a-2-2+\frac{1}{a}=\frac{a^2+1}{a}-4=-1,$$

条件(1)充分.

条件(2)不充分.

【点睛】 条件(1)主要采用构造整体的思维方法，而不是求出具体a的值，当然考试时间来不及时可以先做条件(2)，当条件(2)不充分时，应该选择条件(1)充分.

【32】

【解析】 选D.方程有相同的增根$x=2$，即$x-|a|=0\Rightarrow|a|=2\Rightarrow a=\pm2$.

【技巧】 本题由于两个条件对题干的表述完全是等价的，所以选择D.

【点睛】 一般在做条件充分性判断时，若两个条件只相差一个符号时，一般认为都充分

的可能性比较大.

【33】

【解析】 选 B. 条件(1):只需要先取 $p=-1,q=2$,题干$\frac{-1}{2\times(-1-1)}=\frac{1}{4}$,再取 $p=2$,$q=-1$,题干为$\frac{2}{(-1)\times(2-1)}=-2$,显然不充分. 条件(2):$\frac{1}{p}+\frac{1}{q}=1\Rightarrow p+q=pq$,题干即为$\frac{p}{q(p-1)}=\frac{p}{pq-q}=\frac{p}{p+q-q}=1$,充分.

【技巧】 显然两个条件中条件(1)简单,先做条件(1),当条件(1)不充分时,就只能选 B 了.

【34】

【解析】 选 D. 条件(1):将方程变形为$mn-3m-n=0\Rightarrow(m-1)(n-3)=3=1\times3$,由于 m,n 是正整数,所以得$\begin{cases}m-1=3,\\n-3=1\end{cases}$或$\begin{cases}m-1=1,\\n-3=3\end{cases}\Rightarrow\begin{cases}m=4,\\n=4\end{cases}$或$\begin{cases}m=2,\\n=6\end{cases}\Rightarrow m+n=8$.

所以条件(1)充分.

条件(2):将方程变形为$mn-2m-n=0\Rightarrow(m-1)(n-2)=2=1\times2$,由于 m,n 是正整数,所以得$\begin{cases}m-1=2,\\n-2=1\end{cases}$或$\begin{cases}m-1=1,\\n-2=2\end{cases}\Rightarrow\begin{cases}m=3,\\n=3\end{cases}$或$\begin{cases}m=2,\\n=4\end{cases}\Rightarrow m+n=6$.

所以条件(2)充分,所以选 D.

【技巧】 其实本题可以很容易观察出条件(1)分别为 4,4 和 2,6. 那么和就是 8;条件(2)分别是 3,3 和 2,4,那么和就是 6,都是充分的.

【35】

【解析】 选 B.

条件(1),设$\sqrt{x}+\frac{1}{\sqrt{x}}=m$,平方 $x+\frac{1}{x}=m^2-2$,题干

$$\left(x-\frac{1}{x}\right)^2=\left(x+\frac{1}{x}\right)^2-4=(m^2-2)^2-4=m^4-4m^2,$$

所以 $x-\frac{1}{x}=\pm\sqrt{m^4-4m^2}$,不唯一;

条件(2),设 $x^2-\frac{1}{x^2}=t$,则 $x^4-tx^2-1=0$,$(x^2)^2-tx^2-1=0$,$x^2=\frac{t\pm\sqrt{t^2+4}}{2}$,取$x^2=\frac{t+\sqrt{t^2+4}}{2}$,$x^2$ 唯一确定. 因为 $x>0$,则 x 确定,所以 $x-\frac{1}{x}$的值唯一确定.

【点睛】条件(1),因为 x 无法确定是大于 1 还是小于 1,比如,$x=4$ 和 $x=\frac{1}{4}$,条件(1)都是$\frac{5}{2}$,而题干 $x-\frac{1}{x}$的值却有两个结果,明显不充分.

条件(2),因为 $x^2-\frac{1}{x^2}=\left(x-\frac{1}{x}\right)\left(x+\frac{1}{x}\right)$,即可知 $x^2-\frac{1}{x^2}$的结果的符号与 $x-\frac{1}{x}$的符号一致,是充分的,选 B.

第三章 函数、代数方程和不等式

第一节 常用函数及其应用

【1】

【解析】 选 E. 利润＝收入－成本＝$500x-C=-\frac{1}{40}x^2+300x-25\ 000$，看成开口向下的抛物线，在对称轴 $x=6\ 000$ 处，利润最大.

【点睛】 当表达式为二次函数时，可以借助抛物线来求解最值.

【2】

【解析】 选 D. 相当于求两点距离的最小值，设时间为 $t(t<2)$，距离为 s，此时罪犯走了 t km，警察走了 $2t$ km，如图 3－1 所示，根据勾股定理，$s^2=(2-2t)^2+(t+0.5)^2=5t^2-7t+4.25$，由对称轴方程式 $t=-\frac{b}{2a}=\frac{7}{10}$，所以当时间 $t=\frac{7}{10}$分钟时，距离最短.

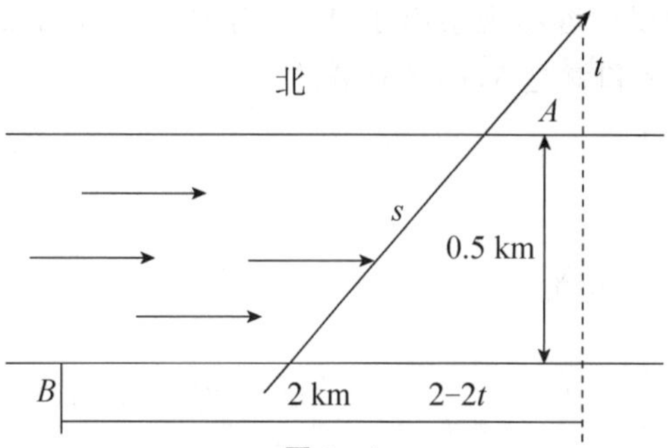

图 3－1

【点睛】 本题借助几何的勾股定理求出距离，然后利用抛物线性质求出二次函数的最值.

【3】

【解析】 选 E. $y=x(1-x)=-x^2+x=-\left(x-\frac{1}{2}\right)^2+\frac{1}{4}$，如图 3－2 所示，当且仅当 $x=\frac{1}{2}$时，函数有最大值，最大值为 0.25.

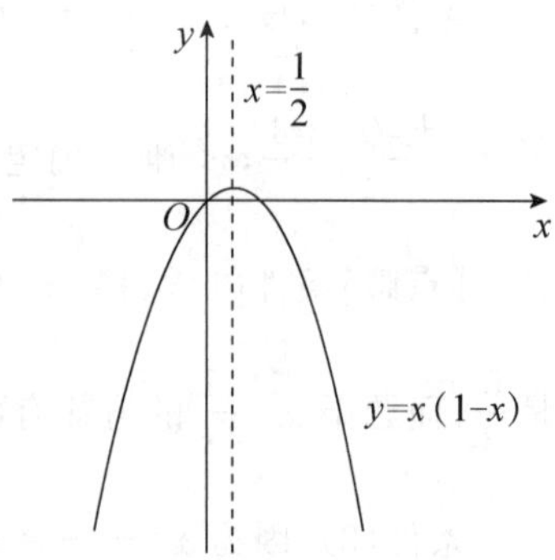

图 3－2

【技巧】 由于本题的对称轴为 $x=\frac{1}{2}$，那么只需要将 $x=\frac{1}{2}$代入即可，则最大值为 $y\Big|_{x=\frac{1}{2}}=x(1-x)\Big|_{x=\frac{1}{2}}=\frac{1}{2}\times$

$\frac{1}{2}=0.25$.

【点睛】 一般遇到求二次函数的最值时可以通过配方求解，也可以先找出对称轴方程，从而求出最值. 当然本题也可以采用均值定理求解，即 $y=x(1-x)\leqslant\left(\frac{x+1-x}{2}\right)^2=0.25$.

【4】

【解析】 选 B. 该商品的进价为每件 90 元. 若每件定价为 100 元时，每件利润为 10 元，设每件定价提高 x 元时，$R=(10+x)(500-10x)=10\times(500+40x-x^2)$，得：当 $x=20$ 时利润最大，则此时的定价为 $100+20=120$(元).

【技巧】 本题也可以用选项进行逐个验证，显然 120 验证后能得到最大的利润值.

【点睛】 利润=单个获利×销量，根据常识，单个获利和销量这两个因素一般是矛盾的，即单个获利大(定价高)，销量就会少，单个获利小，销量就会大(薄利多销).

【5】

【解析】 选 A. 方法一：$x^2+y^2+2y=(3-2y)^2+y^2+2y=5y^2-10y+9=5(y-1)^2+4$，所以最小值为 4.

方法二：数形结合法：$x^2+(y+1)^2-1=\left[\sqrt{x^2+(y+1)^2}\right]^2-1$，如图 3－3 所示，先求直线 $x+2y=3$ 上一动点到点$(0,-1)$的距离的最小值，即为点$(0,-1)$到直线 $x+2y=3$ 的距离，为 $d=\frac{5}{\sqrt{5}}=\sqrt{5}$，则最小值为 $5-1=4$.

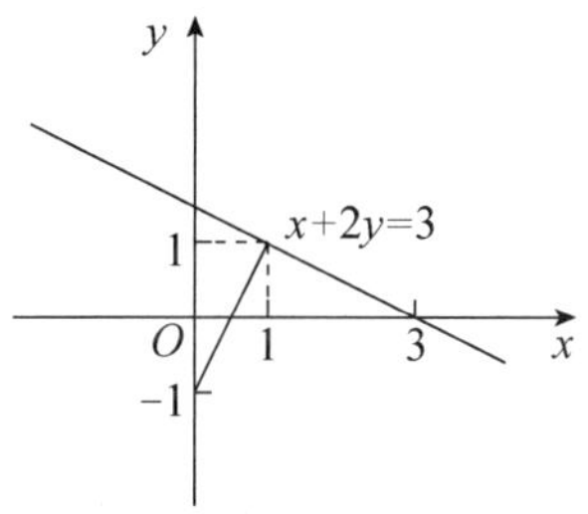

图 3－3

【技巧】 直接目测取 $x=1,y=1$，代入 x^2+y^2+2y 中结果为 4，因此 4 的可能性比较大.

【点睛】 本题方法一主要采用消元的方法得到关于 y 的二次函数从而求其最值，方法二主要采用了数形结合的方法，理解成直线上的动点到点$(0,-1)$的距离的最小值，更加体现了数学的内涵.

【6】

【解析】 选 B. 方法一：显然 AB 的直线方程为$\frac{x}{1}+\frac{y}{2}=1\Rightarrow 2x+y=2$(截距式方程)，则面积 $S=xy=x(2-2x)=2x(1-x)\leqslant 2\left(\frac{x+1-x}{2}\right)^2=\frac{1}{2}$.

方法二：$S=2x(1-x)=2(-x^2+x)=-2\left(x-\frac{1}{2}\right)^2+\frac{1}{2}\leqslant\frac{1}{2}$.

【技巧】 显然取 $x=\frac{1}{2}$，$y=1$ 时，此时点 $M\left(\frac{1}{2},1\right)$一定为最值情况，那么面积为 $S=xy=\frac{1}{2}$.

【点睛】 本题属于交汇性命题，命题思路相当新颖，既考查了直线的方程式，又考查了二次函数的最值问题.

【7】

【解析】 选 B. 设降低 x 个降幅，每天的销售利润为 y. 根据题意，可得

$$y=(400-50x)(8+4x)=50(8-x)\times4(2+x)=200(2+x)(8-x),$$

显然，当 $2+x=8-x$，即 $x=3$ 时 y 有最大值，所以定价为 $2\ 400-3\times50=2\ 250$(元).

【点睛】 一般应该倾向于选带 50 的，其实采用选项验证法比较合适.

【8】

【解析】 选 E. 假设 $x^2\geqslant-x^2+8\Rightarrow x^2\geqslant4\Rightarrow x\geqslant2$或 $x\leqslant-2$，当 $x\geqslant2$ 或 $x\leqslant-2$ 时，$f(x)=x^2$，最小值为 4；当$-2\leqslant x\leqslant2$ 时，$f(x)=-x^2+8$. 最小值也是 4，所以整个函数的最小值就为 4，选 E.

【技巧】 本题的关键在于分类讨论，当然考试时候可以直接通过 $x^2=-x^2+8\Rightarrow x^2=4$，最小值就是 4 了.

【9】

【解析】 选 B. 方法一：分类讨论，

当 $x>2$ 时，$f(x)=x^2-4x-2(x-2)=x^2-6x+4=(x-3)^2-5$，当 $x=3$ 时，其最小值为-5；当 $x\leqslant2$ 时，$f(x)=x^2-4x-2(2-x)=x^2-2x-4=(x-1)^2-5$，当 $x=1$ 时，其最小值为-5.

方法二：

$$\begin{aligned}f(x)&=x^2-4x+4-2|x-2|-4\\&=(x-2)^2-2|x-2|-4\\&=(|x-2|-1)^2-5.\end{aligned}$$

最小值为-5，选 B.

【点睛】 遇到绝对值问题我们常用的方法是零点分段讨论法.

【10】

【解析】 选 A. 配方：

$$f(x,y)=x^2+4xy+4y^2+y^2-2y+2=(x+2y)^2+(y-1)^2+1\geqslant1.$$

当 $x=-2$ 且 $y=1$ 时，有最小值 1.

【点睛】 一般遇到二次表达式时，要多考虑配方法的使用.

【11】

【解析】 选 A. 由题干可知 $4a^2-4b>0\Rightarrow b-a^2<0$.

由条件(1)得$2a=b+1\Rightarrow b=2a-1$，从而题干 $b-a^2=2a-1-a^2=-(a-1)^2<0(a\neq1)$，显然充分. 由条件(2)得 $a^2=b$，显然不充分.

【12】

【解析】 选 D. $f(x)=x^2+ax$ 的最小值为$-\frac{a^2}{4}$，$f(x)$的值域为$\left[-\frac{a^2}{4},+\infty\right)$；令

$f(x)=t$，那么 $f[f(x)]=f(t)=t^2+at$，它的定义域就是 $f(x)$ 的值域 $\left[-\frac{a^2}{4},+\infty\right)$，要使得 $f(x)$ 与 $f(t)$ 的最小值相等，即 $f(t)$ 的对称轴 $t=-\frac{a}{2}$ 在它的定义域 $\left[-\frac{a^2}{4},+\infty\right)$ 内，即可得 $-\frac{a^2}{4}\leqslant-\frac{a}{2}\Rightarrow a\leqslant0$ 或 $a\geqslant2$，所以两个条件都是题干的子集，那么都充分，选 D.

【技巧】 可以分别取两个条件的端点值 2 和 0 代入进行检验，即可发现都充分，那就可以猜 D 了.

【13】

【解析】 选 A. 抛物线的对称轴为 $x=-\frac{b}{2}=1\Rightarrow b=-2$，又因为过点 $(-1,1)$，则

$$1=(-1)^2+b(-1)+c\Rightarrow b=c\Rightarrow c=-2.$$

【技巧】 本题将点 $(-1,1)$ 代入二次函数后，得 $b=c$，只能在 A，B，D，E 中选择了，而 2 出现的情况比 1 多点，那么只能在 A，B 中选择了.

【点睛】 抛物线的图象、对称轴方程、顶点坐标等基本结论要牢记.

【14】

【解析】 选 B. 对称轴为 $x=1$，则 $-\frac{b}{2a}=1\Rightarrow b=-2a$.

则 $\frac{f(3)-f(2)}{f(2)-f(1)}=\frac{9a+3b-4a-2b}{4a+2b-a-b}=\frac{5a+b}{3a+b}=\frac{3a}{a}=3$，选 B.

【技巧】 本题可以利用一种特殊的二次函数，$f(x)=x(x-2)=x^2-2x$，则

$$\frac{f(3)-f(2)}{f(2)-f(1)}=\frac{(9-6)-(4-4)}{(4-4)-(1-2)}=3.$$

【15】

【解析】 选 C. 由条件(1)得 $c=0$，$a+b=1$，不充分；

由条件(2)得 $a+b$ 正好是抛物线的最值. 得 $\frac{4ac-b^2}{4a}=a+b$，也不充分；

联合条件(1)，条件(2)得 $\begin{cases}c=0,\\a+b=1,\\\frac{4ac-b^2}{4a}=a+b\end{cases}\Rightarrow\begin{cases}c=0,\\a+b=1,\\(2a+b)^2=0\end{cases}\Rightarrow\begin{cases}c=0,\\b=2,\\a=-1,\end{cases}$ 充分.

【技巧】 由于两条件中条件(1)是定量分析，条件(2)是定性分析，考试的时候应该考虑联合比较合适.

【点睛】 本题条件(2)也可以利用判别式 $\Delta=0$ 进行计算，$f(x)=ax^2+bx+c=a+b\Rightarrow ax^2+bx+c-a-b=0\Rightarrow\Delta=b^2-4a(c-a-b)=0$.

【16】

【解析】 选 A. 条件(1)：$a>\frac{1}{4}>0$，图象为开口向上的抛物线(见图 3-4).

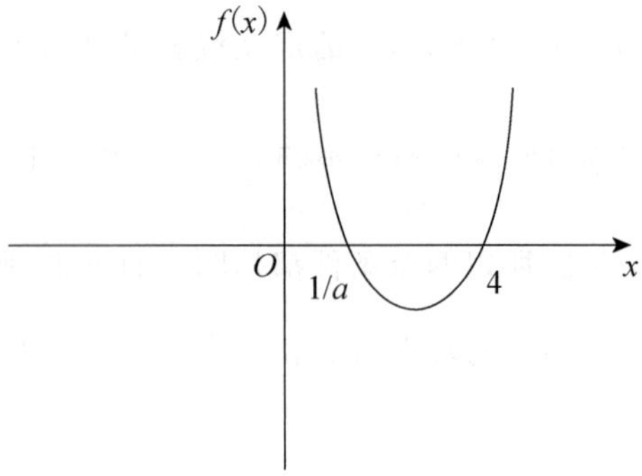

图 3-4

$f(x)=(ax-1)(x-4)\Rightarrow f(x)=0$ 时，$x_1=\frac{1}{a}$，$x_2=4$，根据条件 $a>\frac{1}{4}\Rightarrow 0<\frac{1}{a}<4$.

根据图象，很明显 $f(x)$ 在 $x=4$ 左侧附近有 $f(x)$ 在 x 轴下方，即小于 0. 条件(1)充分.

条件(2)：取 $a=0$，则 $f(x)=-x+4$，如图 3-5 所示，图象为一条斜率为 -1，截距为 4 的直线. 很明显 $f(x)$ 在 $x=4$ 左侧附近有 $f(x)$ 在 x 轴上方，即大于 0. 条件(2)不充分.

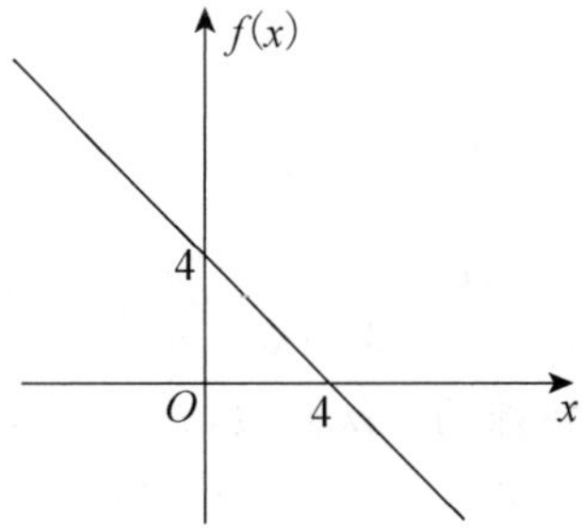

图 3-5

【17】

【解析】 选 C. 平均成本为：$\overline{C}=\frac{C}{x}=\frac{25\ 000}{x}+\frac{1}{40}x+200\geqslant 2\sqrt{\frac{25\ 000}{x}\times\frac{1}{40}x}+200=250$，当 $\frac{25\ 000}{x}=\frac{1}{40}x$，即 $x=1\ 000$ 时，平均成本最小.

【点睛】 本题利用了均值定理的"乘积为定值，和有最小值"的结论，对于两个正数，也可记住公式：$a+b\geqslant 2\sqrt{ab}$.

【18】

【解析】 选 A. 设 A，B，C 的采购量分别为 x，y，z(单位均为吨)，$3x+2y+4z=54$，根据算术平均不小于几何平均，则

$$Q=0.05xyz=\frac{1}{20}\cdot\frac{1}{24}\cdot(3x)\cdot(2y)\cdot(4z)\leqslant\frac{1}{480}\left(\frac{3x+2y+4z}{3}\right)^3,$$

当且仅当 $3x=2y=4z$ 时等号成立，即 $x=6$，$y=9$，$z=4.5$.

【点睛】 此题利用了均值定理的"和为定值，乘积有最大值"的结论，其关键在于将 x，y，z 配上系数，转化 $3x$，$2y$，$4z$；要记住：根据题目的等式，将系数配好后才能用均值定理，因为如果不配系数，x，y，z 本身之和不为定值.

【19】

【解析】 选 B. 设每 x 天购买一次原料，总成本为 y，则列式为：

$$y=1\ 800\times 6x+(3\times 6+2\times 3\times 6+3\times 3\times 6+\cdots+x\times 3\times 6)+900$$
$$=1\ 800\times 6x+900+3\times 6\left(\frac{1+x}{2}\right)x,$$

平均每天花费的 $\overline{y}=1\ 800\times 6+\frac{900}{x}+9x+9\Rightarrow x=10$时，$\overline{y}$ 最小.

【点睛】 对于经济生产和安排问题，一般要列出函数表达式，通过解最值来解决问题. 当然此题总费用为 $y=6x\times 1\ 800+6\times 3[(x-1)+\cdots+1]+900=6\times 1\ 800x+18\times\frac{x(x-1)}{2}+900$ 也可以，并不影响结果. 本题根据平均值定理的“乘积为定值，和有最小值”的结论求解.

【20】

【解析】 选 B. 均值不等式：$f(x)=\frac{a}{x^2}+x+x\geqslant 3\sqrt[3]{a}$，即 $3\sqrt[3]{a}=12\Rightarrow\sqrt[3]{a}=4\Rightarrow a=64$，另当且仅当等号成立的条件：$\frac{a}{x^2}=x\Rightarrow x^3=64\Rightarrow x=4$.

【21】

【解析】 选 C. 注满口杯前 $h=0$，在相同时间内，注满口杯的第一阶段（淹没口杯前）比第二阶段（淹没口杯后）Δh 变化趋势变大.

【点睛】 此题是实际问题用函数图象描述，关键要看口杯对水平面升高速度的变化影响. 此外，遇到图象问题，主要抓住曲线的变化趋势、转折点、陡缓程度等特征.

【22】

【解析】 选 C. 行驶的路程如图 3－6 所示梯形的面积. 那么梯形的面积为

$$S=\frac{(上底+下底)\times 高}{2}=\frac{(0.6+1)v_0}{2}\Rightarrow v_0=90.$$

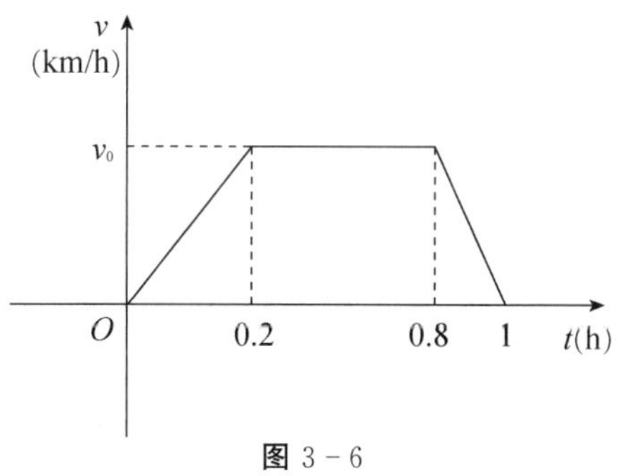

图 3－6

【技巧】 不会做的时候选“数字中的第二大”是比较保险的.

第二节　代数方程

【23】

【解析】 选B. $\Delta\geqslant0\Rightarrow4c^2(a+b)^2-4(a^2+c^2)(b^2+c^2)\geqslant0\Rightarrow(c^2-ab)^2\leqslant0\Rightarrow c^2=ab$，则 a,c,b 成等比数列.

【技巧】 本题也可以取特殊值逐个选项进行检验，体现了特殊值法的思维能力.

【点睛】 本题要熟悉这样的结论：三个数 a,b,c 成等差数列，则可得：$2b=a+c$，反之也成立；三个数 a,b,c 成等比数列，则可得：$b^2=ac$，反之也成立.

【24】

【解析】 选 C. 选项 A 因式分解后得 $(x+3)^2=0$，有两重根 $x_1=x_2=-3$.

选项 B 因式分解后得 $(x-\sqrt{2})^2=0$，有两重根 $x_1=x_2=\sqrt{2}$；

选项 D 中，$\Delta=5^2-4\times7=-3<0$，无解；

选项 E 因式分解后得 $(x-1)(x-5)=0$，得根 $x_1=1,x_2=5$.

以上选项都不对，故选 C.

【技巧】 本题正规的做法应该是验证选项是否满足 $f(2)f(4)<0$，而 C 选项中

$f(2)=2^2-4\times2+2=-2<0,f(4)=4^2-4\times4+2-2>0$，显然满足 $f(2)f(4)<0$.

【25】

【解析】 选 A. 原方程化简得：$3x^2+[2b-4(a+c)]x+4ac-b^2=0$.

由于 $\Delta=0\Rightarrow(2b-8)^2-12(4-b^2)=0\Rightarrow b=1$.

【技巧】 本题也可以用每个选项的特殊值进行验证，很明显在 A 选项中取 $a=b=c=1$ 代入题干得：$(1-x)^2-4(1-x)(1-x)=0\Rightarrow(1-x)(1-x-4+4x)=0\Rightarrow x_1=x_2=1$，所以满足题意.

【点睛】 三角形的形状与一元二次方程根的特性相结合是此题的命题特色.

【26】

【解析】 选 C. $\begin{cases}k\neq0,\\\Delta>0\end{cases}\Rightarrow\begin{cases}k\neq0,\\(2k+1)^2-4k^2>0\end{cases}\Rightarrow k>-\frac{1}{4}$ 且 $k\neq0$.

【技巧】 通过四个选项进行观察，因为要保证是一元二次方程，显然只能选 C 和 D 了，然后只要用端点值 $k=-\frac{1}{4}$ 进行检验，原方程为

$$\frac{1}{16}x^2-\frac{1}{2}x+1=0\Rightarrow x^2-8x+16=0\Rightarrow x_1=x_2=4,$$

显然不满足，只能选 C.

【点睛】 此题尤其要注意二次项系数，很多考生容易误选成 A.

【27】

【解析】 选 C. 令 $y=|x-3|$，方程为 $y^2+(a-2)y-2a=0$，对于 y 的正根，可得两个 x 的实根，对 $y=0$，可得 $x=3$ 一个实根，对 y 的负根，则无 x 实根. 以上 x 实根均不相同，

可见要满足条件，可以是 y 为两个相同正根或一正根一负根，前者条件是 $\Delta=(a-2)^2+8a=(a+2)^2=0$，得 $a=-2$，后者条件是 $-2a<0$，即 $a>0$. 故选 C.

【技巧】 特殊值排除法，$a=2$ 时，方程为 $x^2-6x+5=0$，显然有两个不同的实根，满足题干，故排除 B，D 选项，又当 $a=1$ 时，方程为

$$x^2-6x-|x-3|+9-2=0\Rightarrow|x-3|^2-|x-3|-2=0\Rightarrow|x-3|=2\Rightarrow x=5\text{或}1,$$

有两个正根，满足题干，排除 A，所以选 C.

【点睛】 对于含有绝对值的二次函数问题，可以进行如下转化：

$$ax^2+b|x|+c=0\Rightarrow a|x|^2+b|x|+c=0.$$

【28】

【解析】 选 D. 题干等价于 $\Delta\geqslant0\Rightarrow4(k+1)^2-4(k^2+2)\geqslant0\Rightarrow k\geqslant\dfrac{1}{2}$.

【技巧】 本题也可以将两个条件分别代入题干直接验证.

【点睛】 本题从题干中分析可以得到两个实根情况有两种，一种是两个不相等的实数根，一种是两个相等的实数根，那么显然应该是两个条件都是题干的子集，应该都充分.

【29】

【解析】 选 A. 方法一：直接求解法. 对条件(1)：方程 $x^2+3x+2=0$ 的两根分别为 $x_1=-1$，$x_2=-2$，方程 $x^2-2x-3=0$ 的两根 $x_1=-1$，$x_2=3$，它们有一个公共实数根 $x=-1$，充分. 对条件(2)：两方程均为 $x^2-2x+2=0$，$\Delta=-4<0$，无实根，不充分.

方法二：联立方程法. 两方程相减得 $(a+2)x+(a+2)=0$ 或 $(a+2)(x+1)=0$，若 $a=-2$，则同上可见，不充分. 若 $x=-1$，则代入两方程均可得 $a=3$.

【点睛】 本题要熟悉这样的结论：两个一元二次方程的公共根不会因为两个方程加减运算而消失.

【30】

【解析】 选 A. $\Delta=0\Leftrightarrow[2b-4(a+c)]^2-12(4ac-b^2)=0\Rightarrow a^2+b^2+c^2-ab-bc-ca=0\Rightarrow a=b=c$，条件(1)充分，条件(2)不充分.

【技巧】 本题只需要在条件(1)中取 $a=b=c=1$ 代入题干进行检验，

$$3x^2+[2-4(1+1)]x+(4-1)=0\Rightarrow3x^2-6x+3=0\Rightarrow(x-1)^2=0\Rightarrow x_1=x_2=1,$$

满足题干，故选 A.

【点睛】 三角形的形状与方程的根的结合是非常重要的交汇性考点.

【31】

【解析】 选 A. 条件(1)：$b^2=ac$，则 $\Delta=b^2-4ac=-3b^2<0$，所以无实数根；条件(2)：$2b=a+c$，则 $\Delta=b^2-4ac=\left(\dfrac{a+c}{2}\right)^2-4ac=\dfrac{a^2+c^2-14ac}{4}$，无法判断，所以不充分. 取特殊值 $a=1$，$b=0$，$c=-1$，就能得出矛盾. 故选 A.

【技巧】 本题由于条件(2)比较简单，我们可以先做条件(2)，很明显条件(2)不充分，那么条件(1)充分的可能性是非常大的，直接可以选 A.

【点睛】 涉及一元二次方程根的情况判断，由判别式符号来确定，同时本题又结合了数列来命题. 另外需注意的是：很多考生直接将两个条件联合后来做，得 a，b，c 为非零常数数

列，显然联合后也充分，就选 C 了，这样就犯了原则性错误，必须是两个条件各自不充分时才能联合的.

【32】

【解析】 选 C. 题干等价于：$\Delta=0\Rightarrow(a+2)^2-8a=0\Rightarrow a^2-4a+4=0\Rightarrow a=2$.

故条件(1)不充分；条件(2)：$a=2$ 或 $a=-3$，不充分；联合充分.

【技巧】 本题条件的结构属于一个等量关系，一个不等式关系，选择 C 的可能性是非常大的.

【点睛】 本题要熟悉函数与方程的关系：一元二次方程有两个不等的实数根，就等价于对应的函数与 x 轴有两个交点；一元二次方程有两个相等的实数根，就等价于对应的函数与 x 轴只有一个交点(相切)；一元二次方程无实数根，就等价于对应的函数与 x 轴没有交点.

【33】

【解析】 选 A. 题干如图 3－7 所示，条件(1)与题干完全等价；条件(2)等价于 $x^2+a\geqslant x+b$，也就是抛物线在直线的上方或者相切，显然不充分.

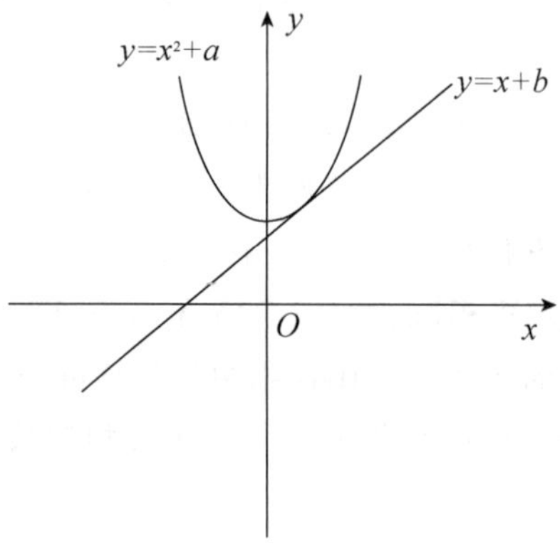

图 3－7

【点睛】 本题要熟悉这样的结论：一条不垂直于 x 轴的直线与抛物线相切其实就是直线与抛物线只有一个交点(见图 3－7)，而条件(2)的表述其实有些欠妥，应该修改成“不等式 $x^2-x\geqslant b-a$ 在 $\mathbf{R}$ 上恒成立”比较好.

【34】

【解析】 选 D. $\Delta=b^2-4>0\Rightarrow b<-2$或 $b>2$.

【技巧】 当两个条件分别是两个值的外侧时，一般选 D 的可能性比较大.

【点睛】 根据判别式来确定方程的实根情况，然后求出参数的取值范围.

【35】

【解析】 选 A. 条件(1)：$\Delta=b^2-4ac=b^2-4a(-a)=b^2+4a^2>0$，满足方程有两个不同的实数根，充分；条件(2)：$\Delta=b^2-4ac=(a+c)^2-4ac=(a-c)^2\geqslant0$，只能得出方程有实数根，不充分.

【技巧】 条件(2)中取 $a=1,c=1,b=-2$ 代入方程得 $f(x)=x^2-2x+1=(x-1)^2$，也就得到方程的两个根都是 1，不充分，那么条件(1)充分的可能性就比较大了.

【点睛】 此题在条件(2)中也能发现 $f(1)=0$，也就是抛物线过点(1,0)，同样也能得出矛盾，这样的方法更加漂亮.

【36】

【解析】 选 E. 条件(1)：$\Delta=64-24a\geqslant0\Rightarrow a\in\left(-\infty,\frac{8}{3}\right]$且 $a\neq0$，不充分；

条件(2)：$\Delta=25a^2-36\geqslant0\Rightarrow a\in\left(-\infty,-\frac{6}{5}\right]\cup\left[\frac{6}{5},+\infty\right)$，不充分.

联合起来：$a\in\left(-\infty,-\frac{6}{5}\right]\cup\left[\frac{6}{5},\frac{8}{3}\right]$，也不能得出 $a=2$，不充分. 所以选 E.

【技巧】 当本题发现两个条件是可以联合的范围时，应该选 C 或 E 了.

【点睛】 本题考查了根的判别式，很容易产生错误的做法就是将 $a=2$ 往条件里面代入做，这样就容易误选成 D.

【37】

【解析】 选 B. 条件(1)：$a+b=2$，举反例$\begin{cases}a=0,\\b=2,\end{cases}$ $x^2+4x+5=0$ 无重实根，不充分.

条件(2)：由题干，x 的二次方程$(a^2+1)x^2+2(a+b)x+b^2+1=0$ 具有重实根，

$$\Delta=4(a+b)^2-4(a^2+1)(b^2+1)=0\Rightarrow a^2b^2-2ab+1=0,$$

即$(ab-1)^2=0$，条件(2)即 $ab=1$，代入满足，故条件(2)充分.

【技巧】 本题显然联合的可能性不高，根据等比数列的难度高于等差数列，考试时只要验证条件(1)不充分，就直接选条件(2)充分，那么就选 B 了.

【点睛】 三个数 a,b,c 成等差数列(或等比数列)，就能得到 $2b=a+c$(或 $b^2=ac$).

【38】

【解析】 选 D. 条件(1)：因为 $a+b>c$，$\Delta=4(a+b)^2-4c^2=4[(a+b)^2-c^2]>0$，充分；

条件(2)：因为 $2c=a+b$，则 $\Delta=4(a+b)^2-4c^2=4(2c)^2-4c^2=12c^2\geqslant0$，充分.

【技巧】 当两个条件从完全不同的角度来描述问题时，往往两个条件都会充分，也就选 D.

【点睛】 从两个完全不同的角度来命题，往往是两个条件都充分.

【39】

【解析】 选 C. 从题干入手，当 $m=0$ 时，$2x-1=0\Rightarrow x=\frac{1}{2}$；当 $m\neq0$ 时，要使一元二次方程有两个不等的实根，则$\Delta=b^2-4ac=4+4m>0\Rightarrow m>-1$，故 $m>-1$ 且 $m\neq0$，条件(1)与条件(2)联合起来充分.

【技巧】 此题明显发现条件(1)中是含有 $m=0$ 的情况的，这样就不充分了，而条件(2)明显不正确，那么直接应该联合两个条件，选 C.

【40】

【解析】 选 B. 题意即要求 $x^2-ax-b=0$ 有 2 个不同的实数根，从而要求 $a^2+4b>0$，而条件(1)明显是干扰的，不正确. 而条件(2)当 $b>0$ 时明显 $a^2+4b>0$ 也成立，充分.

【技巧】 其实本题可以从图象(见图 3-8)的角度进行分析，因为只要求直线 $y=ax+b$ 的纵截距为正，即 $b>0$，即可保证直线必然与抛物线有两个交点.

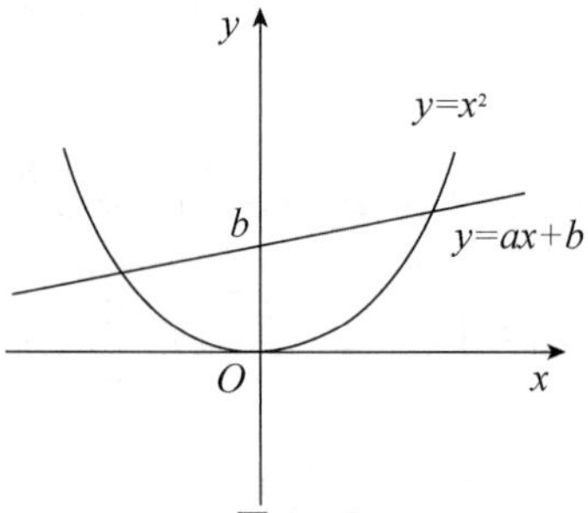

图 3-8

【41】

【解析】 选 D. 题干是 $\Delta=a^2-4(b-1)\geqslant 0$，条件(1)，$\Delta=a^2-4(b-1)=a^2+4a+4=(a+2)^2\geqslant 0$，充分；

条件(2)，$a^2-4(b-1)=a^2-4a+4=(a-2)^2\geqslant 0$，也充分，选 D.

【技巧】 条件(1)取 $a=1,b=-1$，条件(2)取 $a=1,b=1$，代入检验后得题干都成立，所以大方向选 D 了.

【42】

【解析】 选 B. 根据韦达定理得：$\frac{1}{x_1}+\frac{1}{x_2}=\frac{x_1+x_2}{x_1x_2}=-\frac{b}{1}=5\Rightarrow b=-5$.

【技巧】 由于本题可以得到 $x_1x_2=1$，那么 $\frac{1}{x_1}+\frac{1}{x_2}=x_2+x_1=-b=5\Rightarrow b=-5$.

【点睛】 本题主要考查韦达定理的应用，可以记忆公式：$\frac{1}{x_1}+\frac{1}{x_2}=-\frac{b}{c}$.

【43】

【解析】 选 A. $\sqrt{\frac{1}{x_1}\cdot\frac{1}{x_2}}=\sqrt{3}\Rightarrow x_1x_2=\frac{1}{3}\Rightarrow\frac{a}{6}=\frac{1}{3}\Rightarrow a=2$.

【技巧】 由于选项中出现 2,3,4 这样的等差数列，故答案应该在 A,B,C 中选择，而 C 的可能性不大，那就只能在 A 和 B 中选择了.

【点睛】 本题要熟悉几何平均值的基本定义，两个数 a,b 的几何平均值就是 $\sqrt{ab}$.

【44】

【解析】 选 A. 两根之积 $x_1x_2=2a^2-4a-2$，看成开口向上的抛物线，当对称轴 $a=1$ 时，有最小值 -4，再验证当 $a=1$ 时，方程是有实数根的，故选 A.

【点睛】 此题要验证对应的 a 的值能否满足方程有实数根. 如果不满足，要通过判别式 $\Delta\geqslant 0$ 先求出 a 的范围，再通过图象求出对应的最值.

【45】

【解析】 选 A. 由于 a,b,c 三数成等差数列，又成等比数列，故 $a=b=c\neq 0$，原方程可化为 $x^2+x-1=0$，根据韦达定理，得：$\alpha+\beta=-1,\alpha\beta=-1$，故 $\alpha^3\beta-\alpha\beta^3=\alpha\beta(\alpha^2-\beta^2)=\alpha\beta(\alpha+\beta)\cdot(\alpha-\beta)=\alpha\beta(\alpha+\beta)\sqrt{(\alpha-\beta)^2}=\alpha\beta(\alpha+\beta)\sqrt{(\alpha+\beta)^2-4\alpha\beta}=\sqrt{5}$.

【技巧】 由于本题的结论中出现两数之差这样的结构，而 $|x_1-x_2|=\frac{\sqrt{\Delta}}{|a|}=\sqrt{5}$，所以也

只能选 A 了.

【点睛】 记住既成等差数列,又成等比数列的数列为非零的常数数列.

【46】

【解析】 选 A. $x_1+x_2=-p$,$x_1x_2=37 \Rightarrow x_1=1$,$x_2=37$,$p=-38$,则

$$\frac{(x_1+1)(x_2+1)}{p}=\frac{2\times 38}{-38}=-2.$$

【点睛】 如果两个正整数之积等于一个质数,那么这两个正整数一个是 1,另一个等于这个质数.

【47】

【解析】 选 E. 由$\frac{1}{x_1}+\frac{1}{x_2}=4$ 和一元二次方程根与系数的关系,得:$\frac{x_1+x_2}{x_1x_2}=\frac{8}{a}=4$,所以 $a=2$,正确的选项是 E.

【技巧】 当然本题也可以用选项的值代入题干进行验证.

【点睛】 本题主要结合了算术平均值的定义,对于两个数 a,b 的算术平均值为$\frac{a+b}{2}$.

【48】

【解析】 选 A. 方法一:利用一元二次方程韦达定理,已知 $x^3+2x^2-5x-6=(x+1)(x^2+x-6)=0$,所以 x_2,x_3 为 $x^2+x-6=0$ 的两根,则$\frac{1}{x_2}+\frac{1}{x_3}=\frac{x_2+x_3}{x_2x_3}=\frac{-1}{-6}=\frac{1}{6}$.

方法二:利用一元三次方程韦达定理,应有 $-1+x_2+x_3=-2$ 及 $(-1)x_2x_3=6$,知 $x_2+x_3=-1$,$x_2\cdot x_3=-6$,$\frac{1}{x_2}+\frac{1}{x_3}=\frac{x_2+x_3}{x_2x_3}=\frac{-1}{-6}=\frac{1}{6}$.

【技巧】 本题也可以把 x^3+2x^2-5x-6 看成是被除式,$x+1$ 看成是除式,那么只要求出商就可以了,具体可以使用综合除法进行运算,这里不再进行阐述.

【点睛】 此题解法的方法二采用了一元三次方程的韦达定理. 可以记忆公式:若 x_1,x_2,x_3 是一元三次方程 $ax^3+bx^2+cx+d=0$ 的三个实数根,则 $x_1+x_2+x_3=-\frac{b}{a}$,$x_1x_2+x_2x_3+x_3x_1=\frac{c}{a}$,$x_1x_2x_3=-\frac{d}{a}$.

【49】

【解析】 选 D.

$$\frac{1}{x_1}+\frac{1}{x_2}=2 \Rightarrow \frac{x_1+x_2}{x_1x_2}=2 \Rightarrow \frac{-p}{5}=2 \Rightarrow p=-10.$$

【技巧】 由于本题方程中出现了 5 这个数字,所以选择 A 和 D 的可能性就比较大.

【点睛】 本题主要考查韦达定理的应用,可以记忆公式:$\frac{1}{x_1}+\frac{1}{x_2}=-\frac{b}{c}$.

【50】

【解析】 选 B. 本题采用先平方再开根号这样的技巧,得:

$$\sqrt{\frac{\beta}{\alpha}}+\sqrt{\frac{\alpha}{\beta}}=\sqrt{\left(\sqrt{\frac{\beta}{\alpha}}+\sqrt{\frac{\alpha}{\beta}}\right)^2}=\sqrt{\frac{\beta}{\alpha}+\frac{\alpha}{\beta}+2}=\sqrt{\frac{(\alpha+\beta)^2}{\alpha\beta}}=\sqrt{\frac{\left(-\frac{5}{3}\right)^2}{\frac{1}{3}}}=\frac{5}{3}\sqrt{3}$$,故选 B.

【技巧】 本题很明显其结果是正数,那么只能在 B 和 C 中选择了.

【点睛】 此题容易这样做错:$\sqrt{\frac{\beta}{\alpha}}+\sqrt{\frac{\alpha}{\beta}}=\frac{\sqrt{\beta}}{\sqrt{\alpha}}+\frac{\sqrt{\alpha}}{\sqrt{\beta}}=\frac{(\alpha+\beta)}{\sqrt{\alpha\beta}}=\frac{-\frac{5}{3}}{\sqrt{\frac{1}{3}}}=-\frac{5\sqrt{3}}{3}$,误选成 A.

【51】

【解析】 选 B. $\frac{1}{x_1}+\frac{1}{x_2}=1\Rightarrow\frac{x_1+x_2}{x_1x_2}=1\Rightarrow\frac{-m}{5}=1\Rightarrow m=-5$.

【技巧】 本题题干中由于出现了 5,那么只能在 A 和 B 中进行选择了.

【点睛】 又一次地考查到$\frac{1}{x_1}+\frac{1}{x_2}$与系数的关系,可以发现真题对于复习是至关重要的.

【52】

【解析】 选 B.

$$\begin{cases}x_1+x_2=-p,\\x_1x_2=q,\\x_2=2x_1\end{cases}\Rightarrow\begin{cases}3x_1=-p,\\2x_1^2=q\end{cases}\Rightarrow\frac{2p^2}{9}=q\Rightarrow2p^2=9q.$$

【技巧】 采用特殊值法,可令方程的根为 1 和 2,则 $p=-3,q=2$,检验后只有 B 满足.

【点睛】 此题需要假设一根为 a,从而利用韦达定理找到 p,q 与 a 的关系,最后消掉 a 即可得到 p,q 的关系.

【53】

【解析】 选 D.

有 $\alpha+\beta=-\frac{b}{3},\alpha\beta=\frac{c}{3}$,故$\begin{cases}\frac{c-b}{3}=\frac{b}{3},\\-\frac{bc}{9}=\frac{c}{3},\end{cases}$解得$\begin{cases}b=-3,\\c=-6.\end{cases}$

【技巧】 根据结论 $ax^2+bx+c=0$ 与 $ax^2-bx+c=0(a\neq0)$的根互为相反数,即 $3x^2+bx+c=0$ 的两根为 α,β,则 $3x^2-bx+c=0$ 的两根为$-\alpha,-\beta$,可以得到 $\alpha=-1,\beta=2$,故得到 $b=-3,c=-6$.

【点睛】 此题对于两个方程分别用韦达定理,然后消去 α,β 求出 b,c. 另外可以记住结论:若 $ax^2+bx+c=0$ 的两根为 x_1,x_2,则 $ax^2-bx+c=0$ 的根为$-x_1,-x_2$,$cx^2+bx+a=0$ 的两根为$\frac{1}{x_1},\frac{1}{x_2}$.

【54】

【解析】 选 B. 显然有一个根为 0. 不妨设 $x_3=0$,则 $x_1+x_2=0$,可以算出 $b=0,d=0$,即$ax^2+c=0\Rightarrow-\frac{c}{a}>0\Rightarrow ac<0$.

【技巧】 特殊值法，显然有一实数根为 0，另两个根互为相反数，可取三个根为 0，1，-1，故设三次方程为 $x(x+1)(x-1)=0 \Rightarrow x^3-x=0$，则取 $a=1$，$c=-1$，则 $ac<0$，故选 B.

【点睛】 此题可以使用一元三次方程的韦达定理，考生也可以熟练掌握这个定理.

【55】

【解析】 选 A. $x_1^2+x_2^2=(x_1+x_2)^2-2x_1x_2=a^2+2$. 本题属于简单题.

【技巧】 取特殊值 $a=0$ 时，原方程为 $x^2-1=0 \Rightarrow x=\pm 1$，那么 $x_1^2+x_2^2=2$.

那么验证后只有 A 和 E 可能性大，而 E 选项肯定不正确，只能选 A 了.

【点睛】 韦达定理计算中一般要熟悉几个常见的重要轮换式，比如：$\frac{1}{x_1}+\frac{1}{x_2}$，$x_1^2+x_2^2$，$x_1^3+x_2^3$，$|x_1-x_2|$等.

【56】

【解析】 选 A. 由题意可得，三角形的底边是 $|AB|$，高是 2，如图 3-9 所示，则

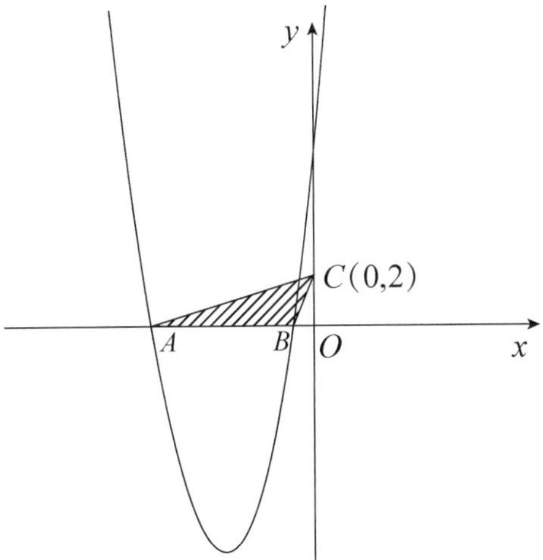

图 3-9

$$S=6 \Rightarrow \frac{|AB| \cdot 2}{2}=6 \Rightarrow |AB|=6,$$

令 $x^2+2ax+b=0$，由韦达定理，得 $x_1+x_2=-2a$，$x_1x_2=b$，所以

$$|AB|=\sqrt{(x_1+x_2)^2-4x_1x_2}=\sqrt{4a^2-4b}=6 \Rightarrow 4a^2-4b=36 \Rightarrow a^2-b=9.$$

【点睛】 E 选项中有 4，显然排除 E，而由于 9 比较多，应该在 A 和 B 中选择，由于负号也比较多，直接可以猜 A.

【57】

【解析】 选 D. 由题意得 $\Delta=a^2-4b>0$，且 $b<0$，显然 $b<0$ 即可满足 $\Delta=a^2-4b>0$，所以 $b<0$ 就可以满足方程 $x^2+ax+b=0$ 有一正一负两个实数根，条件(1)和条件(2)都为负数，都满足.

【点睛】 可以记住结论：方程 $ax^2+bx+c=0$ 有一正一负根，只需要 $ac<0$ 即可，因为判别式此时已经大于 0 了.

【58】

【解析】 选 D. 由条件(1)：$\alpha^2+\beta^2=(\alpha+\beta)^2-2\alpha\beta=2(a^2-2a-1)$，而判别式 $\Delta=4a^2-4(a^2+2a+1)=4(-2a-1)\geqslant 0\Rightarrow a\leqslant -\frac{1}{2}$，所以当 $a=-\frac{1}{2}$ 时，其最小值为 $\frac{1}{2}$，充分；由条件(2)：$\alpha\beta=\frac{1}{4}\Rightarrow \alpha^2+\beta^2\geqslant 2\alpha\beta=\frac{1}{2}$，也充分.

【技巧】 本题由于条件(2)比较简单，考试时应该先做条件(2)，而条件(1)比较难，一般充分的可能性比较大，所以若条件(2)不充分，就选择 A，若条件(2)充分，就选择 D.

【点睛】 条件(1)容易忽略 a 的取值范围，对于方程不要忘记验证判别式，本题实际上是一个在某一区间上二次函数的最值问题.

【59】

【解析】 选 E. 条件(1)：$\begin{cases}a+b=4,\\ ab=-\frac{1}{2},\end{cases}$ 则 $a^2+b^2=(a+b)^2-2ab=16+1=17$，不充分；

条件(2)：$|a-b+3|+|2a+b-3|=0\Rightarrow\begin{cases}a-b+3=0,\\ 2a+b-3=0\end{cases}\Rightarrow\begin{cases}a=0,\\ b=3,\end{cases}$ 得 $a^2+b^2=9$，也不充分，联合也不充分，故选 E.

【点睛】 当两个条件难度差不多时，最好能将它们都做完，其中条件(1)考查了韦达定理的运用，条件(2)考查了绝对值的性质.

【60】

【解析】 选 C. 条件(1)：$|x_1-x_2|=2\sqrt{3}\Rightarrow\frac{\sqrt{b^2-4a}}{|a|}=2\sqrt{3}\Rightarrow b^2=12a^2+4a$，不充分；

条件(2)：$-\frac{b}{2a}=-2\Rightarrow b=4a$，也不充分；联合两个条件：

$$\begin{cases}b^2=12a^2+4a,\\ b=4a\end{cases}\Rightarrow\begin{cases}a=1,\\ b=4\end{cases}\text{或}\begin{cases}a=0,\\ b=0\end{cases}(\text{舍}).$$

【技巧】 本题很容易发现两个条件单独不充分，那么考试时应该尽量去选联合充分.

【点睛】 本题要熟悉重要结论：抛物线与 x 轴两个交点的距离就是 $|x_1-x_2|$，而它的化简结果就是 $\frac{\sqrt{\Delta}}{|a|}$，另外，本题千万不能把题干的值直接代入条件中进行计算，这样就产生了逻辑错误.

【61】

【解析】 选 A.

$$\begin{cases}f(0)>0,\\ f(1)<0,\\ f(2)>0\end{cases}\Rightarrow\begin{cases}m^2-m-2>0,\\ 3+m-5+m^2-m-2<0,\\ 12+2m-10+m^2-m-2>0\end{cases}\Rightarrow -2<m<-1.$$

【技巧】 遇到取值范围的题目，可以采用特殊值排除法，取 $m=0$，不满足，所以可以排除 E；取 $m=-3$，也不满足，可排除 B,C,D，故只能选 A.

【点睛】 对于根的取值范围问题,结合图象判断,直观方便,当然本题采用特殊值法更直观一些.

【62】

【解析】 选 B. 数形结合,设 $f(m)=mx^2-(m-1)x+m-5$,根据图 3－10 可得:

$$\begin{cases}m>0,\\f(-1)>0,\\f(0)<0,\\f(1)>0\end{cases}\Rightarrow 4<m<5\text{或}\begin{cases}m<0,\\f(-1)<0,\\f(0)>0,\\f(1)<0\end{cases}\Rightarrow m\in\varnothing.$$

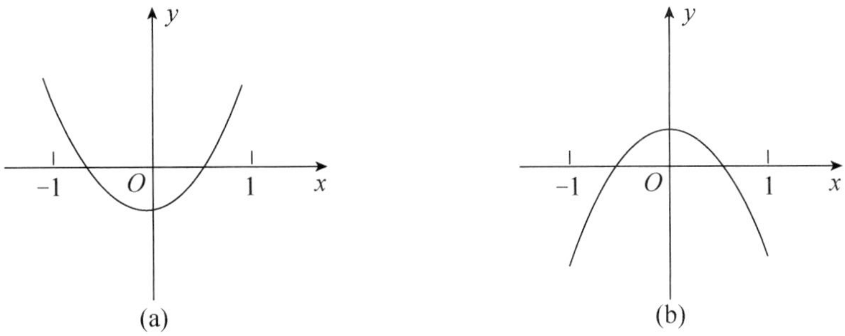

图 3－10

【技巧】 显然本题 m 不能取 0,那么 D 和 E 选项就不正确了,只能在 A,B,C 选项中选择,而 B 和 E 前后呼应,C 和 D 前后呼应,那么只能在 B 和 C 中选择了.

【点睛】 对于二次方程 $f(x)=0$ 满足 $f(\alpha)f(\beta)<0$,则必有一个根分布在区间(α,β)内.

【63】

【解析】 选 C. 判别式 $\Delta=(a-2)^2-16(a-5)=a^2-20a+84=(a-6)(a-14)>0$,得到 $a>14$ 或 $a<6$,由两根之和 $x_1+x_2=\dfrac{2-a}{4}<0$,得到 $a>2$,由两根之积 $x_1x_2=\dfrac{a-5}{4}>0$,得到 $a>5$,综上得到 $5<a<6$ 或 $a>14$,故选 C.

【技巧】 一般遇到两个条件可以联合,而且联合后的范围比较小(无整数特殊值),我们可以认为联合充分,选 C.

【点睛】 此题借助韦达定理来判断两根的符号,同时也要注意判别式,当然本题也可以画出抛物线用图象来求解.

【64】

【解析】 选 E. 题干等价于:$x-p=x^2\Rightarrow x^2-x+p=0$,由于有两个不相等的正根,可得:

$$\begin{cases}\Delta>0,\\x_1+x_2>0,\\x_1x_2>0\end{cases}\Rightarrow\begin{cases}1-4p>0,\\1>0,\\p>0\end{cases}\Rightarrow 0<p<\frac{1}{4}.$$

故条件(1)与条件(2)单独均不充分,联合也不充分.

【技巧】 当 $p=0$ 时显然不成立,而两个条件都有 0,立即选 E.

【点睛】 一般遇到两个可以联合的条件的公共范围中有整数特殊值时,我们只要将这些整数值代入进行检验，只要有一个不正确则选 E，如果都正确时一般可以认为是 C.

【65】

【解析】 选 D. 当 $a>0$ 时，如图 3－11(a)所示，要一根大于 1，一根小于 1，则 $f(1)<0$，得 $a>3$，条件(1)充分；当 $a<0$ 时，如图 3－11(b)所示，要保证一根大于 1，一根小于 1，则 $f(1)>0$，结合 $a<0$ 得 $a<0$，条件(2)充分.

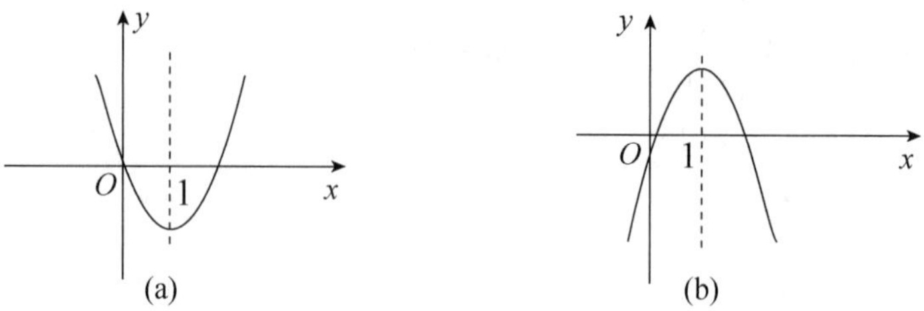

图 3－11

【技巧】 当两个条件分别是两个端点的外侧范围时，选 D 的可能性是非常大的.

【点睛】 记住结论：方程 $ax^2+bx+c=0$ 的一个根大于 k，另一个根小于 k，则只需 $af(k)<0$ 即可.

【66】

【解析】 选 D. 方法一：设函数 $f(x)=x^2+ax+b$ 与 x 轴的两个交点坐标分别为$(x_1,0)$，$(x_2,0)$，那么 $f(x)=(x-x_1)(x-x_2)$，即 $f(1)=(1-x_1)(1-x_2)$.

条件(1)：$0\leqslant x_1\leqslant 1,0\leqslant x_2\leqslant 1\Rightarrow 0\leqslant 1-x_1\leqslant 1,0\leqslant 1-x_2\leqslant 1\Rightarrow 0\leqslant f(1)\leqslant 1$，充分；

条件(2)：$1\leqslant x_1\leqslant 2,1\leqslant x_2\leqslant 2\Rightarrow -1\leqslant 1-x_1\leqslant 0,-1\leqslant 1-x_2\leqslant 0\Rightarrow 0\leqslant f(1)\leqslant 1$，充分.

显然两个条件都充分，选 D.

方法二：条件(1)，由条件可得

$$\begin{cases}a^2-4b\geqslant 0,\\0\leqslant -\dfrac{a}{2}\leqslant 1,\\1+a+b\geqslant 0\end{cases}\Rightarrow\begin{cases}b\leqslant\dfrac{a^2}{4},\\0\leqslant\dfrac{a}{2}+1\leqslant 1,\\1+a+b\geqslant 0\end{cases}\Rightarrow 0\leqslant a+b+1\leqslant\left(\dfrac{a}{2}+1\right)^2\leqslant 1.$$

故条件(1)充分.

条件(2)，由条件可得

$$\begin{cases}a^2-4b\geqslant 0,\\1\leqslant -\dfrac{a}{2}\leqslant 2,\\1+a+b\geqslant 0\end{cases}\Rightarrow\begin{cases}b\leqslant\dfrac{a^2}{4},\\-1\leqslant\dfrac{a}{2}+1\leqslant 0,\\1+a+b\geqslant 0\end{cases}\Rightarrow 0\leqslant a+b+1\leqslant\left(\dfrac{a}{2}+1\right)^2\leqslant 1.$$

故条件(2)充分.

【67】

【解析】 选 C. $4^{x-\frac{1}{2}}+2^x=1\Rightarrow 4^x\times 4^{-\frac{1}{2}}+2^x=1\Rightarrow\dfrac{1}{2}\times 4^x+2^x=1$. 可令 $t=2^x(t>0)$，则有 $\dfrac{1}{2}t^2+t=1\Rightarrow t^2+2t-2=0\Rightarrow t=\sqrt{3}-1$(舍去负根)，故 $x=\log_2(\sqrt{3}-1)$，因为$\sqrt{3}-1<1$，

所以 $x<0$,故选 C.

【点睛】 遇到指数方程,往往要进行换元,转化为一元二次方程再求解,在求解时,要注意指数和对数的意义.

【68】

【解析】 选 C. 方法一:假设负数根为 $x_0<0$,代入后得:

$|x_0|=ax_0+1\Rightarrow -x_0=ax_0+1\Rightarrow (a+1)x_0=-1\Rightarrow x_0=-\dfrac{1}{a+1}<0\Rightarrow a>-1$.

方法二:画出图象,如图 3-12 所示,$y=|x|$ 与 $y=ax+1$,保证交点在第二象限内.

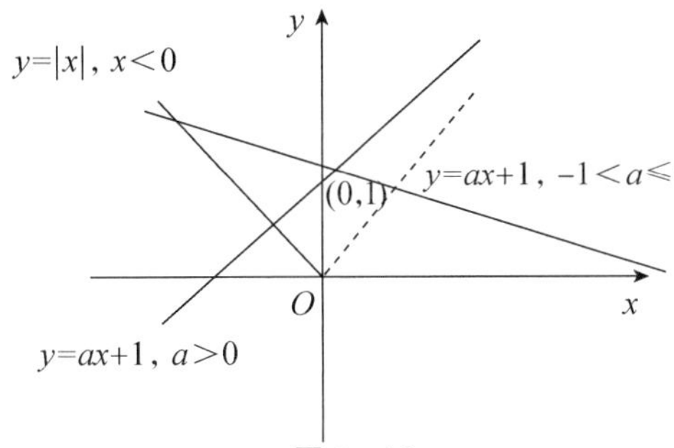

图 3-12

【技巧】 取 $a=1$ 代入,得 $|x|=x+1$,解出 $x=-\dfrac{1}{2}$,排除 A,D 选项,再取 $a-0$ 代入,$|x|=1\Rightarrow x=\pm 1$,也满足,排除 B,而 E 的可能性相对很小,只能选 C 了.

【点睛】 一般遇到由方程的解的情况求参数范围的问题,我们可以先假设出解,然后代入方程计算,也可以利用数形结合的方法观察图形求解.

【69】

【解析】 选 C. 应有 $\dfrac{a+1}{3}-\dfrac{1-1}{2}=1$,即 $a=2$,原方程为 $\dfrac{2x+1}{3}-\dfrac{x+1}{2}=1$,$\dfrac{1}{6}x=\dfrac{7}{6}$,得 $x=7$.

【技巧】 本题由于选项中 7 这个数字出现的次数比较多,应该在 A,C,E 中选择了,而 A 中 $a=1$ 可能性比较小,只能在 C 和 E 中选择了.

【70】

【解析】 选 C. 当 $x\geqslant -\dfrac{1}{2}$ 时,有 $|x-|2x+1||=|x-(2x+1)|=|-x-1|=x+1=4\Rightarrow x=3$. 当 $x<-\dfrac{1}{2}$ 时,有 $|x-|2x+1||=|x+(2x+1)|=|3x+1|=4\Rightarrow x=-\dfrac{5}{3}$.

【技巧】 将选项逐一代入发现选项 C 正确.

【点睛】 对于含绝对值的方程一般有两种思路,根据定义或通过平方把绝对值去掉,此题若从这两种方法来求解,计算相对比较烦琐,因此可以换一个角度,直接用选项代入验证.

【71】

【解析】 选 B. $\dfrac{x}{2}+\dfrac{x}{3}+\dfrac{x}{6}=-1\Rightarrow 3x+2x+x=-6\Rightarrow x=-1$.

【点睛】 遇到分数或分式的方程时一般采用方程两边同时乘以分母的最小公倍数,从而进行化简的方法.

【72】

【解析】 选 B. 条件(1),

$$\begin{cases}x+y=1,\\ y+z=4,\\ z+x=2\end{cases}\Rightarrow x+y+z=\frac{7}{2}\Rightarrow\begin{cases}x=-\dfrac{1}{2},\\ y=\dfrac{3}{2},\\ z=\dfrac{5}{2},\end{cases}$$

不充分;

条件(2),

$$\begin{cases}x+y=0,\\ y+z=4,\\ z+x=2\end{cases}\Rightarrow x+y+z=3\Rightarrow\begin{cases}x=-1,\\ y=1,\\ z=3,\end{cases}$$

充分.

【技巧】 本题当然也可从题干出发,$\begin{cases}x+y=a,\\ y+z=4,\\ z+x=2\end{cases}\Rightarrow x+y+z=3+\dfrac{a}{2}\Rightarrow\begin{cases}x=\dfrac{a}{2}-1,\\ y=\dfrac{a}{2}+1,\\ z=3-\dfrac{a}{2},\end{cases}$ 而 x,y,z 成等差数列,即 $2y=x+z\Rightarrow a+2=2\Rightarrow a=0$,故选 B.

【点睛】 本题考查了三元一次方程组的解法,但是值得关注的是将三个方程直接相加对解题起到了非常关键的作用,与 2014 年 12 月的真题有异曲同工之妙.

【73】

【解析】 选 A. 条件(1):由 $\begin{cases}x+3y=7,\\ 3x-y=1\end{cases}\Rightarrow\begin{cases}x=1,\\ y=2,\end{cases}$ 代入得:$\begin{cases}\alpha+2\beta=2,\\ \beta+2\alpha=1\end{cases}\Rightarrow\alpha+\beta=1$,得 $(\alpha+\beta)^{2\,009}=1$,充分;条件(2):$\alpha+\beta=-1$,得 $(\alpha+\beta)^{2\,009}=-1$,不充分,故选 A.

【技巧】 本题由于条件(2)比较简单,我们可以先做条件(2),明显条件(2)不充分,那么条件(1)充分的可能性是非常大的,直接可以选 A.

【点睛】 如果两个方程组同解,那么其中的方程重新组合成方程组后,仍与原方程同解,故本题先将不含参数的两个方程重新组合,求出 x,y 的值后,再求出参数的值.

【74】

【解析】 选 D. 条件(1):$a=1$;条件(2):将 $x=1$ 代入方程,得 $a=1$,显然两条件等价,故选 D.

【点睛】 本题涉及方程和不等式的问题,两者通过 a 的数值产生联系.

【75】

【解析】 选 C. 显然联合.

$$\begin{cases}|a+b|=m,\\|a-b|=n\end{cases}\Rightarrow\begin{cases}a+b=m,\\a-b=\pm n\end{cases}\text{或}\begin{cases}a+b=-m,\\a-b=\pm n\end{cases}\text{得:}\begin{cases}a=\dfrac{m\pm n}{2},\\b=\dfrac{m\mp n}{2}\end{cases}\text{或}\begin{cases}a=\dfrac{-m\pm n}{2},\\b=-\dfrac{m\pm n}{2}.\end{cases}$$

无论哪种结果都能确定是$|a|+|b|$的值都为$\left|\dfrac{m+n}{2}\right|+\left|\dfrac{m-n}{2}\right|$,选 C.

【技巧】 本题显然两个条件单独都不充分,那么联合后充分的概率就比较高了.

第三节　不等式

【76】

【解析】 选 C. $3x^2-4ax+a^2<0(a<0)\Rightarrow(x-a)(3x-a)<0\Rightarrow a<x<\dfrac{a}{3}$.

【技巧】 由于 x^2 的系数为正,故解集在两根之间,排除 B,D,又 $a<0$,A,E 解集端点表示错误,故选 C.

【点睛】 本题是含有参数的解集,要根据 a 的数值,看两根的大小.

【77】

【解析】 选 B. 显然 $x=3$ 是 $-2x^2+5x+c=0$ 的根,代入后求得 $c=3$.

【技巧】 本题也可以用选项中的值代入题干后逐个进行检验.

【点睛】 此题要明确一个事实:不等式的解集的端点应该为对应方程的根.

【78】

【解析】 选 A. $4+5x^2>x\Rightarrow5x^2-x+4>0\Rightarrow x\in\mathbf{R}$(因为 $\Delta<0$).

【技巧】 本题可以取 $x=3$,显然不等式成立,所以选项中应该包括 3,排除后选 A.

【点睛】 解集为全体实数时注意两点:(1)开口方向;(2)判别式小于零. 但这类题目也可以用特殊值来做.

【79】

【解析】 选 E. 方法一:数形结合. 不等式等价于 $x^2+10x+27>0$,显然判别式 $\Delta=b^2-4ac=10^2-4\times1\times27=-8<0$,显然函数 $y=x^2+10x+27$ 的图象在 x 轴的上方,那么对于一切实数 x,都能满足不等式$(x+4)(x+6)+3>0$ 成立.

方法二:采用配方的方法. $(x+4)(x+6)+3>0\Rightarrow x^2+10x+27>0\Rightarrow(x+5)^2+2>0$,显然恒成立,故选 E.

【技巧】 取 $x=0$ 题干是满足的,但选项 A,B,C,D 都不含有 0 这个值,所以只能选 E.

【点睛】 先将表达式整理成标准的形式,再根据判别式来求解.

【80】

【解析】 选 A. 将 $x=\dfrac{1}{2}$代入 $ax^2+2x+2=0$,得 $a=-12$.

【技巧】 由于解集为两根之间,故 x^2 系数小于 0,只有选项 A 满足.

【点睛】 二次不等式的解集,两个分界点恰是其对应二次方程的两个根.

【81】

【解析】 选 D. $x^2+x-6>0\Rightarrow(x-2)(x+3)>0\Rightarrow x>2$或 $x<-3$.

【技巧】 由于 x^2 系数为正,故解集在两根之外,只有 D 满足. 而且一般来说,如果有一个选项包含其他两个选项时,那么可以直接认为这个选项是正确的.

【点睛】 进行因式分解后,求出其根,再写出解集.

【82】

【解析】 选 A. $4x^2-4x<3\Rightarrow 4x^2-4x-3<0\Rightarrow(2x+1)(2x-3)<0\Rightarrow-\frac{1}{2}<x<\frac{3}{2}$.

显然条件(1)充分,而条件(2)不充分.

【点睛】 先由题干求出解集,当条件的范围落入题干成立的范围内时,条件就充分.

【83】

【解析】 选 A. 方法一:因式分解法. 原不等式即$(x^2-2)(x^2+1)\geqslant 0$,即 $x^2-2\geqslant 0$,得 $x\leqslant-\sqrt{2}$或 $x\geqslant\sqrt{2}$.

方法二:辅助变量法. 设 $y=x^2$,原式即为 $y^2-y-2\geqslant 0$,解得 $y\leqslant-1$ 或 $y\geqslant 2$,前者对 x 无解,后者即 $x^2\geqslant 2$,解得 $x\leqslant-\sqrt{2}$或 $x\geqslant\sqrt{2}$.

【技巧】 本题由于题干中是“$\geqslant$”,所以只有在选项 A 和 B 中进行选择了,然后再取 $x=0$ 代入验证发现不正确,那么就应该排除 B,只能选 A 了.

【点睛】 遇到高次的不等式时,进行因式分解后再求解.

【84】

【解析】 选 D. 由于 $y=2x^2+x+3$ 恒大于 0(因为 $\Delta=b^2-4ac=1-24<0$),故

$(2x^2+x+3)(-x^2+2x+3)<0\Leftrightarrow-x^2+2x+3<0\Leftrightarrow x^2-2x-3=(x-3)(x+1)>0$,

解得:$x>3$ 或 $x<-1$,显然两个条件都充分.

【点睛】 虽然看起来表达式的因式较复杂,但是 $2x^2+x+3$ 恒正,不影响解集.

【85】

【解析】 选 E. $(x^2-2x-8)(2-x)(2x-2x^2-6)>0\Leftrightarrow(x^2-2x-8)(x-2)(x^2-x+3)>0\Leftrightarrow(x^2-2x-8)(x-2)>0\Leftrightarrow(x-2)(x-4)(x+2)>0$,采用数轴标根的方法得到不等式的解集为 $x\in(-2,2)\cup(4,+\infty)$.

【点睛】 本题由于 $2x^2-2x+6$ 恒正,将原不等式进行化简,再借助穿针引线(数轴标根)法求解.

【86】

【解析】 选 A. 因为 $0<x<1$,分母是负的,那么:

$$\frac{3x^2-2}{x^2-1}>1\Rightarrow 3x^2-2<x^2-1\Rightarrow 2x^2<1\Rightarrow 0<x<\frac{\sqrt{2}}{2}.$$

【技巧】 本题可以先将不等式看成等式进行计算,那么解出方程的根为 $x=\frac{\sqrt{2}}{2}$,所以只能在 A 和 B 中进行选择了.

【点睛】 解分式不等式时要注意两点:(1)通过移项,不等号的一边一定化为 0;(2)出现多个因式时,可以用穿针引线法求出解集.

【87】

【解析】 选 E. $x^2-2x+3=(x-1)^2+2>0$，或 x^2-2x+3 中 $\Delta<0$，$x^2-2x+3>0$ 恒成立. 所以原式可化为 $x^2-5x+6>0$，即 $(x-2)(x-3)>0\Rightarrow x\in(-\infty,2)\cup(3,+\infty)$.

【技巧】 $x=2$ 或 $x=3$ 显然不对，排除 B,C,D 选项；代入 $x=0$ 满足，排除 A，故选 E.

【点评】 遇到并集，且前面几个选项中又含有并集的单个部分时，一般选择并集为答案，显然只能选 D 和 E，再加判断发现只能选 E.

【88】

【解析】 选 C. 条件(1)：$x<\frac{1}{x}\Leftrightarrow x-\frac{1}{x}<0\Rightarrow\frac{x^2-1}{x}<0\Leftrightarrow x(x^2-1)<0$，采用数轴标根法，得 $0<x<1$ 或 $x<-1$，不充分；条件(2)：$2x>x^2\Rightarrow 0<x<2$，不充分；考虑联合，得 $x\in(0,1)$，充分.

【技巧】 本题很明显条件(1)存在 x 是负数的情况，而条件(2)存在 $x>1$ 的情况，那么单独都不充分，明显是联合后充分，故选 C.

【89】

【解析】 选 B. 对该不等式进行分类讨论求解，

$$|x-1|+x\leqslant 2\Rightarrow\begin{cases}2x-1\leqslant 2, x\geqslant 1,\\ 1\leqslant 2, x<1\end{cases}\Rightarrow x\in\left(-\infty,\frac{3}{2}\right].$$

【技巧】 采用特殊值法，先取 $x=0$ 代入题干不等式中，得 $1\leqslant 2$ 显然成立，排除 C,D,E. 再取 $x=\frac{3}{2}$ 代入题干不等式中，得 $2\leqslant 2$，显然也成立，排除 A，故只能选 B.

【点睛】 解决绝对值不等式的主要方法就是分段讨论法，是最基本的三基问题，本题很多同学用两边平方的方法解题，这样是不准确的，当然特殊值法也是一种非常好的手段.

【90】

【解析】 集合 A：$|x-a|<1\Rightarrow -1<x-a<1\Rightarrow a-1<x<a+1$；

集合 B：$|x-b|<2\Rightarrow -2<x-b<2\Rightarrow b-2<x<b+2$.

根据题意，$A\subset B$（"$\subset$"称作"包含于"），表示集合 A 的区间范围应当在集合 B 的区间范围内（可重合），如图 3－13 所示.

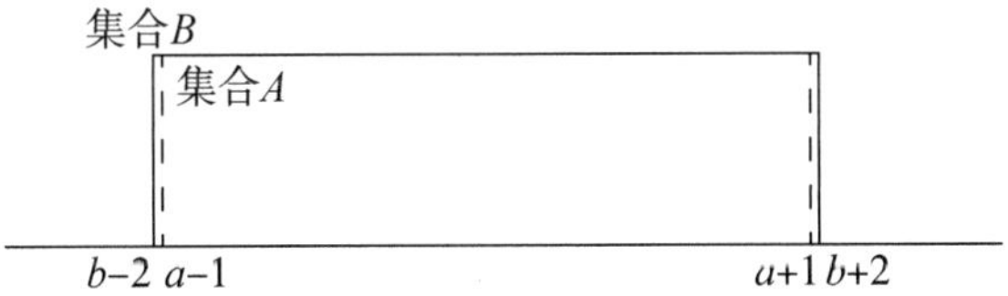

图 3－13

$$\begin{cases}a-1\geqslant b-2,\\ a+1\leqslant b+2\end{cases}\Rightarrow\begin{cases}a-b\geqslant -1,\\ a-b\leqslant 1\end{cases}\Leftrightarrow|a-b|\leqslant 1.$$

【点睛】 本题要特别注意等号，$A\subset B$ 其实是存在 $A=B$ 这种情况的.

【技巧】 合并性秒杀大法，一定在 A 和 B 里面，再用特殊值法验证后选 A.

【91】

【解析】 选 A.

$x^2-x-5>|2x-1|\Rightarrow\begin{cases}2x-1<x^2-x-5,\\2x-1>-x^2+x+5\end{cases}\Rightarrow\begin{cases}x^2-3x-4>0,\\x^2+x-6>0\end{cases}\Rightarrow x>4$ 或 $x<-3$.

由于条件(1)充分，条件(2)不充分，故选 A.

【技巧】 只需要取特殊值 $x=5$ 和 $x=-2$ 代入原不等式检验，得条件(2)不充分，那么条件(1)充分的可能性就非常大了.

【点睛】 本题要熟悉绝对值不等式的一般解法：若 $|f(x)|>g(x)\Leftrightarrow f(x)>g(x)$ 或 $f(x)<-g(x)$；若 $|f(x)|<g(x)\Leftrightarrow -g(x)<f(x)<g(x)$.

【92】

【解析】 选 B. 方法一：

$$-1\leqslant x^2+2x+a\leqslant 1\Rightarrow\begin{cases}x^2+2x+a-1\leqslant 0,\\x^2+2x+a+1\geqslant 0\end{cases}$$

$$\Rightarrow\begin{cases}(x+1)^2+a-2\leqslant 0,\\(x+1)^2+a\geqslant 0\end{cases}\Rightarrow -a\leqslant(x+1)^2\leqslant 2-a$$

无解，只能是 $a>2$.

方法二：$|x^2+2x+a|>1$ 的解集为一切实数，得 $x^2+2x+a-1>0$ 或 $x^2+2x+a+1<0$ 恒成立，解出范围为 $a>2$.

【技巧】 由于条件(1)只需要用 $a=0$ 代入检验，发现 $|x^2+2x|>1$ 的解并不是一切实数，只能选 B 了.

【点睛】 遇到不等式解集为空集的题目，一定要转化成解集为一切实数的题目来做.

【93】

【解析】 选 B. $\sqrt{1-x^2}<x+1\Leftrightarrow\begin{cases}x+1>0,\\1-x^2\geqslant 0,\\1-x^2<(x+1)^2\end{cases}\Rightarrow 0<x\leqslant 1$，条件(2)充分，故选 B.

【技巧】 本题条件(1)中存在 $x=0$，代入题干发现并不正确，那么条件(1)就不充分，则条件(2)充分的可能性就比较大.

【点睛】 对于无理不等式，一般是通过平方转化为有理不等式进行求解，在求解时，要注意根号里面的代数式为非负数.

【94】

【解析】 选 D. 条件(1)：$|\log_a x|>1\Leftrightarrow\log_a x<-1\Leftrightarrow x>\dfrac{1}{a}$，显然条件(1)充分；

条件(2)：$|\log_a x|>1\Leftrightarrow\log_a x>1\Leftrightarrow x>a$，条件(2)也充分，故选 D.

【点睛】 本题主要考查对数的单调性，$y=\log_a x$，当 $a>1$ 时是单调递增函数，当 $0<a<1$ 时是单调递减函数，此外，要记住常用对数值：$\log_a a=1$，$\log_a 1=0$，$\log_a\dfrac{1}{a}=-1$.

【95】

【解析】 选 C. 方法一：由于 $a>b>0$，$k>0$，所以 $a+k>b+k$，且 $b-a<0$，所以 $\dfrac{b-a}{a}<\dfrac{b-a}{a+k}$，两边加 1，得 $\dfrac{b}{a}<\dfrac{b+k}{a+k}$，从而 $-\dfrac{b}{a}>-\dfrac{b+k}{a+k}$.

方法二：由于 $a>b>0,k>0$，因此 $ak>bk$，从而 $ak+ab>bk+ab$，即 $a(b+k)>b(a+k)$，故 $\frac{b}{a}<\frac{b+k}{a+k}$，从而 $-\frac{b}{a}>-\frac{b+k}{a+k}$.

【技巧】 取 $a=3,b=2,k=1$ 代入检验可以得 C，D 选项正确，而 D 有分母为 0 的情况，所以只能选 C.

【点睛】 本题要注意一般的结论：若 $a>b>0,m>0\Rightarrow\frac{b}{a}<\frac{b+m}{a+m}$.

【96】

【解析】 选 A.

$$\frac{c}{a+b}<\frac{a}{b+c}<\frac{b}{c+a}\Rightarrow\frac{a+b}{c}>\frac{b+c}{a}>\frac{c+a}{b}$$

$$\Rightarrow\frac{a+b+c}{c}>\frac{a+b+c}{a}>\frac{a+b+c}{b}\Rightarrow\frac{1}{c}>\frac{1}{a}>\frac{1}{b}\Rightarrow c<a<b.$$

【技巧】 条件(1)取 $c=1,a=2,b=3$，条件(2)取 $a=1,b=2,c=3$，代入题干后显然条件(1)正确，A 的可能性就很大了.

【点睛】 一般遇到不等式比大小的问题可以采取特殊值法.

【97】

【解析】 选 B. 条件(1)显然不充分，只需要取 $a=$　$2,b=-1$，就可以验证其不充分；条件(2)中由于指数函数 $y=\left(\frac{1}{2}\right)^x$ 为单调递减函数，那么由 $\left(\frac{1}{2}\right)^a<\left(\frac{1}{2}\right)^b$ 就可以得 $a>b$，充分，故选 B.

【点睛】 本题其实考查了两个函数的单调性(增减性)，条件(1)主要考查二次函数 $y=x^2$，显然并不是一致递增的函数，若本条件限制 a,b 为正实数，那么就说明 a,b 两个数都在抛物线的右半支上，那么也就充分了. 条件(2)要求考生掌握指数函数的单调性：当底数 $a>1$ 时，函数 $y=a^x$ 为单调递增函数；当底数 $0<a<1$ 时，函数 $y=a^x$ 为单调递减函数.

【98】

【解析】 选 C. 两条件显然单独不成立，联合两条件，两式相加，得

$$x+2y\leqslant y+x+4\Rightarrow y\leqslant 4;$$

(1)×2+(2)，得

$$2x+2y\leqslant 2y+4+x+2\Rightarrow x\leqslant 6.$$

两条件联合起来充分.

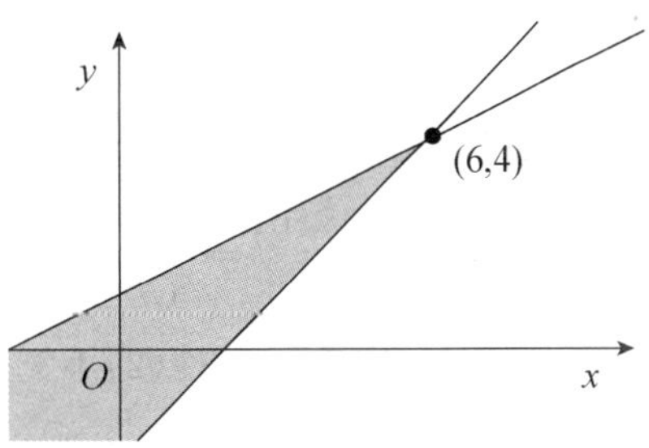

图 3－14

【技巧】 本题图象如图 3－14 所示，分析图象后会更加清楚. 两个不等式条件代表了两个区域，只有交集才能保证 $\begin{cases}x\leqslant 6,\\ y\leqslant 4\end{cases}$ 成立.

【99】

【解析】 选 A. 方法一：根据题目可得，$\frac{y^2+3}{2y}<\sqrt{x}+\frac{1}{\sqrt{x}}$，由于 $\sqrt{x}+\frac{1}{\sqrt{x}}\geqslant 2$，其最小值

为 2，故当$\frac{y^2+3}{2y}<2$时，是恒成立的，解得 $1<y<3$.

方法二：令$\sqrt{x}+\frac{1}{\sqrt{x}}=t(t\geqslant 2)$，$y^2-2ty+3<0\Leftrightarrow f(t)=2yt-(y^2+3)>0$.

在 $t\in[2,+\infty)$上恒成立，那么$\begin{cases}y>0,\\ f(2)>0\end{cases}\Rightarrow 1<y<3$，故选 A.

【技巧】 用特殊值法，显然 $y=3$ 或 4 时，不满足题干，排除 B，C，D，E，所以选 A.

【点睛】 方法一的关键点有两个：一个是分离变量，即将 x，y 分别写在不等号的左右两边，另外要利用平均值定理 $a+\frac{1}{a}\geqslant 2(a>0)$.

【100】

【解析】 选 E. $\frac{(x-a)^2+(x+a)^2}{x}>4\Rightarrow(x-a)^2+(x+a)^2>4x\Rightarrow x^2+a^2>2x\Rightarrow a^2>-x^2+2x=f(x)$，而 $f(x)=-x^2+2x=-(x-1)^2+1$，则 $f(x)$的最大值为 1，那么只要 $a^2>1$ 即可保证不等式恒成立，即实数 a 的取值范围是$(-\infty,-1)\cup(1,+\infty)$.

【技巧】 课堂讲过的十大蒙猜原则，遇到并集的直接猜这个(求和性原则).

【点睛】 此题与上题类似，也是将两个参数 x，a 进行变量分离. 要理解结论：$f(x)\geqslant a$ 恒成立$\Leftrightarrow a\leqslant f(x)_{\min}$，$f(x)\leqslant a$ 恒成立$\Leftrightarrow a\geqslant f(x)_{\max}$.

【101】

【解析】 选 B. 将条件(1)代入得$3x^2-6x-1<0\Rightarrow\frac{3-2\sqrt{3}}{3}<x<\frac{3+2\sqrt{3}}{3}$，不充分；将条件(2)代入得$-4<0$，充分，故选 B.

【技巧】 当题干不等式是二次不等式时，通过图象可以发现，必须是函数 $y=(k+3)x^2-2(k+3)x+k-1$ 的开口向下，且与 x 轴无交点即可，即$\begin{cases}k+3<0,\\ \Delta<0.\end{cases}$

【点睛】 对于二次不等式$(k+3)x^2-2(k+3)x+k-1<0$ 恒成立，则必须开口向下，$k+3<0$，所以条件(1)不充分.

【102】

【解析】 选 E. 方法一：由题干得，若$a=0\Rightarrow -6x+2>0$，不满足；

若$a\neq 0\Rightarrow\begin{cases}a>0,\\ \Delta<0\end{cases}\Rightarrow\begin{cases}a>0,\\ (a-6)^2-8a<0\end{cases}\Rightarrow\begin{cases}a>0,\\ a^2-20a+36<0\end{cases}\Rightarrow 2<a<18$.

条件(1)不充分；条件(2)不充分，联合后也不充分. 故选 E.

方法二：联合后发现 $1<a<3$，直接用 $a=2$ 代入检验，

$$2x^2-4x+2>0\Rightarrow x^2-2x+1>0\Rightarrow x\neq 1,$$

不充分，故选 E.

【点睛】 一元二次不等式 $ax^2+bx+c>0(a\neq 0)$恒成立的充分必要条件为$\begin{cases}a>0,\\ \Delta<0,\end{cases}$但也要注意当 $a=0$ 时要代入检验.

【103】

【解析】 选 B. 设直角边分别为 a,b，得 $a+b=12$，又 $a+b\geqslant 2\sqrt{ab}$，所以 $ab\leqslant 36$. $S=\frac{ab}{2}$，故 $S_{\max}=18$.

【技巧】 周长相等的 n 边形中，只有正 n 边形的面积最大，同样可以类推到只要边相差得越小，其面积就越大，故当两个直角边相等时，面积最大，所以面积最大为 18.

【点睛】 此题可以作为结论：在平面几何中，在周长一定的情况下，相等的边越多，该图形的面积越大.

【104】

【解析】 选 C. 显然条件(1)与条件(2)需联合.

$$\frac{1}{a}+\frac{1}{b}+\frac{1}{c}=\frac{1}{2}\left[\left(\frac{1}{a}+\frac{1}{b}\right)+\left(\frac{1}{b}+\frac{1}{c}\right)+\left(\frac{1}{c}+\frac{1}{a}\right)\right]$$

$$\geqslant\frac{1}{2}\left(2\sqrt{\frac{1}{a}\cdot\frac{1}{b}}+2\sqrt{\frac{1}{b}\cdot\frac{1}{c}}+2\sqrt{\frac{1}{c}\cdot\frac{1}{a}}\right)=\sqrt{a}+\sqrt{b}+\sqrt{c}.$$

【技巧】 特殊值法：取 $a=2,b=\frac{1}{2},c=1$，则

$$\frac{1}{a}+\frac{1}{b}+\frac{1}{c}=\frac{7}{2}>\sqrt{a}+\sqrt{b}+\sqrt{c}=\frac{3}{2}\sqrt{2}+1\text{(有风险)}.$$

【点睛】 遇到三个变量的不等式问题，往往要两边同乘以 2，这样通过两两变量的结合，然后再使用均值不等式等手段求解.

【105】

【解析】 选 A.

题干为 $(a^2+b^2)(c^2+d^2)=1\Rightarrow a^2c^2+b^2d^2+a^2d^2+b^2c^2=1$，又因为 $a^2d^2+b^2c^2\geqslant 2abcd$，所以 $a^2c^2+b^2d^2+2abcd\leqslant 1\Rightarrow(ac+bd)^2\leqslant 1\Rightarrow|ac+bd|\leqslant 1$（等号当且仅当 $ad=bc$ 时成立）. 条件(1)由于两直线不平行：$\frac{a}{c}\neq\frac{b}{d}\Rightarrow ad\neq bc$，则可推出 $|ac+bd|<1$；

对于条件(2)只需要取特殊值：

$a=\frac{\sqrt{2}}{2},c=-\frac{\sqrt{2}}{2},b=-\frac{\sqrt{2}}{2},d=\frac{\sqrt{2}}{2}\Rightarrow ad=bc\Rightarrow|ac+bd|=1$，矛盾，故选 A.

【点睛】 此题如果会使用柯西不等式 $(a^2+b^2)(c^2+d^2)\geqslant(ac+bd)^2$，那么计算就比较迅速了.

【106】

【解析】 选 B. 条件(1)：$x^3+y^3\geqslant 2\sqrt{x^3y^3}=2(x,y>0)$，而本题没有正数的限制，明显也可以取负数，不充分，

条件(2)：方法一，

$$x^3+y^3=(x+y)[(x+y)^2-3xy]=2\times(4-3xy),$$

又 $xy\leqslant\left(\frac{x+y}{2}\right)^2=1$，所以 $x^3+y^3\geqslant 2\times(4-3)=2$，充分.

方法二，由 $x+y=2\Rightarrow y=2-x$，可得

$x^3+y^3=(x+y)(x^2-xy+y^2)=2[x^2-x(2-x)+(2-x)^2]=2(3x^2-6x+4)$，结合二次函数的图象，可知在对称轴处可取得最小值.

【107】

【解析】 选D.设甲、乙、丙三人的年收入分别为a,b,c那么$b^2=ac$.

条件(1)：由条件(1)可得$a+c$为定值，由均值不等式可得$ac\leqslant\left(\frac{a+c}{2}\right)^2$，显然充分.

条件(2)：由条件(2)可得ac为定值，那么乙的值就能求出来了，充分.

【108】

【解析】 选A.题干中a,b是正实数，根据均值定理$\frac{1}{a}+\frac{1}{b}\geqslant2\sqrt{\frac{1}{ab}}$.

条件(1)：已知ab的值，则当$\frac{1}{a}=\frac{1}{b}$时可取到最小值$2\sqrt{\frac{1}{ab}}$(积定和最小)，充分.

条件(2)：根据韦达定理，$x_1=a,x_2=b,x_1+x_2=a+b,x_1x_2=ab=2$，条件(2)已给出$a\neq b$，因此$\frac{1}{a}\neq\frac{1}{b}$，无法得到最小值，不充分.

【点睛】 本题条件(2)是一个陷阱，考生特别容易遗漏等号取到的条件(即最值实现的条件)，而导致判断偏颇.

【109】

【解析】 选A.条件(1)：直接代入题干.得到$\sqrt{a}+\sqrt{d}\leqslant\sqrt{2(a+d)}$.

两边平方$\Rightarrow a+d+2\sqrt{ad}\leqslant2a+2d\Rightarrow a-2\sqrt{ad}+d\geqslant0\Rightarrow(\sqrt{a}-\sqrt{d})^2\geqslant0$恒成立.

条件(1)充分.

条件(2)：取完全平方数特值代入.令$a=4,d=\frac{1}{4},b=1,c=1$代入题干.

$$\sqrt{a}+\sqrt{d}=\sqrt{4}+\sqrt{\frac{1}{4}}=2\frac{1}{2},\sqrt{2(b+c)}=\sqrt{4}=2\leqslant2\frac{1}{2},$$

条件(2)不充分.选A.

【技巧】 此题条件(2)明显是把条件(1)的加法变成了乘法，在华明秒杀大法中，遇到加法和乘法微替换时大概率选加法.

第四章　数　列

第一节　数列的通项或参数计算

【1】

【解析】 选 B. $\begin{cases} a_4+a_5=a_1+3d+a_1+4d=2a_1+7d=-3, \\ a_1=2 \end{cases} \Rightarrow d=-1.$

【点睛】 本题将其他项元素利用公式 $a_n=a_1+(n-1)d$,转化为 a_1 和 d 来表示.

【2】

【解析】 选 D.等差数列的定义:看看 $a_{n+1}-a_n$ 是否为常数,只有 D 选项成立.

【技巧】 等差数列的通项可以看成是一个关于 n 的一次函数,即 $a_n=kn+b$,显然只有 D 正确.

【点睛】 等差数列的通项为 $a_n=a_1+(n-1)d=d\cdot n+(a_1-d)$,可以看成关于 n 的一次函数;等比数列通项 $a_n=a_1\cdot q^{n-1}=\frac{a_1}{q}\cdot q^n$,可以看成关于 n 的指数函数.

【3】

【解析】 选 B.

$$\begin{aligned} a_1a_8-a_4a_5 &=a_1\times(a_1+7d)-(a_1+3d)(a_1+4d) \\ &=a_1^2+7a_1d-(a_1^2+7a_1d+12d^2) \\ &=-12d^2. \end{aligned}$$

当 $d\neq0$,即 $-12d^2<0$ 时,$a_1a_8<a_4a_5$,充分.

【技巧】 对于等差数列,由于 $a_1+a_8=a_4+a_5$,根据和为定值,乘积就有最大值,两数越接近乘积越大,故 $a_1a_8\leqslant a_4a_5$,当 $d=0$ 时取等号,当 $d\neq0$ 时,$a_1a_8<a_4a_5$,故选 B.

【点睛】 将数列元素用首项和公差表示,再比较两者的大小,此外,可以借助平均值定理来分析.

【4】

【解析】 选 D.条件(1):$d=-2$,$a_1+a_2+a_3+a_4=4a_1+6d=12\Rightarrow a_1=6\Rightarrow a_4=0$,充分;

条件(2):$a_2+a_4=4=2a_3$,$a_1+a_2+a_3+a_4=a_1+3a_3=12\Rightarrow a_1=6\Rightarrow a_4=0$,充分.故选 D.

【点睛】 本题的突破口在于将数列元素都化为 a_1 和 d.

【5】

【解析】 选 E.本题显然联合两个条件,可以得出 a_1,a_6 为方程 $x^2-1=0$ 的两个根,那么 $a_1=1$,$a_6=-1$ 或 $a_1=-1$,$a_6=1$,显然不能确定.

【技巧】 本题很容易发现 a_1 和 a_6 的值可以交换,所以也就只能选 E 了.

【点睛】 本题题干中“确定”是指唯一确定.

【6】

【解析】 选 B.

$a_3=2, a_{11}=6 \Rightarrow \begin{cases} a_1+2d=2, \\ a_1+10d=6 \end{cases} \Rightarrow \begin{cases} a_1=1, \\ d=\frac{1}{2}, \end{cases}$ 又因为 $b_2=a_3=2$，$b_3=\frac{1}{a_2}=\frac{2}{3} \Rightarrow q=\frac{1}{3}$，$b_n>\frac{1}{a_{26}} \Rightarrow 6\times\left(\frac{1}{3}\right)^{n-1}>\frac{2}{27} \Rightarrow \left(\frac{1}{3}\right)^{n-1}>\frac{1}{81} \Rightarrow n<5$.

【技巧】 本题也可以把选项一个个逐步代入进行验证.

【点睛】 本题涉及考点和公式较多，首先根据等差数列中的两个元素，求出公差，借助公式 $a_n=a_m+(n-m)d$ 可以求出其他元素；再根据等比数列的两个元素，求出公比，借助公式 $a_n=a_m\cdot q^{n-m}$ 求出通项，最后根据不等式求出 n 的取值范围.

【7】

【解析】 选 E. 如图 4－1 所示：$S_1=S_1'$，$S_2=S_2'$，$S_3=S_3'$，$S_4=S_4'$，则 $S_{P_1}=\frac{1}{2}S_P$；同理 $S_{P_2}=\frac{1}{2}S_{P_1}=\frac{1}{2}\times\frac{1}{2}S_P=\left(\frac{1}{2}\right)^2 S_P$.

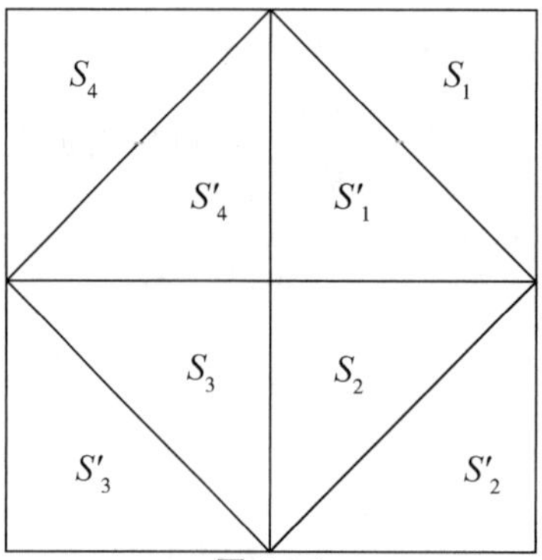

图 4－1

依次得：$S_{P_6}=\left(\frac{1}{2}\right)^6\cdot S_P=\frac{1}{64}a^2=\frac{a^2}{64}$.

【技巧】 本题可以理解成在求一个等比数列的通项公式，将 P 的面积看成首项 a_1，P_6 的面积则看成等比数列的第 7 项，公比为 $\frac{1}{2}$，那么 $a_7=a_1q^{7-1}=\left(\frac{1}{2}\right)^6 a^2=\frac{a^2}{64}$.

【点睛】 此题是平面几何与数列的一个小综合题，记住结论：顺次连接一个四边形各个边的中点所得的小四边形的面积为原来的一半.

【8】

【解析】 选 D. 由于 $a_2=4$，$a_4=8 \Rightarrow a_n=2n$，则

$$\sum_{k=1}^{n}\frac{1}{a_k a_{k+1}}=\frac{1}{2\times4}+\frac{1}{4\times6}+\cdots+\frac{1}{2n\times(2n+2)}=\frac{1}{2}\left(\frac{1}{2}-\frac{1}{2n+2}\right)=\frac{5}{21}，得 n=20.$$

【技巧】 有 a_{k+1} 这个项的存在，结合结果为 $\frac{5}{21}$，选 20 的可能性比较大.

【点睛】 本题要熟悉裂项的结论：$\frac{1}{n(n+k)}=\frac{1}{k}\left(\frac{1}{n}-\frac{1}{n+k}\right)$.

【9】

【解析】 选 C. 显然联合两条件：

条件(1)，$q>0$，条件(2)，$a_{10}=b_{10}\Rightarrow q^9=1+9d\Rightarrow d=\frac{q^9-1}{9}$. 而

$$b_2-a_2=1+d-q=1+\frac{q^9-1}{9}-q=\frac{q^9-9q+8}{9}$$
$$=\frac{(q-1)(q^8+q^7+\cdots+q-8)}{9},$$

无论 $0<q<1$，$q=1$，$q>1$，都能保证 $b_2-a_2\geqslant 0$，则 $b_2\geqslant a_2$.

【点睛】 可以看出两个条件信息单独都无法推出题干，需要联合，考试时可以直接选 C.

【10】

【解析】 选 E. 条件(1)单独不充分；条件(2)利用等比中项的性质可得：$a_2^2=a_1a_3=4\Rightarrow a_2=\pm 2$，故条件(2)单独也不充分，联合两个条件可以知 a_1，a_3 为方程 $x^2-5x+4=0$ 的两个根，则 $\begin{cases}a_1=1,\\a_3=4,\end{cases}$ 或 $\begin{cases}a_1=4,\\a_3=1,\end{cases}$ 故无法判断 $a_2=2$，联合也不充分，故选 E.

【技巧】 举例 $\begin{cases}a_1=1,\\a_3=4,\end{cases}$ 符合条件(1)和(2)，此时 $a_2=\pm 2$，不能得出 $a_2=2$. 故条件(1)和(2)单独都不充分，联合起来也不充分.

【点睛】 当两个条件很容易联合时，可以采用在交集中选特殊值的方法，但检验后并不充分，就只能选 E 了.

【11】

【解析】 选 D. 条件(1)：$\frac{a_2+a_4}{a_3+a_5}=\frac{a_2+a_4}{(a_2+a_4)q}=\frac{20}{20\times 2}=\frac{1}{2}\Rightarrow a_3+a_5=40$，充分；

条件(2)：$\frac{a_2+a_4}{a_1+a_3}=\frac{(a_1+a_3)q}{a_1+a_3}=\frac{20}{10}=2\Rightarrow q=2$，等价于条件(1)，也充分，故选 D.

【12】

【解析】 选 C. 条件(1)显然不充分，而条件(2)只需要取 $a_n=0$，即不满足等比数列；

由条件(2)，两边同时除以 $a_{n+1}a_n$，得 $\frac{a_{n+1}}{a_n}-2\frac{a_n}{a_{n+1}}-1=0$，令 $\frac{a_{n+1}}{a_n}=t$，有

$$t-\frac{2}{t}-1=0\Rightarrow t^2-t-2=0\Rightarrow(t-2)(t+1)=0,$$

得 $t_1=2$ 或者 $t_2=-1$，结合条件(1)$a_na_{n+1}>0$，故只能取 $t=2$，即 $\frac{a_{n+1}}{a_n}=2$，得数列$\{a_n\}$为 $q=2$ 的等比数列，联合充分，选 C.

【技巧】 一般两个条件中，一个条件为定性(不等式约束)，一个条件为定量(等式计算)，选 C 的概率非常高.

【13】

【解析】 选 B.

$$\begin{cases}\dfrac{1}{\alpha}+\dfrac{1}{\beta}=\dfrac{\beta+\alpha}{\alpha\beta}=2, \\ \alpha^2\beta^2=1\end{cases}\Rightarrow\begin{cases}\beta+\alpha=2, \\ \alpha\beta=1,\end{cases}\text{或}\begin{cases}\beta+\alpha=-2, \\ \alpha\beta=-1.\end{cases}$$

则$\dfrac{\alpha+\beta}{\alpha^2+\beta^2}=\dfrac{\alpha+\beta}{(\alpha+\beta)^2-2\alpha\beta}=\dfrac{2}{2^2-2}=1$或$\dfrac{-2}{2^2+2}=-\dfrac{1}{3}$.

【点睛】 已知参数成等差数列和等比数列来求解相应的表达式时，需要注意的是，答案是有两个解的.

【14】

【解析】 选 A.

$$a_4^2=a_3\times a_7\Rightarrow(a_1+3d)^2=(a_1+2d)\times(a_1+6d)$$

$$\Rightarrow a_1=-\frac{3}{2}d,\frac{a_2+a_6}{a_3+a_7}=\frac{2a_1+6d}{2a_1+8d}=\frac{3d}{5d}=\frac{3}{5}.$$

【点睛】 本题的命题思路：通过等差数列中的某些元素成等比数列，可以解出公差 d，再代入表达式中化简求解.

【15】

【解析】 选 A. $(2^x-1)^2=2(2^x+3)\Rightarrow 2^{2x}-4\times 2^x-5=0\Rightarrow 2^x=5\Rightarrow x=\log_2 5$.

【点睛】 本题首先根据等比数列列出等式，为了运算方便，先进行换元，对于指数函数，进行 $t=a^x$ 换元时，要注意 $t>0$.

【16】

【解析】 选 B.

由$\sqrt{2}-1, a\sqrt{3}, \sqrt{2}+1$ 成等差数列，得$\sqrt{2}-1+\sqrt{2}+1=2a\sqrt{3}\Rightarrow a=\dfrac{\sqrt{6}}{3}$；又由$\sqrt{2}-1$，$\dfrac{a\sqrt{6}}{2}$，$\sqrt{2}+1$ 成等比数列，得$(\sqrt{2}-1)\times(\sqrt{2}+1)=\dfrac{3a^2}{2}\Rightarrow a=\pm\dfrac{\sqrt{6}}{3}$，综上可得 $a=\dfrac{\sqrt{6}}{3}$.

【点睛】 此题要明白一个数列是有顺序的，$\sqrt{2}-1, a\sqrt{3}, \sqrt{2}+1$ 成等差数列，是指依次成等差数列.

【17】

【解析】 选 B. $(3^b)^2=3^a\times 3^c\Rightarrow 2b=a+c$，所以 a,b,c 为等差数列.

【点睛】 根据指数的运算性质来进行分析，常用公式为 $a^m\cdot a^n=a^{m+n}$，$(a^m)^n=a^{mn}$.

【18】

【解析】 选 D. $\begin{cases}2a=6+c, \\ 2a^2=36-c^2\end{cases}\Rightarrow\begin{cases}c=-6, \\ a=0,\end{cases}$或$\begin{cases}c=2, \\ a=4.\end{cases}$

【技巧】 此题明显 D 选项包含了 A，B 选项的结论，那么一般可以直接选 D 为标准答案.

【点睛】 根据等差数列和等比数列的性质，列出方程组，列完方程组后，不用直接求解，可将选项的数值直接代入题干来验证. 另外，可以看出关于 c 的方程是二次方程，所以 c 求解的数值应该有两个，故在 C 和 D 中选答案.

【19】

【解析】 选 A. 由第三列成等比数列得 $z=\frac{3}{8}$，第二列成等比数列得 $y=\frac{5}{8}$，第二行成等差数列得 $x=1$，故 $x+y+z=2$.

【20】

【解析】 选 E. 两条件单独显然不充分，联合两个条件：

$$\begin{cases}a^2+b^2=2,\\ \frac{1}{a}\cdot\frac{1}{b}=1\end{cases}\Rightarrow\begin{cases}a+b=\pm 2,\\ a^2+b^2=2\end{cases}\Rightarrow\frac{a+b}{a^2+b^2}=\pm 1,$$

不充分.

【技巧】 只需要取 $a=b=1$，都满足两个条件，但代入题干结果为 1，不是 $-\frac{1}{3}$，不充分，故选 E.

【点睛】 本题要求考生在考试时有较为迅速的判断能力.

【21】

【解析】 选 E. 因为 c 的值不知道，所以均不充分，立即选 E.

【点睛】 当给出的条件不能确定具体的数值时，一般是不充分的，但考生往往会用题干推条件，试图把字母的具体值解出，犯下逻辑错误.

【22】

【解析】 选 A. 由条件(1)知：$e^{2b}=e^{a}\cdot e^{c}=e^{a+c}$，得 $2b=a+c$，充分；由条件(2)知：$2\ln b=\ln a+\ln c\Rightarrow\ln b^2=\ln ac\Rightarrow b^2=ac$，$a,b,c$ 成等比数列，不充分，所以选 A.

【点睛】 等差数列的指数形式成等比数列，等比数列的对数形式成等差数列.

【23】

【解析】 选 C. 条件(1)，可以取数列为 1，2，3，不充分；条件(2)，可以取数列为 1，2，4，也不充分；显然联合后只能是常数数列，充分.

【24】

【解析】 选 E. 条件(1)，$b^2=a(a+b)\Rightarrow a^2+ab-b^2=0\Rightarrow\left(\frac{a}{b}\right)^2+\frac{a}{b}-1=0$(等比数列不存在 0，两边同时除以 b^2)，利用求根公式得 $\frac{a}{b}=\frac{-1\pm\sqrt{5}}{2}$，不唯一，不充分；

条件(2)，特殊值法证明，取 $b=0$，满足条件但不满足结论(分母不为 0)，不充分. 联合条件，但仍不能确定正负，不充分，故选 E.

【25】

【解析】 选 E. 当 $n=1$ 时，$a_1=S_1=3$；

当 $n\geqslant 2$ 时，$a_n=S_n-S_{n-1}=4n^2+n-2-[4(n-1)^2+n-1-2]=8n-3$.

所以通项 $a_n=\begin{cases}3, & n=1,\\ 8n-3, & n\geqslant 2.\end{cases}$

【技巧】 由 $a_1=S_1=3$，A，B，C，D 选项都排除，故选 E.

【点睛】 本题主要考查公式：$a_n=\begin{cases}S_1, & n=1,\\ S_n-S_{n-1}, & n\geqslant 2,\end{cases}$注意不要忘记验证首项，此外，可以记住一个结论：$S_n=a\cdot n^2+b\cdot n+c$，当 $c=0$ 时，为等差数列，通项 $a_n=2a\cdot n+b-a$；当 $c\neq 0$ 时，不是等差数列，通项 $a_n=\begin{cases}a+b+c, n=1,\\ 2a\cdot n+b-a, n\geqslant 2,\end{cases}$原因是首项不再保持等差关系，从第二项以后，仍然为等差数列.

【26】

【解析】 选 D. 由于 $a_n=S_n-S_{n-1}=\left(\frac{3}{2}a_n-3\right)-\left(\frac{3}{2}a_{n-1}-3\right)\Rightarrow a_n=3a_{n-1}$，故数列是公比为 3 的等比数列，又 $a_1=\frac{3}{2}a_1-3\Rightarrow a_1=6$，所以通项公式是 $a_n=2\times 3^n$.

【技巧】 可以采用特殊值法，$n=1$ 时，$S_1=\frac{3}{2}a_1-3$，即 $a_1=\frac{3}{2}a_1-3\Rightarrow a_1=6$；$n=2$ 时，$S_2=\frac{3}{2}a_2-3\Rightarrow a_1+a_2=\frac{3}{2}a_2-3\Rightarrow a_2=18$，通过选项验证可以得出答案.

【点睛】 此题利用核心公式 $a_n=\begin{cases}S_1, & n=1,\\ S_n-S_{n-1}, & n\geqslant 2,\end{cases}$先求出公比，然后再求出 a_n.

【27】

【解析】 选 E. $a_n=S_n-S_{n-1}=\frac{2S_n^2}{2S_n-1}\Rightarrow S_{n-1}-S_n=2S_nS_{n-1}\xrightarrow{\text{两边同除以 } S_nS_{n-1}}\frac{1}{S_n}-\frac{1}{S_{n-1}}=2$，又 $a_1=S_1$，故选 E.

【技巧】 采用特殊值考查数列$\left\{\frac{1}{S_n}\right\}$的前三项：$\frac{1}{S_1}=\frac{1}{a_1}=2,\frac{1}{S_2}=4,\frac{1}{S_3}=6$，故选 E.

【点睛】 本题的难点在于要通过 $a_n=S_n-S_{n-1}$ 转化为只含 S_n 和 S_{n-1} 的关系式，然后再转化$\frac{1}{S_n}$和$\frac{1}{S_{n-1}}$的关系式，根据定义判断数列是等差数列还是等比数列. 此外，对于数列问题，也可以用特殊值法求出前几项来判断.

【28】

【解析】 选 A. 方法一：由经验结论可知，等差数列前 n 项和公式满足，$S_n=an^2+bn$，即是一个无常数项的二次函数，所以直接选 A.

方法二：特殊值法. 条件(1)可以计算出 $a_1=3,a_2=5,a_3=7,\cdots$，显然是等差数列；

而条件(2)可以计算出 $a_1=4,a_2=5,a_3=7,\cdots$，显然不是等差数列；选 A.

【技巧】 秒杀技巧，遇到“微替换”就秒杀 A.

【29】

【解析】 选 B.

由累加法可得$\begin{cases} a_2-a_1=\frac{1}{3}, \\ a_3-a_2=\frac{2}{3}, \\ \cdots \\ a_n-a_{n-1}=\frac{n-1}{3}, \end{cases}$ 相加得

$$a_n-a_1=\frac{1}{3}+\frac{2}{3}+\cdots+\frac{n-1}{3}=\frac{(n-1)\left(\frac{1}{3}+\frac{n-1}{3}\right)}{2}\Rightarrow a_n-1=\frac{n(n-1)}{6}.$$

所以 $a_{100}=1+\frac{100\times 99}{6}=1\ 651$.

【技巧】 本题也可以先求出 $a_2,a_3,\cdots$,然后寻求其一般规律.

【点睛】 要熟悉求通项的几种基本方法:累和法,累乘法,构造法.具体方法请参看本系列图书第一篇——《管理类综合能力华明讲数学 教程篇》的数列部分.

【30】

【解析】 选 E.由 $a_2>a_1$,代入得 $a_2=\frac{a_1+2}{a_1+1}>a_1$,化简得

$$\frac{a_1+2-a_1(a_1+1)}{a_1+1}>0\Rightarrow\frac{2-a_1^2}{a_1+1}>0\Rightarrow(a_1^2-2)(a_1+1)<0,$$

由数轴标根法得:$-1<a_1<\sqrt{2}$ 或 $a_1<-\sqrt{2}$.

【技巧】 由于 D 和 E 选项中存在“且”和“或”这样的结构,这样一般可以直接作为正确选项考虑.

【31】

【解析】 选 A.方法一:

$$a_{n+1}=2a_n+1\Rightarrow a_{n+1}+1=2a_n+1+1\Rightarrow a_{n+1}+1=2(a_n+1),$$

故$\{a_n+1\}$是一个首项为 $a_1+1=1$,公比为 2 的等比数列.则

$$a_n+1=1\times 2^{n-1}\Rightarrow a_n=2^{n-1}-1\Rightarrow a_{100}=2^{99}-1.$$

方法二:列举法.计算出 a_2,a_3,a_4 找规律.

$$a_2-2a_1=1\Rightarrow a_2=1=2^1-1,$$

$$a_3-2a_2=1\Rightarrow a_3=3=2^2-1,$$

$$a_4-2a_3=1\Rightarrow a_4=7=2^3-1,$$

找出规律可得 $a_{100}=2^{99}-1$.

【技巧】 秒杀大法:由于 99 多、±1 多,所以答案通常就在 A、C 中了.技巧:本题也可以用特殊值法进行检验.

【32】

【解析】 选 B.穷举法:

$$a_1=1;$$

$$a_2=2;$$

$$a_3=a_2-a_1=2-1=1;$$

$$a_4=a_3-a_2=1-2=-1;$$
$$a_5=a_4-a_3=-1-1=-2;$$
$$a_6=a_5-a_4=-2+1=-1;$$

同理，
$$a_7=a_6-a_5=1;$$
$$a_8=a_7-a_6=2;$$
$$\cdots$$

这个数列是以 6 为周期的循环数列，$100=16\times6+4$，第 100 项经过 16 次循环余 4，即 $a_{100}=a_4=-1$.

【点睛】 一般遇到 $a_{n+2}=a_{n+1}-a_n(n=1,2,3,\cdots)$形式的数列是以周期为 6 的循环数列；而遇到 $a_{n+2}=|a_{n+1}-a_n|(n=1,2,3,\cdots)$形式的数列则是周期为 3 的循环数列.

【33】

【解析】 选 C. 显然需要联合条件(1)，(2)，$a_2=\frac{2}{3}$，$a_1=\frac{1}{3}$，充分.

【点睛】 此题比较简单，找到 a_3 与 a_1 的关系式，再由 a_3 的数值，得到 a_1 的数值.

【34】

【解析】 选 B. 题干数列为单调递增数列，而条件(1)可得 $x_2<x_1$，排除；由条件(2)得 $x_{n+1}=\frac{1}{2}(1+x_n)\Rightarrow x_{n+1}-1=\frac{1}{2}(x_n-1)$，则$\{x_n-1\}$是首项为$-\frac{1}{2}$，公比为$\frac{1}{2}$的等比数列，则有 $x_n-1=-\frac{1}{2}\times\left(\frac{1}{2}\right)^{n-1}$，即 $x_n=1-\frac{1}{2^n}$，充分.

【技巧】 采用特殊值法. 条件(1)：$x_2=\frac{1}{4}$，条件(2)：$x_2=\frac{3}{4}$，显然条件(2)充分，故选 B.

【点睛】 本题的关键点在于通过数列的递推等式，构造一个新的数列来分析. 当然，本题也可以采用特殊值法进行巧算.

【35】

【解析】 选 D. 条件(1)$a_2=\frac{a_1+2}{a_1+1}=\frac{\sqrt{2}+2}{\sqrt{2}+1}=1+\frac{1}{\sqrt{2}+1}=\sqrt{2}$，同理 $a_3=a_4=\sqrt{2}$，充分；

条件(2) $a_2=\frac{a_1+2}{a_1+1}=\frac{-\sqrt{2}+2}{-\sqrt{2}+1}=\frac{-\sqrt{2}+1}{-\sqrt{2}+1}+\frac{1}{-\sqrt{2}+1}=1+\frac{1+\sqrt{2}}{-1}=-\sqrt{2}$，同理 $a_3=a_4=-\sqrt{2}$，也充分，故选 D.

【点睛】 a_n 与 a_{n+1} 或 a_{n-1} 的关系式称为递推公式，一般通过递推公式找到前几个元素数值的规律，来判断后面元素的数值.

【36】

【解析】 选 D. 条件(1)：$a_1=1$，$a_2=2$，$a_3=|a_2-a_1|=1$，$a_4=|a_3-a_2|=1$，$a_5=|a_4-a_3|=0$，$a_6=1$，…

可以发现下面就是 3 个循环了，得 $a_{100}=a_4=1$，$a_{101}=a_5=0$，$a_{102}=a_6=1$，那么 $a_{100}+a_{101}+a_{102}=2$，充分；

条件(2)：$\underline{1,k,k-1},\underline{1,k-2,k-3},\underline{1,k-4,k-5},\cdots,\underline{1,1,0,1,1,0,\cdots}$，规律与条件(1)

相同，也充分，故选 D.

【技巧】 此题由于条件(1)是条件(2)的一个情况，属于包含型条件，所以答案应该在 A 和 D 中选择，如果有时间只要计算 $k=19$ 的情况是否满足就可以了. 若满足，就选 D；若不满足，则选 A.

【点睛】 从这样的命题来看，数列的考查内容会越来越灵活多变，打破常规命题.

【37】

【解析】 选 A. 条件(1)：显然这个数列呈递减数列(或常数数列)，所以

$$(a_1-a_2)+(a_3-a_4)+\cdots+(a_9-a_{10})\geqslant 0,$$

故条件(1)充分.

条件(2)：$a_n^2\geqslant a_{n+1}^2 \Leftrightarrow a_n\geqslant a_{n+1}$ 或 $a_n\leqslant -a_{n+1}$，不充分.

【点睛】 条件(2)：只需取 $a_1=-10, a_2=-9, a_3=-8, a_4=-7, \cdots$，那么 $-10+9-8+7-6+5-\cdots<0$，不充分，故选 A.

很明显，条件(1)是条件(2)的子集，而条件(2)明显存在漏洞，就只能选条件(1)充分.

【38】

【解析】 选 C. 条件(1)，$\begin{cases} a_2^2-a_1^2=2, \\ a_3^2-a_2^2=2\times 2, \\ \cdots \\ a_n^2-a_{n-1}^2=2(n-1) \end{cases} \Rightarrow a_n^2=a_1^2+2(1+2+3+\cdots+n-1)\Rightarrow$

$a_n^2=a_1^2+n^2-n$，不充分.

条件(2)，a_1, a_2, a_3 成等差数列，也不充分；

联合后可得：

$$\begin{cases} a_{n+1}^2=a_n^2+2n \\ a_2-a_1=a_3-a_2 \end{cases} \Rightarrow \begin{cases} a_{n+1}^2=a_n^2+2n \\ (a_2-a_1)(a_2+a_1)(a_3+a_2)=(a_3-a_2)(a_3+a_2)(a_2+a_1) \end{cases}$$

$$\Rightarrow (a_2^2-a_1^2)(a_3+a_2)=(a_3^2-a_2^2)(a_2+a_1)$$

$$\Rightarrow 2(a_3+a_2)=4(a_2+a_1)\Rightarrow a_2=3a_1$$

$$\Rightarrow \begin{cases} a_2^2=a_1^2+2 \\ a_2=3a_1 \end{cases} \Rightarrow a_1=\frac{1}{2},$$

代入 $a_n^2=a_1^2+n^2-n$ 中，得 $a_n^2=n^2-n+\frac{1}{4}=\left(n-\frac{1}{2}\right)^2\Rightarrow a_n=n-\frac{1}{2}$，充分，选 C.

【39】

【解析】 选 C. 由韦达定理得 $a_3\cdot a_8=\frac{-18}{3}=-6\Rightarrow a_4\cdot a_7=-6$.

【点睛】 可以记住结论：对于等差数列，有 $a_m+a_n=a_k+a_l$，其中 $m+n=k+l$；对于等比数列，有 $a_m\times a_n=a_k\times a_l$，其中 $m+n=k+l$.

【40】

【解析】 选 B. $a_2a_4+2a_3a_5+a_2a_8=25\Rightarrow a_3^2+2a_3a_5+a_5^2=25\Rightarrow (a_3+a_5)^2=25$.

由 $a_1>0$，则 $a_3+a_5>0$，$a_3+a_5=5$.

【技巧】 可以采用特殊值的方法，让所有的项都为一个常数 c，那么

$$a_2a_4+2a_3a_5+a_2a_8=25\Rightarrow c^2+2c^2+c^2=25\Rightarrow c^2=\frac{25}{4}\Rightarrow c=\frac{5}{2},$$

则 $a_3+a_5=2c=5$,故选 B.

【点睛】 可以记住结论:对于等差数列,有 $a_{m-k}+a_{m+k}=2a_m$,对于等比数列,有 $a_{m-k}\times a_{m+k}=a_m^2$.

【41】

【解析】 选 D.因为 $a_5+a_7=a_2+a_{10}$,由韦达定理得 $a_2+a_{10}=10$,故 $a_5+a_7=10$.

【点睛】 要熟悉角标规律:若 $\{a_n\}$ 为等差数列,$m+n=p+q\Rightarrow a_m+a_n=a_p+a_q$.

第二节　数列的求和

【42】

【解析】 选 D. $\begin{cases}S_5=15,\\S_{15}=120\end{cases}\Rightarrow\begin{cases}5a_1+\dfrac{5\times4}{2}d=15,\\15a_1+\dfrac{15\times14}{2}d=120\end{cases}\Rightarrow\begin{cases}a_1=1,\\d=1,\end{cases}$ 所以前 10 项和

$$S_{10}=10a_1+\frac{10\times(10-1)}{2}d=55.$$

【技巧】 由于 $S_5,S_{10}-S_5,S_{15}-S_{10}$ 成等差数列,则 $15,S_{10}-15,120-S_{10}$ 成等差数列,求出 $S_{10}=55$,故选 D.

【点睛】 记住结论:对于等差数列,$S_n,S_{2n}-S_n,S_{3n}-S_{2n},\cdots$ 仍为等差数列,同样,对于等比数列而言,$S_n,S_{2n}-S_n,S_{3n}-S_{2n},\cdots$ 仍为等比数列.

【43】

【解析】 选 C. $S_9=\dfrac{9(a_1+a_9)}{2}=9a_5<0,S_{10}=\dfrac{10(a_1+a_{10})}{2}=5(a_5+a_6)>0$,所以选 C.

【点睛】 等差数列中,若 $a_5<0,a_6>0$,不能类推出 $S_5<0,S_6>0$,此外,本题还用到了等差数列的性质:$a_m+a_n=a_k+a_l$,其中 $m+n=k+l$,可以记住结论:在等差数列中,$a_n<0,a_{n+1}>0$,且 $a_n+a_{n+1}>0$,则 $S_1,S_2,\cdots,S_{2n-1}$ 均小于 0,而 $S_{2n},S_{2n+1},\cdots$ 均大于 0.

【44】

【解析】 选 D.因为 $a_2+a_{11}=a_3+a_{10}=a_1+a_{12}$,则

$$a_2+a_3+a_{10}+a_{11}=64\Rightarrow a_1+a_{12}=32\Rightarrow S_{12}=6(a_1+a_{12})=6\times32=192.$$

【技巧】 采用特殊值法,将公差看作零,即常数变易法,那么数列每个元素都是 16,所以前 12 项和为 $16\times12=192$.

【点睛】 本题先根据等差数列元素性质,求出 a_1+a_{12} 的数值,再借助求和公式计算,此外,将数列看成特殊的常数数列,可以简便运算.

【45】

【解析】 选 D. $5a_7-a_3-12=0\Rightarrow5(a_8-d)-(a_8-5d)-12=0\Rightarrow a_8=3$;

$$\sum_{k=1}^{15} a_k = S_{15} = \frac{(a_1 + a_{15}) \times 15}{2} = 15a_8 = 45.$$

【技巧】 当条件只给一个等式的时候，就可以采用常数变易法，每项都设为常数 c，那么 $5a_7 - a_3 - 12 = 0 \Rightarrow 5c - c - 12 = 0 \Rightarrow c = 3$，而 $\sum\limits_{k=1}^{15} a_k = 15c = 45$，故选 D.

【点睛】 本题将已知条件和所求表达式都转化为 a_8 来分析，所用公式为

$$a_m + a_n = a_k + a_l (m + n = k + l), a_n = a_m + (n - m)d.$$

【46】

【解析】 选 D. $\begin{cases} a_2 = a_1 + d \\ a_5 = a_1 + 4d, \\ a_8 = a_1 + 7d, \\ a_2 - a_5 + a_8 = 9 \end{cases} \Rightarrow a_1 + 4d = a_5 = 9$. 所以 $S_9 = 9a_5 = 9 \times 9 = 81$.

【技巧】 $a_2 - a_5 + a_8 = 9 \Rightarrow 2a_5 - a_5 = a_5 = 9$.

【点睛】 采用课堂讲过的万能常数法，设全部变量为 c，则 $c = 9, S_9 = 9c = 81$.

【47】

【解析】 选 B. 根据等差数列的前 n 项和公式 $S_n = na_1 + \frac{n(n-1)}{2}d$ 得：

$$\begin{cases} S_3 = 3a_1 + \dfrac{3 \times (3-1)d}{2} = 3, \\ S_6 = 6a_1 + \dfrac{6 \times (6-1)d}{2} = 24 \end{cases} \Rightarrow \begin{cases} a_1 + d = 1, \\ 2a_1 + 5d = 8 \end{cases} \Rightarrow d = 2.$$

【技巧】 由于 $S_6 - S_3 = 21$，那么根据 $S_3, S_6 - S_3, S_9 - S_6$ 也成等差数列，且公差为原来公差的 $3^2 = 9$ 倍，那么得 $9d = 21 - 3 = 18 \Rightarrow d = 2$.

【点睛】 本题要熟悉经验公式结论：若 $\{a_n\}$ 是公差为 d 的等差数列，则 $S_m, S_{2m} - S_m, S_{3m} - S_{2m}, \cdots$ 也是等差数列，且公差为 $m^2 d$.

【48】

【解析】 选 E. 方法一：

$$a_2 + a_4 = 2a_3 = a_1 = 8, a_3 = 4, d = \frac{a_3 - a_1}{2} = \frac{4-8}{2} = -2.$$

根据等差数列求和变形公式 $S_n = \frac{d}{2}n^2 + \left(a_1 - \frac{d}{2}\right)n$，$S_n$ 是一个不带常数项的一元二次函数. 其中，二次项系数 $\frac{d}{2} < 0$，图象开口方向向下，且在对称轴 $n = \frac{1}{2} - \frac{a_1}{d} = \frac{1}{2} - \frac{8}{-2} = 4.5$ 处取到最大值. 但是由于数列 n 为正整数，又因为一元二次函数为轴对称图形，所以在最靠近对称轴两侧取到最大值，即 $S_{max} = S_4 = S_5$. 将 $n = 4$ 或者 $n = 5$ 直接代入求和公式，得到 $S_{max} = S_4 = \frac{-2}{2} \cdot (4)^2 + \left(8 - \frac{-2}{2}\right) \cdot 4 = 20$.

方法二：$a_2 + a_4 = 2a_3 = a_1 = 8, a_3 = 4, d = \frac{a_3 - a_1}{2} = \frac{4-8}{2} = -2$.

推出：$a_2=6, a_4=2, a_5=0, a_6=-2$.

由此得知，第 5 项之后越来越小，前 5 项和为最大值. 因此

$$S_{\max}=a_1+a_2+a_3+a_4+a_5=8+6+4+2+0=20.$$

【点睛】 当等差数列通项的符号变化的时候，会使得等差数列前 n 项和产生最值.

【49】

【解析】 选 A. 方法一：本题要熟悉正奇数的前 n 项和公式：$S_n=n^2$，那么条件(1)，$\frac{S_k}{S_{3k}-S_k}=\frac{k^2}{9k^2-k^2}=\frac{1}{8}$，而条件(2)不充分，故选 A.

方法二：由条件(1)$a_n=2n-1$，得

$$\frac{a_1+a_2+\cdots+a_k}{a_{k+1}+a_{k+2}+\cdots+a_{3k}}=\frac{\frac{k}{2}[1+(2k-1)]}{\frac{2k}{2}[(2k+1)+(6k-1)]}=\frac{k}{8k}=\frac{1}{8}(\text{与 }k\text{ 无关}).$$

由条件(2)$a_n=2n$，得

$$\frac{a_1+a_2+\cdots+a_k}{a_{k+1}+a_{k+2}+\cdots+a_{3k}}=\frac{\frac{k}{2}[2+2k]}{\frac{2k}{2}[(2k+2)+6k]}=\frac{1+k}{2+8k}(\text{与 }k\text{ 有关}).$$

故选 A.

【点睛】 解此题的关键是要理解 $a_1+a_2+\cdots+a_k=S_k$，$a_{k+1}+a_{k+2}+\cdots+a_{2k}=S_{2k}-S_k$ 的内涵.

【50】

【解析】 选 C. 显然联合两个条件，则$\frac{S_{19}}{T_{19}}=\frac{\frac{a_1+a_{19}}{2}\times 19}{\frac{b_1+b_{19}}{2}\times 19}=\frac{a_{10}}{b_{10}}=\frac{3}{2}$.

【技巧】 显然两个条件中条件(1)是文字类描述，条件(2)是数学计算表达式，所以可以直接选 C.

【点睛】 等差数列$\{a_n\}$的前 n 项和 S_n 与等差数列$\{b_n\}$的前 n 项和 T_n 满足$\frac{a_n}{b_n}=\frac{S_{2n-1}}{T_{2n-1}}$.

【51】

【解析】 选 A.

条件(1)：$a_6-a_3=3d=\frac{1}{6}\Rightarrow d=\frac{1}{18}$，而 $a_1=a_3-2d=\frac{1}{6}-\frac{1}{9}=\frac{1}{18}$，$S_{18}=18a_1+\frac{18\times(18-1)}{2}d=1+\frac{17}{2}=\frac{19}{2}$，充分；

条件(2)：$a_6-a_3=3d=\frac{1}{4}\Rightarrow d=\frac{1}{12}$，而 $a_1=a_3-2d=\frac{1}{4}-\frac{1}{6}=\frac{1}{12}$，$S_{18}=18a_1+\frac{18\times(18-1)}{2}d=\frac{18}{12}+\frac{9\times 17}{12}=\frac{57}{4}$，不充分.

【技巧】　本题只要简单估值就能发现条件(2)中能得到 $a_9=\frac{3}{4}$，明显 $S_{18}\approx 18\times\frac{3}{4}=\frac{27}{2}\neq\frac{19}{2}$，不充分. 就直接选 A 了.

【点睛】　注意灵活使用等差数列的前 n 项和公式：$S_n=na_1+\frac{n(n-1)}{2}d$.

【52】

【解析】　选 C.

条件(1)：可取负数的递减等差数列，显然满足条件而不满足题干，不充分；

条件(2)：$d\geqslant 0$，单独不充分；

联合两条件：$S_n=\frac{d}{2}n^2+\left(a_1-\frac{d}{2}\right)n\leqslant n$ 恒成立，只能 $d=0$，$a_1\leqslant 1$，满足题干，故选 C.

【点睛】　本题的关键点在于通过前 n 项和的有界性和数列的单调性来分析数列元素的变化特征.

【53】

【解析】　选 D. 本题只需要说明 S_{10} 为最小值即可. 条件(1)：$a_{10}=0$ 时，那么从 a_{11} 开始必然是正数，所以 $S_9=S_{10}$ 为最小值，显然成立；条件(2)：可以确定出 $a_{11}>0$，$a_{10}<0$，那么 S_{10} 也就是最小值，显然也充分.

【技巧】　当两个条件可联合时，一个条件是等量关系，另一个条件是不等式关系，则直接选 C. 但本题的两个条件不可联合，所以不适用此方法.

【点睛】　本题的关键是要知道等差数列要么递增，要么递减，是一种线性数列，当首项 $a_1>0$，公差 $d<0$ 时，前 n 项和 S_n 就存在最大值，而当首项 $a_1<0$，公差 $d>0$ 时，前 n 项和 S_n 就存在最小值.

【54】

【解析】　选 B. 条件(1)：只知道首项，不知道公差，无法求出前 9 项的和，不充分.

条件(2)：根据等差数列角标性质可得，$a_1+a_2+\cdots+a_9=9a_5$，可以求出题干，充分，选 B.

【技巧】　本题属于课堂反复强调的微替换型，直接在 A 和 B 中选择即可，当然条件(1)明显不充分，就直接选条件(2)充分.

【55】

【解析】　选 E. 将原式两边同乘以 3，采用错位抵消法求解.

$$\begin{cases}S_n=3+2\times 3^2+3\times 3^3+4\times 3^4+\cdots+n\times 3^n,\\3S_n=3^2+2\times 3^3+3\times 3^4+\cdots+(n-1)\times 3^n+n\times 3^{n+1},\end{cases}$$

两式相减，得 $-2S_n=3+3^2+3^3+\cdots+3^n-n\times 3^{n+1}=\frac{3(1-3^n)}{1-3}-n\times 3^{n+1}$，得到：$S_n=\frac{3(1-3^n)}{4}+\frac{n\cdot 3^{n+1}}{2}$.

【技巧】　遇到与 n 有关的命题，可以取特殊值验证选项，$n=1$ 时，$S_1=3$，$n=2$ 时，$S_2=21$，只有 E 成立.

【点睛】 若 $c_n=a_nb_n$，其中 a_n 为等差数列，b_n 为等比数列，可以采用错位相减法求出 c_n 的前 n 项和.

【56】

【解析】 选 C. $\dfrac{\frac{1}{2}+\left(\frac{1}{2}\right)^2+\left(\frac{1}{2}\right)^3+\cdots+\left(\frac{1}{2}\right)^8}{0.1+0.2+0.3+\cdots+0.9}=\dfrac{1-\left(\frac{1}{2}\right)^8}{4.5}=\dfrac{\frac{255}{256}}{\frac{9}{2}}=\dfrac{85}{384}$.

【技巧】 本题当计算出 $\dfrac{1-\left(\frac{1}{2}\right)^8}{4.5}$ 时就可以进行估值了，显然结果非常接近 $\dfrac{1}{4.5}$. 那么也只有 C 选项最为适合.

【点睛】 分子是一公比为 $\dfrac{1}{2}$ 的等比数列前 8 项的和，分母是一公差为 0.1 的等差数列前 9 项的和，也可以记住结论：$\dfrac{1}{2}+\left(\dfrac{1}{2}\right)^2+\left(\dfrac{1}{2}\right)^3+\cdots+\left(\dfrac{1}{2}\right)^n=1-\left(\dfrac{1}{2}\right)^n$.

【57】

【解析】 选 C. 取 $x=2$，

$$\begin{aligned}&a_1+2a_2+3a_3+\cdots+na_n\\&=(1+2)+(1+2)^2+\cdots+(1+2)^n=\frac{3^{n+1}-3}{2}.\end{aligned}$$

【技巧】 采用特殊值法，令 $n=1$，$x=2$，有 $a_1=3$，排除选项后选 C.

【点睛】 此题的关键点是对 x 的处理，因为要计算的式子不含 x，而已知式子中却含有 x，比较后容易发现令 $x=2$ 就可以了.

【58】

【解析】 选 B. $q^2=\dfrac{a_5}{a_3}=\dfrac{1}{4}\Rightarrow q=\dfrac{1}{2}$，$a_1=\dfrac{a_3}{q^2}=4$，而新数列 $\left\{\dfrac{1}{a_n}\right\}$ 的首项为 $a_1'=\dfrac{1}{4}$，公比为 $q'=2$，则 $\displaystyle\sum_{k=1}^{8}\frac{1}{a_k}=S_8=\frac{a_1'(1-q'^8)}{1-q'}=\frac{\frac{1}{4}\times(1-2^8)}{1-2}=\frac{255}{4}$.

【点睛】 要学会数列项之间的快速运算，直接算出公比即可. 另外，要明确 $\{a_n\}$ 为等比数列时，则 $\left\{\dfrac{1}{a_n}\right\}$，$\{a_n^k\}$，$\{|a_n|\}$ 等还是为等比数列.

【59】

【解析】 选 B. 由条件(1)发现 $a_1=70$，$a_2=100$，肯定不满足.

条件(2)是公比为 2 的等比数列，$S_6=\dfrac{2(1-2^6)}{1-2}=126$，故选 B.

【技巧】 由条件(1)，每项元素都是 10 的倍数，故求和也是 10 的倍数，所以不充分；由条件(2)，记住一个窍门，首项为 2，公比为 2 的等比数列求和公式为 $S_n=2(2^n-1)$，充分.

【点睛】 此题条件(1)数列的元素均是正的，根据 $a_6=220$，已经超过 126 了，显然不正确，那么条件(2)充分的可能性就非常高.

【60】

【解析】 选 A. 由于 $S_2+S_5=2S_8 \Rightarrow 1-q^2+1-q^5=2(1-q^8) \Rightarrow 1+q^3=2q^6$，得到 $q^3=-\frac{1}{2}$，或者 $q^3=1$（舍去），解得 $q=-\frac{\sqrt[3]{4}}{2}$.

【技巧】 由 $S_2+S_5=2S_8$，则 $S_2-S_5=2S_8-2S_5$，即

$$\frac{S_8-S_5}{S_5-S_2}=-\frac{1}{2}=\frac{a_8+a_7+a_6}{a_5+a_4+a_3}=\frac{(a_5+a_4+a_3)q^3}{a_5+a_4+a_3}=q^3 \Rightarrow q=-\frac{\sqrt[3]{4}}{2}.$$

【点睛】 此题比较简单，但是运算量比较大，其实考试时只要用选项代入验证，看哪个正确就可以了.

【61】

【解析】 选 B. 由条件(1)得 $a_1=2, a_1^2=4 \neq \frac{1}{3}(4^1-1)=1$，不充分；

由条件(2)得 $a_1+a_2+a_3+\cdots+a_n=S_n=2^n-1$，所以 $a_n=S_n-S_{n-1}=2^{n-1}, a_1=1, q=2$，$\{a_n^2\}$ 也为等比数列，$a_1^2=1, q'=4, a_1^2+a_2^2+a_3^2+\cdots+a_n^2=\frac{1}{3}(4^n-1)$，条件(2)充分，故选 B.

【技巧】 采用特殊值法，取 $n=1$ 时，由条件(1)得 $a_1=2$，不满足题干，故不充分. 再验证条件(2)发现 $a_1=1$ 满足题干，那么其正确的可能性就比较大了.

【点睛】 主要考查等比数列的求和，记住结论：若 $\{a_n\}$ 为等比数列，公比为 q，则 $\{a_n^2\}$ 也是等比数列，公比为 q^2.

第三节 数列的实际应用题

【62】

【解析】 选 B.

此题的迷惑性比较大，由于四年后学生会毕业离校，所以只能计算后四年的学生总数. 该等差数列为 $a_1=2\ 000, d=200$.

$$S=S_7-S_3=7\times 2\ 000+\frac{7\times 6}{2}\times 200-\left(3\times 2\ 000+\frac{3\times 2}{2}\times 200\right)=11\ 600，故选 B.$$

【点睛】 等差数列主要确定首项和公差，就可以进行求和，需要注意的是已经毕业的不能计算在内.

【63】

【解析】 选 C. 设第 6 名同学的成绩为 a_1，成绩差为 d，则其余 5 名同学成绩依次是 $a_1+d, a_1+2d, a_1+3d, a_1+4d, a_1+5d$，列出方程：

$$\begin{cases} a_1+a_1+d+a_1+2d+a_1+3d+a_1+4d+a_1+5d=95\times 6, \\ a_1+2d+a_1+3d+a_1+4d+a_1+5d=388 \end{cases} \Rightarrow \begin{cases} a_1=90, \\ d=2, \end{cases} 故选 C.$$

【技巧】 可以迅速得到前 6 名同学的成绩依次为 90，92，94，96，98，100，此类题目通过凑数比直接列方程来得快.

【64】

【解析】 选 C. 根据题意,可得

$$\begin{aligned}S&=(1\,000\times1\%+50+950\times1\%+50+\cdots+50\times1\%+50)+100\\&=1\,100+(10+9.5+9+\cdots+0.5)\\&=1\,100+\frac{10.5\times20}{2}=1\,205(\text{万元}).\end{aligned}$$

【点睛】 根据等差数列原则,由于 1 195,1 200,1 205 成等差数列,1 195,1 205,1 215 也成等差数列,那么应该在 A 和 C 项中选择.

【65】

【解析】 选 E. 设甲、乙、丙 3 种货车一次最多运送货物分别为 a,b,c,则有:

$$\begin{cases}2b=a+c,\\2a+b=95,\\a+3c=150\end{cases}\Rightarrow\begin{cases}a=30,\\b=35,\\c=40\end{cases}\Rightarrow a+b+c=105.$$

所以,甲、乙、丙分别各一辆车一次最多运送货物为 $a+b+c=105$(吨).

【技巧】 本题属于简单的三元一次方程结合了等差数列的知识点.

【66】

【解析】 选 A. 设小球从第 n 次落地到第 $n+1$ 次落地所经过的距离为 a_n,则 $\{a_n\}$ 是首项为 $a_1=100$,公比 $q=\frac{1}{2}$ 的等比数列,所经过的距离为 $S=a_0+S_9=100+\frac{100\left[1-\left(\frac{1}{2}\right)^9\right]}{1-\frac{1}{2}}\approx$ 300,故选 A.

【技巧】 因为高度越来越低,所以只需要考虑前几次的路程进行估计,$a_1=100$,$a_2=50\times2=100$,$a_3=25\times2=50$,$a_4=12.5\times2=25$,发现路程会大于 250 米,排除选项 B,C,D,E,只能选 A 了.

【点睛】 遇到此类问题,转化为等比数列求和,关键要找到首项和公比,利用公式求和来运算,此题的陷阱在于忘记小球会有往返的运动,而导致误选成 C(200 米).

【67】

【解析】 选 C.

设每年应该拆除危旧房的面积是 x 平方米,则

$$(1+10\%)^{10}\cdot a-x[1+(1+10\%)+(1+10\%)^2+\cdots+(1+10\%)^9]=2a$$

$$\Rightarrow2.6a-\frac{(1-1.1^{10})}{1-1.1}\cdot x=2a\Rightarrow x=\frac{3}{80}a,$$

故选 C.

【技巧】 设每年应该拆除危旧房的面积是 x 平方米,第一年后:$a(1+0.1)-x=1.1a-x$;第二年后:$[a(1+0.1)-x](1+0.1)-x=1.1^2a-1.1x-x$,则第十年后:

$$1.1^{10}a-1.1^9x-1.1^8x-\cdots-1.1x-x=2a\Rightarrow2.6a-16x=2a\Rightarrow x=\frac{3}{80}a.$$

【点睛】 本题难度和运算量都比较大,其突破口是写出前几年的表达式,寻求规律再

分析.

【68】

【解析】 选 A.一共取走了

$$S=\frac{2}{3}M+\frac{1}{3}\times\frac{2}{3}M+\cdots+\left(\frac{1}{3}\right)^6\times\frac{2}{3}M=\frac{1-\left(\frac{1}{3}\right)^7}{1-\frac{1}{3}}\times\frac{2}{3}M=\left[1-\left(\frac{1}{3}\right)^7\right]M.$$

故还剩下$\frac{M}{3^7}$.

【技巧】 可以采用排除法,当天数很大时,剩余的现金趋近于 0,排除 D 和 E 选项,又因为第一天剩下$\frac{M}{3}$,所以只能选 A.

【点睛】 首先寻找每天取走的金额与前一天的关系,作为等比数列的公比,根据总数减去每天取出的就得到剩下的.

【69】

【解析】 选 C.根据四边形面积的性质,任意四边形各边中点依次连接所得的四边形为平行四边形,其面积为原四边形面积的$\frac{1}{2}$,则可以知道 $S_1=12,S_2=6,S_3=3,\cdots$,则得到

$$S_1+S_2+S_3+\cdots=12+6+3+\cdots=\frac{12\left(1-\frac{1}{2^n}\right)}{1-\frac{1}{2}}=24\left(1-\frac{1}{2^n}\right)\approx 24,\text{故选 C.}$$

【技巧】 本题属于无穷等比数列的知识,其实与 2009 年的小球弹性碰撞那道数学真题非常类似,大家在考试的时候只要将式子 $S_1+S_2+S_3+\cdots=12+6+3+1.5+\cdots$ 列出,就能看出结果非常接近 24 了,

【70】

【解析】 选 C.由题意得,当甲为 0 时,甲再购入两本图书后现有 2 本书:

甲	乙	丙		乙	甲	丙
2	4	8		1	2	4
2	2	2		4	2	1

以上几种情况,只要乙、丙确定,甲一定是确定且唯一的.

当甲为 1 时,甲再购入两本图书后现有 3 本书:

乙	甲	丙
1	3	9
9	3	1
3	3	3

以上几种情况,只要乙、丙确定,甲一定是确定且唯一的.

【技巧】 此题属于秒杀大法的单独条件不充分,即变量缺失型,直接选 C.

第五章　平面几何

第一节　多边形问题

【1】

【解析】 选 D. 由四边形 $ABCD$ 的四个内角之和为 $360°$，又 $\angle A:\angle B:\angle C:\angle D=3:7:4:10$，得到 $\angle A=45°$，$\angle ADC=150°$，又已知 $\angle CDB=60°$，那么 $\angle ADB=90°$，所以 $\triangle ABD$ 为等腰直角三角形，斜边 $AB=8$，高 $h=4$，故面积为 16.

【点睛】 首先根据公式：n 边形内角和为 $(n-2)\times180°$，求出内角和，再根据角度之比求出每个角度，最后根据等腰直角三角形求面积.

【2】

【解析】 选 D. 设 $AC=AB=x$，则 $BC=\sqrt{2}x$，得 $2x+\sqrt{2}x=2\sqrt{2}+4\Rightarrow x=2$，则 $S_{\triangle BDC}=\dfrac{\sqrt{3}}{4}\times(2\sqrt{2})^2=2\sqrt{3}$.

【点睛】 根据等腰直角三角形的周长，求出边长，所用公式为：周长 $=2b+\sqrt{2}b$（b 为直角边长），再根据等边三角形面积公式 $S=\dfrac{\sqrt{3}}{4}a^2$ 求解面积.

【3】

【解析】 选 A. 由于方程 $x^2-\sqrt{2}mx+\dfrac{3m-1}{4}=0$ 有两个相等的实数根，故判别式 $\Delta=2m^2-3m+1=0\Rightarrow m=1$ 或 $\dfrac{1}{2}$. 则三角形中 $AB=AC=\dfrac{\sqrt{2}}{2}m=\dfrac{\sqrt{2}}{2}$ 或 $\dfrac{\sqrt{2}}{4}$，根据三角形三边关系，$AB=AC=\dfrac{\sqrt{2}}{2}$，故高 $h=\sqrt{\left(\dfrac{\sqrt{2}}{2}\right)^2-\left(\dfrac{\sqrt{2}}{3}\right)^2}=\sqrt{\dfrac{5}{18}}$，则 $S_{\triangle ABC}=\dfrac{1}{2}\times\dfrac{2\sqrt{2}}{3}\times\sqrt{\dfrac{5}{18}}=\dfrac{\sqrt{5}}{9}$，故选 A.

【技巧】 本题由于 9 出现的次数比较多，$\sqrt{5}$ 出现的次数也比较多，通过重叠性原则可以直接选 A.

【点睛】 当求出的三角形边长有多个取值时，要验证三角形三边的关系：两边之和大于第三边，两边之差小于第三边.

【4】

【解析】 选 C. $x^2-(1+\sqrt{3})x+\sqrt{3}=0$，则 $(x-\sqrt{3})(x-1)=0$.

故 $x_1=\sqrt{3}$，$x_2=1$，因为 $a<b$，则 $a=1$，$b=\sqrt{3}$，$S=\dfrac{1}{2}\times\sqrt{3}\times\dfrac{1}{2}=\dfrac{\sqrt{3}}{4}$.

【点睛】　一般求解等腰三角形的面积时，采用作出高的方法，高正好能将底边平分.

【5】

【解析】　选 B. 由$\triangle DEC$与$\triangle BED$面积相等得 D 为中点，再由$\triangle BEC$的面积是$\triangle AEC$面积的 2 倍，得 E 为三等分点，所以：

$$S_{\triangle AED}=\frac{1}{3}S_{\triangle ABD}=\frac{1}{6}S_{\triangle ABC}=\frac{1}{6}.$$

【技巧】　其实本题如果真的看出了点 D 和 E 的位置，也可以用直尺进行测量.

【点睛】　本题用到了“共同顶点三角形的高相等，面积之比等于底边之比”.

【6】

【解析】　选 D. 最短长度即斜边上的高$\frac{60}{13}=4.62$(km).

【技巧】　本题其实也可以用直尺直接测量. 一般遇到求长度和角度都可以使用测量的方法.

【点睛】　直角三角形中，要记住常见的勾股数，如 3，4，5；6，8，10；5，12，13 等，此外，本题还用到了重要结论：两直角边的乘积等于斜边与高的乘积.

【7】

【解析】　选 D. 如图 5－1 所示，连接 AE，得 $AE\perp BC$，在 Rt$\triangle AEC$ 中，$AE^2+EC^2=AC^2$，

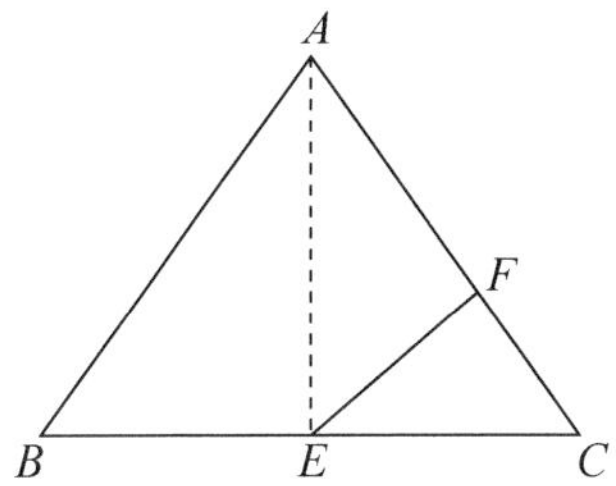

图 5－1

得 $AE=4$，$\sin\angle C=\frac{EF}{EC}=\frac{AE}{AC}\Rightarrow EF=2.4$；

或$\triangle AEC\backsim\triangle EFC$，得$\frac{EF}{EC}=\frac{AE}{AC}\Rightarrow EF=2.4$.

【技巧】　采用面积相等的方法：$AC\times EF=AE\times EC$，很快能求出 EF 的长度.

【8】

【解析】　选 B. 因为 $S_{\triangle ABC}=2$，而 C 为中点，则 $S_{\triangle ABF}=4$，而又因为 $AE=3AB$，所以 $S_{\triangle AEF}=3S_{\triangle ABF}=12$.

【点睛】　比例传递法分单燕尾型与双燕尾型，本题考查了单燕尾型面积问题，要熟悉使用方法：两个高相同（相等）的三角形的面积之比就是这两个三角形底边的比.

【9】

【解析】　选 E. 三角形面积公式 $S_{\triangle}=\frac{1}{2}bc\sin\angle A$. 根据$\angle A+\angle A'=\pi$，可得这两个角的正弦值相等. 故面积之比为 4∶9.

【技巧】　令$\angle A=\angle A'=90°$，$AB=2$，$A'B'=3$，$AC=2$，$A'C'=3$. 则 $S_{\triangle ABC}=2$，

$S_{\triangle A'B'C'}=\frac{9}{2}$，所以面积比为 4∶9.

【点睛】 此题属于一个创新考法，将比例与三角形的面积相结合，其实在考试的时候可以直接猜测平方数作为答案.

【10】

【解析】 选 A. 设圆的半径为 r，连接三角形顶点和圆心，如图 5-2 所示，由题干可得

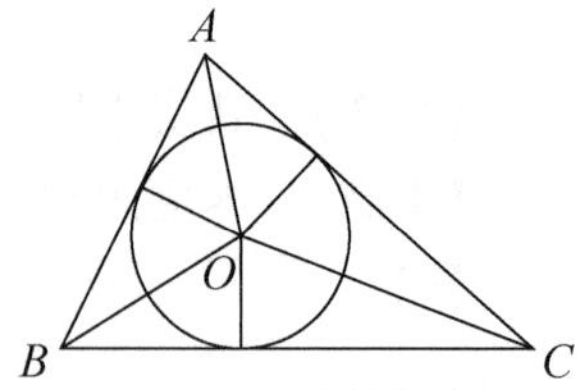

图 5-2

$$S=\frac{1}{2}AB\cdot r+\frac{1}{2}AC\cdot r+\frac{1}{2}BC\cdot r$$
$$=\frac{1}{2}(AB+AC+BC)\cdot r,$$

可得$\frac{S}{AB+AC+BC}=\frac{1}{2}r=\frac{1}{2}\Rightarrow r=1\Rightarrow S=\pi r^2=\pi$，故选 A.

【技巧】 本题可以通过模式面积法得出答案，除以 π 一定是一个平方数，所以必然在 A 和 D 中选择了.

【11】

【解析】 选 E. 方法一：如图 5-3 所示，过 C 点分别向 AB 作高交 AB 于 E 点，向 BD 作高交于 F 点. 设 $BC=a$，因 $\angle ABC=30°$，$EC=\frac{1}{2}BC=\frac{1}{2}a$；$\angle DBC=60°$，$FC=\frac{\sqrt{3}}{2}a$.

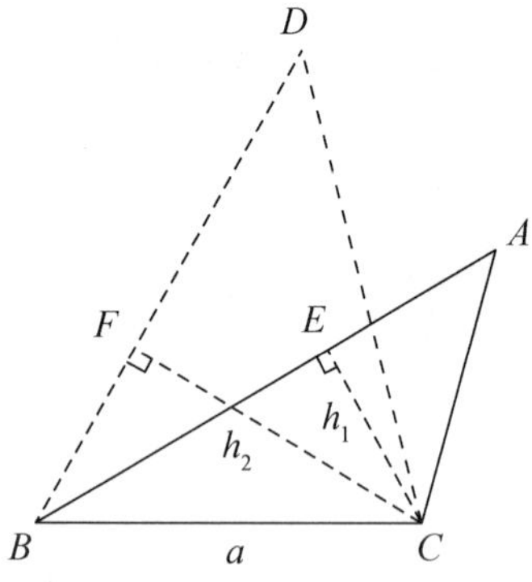

图 5-3

$$\frac{S_{\triangle DBC}}{S_{\triangle ABC}}=\frac{\frac{1}{2}DB\cdot FC}{\frac{1}{2}AB\cdot EC}，又 DB=AB\Rightarrow\frac{S_{\triangle DBC}}{S_{\triangle ABC}}=\frac{FC}{EC}=\frac{\frac{\sqrt{3}}{2}a}{\frac{1}{2}a}=\sqrt{3}.$$

方法二：

利用三角函数求三角形面积比.

$$\frac{S_{\triangle DBC}}{S_{\triangle ABC}}=\frac{\frac{1}{2}\cdot BC\cdot BD\cdot\sin 60°}{\frac{1}{2}\cdot BC\cdot AB\cdot\sin 30°}=\frac{\frac{\sqrt{3}}{2}}{\frac{1}{2}}=\sqrt{3}.$$

所以选 E.

【技巧】 由于两三角形共一条底边，因此面积比为两三角形高之比，考试直接用尺测量出两个三角形的高进行对比，发现比值在 1.7 左右，可直接选$\sqrt{3}$(1.732).

【12】

【解析】 选 B. 条件(1)显然不充分；条件(2)面积不变化，充分.

【点睛】 此题主要考查增加和减少对原数值的影响，比较简单.

【13】

【解析】 选 B. 将条件(2)$a=-2$ 代入，则：直线 $y=-2x+7$ 与直线 $y=x+1$ 交点为 (2,3)，如图 5-4 所示，则其面积为$\left(\frac{7}{2}+1\right)\times\frac{3}{2}=\frac{27}{4}$，充分；同理代入条件(1)不充分，故选 B.

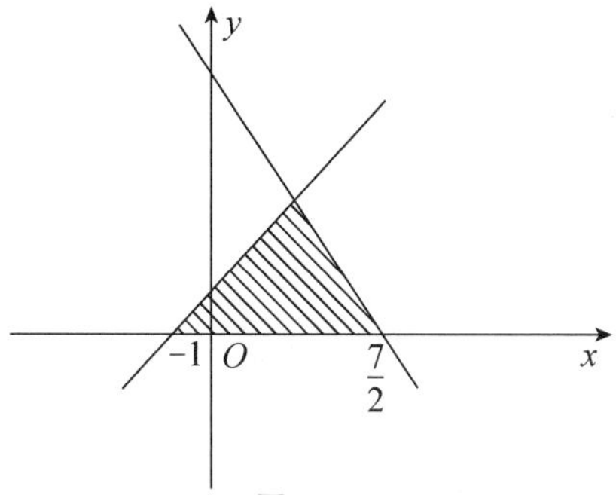

图 5-4

【点睛】 根据直线的交点求出三角形底与高，再计算三角形的面积.

【14】

【解析】 选 D. 条件(1)：如图 5-5 所示，$y=x$，$y=-x+2$ 的交点为(1,1)，两直线与 y 轴交点为(0,0)，(0,2)，围成的三角形面积为$\frac{1}{2}\times(2-0)\times1=1$，充分；条件(2)同理也充分，故选 D.

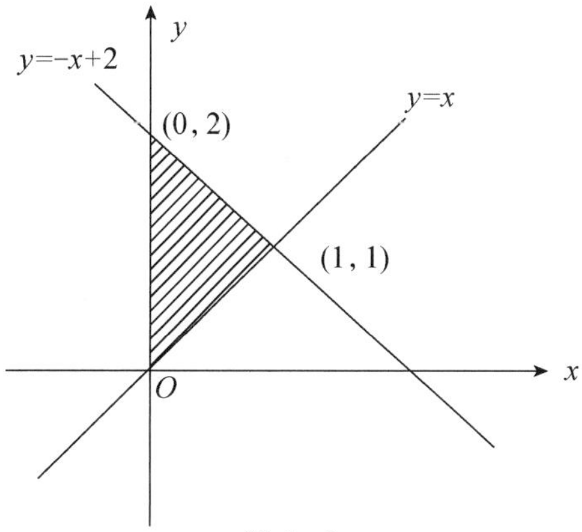

图 5-5

【点睛】 由条件(1)，(2)画出图象后发现直线 $y=x$，$y=ax+b$ 与 $x=0$ 所围成的三角形的面积相等，是等价条件，故选 D.

【15】

【解析】 选 A. 条件(1)：由面积相等得 $PQ\cdot RS=QR\cdot PR=12$，充分；条件(2)不充分.

【点睛】 此题条件(2)属于干扰条件，考生很容易误认为联合充分，从而误选成 C.

【16】

【解析】 选 A. 条件(1)：由于 $BC\perp AC$，因此 $OD=\frac{1}{2}BC$，充分；条件(2)不充分.

【点睛】 本题很容易误选成 C，产生逻辑错误.

【17】

【解析】 选 B. 本题两个条件明显是迷惑性条件，同学们很容易选成联合，也就是笔者经常说的假联合，其实不需要条件(1)也能成立，只要条件(2)可知 $S_{\triangle PQD}=\frac{1}{3}S_{\triangle POD}=\frac{1}{3}\times$

$\frac{1}{2}\times S_{\triangle AOD}=\frac{1}{3}\times\frac{1}{2}\times\frac{1}{2}S_{正方形ABCD}=\frac{1}{12}S_{正方形ABCD}$，选 B.

【技巧】 此题其实有一点基本常识就知道，点 O 的位置其实不影响$\triangle AOD$ 的面积，所以只能选 B.

【18】

【解析】 选 D. 由于菱形的两条对角线互相垂直平分，故面积为$\frac{1}{2}ab$.

【技巧】 本题也可以采用特殊值法，令 $a=b=1$，那么菱形的面积为$\frac{1}{2}$，那么只能选 D 了.

【点睛】 本题可以延伸到对角线互相垂直的任意四边形面积，面积都等于对角线乘积的一半.

【19】

【解析】 选 B. 显然 $EFGH$ 是正方形，可设 $AB=1$，则圆的半径 $OF=\frac{1}{2}$，$EF=\frac{\sqrt{2}}{2}$，故 $S_{正方形EFGH}=\left(\frac{\sqrt{2}}{2}\right)^2=\frac{1}{2}$.

【点睛】 由于圆的内接正方形与外切正方形面积之比为$\frac{1}{2}$，故选 B.

【20】

【解析】 选 E. $|x||y|-|x|-|y|+1=0\Rightarrow(|x|-1)(|y|-1)=0$，所以 $x=\pm1$ 或 $y=\pm1$，如图 5－6 所示，$S_{正方形ABCD}=2\times2=4$.

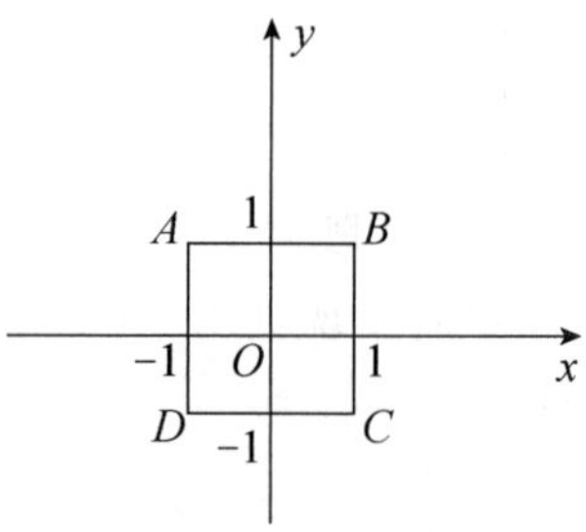

图 5－6

【点睛】 根据本题可以得到如下结论：若$|xy|-a|x|-b|y|+ab=0(a>0,b>0)$，则有$(|x|-b)(|y|-a)=0\Rightarrow x=\pm b,y=\pm a$，当 $a=b$ 时，表示正方形，当 $a\neq b$ 时，表示矩形，面积均为 $4ab$.

【21】

【解析】 选 B. 方法一：割补法. 如图 5－7 所示，$S_1+S_2+S_4+S_6=24\Rightarrow S_1+S_2+S_4=12$，$S_3+S_4+S_5=12\Rightarrow S_3+S_5=8$. $S_1+S_2+S_4+S_3+S_5=20$，所以阴影部分的面积为 $48-20=28(\text{m}^2)$.

方法二：阴影部分面积等于矩形的面积减去空白部分的面积，而空白部分的面积为$\triangle AFC$ 和$\triangle BFD$ 的面积之和与四边形 $OEFG$ 的差，即 $24-4=20(\text{m}^2)$，那么阴影部分的面

积为 $6\times8-20=28(\mathrm{m}^2)$.

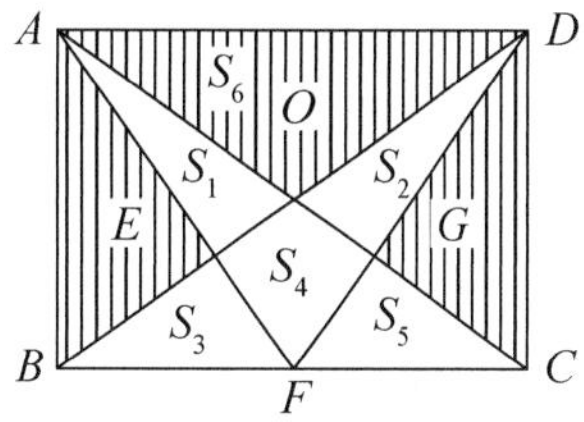

图 5-7

【技巧】 假设 F 是中点，则 E,G 是三等分点，并且有 $S_{四边形OEFG}=4$，则 $S_{\triangle AOD}=12, S_{\triangle CGD}=\frac{1}{3}\times S_{\triangle ACD}=8$，从而阴影部分面积为 $12+8+8=28(\mathrm{m}^2)$.

【点睛】 考试时把已知的点、图形特殊化，这样求解比较方便.

【22】

【解析】 选 E. 由于 $\frac{S_{小阴影}}{S_{空白}}=\frac{3}{1}$，而 $\frac{S_{大阴影}}{S_{空白}}=\frac{6}{1}$，因此 $\frac{S_{小阴影}}{S_{大阴影}}=\frac{1}{2}$.

【技巧】 采用特殊值法求解，令空白面积为 1，则小正方形的面积为 4，大正方形的面积为 7，那么两者阴影面积之比为 $3:6=1:2$.

【点睛】 根据两者重叠部分的空白面积相等寻找解题的突破口.

【23】

【解析】 选 A.

$\frac{甲的宽}{乙的宽}=\frac{S_甲}{S_乙}=\frac{128}{192}=\frac{2}{3}\Rightarrow$ 甲的宽 $=8$(米)，乙的宽 $=12$(米)；

$\frac{丙的宽}{丁的宽}=\frac{S_丙}{S_丁}=\frac{48}{32}=\frac{3}{2}\Rightarrow$ 丙的宽 $=12$(米)，丁的宽 $=8$(米)，则 $S_{小正方形}=4^2=16$(平方米)，故选 A.

【技巧】 采用特征分析的技巧，小正方形的面积为完全平方数，只有 16 为完全平方数满足这个特征.

【点睛】 由于几个矩形共用一些边长，再根据它们的面积和总面积求出每个矩形的边长，从而得到小正方形的边长，计算出小正方形的面积.

【24】

【解析】 选 D. 边长为 5，周长为 20，面积则为 $S=\frac{1}{2}\times6\times8=24$.

【技巧】 通过结构性蒙猜大法，找数字出现多的，答案肯定在 D 和 E 中选择，不过有风险.

【点睛】 熟练记忆菱形的面积计算公式：$S=\frac{1}{2}ab$（a,b 为菱形的对角线长度）.

【25】

【解析】 选 A. 根据题意，四边形 $ABCD$ 为等腰梯形，如图 5-8 所示，上底 $CD=\sqrt{1^2+1^2}=\sqrt{2}$，下底 $AB=\sqrt{2^2+2^2}=2\sqrt{2}$.

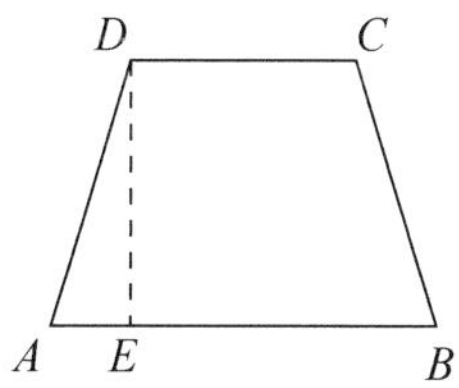

图 5-8

高 $DE=\sqrt{AD^2-AE^2}=\sqrt{(2^2+1^2)-\left(\frac{2\sqrt{2}-\sqrt{2}}{2}\right)^2}=\frac{3}{\sqrt{2}}$.

则四边形 $ABCD$ 的面积为 $\frac{(CD+AB)\times DE}{2}=\frac{(\sqrt{2}+2\sqrt{2})\times\frac{3}{\sqrt{2}}}{2}=\frac{9}{2}$.

故选 A.

【点睛】 本题虽然是立体几何，其实本质上考查的是梯形的面积计算，难点在于计算梯形的高。

【26】

【解析】 选 A. 由条件(1)可以算出正方形 $ABCD$ 边长为 1，则面积为 1，充分；由条件(2)可以算出正方形 $ABCD$ 边长为$\sqrt{2}$，则面积为 2，不充分.

【点睛】 本题在求解时要借助图象信息，如果没有图象信息，单独条件是无法推导的，这是一道解析几何与平面几何综合考题，解决此类问题，一般要找交点，通过交点坐标计算面积.

【27】

【解析】 选 D.

条件(1)：$\dfrac{x}{x+10}=\dfrac{13}{23}\Rightarrow x=13$，充分；

条件(2)：$S=\dfrac{(x+x+10)\sqrt{x^2-5^2}}{2}=216\Rightarrow x=13$，充分. 故选 D.

【技巧】 本题其实通过条件(1)就能计算出上底为 13，下底为 23，腰为 13，那么面积很容易得出为 216，所以两个条件等价，应该直接选 D.

【点睛】 本题是从两个不同角度来考查梯形的边长计算，其中，条件(2)中要掌握梯形的面积公式 $S=\dfrac{(a+b)h}{2}$(其中 a，b 分别为梯形的上底和下底，h 为高).

【28】

【解析】 选 D. 如图 5-9 所示，由条件(1)可得 $D(5,4)$，$S_{梯形OMDC}=\dfrac{1}{2}(1+5)\times 4=12$，充分；由条件(2)得 $E(6,3)$，$S_{梯形ONEA}=\dfrac{1}{2}(1+3)\times 6=12$，也充分，故选 D.

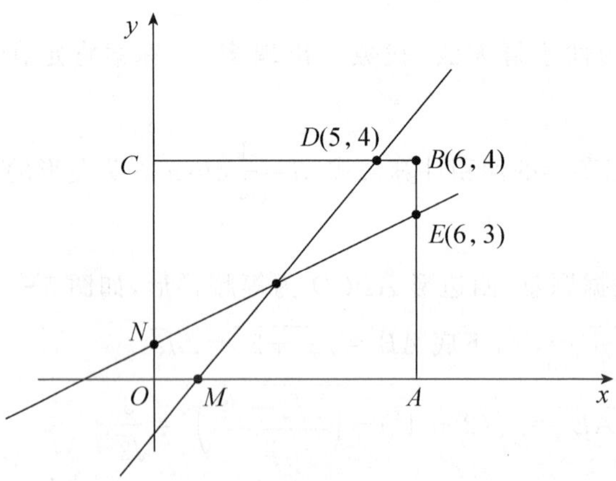

图 5-9

【点睛】 矩形的中心为(3,2)，而两条直线都经过该点，经过该点的直线能将矩形的面积分成两等份. 所以直接选 D. 要计算就比较麻烦了.

【29】

【解析】 选 D. 条件(1)：因为 $a=2\sqrt{3}$，$\angle BAE=30°$，则 $BE=\frac{\sqrt{3}}{3}\times 2\sqrt{3}=2$，$S_{\triangle ABE}=\frac{1}{2}\times AB\times BE=\frac{1}{2}\times 2\sqrt{3}\times 2=2\sqrt{3}$，则四边形 $AECD$ 的面积为 $24-2\sqrt{3}$，充分；条件(2)：由于$\triangle AB_1B$ 为等边三角形，面积为$S=\frac{\sqrt{3}}{4}a^2=3\sqrt{3}\Rightarrow a=2\sqrt{3}$，同理也充分，故选 D.

【技巧】 当两个条件等价时，应该选 D.

【点睛】 旋转问题要抓住不变量，此题还需要熟悉经验结论：等边三角形的面积 $S=\frac{\sqrt{3}}{4}a^2$(其中 a 为等边三角形的边长).

【30】

【解析】 选 C. 设长方形的长为 a，宽为 b；则

$$S_{\text{正方形}}=(a+b)^2, S_{\text{小正方形}}=(a-b)^2.$$

条件(1)：只可以确定 $a+b$，故不充分；

条件(2)：只可以确定 a，b 的比值，故不充分.

显然，联合两条件可以求出 a，b，故充分.

【31】

【解析】 选 B. 采用割补法：补全的图形如图 5-10 所示.

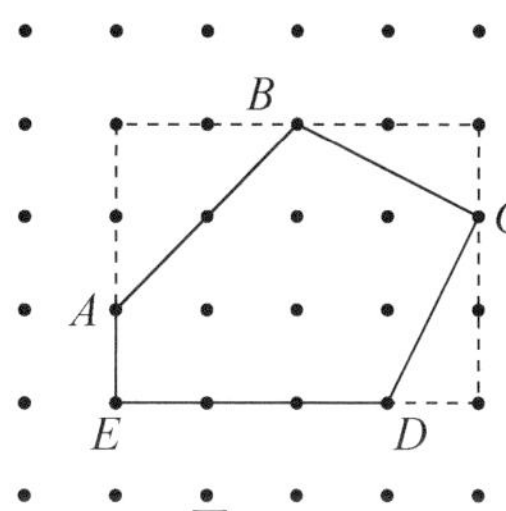

图 5-10

$S_{\text{五边形}ABCDE}=S_{\text{正方形}}-S_{\text{三角形}}=12-1-1-2=8$，故选 B.

【技巧】 本题也可以使用格点多边形面积计算公式(皮克公式)：当每个点之间的距离都为 1 时，那么多边形的面积为：内部的点数＋边缘上的点数的一半－1＝$5+\frac{8}{2}-1=8$.

【点睛】 由于多边形的面积没有通用的求解公式，遇到多边形的面积，一般有两种思路：将多边形分解成多个三角形或四边形进行求解；或扩充边界，用四边形的面积减去三角形面积求解.

【32】

【解析】 选 E. $S_{\text{覆盖}}=3S_{\text{正方形}}-3S_{\text{小三}}-2S_{\text{大三}}$，而 $S_{\text{大三}}=3S_{\text{小三}}$，$S_{\text{覆盖}}=3S_{\text{正方形}}-3S_{\text{大三}}=3-3\times\frac{\sqrt{3}}{4}\times 1^2=3-\frac{3}{4}\sqrt{3}$.

【技巧】 本题由于出现等边三角形，那么 C，D，E 选项的可能性要大些，而 A 和 C，B 和 E 结构比较相似，所以可以倾向于选 A 或 E.

【点睛】 遇到有图形重合的面积时，可将其分为两两重合的面积、三个都重合的面积. 两两重合的面积多算了一次，三个都重合的面积多算了两次.

【33】

【解析】 选 D. 如图 5－11 和图 5－12 所示，显然可以发现该截面 $ABCDEF$ 为一个正六边形：它是由 6 个等边三角形构成的，每个等边三角形的面积都是 $S=\frac{\sqrt{3}}{4}a^2$，六边形面积为 $S_{六}=6\times\frac{\sqrt{3}}{4}\times a^2=\frac{3\sqrt{3}}{2}\times a^2$，由于正六边形的边长是正方体面对角线的一半，即 $a=\sqrt{2}$，则六边形面积为 $3\sqrt{3}$.

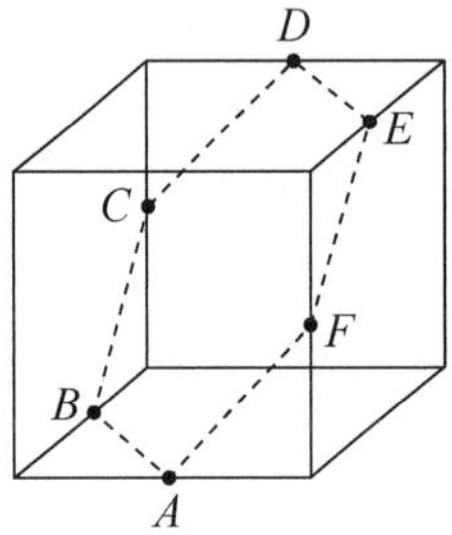

图 5－11

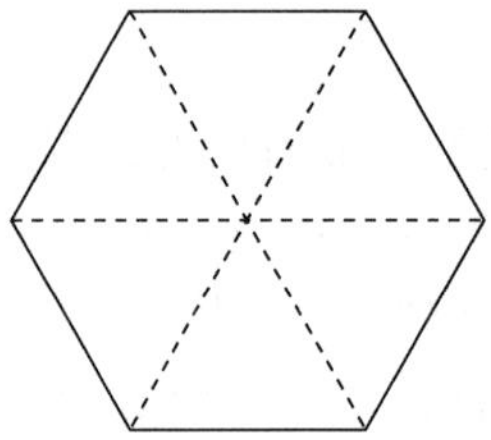

图 5－12

【技巧】 由于正六边形是由 6 个等边三角形构成的，因此很容易产生 3 这个系数，即选 D.

【34】

【解析】 选 B. 方法一：折叠后 $\triangle ACD\cong\triangle AED$，则根据勾股定理，$BE^2+DE^2=BD^2$，并且 $BD+CD=BC=\sqrt{AB^2-AC^2}=12$（厘米），又 $AE=AC=5$（厘米），所以 $BE=AB-AE=8$（厘米），即 $8^2+CD^2=(12-CD)^2\Rightarrow CD=\frac{10}{3}$（厘米），从而 $S_{影}=S_{\triangle ABC}-2S_{\triangle ACD}=\frac{40}{3}$（平方厘米）.

方法二：由于 $\triangle BDE\backsim\triangle BAC$，得 $\frac{DE}{AC}=\frac{BE}{BC}\Rightarrow\frac{DE}{5}=\frac{8}{12}\Rightarrow DE=\frac{10}{3}$（厘米），从而 $S_{影}=\frac{1}{2}\times BE\times DE=\frac{40}{3}$（平方厘米），故选 B.

【技巧】 设 $S_{\triangle ACD}=S_{\triangle AED}=x$（平方厘米），解三角形得：

$$BE=8,AE=5\xRightarrow{\text{高相同}}S_{\triangle BED}:S_{\triangle AED}=8:5\Rightarrow S_{\triangle BED}=\frac{8}{5}x;$$

$$\frac{8}{5}x+x+x=30\Rightarrow x=\frac{25}{3},S_{\triangle BED}=\frac{8}{5}\times\frac{25}{3}=\frac{40}{3}\text{（平方厘米）}.$$

【点睛】 关于折叠翻转问题，要抓住两点，一是变化的量，二是不变的量（找全等），只要搞清楚这两点，问题就可以解决. 当然也可以利用相似三角形进行求解.

【35】

【解析】 选 B.

方法一：如图 5-13 所示，作$\triangle ABC$的高AH，可以先求出AH，然后再求AD.

设$BH=x$，由于

$$AB^2-x^2=AC^2-CH^2\Rightarrow AB^2-x^2=AC^2-(BC-x)^2$$

$$\Rightarrow 4^2-x^2=6^2-(8-x)^2\Rightarrow x=\frac{11}{4},$$

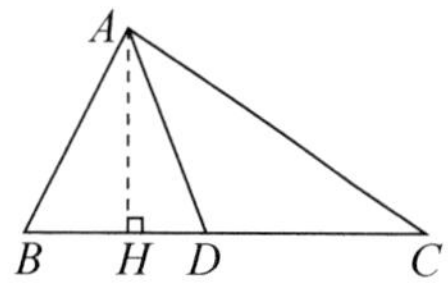

图 5-13

那么

$$HD=BD-x=4-\frac{11}{4}=\frac{5}{4},AH=\sqrt{AB^2-x^2}=\sqrt{4^2-\left(\frac{11}{4}\right)^2},$$

$AD^2=AH^2+HD^2=4^2-\left(\frac{11}{4}\right)^2+\left(\frac{5}{4}\right)^2=10$，所以$AD=\sqrt{10}$.

方法二：由余弦定理得：

$$\cos B=\frac{AB^2+BC^2-AC^2}{2AB\cdot BC}=\frac{AB^2+BD^2-AD^2}{2AB\cdot BD},$$

所以
$$\cos B=\frac{16+64-36}{64}=\frac{16+16-AD^2}{32}\Rightarrow AD^2=10\Rightarrow AD=\sqrt{10}.$$

方法三：如图 5-14 所示，由中点D分别做AB和AC的平行线分别是DE和DF，构造出新的平行四边形$AFDE$，由三角形的中位线性质有$AF=DE=2,DF=AE=3,EF=4$，平行四边形的性质有：四边平方和等于对角线的平方和，即

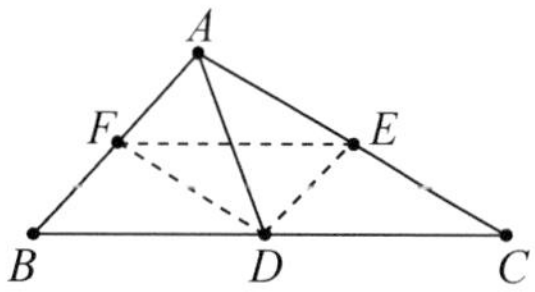

图 5-14

$$AF^2+DF^2+DE^2+AE^2=AD^2+EF^2$$

$$\Rightarrow 2^2+3^2+2^2+3^2=4^2+AD^2\Rightarrow AD^2=10$$

$$\Rightarrow AD=\sqrt{10}.$$

【技巧】 不会做选“数字中的第二大”，也可用尺规作图，自己画出来测量长度.

【36】

【解析】 选 D. 设三角形的三边长分别为a,b,c，且规定，$a<b<c$.

条件(1)，$\begin{cases}c^2=a^2+b^2,\\b^2=ac\end{cases}\Rightarrow\left(\frac{c}{a}\right)^2-\frac{c}{a}-1=0\Rightarrow\frac{c}{a}=\frac{1+\sqrt{5}}{2}$，即$q^2=\frac{1+\sqrt{5}}{2},q=\sqrt{\frac{1+\sqrt{5}}{2}}$.

显然三角形的三边所成的比例是确定的，那么两个直角三角形相似；

条件(2)$\begin{cases}c^2=a^2+b^2,\\2b=a+c\end{cases}\Rightarrow\frac{c}{a}=-1$(舍)，或$\frac{c}{a}=\frac{5}{3}$.

显然可得$a:b:c=3:4:5$，三角形的三边所成的比例是确定的，也充分，选 D.

【37】

【解析】 选 D. 由条件(1)可知，a是直角边长，c必然是斜边长，而c是斜边长，也就是a是直角边长，所以其实条件(1)和(2)是等价，具体计算如下：

设三边为a,aq,aq^2，则有$a^2q^4=a^2+a^2q^2$，即$q^4-q^2-1=0$，令$q^2=t$，则$t^2-t-1=0$，

解得：$t=\frac{1\pm\sqrt{5}}{2}$，因为$t>0$，则$t=\frac{1+\sqrt{5}}{2}$，而因为$q>0$，则$q=\sqrt{\frac{1+\sqrt{5}}{2}}$.

故q可唯一确定，选 D.

【点睛】 其实本题虽然有一定的难度，但是由于很容易分析出两个条件是等价的，等价

条件的选项只有 D 和 E 了，考试中一般直接选 D 命中率非常高.

【38】

【解析】 选 B. 设$\triangle APB$在AB边上的高为h_1和$\triangle CPB$在BC边上的高为h_2，正好与PB构成以PB为斜边的直角三角形，由勾股定理得$PB^2=h_1^2+h_2^2$，而$S_{\triangle ABP}=\frac{1}{2}h_1a=80$(平方厘米)，$S_{\triangle BCP}=\frac{1}{2}h_2a=90$(平方厘米)($a$为正方形的边长)，根据$h_1^2+h_2^2=100$，所以得出正方形面积$S=a^2=\frac{160^2+180^2}{10^2}=580$(平方厘米)，故选 B.

【点睛】 本题主要借助直角三角形面积和勾股定理求解.

【39】

【解析】 选 A.

如图 5－15 所示，由于$\triangle DGE\backsim\triangle EHF$，则$\frac{DG}{EH}=\frac{GE}{HF}\Rightarrow\frac{c}{a-b}=\frac{a-c}{b}\Rightarrow a=b+c$.

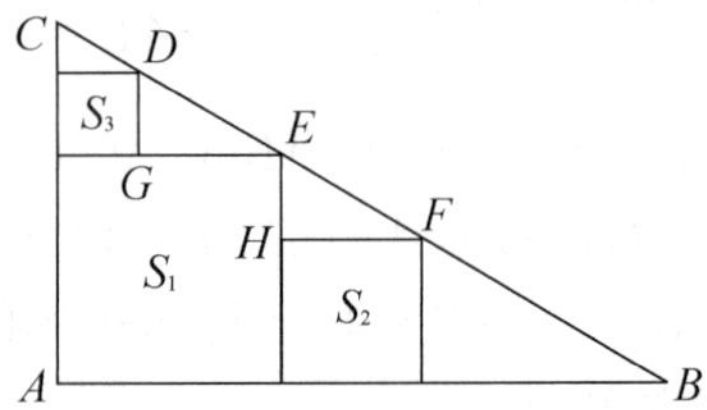

图 5－15

【技巧】 本题也可以用直尺直接度量出a,b,c的具体数值，然后验证所有选项的正确性.

【点睛】 将这个直角三角形特殊化为等腰直角三角形，那么$b=c=\frac{1}{2}a$，故只有 A 和 C 选项才有可能正确. 另外，再通过将正方形S_2逐渐变小，那么此时正方形S_1和S_3会逐渐接近，因此只能选 A 了. 一般来说，选项是字母类的代数计算时，我们可以采用特殊化的思想来解决问题.

【40】

【解析】 选 D.　　$S_{\triangle ABC}=\frac{1}{2}AC\times BC=\frac{1}{2}\times4\times3=6$，

$S_{\triangle ADE}=S_{\triangle ABC}-S_{梯形BCED}=6-3=3$，由于$\triangle AED\backsim\triangle ACB$，则

$$\frac{DE^2}{BC^2}=\frac{S_{\triangle ADE}}{S_{\triangle ABC}}=\frac{1}{2}\Rightarrow DE=\frac{\sqrt{2}}{2}BC=\frac{3}{2}\sqrt{2}.$$

【点睛】 对于相似三角形问题，一定要牢记面积比为相似比(边长比)的平方比.

【41】

【解析】 选 C. 本题考查相似三角形，课堂反复强调过，由$\triangle AME\backsim\triangle ABC$，得$\frac{ME}{BC}=\frac{AE}{AC}=\frac{5}{12}$(因为$\frac{AE}{EC}=\frac{AD}{BC}=\frac{5}{7}$，得$\frac{AE}{AC}=\frac{5}{12}$)$\Rightarrow ME=\frac{5}{12}\times BC=\frac{35}{12}$，而又$\triangle CNE\backsim\triangle CDA$，得$\frac{NE}{AD}=\frac{CE}{CA}=\frac{7}{12}\Rightarrow NE=\frac{7}{12}\times AD=\frac{35}{12}$，所以$MN=ME+NE=\frac{35}{12}+\frac{35}{12}=\frac{35}{6}$.

【技巧】 本题其实也可以用测量的方法解决.

【点睛】 要注意相似三角形中两个经典模型:沙漏型和金字塔型.

【42】

【解析】 选 D. 如图 5－16 所示,利用相似性质可以求出$\triangle CED$的面积为 16,而由于四边形的对角面积的乘积相等,且 $S_{\triangle ABD}=S_{\triangle ABC}$,即 $S_{\triangle ABD}-S_{\triangle ABE}=S_{\triangle ABC}-S_{\triangle ABE}$,所以$\triangle ADE$,$\triangle BEC$ 的面积都为 8,那么 $S=4+16+8+8=36$.

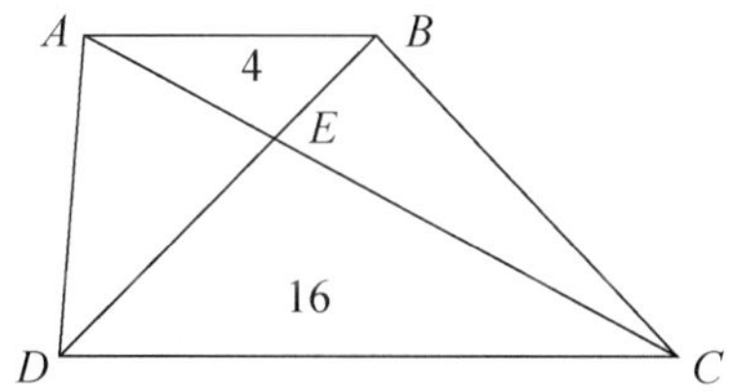

图 5－16

【点睛】 根据等差原则,显然应该在 A,B,D 和 C,D,E 两组中选择,那么只能选 36 了.

【43】

【解析】 选 B. 因为 AD 是直径,所以$\angle AED=90°$那么$\triangle AED$ 相似$\triangle ABC$.

相似比为$\dfrac{AD}{AC}=\dfrac{1}{2}$,所以$\dfrac{S_{\triangle ADE}}{S_{\triangle ACB}}=\dfrac{1}{4}$.

而 $S_{\triangle ABC}=8$,所以 $S_{\triangle ADE}=2$. 选 B.

【点睛】 要熟记相似三角形的面积比即为对应边长的平方比.

【44】

【解析】 选 B.

条件(1):$|AG|=2|GD|\Rightarrow S_{\triangle AEF}:S_{\triangle ABC}=4:9\Rightarrow S_{\triangle AEF}:S_{梯形EBCF}=4:5$,不充分;条件(2):$|BC|=\sqrt{2}|EF|\Rightarrow S_{\triangle AEF}:S_{\triangle ABC}=1:2\Rightarrow S_{\triangle AEF}:S_{梯形EBCF}=1:1$,充分.

【点睛】 要熟练掌握相似三角形的结论:两三角形的面积比＝相似比的平方.

【45】

【解析】 选 D. 条件(1):延长 EF,BC 相交于点 G,如图 5－17 所示,由$\begin{cases}AE=FC,\\EB=2FC\end{cases}$可得 FC 为中位线,则 $CG=BC=AD$,所以$\triangle EAD\cong\triangle FCG$,所以$\triangle AED$ 与四边形 $BCFE$ 能拼接成一个直角三角形. 充分;

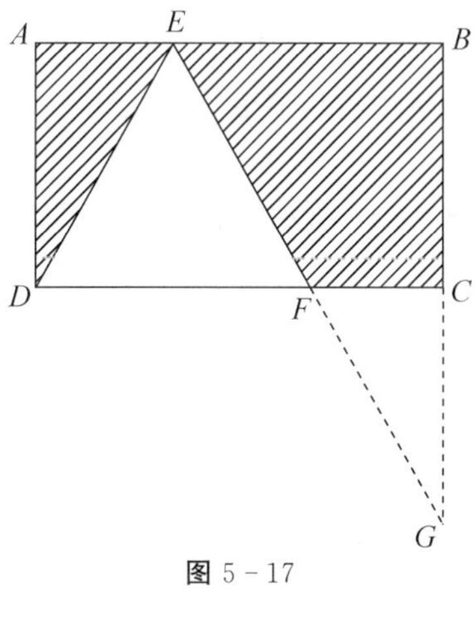

图 5－17

条件(2)：由于 $ED=EF$，$\angle EDF=\angle EFD$，而 $\angle EDF=\angle AED$，$\angle EFD=\angle CFG$，那么可得 $\angle AED=\angle CFG$，所以 $\triangle EAD\cong\triangle FCG$，也充分. 故选 D.

【技巧】 本题由于题干中出现了 $AE=FC$ 的已知条件，所以根据课堂讲过的技巧直接可以选 D.

【46】

【解析】 选 B. 根据弦切角定理可知，$\angle ADB=\angle BCD$，可得 $\triangle ADB\backsim\triangle ACD$，那么根据相似，可得出 $\frac{AB}{AD}=\frac{BD}{CD}=\frac{AD}{AC}$. 需要确定 $\triangle ABD$ 与 $\triangle BDC$ 的面积比，即底边 $\frac{AB}{BC}$ 之比(等高).

条件(1)，观察可知，与前提、结论无太大关联，不充分；条件(2)，$\frac{BD}{CD}=k$，那么由 $\frac{AB}{AD}=\frac{BD}{CD}=\frac{AD}{AC}$，得 $AB=AD\cdot k$，$AC=\frac{AD}{k}$，故 BC 可求，可确认 $\frac{AB}{BC}$，充分.

【技巧】 两个条件非常相似时，一真一假的可能性非常高，答案容易在 A 和 B 中选.

【47】

【解析】 选 B. 如图 5－18 所示，因为 $\frac{BD}{AB}=\frac{AB}{BC}$(等比数列性质变形)，故 $\triangle ABC$ 和 $\triangle ABD$ 相似.

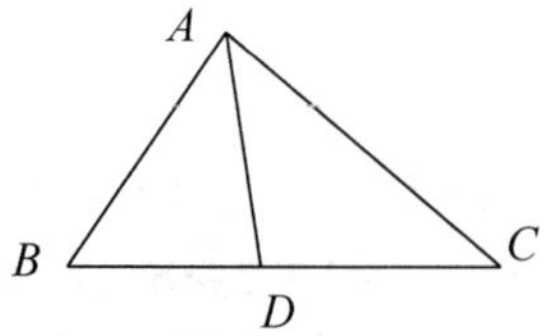

图 5－18

条件(1)，若 $BD=DC$，可得 $BC=\sqrt{2}AB$，AC 未知，不充分；

条件(2)，若 $AD\perp BC$，可得 $\angle BAC=\angle ADB=90^\circ$(三角形相似).

【点睛】 相似三角形的几个经典模型需要非常熟练：金字塔型，沙漏型，双直角型.

【48】

【解析】 选 C. $\angle BED=150^\circ$，可知 $\angle AEB=30^\circ$，又 $AD/\!/BC$，得 $\angle EBC=30^\circ$，BE 为 $\angle ABC$ 角平分线，所以 $\angle ABE=30^\circ$，$\angle A=180^\circ-30^\circ-30^\circ=120^\circ$.

【技巧】 其实本题也可以直接用量角器进行测量.

【49】

【解析】 选 B. 方法一：如图 5－19 所示，画直角三角形 ABC，其中 $\angle B=60^\circ$，$\angle A=30^\circ$，$\frac{c}{a}=2$. 当顶点 A 平移到 A' 时，底边 a 不变，斜边 c 变大，$\angle B<60^\circ$，$\frac{c}{a}>2$. 很显然，$\angle C>90^\circ$.

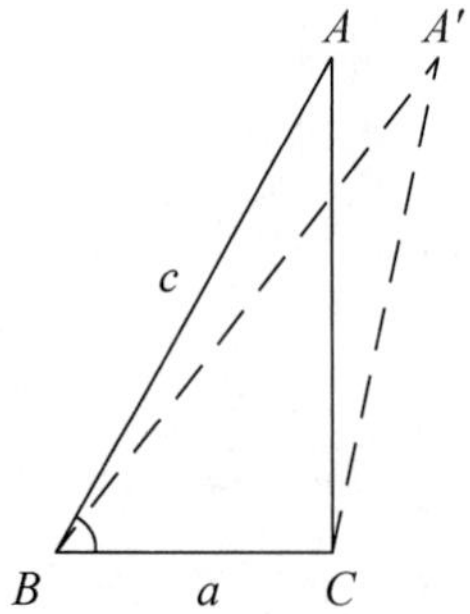

图 5－19

方法二：令 $\triangle ABC$ 为直角三角形，$\angle B=60^\circ$，$\angle A=30^\circ$.

因为 $\sin A=\sin 30^\circ=\frac{a}{c}=\frac{1}{2}$. 所以 $\frac{1}{\sin A}=\frac{1}{\sin 30^\circ}=\frac{c}{a}=2$.

若$\frac{c}{a}>2$，则$\angle A<30°$.

所以$\angle C>90°$.

【技巧】 对立矛盾的条件一般在A或B中选择.

【50】

【解析】 选C.

条件(1)：$a=b$或$c^2=a^2+b^2$，等腰或直角三角形，不充分；

条件(2)：由$c=\sqrt{2}b$，也不充分，联合后，得$\begin{cases}c=\sqrt{2}b,\\a=b\end{cases}\Rightarrow c^2=a^2+b^2$，或$\begin{cases}c=\sqrt{2}b,\\c^2=a^2+b^2\end{cases}\Rightarrow a=b$，该三角形一定是等腰直角三角形，所以联合后充分.

【点睛】 本题条件(1)是一个陷阱，考生很容易认为就是等腰直角三角形，要理解等腰直角三角形的内涵是等腰三角形并且还是直角三角形，而$(a-b)(c^2-a^2-b^2)=0$的内涵是等腰三角形或直角三角形，本题是对逻辑思维能力的考查.

【51】

【解析】 选B. 条件(1)：$(c^2-a^2-b^2)(a^2-b^2)=0\Rightarrow c^2=a^2+b^2$或$a^2=b^2$，三角形为直角三角形或等腰三角形，不充分；条件(2)：$S_{\triangle ABC}=\frac{1}{2}ab$，由三角形面积公式$S_{\triangle ABC}=\frac{1}{2}ab\sin C\Rightarrow\sin C=1\Rightarrow C=90°$，充分，故选B.

【技巧】 显然若条件(1)不充分就选择条件(2)充分了.

【点睛】 此题容易误选成条件(1)也正确，导致不必要的逻辑失误.

【52】

【解析】 选E. 三角形两边之和大于第三边必须同时满足$\begin{cases}a+b>c,\\a+c>b,\\c+b>a,\end{cases}$故单独的条件(1)与(2)都不充分，联合起来也不充分.

【技巧】 只需要取特殊值$a=10,b=2,c=1$即可发现两个条件都不充分，联合也不充分. 故选E.

【53】

【解析】 选C. 条件(1)：只有三个点，明显可以三点共线. 不充分.

条件(2)：当M中的所有的点构成凹多边图形时，无法满足所有点均在圆上，也不充分.

联立两个条件：本题其实就是找过这些点的圆，而只有三角形才可以确定有外接圆，所要求的点就是外接圆的圆心，故联合起来充分.

第二节　圆与扇形问题

【54】

【解析】 选B. 可得$\angle AOC=2\angle BCO=\frac{\pi}{3}$，$|AO|=|CO|=3$，则弧$AC$的长度为

$$|AO|\times\angle AOC=3\times\frac{\pi}{3}=\pi.$$

【技巧】 可以用量角器量出$\angle AOC$的角度，大约就是60°，就可以选答案了，或者直接观察弧AC的长度应该和半径差不多，也只能选B了.

【点睛】 本题要掌握扇形的弧长公式：$l=\alpha r$（其中α为扇形的圆心角的弧度数，r为扇形的半径）.

【55】

【解析】 选D. 此次滚动分成两部分：第一部分是以C为旋转中心，中心角90°，半径为10 cm的圆弧；第二部分是以B为旋转中心，中心角为60°，半径为6cm的圆弧. 则总共路径长为：

$$l_1+l_2=\frac{90}{180}\pi\times10+\frac{60}{180}\pi\times6=5\pi+2\pi=7\pi(\text{cm}).$$

【点睛】 旋转问题一定要抓住旋转中心，以及旋转半径，最终将其转化为扇形的问题.

【56】

【解析】 选C.

方法一：如图5－20所示，连接OB，OC，根据圆周角定理，一条弧所对应的圆周角等于圆心角的一半. $\angle BOC=2\cdot\angle BAC=2\cdot\frac{\pi}{4}=\frac{\pi}{2}$.

又$OB=OC=r$，根据勾股定理，$OB^2+OC^2=BC^2\Rightarrow2r^2=36\Rightarrow r^2=18$，所以圆$O$面积$S_{圆}=\pi r^2=18\pi$.

方法二：如图5－21所示，连接OB并延长交圆O于D，则BD为圆O的直径. 由直径所对圆周角为90°，且同一条弧所对圆周角均相等，可知$\angle BDC=\angle BAC=\frac{\pi}{4}$，$\angle BCD=\frac{\pi}{2}$，$\triangle BCD$为等腰直角三角形，$BD=\sqrt{2}BC=6\sqrt{2}$，$r=3\sqrt{2}$，$S_{圆}=\pi r^2=18\pi$.

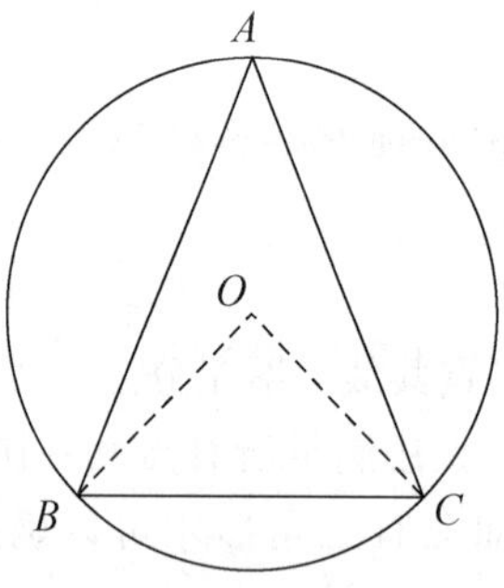

图5－20

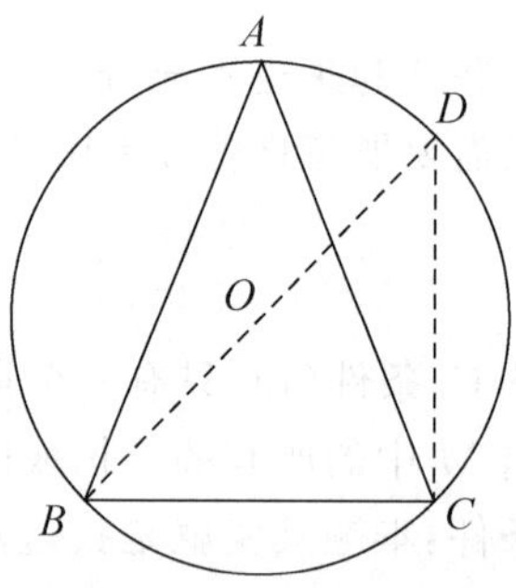

图5－21

【技巧】 本题在考试时也可以直接用尺测量圆的半径，需要进行比例放缩.

【57】

【解析】 选D. 由勾股定理得$AC=\sqrt{5^2-3^2}=4$，以AC为直径的半圆面积为$\frac{\pi}{2}\times2^2=2\pi$，以$BC$为直径的半圆面积为$\frac{\pi}{2}\times\left(\frac{3}{2}\right)^2=\frac{9\pi}{8}$，以$AB$为直径的半圆面积为$\frac{\pi}{2}\times$

$\left(\frac{5}{2}\right)^2=\frac{25\pi}{8}$，直角三角形 ABC 的面积为 6，故所求的阴影面积为 $2\pi+\frac{9\pi}{8}+6-\frac{25\pi}{8}=6$，故选 D.

【点睛】 采用割补法，将阴影面积拆分成三个半圆的面积进行计算.

【58】

【解析】 选 C. 方法一：由于左、右两部分阴影面积是对称的，因此只要求出一部分的面积再乘以 2 即可，左边的面积为 $S=\frac{45^\circ}{360^\circ}\pi\cdot 2^2-\left(\frac{90^\circ}{360^\circ}\cdot\pi\cdot 1^2+1\times1\times\frac{1}{2}\right)=\frac{\pi}{4}-\frac{1}{2}$，则阴影部分的面积为 $2S=\frac{\pi}{2}-1$，故选 C.

方法二：采用重叠法的思维，阴影部分的面积为扇形 ABE 的面积加上扇形 ABF 的面积后，再减去半圆 ABD 的面积与三角形 ABD 的面积的和，即 $S=\frac{45^\circ}{360^\circ}\cdot\pi\cdot 2^2+\frac{45^\circ}{360^\circ}\cdot\pi\cdot 2^2-\frac{1}{2}\pi\cdot 1^2-\frac{1}{2}\times2\times1=\frac{\pi}{2}-1$.

【技巧】 由于该面积为 $A\pi-B$ 的模式，故答案只能在 A 和 C 选项中选择了，而 1 这个数字出现得比较多，只能选 C 了.

【点睛】 求解阴影部分面积时，用到了对称的特点，只要求出其中一部分面积即可.

【59】

【解析】 选 D.

方法一：割补法（见图 5－22）：

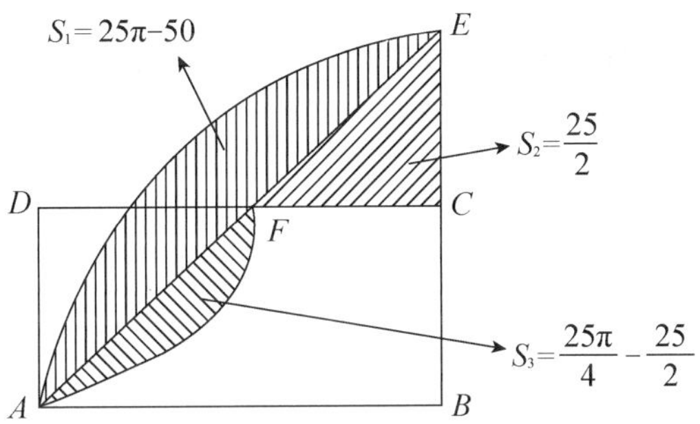

图 5－22

$$S_{阴影}=S_1+S_2+S_3=\frac{125}{4}\pi-50.$$

方法二：整体法：

$$S_{阴影}=S_{扇形ABE}+S_{扇形ADF}-S_{矩形ABCD}=\frac{125}{4}\pi-50.$$

方法三：标号法（见图 5－23）：

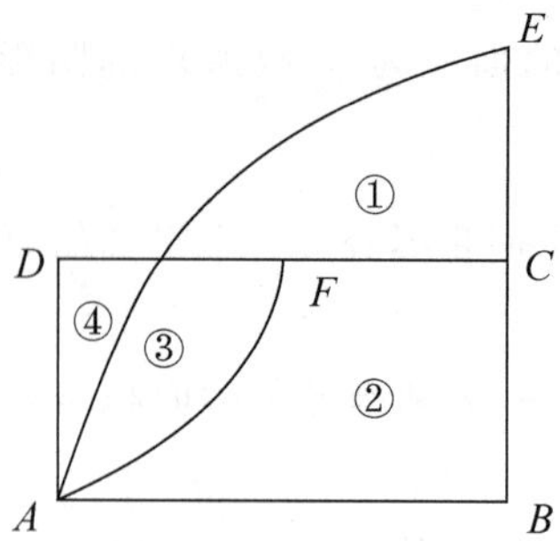

图 5－23

$$\begin{cases}①+②+③=S_{扇形ABE},\\ ②+③+④=S_{矩形ABCD},\\ ③+④=S_{扇形ADF}\end{cases}\Rightarrow ①+③=S_{扇形ABE}+S_{扇形ADF}-S_{矩形ABCD}=\frac{125}{4}\pi-50.$$

【技巧】 模式面积法,圆弧往外拱的图形一般答案为 $A\pi-B$;圆弧往内凹的图形一般答案为 $A-B\pi$;显然本题是前者,直接选 D.

【点睛】 处理组合图形的面积的方法主要有:第一种是将图中阴影部分面积进行分割,分别求解每块面积,然后相加;第二种方法是可以用整体的方法,转化为由规则面积求解不规则的面积;第三种方法是采用列方程(标号法)的方法,将几何问题转化为代数问题进行求解.

【60】

【解析】 选 E. 连接 OM,ON,则阴影部分为:$S_{\triangle AMO}+S_{\triangle ANO}-S_{扇形OMN}=\sqrt{3}-\frac{\pi}{3}$,故选 E.

【点睛】 此题的阴影部分面积很容易拆分,关键是拆分后能够找到弧 MN 所对的圆心角,利用直角三角形面积减去扇形面积求解.

【61】

【解析】 选 A.

由 $S_{甲}-S_{乙}=28\Rightarrow S_{半圆}-S_{\triangle ABC}=28\Rightarrow S_{\triangle ABC}=\frac{\pi\cdot 20^2}{2}-28\Rightarrow BC=10\pi-\frac{28}{20}=30(\text{cm})$,故选 A.

【点睛】 由于空白部分是半圆与直角三角形共用的,故可根据甲、乙两部分与空白面积的关系来分析.

【62】

【解析】 选 E.

$S=2S_{正方形}-4S_{半圆}=2-2\pi\left(\frac{1}{2}\right)^2=2-\frac{\pi}{2}$,故选 E.

【技巧】 由于本题阴影部分的面积属于凹形,那么应该是 $A-B\pi$ 的模式,应该在 C 和 E 中选,又因为 $\pi/2$ 比较多,所以选 E.

【点睛】 本题所求的阴影部分具备对称关系,所以只需算出一部分面积即可,此外,还可将图中的左右阴影面积看成一个正方形减去一个圆面积;上下阴影面积也如此分析.

【63】

【解析】 选 C.

如图 5－24 所示，阴影部分的面积为 $36-2\times\frac{1}{2}\times3\times3-\frac{1}{4}\pi\times3^2=9\left(3-\frac{\pi}{4}\right)$.

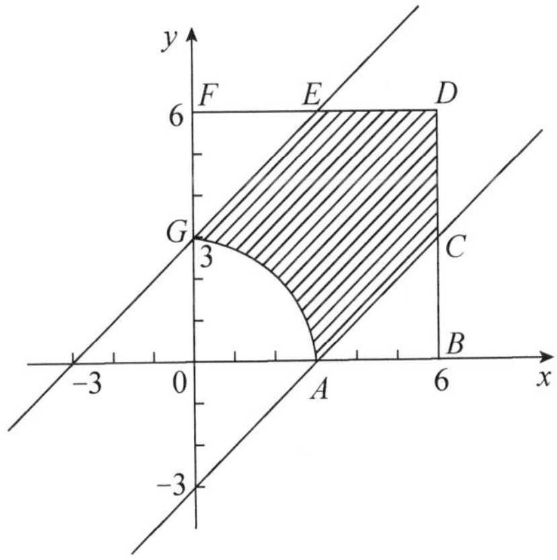

图 5－24

【技巧】 根据图形发现，答案特殊，应该为某个常数减去多少 π，故应该在 B 和 C 中选择，对图形进行估计，面积较小，所以选 C.

【点睛】 要掌握常见方程所表示的图象：

$a\leqslant x\leqslant b$ 表示两条竖线 $x=a$ 和 $x=b$ 之间的区域.

$a\leqslant y\leqslant b$ 表示两条水平线 $y=a$ 和 $y=b$ 之间的区域.

$|ax+by|\leqslant c$ 表示两条平行直线 $ax+by=\pm c$ 之间的区域.

$x^2+y^2\geqslant r^2$ 表示圆外的区域；$x^2+y^2\leqslant r^2$ 表示圆内的区域.

【64】

【解析】 选 B. 割补法，如图 5－25 所示，过点 O 作 $OG\perp BC$，垂足为 G，由图形的对称性可知：阴影部分的面积 $S=S_{矩形OFCG}=ab$.

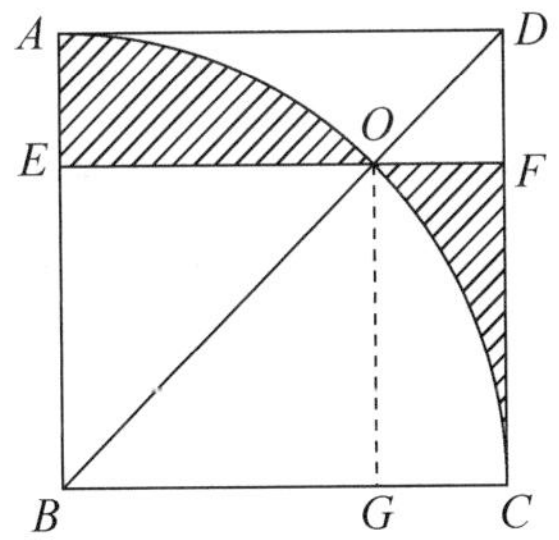

图 5－25

【点睛】 学会割补法，让不规则的面积变为规则面积求解.

【65】

【解析】 选 E. 连接 AB，CD，如图 5－26 所示.

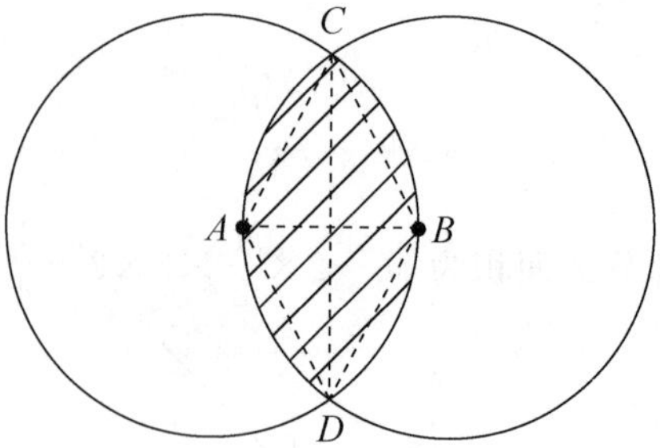

图 5－26

$$S_{阴}=S_{扇形BCAD}+S_{扇形ACBD}-S_{菱形ADBC}$$
$$=2\times\frac{120^\circ}{360^\circ}\times\pi\times1^2-\frac{1}{2}\times1\times\sqrt{3}$$
$$=\frac{2\pi}{3}-\frac{\sqrt{3}}{2}.$$

【技巧】 由于 E 选项包含了 A 和 B 选项的结构，由结构性蒙猜大法也是选 E.

【66】

【解析】 选 A. 连接 AO，如图 5－27 所示，显然阴影部分的面积为一个 120° 的扇形减去一个三角形，那么就是 $S=\frac{1}{3}\pi\times2^2-\frac{\sqrt{3}}{4}\times2^2=\frac{4}{3}\pi-\sqrt{3}$.

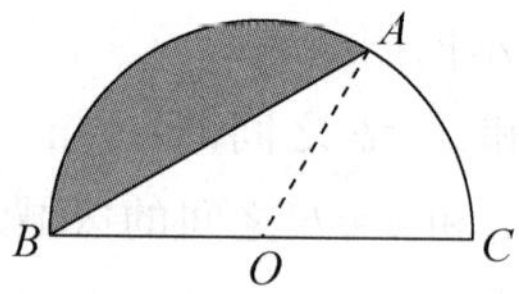

图 5－27

【技巧】 通过十大数学秒杀技巧可以知道，答案应该是 $A\pi-B$ 的模式，那么只能在 A，B，E 选项中选择了，而 E 选项的样子不太像，只能在 A，B 中选择，而 B 选项明显太小了，只能选 A.

【67】

【解析】 选 D. 画图如图 5－28 所示，$S=S_{矩形}+2S_{半圆}=1^2\pi+2\times10=20+\pi$（平方米）.

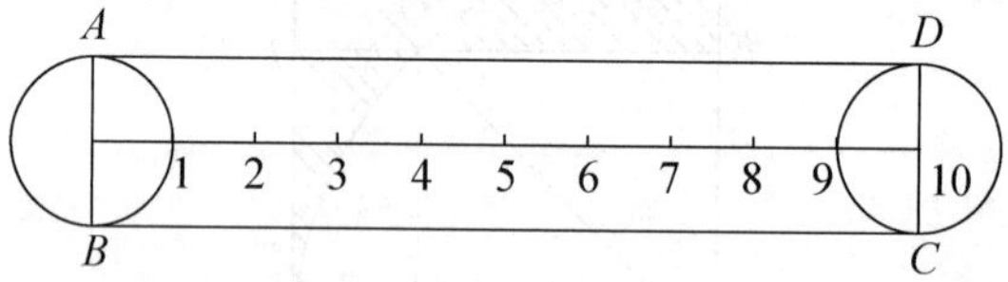

图 5－28

【点睛】 本题的关键点在于能够将这个图形的面积进行合理的转化.

【68】

【解析】 选 A. $S_{阴影}=S_{扇形AOB}-S_{\triangle AOC}=\frac{\pi}{8}\times1^2-\frac{1}{2}\times\frac{\sqrt{2}}{2}\times\frac{\sqrt{2}}{2}=\frac{\pi}{8}-\frac{1}{4}$.

【69】

【解析】 选 A. 方法一：采用割补法.

如图 5－29 所示，$S_{阴}=6(S_{扇AOD}-S_{\triangle AOD})=6\left(\frac{1}{6}\pi\cdot 1^2-\frac{\sqrt{3}}{4}\cdot 1^2\right)=\pi-\frac{3\sqrt{3}}{2}$.

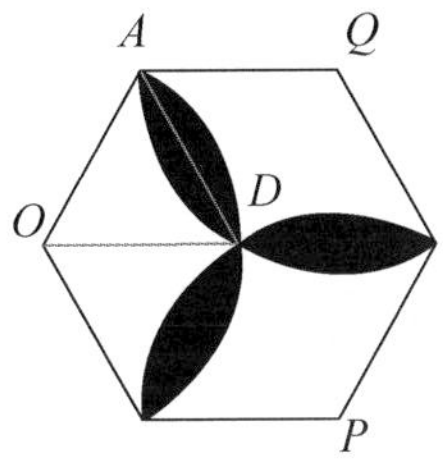

图 5－29

方法二：整体考虑法.

$$
\begin{aligned}
S_{阴}&=\text{三个扇形}-\text{正六边形}\\
&=\text{一个圆}-\text{正六边形}\\
&=\pi-\frac{\sqrt{3}}{4}\cdot 1^2\cdot 6=\pi-\frac{3}{2}\sqrt{3}.
\end{aligned}
$$

【点睛】 一般遇到组合图形的面积问题时，我们可以采用割补法将阴影图形的面积分割成若干个比较简单的面积计算，然后再求和，当然有时候可以利用重叠的思想（整体的思想）方法，直接由几个图形代数运算即可得出.

【70】

【解析】 选 E.

$$S_{\triangle ABC}=\frac{1}{2}AB\times BC=\frac{1}{2}\times\frac{\sqrt{2}}{2}AC\times\frac{\sqrt{2}}{2}AC=\frac{1}{4}AC^2.$$

$$S_{\triangle ABC}=S_{扇形ADF}\Rightarrow\frac{1}{4}AC^2=\frac{45^\circ}{360^\circ}\pi AD^2\Rightarrow\frac{AD^2}{AC^2}=\frac{2}{\pi}\Rightarrow\frac{AD}{AC}=\sqrt{\frac{2}{\pi}}.$$

【技巧】 当然在考试时，实在不会做的话不妨用尺子度量 AD 和 AC 的长度，计算比值后再观察哪个选项更为贴近.

【点睛】 本题的难点就在于理解曲边三角形 CDE 与 BEF 的面积相等，其实本质上就是三角形面积与扇形的面积相等，这个考法其实在单证考试中出现了多次，所以单证考试的真题也是极其重要的.

第六章 立体几何

第一节 立体图形

【1】

【解析】 选 D. 根据高：宽：长＝2：3：6，全部棱长之和为 220 厘米，则高＋宽＋长＝$\frac{220}{4}$＝55(厘米)，故高为$\frac{2}{2+3+6}\times 55=10$(厘米)，宽为 15 厘米，长为 30 厘米，则体积为 $10\times 15\times 30=4\ 500$(立方厘米)，故选 D.

【点睛】 根据长、宽、高之比得到长方体的棱长，然后求出长方体的体积.

【2】

【解析】 选 A. 如图 6－1 所示，连接 $A'F$，得 $A'F=\sqrt{2^2+1^2}=\sqrt{5}$. 则在$\triangle A'FA$ 中，

$$AF=\sqrt{AA^2+A'F^2}=\sqrt{2^2+(\sqrt{5})^2}=\sqrt{4+5}=3.$$

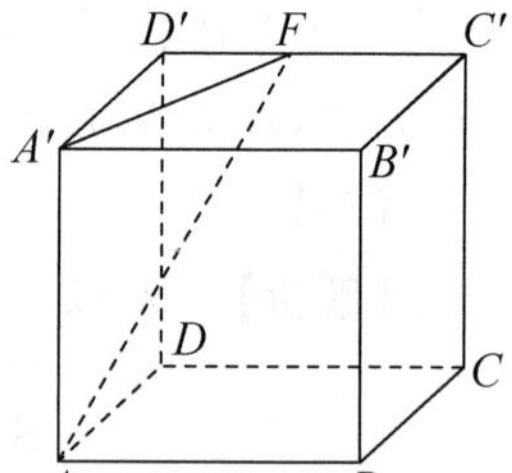

图 6－1

【点睛】 空间中的线段长度或角度要构成三角形，在三角形中去进行计算.

【3】

【解析】 选 A. 还原正方体如图 6－2 所示，截面是边长为$\sqrt{2}$的等边三角形，根据公式，截面积 $S=\frac{\sqrt{3}}{4}a^2=\frac{\sqrt{3}}{4}\times(\sqrt{2})^2=\frac{\sqrt{3}}{2}$.

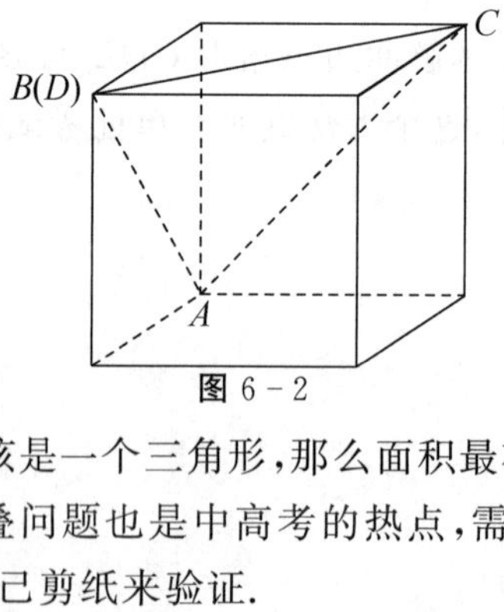

图 6－2

【技巧】 显然发现截面应该是一个三角形，那么面积最有可能在 A 和 E 中选择了.

【点睛】 立体几何中的折叠问题也是中高考的热点，需要抓住折叠中的相对不变位置进行研究，当然考试时也可以自己剪纸来验证.

【4】

【解析】 选 E. 设竖式箱子有 x 个，横式箱子有 y 个. 根据题意，列方程如下

$$\begin{cases}4x+3y=340,\\x+2y=160\end{cases}\Rightarrow\begin{cases}x=40,\\y=60.\end{cases}$$

【5】

【解析】 选 D. 设长、宽、高分别为 a,b,c.

条件(1)：已知长方体一个顶点的三个面的面积，即已知 ab,bc,ac. 三个未知量三个方程，明显可以分别求出 a,b,c 的值. 则体对角线 $\sqrt{a^2+b^2+c^2}$ 可唯一确定. 因此，条件(1)充分.

条件(2)：已知三个不同面的面对角线 l_1,l_2,l_3（见图 6－3），根据体对角线公式

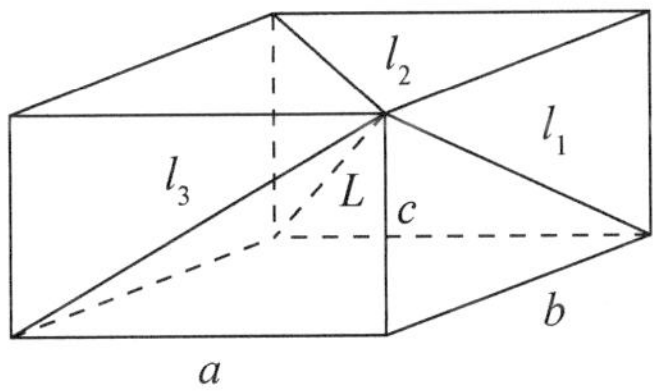

图 6－3

$$
\begin{aligned}
L&=\sqrt{a^2+b^2+c^2}\\
&\Rightarrow L^2=a^2+b^2+c^2\\
&\Rightarrow 2L^2=2a^2+2b^2+2c^2\\
&\Rightarrow 2L^2=a^2+b^2+a^2+c^2+b^2+c^2\\
&\Rightarrow 2L^2=l_1^2+l_2^2+l_3^2\\
&\Rightarrow L=\sqrt{\frac{l_1^2+l_2^2+l_3^2}{2}}.
\end{aligned}
$$

则条件(2)也可唯一确定.

【技巧】 直接给出三个未知量，三个方程，可唯一确定答案，不通过计算可直接选 D.

【6】

【解析】 选 B. 由于圆柱体原来的体积公式为 $V=\pi r^2h$，那么现在的体积为 $V=\pi(1.5r)^2\times 3h=6.75\pi r^2h$，显然就是 6.75 倍.

【技巧】 本题也可以采用特殊值的方法，设原来的圆柱体的高为 1，底面半径也为 1，这样计算起来就更简单了.

【点睛】 根据圆柱体的体积公式，体积与半径的平方和高的一次方之积成正比，来求得体积增加的倍数.

【7】

【解析】 选 B. 设圆柱体的底面半径为 r，高为 h，且 $h=2r$，体积 $V=\pi r^2h=2\pi r^3$，由于体积 V 与 r^3 成正比，故体积为原来的 6 倍，则半径为原来的$\sqrt[3]{6}$倍，故选 B.

【点睛】 由于底面半径与高之比为定值，故得到圆柱体的体积与半径的立方成正比，根据体积的倍数来得到半径的倍数.

【8】

【解析】 选 C. 设桶高为 h，水桶直立时水高为 l，底面半径为 r，如图 6－4 所示，劣弧 AB 所对的圆心角为 90°，因此 $S_{影}=\frac{1}{4}\pi r^2-\frac{1}{2}r^2$，由于桶里水的体积不变，故

$$V_{水}=\pi r^2 \cdot l=S_{影} \cdot h=\left(\frac{1}{4}\pi r^2-\frac{1}{2}r^2\right)h,$$

则$\frac{l}{h}=\frac{1}{4}-\frac{1}{2\pi}$，故选 C.

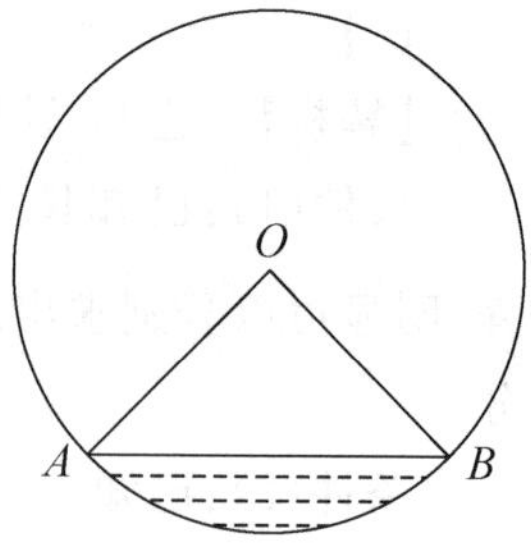

图 6－4

【技巧】 本题通过对平面几何的了解，答案应该在 B 和 C 中选择比较贴近，而 B 选项是个负数，明显不对，只能选 C 了.

【点睛】 柱体的体积等于底面积乘以高，两种方式的区别在于底面积不同，根据水的体积相同来求出高度之比.

【9】

【解析】 选 D. 圆柱体的体积公式 $V=\pi r^2 h$，故体积为原来的 $0.7\times1.3^2=1.183$.

【技巧】 本题在运算中可以通过尾数法就知道末位是 3 了，那么直接就选 D.

【点睛】 根据圆柱体的体积公式，体积与半径的平方和高的一次方之积成正比，得到前后体积的关系.

【10】

【解析】 选 C. 设矩形边长分别为 x 和 $1-x$，则旋转后，矩形的一边为半径，一边为高，故体积 $V=\pi x^2(1-x)=\frac{1}{2}\pi\cdot x\cdot x\cdot(2-2x)\leqslant\frac{\pi}{2}\left(\frac{2}{3}\right)^3$，当 $x=\frac{2}{3}$时，体积有最大值. 此时矩形的面积为$\frac{2}{9}$，故选 C.

【点睛】 首先根据矩形旋转得到圆柱体，写出体积表达式，再借助平均值定理求解，所用公式为 $abc\leqslant\left(\frac{a+b+c}{3}\right)^3$，本题关键点在于要将 $x^2(1-x)$变形为$\frac{1}{2}x\cdot x(2-2x)$，其原因是要出现和为定值，乘积才有最大值. 当然，目前的真题一般只考查二元均值定理的运用.

【11】

【解析】 选 C. $V=\pi(1^2-0.9^2)\times2=0.38\pi\approx1.19(\mathrm{m}^3)$，属于简单题.

【技巧】 本题很明显选项 A 乘以 π 后就是选项 C，那么 C 选项正确的可能性就比较大了.

【12】

【解析】 选 D. 设 AB 所在圆的底面圆的圆心为 O，连接 AO，BO，则$\angle AOB$ 为弦 AB 对应的圆心角，即$\frac{\pi}{3}$，扇形 AOB 占底面圆的$\frac{1}{6}$，所以扇形的面积为$\frac{2}{3}\pi$，又因为$\triangle AOB$ 为等边三角形，边长为 2，所以面积为$\frac{\sqrt{3}}{4}\times2^2=\sqrt{3}$，则剩下的弓形面积为$\frac{2\pi}{3}-\sqrt{3}$，又因为高为 3，则截掉的较小部分的体积为$\left(\frac{2\pi}{3}-\sqrt{3}\right)\times3=2\pi-3\sqrt{3}$，故选 D.

【技巧】 本题采用 2 倍关系技巧可以发现 A 和 B 是 2 倍关系，C 和 D 也是 2 倍关系，所以肯定在 B 和 D 中选择了，而由于$\sqrt{3}$比较多，必然就选 D 了.

【13】

【解析】 选 B. 已知球的表面积公式为 $S=4\pi r^2$，可以得出半径为原来的 3 倍，再由球的

体积公式为 $V=\frac{4}{3}\pi r^3$，体积则为原来的 27 倍.

【点睛】 根据表面积增加的倍数得到半径增加的倍数，然后求出体积增加的倍数. 要熟悉立体图形的表面积之比是它们半径之比的平方，体积之比是它们半径之比的立方.

【14】

【解析】 选 C.

半球表面积为 $S_{半球}=4\pi r^2\times\frac{1}{2}=4\pi\times10^2\times\frac{1}{2}=200\pi$（平方米），储物罐底面积为 $S_{底面积}=\pi r^2=\pi\times10^2=100\pi$（平方米），圆柱表面积（不含底）为 $S_{圆柱}=\pi dh=\pi\times20\times20=400\pi$（平方米），故总造价为

$$(200\pi+100\pi)\times400+400\pi\times300=240\ 000\pi=240\ 000\times3.14=75.36(\text{万元}).$$

【技巧】 本题其实计算到 $240\ 000\pi$ 时，答案应该直接就选 C 了.

【点睛】 根据不同面积乘以对应的单价得到总价.

【15】

【解析】 选 B. 大球的体积为 $4\pi+32\pi=36\pi$，设大球的半径为 R，则 $\frac{4}{3}\pi R^3=36\pi$，解得 $R=3$，所以表面积为 $4\pi R^2=4\times9\pi=36\pi$.

【技巧】 由于球的表面积公式为 $4\pi R^2$，显然必须是 4 的倍数，那么只能是 A，B，D 选项了，又因为 R^2 是一个平方数，那么验证后只有 36π 满足了.

【16】

【解析】 选 C.

方法一：图 6－5 为该工艺品剖面图，即装饰金属的体积为大球与小球体积之差.

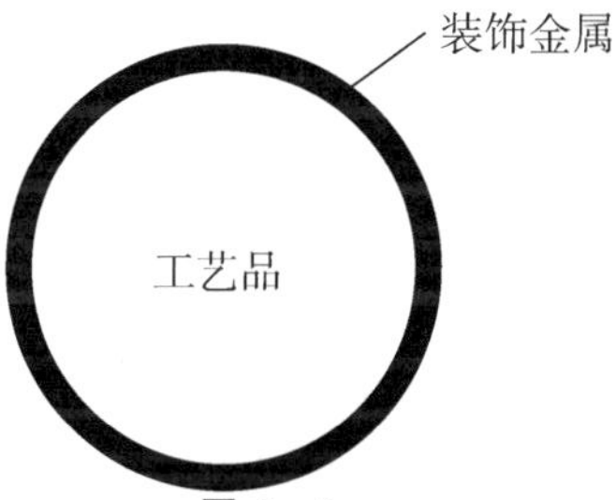

图 6－5

每个工艺品装饰金属的体积为 $\frac{4}{3}\pi[(5+0.01)^3-5^3]$，总体积为 $\frac{4}{3}\pi[(5+0.01)^3-5^3]\times10\ 000$，则需要的锭子数量为

$$n=\frac{\frac{4}{3}\pi[(5+0.01)^3-5^3]\times10\ 000}{20\times20\times20}\approx4.$$

方法二：其实装饰金属的体积可以近似看成是由小球的表面积乘以厚度得到的，即

$$V=4\pi R^2\cdot h=4\pi\times(5)^2\times0.01=\pi.$$

那么需要的锭子数为 $n=\frac{10\ 000\pi}{(20)^3}=\frac{10\pi}{8}\approx4.$

【点睛】 在计算$(5+0.01)^3-5^3$时，可以采用立方差公式，得

$$(5+0.01)^3-5^3 \Rightarrow (5+0.01-5)[(5.01)^2+5\times5.01+5^2]\approx0.75.$$

【17】

【解析】 选C. $S_1=2\pi rh+2\pi r^2$，$S_2=4\pi R^2$. $S_1\leqslant S_2$，则$2\pi rh+2\pi r^2\leqslant4\pi R^2$，即$4R^2\geqslant 2rh+2r^2$.

条件(1)：$R\geqslant\frac{r+h}{2}$即$2R\geqslant r+h\Leftrightarrow4R^2\geqslant(r+h)^2$，由于$(r+h)^2-(2rh+2r^2)=h^2-r^2$，无法判断大小，不充分；

条件(2)：$R\leqslant\frac{2h+r}{3}$，R趋近于0，显然不充分；

联合$\begin{cases}R\geqslant\frac{r+h}{2},\\R\leqslant\frac{2h+r}{3},\end{cases}$即$\begin{cases}2R\geqslant r+h,\\2h+r\geqslant3R,\end{cases}$即$\begin{cases}6R\geqslant3r+3h,\\4h+2r\geqslant6R.\end{cases}$

相加后得$h\geqslant r$，联合起来充分，故选C.

【技巧】 本题难度比较大，其实当两个条件单独都不充分时，应该用蒙猜大法直接选C.

【18】

【解析】 选B. 条件(1)显然不充分；

条件(2)，画出截面图(见图6-6)，得$(h-R)^2+r^2=R^2$，得$R=\frac{h^2+r^2}{2h}$.

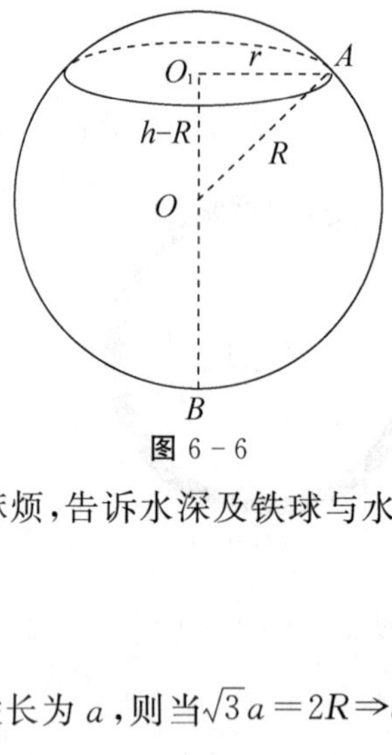

图6-6

【技巧】 明显条件(2)比较麻烦，告诉水深及铁球与水面交线的周长两个信息足可以解决题目了.

【19】

【解析】 选B. 设正方体的棱长为a，则当$\sqrt{3}a=2R\Rightarrow a=\frac{2R}{\sqrt{3}}=\frac{2}{3}\sqrt{3}R$时，正方体的体积最大，则正方体的体积$V=a^3=\left(\frac{2}{3}\sqrt{3}R\right)^3=\frac{8\sqrt{3}}{9}R^3$，故选B.

【技巧】 本题的体积应该是一个立方数，显然B选项是$\left(\frac{2}{\sqrt{3}}R\right)^3$，E选项是$\left(\frac{1}{\sqrt{3}}R\right)^3$，而8出现的次数比较多，那么就直接选B了.

【点睛】 本题求解正方体的外接球，且球的直径即为正方体的体对角线，要掌握常见立

体图形(如长方体、正方体、圆柱体)的内切球和外接球半径计算方法.

【20】

【解析】 选 E. 画截面图如图 6-7 所示. 显然,圆柱的高 $h=2\times\sqrt{10^2-6^2}=16$,则内壁面积为 $S=2\pi r\times h=2\pi\times6\times16=192\pi$.

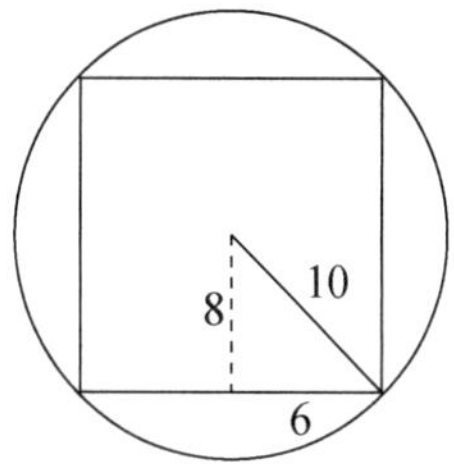

图 6-7

【21】

【解析】 选 E. 本题为《管理类综合能力华明讲数学　教程篇》原题,如图 6-8 所示,设正方体边长为 a,将正方体复制一份贴在其下方,构造出一个新的长方体,当新长方体为球体的最大内接立方体时,上面的正方体体积最大,表面积也最大;新长方体底边是边长为 a 的正方形,高为 $2a$,则长方体的体对角线为球体的直径,即 $l=\sqrt{a^2+a^2+4a^2}=2R=6$.

所以$\sqrt{6}a=6\Rightarrow a=\sqrt{6}$,故 $S_{正}=6a^2=36$.

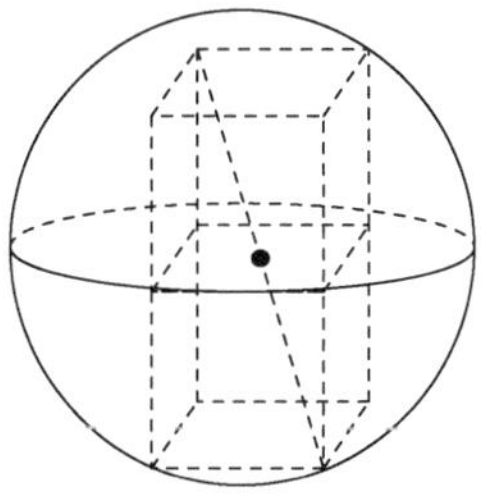
图 6-8

【技巧】 一般题目问最大的话不是“老大”就是“数字中的第二大”了.

【22】

【解析】 选 D. 切接问题.

设正方体的棱长为 a,球的半径为 R,由正方体的体积可知,$a^3=8\Rightarrow a=2$,正方体的体对角线为球的直径,则$\sqrt{3}a=2R$,即 $2\sqrt{3}=2R\Rightarrow R=\sqrt{3}$,$S=4\pi R^2=12\pi$,选 D.

【点睛】 要熟悉球的表面积和体积公式.

第七章　解析几何

第一节　直线与圆的方程式求解

【1】

【解析】 选 E. $x^2-2x+y^2+4y+1=0\Rightarrow x^2-2x+1+y^2+4y+4=4\Rightarrow(x-1)^2+(y+2)^2=4$,所以圆心坐标是$(1,-2)$,故选 E.

【点睛】 记住结论:$x^2+y^2+ax+by+c=0$ 的圆心坐标为$\left(-\dfrac{a}{2},-\dfrac{b}{2}\right)$.

【2】

【解析】 选 B. 如图 7－1 所示,$AB=\sqrt{(5+3)^2+(1-5)^2}=\sqrt{80}$,因为 AB 是圆 C 的直径,故半径为 $r=\dfrac{\sqrt{80}}{2}=\sqrt{20}$,又 AB 的中点为圆心,其坐标为$(1,3)$,圆的方程为$(x-1)^2+(y-3)^2=20$,故选 B.

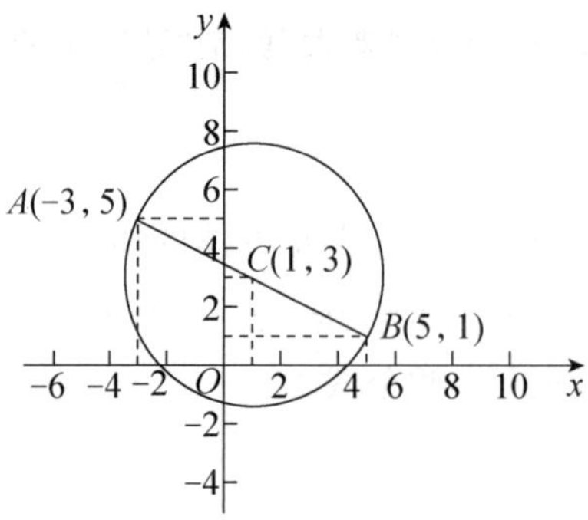

图 7－1

【技巧】 将 A,B 两点坐标代入选项验证即可.

【点睛】 此题也可以记住圆的直径式方程:$(x-x_1)(x-x_2)+(y-y_1)(y-y_2)=0$,其中$(x_1,y_1)$,$(x_2,y_2)$为直径的两个端点的坐标.

【3】

【解析】 选 B. 如图 7－2 所示,由于通过坐标原点,可设圆的方程为 $x^2+y^2+ax+by=0$,又 $y=\dfrac{x^2}{4}-2x+4$ 与 x 轴的交点坐标为$(4,0)$,与 y 轴的交点坐标为$(0,4)$,得到 $a=b=-4$,故圆的方程为 $x^2+y^2-4x-4y=0$,半径为 $2\sqrt{2}$.

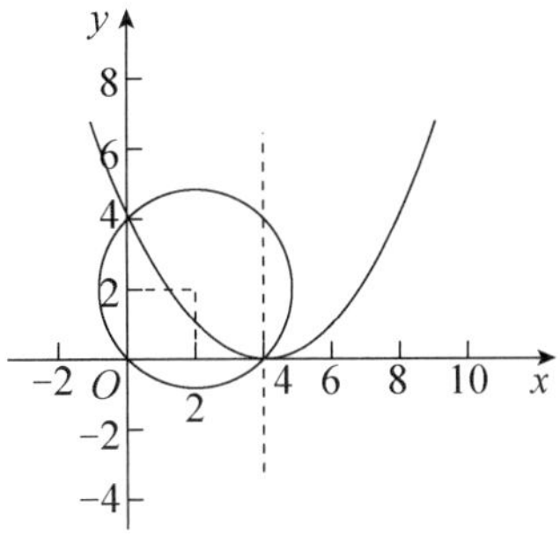

图 7－2

【技巧】　本题相当于求解(0,0),(4,0),(0,4)三点构成的三角形的外心,直角三角形的外接圆半径等于斜边的一半,故半径为 $2\sqrt{2}$.

【点睛】　若圆通过坐标原点,则常数项为 0,再求出抛物线与两个坐标轴的交点,交点也在圆上,故可求出圆的方程.此外,由于此题中的圆经过三点,可以转化为三角形的外心进行求解.

【4】

【解析】　选 D. 令 $y=0\Rightarrow x^2=3\Rightarrow x=\pm\sqrt{3}$,故选 D.

【技巧】　显然与 x 轴的交点纵坐标为 0,那么只能在 A,B,D 选项中选择,或者在考试时可以用圆规直接作图,如图 7－3 所示,很容易找出答案.

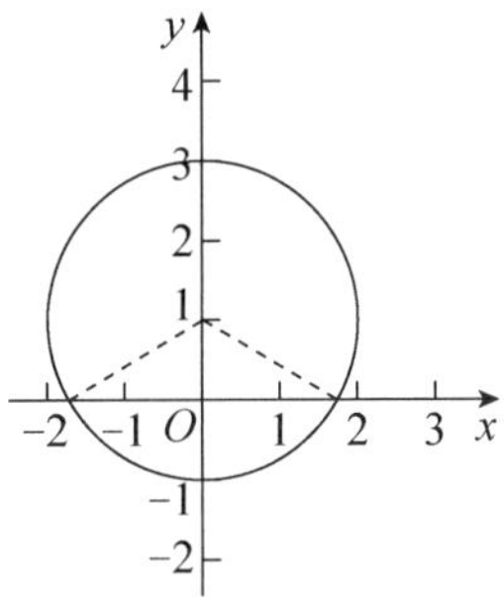

图 7－3

【点睛】　方程与 x 轴的交点,只需要令 $y=0$ 即可;方程与 y 轴的交点,只需要令 $x=0$ 即可.

【5】

【解析】　选 D. $x^2+4x+y^2-2y+1=0\Leftrightarrow(x+2)^2+(y-1)^2=4$, $ax-by+3=0$ 过圆心$(-2,1)$,代入得 $2a+b=3$,则由均值不等式得,当 $a=\frac{3}{4}$, $b=\frac{3}{2}$时,$(ab)_{\max}=\frac{9}{8}$,故选 D.

【技巧】　显然本题 9 比较多,那么只能在 A,D,E 选项中选择了.

【点睛】　此题将解析几何与平均值定理相结合求最值,平均值定理的常见公式是:$a+b\geqslant 2\sqrt{ab}(a>0,b>0)$.

【6】

【解析】　选 B.

$x^2+y^2=1 \Rightarrow x^2=1-y^2 \Rightarrow x=\sqrt{1-y^2} \Rightarrow x-\sqrt{1-y^2}=0$，故选 B.

【点睛】 本题考查半圆的方程的求解：设圆心的坐标为(x_0,y_0)，则右半圆的方程要求取 $x \geqslant x_0$ 的部分，左半圆的方程要求取 $x \leqslant x_0$ 的部分，上半圆的方程要求取 $y \geqslant y_0$ 的部分，下半圆的方程要求取 $y \leqslant y_0$ 的部分.

【7】

【解析】 选 E. 配方后作图如图 7－4 所示.

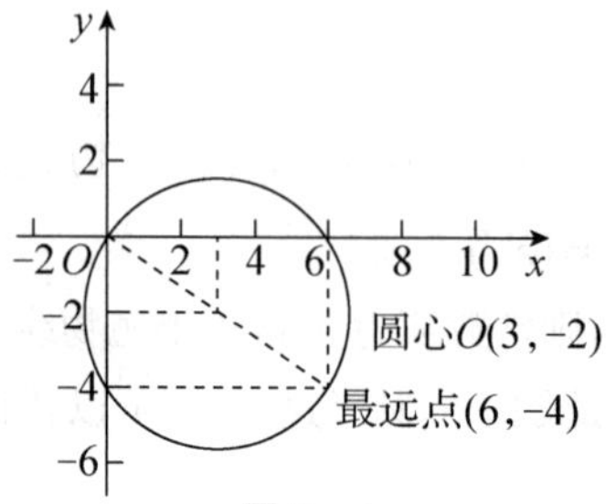

图 7－4

$x^2+y^2-6x+4y=0 \Rightarrow (x-3)^2+(y+2)^2=13$，观察可知距离最远的点是$(3\times 2-0,-2\times 2-0)$，即$(6,-4)$.

【点睛】 根据重复性原理显然应该在 C，D，E 中选择，再通过选项代入验证显然是选 E 了.

【8】

【解析】 选 C. 如图 7－5 所示，当 B 和 D 在 x 轴上时，面积最大，其中 AC 为 $x=3$ 与 $x^2+y^2=25$ 的交点，为 8，BD 为圆的直径，为 10，所以

$$S_{ABCD}=\frac{1}{2}AC\cdot BD=\frac{1}{2}\cdot 8\cdot 10=40.$$

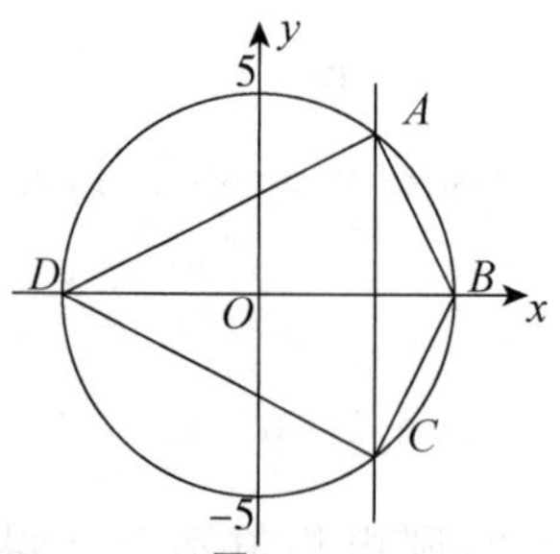

图 7－5

【点睛】 本题主要考查的是利用特殊位置来解决动态问题.

【9】

【解析】 选 B. 条件(1)，如图 7－6(a)所示是一个中心在(1,0)，对角线长度为 8 的正方形，不充分；

条件(2)的方程整理得$(x+1)^2+(y-\frac{3}{2})^2=\frac{35}{12}$，为圆的方程，如图 7－6(b)所示，充分.

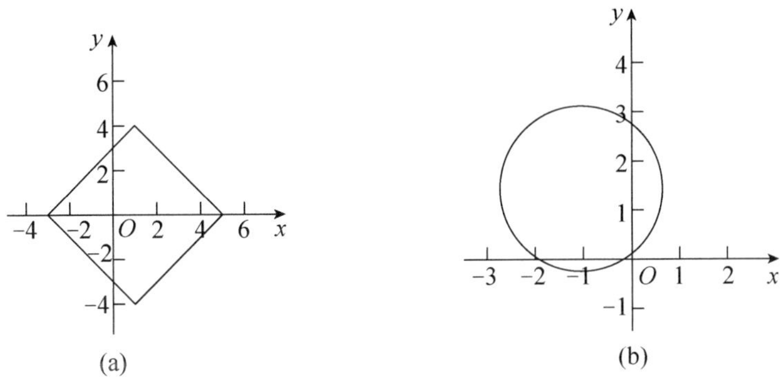

图 7－6

【技巧】 本题发现条件(1)不充分时，应该果断地认为条件(2)充分，故选 B.

【点睛】 可记住如下结论：$|k_1x+b_1|+|k_2y+b_2|=a\,(a>0)$在直角坐标系中的图象是以$\left(-\dfrac{b_1}{k_1},-\dfrac{b_2}{k_2}\right)$为中心的菱形，其面积是$S=\dfrac{2a^2}{|k_1k_2|}$，当$k_1=k_2$时，是正方形.

【10】

【解析】 选 D. 条件(1)，不管 a，b 为何值，只要满足 $a+b=1$，曲线即为

$$ax^2+(1-a)y^2=1\Rightarrow a(x^2-y^2)+y^2=1\Rightarrow\begin{cases}x^2-y^2=0,\\y^2=1\end{cases}\Rightarrow\begin{cases}x^2=y^2,\\y^2=1,\end{cases}$$

显然过(1,1)，(－1,1)，(1,－1)，(－1,－1)四个点，充分. 条件(2)，同理可得，曲线过$\left(\dfrac{\sqrt{2}}{2},\dfrac{\sqrt{2}}{2}\right)$，$\left(-\dfrac{\sqrt{2}}{2},\dfrac{\sqrt{2}}{2}\right)$，$\left(\dfrac{\sqrt{2}}{2},-\dfrac{\sqrt{2}}{2}\right)$，$\left(-\dfrac{\sqrt{2}}{2},-\dfrac{\sqrt{2}}{2}\right)$四个点，也充分. 故选 D.

【点睛】 要理解曲线经过定点的含义：当系数 a，b 无论取任何值，x，y 都满足的坐标，称为曲线的定点，考试中，可以取参数的特殊值求解出 x，y.

【11】

【解析】 选 A. 条件(1)：如图 7－7(a)所示，D_1，D_2 的覆盖区域的边界长度为 $2\times\dfrac{2}{3}\times2\pi r=8\pi$，充分；条件(2)：如图 7－7(b)所示，$D_2$ 的圆心在直线 $x+y=3$ 上，由于 D_1，D_2 覆盖的区域边界的变化是不确定的，所以不充分，故选 A.

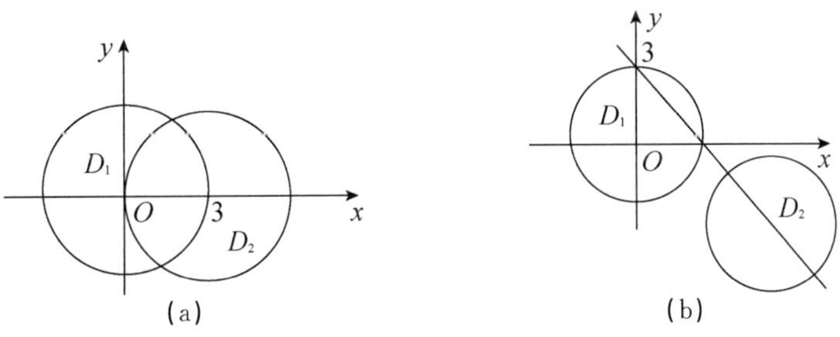

图 7－7

【技巧】 从图象上分析就可以确定条件(2)不充分，那么就选条件(1)充分了，故选 A.

【点睛】 当遇到一个条件不充分，而另一个条件又比较难时，可以认为难的是正确的.

此题属于这种情况.

【12】

【解析】 选 D. 当 $a>0,b<0$ 时,直线过一、三、四象限,当 $a<0,b>0$ 时,直线过一、二、四象限,所以 A,B 选项都错误;y 轴截距为 b,正负不确定,所以 C 错误;x 轴上的截距为 $-\dfrac{b}{a}>0$,D 选项正确.

【技巧】 本题其实也可以取 a,b 的特殊值进行验证.

【点睛】 判断直线经过的象限,有两种思路,一个是根据斜率和截距来判断,另一个是根据两个坐标轴上的截距来判断.

【13】

【解析】 选 A. 圆的方程可写为$(x-1)^2+(y+2)^2=4$,故圆心为$(1,-2)$,所求直线的斜率与 $3x+2y=1$ 相同,则 $k=-\dfrac{3}{2}$,故所求直线方程为

$$y+2=-\frac{3}{2}(x-1)\Rightarrow 2y+4=-3(x-1)\Rightarrow 3x+2y+1=0,$$

故选 A.

【技巧】 本题其实只要求出圆心的坐标$(1,-2)$后,验证选项后只能是 A 正确了.

【点睛】 若两条直线平行则斜率相等,且直线通过一个定点,则可以确定直线方程.

【14】

【解析】 选 B. 此题为解析几何中的求直线方程问题,由题可得 $CD/\!/AB$,AB 所在的直线的斜率为 $k_{AB}=\dfrac{y_B-y_A}{x_B-x_A}=\dfrac{2-1}{3-2}=1$,所以 CD 所在的直线斜率也为 1,根据正方形的性质,可得 D 点坐标为$(1,2)$,故 CD 的直线方程为 $y=x+1$,故选 B.

【技巧】 其实本题从图象上很容易发现 CD 所在直线的方程斜率为 1,只能选 B 或 C 了,而 CD 在 y 轴上的截距显然是正数,那么就只能选 B 了.

【点睛】 根据平行求出斜率,再根据正方形的特点求出点 D 的坐标,则可求出直线方程.

【15】

【解析】 选 C. 如图 7 - 8 所示,设垂足的坐标为(x_0,y_0),根据斜率关系,且垂足在直线 l 上,可得

$$\begin{cases}\dfrac{y_0-7}{x_0-5}=2,\\ x_0+2y_0-4=0\end{cases}\Rightarrow x_0=2,y_0=1.$$

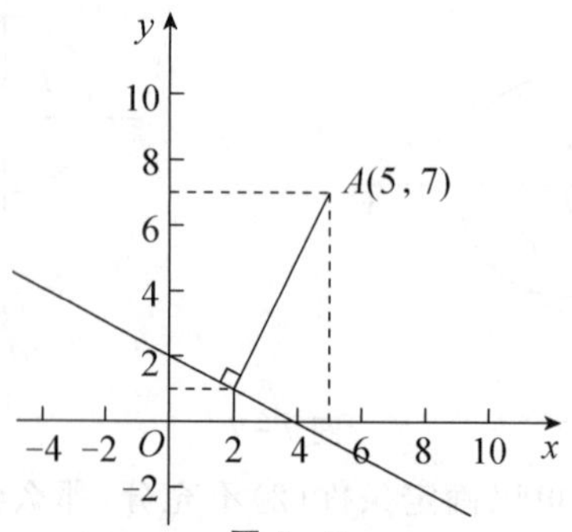

图 7 - 8

【技巧】 可以将选项坐标代入直线方程 $x+2y-4=0$ 验证.

【点睛】 此题考查了垂直的斜率关系，此外，考试时可以采用验证选项的巧妙方法.

【16】

【解析】 选 C. 由于平行四边形对边互相平行，故 AC 的斜率等于 OB 的斜率 -1，又 AC 经过 A 点坐标$(-2,0)$，故 AC 的直线方程为 $y=-x-2$，故选 C.

【技巧】 本题只需要画出图象后明显发现 AC 的方程式斜率为-1，截距为-2，选 C.

【点睛】 平行四边形的特征：对边平行且相等，对角线互相平分，根据此特征求出斜率和点的坐标，写出直线方程.

【17】

【解析】 选 C. 显然单独不充分，联合两条件，直线 $y=ax+b$ 经过第一、二、四象限，故选 C.

【技巧】 本题由于两个条件单独不能充分，属于变量缺失的结构，考试时应该认为联合充分，选 C.

【点睛】 确定直线经过的象限，关键在于确定斜率与截距的符号.

【18】

【解析】 选 A. 条件(1)：$y=-x+1$，如图 7－9(a)所示，直线过一、二、四象限，充分；条件(2)：$y=x-1$，如图 7－9(b)所示，直线过一、三、四象限，不充分，故选 A.

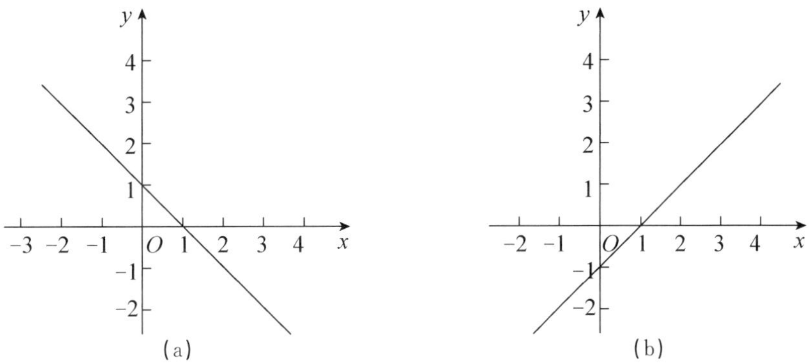

图 7－9

【点睛】 根据两个条件给的斜率和截距判断直线经过的象限.

第二节　解析几何位置关系

【19】

【解析】 选 A. 设对称点的坐标为(x_0,y_0)，则先根据对称点与原点的连线跟对称轴垂直，得$\frac{y_0}{x_0}=-\frac{1}{2}$，再根据对称点与原点的中点在对称轴上，得$\frac{y_0}{2}=2\cdot\frac{x_0}{2}+4$，可以解出 $x_0=-\frac{16}{5}$，$y_0=\frac{8}{5}$，故选 A.

【技巧】 本题其实可以作出图象，很容易发现 A 选项最为贴切.

【点睛】 两点关于某直线对称，对称轴为两对称点连线的垂直平分线，利用垂直和平分这两个条件建立方程组求解.

【20】

【解析】 选 C. 设此点为(x_0,y_0)，有$\begin{cases}\dfrac{x_0+2}{2}+\dfrac{y_0+3}{2}=0,\\ \dfrac{y_0-3}{x_0-2}\times(-1)=-1\end{cases}\Rightarrow\begin{cases}x_0=-3,\\ y_0=-2,\end{cases}$故选 C.

【技巧】 点关于特殊直线的对称点问题，直接记结论得对称点坐标为$(-3,-2)$，选 C.

【点睛】 本题可以记住一个小窍门：当对称轴斜率为±1时，$P(a,b)$关于直线$x\pm y=0$的对称点为$P'(\mp b,\mp a)$.

【21】

【解析】 选 A. 依据轴对称的性质，由于$y-3x=2$的对称直线经过$y-3x=2$和$y+x=0$的交点$P\left(-\dfrac{1}{2},\dfrac{1}{2}\right)$，然后在$y-3x=2$上任取一点$Q(0,2)$，则$Q$关于$y+x=0$对称的点为$Q'(-2,0)$，连接$PQ'$即为所求的对称直线，即为$y=\dfrac{x}{3}+\dfrac{2}{3}$，故选 A.

【技巧】 求直线$y-3x=2$关于$y+x=0$的对称直线方程，即将$y=-x$，$x=-y$代入$y-3x=2$得 A 选项正确.

【点睛】 直线l'关于直线l对称，一般任取l'上两点P，Q，找P，Q关于直线l的对称点P'，Q'，然后连接P'，Q'就是所求对称直线，当然取点时一般取特殊的点.

【22】

【解析】 选 E. 设对称点为(x_0,y_0)，则

$$\begin{cases}\dfrac{x_0}{2}\times2+\dfrac{y_0+4}{2}+1=0, & ①\\ \dfrac{y_0-4}{x_0}\times(-2)=-1. & ②\end{cases}$$

由式①，②解得$\begin{cases}x_0=-4,\\ y_0=2,\end{cases}$则为$(-4,2)$.

【技巧】 此题也可以画出直线的图象，精确作出点$(0,4)$的对称点，初步也能知道$(-4,2)$可能性很大.

【点睛】 普通的点关于线的对称问题要抓住两点：对称点与原来点的连线与对称轴垂直；两个点的中点在对称轴上.

【23】

【解析】 选 E. 此题考查的是圆与圆关于直线对称的问题. 根据圆与圆关于直线对称的性质，可将此题转化为圆心关于圆心对称的问题.

即$(x-5)^2+y^2=2\Rightarrow$圆心为$(5,0)$，半径$\sqrt{2}$，即求$(5,0)$关于$y=2x$的对称点.

$$\begin{cases}2\times\dfrac{5+x_0}{2}=\dfrac{0+y_0}{2},\\ \dfrac{y_0-0}{x_0-5}\cdot 2=-1\end{cases}\Rightarrow\begin{cases}10+2x_0=y_0,\\ 2y_0=5-x_0\end{cases}\Rightarrow 20+4x_0=5-x_0\Rightarrow\begin{cases}x_0=-3,\\ y_0=4.\end{cases}$$

所以圆的方程为$(x+3)^2+(y-4)^2=2$.

【技巧】 根据对称,可以画出图形,发现对称圆的圆心应该在第二象限,所以只能在B和E中选了,由于B选项横坐标和纵坐标数值位置与其他选项不一样,排除B.

【24】

【解析】 选B.两圆关于某直线对称,只需要考虑圆心的对称坐标即可,因为半径不变,$x^2+y^2+2x-6y-14=0$的圆心为$(-1,3)$,对称后圆心为$(3,-1)$,故条件(2)充分,选B.

【技巧】 直接记忆重要结论:关于$y=x$的对称图象就是将x与y对调位置,马上选B.

【点睛】 曲线C:$f(x,y)=0$关于直线x轴的对称曲线为$f(x,-y)=0$,关于直线y轴的对称曲线为$f(-x,y)=0$,关于原点对称的曲线为$f(-x,-y)=0$,关于$y=x$对称的曲线为$f(y,x)=0$,关于$y=-x$对称的曲线为$f(-y,-x)=0$.

【25】

【解析】 选A.直线$2x+3y=1$关于x轴对称的直线为$2x-3y=1$,显然选A.

【技巧】 本题画图后明显发现对称直线的斜率只相差一个符号,只能选A了.

【点睛】 要熟记常见的对称问题结论,在前面的题目中已经讲过.

【26】

【解析】 选C.根据两直线垂直,得$(a+2)(a-1)+(1-a)(2a+3)=0\Rightarrow a=\pm 1$.

【点睛】 记住结论:若$a_1x+b_1y+c_1=0$和$a_2x+b_2y+c_2=0$垂直,则有$a_1a_2+b_1b_2=0$.

【技巧】 本题由于选项C包含了A和B的结果,那么直接可以选C.

【27】

【解析】 选A.画出三条直线,构成一个三角形,如图7-10所示,观察可以看出(1,1)点在三角形内.

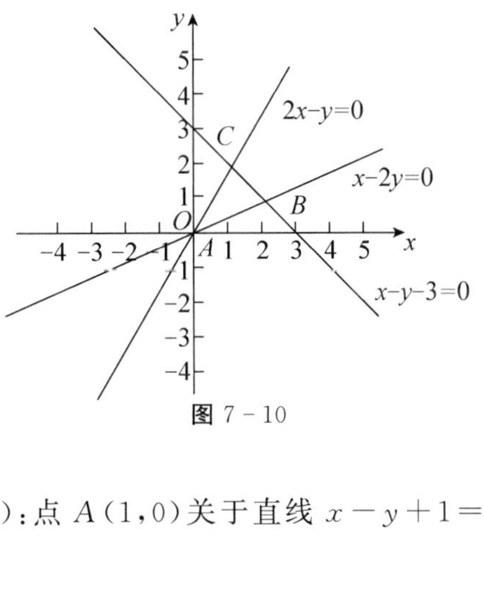

图7-10

【28】

【解析】 选A.条件(1):点$A(1,0)$关于直线$x-y+1=0$的对称点为$(-1,2)$,故$\dfrac{a}{4}=-1$,$a=-4$,充分;

条件(2)：两直线垂直的结论为：$A_1A_2+B_1B_2=0\Rightarrow(2+a)\cdot a+5\cdot(2+a)=0\Rightarrow(2+a)(a+5)=0\Rightarrow a=-2$ 或 $a=-5$，不充分.

【点睛】 点关于直线对称，只要抓住两个点的中垂线就是它们的对称轴即可. 此外，若 $a_1x+b_1y+c_1=0$ 与 $a_2x+b_2y+c_2=0$ 垂直，则有 $a_1a_2+b_1b_2=0$.

【29】

【解析】 选 C. 圆 $O_1:(x+1)^2+y^2=4$，即圆心为$(-1,0)$，半径为 2；

圆 $O_2:x^2+(y-3)^2=3$，圆心为$(0,3)$，半径为$\sqrt{3}$.

圆心距 $|O_1O_2|=\sqrt{(-1-0)^2+(0-3)^2}=\sqrt{10}$，$r_1+r_2=2+\sqrt{3}$，估计出 $2-\sqrt{3}<\sqrt{10}<2+\sqrt{3}\approx3.732$，所以两圆相交.

【技巧】 本题也可以将两个圆的方程都画在同一个坐标系内，那么明显可以进行观察得出结论.

【点睛】 本题要熟悉两个圆的位置关系判断的基本结论：设两个圆的圆心距为 d，半径分别为 r_1,r_2，当 $d>r_1+r_2$ 时，两圆外离；当 $d=r_1+r_2$ 时，两圆外切；当 $|r_1-r_2|<d<r_1+r_2$ 时，两圆相交；当 $d=|r_1-r_2|$ 时，两圆内切；当 $d<|r_1-r_2|$ 时，两圆内含.

【30】

【解析】 选 E. 圆 $C_2:(x-3)^2+(y-4)^2=25$，$|C_1C_2|=\sqrt{\left(3-\frac{3}{2}\right)^2+(4-2)^2}=\frac{5}{2}$，而两圆有交点的充分必要条件为：$|r_1-r_2|\leqslant|C_1C_2|\leqslant r_1+r_2\Rightarrow\frac{5}{2}\leqslant r\leqslant\frac{15}{2}$，故两者均不充分.

【技巧】 采用极端分析法，当半径很小时，两圆不可能有交点，排除条件(1)；当半径很大时，两圆也不可能有交点，排除条件(2)，故选 E.

【点睛】 两圆有交点，包括外切、内切、相交三种情况，故当 $|r_1-r_2|\leqslant d\leqslant|r_1+r_2|$ 时，两圆有交点.

【31】

【解析】 选 B. $C_1(3,4)$，$C_2(1,2)$，$r_1=5$，$r_2=r$，$C_1C_2=2\sqrt{2}$.

内切时，$C_1C_2=|r_1-r_2|\Rightarrow|r-5|=2\sqrt{2}\Rightarrow r=5\pm2\sqrt{2}$；

外切时，$C_1C_2=|r_1+r_2|\Rightarrow|r+5|=2\sqrt{2}\Rightarrow r=\pm2\sqrt{2}-5$，不可能. 故条件(2)充分.

【技巧】 本题其实只要求出两个圆的圆心距离为 $2\sqrt{2}$ 时，就可以直接选答案了.

【点睛】 对于两圆的位置关系，可用圆心距与两圆的半径来判断，当 $|r_1-r_2|<d<|r_1+r_2|$ 时，两圆相交，当 $d=|r_1+r_2|$ 时，两圆外切；当 $d=|r_1-r_2|$ 时，两圆内切.

【32】

【解析】 选 A. 圆 $A:(x+2)^2+(y+1)^2=2^2$，圆心为 $A(-2,-1)$，半径 $r_A=2$.

条件(1)，圆 $B:(x-1)^2+(y-3)^2=3^2$，圆心为 $B(1,3)$，半径 $r_B=3$，

$$|AB|=\sqrt{(1+2)^2+(3+1)^2}=5=r_A+r_B,$$

所以圆 A 和圆 B 外切，充分.

条件(2)，圆 $B:(x-3)^2+y^2=3^2$，圆心为 $B(3,0)$，半径 $r_B=3$，

$$|AB|=\sqrt{(3+2)^2+1^2}=\sqrt{26},$$

而 $r_A+r_B=5$，$|AB|\neq r_A+r_B$，圆 A 和圆 B 不相切，所以不充分.

【技巧】 本题只需要画草图就能分析出条件(1)充分，条件(2)不充分.

【点睛】 本题可以直接画图来做，非常容易判断.

【33】

【解析】 选 B. 如图 7－11 所示，

$$d_{\min}=|AB|=|CB|-|CA|=|CB|-r=\frac{9}{5}-1=\frac{4}{5}.$$

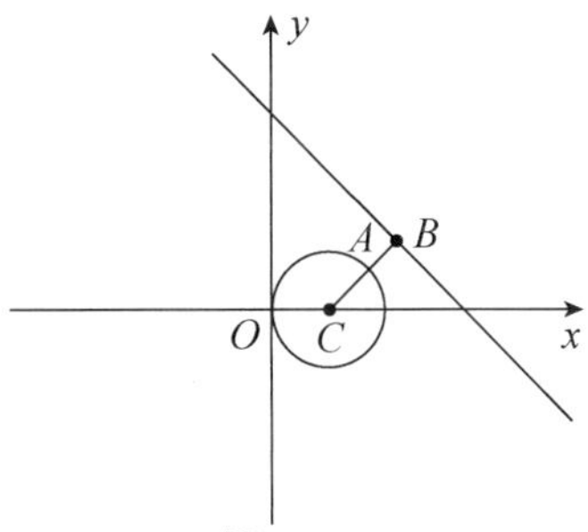

图 7－11

【技巧】 本题其实可以画图后用直尺进行度量，很容易发现 B 选项最为贴切.

【点睛】 若直线与圆相离，则圆上的点到直线的最短距离等于圆心到直线的距离减去半径；若直线与圆相切或相交，则圆上的点到直线的最短距离为 0.

【34】

【解析】 选 D. 设线段 AB 的中点为 C，则 $k_{OC}=\frac{1-0}{1-0}=1\Rightarrow k_L=-1$，由点斜式直线方程得 $y-1=-1(x-1)\Rightarrow y+x=2$.

【技巧】 AB 中点为(1，1)，应该在直线上，依次代入选项验证，只有 D 正确.

【点睛】 根据圆心与弦中点的连线垂直于弦，可求出直线斜率，再根据经过的点的坐标，写出直线方程.

【35】

【解析】 选 E. 由 $d=r\Rightarrow\frac{|a^2|}{\sqrt{a^2+1}}=1\Rightarrow a^4=a^2+1\Rightarrow a^4-a^2-1=0\Rightarrow a^2=\frac{1+\sqrt{5}}{2}$，故选 E.

【技巧】 联立两个方程，得

$$(x-a)^2+a^2x^2=1\Rightarrow(a^2+1)x^2-2ax+a^2-1=0,$$

$$\Delta=0\Rightarrow 4a^2-4(a^2+1)(a^2-1)=0\Rightarrow a^4-a^2-1=0\Rightarrow a^2=\frac{1+\sqrt{5}}{2}.$$

【点睛】 一般遇到直线与圆的综合问题时，都需要研究圆心到直线的距离 d 和圆的半径 r 之间的关系.

【36】

【解析】 选 D. 根据直线与圆相交的条件：$d<r\Rightarrow\frac{|3\lambda|}{\sqrt{(1+2\lambda)^2+(1-\lambda)^2}}<r=2$，从而得

$11\lambda^2+8\lambda+8>0$,即对任意的 λ 均成立,两条件都充分,故选 D.

【技巧】 直线 $(1+2\lambda)x+(1-\lambda)y-3-3\lambda=0$ 恒过定点(2,1),点(2,1)显然在圆 $(x-1)^2+(y-2)^2=4$ 的内部,所以条件(1)、(2)都充分,故选 D.

【点睛】 对于直线与圆的位置关系,只需要看圆心到直线的距离 d 与圆半径 r 的关系即可.此外,也可以借助直线恒过定点来思考.

【37】

【解析】 选 D.只需要看哪条直线经过圆心即可,圆心坐标为(1,1),显然两个条件都充分,故选 D.

【点睛】 本题只需要理解直线能将圆平分时,当且仅当直线正好经过了圆的圆心.

【38】

【解析】 选 A.

方法一:$\left|\frac{b}{2}\right|=r=\frac{1}{2}\sqrt{a^2+b^2-4c}\Rightarrow c=\frac{1}{4}a^2$,显然条件(1)充分,选 A.

方法二:联立方程组 $\begin{cases}x^2+y^2-ax-by+c=0,\\ y=0\end{cases}\Rightarrow x^2-ax+c=0\Rightarrow\Delta=0\Rightarrow a^2-4c=0.$

显然条件(1)充分,选 A.

【技巧】 微替换型(两个条件替换的很少),选 A 或 B 的可能性比较大.

【点睛】 解析中两种方法是从两个不同的角度分析问题,方法一主要是通过圆的方程的本质得出圆心的纵坐标与半径之间的关系,要求考生能熟悉解析几何中圆的方程的基本形式,而方法二主要是将圆方程和 x 轴(即 $y=0$)看成是两个曲线方程,通过相切即两个曲线方程联立后有两个相等的实数根进行求解.

【39】

【解析】 选 A.圆 $x^2+y^2=2y$ 化成标准型可以得 $x^2+(y-1)^2=1$,所以圆心为(0,1),半径为 1,题干等价于圆心到直线的距离大于半径,列式可得

$$d=\frac{|a-b|}{\sqrt{1+a^2}}\geqslant 1\Rightarrow|a-b|\geqslant\sqrt{1+a^2},$$

那么显然条件(1)充分,条件(2)不充分,故选 A.

【技巧】 本题属于微替换型,可以直接在 A 和 B 中选择.

【40】

【解析】 选 A. $x^2+y^2-4x+3=0\Rightarrow(x-2)^2+y^2=4-3=1$,圆心(2,0),半径为 1,圆心(2,0)到直线 $kx-y=0$ 距离为 $d=\frac{|2k|}{\sqrt{k^2+1}}<1\Rightarrow 4k^2<k^2+1\Rightarrow 3k^2<1\Rightarrow k\in\left(-\frac{\sqrt{3}}{3},\frac{\sqrt{3}}{3}\right)$,选 A.

【技巧】 本题也可以用判别式来做. 联合两个方程得

$$\begin{cases}x^2+y^2-4x+3=0,\\ y=kx\end{cases}\Rightarrow x^2+k^2x^2-4x+3=0\Rightarrow(1+k^2)x^2-4x+3=0.$$

由于直线和圆有两个交点等价于方程有两个不等的实数根,即 $\Delta>0$,

$$16-12(1+k^2)>0\Rightarrow k^2<\frac{1}{3}\Rightarrow k\in\left(-\frac{\sqrt{3}}{3},\frac{\sqrt{3}}{3}\right).$$

【41】

【解析】 选 C. 将圆方程一般式化成标准式得到 $(x-1)^2+(y-1)^2=2$，圆心 $(1,1)$，半径 $r=\sqrt{2}$.

根据题意，圆上的点到直线的距离大于 1，即如图 7－12 所示，从圆心 $(1,1)$ 到直线 $ax+by+\sqrt{2}=0$ 的距离要大于 $\sqrt{2}+1$. 换而言之，直线与圆心为 $(1,1)$，半径为 $\sqrt{2}+1$ 的圆无交点.

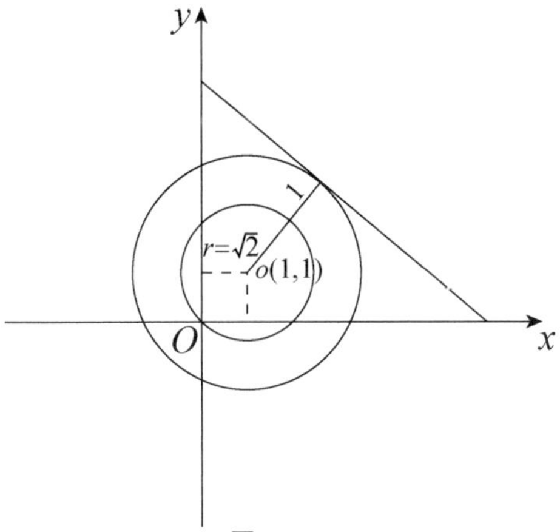

图 7－12

故若要题干成立，只需证明点 $(1,1)$ 到直线的距离 $d=\dfrac{|a+b+\sqrt{2}|}{\sqrt{a^2+b^2}}>\sqrt{2}+1$ 即可.

由条件(1)，取 $a=b=-\dfrac{\sqrt{2}}{2}$，不能满足 $d>\sqrt{2}+1$；条件(2)，明显有反例不能满足.

联合代入发现：

因为 $(a+b)^2=a^2+b^2+2ab=1+2ab$，又 $a>0,b>0$. 所以 $(a+b)^2>1, a+b>1$.

故
$$d=\frac{|a+b+\sqrt{2}|}{\sqrt{1}}>1+\sqrt{2}.$$

联合充分.

【技巧】 两个条件为定性加定量时(具体的数量关系＋不等式的约束)，直接选 C.

【42】

【解析】 选 A. 条件(1) $\begin{cases}x^2+y^2=ax+ay,\\x+y=1,\end{cases}$ 圆心 $\left(-\dfrac{a}{2},-\dfrac{a}{2}\right)$，半径 $\sqrt{\dfrac{a^2}{2}}$.

由于直线与圆相切，那么圆心到直线的距离等于半径，列式如下：

$$d=\frac{\left|-\frac{a}{2}-\frac{a}{2}-1\right|}{\sqrt{2}}=\frac{|a|}{\sqrt{2}}\Rightarrow|-a-1|=|a|\Rightarrow a^2=a^2+2a+1\Rightarrow a=-\frac{1}{2}.$$

条件(2)，圆 $C: x^2+y^2=ax+ay$ 与 $x-y=1$ 相切，同理

$$d=\frac{\left|-\frac{a}{2}+\frac{a}{2}-1\right|}{\sqrt{2}}=\frac{|a|}{\sqrt{2}}\Rightarrow|a|=1\Rightarrow a=\pm1,$$

不确定，选 A.

【技巧】 两个条件非常相似时候，一般往往是一真一假，考试时候一般就在 A 和 B 中选择了.

【43】

【解析】 选 A. 此题显然斜率为 1，只需要求截距即可.

如图 7－13 所示，$OC=\sqrt{2}$，$OM=\sqrt{2}-1$，$OD=\sqrt{2}\times(\sqrt{2}-1)=2-\sqrt{2}$，所以切线方程为 $y=x+2-\sqrt{2}$.

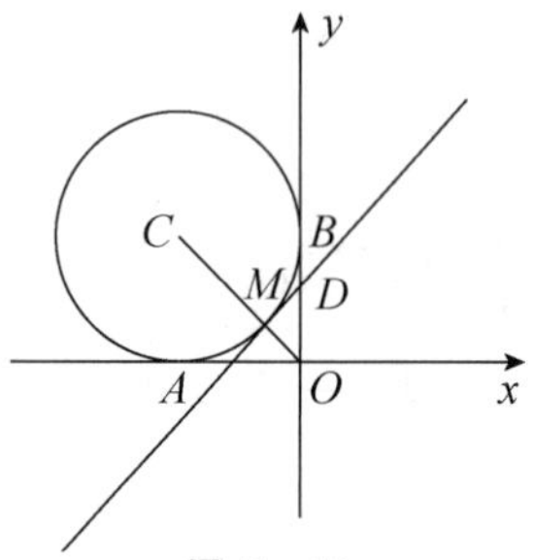

图 7－13

【技巧】 直线切于弧 AB 的中点，说明切线与直线 AB 平行，从选项上看只需要求出 y 轴上的截距即可，从图象上分析，显然这个截距大于 0 小于 1，那么判断起来就方便多了.

【点睛】 求直线方程时主要抓住直线的两个基本元素：一是直线的截距；二是直线的斜率.

【44】

【解析】 选 E. 设点 P 的坐标为 (x_0,y_0)，列式得

$$\begin{cases}x_0^2+y_0^2=2,\\ \dfrac{y_0}{x_0}=1\end{cases}\Rightarrow\begin{cases}x_0=1,\\ y_0=1\end{cases}\text{或}\begin{cases}x_0=-1,\\ y_0=-1,\end{cases}$$

故选 E.

【技巧】 经过圆 $x^2+y^2=r^2$ 上的一点 $P(x_0,y_0)$ 作切线的方程式为：$xx_0+yy_0=r^2$，那么本题只有验证 E 选项时，得到切线方程为 $x\cdot1+y\cdot1=2\Rightarrow x+y-2=0$，才能与已知直线平行.

【点睛】 本题采用画图的方法求解更为简便，画出图象，可以看出切点应该在第一象限或第三象限，排除其他选项，只能选 E.

【45】

【解析】 选 D. 设切线方程为 $y-2=k(x-1)\Rightarrow kx-y-k+2=0$，由于 $d=r$，则 $\dfrac{|-k+2|}{\sqrt{k^2+1}}=\sqrt{5}\Rightarrow k=-\dfrac{1}{2}$，则直线方程为 $-\dfrac{1}{2}x-y+\dfrac{1}{2}+2=0\Rightarrow x+2y-5=0$，令 $x=0$，则 $y=\dfrac{5}{2}$.

【技巧】 采用切线经验公式，得 l 方程为 $x\cdot1+y\cdot2=5\Rightarrow x+2y-5=0$，令 $x=0$，则

$y=\frac{5}{2}$.

【点睛】 要注意经过圆外一点求切线应该有 2 条，经过圆上一点求切线只有 1 条.

【46】

【解析】 选 E. 根据经验公式，直线 l 过圆上一点(x_0,y_0)的切线方程为

$$(x-a)(x_0-a)+(y-b)(y_0-b)=r^2,$$

所以本题的切线方程为 $x\cdot 1+(y-a)(2-a)=b$.

又由于该直线过点(0,3)，代入后得 $0\cdot 1+(3-a)(2-a)=b$. 又因为点(1,2)在圆上，满足 $1^2+(2-a)^2=b$，联合两个方程即可算出$\begin{cases}a=1,\\b=2\end{cases}\Rightarrow ab=2$，故选 E.

【技巧】 因为切线方程经过点(1,2)和(0,3)，可以求出切线方程为 $x+y-3=0$，将直线方程与圆的方程消去一个变量后用判别式等于 0 来做.

【47】

【解析】 选 D. 直线方程为：$y=k(x+2)\Rightarrow kx-y+2k=0$，由 $d=r\Rightarrow\frac{|2k|}{\sqrt{k^2+1}}=1\Rightarrow k=\pm\frac{\sqrt{3}}{3}$，故选 D.

【技巧】 当两个条件只相差一个符号时，往往是具有了对称的结构，那么会同时成立，选 D.

【点睛】 过圆外一点作圆的切线，注意有两条切线，并且这两条切线关于圆外一点与圆心连线对称.

【48】

【解析】 选 A. $x^2-2x+y^2+4y=0\Rightarrow(x-1)^2+(y+2)^2=5$，圆心为$(1,-2)$，半径为 $\sqrt{5}$；条件(1)：$d=\frac{|1+4|}{\sqrt{1+4}}=\sqrt{5}=r$，则直线与圆相切，充分；条件(2)：$d=\frac{|4|}{\sqrt{1+4}}<\sqrt{5}=r$，则直线与圆相交，不充分，故选 A.

【技巧】 由于圆与直线均通过坐标原点，只需要判断原点与圆心连线是否垂直于直线即可.

【点睛】 本题也可以记住一个小诀窍：过圆$(x-a)^2+(y-b)^2=r^2$ 上一点(x_0,y_0)的切线方程可以直接替换得到$(x-a)(x_0-a)+(y-b)(y_0-b)=r^2$.

【49】

【解析】 选 B. 圆与直线相切，圆心到这条直线的距离等于圆的半径，根据点到直线的距离公式：

$$d=r=1\Rightarrow\frac{|2k|}{\sqrt{k^2+1}}=1\Rightarrow k=\pm\frac{\sqrt{3}}{3}，\text{条件(2)充分.}$$

【技巧】 本题其实精确画图就能发现切线与 x 轴的夹角(见图 7 - 14)为 30°，那么斜率也就是 $k=\pm\frac{\sqrt{3}}{3}$ 了.

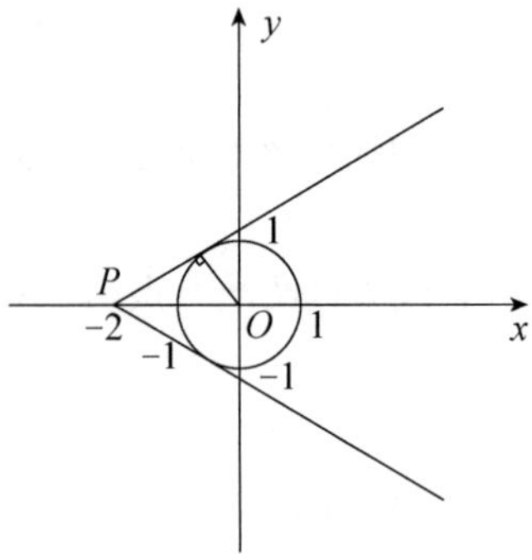

图 7－14

【点睛】 一个条件数字复杂、一个条件数字简单时，应该认为数字复杂的条件更容易充分（正确）.

【50】

【解析】 选 A. 如图 7－15 所示，抛物线以 y 轴为对称轴，且过原点，可设抛物线方程为 $y=ax^2\ (a\neq 0)$，又过 $\left(-1,\dfrac{1}{2}\right)$，得到抛物线的方程为 $y=\dfrac{1}{2}x^2$. 直线 l 过 $\left(1,\dfrac{5}{2}\right)$ 和 $\left(0,\dfrac{3}{2}\right)$ 点，故直线方程为 $y=x+\dfrac{3}{2}$，则直线与抛物线的交点为 $\begin{cases} y=x+\dfrac{3}{2}, \\ y=\dfrac{1}{2}x^2 \end{cases} \Rightarrow \left(3,\dfrac{9}{2}\right)$ 或 $\left(-1,\dfrac{1}{2}\right)$，则两点间的距离为 $d=\sqrt{(3+1)^2+\left(\dfrac{9}{2}-\dfrac{1}{2}\right)^2}=4\sqrt{2}$.

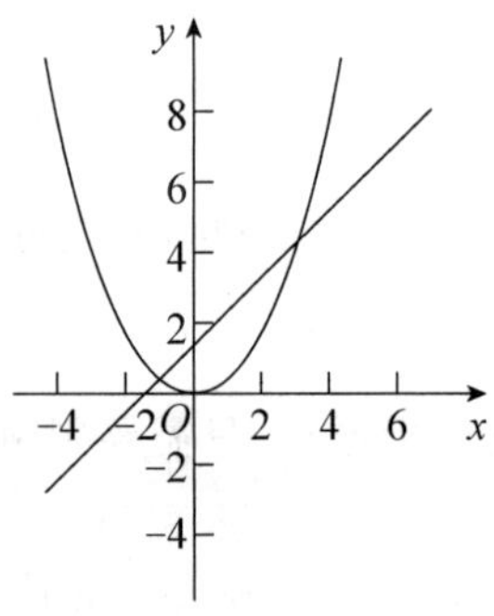

图 7－15

【点睛】 此题也可以根据经验结论，直线与曲线相交所得的弦长公式为：$d=\sqrt{1+k^2}\times\dfrac{\sqrt{\Delta}}{|a|}$（其中 k 为直线的斜率，a 为曲线与直线消去 y 后所得的一元二次方程的二次项系数，Δ 为该方程对应的判别式）.

【51】

【解析】 选 E. $|AB|>\sqrt{2}\Rightarrow d<\dfrac{\sqrt{2}}{2}\Rightarrow\dfrac{1}{\sqrt{1+k^2}}<\dfrac{\sqrt{2}}{2}\Rightarrow k^2+1>2\Rightarrow k>1$ 或 $k<-1$，故选 E. 如果公式不熟悉，可以画图，发现只要直线不断逼近 y 轴就满足.

【技巧】 本题由于 E 选项中包含了 A 和 D 选项，那么答案选 E 的可能性就非常大.

【点睛】 当弦离圆心越近，越接近于直径，弦长越大，所以直线越接近 y 轴越好，因此选 E.

【52】

【解析】 选 B. 从题干入手：$d=1\Rightarrow\frac{|2a+b+3|}{\sqrt{a^2+b^2}}=1\Rightarrow a^2+b^2=(2a+b+3)^2$. 显然条件(2)代入后充分，故选 B.

【技巧】 本题条件(1)画图后明显发现直线与圆相切，显然不充分，就只能选 B 了.

【点睛】 本题涉及弦长、半径、圆心到直线的距离三者的勾股定理关系.

【53】

【解析】 选 C. 条件(1)：由直线 $y=x+b$ 和曲线 $y=\frac{4}{x}$ 相交可得 $\frac{4}{x}=x+b\Rightarrow x^2+bx-4=0$，设方程的两个根为 x_1,x_2，由韦达定理得 $\begin{cases}x_1+x_2=-b,\\x_1x_2=-4.\end{cases}$

设 $A(x_1,x_1+b)$，$B(x_2,x_2+b)$，则 $|AB|=\sqrt{(x_1-x_2)^2+(x_1+b-x_2-b)^2}=\sqrt{2}\cdot\sqrt{(x_1-x_2)^2}=\sqrt{2}\sqrt{(x_1+x_2)^2-4x_1x_2}=\sqrt{2}\cdot\sqrt{b^2+16}$，由条件(1)可得 $|AB|$ 已知，但 b 有正负，不能确定 b 的值，不充分.

对于条件(2)，因为 $y_A=x_A+b$，$y_A-x_A=b>0$，显然不充分.

联合条件(1)与(2)，取 $b>0$ 的那个根，充分.

【技巧】 本题明显属于充分性基本猜题原则中的"等量关系加不等量关系"，可以秒杀选 C.

第三节　解析几何中的数形结合运用

【54】

【解析】 选 B. 由于 $\frac{y}{x}=\frac{y-0}{x-0}$ 表示圆上一动点与原点所连线段的斜率，画出图形如图 7－16 所示，显然 $\angle COB=\frac{\pi}{6}$，那么 $\angle AOB=\frac{\pi}{3}$.

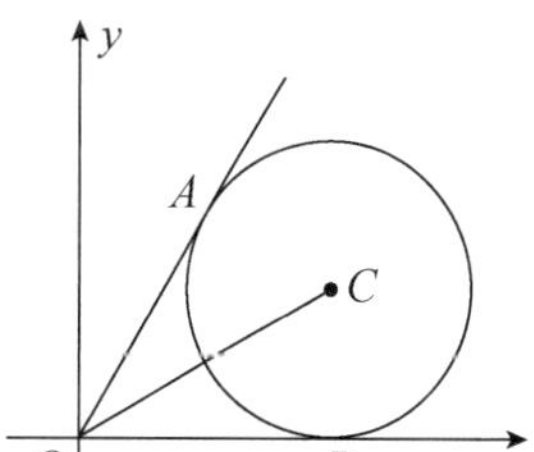

图 7－16

【技巧】 由于 3 和 $\sqrt{3}$ 的出现，答案可能为 30° 和 60° 之类，而 $\angle AOB$ 显然是 2 倍的 $\angle COB$，那么也只能是 60° 了.

【点睛】 本题要熟悉解析几何一些公式的基本定义.

【55】

【解析】 选 B.

$|x-2|+|y-2|\leqslant 2$，当 $x=2$，$y=0$ 或 4，当 $y=2$，$x=0$ 或 4.

因此，图象为连接(0,2)，(2,4)，(4,2)，(2,0)四个点的四边形. 设表达式 x^2+y^2 为 R^2，求得 R^2 的范围即是表达式的范围. 根据所设 $x^2+y^2=R^2$ 为一个圆心为(0,0)，半径为 R 的圆. 见图

7－17,可知,R 的最小值为圆心到点(0,2)和(2,0)连线的距离,所以 $R_{min}=\sqrt{2}$,$R_{min}^2=2$.R 的最大值为圆心到点(2,4)或(4,2)的距离.将其中一点代入 $x^2+y^2=R^2=20$.故所求范围为[2,20].

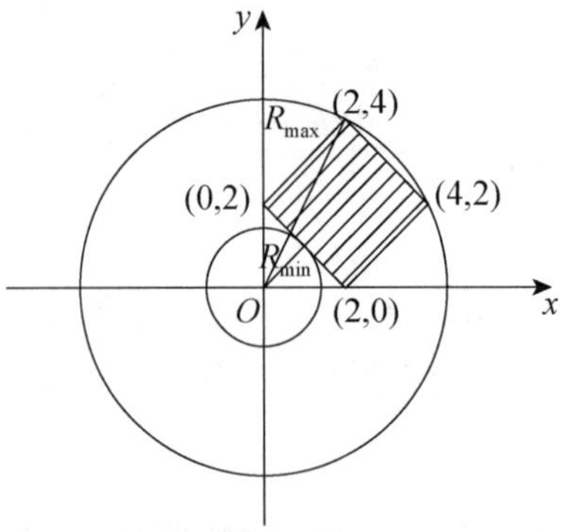

图 7－17

【技巧】 通过平分原则和极端原则,可以取出特殊值(1,1)和(4,2),代入后实现最小值和最大值分别为 2 和 20.

【56】

【解析】 选 A.条件(1):如图 7－18 所示,

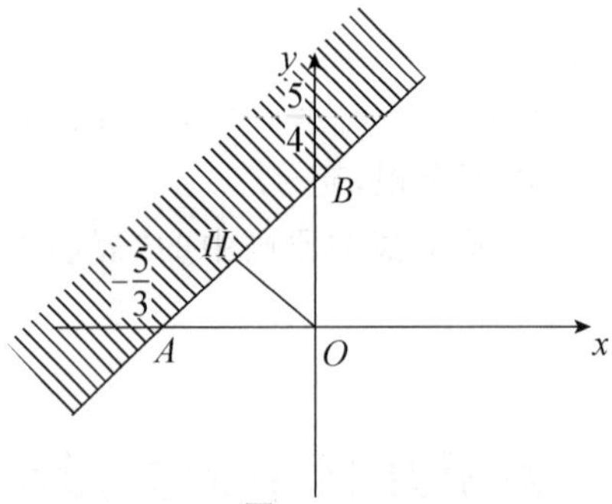

图 7－18

则 $\sqrt{x^2+y^2}\geqslant|OH|=1$,所以 $x^2+y^2\geqslant1$,充分.

条件(2):如图 7－19 所示,

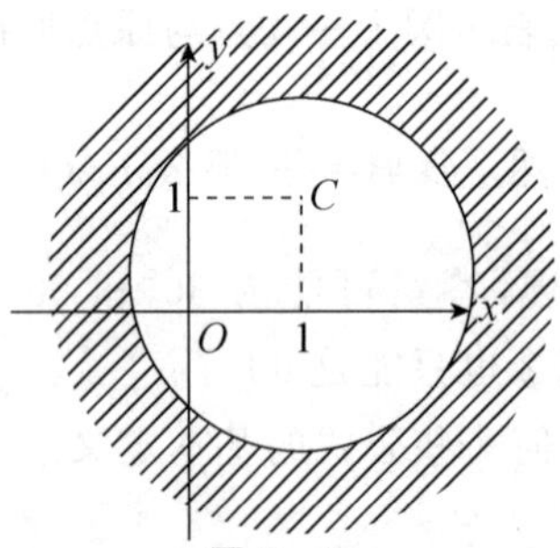

图 7－19

则 $\sqrt{x^2+y^2}\geqslant r-|OC|=\sqrt{5}-\sqrt{2}$,$x^2+y^2\geqslant(\sqrt{5}-\sqrt{2})^2$,并不能满足大于 1,不充分.

【技巧】 条件(2)画出图 7－19 后凭感觉圆上到原点的距离最小的值应该是不到 1 的,那么也就不充分了,只有条件(1)充分.

【点睛】 代数中的一些最值问题要尽量转化为解析几何的方法来做,体现出数形结合的能力.

【57】

【解析】 选 A. 题干:$\lg(x^2+y^2)\leqslant\lg100\Rightarrow x^2+y^2\leqslant100$,由于第二条和第三条直线恒过定点(6,8)(见图 7-20),发现这个点到圆心的距离为 10,直线 $x+8y-56=0$ 和圆在第一象限的交点为(8,6),当直线 $kx-y+8-6k=0(k<0)$ 经过点(8,6)时为临界值,此时斜率 $k=-1$,因此只要 $k\leqslant-1$ 即可,选 A.

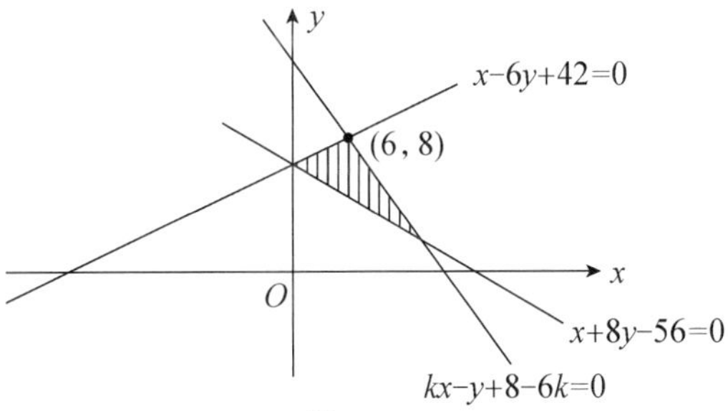

图 7-20

【58】

【解析】 选 D. 如图 7-21 所示,作出可行域△AOB 与目标函数 $z=2x+3y$,求它的最大值.

而直线 $y=-\frac{2}{3}x+\frac{z}{3}$,明显直线平移到过点(0,3)处为最大值,即 $z=9$ 为最大值.

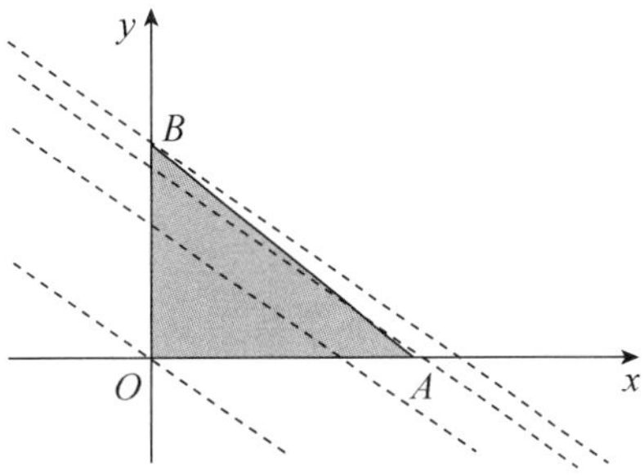

图 7-21

【点睛】 显然应该在 6,7,8,9 和 6,9,12 中选择,那么直接选 6 或 9 了,而因为题目意思是最大,则应该选 9.

【59】

【解析】 选 C. 设 $x-y=z$,则 $x-y$ 的最小值和最大值分别为 -2 和 1,可以转化为 $y=x-z$ 截距的最大值和最小值分别为 -2 和 1,即 $-1\leqslant z\leqslant2$,如图 7-22 所示,根据函数图象可知,目标函数的斜率为 1,分别与 y 轴的交点为$(0,-1)$,(0,2),那么与 x 轴的交点分别为 -2,1,那么 m 的范围为 $-2\leqslant m\leqslant1$,联合起来充分,故选 C.

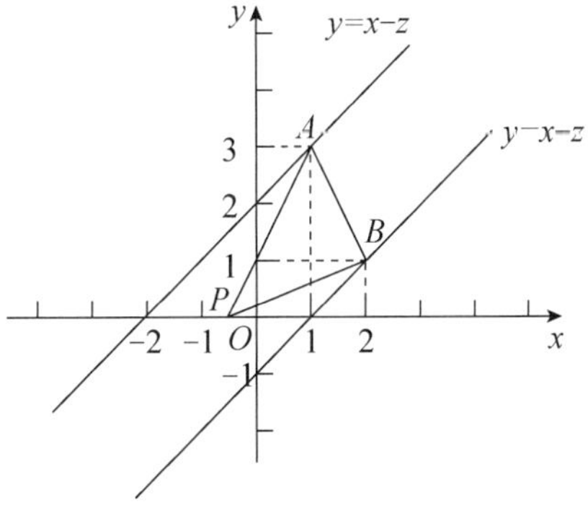

图 7-22

【技巧】 根据充分性判断解题技巧可得，两个条件分明是一种可以联合的状态，所以直接选 C.

【60】

【解析】 选 D. 条件(1)：$y \geqslant x^2+1$，画图观察(见图 7 - 23)：直线 $y=x$ 和抛物线 $y=x^2+1$ 相离，或方程 $x^2+1=x$ 无实数根，相离，图像在 $y=x$ 上方. 充分.

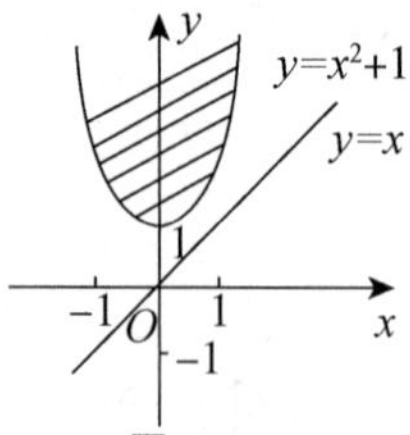

图 7 - 23

条件(2)：$x^2+(y-2)^2 \leqslant 2$，如图 7 - 24 所示，直线 $y=x$ 和圆 $x^2+(y-2)^2=2$ 相切，计算 $C(0,2)$ 到 $x-y=0$ 的距离 $d=\sqrt{2}=r$. 充分.

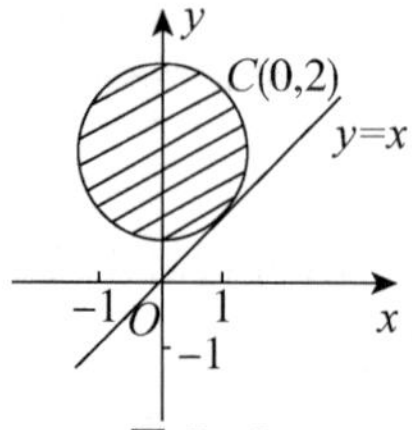

图 7 - 24

【技巧】 本题其实也可以在条件中多取几次特殊值，发现都满足题干，那么考试时候也只能认为条件是充分的.

第八章　数据描述

第一节　平均值与方差

【1】

【解析】 选 C. 已知$\frac{x_1+x_2+x_3}{3}=5 \Rightarrow x_1+x_2+x_3=15$,则

$$\frac{x_1+2+x_2-3+x_3+6+8}{4}=\frac{15+2-3+6+8}{4}=7.$$

【技巧】 由 x_1,x_2,x_3 的算术平均值为 5,可令 $x_1=x_2=x_3=5$ 代入求解.

【2】

【解析】 选 B. $x_1,x_2,\cdots,x_{10}$ 的算术平均值为 $\overline{x}$,得到 $x_1+x_2+\cdots+x_{10}=10\overline{x}$,由于 $\overline{x}$ 为定值,说明其中有 9 个可以任意取,最后一个根据其他数值来保证所有的和为定值.

【点睛】 可以记住一个小结论,如果有 n 个未知量,m 个方程($m<n$),则可以自由取值的变量有 $n-m$ 个.

【3】

【解析】 选 D. $\overline{x}=\frac{9+18+27+\cdots+99}{11}=\frac{9\times\frac{11(1+11)}{2}}{11}=54.$

【点睛】 本题要明白被 9 整除的数的特征,以及 1 到 100 中到底有几个数能被 9 整除,本题与 2015 年 12 月真题中"1 到 100 中任取一个数,则该数能被 5 或 7 整除的概率为多少?"完全类似,所以断言两套试题是来自于同一个命题老师之手.

【4】

【解析】 选 E. 条件(1):由于$\frac{a+b+c}{3}=\frac{14}{3}$,$b=4$,因此得 $a+c=10$,即 $a=7,c=3$ 或 $a=8,c=2$. 所以 a,b,c 的几何平均值为 4 或$\sqrt[3]{84}$,不充分;

条件(2):因为 $2>c>1$,c 无取值,也不充分,故选 E.

【点睛】 只有确定 a,b,c 具体的数值才可以判断其几何平均值与算术平均值. 当条件计算出的值比题干多的时候,肯定是不充分的.

【5】

【解析】 选 B. 题干等价于 $x_1+x_2+x_3=12$.

条件(1):$x_1+6+x_2-2+x_3+5=12 \Rightarrow x_1+x_2+x_3=3$,不充分;

条件(2):$\begin{cases}2x_2=x_1+x_3,\\ x_2=4\end{cases} \Rightarrow x_1+x_2+x_3=8+4=12$,充分,故选 B.

【6】

【解析】 选 E. 两条件单独明显不充分，故联合分析：设 a,b,c 的平均值为 5，最小值为 1，则另外两个数相加为 14，亦不能确定最大值.

【点睛】 若本题改为则能确定 a,b,c 最大值的上限，则选 C.

【7】

【解析】 选 B. 利用方差计算公式 $S^2=\frac{1}{n}[(x_1-\overline{x})^2+(x_2-\overline{x})^2+\cdots+(x_n-\overline{x})^2]$，甲的平均数为 $\overline{x}_1=\frac{2+5+8}{3}=5$，可得

$$\sigma_1=\frac{1}{3}[(2-5)^2+(5-5)^2+(8-5)^2]=6.$$

同理得 $\sigma_2=2,\sigma_3=\frac{14}{3}$. 所以 $\sigma_1>\sigma_3>\sigma_2$.

【技巧】 本题明显发现乙的三轮数据比较接近，所以方差应该最小，所以只能选 B.

【点睛】 方差的计算不但要掌握公式计算，还要掌握一些巧妙的估算，因为方差反映的是一组数据的离散程度，那么数据分得越开，方差越大，反之方差就越小.

【8】

【解析】 选 B. $E_1=\frac{90+92+94+88+86+95+87+89+91+93}{10}=90.5$，

$$E_2=\frac{94+88+96+93+90+85+84+80+82+98}{10}=89,$$

显然 $E_1>E_2$；

$$\sigma_1^2=\frac{\begin{gathered}(90-90.5)^2+(92-90.5)^2+(94-90.5)^2+(88-90.5)^2+(86-90.5)^2+\\(95-90.5)^2+(87-90.5)^2+(89-90.5)^2+(91-90.5)^2+(93-90.5)^2\end{gathered}}{10}=8.05,$$

$$\sigma_2^2=\frac{\begin{gathered}(94-89)^2+(88-89)^2+(96-90.5)^2+(93-89)^2+(90-89)^2+\\(85-89)^2+(84-89)^2+(80-89)^2+(82-89)^2+(98-89)^2\end{gathered}}{10}=34.4,$$

显然 $\sigma_1<\sigma_2$.

【技巧】 按照上面这样做考试是来不及的，我们可以将每个数去除 90 后再观察发现，明显数学成绩的方差比较大，而由于 A,B,C 三个选项都是 $E_1>E_2$，所以只能选 B 了. 其实实际生活中总是学生的语文成绩平均分要高些，数学成绩稳定性差点(方差大些). 在 MBA 综合能力考试中，一定要学会用生活经验来做题目.

【9】

【解析】 选 C. 条件(1)：$\frac{a+b+c+d+e}{5}=10\Rightarrow a+b+c+d+e=50$，不充分；

条件(2)：知道方差也不充分.

联合条件(1)，(2)，得 $(a-10)^2+(b-10)^2+(c-10)^2+(d-10)^2+(e-10)^2=10$，又平均值是 10，只能在 10 的附近取数，否则方差会比较大，那么简单分析后只能是 $m=\{8,9,10,11,12\}$.

【10】

【解析】 选 A. 条件(1):5 个数的均值相等即和相等. 显然,得 $a=3$,充分.

条件(2):S_1 的方差为 $S_1^2=\frac{1}{5}(3^2+4^2+5^2+6^2+7^2-5\times5^2)=2$;

S_2 的方差为

$$S_2^2=\frac{1}{5}\left[4^2+5^2+6^2+7^2+a^2-5\times\left(\frac{4+5+6+7+a}{5}\right)^2\right]=\frac{1}{25}(4a^2-44a+146);$$

由两组数据的方差相等,可得

$$\frac{1}{25}(4a^2-44a+146)=2\Rightarrow a^2-11a+24=0\Rightarrow(a-3)(a-8)=0,$$

解得 $a=3$ 或 $a=8$. 不充分.

【点睛】 条件(2):方差中会带有平方数,不确定. 所以不充分.

第二节　统计图表

【11】

【解析】 选 C. 观察图象(见图 8－1)可得:

	男	女
一月份:	5 万人	6 万人
二月份:	4 万人	3 万人
三月份:	3 万人	4 万人

男生总人数为 12 万人,女生总人数为 13 万人,所以第一季度男、女人数之比为 12∶13.

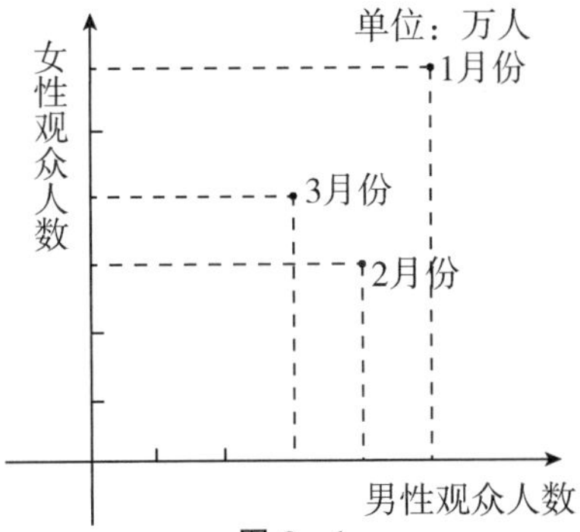

图 8－1

【技巧】 由于女生比较喜欢看电影,而又因 A,E 是相互干扰,C,D 是相互干扰,所以只能选 A 和 C 了,秒杀复杂的就选 C.

【12】

【解析】 选 C. 此题考查更多的是逻辑关系,意见分歧大,实际是好评和差评人数接近,例如,一半人说好,一半人说不好,那这部电影究竟是好是坏,就难有定论,意味着分歧大. 反之,90%的人说好,10%的人说不好,这部电影就是压倒性的好. 所以相对来说,第二和第五部比较合适.

第九章 计数原理(排列组合)

第一节 计数原理

【1】

【解析】 选 D.

以 A,B,D,C 顺序依次往下填:

填 A:5 种,填 B:4 种,填 D:3 种,填 C:3 种,由乘法原理得:$5\times4\times3\times3=180$(种).

【点睛】 遇到涂色问题,按照区域逐一填涂,最后采用乘法原理计算数值即可.

【2】

【解析】 选 D. 此题采用数学归纳法:当只有 1 条直线时,有 $1+1=2$ 部分;当有 2 条直线时:有 $2+2=4$ 部分;当有 3 条直线时,有 $4+3=7$ 部分. 依次类推,可以看出规律,当直线有 n 条时,每增加 1 条直线,那么划分的区域就增加 $n+1$ 个,所以 10 条直线共划分出 $1+1+2+3+4+5+6+7+8+9+10=56$ 部分,故选 D.

【点睛】 本题可以得到一个结论,平面内有 n 条直线时,最多可以将该平面划分成 $1+(1+2+3+\cdots+n)=1+\frac{n(n+1)}{2}$部分.

【3】

【解析】 选 A. 从每个血型中选择一人,根据乘法原理得:$N=10\times5\times8\times3=1\ 200$.

【点睛】 乘法原理的简单应用,此题很容易.

【4】

【解析】 选 C. 共分为三个步骤,第一步:从 A 到 B,甲、乙两人各有两种方案,因此完成从 A 到 B 有 4 种方法;第二步:从 B 到 C,完成这一步的方法共有 1(不变路线)+2(二人中有一人改变路线)=3(种);第三步:从 C 到 A,同第二步,也有 3 种方法. 共有 $N=4\times3\times3=36$(种)方法.

【技巧】 本题答案应该是 4 与一个平方数的乘积,那么只能在 A,C,E 中选择了,而 A 小了点,E 大了点,C 比较适合.

【点睛】 此题要掌握分步骤考虑问题的能力,属于难题.

【5】

【解析】 选 B. 5 个球队双循环比赛,每个球队赛 8 场,最少得分的情况是 8 场全负得 0 分,最多全胜得 24 分,0～24 共 25 种情况,但是其中 23 分无法得到,7 胜 1 平只能得到 22 分,所以共有 24 种.

【6】

【解析】 选 B. 方法一:分类讨论.

每两类各取 1 人,则

$$N=C_2^1C_3^1+C_3^1C_4^1+C_4^1C_2^1=26.$$

方法二:反向排除法.

$$N=C_9^2-C_2^2-C_3^2-C_4^2=36-1-3-6=26.$$

【点睛】　根据求和性原则,由于 8+6+12=26,直接秒杀 26.

【7】

【解析】　选 E.如图 9-1 所示,对每个区域标记编号,根据分步计数原理:区域①有 4 种选择,区域②有 3 种选择,区域③有 4-2=2 种选择(与①,②颜色不同),同理,可得区域④有 2 种选择,区域⑤有 2 种选择;故共有 $N=4\times3\times2\times2\times2=96$ 种涂色方法,故选 E.

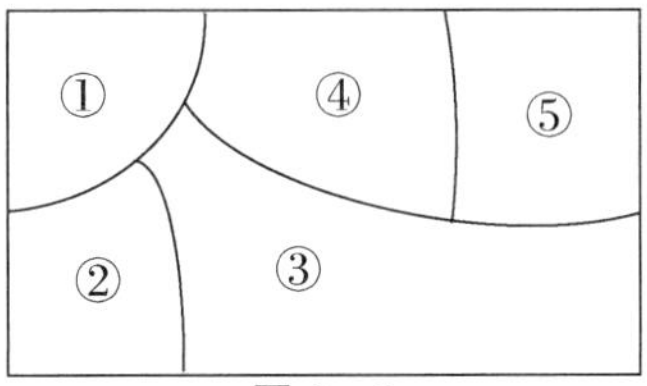

图 9-1

【8】

【解析】　选 A.每人都有 3 项比赛可选,所以结果为 $3\times3\times3\times3\times3=3^5=243$.

【点睛】　本类题目的关键点在于谁选谁,可以记住结论结果为 $N=(\text{唯一})^{\text{不唯一}}$.

第二节　排列计算及其运用

【9】

【解析】　选 C.第一位数是 5,其余四位数只能在 9 个数字中挑选,则不同数字组成的电话号码个数为 $C_9^4\times4!=P_9^4=3\ 024$.

【点睛】　若某个元素放入指定位置,则不参与选取和排序,其余数位没有要求,可以先选元素,再将元素排序.

【10】

【解析】　选 A.方法一:正面思考,将其看成 5 个位置,最后一个位置从其余 4 个工种里面选一个,剩下工种排在其他 4 个位置即可,故有 $C_4^1\times4!=96$;

方法二:反面求解,用所有情况减去某一工种在最后的情况数,故有 $5!-4!=96$.

【点睛】　若某个元素不能在指定位置,则采用"占位法",即用其余元素占据指定位置.

【11】

【解析】　选 A.

采用优选法:2 名女子排列,3 名男子排列:则有 $2!\times3!=12$(种).

【点睛】　对于某些元素安排在指定位置的问题,只需考虑元素的排序即可.

【12】

【解析】 选 B. 条件(1)：$N=C_2^1\ P_4^4=48$ 种，不充分；

条件(2)：$N=P_4^4=24$ 种，充分.

【点睛】 先安排指定位置的元素，再将其他无要求的元素进行全排列.

【13】

【解析】 选 C. 方法一：可以分为 3 类：两人安排在不同的排就座，有 $C_4^1C_7^1P_2^2$ 种；两人同在前排，有 $C_1^1C_2^1P_2^2$ 种；两人同在后排，有 P_6^2 种，所以不同的坐法种数为 $C_4^1C_7^1P_2^2+C_1^1C_2^1P_2^2+P_6^2=94$.

方法二：从反面考虑.

从除去前排中间 2 个座位剩下 11 个位置任意排 P_{11}^2 种中扣除 2 人相邻. 前排相邻有两种情况(每种情况 2 人，任意排 P_2^2)，故为 $2P_2^2$；后排两人相邻，有 6 种情况，内部两人排 P_2^2 种，即 $6P_2^2$，故 $P_{11}^2-8P_2^2=110-16=94$.

【点睛】 排列组合问题，若正面不太好求解，可以利用反面，从总数里面扣除不符合条件的情况数，绝大多数时候会比正面做来得简单.

【14】

【解析】 选 D. 把 3 口之家捆绑，先考虑 3 个家庭的顺序，则为 3!，再考虑每个家庭之间 3 个成员的顺序，则为 $3!\times3!\times3!$，总的方法数为$(3!)^4$，故选 D.

【点睛】 本题涉及每个家庭内部人员的排序和家庭之间的排序，考试时要细心.

【15】

【解析】 选 E. 方法一：分母：6 人站成一排，故为 6!.

分子：先排 4 名男生，再将 2 名女生插空排入男生之间形成的空位中，即 $4!\cdot C_3^2\cdot 2!$；

故概率为 $P=\dfrac{4!\cdot C_3^2\cdot 2!}{6!}=\dfrac{1}{5}$，故选 E.

方法二：采用插空法.

设两个女生为甲、乙，且甲在乙的前面，六个位置的序号为 1～6 号. 则甲乙可选的位置为 $C_6^2=15$. 因甲乙不能在 1 号及 6 号，且甲乙不能相邻. 则甲乙可选择的位置只有 2 号+4 号、2 号+5 号、3 号+5 号这三种情况. 则概率为$\dfrac{3}{15}=\dfrac{1}{5}$. 选 E.

【16】

【解析】 选 D. 直接记结论：2 个元素的全错位情况有 1 种，3 个元素的全错位情况有 2 种，4 个元素的全错位情况就是 9 种，具体原因请参看本系列图书第一篇——《管理类综合能力华明讲数学 教程篇》中的题型归纳.

【点睛】 通过列表枚举：

$A—B—C—D$(部门)

①$b—a—d—c$(经理)	②$b—c—d—a$	③$b—d—a—c$
④$c—a—d—b$	⑤$c—d—a—b$	⑥$c—d—b—a$
⑦$d—a—b—c$	⑧$d—c—a—b$	⑨$d—c—b—a$

【技巧】 (蒙猜大法)在等差数列中寻找答案，在 8，9，10 中选一个，在 3，6，9 中选一个，

交集是 9(有风险).

【17】

【解析】 选 C. 由于 3 个部门的主任不能检查本部门,所以 3 个数的全错位排列数有 2 种,3 名外聘人员对应 3 个部门可以随意交换,即 3! 种,所以总的方法数为 $N=2\times3!=12$(种),故选 C.

【技巧】 本题要非常熟悉排列组合中全错位的概念,熟悉简单的全错位方法数,如果 2 个元素全错位则为 1 种情况,3 个元素全错位为 2 种,4 个元素全错位为 9 种,5 个元素全错位为 44 种.

第三节　组合计算及其运用

【18】

【解析】 选 B. 采用反面排除的方法,从 7 个数字中任选两个有 $C_7^2=21$ 种,乘积为 0 出现了 6 次,去掉重复的 5 次,故有 $21-5=16$ 种.

【点睛】 遇到有多算的情况,要从总情况里面减去重复计算的情况.

【19】

【解析】 选 A. 分类:2 名男生和 1 名女生或者 3 名男生.

列式得:$N=C_5^2C_4^1+C_5^3=40+10=50$.

【点睛】 遇到至多至少的问题,往往要分类讨论,利用加法原理求解. 此题当然要注意千万不能先选择两位男士,然后再随便选人,这样就重复选择了,结果就变多了.

【20】

【解析】 选 E. 正面分类:按照只会法语的人是否选入分类.

(1)只会法语的人选 0 个:$C_1^1C_4^2=6$(种);(2)只会法语的人选 1 个:$C_3^1C_5^2=30$(种);(3)只会法语的人选 2 个:$C_3^2C_5^1=15$(种);总数为 51 种.

【技巧】 反面考虑:$C_8^3-C_4^3-C_3^3=51$(种).

【点睛】 正面方法是将只具备一个属性的元素进行分类讨论,反面法求解相对简单些.

【21】

【解析】 选 B.

组合的考法:$C_{15}^5=\dfrac{15\times14\times13\times12\times11}{5\times4\times3\times2\times1}=3\ 003$,故选 B.

【技巧】 根据计算中含有 11,13 等质数,所以答案中必然含有这些约数,可以验证选项只能是 3 003.

【点睛】 本题涉及从不同种类中选择元素的问题,直接用组合求解即可,无须排序.

【22】

【解析】 选 D. 个位数没有限制,先在 6 个数字中选 1 个作为个位数,有 C_6^1 种;再从剩余 5 个数中选出 3 个作为千、百、十位上的数字,因为千位数字大于百位数字且百位数字大于十位数字,所以选出来的三个数字只有唯一的排列方式,即 C_5^3 种,故共有 $C_6^1C_5^3=60$(种).

【23】

【解析】 选 D. 方法一：分类讨论.

①开一个班的选择 2 门：1 种；

②开两个班的选择 2 门：$C_2^1C_2^1=4$(种)；

③开一个班的选择 1 门，开两个班的选择 1 门：$C_2^1C_2^1\times 2=8$(种)；

故该生不同的选课方式共有 $N=1+4+8=13$(种).

方法二：反面排除.

$N=C_6^2-C_2^2-C_2^2=13$(种).

【24】

【解析】 本题其实就是从 5 双鞋子中抽取两只不成双的鞋子.

方法一：思考方式是第一步先从 5 个学科中选择 2 个不同的学科，有 C_5^2 种方法；第二步再从 2 个不同的学科中各选择 2 个人，有 $C_2^1\cdot C_2^1$ 种方法.

故共有 $N=C_5^2C_2^1C_2^1=40$(种)不同的方法.

方法二：反面排除法. 总数减去取的都是同一个学科的老师，那么 $N=C_{10}^2-5C_2^2=40$(种)方法.

【技巧】 排列组合不会做的话选“数字中的第二大”是比较有用的.

【25】

【解析】 分类讨论：

第一种情况：甲组 2 男，乙组 1 男 1 女，则 $C_3^2\times C_4^1\times C_2^1=24$.

第二种情况：甲组 1 男 1 女，乙组 2 男，

$$C_3^1\times C_3^1\times C_4^2=54.$$

$$N=24+54=78.$$

【技巧】 排列组合问题中选择大老二(次大)选项的命中率也非常高.

【点睛】 排列组合遇到复杂问题时，一定学会分类讨论问题.

【26】

【解析】 选 A. 条件(1)：$N=C_{11}^3-C_6^3-C_3^3=144>60$，充分；条件(2)：$N=C_6^1C_3^1C_2^1=36<60$，不充分.

【技巧】 显然条件(1)的情况数比较多，那么当然也就更加能满足题干了，没时间就选 A.

【点睛】 此题要求考生能明白“在两个月中以便每晚值班人员不完全相同”的含义，其实就是不同的排班方法的情况数是否能大于等于两个月的总天数(60).

【27】

【解析】 选 B. 第一个人选一个班有 $C_6^1=6$(种)，第二个人从剩下的 5 个班选 2 个班有 C_5^2 种，第三个人再教剩下的三个班有 C_3^3 种，考虑到三人的顺序，共有 $C_6^1\cdot C_5^2\cdot C_3^3\cdot 3!=360$(种).

【点睛】 对于分配问题，若分配对象(班级)多于元素(人)的数量，则先考虑分配对象，再考虑元素的排序；若元素数量多于分配对象数量，则要先考虑元素分组，再考虑分配对象的顺序.

【28】

【解析】 选 C. 由于每个邮筒至少投入一封信，故有两封信放在同一个邮筒里面，先选出两封信 C_4^2，与剩下的两封信投入 3 个邮筒里面. 故有 $C_4^2 \times 3! = 36$(种).

【点睛】 本题相当于对 4 封信按照 2,1,1 进行分堆，然后再投入邮筒中.

【29】

【解析】 选 A. 5 名志愿者分到 4 所中学，应为 $2+1+1+1$ 分法，故总的分法数为 $C_5^2 P_4^4 = 10 \times 24 = 240$.

【点睛】 5 个人分到 4 所学校，每个学校必须有人，可确定一定有两个人在同一个学校里面，所以先分组再排列.

【30】

【解析】 选 D. 乘法原理，可能结果共有 $C_6^1 C_5^2 C_3^3 = 60$.

【点评】 本题属于经典球盒问题.

【31】

【解析】 选 B. 分组问题. 方法一：$\dfrac{C_6^2 C_4^2 C_2^2}{3!} = 15$.

方法二：主元分析法. 6 个人中某人在剩下的 5 个中任意选 1 个，然后剩下 4 个人中的某个人在剩下的 3 个人中再选择一个，结果为 $C_5^1 \times C_3^1 = 15$.

【点睛】 分组问题一定要弄清楚“组别”到底是有序的还是无序的，本题的意思应该揣测是无序的组别.

【32】

【解析】 选 B. 不同元素的分房问题，采用先分组后入房问题，将指定的两张卡片之外的 4 张卡片平均分 2 组，则 $\dfrac{C_4^2 C_2^2}{2!} = 3$(种)，然后将三组元素再进行甲、乙、丙三个口袋中交换位置，得 $3! = 6$ 种，那么总数为 $N = 3 \times 6 = 18$(种).

【技巧】 本题也可以直接这样来做，先将指定的两张卡片选择一个口袋来放，即为 3 种方法，然后剩下的口袋来选择 4 张卡片，即为 $C_4^2 C_2^2 = 6$，总数还是 18 种.

【33】

【解析】 方法一：正面求解. 第一步先分男职员，4 人分三组，则一组 2 人另外两组各 1 人 $\dfrac{C_4^2 C_2^1 C_1^1}{2!} = 6$.

第二步分女职员，由于每组两人，所以女职员只能分别去只有一名男职员的组 $P_2^2 = 2$.

第三步用乘法原理，$6 \times 2 = 12$.

方法二：反面求解. 第一步 6 人分三组所有情况 $\dfrac{C_6^2 C_4^2 C_2^2}{3!} = 15$，女员工在同一组有 $C_4^2 C_2^2 / 2! = 3$ 种情况，所以 $C_6^2 C_4^2 C_2^2 / 3! - C_4^2 C_2^2 / 2! = 15 - 3 = 12$.

【技巧】 排列组合组合直接选老二(次大的选择项)命中率会很高.

【34】

【解析】 选 D. 分两步完成，先把男工和女工选出来，然后对不同的工作进行排序，则总数有 $C_5^3 \times C_4^2 \times P_5^5 = 7\ 200$(种).

【点睛】 对于较复杂的排列组合问题，首先要搞清楚要分步还是分类，然后要看一下有没有顺序，这两个问题搞清楚了，问题也就迎刃而解了.

【35】

【解析】 选 D. 题干中的要求是“选出两队参加混双比赛”，则选出 2 男 2 女，从 4 名男生中挑选出 2 名男生为 C_4^2，从 3 名女生中选出 2 名女生为 C_3^2，再进行男女配对为 2!，最后结果为 $N = C_4^2 \times C_3^2 \times 2! = 36$(种)，故选 D.

【36】

【解析】 分类讨论：

$105 = 3 \times 5 \times 7$.

当这个自然数为一位数时，有 3 种可能；

当自然数为二位数时，有 $C_3^2 \times 2! = 6$；

当自然数为三位数时，有 $A_3^3 = 6$.

合计：$N = 3 + 6 + 6 = 15$(种).

【技巧】 排列组合选老二(次大)的命中率是比较高的.

【37】

【解析】 选 D. $C_{m-1}^{m-2} = C_{m-1}^1 = m-1$，而

$$\frac{3}{n-1}C_{n+1}^{n-2} = \frac{3}{n-1}C_{n+1}^3 = \frac{3}{n-1} \cdot \frac{(n+1)n(n-1)}{3!} = \frac{n(n+1)}{2},$$

故 $m - 1 = \frac{n(n+1)}{2} \Rightarrow m = 1 + \frac{n(n+1)}{2} = 1 + \sum_{k=1}^{n} k$.

【点睛】 本题主要用 $C_n^k = C_n^{n-k}$ 和组合数的计算公式化简求解.

【38】

【解析】 选 C. 由题意：

$$\frac{x!}{5 \times 4 \times 3 \times \cdots \times (6-x)} - \frac{x!}{6 \times 5 \times \cdots \times (7-x)} = \frac{7 \cdot x!}{10 \times 7 \times 6 \times \cdots \times (8-x)},$$ 化简得：

$$\frac{1}{(7-x)(6-x)} - \frac{1}{6 \times (7-x)} = \frac{7}{10 \times 7 \times 6} \Rightarrow x^2 - 23x + 42 = 0 \Rightarrow x = 2 \text{或} 21(\text{舍}).$$

【技巧】 验证选项 $x = 2$ 时，左边 $= \frac{1}{C_5^2} - \frac{1}{C_6^2} = \frac{1}{10} - \frac{1}{15} = \frac{1}{30}$，右边 $= \frac{7}{10C_7^2} = \frac{1}{30}$，方程成立.

【点睛】 本题主要根据组合数计算公式：

$$C_n^m = \frac{n \cdot (n-1) \cdots (n-m+1)}{m!} = \frac{n!}{m!\ (n-m)!}.$$

直接来解方程，但比较麻烦，而技巧是采用选项代入检验法，显然要简单些.

【39】

【解析】 选 B. 条件(1)：$C_{10}^4 = C_{10}^5$，不充分；条件(2)：$C_9^4 > C_9^6 = C_9^3$，充分.

【技巧】 当 $6\leqslant n<4+6=10$ 时充分.

【点睛】 此题属于容易题,记住公式:$C_n^k=C_n^{n-k}$.

【40】

【解析】 选 E. 条件(1):$n^2-7n+12=0\Rightarrow n=3$ 或 $n=4$;条件(2):$n^2-10n+24=0\Rightarrow n=4$ 或 $n=6$,而由题干可得:$4n-1=n+7\Rightarrow n=\frac{8}{3}$或者$4n-1+n+7=31\Rightarrow n=5$;显然都不充分,故选 E.

【点睛】 涉及组合数的计算性质,若$C_n^k=C_n^m\Rightarrow m=k$或$m+k=n$.

【41】

【解析】 选 A. 在线段 MN,PQ 上分别取两点,可组成一个凸四边形(内角没有大于 180°的四边形称为凸四边形),其对角线在四边形内恰好有一个交点,当然这些交点有可能重合,当不重合时,所求交点个数最多,为 $C_6^2C_7^2=15\times21=315$,故选 A.

【点睛】 本题将相交的两条直线看成四边形的两条对角线,转化为四边形进行分析.

【42】

【解析】 选 B. 先从正方形 4 条边和 2 条对角线共 6 条中任意选 3 条,即总数为 $C_6^3=20$,再排除三边能构成三角形的 4 种情况,则能连接 4 岛的有 $20-4=16$(种).

【点睛】 此题的难点是能够快速转化出数学模型:从连接正方形四个顶点的六条线中取三条.

【43】

【解析】 选 D. $N=C_5^2C_n^2=280\Rightarrow C_n^2=28\Rightarrow n=8$.

【技巧】 本题由于出现数字 280,含有数字 7,所以在 C,D,E 选项中选择的可能性比较大,所以只需要再验证一下就能选出答案.

【44】

【解析】 选 B. 隔板法,在 10 只相同的球中间的 9 个空中放入 3 块隔板,$C_9^3=84$.

【技巧】 由于在排列组合运算中,10 以内的乘积运算很容易遇到质数 7,那么答案直接可以选 B 选项,只有 84 含有 7 这个数字.

【点睛】 隔板法的三个使用条件:(1)n 个元素是完全相同的;(2)m 个分配对象是都不相同的;(3)每个对象至少要分到一个,其公式为C_{n-1}^{m-1}.

【45】

【解析】 选 E. 第一小组 4 人进行单循环赛,一共要进行 $C_4^2=6$ 场比赛;第二小组只剩下 3 个人比赛了,则要进行 $C_3^2=3$ 场比赛;则总共要进行 $N=3+6+1=10$ 场比赛.

【点睛】 要理解单循环比赛的含义,就是任何两个人都要比赛一场.

【46】

【解析】 选 C. 方法一:题目给出乙队没领先过,则第一球必为甲进. 则乙进的 2 个球在后面的 5 个进球之内,则 $C_5^2=10$. 乙进的两球不能是第 2 球和第 3 球(否则乙有可能领先,与题意不符合),则 $10-1=9$.

方法二:采用枚举法:

第 1 种情况:甲甲甲甲乙乙;

第 2 种情况:甲甲甲乙甲乙;

第 3 种情况:甲甲乙甲甲乙;

第 4 种情况:甲乙甲甲甲乙;

第 5 种情况:甲甲甲乙乙甲;

第 6 种情况:甲甲乙甲乙甲;

第 7 种情况:甲乙甲甲乙甲;

第 8 种情况:甲甲乙乙甲甲;

第 9 种情况:甲乙甲乙甲甲.

选 C.

【点睛】 本题其实采用枚举法是比较好的,在考场上往往会想不到排列组合的方法,而枚举法则是万能之法.

【47】

【解析】 选 A.条件(1):10 个车站任取 2 个车站有 C_{10}^2,又为往返车票,故有 $2C_{10}^2=90$(种),充分;条件(2)同理计算得 $2C_9^2=72$(种),不充分.

【点睛】 要注意到从 A 到 B 的车票与从 B 到 A 的车票是不一样的,有顺序的,所以需要排列.

【48】

【解析】 选 A.可以确定单循环比赛一共需要比 $C_{12}^2=66$(场),由条件(1)可知每天共比 6 场,需要 11 天,则充分;由条件(2)可知每天共比 12 场,则并不充分,故选 A.

【点睛】 此题要理解单循环的意思.

【49】

【解析】 选 E.$(x^2+3x+1)^5$ 其实就是 5 个(x^2+3x+1)连续乘积在一起,x^2 的系数有两种可能构成情况:一种是 4 个式子里选 1,另外一个式子里选 x^2;还有一种情况是两个式子里选 $3x$,还有 3 个式子里选 1. 那么通过组合计算可以得出它的系数是 $C_5^1+C_3^3\cdot 3^2=95$.故选 E.

【技巧】 由于答案中发现 90 与 5 的和为 95,通过求和性选项结构可知 95 的可能性非常大.

【点睛】 要熟悉二项式展开和三项式展开都与组合原理有关系.

第十章 概率初步

第一节 等可能性事件的概率

【1】

【解析】 选 A. 由于编码由 6 位数字组成，其中每位数字可以是 0,1,2,…,9 中任意一个，故样本总情况数为 10^6，编码的前两位数字都不超过 5 的情况数为 $6^2\times10^4$，故概率为 $P=\dfrac{6^2\times10^4}{10^6}=0.36$.

【点睛】 对于数位约束的数字问题，先考虑约束条件的数字选法，再考虑其他数位.

【2】

【解析】 选 D. 方法一：从前、中、后三种票中任意买两张共有 3^2 种方法(假设前后与后前属于不同的情况)，票价不超过 70 元的两张可能是：前后、后前、中后、后中、中中、后后，共 6 种情况，或者从反面思考，求解超过 70 元的情况：前中、中前、前前，共 3 种情况，所以概率 $P=\dfrac{6}{3^2}=\dfrac{2}{3}$.

方法二：从前、中、后三种票中任意买两张共有前中、前后、中后、前前、中中、后后，共 6 种情况(假设前后与后前属于相同的情况)，票价不超过 70 元的情况有 4 种，故概率 $P=\dfrac{4}{6}=\dfrac{2}{3}$.

【点睛】 本题方法一将两张票看成有区别的，即前后与后前属于不同的情况，方法二是将两张票看作是没有区别的，即前后与后前属于相同的情况，这两个思路在求解概率时答案是一样的，但在求解排列组合情况数时是不一样的，此外，如果正面情况较多，也可以从反面求解要简单些.

【3】

【解析】 选 A. 将 6 人随机就座，总情况数为 P_{10}^6，指定的 4 个座位被坐满：先从 6 个人中选 4 个人坐 4 个位置，剩下 2 人随机坐剩下的 6 个位置，故情况数为 $P_6^4\cdot P_6^2$，从而所求的概率 $P=\dfrac{P_6^4\cdot P_6^2}{P_{10}^6}=\dfrac{1}{14}$.

【点睛】 本题属于排座位问题，先安排指定座位的就座，再根据座位的要求来安排人就座.

【4】

【解析】 选 D. 至少两面涂有红漆包括：恰有两面涂漆，恰有三面涂漆. 恰有两面涂漆的有 36 个，恰有三面涂漆的有 8 个，共 44 个，故概率 $P=\dfrac{44}{125}=0.352$.

【点睛】 可以记住结论：若锯成 n^3 个小正方体，则有三面涂漆的为 8 个顶点的位置，共 8 个；两面涂漆的为每条棱边位置(但要去除 8 个顶点)，共 $12(n-2)$ 个；一面涂漆的为每个面上的(但要去除棱边和顶点的)，共 $6(n-2)^2$ 个，没有涂漆的是除了表面以外的，共 $(n-2)^3$ 个，本题中相当于 $n=5$.

【5】

【解析】 选 A. 由于有 0 只，1 只，2 只，…，10 只铜螺母是等可能的，每种可能性为 $\frac{1}{11}$，分为 11 种情况讨论，故概率

$$P=\underbrace{\frac{1}{11}\times\frac{1}{11}}_{0只}+\underbrace{\frac{1}{11}\times\frac{2}{11}}_{1只}+\cdots+\underbrace{\frac{1}{11}\times\frac{11}{11}}_{10只}=\frac{1}{11}\left(\frac{1+2+\cdots+11}{11}\right)=\frac{6}{11}$$，故选 A.

【点睛】 此题考查了加法公式和乘法公式，根据 11 种情况，分别求出对应最后取出铜螺母的概率.

【6】

【解析】 选 E. 采用列表法列出所有情况，再根据能让灯泡发光的情况利用概率公式进行计算即可求解(见表 10－1).

表 10－1

参数	S_1	S_2	S_3
S_1	—	(S_1,S_2)	(S_1,S_3)
S_2	(S_2,S_1)	—	(S_2,S_3)
S_3	(S_3,S_1)	(S_3,S_2)	—

共有 6 种情况，必须闭合开关 S_3 灯泡才亮，即能让灯泡发光的概率是 $\frac{4}{6}=\frac{2}{3}$，故选 E.

【技巧】 显然概率应该大于 $\frac{1}{2}$，那么就选 E 了.

【点睛】 本题考查了列表法与画树状图求概率，用到的知识点为：概率＝所求情况数与总情况数之比.

【7】

【解析】 选 B. $P(A)=\frac{m}{n}$，选择 3 月 1 日至 13 日中的某一天到达该市，并停留 2 天，则 $n=13$，连续 2 天空气质量都是优良即指数小于 100 的有 1、2 日，2、3 日，12、13 日，13、14 日共 4 种情况，所以 $P(A)=\frac{m}{n}=\frac{4}{13}$.

【技巧】 很容易发现分母是 13，那么必须在 B，C，D 选项中选择，而选项 A 为 $\frac{4}{14}$，应该属于迷惑型选项，可以立即选 B(有风险).

【8】

【解析】 选 B. 用枚举法，总体样本有：513，135，353，535，531，319 共 6 种情况，故概率

为$\frac{1}{6}$.

【点睛】 根据题干首先写出相邻的数字，然后去除重复出现的数字，再求出概率，此题很容易做成 2 个 353，答案就变成$\frac{1}{7}$了.

【9】

【解析】 选 E. $P(A)=\frac{m}{n}=\frac{4}{12}=\frac{1}{3}$.

【10】

【解析】 选 E. 采用枚举法，如表 10－2 所示：

表 10－2

甲	乙
1	3
	4
2	1
	4
3	1
	2

概率为 $P=\frac{6}{3\times4}=\frac{1}{2}$.

【点睛】 古典概型是综合能力考试的重要考点，而且枚举法在古典概型中的地位也是逐年上升的.

【11】

【解析】 选 E. 方法一：题目中机器人未到达节点 C 是指每一步都不能到 C，而不能理解为终点不能为 C.

三角形每一点都有三点相连，每一步为三点中的一点，例如 A 点有 B、C、D 相连. 因此分母所有情况为 $C_3^1\cdot C_3^1\cdot C_3^1=27$. 而每一步不能走 C，就只剩下了 2 种情况，因此分子为 $C_2^1\cdot C_2^1\cdot C_2^1=8$. 故概率 $P=\frac{8}{27}$.

方法二：枚举法. 同理所有情况为 $C_3^1\cdot C_3^1\cdot C_3^1=27$，每一步不到 C 的情况有 8 种，分别为：

$A\to B\to A\to B$　　$A\to D\to A\to D$

$A\to B\to D\to A$　　$A\to D\to B\to A$

$A\to B\to D\to B$　　$A\to D\to B\to D$

$A\to B\to A\to D$　　$A\to D\to B\to A$

因此概率为 $P=\frac{8}{27}$.

【技巧】 根据互补准则(如果有两个选项之和为 1 时,标准答案一般就在这两个里面选),只能在 D 和 E 中选择了.

【12】

【解析】 选 A. 方法一:6 个圆任取两个的方法数为 $C_6^2=15$,彼此都相切的共有 7 对,则不相切的有 8 对. 故这 2 个圆不相切的概率为 $\frac{8}{15}$,选 A.

方法二:通过枚举法也可以直接数出不相切的圆应该有 8 对,概率就是 $\frac{8}{15}$.

【技巧】 在概率中如果两个选项之和为 1 的话,标准答案就应该在其中.

【13】

【解析】 选 D. 条件(1):满足题干的情况有 $\begin{cases}k=0,\\b=-1,\end{cases}\begin{cases}k=-1,\\b=-1,\end{cases}\begin{cases}k=1,\\b\text{ 任意},\end{cases}$ 共有 5 种情况,故概率为 $\frac{5}{3\times 3}=\frac{5}{9}$,充分;条件(2):满足题干的情况有:$\begin{cases}k=-2,\\b=-1,\end{cases}\begin{cases}k=-1,\\b=-1,\end{cases}\begin{cases}k=2,\\b\text{ 任意},\end{cases}$ 也共有 5 种情况,故概率为 $\frac{5}{3\times 3}=\frac{5}{9}$,也充分.

【点睛】 此题需要考生仔细地列举,这样的出题风格越来越受到命题者的青睐.

【14】

【解析】 选 A. 事件 M 为"在矩形 $ABCD$ 的边 CD 上随机取一点 P,使得 AB 是 $\triangle APB$ 的最大边",试验的全部结果构成的长度即为线段 CD,构成事件 M 的长度大于 $\frac{1}{2}CD$. 根据对称性,当 $PD=\frac{1}{4}CD$ 时,$AB=PB$,设 $CD=x$,则 $AF=P_1D=\frac{1}{4}x$,得 $FB=\frac{3}{4}x$,所以 $P_1F=\sqrt{x^2-\left(\frac{3}{4}x\right)^2}=\frac{\sqrt{7}}{4}x=AD$,即 $\frac{AD}{AB}=\frac{\sqrt{7}}{4}$,所以当 $\frac{AD}{AB}<\frac{\sqrt{7}}{4}$ 时,成立,故选 A.

第二节　取球模型(随机取样模型)

【15】

【解析】 选 D. 从反面计算,"至少抽到一件次品"的反面为"一件次品也没有",故所求的概率 $P=1-\frac{C_7^2}{C_{10}^2}=1-\frac{7}{15}=\frac{8}{15}$.

【点睛】 遇到"至少""至多"问题,可以从反面求解.

【16】

【解析】 (1)选 E. 5 只灯泡都合格的概率 $P=\frac{C_7^5}{C_{10}^5}=\frac{1}{12}$,选 E.

(2)选 A. 这 5 只灯泡中只有 3 只合格的概率是 $P=\frac{C_7^3C_3^2}{C_{10}^5}=\frac{5}{12}$,选 A.

【点睛】 从不同类别元素选取指定数量的元素,只需用组合表示即可.

【17】

【解析】 选 D. 球可以从甲盒子取，也可以从乙盒子取，选盒子的概率$\frac{1}{3}$，若选的是甲盒，取红球的概率为$\frac{4}{8}$，若选的是乙盒，取红球的概率是$\frac{5}{8}$，所以取到红球的概率为$\frac{1}{3}\times\frac{4}{8}+\frac{1}{3}\times\frac{5}{8}+\frac{1}{3}\times\frac{0}{8}=0.375$，故选 D.

【点睛】 要注意是从甲、乙、丙三盒子中的一盒取球，因此选取甲、乙、丙盒的概率均为$\frac{1}{3}$.

【18】

【解析】 选 E. 任取 2 件，一件合格一件不合格，故概率 $P=\frac{C_D^1C_{N-D}^1}{C_N^2}=\frac{2D(N-D)}{N(N-1)}$.

【点睛】 根据合格品和不合格品的数量进行选取.

【19】

【解析】 选 D. 从 4 只球中，任意选 2 只的总情况数为 $C_4^2=6$(种)，恰有一球上有红色的情况数为 $C_2^1C_2^1=4$(种)，故概率为 $P=\frac{C_2^1C_2^1}{C_4^2}=\frac{2}{3}$.

【点睛】 恰有一球上有红色包括两种情况，一红和一黑或白；一个三色球和一黑或白.

【20】

【解析】 选 A. 得分不大于 6 分，则可以为：两红两黑、三黑一红、四黑，故得分不大于 6 分的概率为 $P=\frac{C_6^2C_4^2+C_6^1C_4^3+C_6^0C_4^4}{C_{10}^4}=\frac{23}{42}$.

【点睛】 要注意得分应该介于 4 分和 6 分之间，取法有多种，分类讨论.

【21】

【解析】 选 A. 从甲盒取出 2 支，分为三种情况，取出 2 支黑色笔、1 支蓝色笔 1 支黑色笔或 2 支蓝色笔. 从甲盒取出 2 支黑色笔放入乙盒，再从乙盒取 2 支黑色笔的概率为$P_1=\frac{C_3^2}{C_5^2}\cdot\frac{C_5^2}{C_7^2}=\frac{1}{7}$；从甲盒取出 1 支黑色笔 1 支蓝色笔放入乙盒，再从乙盒取 2 支黑色笔的概率为 $P_2=\frac{C_2^1C_3^1}{C_5^2}\cdot\frac{C_4^2}{C_7^2}=\frac{6}{35}$；从甲盒取出 2 支蓝色笔放入乙盒，再从乙盒取出 2 支黑色笔的概率为 $P_3=\frac{C_2^2}{C_5^2}\cdot\frac{C_3^2}{C_7^2}=\frac{1}{70}$. 从而从乙盒取 2 支黑笔的概率为 $P=P_1+P_1+P_3=\frac{23}{70}$，故选 A.

【点睛】 此题关键要分析清楚从甲盒取的笔是什么颜色，然后再分类讨论求解.

【22】

【解析】 选 A. 总样本点$=C_{36}^2$，有效样本点$=C_{12}^2+C_{10}^2+C_8^2+C_6^2$.

所求的概率为 $P=\frac{C_{12}^2+C_{10}^2+C_8^2+C_6^2}{C_{36}^2}=\frac{77}{315}$.

【点睛】 此题是典型的分组取样，即从不同组中取满足要求的元素，此外，此题运算量略大,考试时要细心.

【23】

【解析】 选 E. 总样本点为 $N_{\Omega}=C_4^2\times C_4^2$(两人各选 2 个),

有效样本点为选一个相同的,$N_A=C_4^1\times C_3^1\times C_2^1$(甲选一个,乙选一个).

则概率为 $P(A)=\frac{C_4^1\times C_3^1\times C_2^1}{C_4^2\times C_4^2}=\frac{2}{3}$.

【点睛】 对于取到相同品种的元素问题,先选出公共的元素,再分别考虑每个人选不同的元素.

【24】

【解析】 选 D. 从 9 人中任意抽调 4 人,总情况数为 C_9^4;包括张三,从其余人中选 3 人即可,情况数为 C_8^3,故概率为 $P=\frac{C_8^3}{C_9^4}=\frac{4}{9}$.

【点睛】 可记住小结论,从 n 个选 k 个,若包含某个元素,则该元素就不进行选取,只需从其他元素选 $k-1$ 个即可,有 C_{n-1}^{k-1} 种,若不包含某个元素,则只需从其他元素选 k 个即可,有 C_{n-1}^{k} 种.

【25】

【解析】 选 A. 甲及格的概率为 $P_{甲}=\frac{C_8^3+C_8^2C_2^1}{C_{10}^3}=\frac{14}{15}$,或者 $P_{甲}=1-\frac{C_8^1C_2^2}{C_{10}^3}=\frac{14}{15}$;乙及格的概率为 $P_{乙}=\frac{C_6^3+C_6^2C_4^1}{C_{10}^3}=\frac{2}{3}$,则甲、乙考试都合格的概率为 $P=P_{甲}\times P_{乙}=\frac{14}{15}\times\frac{2}{3}=\frac{28}{45}$.

【点睛】 遇到至少或至多问题可以从反面求解,由于甲的正面情况较多,故可从反面算,只要答对少于 2 题,就不合格;乙的正面情况和反面情况运算量差不多,故从正面算. 另外,需要用独立事件的乘法公式求解,此题是两种概率问题的综合.

【26】

【解析】 选 E. 从 10 人中选 3 人,总情况数为 C_{10}^3,从每个专业各选 1 人,情况数为 $C_5^1\cdot C_4^1\cdot C_1^1$,故概率为 $P=\frac{C_5^1\cdot C_4^1\cdot C_1^1}{C_{10}^3}=\frac{20}{120}=\frac{1}{6}$.

【点睛】 本题属于经典的分组取样问题,从每组中各选取指定数量的元素.

【27】

【解析】 选 B. $P(A)=1-P(\overline{A})=1-\frac{C_6^2}{C_{10}^2}=1-\frac{15}{45}=\frac{2}{3}$.

【技巧】 答案在两个选项之和为 1 的答案中选择,只能排除 D,效果不明显.

【点睛】 摸球问题的基本公式是:从 N 个球中(其中有红球 M 个)摸出 n 个球,其中恰有 k 个红球的概率为 $P=\frac{C_M^k C_{N-M}^{n-k}}{C_N^n}$.

【28】

【解析】 选 E. 三面都有红漆的小正方体对应原大正方体的 8 个顶点,所以共有 8 个,"任取 3 个至少 1 个三面是红漆"的反面是"任取 3 个中 1 个都没有三面是红漆的",所以 P

$(A)=1-P(\overline{A})=1-\dfrac{C_{56}^{3}}{C_{64}^{3}}=1-\dfrac{165}{248}\approx 0.335.$

【技巧】 由于互补型原则，马上可以得到答案必须在 A 和 E 中选择.

【29】

【解析】 选 E. $P=1-P(\text{三种颜色})=1-\dfrac{C_1^1C_2^1C_3^1}{C_6^3}=1-\dfrac{6}{20}=\dfrac{7}{10}=0.7.$

【点睛】 遇到至多至少问题一般可以采用逆向思维解决，其实也就是正难则反的方法.

【30】

【解析】 选 A. 条件(1)：$P=\dfrac{C_3^1C_2^1}{C_5^2}=\dfrac{3}{5}$；条件(2)：$P=\dfrac{C_4^1C_2^1}{C_6^2}=\dfrac{8}{15}$，显然条件(1)充分.

【点睛】 对于正次品问题，考试频率较高，题目也比较简单，不需要排序，只需选取对应数量的正品或次品数即可.

【31】

【解析】 选 C. 由于不知道黑球的数量，需要联合两个条件，设总的球数为 N，则列式得

$\begin{cases}\dfrac{2}{N}=0.2,\\ \dfrac{m}{N}=0.3\end{cases}\Rightarrow\begin{cases}N=10,\\ m=3,\end{cases}$联合充分.

【技巧】 一般遇到可以联合的两个条件我们尽量都去选 C.

【点睛】 此题把概率和比例结合起来命题，显得比较灵活.

【32】

【解析】 选 C. 条件(1)：$P(\text{白})=\dfrac{2}{5}$，不充分；

条件(2)：$P(\text{至少一黑})<\dfrac{1}{5}\Rightarrow 1-P(\text{两个都不是黑})<\dfrac{1}{5}\Rightarrow P(\text{两个都不是黑})>\dfrac{4}{5}$，不能确定白球的数量比例，也不充分.

联合条件(1)和条件(2)，定性分析即可：由于随机取出的两球中至少有一个黑球的概率小于$\dfrac{1}{5}$，说明取一个球是黑球的概率更小于$\dfrac{1}{5}$，那么取一个球是红球的概率应该大于$\dfrac{2}{5}$，则红球数量最多.

【33】

【解析】 选 B. $P=1-\dfrac{C_9^2}{C_{10}^2}=1-\dfrac{72}{90}=\dfrac{1}{5}$，条件(1)：$Q=1-\left(\dfrac{9}{10}\right)^2=\dfrac{19}{100}<P$，不充分；条件(2)：$Q=1-\left(\dfrac{9}{10}\right)^3=\dfrac{271}{1\ 000}=0.271>P$，充分.

【技巧】 显然条件(1)当 $n=2$ 时，第一种抽法的概率明显要高于第二种抽法的概率，不充分，只能条件(2)正确，故选 B.

【34】

【解析】 选 C. 设有 $x(0\leqslant x\leqslant 20)$部甲手机，则乙手机有$(20-x)$部.

根据题意：

$$P=\frac{C_x^1C_{20-x}^1}{C_{20}^2}=\frac{x\cdot(20-x)}{190}>\frac{1}{2}$$

$$\Rightarrow x^2-20x+95<0$$

$$\Rightarrow 10-\sqrt{5}<x<10+\sqrt{5}.$$

即 $7.7<x<12.3$. 因为 x 为手机部数，只能为整数，所以 $8\leqslant x\leqslant 12$.

条件(1)和条件(2)单独都可以举出反例，不充分，联合充分，选 C.

【技巧】 一般两个条件中一个条件是大于小的值，另一个条件是小于大的值，选 C 的命中率会很高.

【35】

【解析】 选 A. 取出的最大号码为 4，则分别为(1,2,4)，(1,3,4)，(2,3,4)三种情况，故概率 $P=\frac{C_3^2}{C_5^3}=\frac{3}{10}=0.3$.

【点睛】 最大号码为 4，则任意取两个比它小的数字，就可以找到符合条件的情况数.

【36】

【解析】 选 C. 满足和为 10 的情况有三种，即(6,3,1)，(5,4,1)，(5,3,2)，则概率为 $P=\frac{3}{C_6^3}=\frac{3}{20}=0.15$.

【点睛】 枚举分子有 3 种情况，直接秒杀 0.15.

【37】

【解析】 选 A. 从 10 张卡片中选出 2 张的总数为 $C_{10}^2=45$ 种方法，10 张卡片中随机取 2 张其标号之和可以被 5 整除的数有 9 对，分别是{1,4}，{2,3}，{1,9}，{2,8}，{3,7}，{4,6}，{6,9}，{7,8}，{5,10}，故概率为 $P=\frac{9}{45}=\frac{1}{5}$，选 A.

【技巧】 本题的这种考法反复强调，一定要用枚举法来做概率的分子.

【38】

【解析】 选 D. 古典概型：样本空间为 $C_6^1C_5^2=60$.

由于事件 A 的可能性比较多，用反面做比较方便，列举出：

甲：3；乙：1+2.

甲：4；乙：1+2，1+3.

甲：6；乙：1+2，1+3，1+4，1+5；2+3，2+4.

甲：5；乙：1+2，1+3，1+4；2+3.

共 13 种，综上所述：乙的卡片数字之和小于等于甲的卡片数字的概率为 $\frac{13}{60}$，$P(A)=1-P(\overline{A})=1-\frac{13}{60}=\frac{47}{60}$.

【技巧】 概率题选“数字中的第二大”的可能性也很大.

【39】

【解析】 10 以内的质数为 2,3,5,7;$P=\frac{C_4^1\cdot C_6^2}{C_{10}^3}=\frac{4\cdot 15}{120}=\frac{1}{2}$.

【点睛】 要注意的是 1 不是质数.

【技巧】 秒杀大法,直接选老二.

【40】

【解析】 选 C. 方法一:取出的鞋子是从 4 双鞋分别取出一只,则概率为 $P=\frac{C_6^4C_2^1C_2^1C_2^1C_2^1}{C_{12}^4}=\frac{16}{33}$.

方法二:考虑其反面,取出的 4 只鞋子,成一双或成两双,概率为 $1-\frac{C_6^2}{C_{12}^4}-\frac{C_6^1C_5^2C_2^1C_2^1}{C_{12}^4}=\frac{16}{33}$,故选 C.

【点睛】 对于鞋子或手套的配对问题,若配成双,就从整双中取,若 m 只均不成双,则先取出 m 双,再从每一双中取一只.

第三节　分房模型(人房问题)

【41】

【解析】 选 C. 1 人随机分到 4 房间有 4 种方法,故 3 人随机分到 4 房间有 $4^3=64$(种)方法,某指定房间中恰有 2 人的方法为 $C_3^2C_3^1$,故概率为 $P=\frac{C_3^2\cdot C_3^1}{4^3}=\frac{9}{64}$.

【点睛】 本题属于人房模型,首先根据可重复排列问题,求出总情况数,再根据指定房间的人数求出情况数,从而计算概率.

【42】

【解析】 选 D. 将 3 人分配到 4 间房的每一间中,总情况数为 4^3,第一、二、三号房中各有一人的情况数为 3! =6(种),故概率 $P=\frac{P_3^3}{4^3}=\frac{6}{64}=\frac{3}{32}$.

【点睛】 首先根据可重复元素排列问题求出总情况数,然后根据指定房间的人数求出对应的情况数,最后得到概率.

【43】

【解析】 选 B. 将 3 人分配到 4 间房的每一间中,总情况数为 4^3;恰有 3 间房各有 1 人的情况数为 $C_4^3\times 3!=24$(种),故概率为 $P=\frac{C_4^3\times 3!}{4^3}=0.375$.

【点睛】 首先根据可重复元素排列问题求出总情况数,然后选出 3 间房各放 1 人.

【44】

【解析】 选 D. 将 3 个球随机放入 3 个盒子中,总情况数为 $3^3=27$(种),从正面分析:乙盒子中至少有一个红球包括：恰有一个红球或恰有两个红球，故概率为 $P=\frac{C_2^1C_2^1C_3^1+C_2^2C_3^1}{3^3}=\frac{5}{9}$，其中，$C_2^1C_2^1C_3^1$ 表示先从 2 个红球选一个放入乙盒，另一红球放入乙、丙盒子，白球三个盒子都可以放；$C_2^2C_3^1$ 表示将 2 个红球放入乙盒子，白球三个盒子都可以放.

【技巧】 从反面入手，反面为“乙盒子中一个红球也没有”（等价于“乙盒子中无球或只有一个白球”），则选 D.

【点睛】 “至少”问题可以从反面求解. 另外，对于概率题，不会做的同学可以在两个答案数值和为 1 的选项里猜一个，所以本题就可以在 C 和 D 选项中猜.

【45】

【解析】 选 C.

方法一：正面求解. 总的样本数有 C_{10}^5，而从 8 个人中选出 4 个人与种子选手进行搭配，有情况数 $2\times C_8^4$，则概率为 $P=\frac{2\times C_8^4}{C_{10}^5}=\frac{5}{9}$，故选 C.

方法二：反面求解. 除去在同一组的概率，从 8 个人中选出 3 人与种子选手搭配，故 $P=1-\frac{C_8^3\times 2!}{C_{10}^5}=\frac{5}{9}$，故选 C.

【点睛】 对于分组求概率时，可以将小组看成相同的，也可看成不同的，对于基础不好的考生，建议看成不同的小组求解，不容易出错.

【46】

【解析】 选 E. 总的情况数为：将 6 个人平均分配到甲、乙、丙三组中，则为 $n=C_6^2C_4^2C_2^2$，满足题意的情况数为：将 3 男和 3 女分别放一个在各组中，则为 $m=3!\times 3!$，则概率为 $P=\frac{3!\times 3!}{C_6^2C_4^2C_2^2}=\frac{6\times 6}{15\times 6}=\frac{2}{5}$.

【点睛】 排列组合分组问题一定要分清楚是平均还是不平均，是指定还是不指定，具体请参看本系列图书第一篇——《管理类综合能力华明讲数学 教程篇》.

第四节 数字与骰子模型

【47】

【解析】 选 D. 第 4 次将锁打开，那么前三次没打开，所以概率为 $\frac{9}{10}\times\frac{8}{9}\times\frac{7}{8}\times\frac{1}{7}=\frac{1}{10}$.

【技巧】 抽签模型中每次打开的概率相同，都为 $\frac{1}{10}$，故选 D.

【点睛】 对于数位约束的数字问题，先考虑约束条件的数字选法，再考虑其他数位.

【48】

【解析】 选 C.

方法一：有三次试开的机会，第一次试开的概率为 $\frac{1}{P_{10}^3}$，第二次试开的概率为 $\frac{P_{10}^3-1}{P_{10}^3}\cdot$

$\frac{1}{P_{10}^{3}-1}=\frac{1}{P_{10}^{3}}$，第三次试开的概率为$\frac{P_{10}^{3}-1}{P_{10}^{8}}\cdot\frac{P_{10}^{3}-2}{P_{10}^{8}-1}\cdot\frac{1}{P_{10}^{3}-2}=\frac{1}{P_{10}^{3}}$，故能启动此装置的概率为$P=\frac{3}{P_{10}^{3}}=\frac{1}{240}$.

方法二：从反面考虑，由于连续 3 次输入错误密码，就会导致该装置永久关闭，则能启动此装置的概率 $P=1-\frac{P_{10}^{3}-1}{P_{10}^{8}}\cdot\frac{P_{10}^{3}-2}{P_{10}^{3}-1}\cdot\frac{P_{10}^{3}-3}{P_{10}^{3}-2}=\frac{3}{P_{10}^{3}}=\frac{1}{240}$.

【技巧】 由于每次尝试打开的概率相同，均为$\frac{1}{P_{10}^{3}}$，有三次机会打开，因此概率为 $P=\frac{3}{P_{10}^{3}}=\frac{1}{240}$.

【点睛】 此题属于典型的抽签问题，可以记住小结论：若 k 个数字中只有一个数字能打开密码，则无论第几次尝试成功的概率均为$\frac{1}{k}$，此外，由于尝试密码属于无放回的摸球问题(取样问题)，试过的数字下次不再尝试.

【49】

【解析】 选 D. 不关注其他奖项，只要考虑一等奖和二等奖，分母是 10 个位置随机放 3 个一等奖，7 个二等奖，分子则是第 10 个位置必须是二等奖，其余 9 个位置中放置 3 个一等奖，6 个二等奖. 则列式为 $P=\frac{C_{9}^{3}}{C_{10}^{3}}=0.7$. 选 D.

【点睛】 其实本题中，其他奖项无须关注. 由于一等奖占两者总量的 30%，二等奖占两者总量的 70%，那么只需考虑第 10 个人，他抽到二等奖的概率为 0.7，那么一等奖先于二等奖抽完的概率为 0.7.

【技巧】 概率问题选择大老二(次大)的命中率非常高.

【50】

【解析】 选 B. 由 $ax+by=0$ 能表示一条直线，故总情况数为 $C_{5}^{1}C_{5}^{1}-1$ 种(除去 a,b 都取 0 的情况)，该直线斜率等于 -1，说明 $a=b$，故有 $C_{5}^{1}-1$ 种，从而所求的概率为 $P=\frac{C_{5}^{1}-1}{C_{5}^{1}C_{5}^{1}-1}=\frac{1}{6}$，故选 B.

【点睛】 本题要准确找到总情况数和指定事件的情况数，要去掉无法表示直线的情况. 此外，斜率为-1，说明 a,b 两个参数相等，且不能为 0.

【51】

【解析】 选 D. 总的情况数为 $6^{2}=36$ 种，满足条件的点 M 的坐标有(1,1)，(1,2)，(1,3)，(1,4)，(2,1)，(2,2)，(2,3)，(3,1)，(3,2)，(4,1)，故 $P=\frac{4+3+2+1}{6\times6}=\frac{5}{18}$.

【点睛】 对于掷骰子问题，掷 k 个，总情况数为 6^{k} 种，当然，在求坐标时需要用到穷举法.

【52】

【解析】 选 E. 总的情况数为 $6^{2}=36$ 种，(a,b)落入三角形内的点可以取(1,1)，(1,2)，

(1,3),(1,4),(2,1),(2,2),(2,3),(3,1),(3,2),(4,1),故 $P=\frac{4+3+2+1}{6\times6}=\frac{5}{18}$.

【点睛】 对于掷骰子问题,掷 k 个,总情况数为 6^k 种,当然,在求坐标时需要用到穷举法.

【53】

【解析】 选 B. 由条件(1):$a=3$,$(x-3)^2+(y-3)^2=9$,s,t 是连续掷一枚骰子两次所得到的点数,点(s,t)的所有可能取值有 36 种,点(s,t)落入$(x-3)^2+(y-3)^2=9$ 内的情况比较复杂,可以考虑落在圆上或圆外的情况有:(1,6),(2,6),(3,6),(4,6),(5,6),(6,1),(6,2),(6,3),(6,4),(6,5),(6,6)等共 11 种情况,故落入$(x-3)^2+(y-3)^2=9$ 内的概率 $P=1-\frac{11}{36}=\frac{25}{36}$,不充分. 由条件(2):$a=2$,$(x-2)^2+(y-2)^2=4$,点$(s,t)$落入$(x-2)^2+(y-2)^2=4$ 内的情况为(1,1),(1,2),(1,3),(2,1),(2,2),(2,3),(3,1),(3,2),(3,3)共 9 种情况,$P=\frac{9}{36}=\frac{1}{4}$,充分,故选 B.

【点睛】 此题将骰子点数与坐标相结合的命题思路是比较新颖的,当然本题的计算量稍大,可以通过定性的方法大致估计哪个条件的可能性大.

第五节　独立事件的概率模型

【54】

【解析】 选 D. 乙选手输掉 1 分的情况为:乙第一回合失误,或乙第二回合失误,故概率 $P=0.3+0.7\times0.6\times0.5=0.51$.

【点睛】 根据乙选手的失误情况进行分类讨论,乙第一回合失误的概率为 0.3,第二回合失误的概率为 $0.7\times0.6\times0.5$(甲都成功了).

【55】

【解析】 (1)选 E;(2)选 D. (1)三人中至少两人投进包括恰有两人投进和三人投进两种情况,故概率 $P=\underbrace{0.9\times0.8\times0.3}_{\text{甲丙中,乙未中}}+\underbrace{0.9\times0.2\times0.7}_{\text{乙丙中,甲未中}}+\underbrace{0.1\times0.8\times0.7}_{\text{甲乙中,丙未中}}+\underbrace{0.9\times0.8\times0.7}_{\text{甲乙丙都中}}=0.902$,故选 E.

(2)三人中至多有两人投进的反面情况为三人都投进,故从反面计算概率:

$$P=1-\underbrace{0.9\times0.8\times0.7}_{\text{甲乙丙都中}}=0.496.$$

故选 D.

【点睛】 本题属于典型的独立事件的乘法公式,"至少有两人"也可以从反面计算概率,其反面情况表示"恰有一人"或"无人","至多有两人"正面情况较多,建议从反面计算.

【56】

【解析】 选 D. 若甲第一次投正面,即获胜,概率为 $\frac{1}{2}$;若乙获胜,则甲投反面,乙投正面，所以概率是$\frac{1}{2}\times\frac{1}{2}=\frac{1}{4}$；若丙获胜，则甲、乙均投反面，丙正面，所以概率为$\frac{1}{2}\times\frac{1}{2}\times\frac{1}{2}=\frac{1}{8}$，以上是第一轮就决出了胜负，如果第一轮大家都是反面，接着第二轮，…，所以甲获胜的概率为：$\frac{1}{2}+\frac{1}{2}\times\frac{1}{2}\times\frac{1}{2}\times\frac{1}{2}+\left(\frac{1}{2}\right)^7+\cdots=\frac{\frac{1}{2}}{1-\left(\frac{1}{2}\right)^3}=\frac{4}{7}$；乙获胜的概率为：$\frac{1}{2}\times\frac{1}{2}+\frac{1}{2}\times\frac{1}{2}\times\frac{1}{2}\times\frac{1}{2}\times\frac{1}{2}+\left(\frac{1}{2}\right)^8+\cdots=\frac{\frac{1}{2}\times\frac{1}{2}}{1-\left(\frac{1}{2}\right)^3}=\frac{2}{7}$；丙获胜的概率为：$\frac{1}{2}\times\frac{1}{2}\times\frac{1}{2}+\left(\frac{1}{2}\right)^6+\cdots=\frac{\frac{1}{2}\times\frac{1}{2}\times\frac{1}{2}}{1-\left(\frac{1}{2}\right)^3}=\frac{1}{7}$.

【点睛】　对于无限轮流问题，可根据第一轮的概率得到三人获胜的概率比，即甲∶乙∶丙$=\frac{1}{2}:\frac{1}{4}:\frac{1}{8}=4:2:1$，又由概率之和为1，故甲的概率为$\frac{4}{7}$，乙的概率为$\frac{2}{7}$，丙的概率为$\frac{1}{7}$. 这样解题速度就提高了.

【57】

【解析】　选B. 到$x=3$有3种情况，即

$$\begin{cases}\text{先移 2 个单位，再移 1 个单位，概率}=\frac{1}{3}\times\frac{2}{3},\\ \text{先移 1 个单位，再移 2 个单位，概率}=\frac{2}{3}\times\frac{1}{3},\\ \text{每次都移一个单位，共移了 3 次，概率}=\frac{2}{3}\times\frac{2}{3}\times\frac{2}{3}.\end{cases}$$

所以，$P=\frac{1}{3}\times\frac{2}{3}+\frac{2}{3}\times\frac{1}{3}+\frac{2}{3}\times\frac{2}{3}\times\frac{2}{3}=\frac{20}{27}$.

【点睛】　此题要注意该质点可以移动三次（每次一个坐标单位），也可移动两次（两个单位坐标和一个单位坐标），采用加法原理将三种情况概率相加即可.

【58】

【解析】　选E. 分类讨论.

闯2关闯关成功：连续两次成功，概率为$\frac{1}{2}\times\frac{1}{2}=\frac{1}{4}$；

闯3关成功：先失败，再连续两次成功，概率为$\frac{1}{2}\times\frac{1}{2}\times\frac{1}{2}=\frac{1}{8}$；

闯4关成功：第1次不确定，第2次失败，第3，4两次成功，概率为$\frac{1}{2}\times\frac{1}{2}\times\frac{1}{2}=\frac{1}{8}$；

闯 5 关成功:第 1,2 两次不能都成功,第 3 次失败,第 4,5 两次成功,概率为 $3\times\frac{1}{2}\times\frac{1}{2}\times\frac{1}{2}\times\frac{1}{2}\times\frac{1}{2}=\frac{3}{32}$. 最后的概率为 $P=\frac{1}{4}+\frac{1}{8}+\frac{1}{8}+\frac{3}{32}=\frac{19}{32}$.

【点睛】 此题需要注意两点:(1)根据"连续通过 2 关"出现的可能性进行分类讨论,借助分类讨论的方法进行求解;(2)一旦成功,后面的关就不用再去过了,也就是说 5 关不需要全部闯完就能确定结果了.

【59】

【解析】 选 C. 采用分类讨论的方法.

(1)第一次正面:$\frac{1}{2}$;(2)第一次反面,第二次正面,第三次也正面:$\frac{1}{2}\times\frac{1}{2}\times\frac{1}{2}=\frac{1}{8}$.

$$P=\frac{1}{2}+\frac{1}{8}=\frac{5}{8}.$$

【技巧】 遇到"至多""至少"的概率问题时,我们可以在选项之和为 1 的两个选项中选择一个,那么也只能是在 B 和 C 选项中选择了.

【60】

【解析】 选 A. 最后甲获胜的概率有两种情况. 第一种情况为:甲胜乙,丙胜丁,再甲胜丙,概率 $P_1=0.3\times0.5\times0.3=0.045$;第二种情况为:甲胜乙,丁胜丙,再甲胜丁,概率 $P_2=0.3\times0.5\times0.8=0.12$;最终的概率为 $P=0.045+0.12=0.165$.

【技巧】 本题简单分析后发现答案必须能被 0.3×0.5 整除,那么只能在 A,D,E 选项中选择了,而 A 和 E 选项具有倍数关系,那么 A 和 E 选项的可能性相对就比较大了.

【61】

【解析】 选 B. 能确定正确答案的概率即为 1;能排除 2 个错误答案的,可选出正确答案的概率为 $\frac{1}{2}$;能排除 1 个错误答案的,可选出的正确的概率为 $\frac{1}{3}$. 所以甲得满分的概率为 $\frac{1}{2^5}\cdot\frac{1}{3^4}$.

【技巧】 由于满分的难度非常大,所以肯定是乘积的结果更小,基本锁定在 A,B,D 三个选项中了.

【62】

【解析】 选 B. 设每道工序合格的概率为 p,即所求事件的概率为 $p^2>0.8$. 显然两条件代入后发现条件(2)充分. 故选 B.

【点睛】 对于相互独立的随机事件,都发生的概率等于每个事件发生的概率相乘.

【63】

【解析】 选 C. $P(A|B)=\frac{P(AB)}{P(B)}=\frac{0.8\times0.25}{0.8\times0.25+0.2\times0.75}=\frac{0.2}{0.35}=\frac{4}{7}$.

【点睛】 此题结合了条件概率进行命题. 大家只需要了解即可,目前真题考条件概率的可能性非常小.

【64】

【解析】 选 C. 由于第一盘乙获胜，所以甲只能在之后的两盘都赢得比赛，所以概率为 $P=0.6\times0.6=0.36$，故选 C.

【技巧】 本题其实是一个条件概率，考生容易把乙获胜的概率也乘进去，这样导致错误. 对于独立性事件的条件概率，其实不管条件，直接计算结论的概率即可.

第六节　伯努利概率模型

【65】

【解析】 选 C. 由伯努利概率公式，得 $P=C_4^3\left(\frac{2}{3}\right)^3\left(\frac{1}{3}\right)^1=\frac{32}{81}$.

【点睛】 4 次出现 3 次，直接套用伯努利概率公式即可.

【66】

【解析】 选 E. 因为罐子中的球足够多，所以取出有限数量的球不影响概率，故甲罐中取红球的概率始终为$\frac{2}{3}$，取黑球的概率始终为$\frac{1}{3}$. 同理，乙罐中取红球的概率始终为$\frac{1}{3}$，取黑球的概率始终为$\frac{2}{3}$，则甲罐中取 30 个红球 20 个黑球的概率为 $C_{50}^{20}\times\left(\frac{2}{3}\right)^{30}\times\left(\frac{1}{3}\right)^{20}$，乙罐中取 30 个红球 20 个黑球的概率为 $C_{50}^{20}\times\left(\frac{2}{3}\right)^{20}\times\left(\frac{1}{3}\right)^{30}$，则两者概率之比为 1 024.

【点睛】 此题需要先利用甲、乙两罐中的比例求出红球、黑球的各自概率，然后根据 50 个球的颜色情况采用伯努利概率公式求出概率，从而得到两者的概率之比.

【67】

【解析】 选 C. 显然联合条件(1)(2)，他没有遇到红灯的概率为$(0.5)^3=0.125$，充分.

【点睛】 对于相互独立的随机事件，都没发生的概率等于每个没发生的概率相乘.

【68】

【解析】 选 B. 条件(1)：$P_{10}(7)=C_{10}^7\left(\frac{1}{5}\right)^7\left(\frac{4}{5}\right)^3$；条件(2)：$P_{10}(7)=C_{10}^7\left(\frac{1}{2}\right)^7\left(\frac{1}{2}\right)^3=\frac{120}{1\,024}=\frac{15}{128}$.

【点睛】 10 次命中 7 次，只需套用伯努利概率公式即可.

【69】

【解析】 选 E. 去掉“至多”应该是出题者的本意，即同时向来犯敌机发射 4 枚导弹. 无论按照哪种方式理解，命中来犯敌机的概率都不是 99%，故选 E.

讨论：$n=1$ 时，命中率 $P_1=0.6$；$n=2$ 时，命中率 $P_2=1-0.4^2=0.84$；

$n=3$ 时，命中率 $P_3=1-0.4^3=0.936$；$n=4$ 时，命中率 $P_4=1-0.4^4=0.974\,4$.

【点睛】 伯努利概率的一个简单变形，此题为至多、至少问题.

【70】

【解析】 选 D. 两条件等价，及格的概率都为 $P=C_3^2\left(\frac{2}{3}\right)^2\left(\frac{1}{3}\right)+\left(\frac{2}{3}\right)^3=\frac{20}{27}$.

【点睛】 3 道题全部答错的概率为 $(1-p)^3=\frac{1}{27}\Rightarrow p=\frac{2}{3}$，由于两条件等价，只需计算一次即可.

【71】

【解析】 选 C. 显然需要联合.

由条件(1)：$C_3^2\times0.6^2\times0.4+0.6^3=0.648$；

由条件(2)：$0.8\times0.8=0.64$.

联合后充分.

【技巧】 本题属于明显的变量缺失型，一般来说联合充分的可能性比较大.

【72】

【解析】 选 A. 显然总共进行 5 次试验，且最后一次成功，前 4 次中有一次成功，故概率为 $C_4^1p\cdot(1-p)^3\cdot p=4p^2(1-p)^3$.

【点睛】 关键是要从题目中发掘隐含信息："最后一次一定是成功的"，也就是进行 5 次试验，前 4 次中出现一次成功.

【73】

【解析】 选 A. 甲选手以 4∶1 战胜乙选手，可以确定共战了 5 场，且第 5 场一定是甲胜，前 4 场甲胜了 3 场，故 $0.7\times C_4^3(0.7)^3(1-0.7)=0.7\times0.3\times C_4^3\times(0.7)^3=0.84\times0.7^3$.

【点睛】 对于比赛问题，掌握两个特点，无论采用什么赛制，局数不一定都打完才分胜负，获胜方最后一局是获胜的. 此题若求"甲选手获胜的概率"，那么就要分 4 局、5 局、6 局、7 局甲胜的情况进行分类讨论，故概率为

$$P=\underbrace{0.7^4}_{4局}+\underbrace{C_4^3\times0.7^4\times0.3}_{5局}+\underbrace{C_5^3\times0.7^4\times0.3^2}_{6局}+\underbrace{C_6^3\times0.7^4\times0.3^3}_{7局}.$$

【74】

【解析】 选 A. 由于产生 A 类细菌与 B 类细菌的机会相等，故概率都是 $\frac{1}{2}$，从反面求解：至少有一个 A 类细菌的概率 $=1-$ 没有 A 类细菌的概率 $=1-\left(\frac{1}{2}\right)^n$.

【点睛】 首先根据机会相等得到每个细菌出现的概率，再从反面求解"至少有一个"的概率.

【75】

【解析】 选 D. 分情况讨论. 第 1 次套中：$p_1=0.1$；

第 2 次套中：$p_2=0.9\times0.1=0.09$；

第 3 次套中：$p_3=0.9\times0.9\times0.1=0.081$；

第 4 次套中：$p_4=0.9\times0.9\times0.9\times0.1=0.0729$；

则至少剩下一个环未投的概率是

$$P=p_1+p_2+p_3+p_4=0.1+0.09+0.081+0.0729=0.3439.$$

【技巧】 反面排除法："至少剩下一个环未投"的反面为"5 个环都没剩"，即前四次都没投中，即为 $1-(0.9)^4=0.3439$.

【点睛】 本题命题的核心在于"直到…"这个是终止条件的标志，只要满足要求了，后面的试验就不要做了.

【76】

【解析】 选 D. 因为是 O 型的概率为 0.46，所以不是 O 型的概率为 0.54. 至多有一人是 O 型的概率：$P=0.54^5+C_5^1\times0.46\times0.54^4=0.241$.

【点睛】 对于"至多""至少"问题，一般既可以从正面考虑，进行分类求解，也可以用反面排除的方法求解.

【77】

【解析】 选 E. $P(A)=1-P(\overline{A})=1-P(\text{两天都}\leqslant15)=1-(0.1+0.2+0.2)^2=0.75$.

【技巧】 由于答案往往在概率之和为 1 的选项里面，所以可以用这个技巧来猜答案，显然在 B,E 中选择.

【点睛】 本题将"乘客人数超过 15"看成随机事件，该事件每天发生的概率为 0.5，再求解两天中该事件至少发生一次的概率.

【78】

【解析】 选 D. 由于 T_1,T_2,T_3 是并联的结构，所以至少通过 T_1,T_2,T_3 中的一个即可满足题意，则电流能在 P,Q 之间通过的概率为 $1-(1-0.9)(1-0.9)(1-0.99)=0.9999$.

【点睛】 德摩根律公式：$P(\overline{A+B})=1-P(\overline{A}\,\overline{B})$.

【技巧】 概率问题中尤其遇到德摩根律问题一般选大老二(次大)的选择项命中率非常高.

【79】

【解析】 选 B. 至少有 1 人患该种流感的概率为

$$P(A)=1-P(\overline{A})=1-(1-p)^3=0.271\Rightarrow p=0.1,$$

显然条件(2)充分，故选 B.

【点睛】 遇到"至少"问题，可以从反面计算概率.

【80】

【解析】 选 D. 条件(1)：$P=1-(1-p)^n=1-(1-0.9)^3=0.999$，充分；

条件(2)：$P=1-(1-p)^n=1-(1-0.97)^2=0.9991$，也充分.

【点睛】 "至少""至多"问题一般都要转化为反面的情况来做.

【81】

【解析】 选 D. 求此人获奖概率，考虑其对立事件：

$P(\text{获奖})=1-P(\text{不获奖})=1-(1-p)(1-q)=p+q-pq$.

条件(1)：已知 $p+q=1$，因为 p,q 非负，$p+q\geqslant2\sqrt{pq}$，所以 $\frac{1}{4}\geqslant pq\Rightarrow p+q-pq\geqslant\frac{3}{4}$，充分；条件(2)：已知 $pq=\frac{1}{4}$，同理 $p+q\geqslant2\sqrt{pq}$，所以 $p+q\geqslant1$，那么 $p+q-pq\geqslant\frac{3}{4}$，也充分.

【技巧】 此题明显是一种假联合，肯定不会选 C.

第十一章 应用题

第一节 经典问题

【1】

【解析】 选B.设运往乙仓的粮食为 x 吨，运往甲仓的粮食为 $80-x$ 吨，由题可得：

$$\frac{30+80-x}{40+x}=1.5\Rightarrow x=20.$$

【技巧】 最后总粮食为 $30+40+80=150$(吨)，由于甲、乙之比为 $3:2$，故最后乙仓库的粮食占总量的 $\frac{2}{5}$，为 60 吨，故运往乙仓库的粮食为 20 吨.

【2】

【解析】 选C.设第二篇的页数为 x，第三篇的页数为 y，则第一篇为 $2x=3y$，又 $x-y=10$，所以 $x=30$，$y=20$，所以这本书共有 $30\times2+30+20=110$(页).

【点睛】 本题根据部分量之间的倍数关系和数量多少关系，求解出总量的数值.

【3】

【解析】 选D.设甲和乙两店分别购进了 x，y 台，则

$$\begin{cases}(x-15):(y-10)=8:7,\\(x-15)-(y-10)=5\end{cases}\Rightarrow\begin{cases}x=55,\\y=45\end{cases}\Rightarrow x+y=100.$$

【技巧】 由于库存差为 1 份，对应为 5 台，那么卖下后的总量就为 15 份，则为 75 台，加上卖掉的 25 台，原来总量为 100 台，

【点睛】 此题选项中有 75 和 100，相差的就是 25 台，那么当然猜 100 了，这种就是命题者的套路.

【4】

【解析】 选C.设井深为 x 尺，则绳子长为 $3(x+4)=4(x+1)$，解得 $x=8$.

【技巧】 井外余绳 4 尺，绳子折成 3 折，相当于绳子余 12 尺，井外余绳 1 尺，折成 4 折，相当于绳子余 4 尺，故井深是 $12-4=8$(尺).

【5】

【解析】 选C.由"买 5 台余 2 500 元，若买 6 台则缺 4 000 元"可得 A 型电视机每台的价格 $2\ 500+4\ 000=6\ 500$(元)，则 B 型电视机每台的价格为 $\frac{5\times6\ 500+2\ 500}{7}=5\ 000$(元).

【点睛】 首先根据 A 型电视机求出总钱数，再求出 B 型电视机的单价，盈亏问题小技巧：买 x 台余 n 元，买 y 台缺 m 元，则每台的价格 $\frac{m+n}{y-x}$ 元.

【6】

【解析】　选 B. 假设打破了 x 只，根据题意有$0.5\times(500-x)-2x=240\Rightarrow x=4$.

【技巧】　先假设花瓶完好无损，应该得到 0.5×500 元，而实际是 240 元，相当于打破一只要倒扣 $0.5+2$ 元，故打破花瓶为$\frac{0.5\times500-240}{0.5+2}=4$，故选 B.

【点睛】　关键是注意净费用的计算方式，净费用＝收入－被扣除费用.

【7】

【解析】　选 A. 设 A，B，C 三种商品的单价各为 x，y，z，则

$$\begin{cases}2x+2y+2z=11.40, ①\\4x+3y+2z=14.80, ②\\5x+4y+2z=17.50, ③\end{cases}\Rightarrow\begin{cases}x=0.7,\\y=2,\\z=3.\end{cases}$$

【技巧】　当列完方程组，如果不需要 y，z 的值，只需 x 的值，那么可以利用(②－①)－(③－②)$\Rightarrow x=0.7$，故选 A.

【点睛】　此题通过解一个三元一次方程组求解，列完后，当只需解出其中一个未知量时，可通过方程式加减变形得到.

【8】

【解析】　选 C. 设这样混合后售价为 x，则甲售价为 $x+3$，乙售价为 $x-1$，则根据混合前后的总质量不变，得

$$\frac{200}{x+3}+\frac{480}{x-1}=\frac{680}{x},$$

然后用选项验证后 17 满足.

【点睛】　需强调混合以后总价值不变，然后通过列方程求解.

【9】

【解析】　选 B. 设帐篷数为 x，则食品件数为 $x-80$，则$2x-80=320\Rightarrow x=200$.

【点睛】　根据两种商品的总量以及部分量的多少关系来求解各部分量，可以采用多退少补的技巧来思考.

【10】

【解析】　选 D. 设 A 玩具单价为 x，B 玩具单价为 y.

$$\begin{cases}x+y=1.4,\\200x+150y=250\end{cases}\Rightarrow\begin{cases}x=0.8,\\y=0.6,\end{cases}$$

选 D.

【技巧】　采用假设法，假设购买了 150 件 A 玩具和 150 件 B 玩具，那么应该花费的钱是 $150\times1.4=210$(元)，与 250 元相差 40 元，而 40 元的差值就是因为多买了 50 件 B 玩具，那么 50 件 B 玩具就是 40 元，每件 B 玩具就是 0.8 元.

【11】

【解析】　选 A. 由于每相邻的四个盒子里共有 32 个乒乓球，所以第 5 号盒子放的球数一定与第 1 号盒子放的一样多，同理第 6 号盒子放的球数一定与第 2 号盒子放的一样多…，而 $577=144\times4+1$，所以第 577 号盒子放的球数一定与第 1 号盒子放的一样多，为 6 个，即

最右边的盒子里的乒乓球个数为 6.

【点睛】 此题并不需要知道 2,3,4 号盒子具体放多少个球,关键是每隔 4 个盒子的球一样多,这个是解题的突破口,很多考生以为此题是个排列组合问题,所以马上产生了恐惧感.

【12】

【解析】 选 D. 除(一)班外,只要其他 7 个班不及格的人数至多 20 人就充分,由条件(1)可得:(二)班最多 3 人,(三)班最多 2 人,故除(一)班外,其他 7 个班最多 20 人,故(一)班至少 1 人不及格. 由条件(2):除(一)班外,其他 7 个班最多 20 人,故(一)班至少 1 人不及格,故两个条件都充分.

【点睛】 要确定某一部分至少(至多)的数量,转化为其他部分至多(至少)的数量.

第二节　比例与分数问题

【13】

【解析】 选 D. 假设第一场观众为 100 份,则第二场观众为 20 份,第三场观众为 10 份,又由第三场观众为 2 500 人,则得到第一场观众为 25 000 人.

【点睛】 遇到多个变量出现的比例问题,通过中间桥梁找到已知量(本题中第三场观众)与未知量(本题中第一场观众)的关系即可.

【14】

【解析】 选 B.

方法一:由于甲工人完成了总件数的 34%,乙、丙两工人完成了总数的 66%,又由于乙、丙的件数之比是 6∶5,故丙完成了 30%,又知丙完成了 45 件,得总数为 150 件,则甲完成了 $150\times34\%=51$(件).

方法二:乙、丙两工人完成的件数之和为 $45\times\frac{11}{5}=99$(件),则总件数为 $99\div(1-34\%)=\frac{99}{0.66}=150$(件),则甲工人完成了 $150\times34\%=51$(件).

【点睛】 在求某部分的数量时,首先根据题干求解出总数量,再求出该部分所占的百分比,根据公式:部分量=总量×对应所占的百分比.

【15】

【解析】 选 A. 白球的比例为 70%,则木质白球的百分比是 $70\%\times(1-60\%)=28\%$.

【点睛】 求某一部分所占总量的百分比时,要求出总体的数量和该部分的数量这两个要素.

【16】

【解析】 选 B. 设下午 3:00 时男、女人数分别为 $3x,4x$,则下午 5:00 时剩余人数比为 $(3x\times75\%):(4x\times50\%)=9:8$.

【点睛】 可以使用特殊值的方法.

【17】

【解析】 选 C. 女职工有 $\frac{420}{1\frac{1}{3}}=315$(人)，总人数有 735 人，技术人员和工人一共有 $735\times80\%=588$(人)，又知技术人员：工人 $=24:25$，该工厂有工人 $588\times\frac{25}{49}=300$(人)，故选 C.

【点睛】 本题人员结构组成比较复杂，根据不同分类标准来分析，首先根据性别标准求出总人数，然后再根据岗位类别求出工人的人数.

【18】

【解析】 选 D.

原女：原男 $=5:4$，现女：现男 $=5(1-0.2):4(1-0.15)=4:\frac{17}{5}=20:17$.

【技巧】 此题也可以采用特殊值法.

【19】

【解析】 选 D.

条件(1)：$\frac{7}{8}-\frac{3}{4}=\frac{1}{8}$，充分；条件(2)：$\frac{\frac{3}{4}-\frac{1}{2}}{2}=\frac{1}{8}$，充分，故选 D.

【20】

【解析】 选 C. 条件(1)和条件(2)单独都不充分. 两个条件联合，设男员工 30 人，女员工 20 人，则投赞成票的人数超过了总人数的 40%，则投赞成票的人数超过了 20 人，投票总人数肯定也超过了 20 人，在投票的人中，女员工的数量超过了男员工，则女员工的投票数量肯定超过了 10 个人，即至少有 50%的女员工参加了投票.

【技巧】 一般两个条件分别为定性和定量的时候(一个是文字类的，一个是数字类的)，倾向于选联合充分(答案 C).

【21】

【解析】 选 C. 设工龄在 10 年以下者的人数为 x，由男职工的人数是女职工的人数的 $1\frac{1}{3}$ 倍，可得女职工的人数为 $420\div1\frac{1}{3}=315$(人)，总人数为 $420+315=735$(人). 由题可得，工龄 10～20 年者和工龄 10 年以下者占 80%，$x+0.5x=735\times0.8\Rightarrow x=392$，故选 C.

【22】

【解析】 选 D. 设菜园人共收了白菜 x 斤，根据每筐的质量列式得

$$\frac{\frac{3}{8}x-24}{4}=\frac{\frac{5x}{8}}{8}\Rightarrow x=384.$$

【技巧】 根据是 8 的倍数直接就选 D 了.

【点睛】 利用每筐的质量是一样的来列等式，所以此类问题的关键是寻找等量关系，因为这是列方程的基础.

【23】

【解析】 选 C. 根据题意，买甲商品用了$\frac{5}{8}$，买乙商品用了$\frac{2}{5}\times\frac{3}{8}=\frac{3}{20}$，则剩余$1-\frac{5}{8}-\frac{3}{20}=\frac{9}{40}$，所以总额是$\frac{900}{\frac{9}{40}}=4\ 000$(元).

【点睛】 此题的关键在于找到 900 元所占的比例，再用公式：

总量=部分量/对应所占的百分比.

【24】

【解析】 选 D. 根据题意，发给丙的奖金份额是$\left(\frac{1}{3}-\frac{1}{5}\right)\times 3=\frac{2}{5}$，则发给丁的是$1-\frac{1}{5}-\frac{2}{5}-\frac{1}{3}=\frac{1}{15}$，则奖金总额是$\frac{200}{\frac{1}{15}}=3\ 000$(元).

【技巧】 也可以将选项的数值代入题干来验证每人的奖金是否符合要求，其实发现奖金肯定是 15 的倍数，那么只需要验证 A 和 D 两个选项了.

【25】

【解析】 选 C. 设工资为 x，则$(x+3\ 200)\times 30\%=6\ 810\Rightarrow x=19\ 500$(元).

【点睛】 本题也可以逆向算，6 810 除以 30%得到的是工资加奖金的钱数，再减去奖金就可以得到工资了.

【26】

【解析】 选 E. 根据题意，女生共有$96\times\left(1-\frac{7}{12}\right)=40$(人)，则不到 30 岁的女生有$40\times(1-15\%)=34$(人).

【点睛】 采用逐层求解法，先求出女生的人数，再求出女生中不到 30 岁的人数.

【27】

【解析】 选 E. 设猪肉实际质量为 x 斤，则$\frac{x}{4}=\frac{x+0.2}{4.25}$，得 $x=3.2$，应补猪肉$4-3.2=0.8$(斤)=8(两).

【点睛】 此题要注意两点，一是单位的换算，即 500 克=1 斤，50 克=1 两，另一就是真实的质量与显示的总量之比相等，要借助正比求解.

【28】

【解析】 选 A. 设该批货物一共有 x 件，则由题意得$\frac{60\%x}{40\%x-100}=\frac{7}{3}\Rightarrow x=700$(件).

【技巧】 由于本题中有 7 这个质数，题目答案中也会含有这个质数，立即选择 700.

【29】

【解析】 选 B. 设总量为 x 亿元，则$x-\frac{1}{3}x-\frac{2}{3}\times\frac{2}{3}x=0.8\Rightarrow x=3.6$(亿元).

【技巧】 总量$=\frac{0.8}{1-\frac{1}{3}-\left(\frac{2}{3}\times\frac{2}{3}\right)}=\frac{0.8}{1-\frac{1}{3}-\frac{4}{9}}=\frac{0.8}{\frac{2}{9}}=3.6$(亿元).

【30】

【解析】 选 D. 本题属于比例简单题. $45-9+\frac{9}{10\%}=126$.

【点睛】 本题的关键点在于下午那 9 个人不能再计算到一起了，是一个陷阱.

【31】

【解析】 选 B. 设每份为 k，则三种获奖人数分别为 k，$3k$，$8k$，由题意可知，一等奖获奖人数为 10 人，那么 $k=10$，获奖总人数就为 $k+3k+8k=12k=120$，所以参赛人数为 $120\div 30\%=400$，故选 B.

【技巧】 本题可以直接用 12 份除以 30%就可以知道只能选 B 了.

【32】

【解析】 选 A. 条件(1)：20%的人付全额学费，即交费为 $0.2ax$，剩余学生交学费为 $0.8a\cdot\frac{x}{2}=0.4ax$，故付全额学费占总额比率 $\frac{0.2ax}{0.2ax+0.4ax}=\frac{1}{3}$.

【点睛】 本题涉及人数和学费两个要素，关键是付全额学费人数占总人数的比例，因为学费金额的分子分母可以约掉.

【33】

【解析】 选 C. (1)(2)两个条件联合，设二类质量为 x，则一类质量为 $3x$，再由条件(2)得 $3x+2x=\frac{100}{3}\Rightarrow x=\frac{20}{3}$，且一类质量为 $\frac{60}{3}$，代入得

$$25\times 20+30\times\frac{20}{3}=500+200=700(\text{克}).$$

【34】

【解析】 选 D. 设总共需要处理文件 x 份.

由条件(1)：$\frac{1}{5}x+\frac{1}{4}\left(x-\frac{1}{5}x\right)=10$，$x=25$.

由条件(2)：$\frac{1}{4}\left(x-\frac{1}{5}x\right)=5$，$x=25$.

【技巧】 题干信息太长，一般选 D 的可能性比较大.

【35】

【解析】 选 A. 甲股票共有 $\frac{20\ 000\times\frac{4}{5}}{8}=2\ 000$(股)，乙股票共 $\frac{20\ 000\times\frac{1}{5}}{4}=1\ 000$(股)，最后共获利为 $2\ 000\times 2-1\ 000\times 1=3\ 000$(元).

【点睛】 首先根据投资额之比求出每种股票的数量，总利润=每股利润×数量.

【36】

【解析】 选 B. 设运往乙仓的粮食为 x 吨，运往甲仓的粮食为 $80-x$ 吨，由题可得

$$\frac{30+80-x}{40+x}=1.5\Rightarrow x=20.$$

【技巧】 最后总粮食为 $30+40+80=150$(吨)，由于甲、乙之比为 $3:2$，故最后乙仓库

的粮食占总量的$\frac{2}{5}$，为 60 吨，故运往乙仓库的粮食为 20 吨.

【37】

【解析】 选 D. $\frac{1}{2}:\frac{1}{3}:\frac{1}{9}=9:6:2$，则甲车间应得 $34\times\frac{9}{9+6+2}=18$(万元).

【点睛】 本题关键是要找到甲占总数的真正份额，甲、乙、丙之比为$\frac{1}{2}:\frac{1}{3}:\frac{1}{9}$，甲并不占$\frac{1}{2}$，很多考生做成甲车间应得 $34\times\frac{1}{2}=17$，误选成 A.

【38】

【解析】 选 C. 设原来有甲、乙、丙部件各为 x,y,z 件，由于装一台机器需要甲、乙、丙三种部件各一件，则$\begin{cases}x+y+z=270,\\ \frac{3}{5}x=\frac{3}{4}y=\frac{2}{3}z\end{cases}\Rightarrow\begin{cases}x=100,\\ y=80,\\ z=90.\end{cases}$

【技巧】 $\frac{3}{5}\times$甲$=\frac{3}{4}\times$乙$=\frac{2}{3}\times$丙$\Rightarrow$甲：乙：丙$=10:8:9$，则原来库存有甲种部件的件数是 $270\times\frac{10}{27}=100$(件)，故选 C.

【39】

【解析】 选 A. $\frac{1}{2}:\frac{1}{3}:\frac{2}{5}=15:10:12$，则乙得到的奖金为 $3\ 700\times\frac{10}{37}=1\ 000$(元).

【点睛】 遇到比例题一定要先化成最简整数比.

【40】

【解析】 选 D.

条件(1)：$\frac{1}{2}:\frac{1}{3}:\frac{1}{9}=9:6:2$，与条件(2)完全等价，所以选 D.

【点睛】 对于条件(1)要学会化成最简的整数比来分析. 另外要注意：当两个条件等价时，应该倾向于选 D.

【41】

【解析】 选 C. 设这批图书共有 x 本，则$\frac{0.55x-15}{0.45x+15}=1\Rightarrow x=300$.

【技巧】 图书共有$\frac{15}{55\%-50\%}=300$(本).

【42】

【解析】 选 B. 甲、乙两仓库总存量为 17 份，由于最后数量相等，因此最后各自库存数量为 8.5 份，故甲向乙搬入$\frac{10-8.5}{10}=15\%$.

【点睛】 对于总量不变而只是内部再分配的问题，可以先将总量求出来，重新按比例分配好，最后再看各自数量的变化.

【43】

【解析】 选 D. 设甲部门的人数为 x，乙部门的人数为 y，那么列式为

$$\begin{cases}2(x-10)=y+10,\\ x+\frac{1}{5}y=\frac{4}{5}y\end{cases}\Rightarrow\begin{cases}x=90,\\ y=150\end{cases}\Rightarrow x+y=240.$$

本题属于小学差倍问题，属于简单题.

【技巧】 通过条件分析，明显答案应该既是 3 的倍数，又是 8 的倍数，只能是 240 正确了.

【44】

【解析】 选 C. 显然有，优等品∶二等品∶次品 $=25:10:2$，则合格率为 $\frac{25+10}{25+10+2}=\frac{35}{37}\approx 94.6\%$.

【点睛】 当出现多个比例时，通过最小公倍数的方法，统一两者共同的变量，故此题只要找到优等品、二等品，次品的比率就可以解答了.

【45】

【解析】 选 C. 甲、乙两仓库原来储存的粮食质量之比为 $4:3=8:6$，现在储存的粮食质量之比为 $7:6$，甲少了 1 份 $=10$ 万吨，则甲仓库原有粮食的吨数为 80 万吨.

【点睛】 遇到其中一个对象数量变化的比例问题，通过最小公倍数，将不变对象的份额统一，分析变化对象的份额与数量的关系.

【46】

【解析】 选 B. 设原来有甲、乙产品共 x 件，则 $\frac{x\cdot 45\%}{x+160}=25\%\Rightarrow x=200$，所以甲产品原有件数为 $200\times 45\%=90$(件).

【技巧】 原甲∶原乙 $=45:55=9:11$.

现甲∶现乙 $=25:75=9:27$.

找出对应量 16 份 $=160$ 件，则甲原有 9 份 $=90$ 件.

【47】

【解析】 选 C. 一等品∶二等品∶次品 $=20:12:3$，则不合格率为 $=\frac{3}{35}\approx 8.6\%$.

【点睛】 当出现多个比例时，一定要找到联系各个比例的桥梁，通过最小公倍数的方法统一各个比例.

【48】

【解析】 选 B.

方法一：设最初男运动员为 $19x$，女运动员为 $12x$，增加女运动员为 y，则增加的男运动员为 $y+3$，列式得 $\begin{cases}\frac{19x}{12x+y}=\frac{20}{13},\\ \frac{19x+y+3}{12x+y}=\frac{30}{19}\end{cases}\Rightarrow\begin{cases}x=20,\\ y=7,\end{cases}$ 所以最后总人数为 $(19x+y+3)+(12x+y)=637$.

方法二:采用统一比例法.

原男∶原女=19∶12=380∶240.

增加女运动员后,原男∶现女=20∶13=380∶247.

又增加男运动员后,现男∶现女=30∶19=390∶247,通过对比观察可以发现:增加的女运动员是7份,增加的男运动员是10份,多了3份,对应3人,说明1份就是1人,那么现在共有637份,也就是637人.

【技巧】 本题由于最终的人数一定能被49整除,所以只能在A和B选项中进行选择了.

【49】

【解析】 选D.统一比例法.由子女教育支出∶生活资料支出=3∶8,文化娱乐支出∶子女教育支出=1∶2,得文化娱乐支出∶子女教育支出∶生活资料支出=3∶6∶16,所以,生活资料支出占家庭总支出的比例为 $10.5\%\times\frac{16}{3}=3.5\%\times16=56\%$.

【点睛】 105中含有数字7,根据质数秒杀原理,直接在B,D中选择.

第三节　增长率、利润率问题

【50】

【解析】 选C.

方法一:$90\%\times(1+20\%)-100\%=8\%$.

方法二:假设原销售量为100件,每件1元,故原销售额为100元,现打九折,销售量增加到120件,每件为0.9元,销售额变为 $120\times0.9=108$(元),故销售额比原来增加8%.

【点睛】 总销售额=单个销售额×销量,分别找到单个销售额和销售量的前后变化即可.

【51】

【解析】 选E.设原币值为1,贬值15%后需增值 x 才能保持原币值,即 $(1-15\%)(1+x)=1$,解得 $x=17.65\%$.

【技巧】 可以记住两个规律:如果原价为 a,先增 $p\%$,再降 $\frac{p\%}{1+p\%}$ 才能够恢复原价,如果原价为 a,先降 $p\%$,再增 $\frac{p\%}{1-p\%}$ 才能够恢复原价.

【52】

【解析】 选B.设原价为1,应提价为 x,则有 $1\times(1-20\%)(1+x)=1\Rightarrow x=25\%$.

【53】

【解析】 选B. $20\times(1+25\%)-20\times60\%=13$(万元).

【54】

【解析】 选B.设原价是 x,现价是 y,则 $8x=13y\Rightarrow y=\frac{8}{13}x$,所以降价百分比为

$$\frac{x-\frac{8}{13}x}{x}=\frac{5}{13}\approx38.5\%.$$

【技巧】 采用特殊值法求解，设原价为每件 13 元，则现价每件为 8 元，所以降价百分比为$\frac{5}{13}\approx 38.5\%$.

【点睛】 关于变化率的核心公式及其变形：变化率＝变化量/变前量×100%＝(现值－原值)/原值×100%＝(现值/原值－1)×100%.

【55】

【解析】 选 B. 第一次交易甲盈利：50 000×10%＝5 000(元)；

第二次交易甲盈利：50 000×(1＋10%)(1－10%)×0.9－5 000×(1＋10%)(1－10%)＝－4 950(元)，甲最终盈利是 5 000－4 950＝50(元).

【点睛】 本题的关键是选准一个人作为研究对象，求出每次的净收益，甲的盈利实际分为两次，分别计算出每一次的盈利额，最后得到总盈利.

【56】

【解析】 选 E. $\frac{今年-去年}{去年}=14\%$，设去年大约接待游客人次为 x，列方程：$(1+14\%)\cdot x=697\ 000$，解得 $x=\frac{697\ 000}{1.14}=\frac{6.97\times 10^7}{114}$.

【57】

【解析】 选 D. 方法一(设未知量)：设去年原价格为 a，则根据题意：

$$a\cdot(1+10\%)\cdot(1+20\%)=a\cdot 1.1\cdot 1.2=1.32a,$$

$$\frac{1.32a-a}{a}\cdot 100\%=32\%.$$

方法二(特值法)：令原价为 100，去年涨价 10%后的价格为 110 元，涨了 10 元，今年涨价 20%，涨了 110·20%＝22(元)，一共涨了 32 元. 因此，这两年涨价(注意去年的原价为基准量)$\frac{32}{100}=32\%$.

【点睛】 先涨 10%，再涨 20%，结果肯定会大于 30%.

【技巧】 老二大法，直接选 32%.

【58】

【解析】 选 A. 设人口较上年下降的百分数为 x，由题干列式得：$\frac{1+20\%}{1-x}=1+21\%\Rightarrow x=0.826\%$.

【技巧】 此题可以设原来绿地面积为 1，人口为 1，这样再进行比较会简单些.

【59】

【解析】 选 C. 显然单独不充分，联合后，设特殊值：牛肉质量为 1 千克，价格为 1 元，则鸡肉的质量为 1.3 千克，价格为 1.25 元，单价大于 1 元.

【点睛】 两种物价的比较，最好令其中一个单价为 1，作为参照物，再与另一个去比较.

【60】

【解析】 选 E. 显然联合两个条件，得$\begin{cases}去年=(1-20\%)\times 前年,\\ 今年=(1+50\%)\times 去年\end{cases}\Rightarrow 今年=1.2\times 前年$，

故选 E.

【点睛】 此题千万别误以为可以通过 50%－20%＝30%来计算，误选为 C.

【61】

【解析】 选 D. 用特殊值法，并列表.

(1)如表 11－1 所示，

表 11－1

项目	总成本	总人数	人均成本
去年	100	100	1
今年	75	125	0.6

充分；

(2)如表 11－2 所示，

表 11－2

项目	总成本	总人数	人均成本
去年	100	100	1
今年	72	120	0.6

充分.

故选 D.

【点睛】 人均成本等于总成本除以人数，所以必须抓住总成本和人数这两个要素来分析，此外，本题也可以将去年的总成本和人数都看成 1 来分析.

【62】

【解析】 选 D. $10\ 000\times(1+10\%)^3=13\ 310$.

【技巧】 由于答案是 11 的倍数，只能是 D 和 E 选项了，缩小了选择范围.

【63】

【解析】 选 C. 设平均每次节约的百分数为 x，则 $(1-x)^2=1-15\%\Rightarrow x=(1-\sqrt{0.85})\times100\%$.

【64】

【解析】 选 D. $(1+10\%)^2=1.21=121\%$.

【点睛】 抓住公式：最终值＝初始值×(1＋增长率).

【65】

【解析】 选 C. $200\times(1-20\%)^2=128$(元).

【点睛】 抓住公式：最终值＝初始值×(1＋增长率).

【66】

【解析】 选 E. 列式为

$(1+q)^4(1+0.6q)^4=14.46\Rightarrow(1+1.6q+0.6q^2)^4=1.95^4\Rightarrow1+1.6q+0.6q^2=1.95\Rightarrow$

$60q^2+160q-95=0\Rightarrow(6q+19)(10q-5)=0\Rightarrow q=\frac{1}{2}=50\%$.

【技巧】 本题由于计算量稍大，可以使用选项验证的方法，简单判断后明显只有50%最为适合.

【67】

【解析】 选E.设月平均增长率为 x，题干等价于 $(1+x)^5=a\Rightarrow x=\sqrt[5]{a}-1$，都不充分，故选E.

【68】

【解析】 选E.条件(1)：$a(1+10\%)(1+10\%)(1+10\%)(1-10\%)(1-10\%)(1-10\%)$.

选E.条件(2)：$a(1-10\%)(1-10\%)(1-10\%)(1+10\%)(1+10\%)(1+10\%)$，可知两结果相同，又 $(1+10\%)(1-10\%)<1$，故上述两结果都小于 a，即亏损，故选E.

【点睛】 条件(1)和(2)其实是等价的，不管是先跌后涨还是先涨后跌，都比原来小.

【69】

【解析】 选C.显然联合两个条件，得 $\begin{cases}m-n=900,\\m+n=4\ 100\end{cases}\Rightarrow\begin{cases}m=2\ 500,\\n=1\ 600,\end{cases}$ 设平均增长率为 x，得 $2\ 500\times(1-x)^2=1\ 600\Rightarrow x=0.2=20\%$，联合充分，故选C.

【技巧】 一般遇到可以联合的两个条件我们尽量选C.

【70】

【解析】 选C. $2\ 625-2\ 625\div(1.50\times0.7)=125$(元).

【点睛】 本题的关键点有两个，一个是成本、利润、售价的关系式：售价＝成本＋利润；另一个是通过原价提高50%后再打七折，来找到前后售价的关系.

【71】

【解析】 选B. $\dfrac{21\times(1+20\%)}{90\%}=28$(元).

【技巧】 其实只要发现题目中21是7的倍数，直接选28就可以大大提高准确率.

【点睛】 注意公式的灵活运用：利润率＝利润/进价×100%＝(售价－进价)/进价×100%＝(售价/进价－1)×100%⇒售价/进价＝1＋利润率；售价＝进价×(1＋利润率)⇒售价－进价＝进价×利润率.

【72】

【解析】 选C.设该商品标价为 x，故 $0.8x-240=240\times0.15\Rightarrow x=345$(元).

【点睛】 抓住公式：售价＝(1＋利润率)×成本.

【73】

【解析】 选B.根据生活常识，超过200元且最接近200元，则省钱越多，越划算，也就是 m 最大.根据凑配发现只有购买1件55元的和2件75元的商品时最接近200元，支付金额为205元.因此：

$$205-m\leqslant205\cdot0.8\Rightarrow m\leqslant41.$$

【74】

【解析】 选C.采用特值法，设原成本100元，利润 $100\times12\%=12$(元)，售价为112元.现在成本为 $100\times(1-20\%)=80$(元)，售价仍为112元.则利润 $112-80=32$(元)，利润率

为 32/80=40%.

【点睛】 当增长率和利润率问题中,未出现具体的成本、利润、售价的话,可以设其中一个量为特殊值,简化计算.

【75】

【解析】 选 C. 盈利那一套的成本是 $\frac{210}{1+25\%}=168$(元),亏损那一套的成本是 $\frac{210}{1-25\%}=280$(元),所以最终盈利为 $210\times2-168-280=-28$,即亏损了 28 元.

【技巧】 由于 210 中含有 7 这个质数,答案 28 的可能性最大. 质数往往会在题目的结果中留下影子.

【点睛】 售价一样时,盈利和亏损的比例虽然一样,但具体金额却不一样.

【76】

【解析】 选 B. 如表 11-3 所示.

表 11-3

项目	出厂价	成本	利润
一月	100	75	25
二月	90	75	15

二月利润:$(90-75)\times1.8=27$,$\frac{27-25}{25}\times100\%=8\%$,从而选 B.

【点睛】 多因素问题一般采用列表格的方法,这样清晰明了.

【77】

【解析】 选 B. 设原定价为 100,则有一月份进价 $\frac{100\times0.8}{1+0.2}=\frac{200}{3}$,二月份进价为 $\frac{100\times0.75}{1+0.25}=60$,所以 $60\div\frac{200}{3}=0.9=90\%$.

【点睛】 此类问题的关键思路是找准基准量,本题采用令基准量为 100 的方法,大大简化了运算过程.

【78】

【解析】 选 A.

方法一:

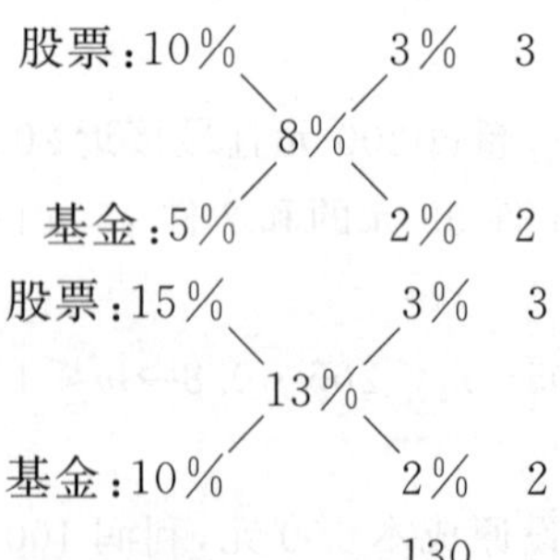

可知 130 万元对应 13%,所以总的投资金额为 $\frac{130}{13\%}=1\ 000$(万元).

方法二：列方程法：设王女士投入股票 x 万元，基金 y 万元，则

$$\begin{cases}10\%x+5\%y=8\%(x+y),\\15\%x+10\%y=130\end{cases}\Rightarrow\begin{cases}x=600,\\y=400,\end{cases}$$

合计 1 000 万元.

【点睛】 根据股票和基金对总投资额的影响，采用交叉法得到两者的比例，再利用此比例求出总投资额.

【79】

【解析】 选 E.

方法一：设甲成本为 x，乙成本为 y，则 $\begin{cases}1.2x=480,\\0.8y=480\end{cases}\Rightarrow\begin{cases}x=400,\\y=600,\end{cases}$ 故亏了 40 元.

方法二：$480\times2-\dfrac{480}{1+20\%}-\dfrac{480}{1-20\%}=960-400-600=-40$(元).

【技巧】 由于 480 的影响，答案 40 比较适合，应该在 D，E 选项中选择，而售价相同时，且两件产品盈亏比例一样时，最终肯定是亏损的，这样就只能选 E 了.

【点睛】 抓住公式：成本$=\dfrac{售价}{1+利率}$.

【80】

【解析】 选 D. 列表法(见表 11－4). 设甲店销售件数为 x 件，相等关系为：乙利润－甲利润＝5 400(元).

表 11－4

	进价	售价	销量	利润
甲	200 元	$200\times1.2=240$(元)	x 件	$240x\times95\%-200x$
乙	200 元	$200\times1.15=230$(元)	$2x$ 件	$230\times2x\times95\%-200\times2x$

$(230\times2x\times95\%-200\times2x)-(240x\times95\%-200x)=5\ 400$，得 $x=600$.

【点睛】 本题首先求出单个商品的利润，然后再乘以销售量，最后再扣除税收，得到净利润.

【81】

【解析】 选 D.

2006 年的 R&D 为 $\dfrac{300}{1+20\%}$，2006 年的 GDP 为 $\dfrac{10\ 000}{1+10\%}$，则 2006 年的 R&D 为 GDP 的

$$\frac{\frac{300}{1+20\%}}{\frac{10\ 000}{1+10\%}}=\frac{300}{1.2}\times\frac{1.1}{10\ 000}=\frac{33}{1\ 200}=2.75\%.$$

【技巧】 由于存在 1.1 这个数字，则答案应该是 11 的倍数，那么就选 2.75％了.

【点睛】 抓住公式：初始值＝最终值÷(1＋增长率).

【82】

【解析】 选 C. 设第一季度甲公司的产值为 80，乙公司的产值为 100，则第二季度甲公司的产值为 $80\times1.2=96$，乙公司的产值为 $100\times1.1=110$，则结果第二季度甲、乙两公司的产值之比是 $96:110=48:55$.

【技巧】 乙的结果中肯定含有 11 的倍数，只能在 C 和 E 选项中选择了.

【83】

【解析】 选 B. 设去年第一、二季度的产值分别为 a，b，由题意可得 $a\cdot 11\%=b\cdot 9\%$，即$11a=9b\Rightarrow b=\frac{11}{9}a$. 则今年上半年的产值同比增长为

$$\frac{11\%a+9\%b}{a+b}\times 100\%=\frac{2a\cdot 11\%}{a+\frac{11}{9}a}=\frac{99}{1\ 000}=9.9\%.$$

【技巧】 由于题目中出现 11%，答案很有可能是 11 的倍数，秒杀就能选 B 了.

【点评】 本题考查了比例的相关知识，要熟悉"同比"和"环比"的概念. "同比"是指不同年份中同一个月份的数量之比；"环比"是指同一年份中相邻两个月的数量比.

【84】

【解析】 选 D. 设彩票发行量为 x，则福彩中心筹得资金满足

$$5x-p\cdot x\cdot 50-(50\%-p)x\cdot 5\geqslant 5x\cdot 32\%\Rightarrow p\leqslant 0.02.$$

【点评】 本题考查了不等式与概率相结合，属于交汇命题，也可以用选项一个一个代入验证.

【85】

【解析】 选 D. 从题干分析得：甲种股票用了 6 万元，乙种股票用了 $10-6=4$(万元)，则列式得$6(1+a\%)+4(1-b\%)=10\Rightarrow 6\times a\%=4\times b\%\Rightarrow 3a-2b=0$，所以两个条件都充分，故选 D.

【技巧】 一般遇到两个条件相互包含时，要么选小范围成立，要么选两个范围都成立，所以此题只能在 A 和 D 选项中选择.

【86】

【解析】 选 D. 设甲公司的年终奖总额为 a，乙公司的年终奖总额为 b，则有 $a\times 1.25=b\times 0.9\Rightarrow \frac{a}{b}=\frac{18}{25}$，设甲公司的人数是 x，乙公司的人数为 y.

条件(1)：甲公司的人均年终奖与乙的相同，$\frac{a}{x}=\frac{b}{y}\Rightarrow \frac{x}{y}=\frac{a}{b}=\frac{18}{25}$，所以条件(1)充分.

条件(2)：两公司的员工人数之比与两公司的年终奖总额之比相等，即$\frac{x}{y}=\frac{a}{b}=\frac{18}{25}$，所以条件(2)充分. 故选 D.

【87】

【解析】 选 C. 设原计划每天的产量为 a，实际比计划平均提高了 x，则

$$10a=8a(1+x)\Rightarrow x=25\%.$$

【技巧】 设总任务有 100 件，则原计划每天 10 件，现在每天是 12.5 件，那么增长了 25%.

【点睛】 课堂反复强调的增长率问题、打折问题，一般遇到没有涉及具体的量，我们可以用特殊值的方法.

【88】

【解析】 选 C. 工作量相等建立等量关系，设工作效率需要提高 x，则

$$\frac{1}{10}\times 7=\frac{1}{10}(1+x)\times 5\Rightarrow x=0.4=40\%.$$

【技巧】 特殊值法，设工作任务为 100 份，原计划每天完成 10 份，工作 3 天后，完成了 30 份，停工 2 天，即 5 天一共完成了 30 份，那么剩下 100－30＝70(份). 所以每天需完成 $\frac{70}{5}=14$(份)，则提高了 40%.

【89】

【解析】 选 A.

条件(1)：	一月份	二月份	三月份	…	12 月份
产值	a	$a(1+p)$	$a(1+p)^2$	…	$a(1+p)^{11}$

年总产值 $S_{12}=\frac{a[1-(1+p)^{12}]}{1-(1+p)}=\frac{a}{p}[(1+p)^{12}-1]$，充分；

同理求出条件(2)知不充分，故选 A.

【点睛】 增长率问题往往会结合等比数列一起命题，要注意等比数列的求和公式.

【90】

【解析】 选 C. 设一月份的产值为 a，月平均增长率为 p，二月份的产值为 $a(1+p\%)$，…，全年的总产值为 S，则

$$S=a+a(1+p\%)+a(1+p\%)^2+\cdots+a(1+p\%)^{11},$$

$$\frac{S}{a}=1+(1+p\%)+(1+p\%)^2+\cdots+(1+p\%)^{11},$$

$$\frac{S}{a}=\frac{1-(1+p\%)^{12}}{1-(1+p\%)}=\frac{1-(1+p\%)^{12}}{-p\%}.$$

若 $\frac{S}{a}$ 为定值，则可求出 p.

第四节 平均值应用问题

【91】

【解析】 选 B. 第一季度产值为 36－11＋36＋36＋7.2＝104.2(万元)；

上半年产值的月平均值为 $\frac{104.2\times 2.4}{6}=41.68$(万元)

【92】

【解析】 选 E. 由前 9 次射击的平均环数高于前 5 次的平均环数可以推出前 5 次的平均环数低于后 4 次的平均环数，而后 4 次的平均环数是 $\frac{9.0+8.4+8.1+9.3}{4}=8.7$，所以他前 9 次的平均环数低于 8.7，则他第 10 次射击至少应该射中 9.8 环，只能选 E.

【技巧】 采用估算法，由题意得，假设前 9 次都为 8.7，根据 10 次的平均值为 8.8，采用差量法知最后一次为 8.8＋9×0.1＝9.7，答案要大于 9.7，故选 E.

【点睛】 本题涉及"至少"问题，根据总数的关系求解.

【93】

【解析】 选 B. 要 $e-a$ 取最小值，即 e 要取最小值，a 要取最大值. 因为 $c=120$，$c\leqslant d\leqslant e$，所以 e 最小取 120，此时 $c=d=e=120$，又平均数 $m=100$，$a\leqslant b$，所以 a，b 最大值取 $a=b=\dfrac{100\times5-120\times3}{2}=70$，所以 $e-a$ 最小值为 $120-70=50$.

【94】

【解析】 选 B. 本题因为总的平均分不知道，但明显平均分应该是在 80 和 81.5 之间的数字，那么总人数应该在 $\dfrac{6\ 952}{80}=86.9$ 和 $\dfrac{6\ 952}{81.5}=85.3$ 之间，也只能选 86 了，故选 B.

【点睛】 本题无法得出精确的值，主要是采用了估值的一种技巧.

【95】

【解析】 选 A. 由题意可知，男员工的平均年龄为

$$\frac{23+26+28+30+32+34+36+38+41}{9}=32(\text{岁}),$$

全体员工的平均年龄为

$$\frac{23+25+27+27+29+31+9\times32}{15}=30(\text{岁}),$$

故选 A.

【技巧】 本题可以巧算，可以把每个数据去掉 30 后进行计算，这样最后的结果再加上 30，计算就显得比较轻松了.

【96】

【解析】 选 E. 及格率和平均分两个概念完全不相关，无法联合，故选 E.

【97】

【解析】 选 D.

条件(1)：设其他两种水果的价格分别为 x，y；$\dfrac{x+y+6}{3}=10\Rightarrow x+y=24\Rightarrow x=24-y>6\Rightarrow y<18$，充分.

条件(2)：三种水果的价格分别为 x，y，z，则 $\begin{cases}x+y+z=30,\\x+y+2z=46\end{cases}\Rightarrow\begin{cases}x+y=14,\\z=16,\end{cases}$ 显然也充分.

【98】

【解析】 选 C. 此题明显联合，由条件(1)可知总分提高了 $60\times3-60\times2=60$(分)；条件(2)可知降低了 $30\times4-90\times1=30$(分)，联合后总分数还是提高了，平均分也升高，选 C.

【99】

【解析】 选 B. 设男生成绩为 x，女生成绩为 $1.2x$.

男：x　　$1.2x-75$　　1.8

75

女：$1.2x$　　$75-x$　　1

由$\frac{1.2x-75}{75-x}=\frac{1.8}{1}$，得 $x=70$(分).

所以女生平均成绩为 84 分.

【技巧】 由于女同学平均成绩比男同学高 20%，女同学成绩应该是 1.2 的倍数，直接选 84 分.

【100】

【解析】 选 A.

方法一：设非优秀职工为 x 人，则

$$81\times50=75x+90\times(50-x)\Rightarrow x=30(\text{人}).$$

方法二：(交叉法)

优秀：90　　6　　2

81

非优秀：75　　9　　3

通过交叉得到优秀职工∶非优秀职工=2∶3，从而得到非优秀职工为 30 人.

【101】

【解析】 选 C. 设总平均成绩为 x，甲组成绩：$\frac{171.6}{1+30\%}=132$(环).

乙=甲×(1+30%)：

甲：　132　　171.6－x　　1.2

x

乙：171.6　　x－132　　1

由$\frac{171.6-x}{x-132}=\frac{1.2}{1}$，得 $x=150$(环).

【点睛】 此题有两个量没有已知，一个是人数，一个是甲组的平均成绩，但人数对解题影响不是很大.

【102】

【解析】 选 D.

男：　83　　2

80

女：　78　　3

通过交叉得到男职工∶女职工=2∶3，从而得到女职工为 24 人.

【103】

【解析】 选 C.

优秀生：90　　8

80

非优秀生：72　　10

所以优秀生人数为 $36\times\frac{8}{18}=16$(人).

【104】

【解析】 选 C.

方法一：设女工人数为 x 人，男工人数为 $1.8x$ 人，女工平均分为 m 分，则男工平均分为 $\frac{5}{6}m$ 分，则 $\frac{mx+1.8\times\frac{5}{6}mx}{x+1.8x}=75$，得 $m=84$.

方法二：交叉法. 设女工平均成绩为 x 分，则男工平均成绩为 $\frac{5}{6}x$.

$$\begin{array}{lcccc} 男： & \frac{5}{6}x & & x-75 & 1.8 \\ & & 75 & & \\ 女： & x & & 75-\frac{5}{6}x & 1 \end{array}$$

即 $\frac{x-75}{75-\frac{5}{6}x}=\frac{1.8}{1}$，得 $x=84$.

【技巧】 由于本题女工的平均分比男工高 20%，显然就是男工的 1.2 倍，那么也只有 84 能被 1.2 整除了.

【105】

【解析】 选 E.

甲地平均分为 $\frac{60+70+80+90}{40}=7.5$(分)；

乙地平均分为 $\frac{15\times6+15\times7+8\times10+9\times20}{15+15+10+20}\approx7.58$(分)；

丙地平均分为 $\frac{10\times6+10\times7+8\times15+9\times15}{15+15+10+10}=7.7$(分)；

所以丙＞乙＞甲.

【点睛】 根据高分区域对应的人数所占的比重，可以看出丙是最大、甲是最小的，这样不用精确计算就可以观察出答案.

【106】

【解析】 选 B.

方法一：设成绩低于 60 分的为 x，我们假设他们都是 60 分，其他人都是 100 分，从而列式得：$60x+100(30-x)\geqslant90\times30\Rightarrow x\leqslant7.5$，取整数解得 $x=7$.

方法二：因为被扣的总分为 300 分，看成 300 个球，不及格的学生看成抽屉，那么也就等价于每个抽屉至少放 40 个以上，所以至多需要 $300/40=7.5$ 个抽屉，取整数只能是 7.

【技巧】 可以采用选项验证的方法，总分 2 700 分，如果是 8 个低于 60 分的，那么另外 22 人则要高于 2 220 分，不符合，只能是 7 个.

【点睛】 此类抽屉原理问题主要采用极端的情况来做.

【107】

【解析】 选 D. 设高一年级学生人数为 x，则平均分为 $\frac{75\times0.4x+80\times0.6x}{x}=78$.

【技巧】　采用交叉法. 由题意知：男生与女生的人数之比为 $40\%:60\%=2:3$，

$$\begin{array}{lccc} \text{男生：} & 75 & & 80-x \\ & & x & \\ \text{女生：} & 80 & & x-75 \end{array}$$

则由人数关系比可得 $(80-x):(x-75)=2:3 \Rightarrow x=78$.

【点睛】　本题考查了加权平均数的计算.

【108】

【解析】　选 E. 设一等奖 x 个，其他 y 个，

$$\begin{cases} 400x+270y=280\times 26, \\ x+y=26 \end{cases} \Rightarrow \begin{cases} x=2, \\ y=24. \end{cases}$$

【技巧】　交叉法：

$$\begin{array}{lcccc} \text{一等奖：} 400 & & 10 & 1 \\ & 280 & & \\ \text{其他：} 270 & & 120 & 12 \end{array}$$

一等奖个数：$26\times\dfrac{1}{13}=2$(个).

【点睛】　平均值问题是真题的考试重点，具体原因请参看《管理类综合能力华明讲数学　教程篇》.

【109】

【解析】　选 B. 方法一：设丙成绩为 x，$x\geqslant 50$. 根据题意：

$$70\cdot 30\%+75\cdot 20\%+x\cdot 50\%\geqslant 60$$
$$\Rightarrow 0.5x\geqslant 60-21-15$$
$$\Rightarrow x\geqslant 48.$$

因为必须满足 $x\geqslant 50$，所以 $x=50$.

方法二：甲成绩为 $70\cdot\dfrac{3}{10}=21$；

乙成绩为 $75\cdot\dfrac{2}{10}=15$；

丙成绩为 $60-21-15=24$.

丙成绩实际得分为 $\dfrac{24}{5}=48$，又因每部分至少要 50 分，所以取 50 分.

【技巧】　秒杀大法，遇到至少问题选小老二(倒数第二个小).

【110】

【解析】　选 C. 这是 2002 年 10 月真题原题. 显然联合.

设总平均成绩为 x，甲组成绩：$\dfrac{171.6}{1+30\%}=132$.

$$\begin{array}{lcccc} \text{甲：} 132 & & 171.6-x & 1.2 \\ & x & & \\ \text{乙：} 171.6 & & x-132 & 1 \end{array}$$

由$\frac{171.6-x}{x-132}=\frac{1.2}{1}$，得 $x=150$，从而选 C.

【111】

【解析】 选 B. 设男员工的平均年龄为 m，人数为 x；女员工的平均年龄为 n，人数为 y，则公司员工的平均年龄为$\frac{mx+ny}{x+y}=\frac{m\cdot\frac{x}{y}+n}{\frac{x}{y}+1}$.

所以，条件(1)不充分，条件(2)充分.

【112】

【解析】 选 C.

方法一：明显条件 1 和条件 2 单独不充分，联立可知增加两名同学的平均身高＝原男同学的平均身高＞女同学的平均身高，则增加两名同学的平均身高＞原来班级的平均身高，则该班的平均身高增加了.

方法二：题干分析法.

显然需要联合，设原来男、女同学分别有 x，y 人，平均身高分别为 h_1，h_2，增加的两名同学平均身高为 h_1，则题干

$$\frac{(h_1x+h_2y)+2h_1}{(x+y)+2}>\frac{h_1x+h_2y}{x+y}\Leftrightarrow(x+y)[(h_1x+h_2y)+2h_1]>[(x+y)+2]\cdot(h_1x+h_2y),$$

整体代换，化简得 $h_1>h_2$.

【113】

【解析】 选 C.

方法一：要想通过分数确定人数，单独条件都不充分，联合后通过交叉法原理，可由比例判断人数多的班(谁大就多).

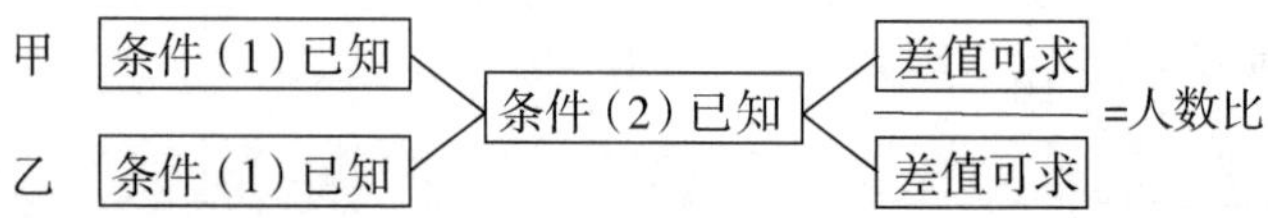

方法二：设两班人数分别为 A，B，平均成绩分别为 M，N，总平均成绩为 Z，则有

$$AM+BN=(A+B)Z$$
$$\Rightarrow A(M-Z)=B(Z-N)$$
$$\Rightarrow\frac{A}{B}=\frac{Z-N}{M-Z}.$$

因为 M，N，Z 均是已知，则当$\frac{Z-N}{M-Z}>1$ 时，A 大；

当$\frac{Z-N}{M-Z}<1$ 时，B 大.

所以可确定人数多的班，选 C.

第五节　浓度问题

【114】

【解析】 选 E. 用交叉法：

$$\begin{array}{ccccc} 30 & & & & 4 \\ & \diagdown & & \diagup & \\ & & 24 & & \\ & \diagup & & \diagdown & \\ 20 & & & & 6 \end{array} \qquad \frac{甲量}{乙量}=\frac{4}{6}=\frac{2}{3}$$

故甲溶液的质量为 200 克,乙溶液的质量为 300 克.

【点睛】 对于溶液的混合问题,有时候也可以利用交叉法,但要注意交叉法得到的最终比例结果是总的质量的比.

【115】

【解析】 选 C. 因为最后丙倒了$\frac{1}{10}$给甲容器之后剩下 9 千克盐,所以丙最后倒了 1 千克盐给甲容器,又最后甲容器含盐量为 9 千克,所以甲将$\frac{1}{3}$盐水倒入乙之后剩余 8 千克盐,即 8 千克盐占甲原先含盐量的$\frac{2}{3}$,则甲原来盐水含量$\frac{8}{\frac{2}{3}}=12$(千克).

【技巧】 甲容器中盐水的$\frac{1}{3}$倒入乙容器,根据只有 12 能被 3 整除,立刻选 C. 具体方法请参看《管理类综合能力华明讲数学　教程篇》.

【116】

【解析】 选 E. 设甲酒精浓度为 x,乙酒精浓度为 y.

$$\begin{cases} \dfrac{10x+12y}{10+12}=70\%, \\ \dfrac{20x+8y}{20+8}=80\% \end{cases} \Rightarrow \begin{cases} x=0.91=91\%, \\ y=0.525=52.5\%. \end{cases}$$

【点睛】 浓度问题中如果混合前的溶液浓度没有给出,一般建议列方程用浓度公式解决,如果溶液浓度已经给出,建议用交叉法解决问题.

【117】

【解析】 选 E. 设甲酒精浓度为 x,乙酒精浓度为 y,丙酒精浓度为 z.

已知：$$\frac{2x+y}{3}=z.$$

条件(1)：$$\frac{x+5y}{6}=\frac{1}{2}z=\frac{2x+y}{6}\Rightarrow x=4y.$$

条件(2)：$$\frac{x+2y}{3}=\frac{2}{3}z=\frac{2(2x+y)}{9}\Rightarrow x=4y.$$

显然单独不充分,联合两个条件后也不充分.

【118】

【解析】 选 C.

方法一：设 A 试管中的水有 x 克，则列式可得：$\frac{12\%\times10}{x+10}=6\%\Rightarrow x=10$，同理可以计算 B 试管中的水有 20 克，C 试管中的水有 30 克.

方法二：混合后 A 浓度为 6%，由交叉法得：

12%　　　6%
　　6%　　　　⇒12%溶液量＝水的量＝10 克，
0　　　　6%

同理：从 A 中取浓度为 6%的溶液 10 克和 B 混合得到 2%的溶液，由交叉法，得 B 中有水 20 克；同理再次求得 C 中水的量为 30 克.

【点睛】 对于溶液配比问题，始终抓住核心公式：浓度＝溶质÷溶液＝溶质÷（溶质＋溶剂）.

【119】

【解析】 选 E. 设蒸发的水分质量为 x 千克，则：

$$\frac{40\times12.5\%}{40-x}=20\%\Rightarrow x=15(\text{千克}).$$

【技巧】 采用比例法. 盐∶水＝1∶7，改变为盐∶水＝1∶4，水少了 3 份，故蒸发的水 $\frac{40}{8}\times3=15$（千克）.

【120】

【解析】 选 C. 根据经验公式得：设体积为 V，则 $\frac{(V-10)(V-4)}{V^2}=\frac{2}{5}\Rightarrow V=20$.

【技巧】 显然只有 20 减去 10 和减去 4 后才比较接近，其他的数字都会有质数在排斥.

【121】

【解析】 选 B. 设总的体积为 V，第一次交换后得浓度为：$\frac{0.9V-0.9\times1}{V}=0.9\times\frac{V-1}{V}$；

第二次交换后浓度为：$\frac{0.9\times(V-1)-0.9\times\frac{(V-1)}{V}\times1}{V}=0.9\times\left(\frac{V-1}{V}\right)^2=40\%$，得 $V=3$.

【技巧】 采用经验公式：$90\%\cdot\left(\frac{V-1}{V}\right)^2=40\%\Rightarrow\left(\frac{V-1}{V}\right)^2=\frac{4}{9}\Rightarrow V=3$.

【点评】 浓度中的稀释兑水问题是比较难的，要注意每次倒的其实并不是纯的溶液.

第六节　工程问题

【122】

【解析】 选 D. 1 小时为 3 600 秒，可生产 $\frac{3\ 600}{15}\times4=960$（件）.

【点睛】 当工作效率一定时，工作时间和工作量成正比.

【123】

【解析】 选 A. 12 天完成原计划的 45%是 5 000×45%=2 250(双)，现在每天的产量为$\frac{2\ 250}{12}=187.5$，则 30 天完成的产量为 187.5×30=5 625(双).

【点睛】 根据每天的生产效率来求解总工作量.

【124】

【解析】 选 A. 运矿石汽车 7 天可运走全部的 35%，则每天可运走全部的 5%，余下的 65%还需要 13 天.

【点睛】 求出每天的工作效率，再根据剩下的工作量，来计算所需的工作时间.

【125】

【解析】 选 B.

$\frac{1-\frac{1}{4}-\frac{1}{6}-\frac{1}{8}-\frac{1}{4}-\frac{1}{6}}{\frac{1}{8}}=\frac{1}{3}$，一共需要 $5\frac{1}{3}$天.

【点睛】 要注意，虽然是甲、乙、丙一块完成的，但不是同时做的，是依次做的，一人一天地做，其关键点在于谁来进行最后工作的收尾.

【126】

【解析】 选 D. 设原计划施工效率是 x，则$\frac{2\ 400}{x}=\frac{400}{x}+\frac{2\ 000}{x+2}+50\Rightarrow x=8$，则原计划施工工期是$\frac{2\ 400}{8}=300$(天).

【点睛】 此题主要涉及效率变化对工期的影响，其关键点在于求出效率变化前后，所用工期的关系.

【127】

【解析】 选 E. 设这份材料的字数是 x，则$\frac{\frac{2}{5}x}{30}+\frac{\frac{3}{5}x}{42}+30=\frac{x}{30}\Rightarrow x=5\ 250$，故选 E.

【点睛】 效率提高导致时间节约，所以求出前后效率对应工作时间差值即可.

【128】

【解析】 选 D. 方法一：反比法，新效率：计划效率=1.2：1=6：5，则新时间：计划时间=5：6，两个时间相差一份，而对应的 1 份时间就是停工的 2 天。则计划时间为 12+3=15(天). 选 D.

方法二：设原计划 x 天，则每天的工作效率为$\frac{1}{x}$.

$$\frac{3}{x}+\frac{(x-5)\times 100\%}{x}=1,$$

解得 $x=15$.

【129】

【解析】 选 A. 设共有货物 x 吨，乙队每小时可运 y 吨，则$\begin{cases}9(y+3)=\frac{1}{2}x,\\ x=30y\end{cases}\Rightarrow x=135$，$y=4.5$.

【点睛】 根据总货物作为等量关系来列方程组.

【130】

【解析】 选 B. 甲单独做需要 x 天完成，则乙的工作效率是 $\frac{1}{30}-\frac{1}{x}$，根据题意有 $\frac{24}{x}+\frac{10}{30}+17\times\left(\frac{1}{30}-\frac{1}{x}\right)=1\Rightarrow x=70$.

【技巧】 使用纵向比较法可知，甲多做了 4 天的任务量＝乙少做了 3 天的任务量，立即得出，甲做 40 天的任务量＝乙做 30 天的任务量，则完成总工程甲单独需要 30＋40＝70（天），故选 B.

【131】

【解析】 选 C. 设每分钟漏进 x 桶，则 $600+50x=36\times 50\Rightarrow x=24$.

【技巧】 直接分析，效率$=\frac{36\times 50-600}{50}=24$，故选 C.

【点睛】 以“排水量＝进水量”来列方程，注意不光是要排出 600 桶的水，因为在排出的同时还在漏进来.

【132】

【解析】 选 A. 甲、乙两机床 4 小时共生产某种零件 360 个，则每小时共生产 90 个，又甲、乙两台机床的生产效率之比为 1 225 : 1 025＝49 : 41，故甲机床每小时生产 49 个.

【点睛】 当时间相同时，利用工作效率与工作量成正比，来求出甲、乙的工作效率之比.

【133】

【解析】 选 A. 根据题目列方程组：$\begin{cases}9A+3B=189,\\ 5A+6B=196\end{cases}\Rightarrow\begin{cases}A=14,\\ B=21.\end{cases}$

【点睛】 根据每台完成的工作量之和等于总工作量来列方程组求解.

【134】

【解析】 选 C.

方法一：设每辆大车运 x 吨，每辆小车运 y 吨，则根据题意有 $\begin{cases}2x+3y=15.5,\\ 5x+6y=35,\end{cases}$ 解得 $\begin{cases}x=4,\\ y=2.5,\end{cases}$ 则 3 辆大车与 5 辆小车可运 $3\times 4+2.5\times 5=24.5$（吨）.

方法二：$\begin{cases}2x+3y=15.5, & ①\\ 5x+6y=35, & ②\end{cases}\Rightarrow ①\times 7-②=3(3x+5y)=73.5$，则 3 辆大车与 5 辆小车可运 $\frac{73.5}{3}=24.5$（吨）.

【点睛】 方法二没有具体去求解大车、小车的运量，而是通过式子的计算直接求解 3 辆大车和 5 辆小车的运量，体现了整体法的运用.

【135】

【解析】 选 D. 工程问题总是和工作效率相挂钩. 晴天时，一队的工作效率为$\frac{1}{12}$，二队的工作效率为$\frac{1}{15}$，雨天时，一队的工作效率变为$\frac{1}{12}\times 60\%=\frac{1}{20}$，二队的工作效率变为$\frac{1}{15}\times 80\%=\frac{4}{75}$. 设这段施工期间晴天的天数和雨天的天数分别为 a，b，则有$\frac{a}{12}+\frac{b}{20}=1$，$\frac{a}{15}+\frac{4b}{75}=1$，两式相减，得$\frac{a}{60}=\frac{b}{300}$，$b=5a$，将其代入第一个式子，得 $a=3$，$b=15$，故选 D.

【技巧】 我们将雨天换成晴天.

一队工作一个雨天，相当于工作 60%个晴天.

二队工作一个雨天，相当于工作 80%个晴天.

所以将一个雨天换成晴天，二队比一队多工作 80%−60%天. 最后全换成晴天时，二队比一队多工作 15−12 天. 所以共有(15−12)÷(80%−60%)=15(个)雨天.

【点睛】 此类问题的关键思路是找工作效率和工作时间的关系，此题运算量也较大，是对考生的一种考验.

【136】

【解析】 选 A. 设这条公路的长度为 x，甲完成了$\frac{x}{2}-7.5$，乙完成了$\frac{x}{2}+7.5$，则

$$\frac{\frac{x}{2}-7.5}{\frac{x}{2}+7.5}=\frac{24}{40}\Rightarrow x=60(\text{公里}).$$

【技巧】 根据比例，总长$=\frac{7.5}{\frac{5}{8}-0.5}=60$，故选 A.

【点睛】 关键是找到 7.5 公里所对应该路的比例，再利用公式：总量=部分量/对应所占的比例.

【137】

【解析】 选 B. 设规定时间是 x 天，则甲单独做需要 $x+4$ 天，乙单独做需要 $x-2$ 天，得$\frac{x}{x+4}+\frac{3}{x-2}=1\Rightarrow x=20$.

【技巧】 采用纵向比较法，设规定时间为 t 天，则甲单独完成要 $t+4$ 天，乙单独完成要 $t-2$ 天，而由题意可以看出甲做 t 天，乙做 3 天也能完成工程，则可以得出甲做 4 天的量等于乙做 3 天的量，可以列等式：$\frac{\text{甲的效率}}{\text{乙的效率}}=\frac{3}{4}=\frac{t-2}{t+4}\Rightarrow t=20$，故选 B.

【点睛】 本题根据两人完成工程的时间关系找到突破口，甲完成工作所需要的时间变

化主要是因为乙额外提供了帮助.

【138】

【解析】 选 D.

设甲每天植树 x 棵,则乙每天植树 $x-4$ 棵. 列式得:$3x+5(x-4)=100\Rightarrow x=15$.

【技巧】 甲每天比乙多植 4 棵树,所以 3 天多植 12 棵树,可求出乙每天植树 $\frac{100-12}{8}=11$(棵),故甲每天植树 $11+4=15$(棵).

【139】

【解析】 选 E. 设甲每天完成 x,乙每天完成 y,丙每天完成 z,则

$$\begin{cases}\frac{1}{x}=60,\\ \frac{1}{x+y}=28,\\ \frac{1}{y+z}=35\end{cases}\Rightarrow\begin{cases}x=\frac{1}{60},\\ x+y=\frac{1}{28},\\ y+z=\frac{1}{35}\end{cases}\Rightarrow z=\frac{1}{35}-\frac{1}{28}+\frac{1}{60}=\frac{1}{105}\Rightarrow\frac{1}{z}=105.$$

即丙单独做需要 105 天,故选 E.

【技巧】 由于发现题目中 28 和 35 中都含有共同的质数,那么显然结果中会含有 7,那么 105 的可能性非常大.

【点睛】 工程问题必须弄清楚效率和时间的关系.

【140】

【解析】 选 C.

显然联合条件(1)和条件(2),发现乙、丙的速度和大于甲、乙的速度和,则丙管道的供油速度比甲管道供油速度大,充分.

【点睛】 本题不用具体求解效率,只需定性比较即可.

【141】

【解析】 选 D.

条件(1):$t=\frac{1}{\frac{1}{4}+\frac{1}{5}}=\frac{20}{9}<2.5$,充分;

条件(2):$t=\frac{1}{\frac{1}{9}+\frac{1}{10}+\frac{1}{5}}=\frac{90}{37}<2.5$,充分.

【点睛】 能否完成任务,只要选择效率最低的打印机能完成任务即可.

【142】

【解析】 选 A. 条件(1):设丁独立完成该项工作需要 x 天时间,则列式得:$\frac{1}{3}+\frac{1}{4}+\frac{1}{6}+\frac{1}{x}=1\Rightarrow x=4$,充分;条件(2):由于不知道丁做完所需要的时间,因此也就不充分了.

【点睛】 此题很容易选成 C,这类题目属于陷阱题.

【143】

【解析】 选 D. 条件(1):设甲每小时完成 x 件,则$x+\frac{1}{3}x=600\Rightarrow x=450$,充分.

条件(2):由题意得乙 1 小时可以完成 200 件,则甲每小时可以完成 $600-200=400$(件),充分.

【点睛】 本题明显根据单个条件就能进行推理,不需要联合,而两条件属于从不同方向在说明问题,属于 D 的典型结构.

【144】

【解析】 选 E. 显然联合,设甲效率为 x,乙效率为 y,丙效率为 z.

$$\begin{cases}3(x+y)=1,\\4(x-z)=1\end{cases}\Rightarrow\begin{cases}x+y=\frac{1}{3},\\y+z=\frac{1}{4}.\end{cases}$$

联合后,$2x+y+z=\frac{7}{12}\Rightarrow x+y+z<\frac{7}{12}$.

所以$\frac{1}{x+y+z}>\frac{12}{7}$,不充分,选 E.

【点睛】 一般在两个条件单独不充分时候,考试时如果实在不会做的话大概率还是应该选 C.

【145】

【解析】 选 A. 设甲、乙、丙单独完成各需要天数为 x,y,z,则

$$\begin{cases}\frac{1}{x}+\frac{1}{y}=\frac{1}{6},\\\frac{1}{y}+\frac{1}{z}=\frac{1}{10},\\\frac{1}{z}+\frac{1}{x}=\frac{1}{7.5}\end{cases}\Rightarrow\begin{cases}x=10,\\y=15,\\z=30,\end{cases}$$

再设每天付给甲、乙、丙三队的费用是 a,b,c,则

$$\begin{cases}6a+6b=8\ 700,\\10b+10c=9\ 500,\\7.5a+7.5c=8\ 250\end{cases}\Rightarrow\begin{cases}a=800,\\b=650,\\c=300.\end{cases}$$

若要甲做,需付 $10\times800=8\ 000$(元);若要乙做,需付 $15\times650=9\ 750$(元);若要丙做,需付 $30\times300=9\ 000$(元),所以用甲队最划算.

【点睛】 此题要找两个量:(1)各自的工作效率;(2)各自每天所得的费用. 此外,本题的运算量较大,也可以采用估算的方式来判断.

【146】

【解析】 选 B. 设甲每周的工时费为 x,乙每周的工时费为 y,则

$$\begin{cases}(x+y)\times10=100,\\6x+18y=96\end{cases}\Rightarrow\begin{cases}x+y=10,\\x+3y=16\end{cases}\Rightarrow\begin{cases}x=7,\\y=3.\end{cases}$$

【147】

【解析】 选 A. 设甲、乙、丙三人的效率分别为 x,y,z，列式得：

$$\begin{cases}x+y=\dfrac{1}{2},\\ y+z=\dfrac{1}{4},\\ z+x=\dfrac{5}{12}\end{cases}\Rightarrow\begin{cases}x+y+z=\dfrac{7}{12},\\ y+z=\dfrac{1}{4}\end{cases}\Rightarrow x=\frac{1}{3},$$

再设甲、乙、丙三人的每天报酬分别为 a,b,c，那么

$$\begin{cases}2(a+b)=2\ 900,\\ 4(b+c)=2\ 600,\\ 2(a+c)=2\ 400\end{cases}\Rightarrow\begin{cases}a+b+c=1\ 650,\\ b+c=650\end{cases}\Rightarrow a=1\ 000,$$

甲完成工程所需要的人工费为 3 000 元.

【技巧】 本题计算量稍大，其实当计算出甲每天需要支付的报酬为 1 000 元时，将选项后面数值除以前面数值马上能发现只有 A 正确.

【148】

【解析】 选 E. 押题中 100%讲过，设甲和乙的效率分别为 x,y，每天的工时费分别为 a,b，列效率的方程如下：$\begin{cases}6(x+y)=1,\\ 4x+9y=1\end{cases}\Rightarrow 6x+6y=4x+9y\Rightarrow 2x=3y\Rightarrow 10x=1\Rightarrow x=\dfrac{1}{10}$，即甲单独做需要 10 天完成任务，再列工时费的方程：

$$\begin{cases}(a+b)6=2.4,\\ 4a+9b=2.35\end{cases}\Rightarrow\begin{cases}18a+18b=7.2,\\ 8a+18b=4.7\end{cases}\Rightarrow 10a=2.5\Rightarrow a=0.25,$$

所以甲单独做的总费用 $0.25\times10=2.5$(万元).

第七节　行程问题

【149】

【解析】 选 E. 从两车头相遇到车尾离开，走的相对路程为两车长之和，由于是相向开来，故相对速度为两者的速度的和，所以时间为 $\dfrac{187+173}{25+20}=8$(秒).

【点睛】 记住两列火车时间公式，如果相向，$t=$车长之和/速度之和；如果同向，$t=$车长之和/速度之差.

【150】

【解析】 选 A. 如图 11－1 所示，由两列火车相对速度相同得：$\dfrac{160}{4}=\dfrac{120}{t}\Rightarrow t=3$(秒).

【技巧】 根据常识，时间只与对方车长有关，与自身车长无关，故对方车长越短，所用的时间越少，所以时间应小于 4 秒，故选 A.

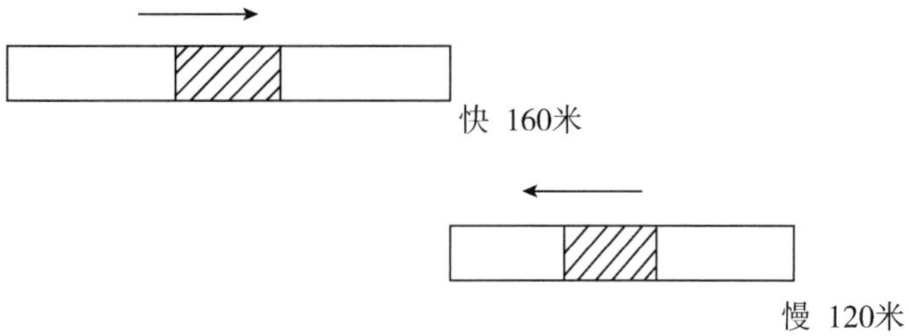

图 11－1

【151】

【解析】 选 D. 通信员由队首跑到队尾所用时间为$\frac{800}{4\times80}$，由队尾回到队首所用的时间为$\frac{800}{2\times80}$，故总共花的时间为$\frac{800}{4\times80}+\frac{800}{2\times80}+1=8.5$(分钟).

【点睛】 本题可以将队伍看作参照物，用相对速度求解.

【152】

【解析】 选 D. 由于 3.6 千米/时＝1 米/秒；10.8 千米/时＝3 米/秒，设这列火车的车身长为 x 米，则：

$$\frac{x}{22}-\frac{x}{26}=3-1\Rightarrow x=286,$$

故选 D.

【技巧】 只需观察选项，应该是 22 的倍数就可以了，只能选 D.

【点睛】 对于同向运动，相对速度为两者速度之差，时间等于车长除以相对速度，用火车的长度除以相对速度可以得到时间.

【153】

【解析】 选 C. 设通过 300 米的隧道需要时间为 t 秒，则$\frac{75+525}{40}=\frac{75+300}{t}\Rightarrow t=25$.

【技巧】 $t=\frac{300+75}{525+75}\times40=25$.

【点睛】 火车通过隧道或桥梁的时间为：$t=$(车长＋桥长)/火车速度.

【154】

【解析】 选 C.

令火车长为 L，则$\frac{L+1\ 600}{25}=\frac{L}{5}\Rightarrow L=400$(米).

【技巧】 25－5＝20(秒)对应 1 600 米，5 秒对应车长，根据两者比例得车长为 400 米.

【155】

【解析】 选 D. 设火车车长为 L，速度为 v，则$v=\frac{250+L}{10}=\frac{450+L}{15}\Rightarrow L=150$(米)，所以$v=\frac{250+150}{10}=40$(米/秒)，则 $t=\frac{1\ 050+L}{v}=30$(秒).

【技巧】 通过对比发现火车通过 200 米的路程需要 5 秒钟，则火车速度为 40 米/秒，火车长为 400－250＝150(米)，则火车通过 1 050 米的桥梁需要时间为$\frac{1\ 050+150}{40}$＝30(秒).

【156】

【解析】 选 A. 设再行驶 x 千米，则 $5\times(351\times\frac{1}{9}+x)=351-\left(351\times\frac{1}{9}+x\right)\Rightarrow x=19.5$.

【技巧】 $351\times\left(\frac{1}{6}-\frac{1}{9}\right)=\frac{351}{18}=\frac{99}{2}=19.5$，故选 A.

【点睛】 已知总量，只需通过求出部分量占总量的比例来得到部分量的数值.

【157】

【解析】 选 B.

方法一：设路程为 s，列出等式：$\frac{s}{60}-5=\frac{s}{75}+4$，得到 $s=36\times75$. 约会时间：$\frac{s}{75}+4=40$(分钟). 即 3 点 40 分为约会时间，故选 B.

方法二：假设原定路上时间需要 x 分钟，则 $60(x+5)=75(x-4)$，解得 $x=40$.

【点睛】 相同路程时，通过不同速度对应的时间关系来列等式求解.

【158】

【解析】 选 B. 设原来速度为 v，列方程：$\frac{150}{v}=\frac{150}{v+10}+\frac{1}{2}\Rightarrow v=50$(千米/时).

【点睛】 此题确定的等量关系是时间，停留半小时的代价是后面要提速，也就是通过提速将耽误的半小时追回来.

【159】

【解析】 选 B. 设路程为 1，得 $\bar{v}=\frac{2}{\frac{1}{6}+\frac{1}{12}}=8$(千米/时).

【技巧】 由于此题为调和平均，显然结果会比算术平均小，那么应该在 B，C，D 选项中去选择了.

【点睛】 如果往返路程一样，只是速度不同，那么平均速度可以利用公式$\frac{2v_1v_2}{v_1+v_2}$进行计算.

【160】

【解析】 选 C. 如图 11－2 所示，本题相当于 16 列火车同时从甲、1 号、2 号、3 号、…、16 号站出发，两站间距离相距 25 千米. 物资全部到达乙，就是第 16 号车到达乙：$t=\frac{15\times25+600}{125}=7.8$.

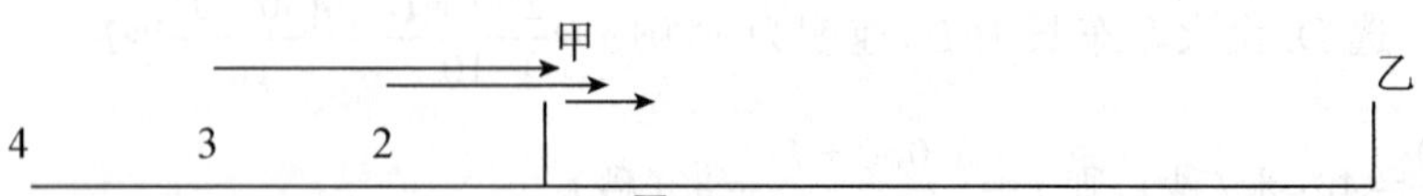

图 11－2

【点睛】 要注意此题不是一辆列车，而是多辆列车有间距地行驶，不过可以看成是一个整体，本题也可以求出第一列车的时间，再加上等待最后一列车到达的时间，就为总时间了.

【161】

【解析】 选 B. 设准时到需要时间为 t，则根据路程不变得：

$$150(t+5)=210(t-5)\Rightarrow t=30,$$

所以会议开始时间为 8:30.

【技巧】 采用万能追差法即可得到答案：$t=\frac{\Delta s}{\Delta v}=\frac{150\times5+210\times5}{210-150}=30$.

【162】

【解析】 选 D. 设半个路程为 s，45 分钟为 $\frac{3}{4}$ 小时，那么列方程得：$\frac{s}{v}+\frac{3}{4}=\frac{s}{0.8v}$，$\frac{s}{v}-\frac{3}{4}=\frac{s}{120}$，那么联合两个方程得：$s=270\Rightarrow 2s=540$.

【技巧】 路程一定，平均速度只有计划的 80%，$v_{新}:v_{旧}=4:5$，新的干 5 小时＝旧的干 4 小时，差 1 小时，真实相差 $\frac{3}{4}$ 小时，新的干 $5\times\frac{3}{4}$ 小时＝旧的干 $4\times\frac{3}{4}$ 小时，差 1 小时，故原计划全程需要 6 小时，$\frac{s}{2}=\left(3-\frac{45}{60}\right)\times120$，解得 $s=540$.

【163】

【解析】 选 C. 由条件(1)：$(220+100)t$，不确定；由条件(2)：$220t+100(6-t)$，不确定. 联合后得时间都是 3 小时，即两地的距离为$(220+100)\times3=960$(千米).

【164】

【解析】 选 E. 条件 1 和条件 2 均单独不充分，两个条件联合，因为无法得知现行路段的距离，那就无法得知原来的通行速度，也不知道原来所需的时间，因此无法算出此人上班的距离.

【165】

【解析】 选 A.

设船在静水中的速度为 $v_{静}$，水流速度为 $v_{水}$.

$$t_1=\frac{s}{v_{静}+v_{水}}+\frac{s}{v_{静}-v_{水}}=\frac{2v_{静}}{(v_{静}+v_{水})(v_{静}-v_{水})}\cdot s\Rightarrow t_1=\frac{2v_{静}}{v_{静}^2-v_{水}^2}\cdot s,$$

$$t_2=\frac{s}{v_{静}+1.5v_{水}}+\frac{s}{v_{静}-1.5v_{水}}=\frac{2v_{静}}{(v_{静}+1.5v_{水})(v_{静}-1.5v_{水})}\cdot s\Rightarrow t_2=\frac{2v_{静}}{v_{静}^2-2.25v_{水}^2}\cdot s\Rightarrow t_1<t_2.$$

【技巧】 极限讨论法，假设水流速度增加 50%时，船开不回来了，时间就为无穷大了，显然应该是增大.

【166】

【解析】 选 D. 设轮船在静水中的速度为 v，水速为 a，设木板从落水到发现丢失经历 t 分钟，$30[(v+a)-a]=t(v-a)+ta$，$30v=tv$，即 $t=30$. 故选 D.

【技巧】 采用极限思想，设水速为 0，马上选 D.

【点睛】 木板落水到发现丢失时间=发现丢失到追上时间,与轮船在静水中的速度、水速无关.

【167】

【解析】 选 B. $t=\frac{78}{28+2}+\frac{78}{28-2}=\frac{78}{30}+\frac{78}{26}=5.6(\text{h})$.

【点睛】 考查顺水和逆水问题,顺水速度=船速+水速,逆水速度=船速-水速,以后也可以记住推导好的公式 $t=\frac{2vs}{v^2-v_0^2}$.

【168】

【解析】 选 D. $55\times7+5v_{乙}=695\Rightarrow v_{乙}=62$.

【点睛】 如果两车相距 s 相向而行,同时出发,记住公式 $s=(v_1+v_2)t$.

【169】

【解析】 选 C. 设公路长为 x,则$\frac{x}{40}+3=\frac{x-40}{40\times\frac{3}{5}}\Rightarrow x=280$.

【点睛】 考查不同对象不同路线的运动问题,利用汽车和轮船的路程、时间关系来列方程.

【170】

【解析】 选 C. 设甲的速度为 x,乙的速度为 $x+10$,列方程如下:

$$\frac{15}{x}=\frac{30}{x+10}+\frac{1}{3}+\frac{2}{3}\Rightarrow x=5,t=\frac{15}{x}=3,$$

两人同时到达 B 地的时间为下午 3 点.

【点睛】 本题的时间比较复杂,多次不同步,可采用时间扣除法来寻找两者的关系.

【171】

【解析】 选 D. 由图 11-3 分析可得:

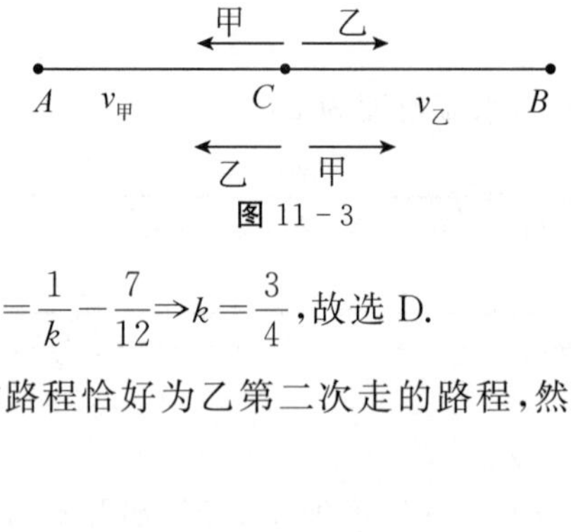

图 11-3

$\frac{v_{甲}\times1}{v_{乙}}=\frac{v_{乙}\times1}{v_{甲}}-\frac{7}{12},k=\frac{1}{k}-\frac{7}{12}\Rightarrow k=\frac{3}{4}$,故选 D.

【点睛】 甲第一次走的路程恰好为乙第二次走的路程,然后结合时间关系就可以得出答案.

【172】

【解析】 选 E.

设乙的速度为 x 米/分,则甲的速度为$(x+40)$米/分,则

$$[x+(x+40)]\times\frac{48}{60}=40\times10,得\ x=230.$$

【点睛】 在环形跑道上,两人按照相反方向跑,每相遇一次,所跑距离和为环行跑道的

长度，每相遇一次的时间为 $t=\dfrac{s}{v_1+v_2}$；两人按照相同方向跑，每相遇一次，所跑距离差为环形跑道的长度，每相遇一次的时间为 $t=\dfrac{s}{v_1-v_2}$.

【173】

【解析】 选 C. $8v_乙=400\Rightarrow v_乙=50$，又 $25v_甲-25v_乙=400\Rightarrow v_甲=v_乙+\dfrac{400}{25}=50+16=66$.

【技巧】 只要计算出甲的速度比乙快 16 时，基本就可以选择是 66 了.

【点睛】 圆圈型行程问题主要是抓住每相遇一次，两人路程之差（和）就是一个圈子的总长.

【174】

【解析】 选 D. 设两人原来速度分别为 $v_甲$ 和 $v_乙$，则：

$$\begin{cases}(v_甲+v_乙)\times 1=s, & ①\\ [(v_甲+1.5)+(v_乙+1.5)]\times 1.5=2s, & ②\end{cases}$$

②$-1.5$①$\Rightarrow s=9$.

【点睛】 遇到多次相遇以及折回问题，要整体来考虑，这样比较直观.

【175】

【解析】 选 E. 甲、乙两地相距 $(90+100)\times 3=570$（千米），客车总时间为 $570\div 100=5.7$（小时），所以，$570-90\times 5.7=570-513=57$（千米）.

【点睛】 在 43，50，57 中选择，又因为题目中有 3 小时，能被 3 整除，直接选 57.

【176】

【解析】 选 D.

方法一：通过图 11－4 可知，甲、乙第三次相遇时，所走过的路程综合为 5 个全程，即 $5\times 1\,800=9\,000$.

见比设 K，设甲经过 $5K$，乙经过 $4K$，则 $K=\dfrac{9\,000}{9}=1\,000$，$S_甲=5K=5\,000$（米）.

第三次相遇时，甲已经过两个全程，并又从 A 端出发，所以距其出发点的距离为

$$5\,000-1\,800\times 2=5\,000-3\,600=1\,400（米）.$$

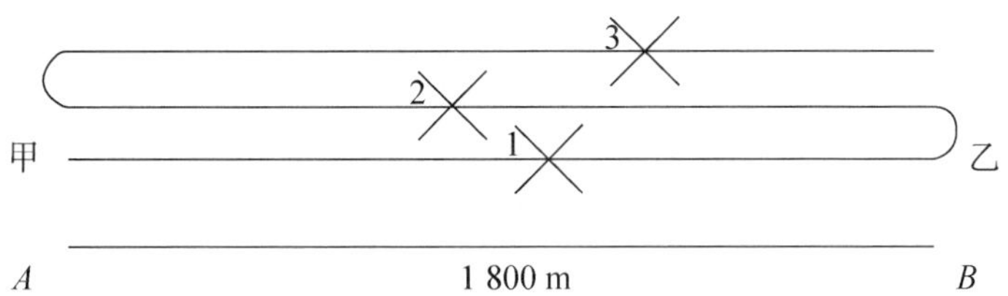

图 11－4

方法二：乙第三次相遇时，所走过的路程综合为 5 个全程，即 $5\times 1\,800=9\,000$。将 9 000 米视作工程总量，甲、乙速度视为效率，

$$(v_甲+v_乙)\cdot t=9\,000,$$

$$t=\frac{9\,000}{100+80}=50（分钟）.$$

甲一共走了 1 000×50 = 5 000 米，第三相遇时，甲已经过两个全程，并又从 A 端出发，所以距其出发点的距离为 5 000－1 800×2=5 000－3 600=1 400(米).

【点睛】 当两人相向而行时，路程之和为奇数个跑道长的时候，为相遇点；当两人同向而行时，路程之和为偶数个跑道长的时候，为相遇点.

【177】

【解析】 选 D. 设甲速度为 x，乙速度为 y，列式如下：

$$\begin{cases}(x+y)\times 2=330,\\ x\cdot(2+2.4)=330\end{cases}\Rightarrow\begin{cases}x=75,\\ y=90.\end{cases}$$

【点睛】 相遇和追击问题的关键在于能分析出两人各自行驶的路程与总路程之间的关系.

【178】

【解析】 选 C. 设三车从出发到达题目要求位置行驶了 t 小时，如图 11－5 所示，

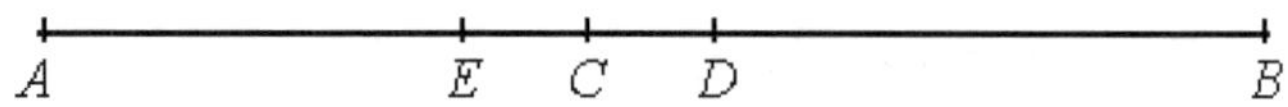

图 11－5

根据题意，丙车与甲、乙两车的距离相等时，甲、乙、丙分别位于 E，D，C，列方程如下：

$$208-(60+90)\cdot t=(80+90)\cdot t-208$$
$$\Rightarrow 320t=416\Rightarrow t=1.3(\text{h})=78(\text{min}),$$

选 C.

【179】

【解析】 选 C. 设甲的速度为 x 米/秒，乙的速度为 y 米/秒.

条件(1)：$6x=12+6y$，不充分；条件(2)：$5x=(5+2.5)y$，也不充分；联合后，解出 $x=6$，选 C.

【点睛】 如果两人相距 s，则追赶所用的时间为 $t=\dfrac{s}{v_1-v_2}$.

【180】

【解析】 选 C. 条件(1)和(2)明显单独不充分，考虑联合起来. 设甲、乙的速度分别为 $v_{甲}$，$v_{乙}$，跑道长 s，由题意得 $\begin{cases}2(v_{甲}+v_{乙})=s,\\ 6(v_{甲}-v_{乙})=s\end{cases}\Rightarrow\begin{cases}v_{甲}=\dfrac{1}{3}s,\\ v_{乙}=\dfrac{1}{6}s,\end{cases}$ 可得乙跑一圈需 $t_{乙}=\dfrac{s}{v_{乙}}=6$(分钟).

【点睛】 本题中的相向改成反向更为贴切一些. 另外，对本题要熟悉：同向跑步每相遇一次，路程差是一个圈的长度；反向跑步每相遇一次，路程和也是一个圈的长度.

【181】

【解析】 选 B. 设丙跑的路程为 x，根据比例法则，得 $\dfrac{s_{乙}}{s_{丙}}=\dfrac{90}{84}=\dfrac{100}{x}$，得到 $100-x=\dfrac{20}{3}$，故选 B.

【点睛】 对于时间相同的多个对象运动问题，速度与路程成正比，借助比例求解.

【182】

【解析】 选 B. 因为当甲到达终点时，乙距终点还有 40 米，丙距终点还有 64 米，所以乙

跑了 960 米，丙跑了 936 米，所以设乙、丙的速度比为 960：936＝40：39，当乙到达终点时，丙距终点还有 x 米. 则 $\frac{1\ 000}{1\ 000-x}=\frac{40}{39} \Rightarrow x=25$.

【技巧】 显然只有 25 能整除 1 000，选 B 的可能性最大.

第八节 容斥问题(集合问题，文氏图问题)

【183】

【解析】 选 D. 设参加两项考核的职工为 x 人，则有 $31+20-x=40-8 \Rightarrow x=19$.

【点睛】 抓住公式：$N(A \cup B)=N(A)+N(B)-N(A \cap B)$.

【184】

【解析】 选 E. 其解析过程如图 11－6 所示.

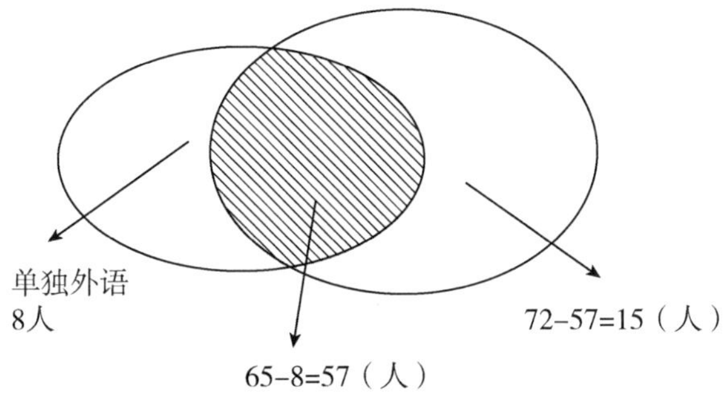

图 11－6

【点睛】 单位 90 人可以分为四部分，只参加计算机培训的、只参加外语培训的、两个培训都参加的，以及两个培训都没有参加的，此题也可以计算出两个培训都没参加的人有 10 个.

【185】

【解析】 选 C. 其解析过程如图 11－7 所示.

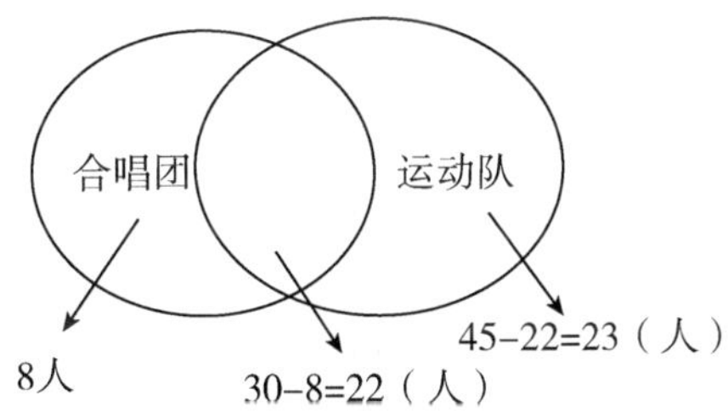

图 11－7

【点睛】 本题考查集合的运算，要掌握两个和三个集合的运算，明确每部分区域的意义.

【186】

【解析】 选 D. 设通过理论考试的为 A，通过路考的为 B，则条件(1)：

$$P(A)=0.7, P(B)=0.8, P(\overline{AB})=P(\overline{A+B})=0.1,$$

$$P(A+B)=0.9=P(A)+P(B)-P(AB) \Rightarrow P(AB)=0.6,$$

充分；

条件(2):如图 11－8 所示,故条件(2)也充分.

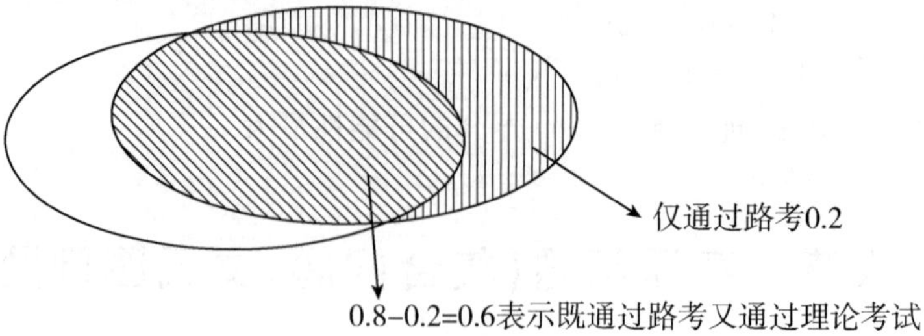

图 11－8

【187】

【解析】 选 A. $\begin{cases}A+B=29,\\A+C=25,\\B+C=20.\end{cases}\Rightarrow A+B+C=37.$

图 11－9 中三个集合相加后 3 区人数被算了 3 次,2 区人数被算了 2 次,设 1 区人数为 x,2 区人数为 15 人,3 区人数为 1 人,则 $2x+4\times15+6\times1=29+25+20\Rightarrow x=4$,故总共有 $4+15+1=20$(人).

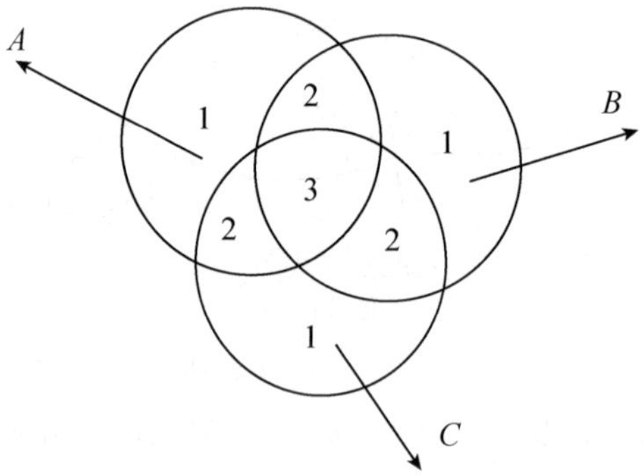

图 11－9

【点睛】 此题的关键在于要理解答对 2 题的有 15 人,其实是只答对两题的人数,不包含答对 3 题的人.

【188】

【解析】 选 B. 如图 11－10 所示三证齐全有 30 人,既在 130 人中,又在 110 人中,同时含在 90 人中. 也就是这 30 人应被算 $30\times3=90$(人). 同样设恰有双证的人数为 x,则在计算中应算 $2x$ 人,则 $130+110+90=90+2x+140\Rightarrow x=50$.

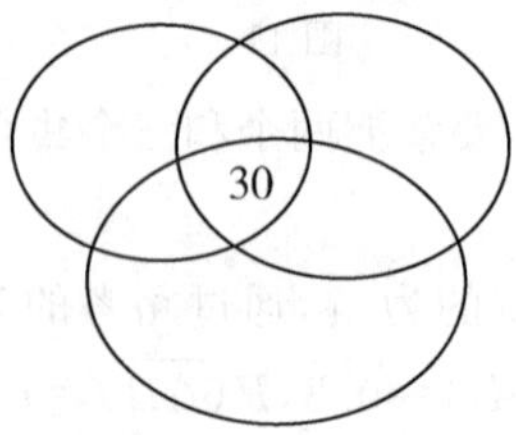

图 11－10

【点睛】 画文氏图的方法显得尤其重要.

【189】

【解析】 选 C. 采用集合计算公式：

$$n(A\cup B\cup C)=n(A)+n(B)+n(C)-n(A\cap B)-n(B\cap C)$$
$$-n(C\cap A)+n(A\cap B\cap C)$$
$$=20+30+6-10-2-3=41,$$
$$n(\overline{A}\cap\overline{B}\cap\overline{C})=n(\Omega)-n(A\cup B\cup C)=50-41=9.$$

【技巧】 作出图象，如图 11-11 所示.

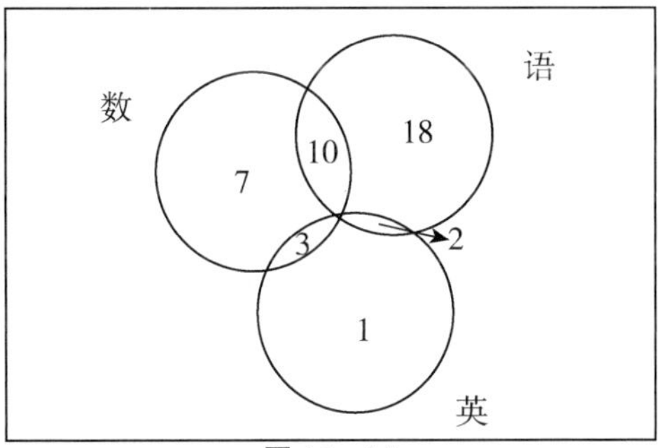

图 11-11

然后计算得没复习这三门课程的学生人数为：$50-(7+10+3+18+2+1)=9$.

【190】

【解析】 选 C. 仅购买了一种商品的顾客等于总的人数(即至少购买一种商品的人数)减去仅购买两种商品的人数再减去仅购买三种商品的人数，所以仅购买一种商品的顾客有 $96-(8-2)-(12-2)-(6-2)-2=74$(位).

【技巧】 本题其实只要画出文氏图做就非常简便了，如图 11-12 所示，甲、乙、丙代表三种商品，它们的交叠部分则代表同时购买了几种商品的人数，只要把对应数字填进去即可.

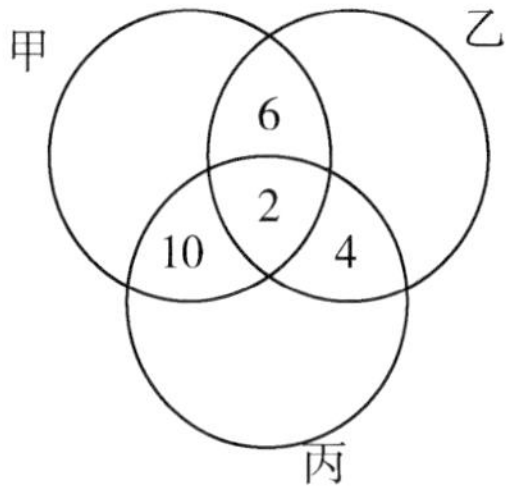

图 11-12

【191】

【解析】 选 B. 如图 11-13 所示：第一天售出，第二天未售出的商品有 25 种，前两天售出的商品种类为 $25+25+20=70$(种)，当第三天售出的 60 种商品都是第一天售出的商品时，这三天售出的商品种类最少为 75 种.

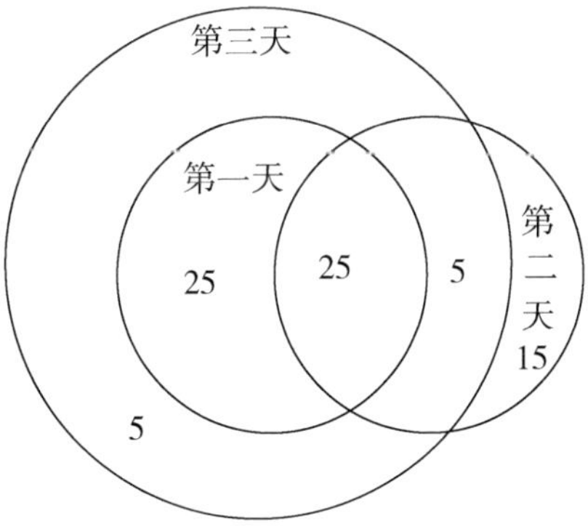

图 11-13

【技巧】 对于遇到“至少”此类问题时，选择小老二(次小)的选项命中率会比较高的.

【点睛】 本题也可以使用集合计数公式计算.

设第一、二、三天分别售出 A,B,C 种，

$$\begin{aligned}P(A+B+C)&=P(A)+P(B)+P(C)-[P(AB)+P(BC)+P(AC)]+P(ABC)\\&=50+45+60-[(a+x)+(b+x)+(c+x)]+x\\&=50+45+60-[25+30+(c+x)]+x\\&=100-c.\end{aligned}$$

因为 $c\leqslant 25$，所以三天售出的商品至少有 75 种.

【192】

【解析】 选 D. 条件(1)：通过的学生中，设女生为 x，男生为 y，则 $\begin{cases}x+y=23,\\x-y=5\end{cases}\Rightarrow y=9$，充分；条件(2)：在男生中，通过的人数为 x，未通过的人数为 y，那么 $\begin{cases}x+y=24,\\y-x=6\end{cases}\Rightarrow x=9$，充分.

【点睛】 本题人数可以分为男、女、通过和未通过，交织起来就是四类，计算时一定要弄清楚各部分的关系，考试时，建议画一个表格，更加简洁直观.

第九节　不定方程与线性规划

【193】

【解析】 选 C. 设做对 x 题，做错 y 题，没做 $20-x-y$ 题，则：$8x-5y=13\Rightarrow\begin{cases}x=6,\\y=7\end{cases}$(由于 y 为奇数)，没做的为 7 题.

【点睛】 本题属于不定方程(未知数的个数多于方程的个数)问题，要借助奇偶性和整除的关系来求解.

【194】

【解析】 选 A.

设个人捐款数额为 100 元、500 元、2 000 元的人数分别为 x,y,z；则：

$$\begin{cases}x+y+z=100,\\100x+500y+2\,000z=19\,000\end{cases}\Rightarrow\begin{cases}x+y+z=100,\\x+5y+20z=190\end{cases}\Rightarrow 4y+19z=90\Rightarrow\begin{cases}y=13,\\z=2.\end{cases}$$

【技巧】 根据 100 人捐款 19 000，得到人均捐款 190 元，说明捐款 100 元的人很多，捐款 500 元和 2 000 元的人很少.

【195】

【解析】 选 A. 列出不定方程 $1\,750x+950y=10\,000\Rightarrow 35x+19y=200$，然后验证选项即可.

【技巧】 本题明显可以排除 C 选项，而且 y 中必须要有 5 这个因子，所以只能选 A 了.

【196】

【解析】 选 C. 设 $a<b<c$ ，则 $\begin{cases}2b=a+c,\\10(c-a)=b,\end{cases}$ 消元后，得

$$20(c-a)=a+c\Rightarrow 21a=19c,$$

所以 $a=19,c=21,b=20$.

【点睛】 本题运算到 $21a=19c$ 时候，很多考生就会犹豫，觉得无法做下去了，其实对于不定方程来说，只要限制整数解，就可以开始“凑”答案了.

【197】

【解析】 选 C. 设甲部门 x 人，乙部门 y 人，丙部门 z 人，列式如下：

$$\begin{cases}(x-26)\times 6=z+26, & ①\\ y-5=z+5, & ②\end{cases}$$

①－②：$6x-y=7\times 26-10\Rightarrow x-y=7\times 26-10-5x=172-5x$.

题干的余数为 172 除以 5 的余数，则余数为 2，选 C.

【198】

【解析】 选 B. 设一等奖有 x 人，二等奖有 y 人，三等奖有 z 人，则得：

$1.5x+y+0.5z=100\Rightarrow x+y+z+0.5(x-z)=100\Rightarrow x+y+z=100-0.5(x-z)$.

条件(1)并不能得到 x 与 z 的大小关系，所以不充分；条件(2)显然 $z>x\Rightarrow x-z<0$，那么 $x+y+z=100-0.5(x-z)>100$，充分，故选 B.

【技巧】 此题只需要在条件(1)中取特殊值 $x=30,y=50,z=10$，即可发现 $x+y+z=90$ 不满足题干，那么就选条件(2)充分了.

【点睛】 处理不定方程要学会构造整体的能力，

【199】

【解析】 选 C. 根据条件(1)，每位供题老师提供的试题数相同，可知教师的人数是小于 12 的 52 的约数，2 或 4，取约数 2 时，由于每人供题数不超过 2 种，因此无法凑出 5 种题型，取 4 可以，联合选 C.

【技巧】 一个等号(定量)与一个不等式(定性)结合，一般选联合成立的可能性非常大.

【200】

【解析】 条件(1)只知道总件数，不知道价格，不能确定甲购买件数，所以条件(1)不充分；条件(2)只知道价格不知道件数，不能确定甲购买的件数，所以条件(2)也不充分. 联合两个条件，设甲购买 A 玩具 x 件，则乙购买 B 玩具 $50-x$，A 玩具的价格为 $2a$，B 玩具的价格为 a，根据题意列方程：$(50-x)a-2ax=100\Rightarrow 50a-3ax=100$，无法解出 x，所以选 E.

【技巧】 其实本题只要发现有 4 个未知数，两个条件联合后再加上已知的那个条件，也只有 3 个方程，是解不出 4 个未知数的，所以可以直接选 E.

【201】

【解析】 条件一：仅知道捐款金额不同和捐款总数，无法确定每人捐款金额。因此，不充分.

条件二：仅知道捐款金额的倍数和捐款总数，同样无法确定.

联合：

设甲乙丙捐款金额分别为 $500k_1,500k_2,500k_3,500k_1+500k_2+500k_3=3\ 500,k_1+$

$k_2+k_3=7$，通过观察可以得到 $k_1=1,k_2=2,k_3=4$.

此题略有争议，从命题组的角度看，如不考虑甲乙丙顺序，联合充分选 C，如果考虑甲乙丙顺序，也可以算作 E.

【202】

【解析】 设果汁有 x 瓶，牛奶有 y 袋，咖啡有 z 盒，条件(1)列式得：$12x+15y+35z=104$.

当 $z=1$ 时，$12x+15y=69\Rightarrow\begin{cases}x=2,\\y=3.\end{cases}$

当 $z=2$，$12x+15y=35\Rightarrow$无解.

条件(2) $12x+15y+35z=215$.

当 $z=1$ 时，$12x+15y=180\Rightarrow\begin{cases}x=10,\\y=4\end{cases}$ 或 $\begin{cases}x=5,\\y=8\end{cases}$ 不确定. 故选 A.

【技巧】 两个条件非常相似时候，一般在往往是一真一假，考试时候一般就在 A 和 B 中选择了.

【203】

【解析】 选 C. 单独显然不充分，故联合.

设已知全男生的组、全女生的组分别为 x,y 组(x,y 已知)，1 男 2 女和 1 女 2 男的组为 z 组，则女生人数可表示为 $3y+2z+z=3y+3z$.

根据组数可得 $x+y+2z=25$，可求出 z 的值，因此可求出女生的人数，故选 C.

【204】

【解析】 选 B. 数形结合法，设室内车位有 x 个，室外车位有 y 个(钱数单位为千元)，则 $\begin{cases}5x+y\leqslant 150,\\3x\geqslant y\geqslant 2x,\end{cases}$ 由图 11－14 可知，当 $\begin{cases}x=19,\\y=55\end{cases}$ 时，$(x+y)_{\max}=74$.

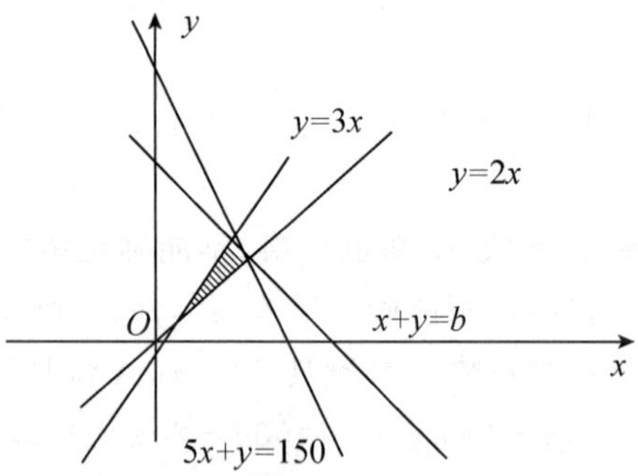

图 11－14

【点睛】 此类问题也属于线性规划问题，即实际生活中比较容易接触到的，但此题很容易在最后取整数时出错，通常可以结合常识找到最优解的特殊点. 当然，大家可以记住一个小诀窍：线性规划问题往往都在边界点出现最值点，所以可以先往边界点考虑求解.

【205】

【解析】 选 A. 设甲场每天处理垃圾的时间是 x 小时，乙场每天处理垃圾的时间是 y 小时，则：

$$\begin{cases}55x+45y=700,\\550x+495y\leqslant 7\ 370\end{cases}\Rightarrow\begin{cases}11x+9y=140,\\10x+9y\leqslant 134\end{cases}\Rightarrow x\geqslant 6.$$

【点睛】 遇到"至少""至多"问题时,可转化为不等式分析,"至少"可转化为"≥","至多"可转化为"≤".

【206】

【解析】 选 B. 设甲货车 x 辆,乙货车 y 辆,由题意列出约束条件后并画图,如图 11－15 所示:

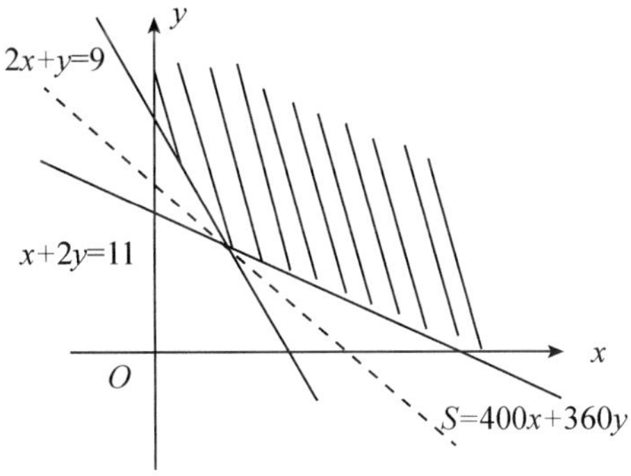

图 11－15

$$\begin{cases}40x+20y\geqslant 180,\\10x+20y\geqslant 110,\\x\geqslant 0,\\y\geqslant 0\end{cases}\Rightarrow\begin{cases}2x+y\geqslant 9,\\x+2y\geqslant 11,\\x\geqslant 0,\\y\geqslant 0,\end{cases}$$

取临界情况得:$\begin{cases}2x+y=9,\\x+2y=11\end{cases}\Rightarrow\begin{cases}x=\dfrac{7}{3},\\y=\dfrac{13}{3},\end{cases}$取整数情况$\begin{cases}x=2,\\y=5.\end{cases}$

目标函数运费最小值为:$S=400x+360y=800+1\ 800=2\ 600$(元),故选 B.

【点睛】 一般遇到交点并不是整数时,要采用附近取整数的方法.

【207】

【解析】 选 C. 设需要熟练工 x 人,普通工 y 人,则满足的线性不等式为:

$$\begin{cases}x+y\leqslant 12,\\\dfrac{1}{10}x+\dfrac{1}{15}y\geqslant 1\end{cases}\Rightarrow\begin{cases}x+y\leqslant 12,\\3x+2y\geqslant 30,\end{cases}$$

求出交点为$\begin{cases}x=6,\\y=6.\end{cases}$

所以最少的报酬 $z=200x+120y=1\ 920$(元).

【技巧】 由于 200 和 120 之间相差 80,那么我们直接在 1 840 和 1 920 中选择了,猜后面一个的话就是 C 了.

【点睛】 线性规划的题目要先找到可行区域,一般直接求出两个约束条件的交点就是最优解.

【208】

【解析】 选 A. 由题意得$\begin{cases}x+y=40,\\u+v=40,\\x+u=30,\\y+v=50,\end{cases}$总运费 $M=10x+15y+15u+10v=10x+15(40-x)+15(30-x)+10(x+10)=-10x+1\ 150(0\leqslant x\leqslant 30)$,要使 M 最小,即 x 取最大值,即 $x=30$.

【技巧】 本题也可采用选项代入验证的方法.

【209】

【解析】 选 A. 根据题干入手,设 A,B 两种车各用 x,y,花费总金额 $z=1\ 600x+2\ 400y$,得 $y=-\dfrac{2}{3}x+\dfrac{z}{2\ 400}$.

求 z 的最小值. 根据题干列出线性约束条件:

$36x+60y\geqslant 900$,即 $3x+5y\geqslant 75$. ①

条件(1):$x\geqslant y$,与①联立,得$\begin{cases}3x+5y\geqslant 75,\\x\geqslant y.\end{cases}$ ②

令$\begin{cases}3x+5y=75,\\x=y,\end{cases}$解得$\begin{cases}x=\dfrac{75}{8},\\y=\dfrac{75}{8},\end{cases}$根据图 11－16 可得满足不等式组②的最小整数解:$x=10$,$y=9$.

总费用 $z=1\ 600x+2\ 400y=37\ 600$,充分.

由条件(2):$x+y\leqslant 20$,与①联立,得$\begin{cases}3x+5y\geqslant 75,\\x+y\leqslant 20,\end{cases}$ ③

令$\begin{cases}3x+5y=75,\\x+y=20,\end{cases}$解得$\begin{cases}x=12.5,\\y=7.5.\end{cases}$

根据图 11－16 可得满足不等式组③的最小整数解:$x=12$,$y=8$.

总费用 $z=1\ 600x+2\ 400y=38\ 400$. 不充分.

所以选 A.

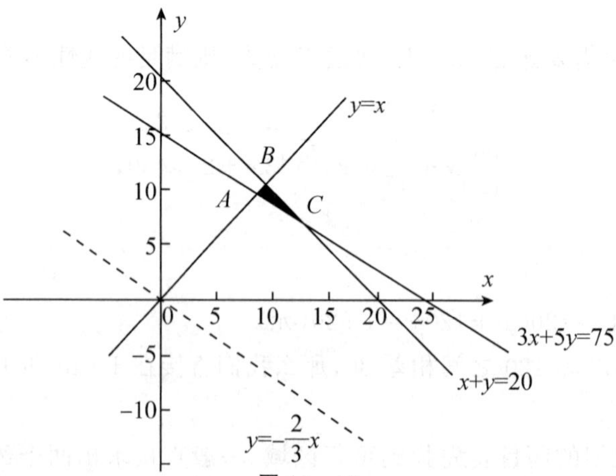

图 11－16

【点睛】　其实本题命题上出现了一点小的失误，如果在没有条件(2)的前提下，只考查条件(1)其实也能够充分，那么选 A 并非没有道理.

第十节　分段计费问题与植树问题

【210】

【解析】　选 E.

设超过 5 吨的收费标准为 x 元/吨，9 月份李家的用水量为 y 吨，则张家的用水量为 $1.5y$ 吨.

每月用水的前 5 吨会花费 $5\times4=20$(元). 所以张家超过 5 吨的部分交了 70 元，李家超过 5 吨的部分交了 35 元. 因为$(y-5)x=35$，$(1.5y-5)x=70$，解得 $x=7$. 故选 E.

【点睛】　此题水费的计算分为两部分：一是未超出的；二是超出部分的，计算方式不同，通过题干的数值可以看出，两人的水费都落入了较高标准费用范围.

【211】

【解析】　选 B.

【点睛】　先计算出两种方案的区间值(见表 11－5、表 11－6).

由新方案下每月缴纳的个人工资薪金所得税是 345 元，得出他的工资薪金为 $4\ 500+3\ 500=8\ 000$(元)，在老方案下为 $25+150+450+20\%\times(6\ 000-5\ 000)=825$(元)，相差 480 元.

表 11－5

级数	全月应纳税所得额 q/元	税率/%	有效值
1	$0<q\leqslant500$	5	25
2	$500<q\leqslant2\ 000$	10	150
3	$2\ 000<q\leqslant5\ 000$	15	450
4	$5\ 000<q\leqslant20\ 000$	20	3 000

表 11－6

级数	全月应纳税所得额 q/元	税率/%	有效值
1	$0<q\leqslant1\ 500$	3	45
2	$1\ 500<q\leqslant4\ 500$	10	300
3	$4\ 500<q\leqslant9\ 000$	20	900

【点睛】　首先根据表格求出每一段最多交多少税，再根据题目的税费计算出工资，根据工资代入原来计算方式中，求出原来对应的税即可.

【212】

【解析】 选 E. 甲的真实物品原价有两种情况，可以是 94.5 元或者 $94.5\div0.9=105$(元)，乙的真实物品原价是 $\frac{197-200\times0.9}{0.85}+200=220$(元)，则两人的真实物品原价一共为 314.5 元或 325 元.

【技巧】 根据上题技巧同样选择带有“或”的，显然 291.5 不可能，只能选 E.

【213】

【解析】 选 B. 由题意可知，这个月小王应交的费用是 $10\times1+10\times3+5\times5=65$(元).

【214】

【解析】 选 D. 设正方形的边长为 x，树苗总数为 N，则正方形的周长为 $4x$.

情况一：根据正方形的边上每隔 3 米种一棵树苗，则会剩下 10 棵可知：$\frac{4}{3}x+10=N$；

情况二：根据正方形的边上每隔 2 米种一棵树苗，则恰好种满正方形的 3 条边可知：$\frac{3x}{2}+1=N$.

根据情况一和情况二树苗总数相等可知：$\frac{4}{3}x+10=\frac{3x}{2}+1=N$.

因为 $x=54$，所以 $N=82$，选 D.

【技巧】 不会做的时候选“数字中的第二大”是很有用的办法.

华明讲数学技巧手册

主编 孙华明

中国宇航出版社
·北京·

前言

本书为管理类综合能力考试数学学科各类应试技巧解析汇总，是笔者十多年在一线辅导中所提炼的精华. 笔者在辅导管理类综合能力考试数学学科的过程中，发现参加专业硕士考试的考生整体上比参加普通硕士研究生考试的考生的数学基础薄弱，文科生相对较多，而且大部分考生为大龄考生，已经参加工作多年，对数学的基本知识点、基本方法、基本公式都有所淡忘. 此外，在综合能力考试中数学只能用 1 小时做完，每道题目的平均分配时间只有 2 分钟，这就要求考生应有熟练的解题能力和一些必要的猜题技巧.

笔者经过多年的反复研究，编写出业内比较著名的“管理类综合能力华明讲数学”系列丛书：《管理类综合能力华明讲数学　教程篇》，主要是为考生梳理初等数学的知识点和基本概念，以及一些重要的题型，适合考生在基础备考阶段使用；《管理类综合能力华明讲数学　真题篇》，主要是对历年数学真题进行分类解析，对每个真题的考点抽丝剥茧，指明精要，适合考生在系统备考阶段强化复习. 随书附赠的《华明讲数学技巧手册》，是在教程篇和真题篇的基础之上，结合笔者十多年来的辅导经历以及心理学、测试学原理，整理出的综合能力考试所必备的数学应试技巧和数学解题模板，为考生在冲刺阶段从整体上把握数学学科并拿到高分提供帮助.

本书配备网络视频教程,方便考生进行全方位学习. 本书编写过程中如有不当,敬请读者谅解,并不吝批评匡正.

孙华明

2022 年 6 月于中国上海

目　录

第一章　综合能力考试综述

一、管理类综合能力考试分析

1.综合能力

分值分配：数学 75 分、逻辑 60 分、写作 65 分，总共 200 分.

题量分配：数学 25 题、逻辑 30 题、写作 2 篇（1 300 字）.

时间分配：数学 60 分钟、逻辑 55 分钟、写作 60 分钟、涂卡 5 分钟，总共 180 分钟.

顺序分配：先易后难，先强后弱.

参考顺序：(1)若语文比较强，论证有效性分析→问题求解→论说文→逻辑→条件充分性判断；

(2)若逻辑比较强，逻辑→论证有效性分析→问题求解→论说文→条件充分性判断；

(3)若数学比较强，问题求解→条件充分性判断→论证有效性分析→论说文→逻辑.

2.英语

分值：总共 100 分.

3.难度分析预测(见表 1－1)

表 1－1　预测 2023 年管理类综合能力考试数学考题分布(25 道题)

考点名称	应用题	实数	整式与分式	方程	不等式	数列
考题个数	8	2	1	1	1	2
分数	24	6	3	3	3	6
难题个数	2	0	0	0	1	1

续表

考点名称	排列组合	概率初步	数据描述	平面几何	解析几何	立体几何
考题个数	2	2	1	2	2	1
分数	6	6	3	6	6	3
难题个数	0	1	0	1	0	0

二、考前复习资料及复习方法

1. 核心教材与资料

《管理类综合能力华明讲数学 教程篇》，熟悉题型，回归考点.

《管理类综合能力华明讲数学 真题篇》，把握真题，举一反三.

2. 合理安排时间

(1)考前 2 个月冲刺复习：每天安排 1 小时，或者一周抽出两个晚上各安排 3 个小时复习，做到查漏补缺，举一反三.

(2)考前 1 个月：对于数学，要认真练习每套历年真题，控制时间，然后对错误题和重要题进行备注.

(3)考前 10 天：将《管理类综合能力华明讲数学 教程篇》和《管理类综合能力华明讲数学 真题篇》中的重要真题浏览一遍，把做错的题再做一遍，模考题里面的错误题也要做一下，有时间的同学可以再多做几套预测卷.

(4)考前 3 天：对于数学，就不用再做题了，熟悉主要公式即可，时间主要用于背英语写作的模板、中文写作的模板等，心情放轻松.

3. 针对性复习

(1)应用题：灵活性最大，要注重分析，学会翻译题目，理出题目的主线.

(2)实数、整式、分式部分：知识点杂，要归好类，注重小的概念和知识点的运用.

(3)方程、不等式、数列部分：考试题目设置相对固定，把每种题型弄透即可.

(4)排列组合和概率：比较陌生，但难度不大，理解、掌握典型的题目，建立相应的模型.

(5)平面几何：主要考查面积的转化，要有一定的几何构思能力.

(6)解析几何：全是模板化的解题方法，对应掌握公式即可.

(7)立体几何：只需要掌握基本公式即可.

4. 需要注意的几点

(1)这个阶段数学题要注重一题多解、多题一解，不要贪图做多题、做难题，偏题和怪题少做，不要纠结于个别难题，关键是要速度.

(2)调整心态，自信心最重要，注意休息.

第二章　数学解题技巧归纳

第一节　常规技巧归纳

常规方法类型综述

• 特殊值法:此法主要用于代数运算中,通过特殊值排除干扰选项,去伪存真. 有时候也会用于几何题和其他类型的题目中.

• 数形结合法:此法主要用于代数题或者平面几何题中,利用数形结合将代数题转化为几何图形进行理解,或将平面几何图形放在坐标系中进行考查.

• 整体法:此法主要是在数与式运算或者几何运算中利用整体思想处理问题,会使得题目变得比较简单.

• 降幂法:主要运用于代数和方程运算,无须解出方程的根,直接施行降次代入,可以进行简便运算.

• 因式分解法:处理变量的代数问题时,经常需要利用因式分解的方法分离变量,从而获得解题途径.

• 配方法:一般遇到二次式的问题时,需要进行配方,这样便可以得到完全平方式,处理问题就比较简便.

• 方程法:利用方程思维解决不等式函数等问题,有时候可以得到解题的简便途径.

• 统一比例法:常见方法是设出比例系数 k ,从而转化为方程来解决.

• 应用题解题方法归纳:常见方法有交叉法、比较法、统一比例法等.

• 枚举(列举、归纳)法:当遇到一些复杂的数学问题时,比如最值类、排列组合、概率等问题,经常需要通过列举、归纳等方法寻找其一般规律,从而求解.

技巧一 特殊值法

(运用范围:代数、几何、应用题)

应试策略

• 在代数中常见的特殊值有"0"、"1"、"-1"、端点值、中间值.

• 在几何中常采用特殊图形、特殊位置等来解决问题.

• 在百分比应用题中也可以用特殊值思想来解决问题.

• 在数列的一些计算问题中,经常使用常数数列(思想)或者在 a_n,S_n 问题中采用 $n=1,2,3,\cdots$ 特殊值来解决问题.

• 在最值问题中,往往也需要用特殊值思想反复检验出各种结果,从而找到最值.

类型一:代数问题

1.(2002－10)不等式 $4+5x^2>x$ 的解集是(　　).

A. 全体实数　　B. $(-5,-1)$

C. $(-4,-2)$　　D. 空集

【解析】 技巧运用:只需取 $x=0$,发现满足题干,那么就能排除 B,C,D 选项,只能选 A 了.

常规解法:$4+5x^2>x\Rightarrow 5x^2-x+4>0\Rightarrow x\in\mathbf{R}$(因为 $\Delta<0$).

2.(2005－1)满足不等式 $(x+4)(x+6)+3>0$ 的所有实数 x 的集合是(　　).

A. $[4,+\infty)$　　B. $(4,+\infty)$

C. $(-\infty,-2]$　　D. $(-\infty,-1)$

E. $(-\infty,+\infty)$

【解析】 技巧运用:只需取 $x=0$,发现满足题干,那么就能排除 A,B,C,D 选项,只能选 E 了.

常规解法:采用配方的方法,$(x+4)(x+6)+3>0\Rightarrow x^2+10x+27>0\Rightarrow(x+5)^2+2>0$,显然恒成立,故选 E.

3. (2007－10)$x^2+x-6>0$ 的解集是(　　).

A. $(-\infty,-3)$　　B. $(-3,2)$

C. $(2,+\infty)$　　D. $(-\infty,-3)\cup(2,+\infty)$

E. 以上结论均不正确

【解析】 技巧运用:只需取 $x=0$,发现不满足题干,那么就能排除选项 B,再取 $x=3$,发现满足题干,就能排除选项 A 了,再取 $x=-4$,发现满足题干,就能排除选项 C 了,最后只能选 D.

常 规 解 法: $x^2+x-6>0\Rightarrow(x-2)(x+3)>0\Rightarrow x>2$ 或 $x<-3$,故选 D.

名师小结

以上三题的解题方法是在选项解集的范围中选择特殊值代入题干,如果正确,没有这个值的选项就予以排除,反复进行这样的操作,最终筛选出来的选项就是正确的了.

4. (模考题)如果 $0<x<1$,则式子 $\sqrt{x^2+\frac{1}{x^2}-2}\div\left(\frac{1}{x}+1\right)\cdot\frac{1}{x+1}$的化简结果是(　　).

A. $\frac{x-1}{x+1}$　　B. x^2-1　　C. $1-x^2$

D. $-\frac{x-1}{x+1}$　　E. 以上都不正确

【解析】 技巧运用:因为 $0<x<1$,可取 $x=\frac{1}{3}$,则

原式$=\sqrt{\frac{1}{9}+9-2}\div(3+1)\times\frac{3}{4}=\frac{8}{3}\times\frac{1}{4}\times\frac{3}{4}=\frac{1}{2}$，

而又因为$-\frac{x-1}{x+1}=-\frac{\frac{1}{3}-1}{\frac{1}{3}+1}=\frac{2}{3}\times\frac{3}{4}=\frac{1}{2}$，所以选 D.

5.(2008−10)设 a,b,c 为整数，且 $|a-b|^{20}+|c-a|^{41}=1$，则 $|a-b|+|a-c|+|b-c|=($　　$)$.

A. 2　　B. 3　　C. 4　　D. −3　　E. −2

【解析】 技巧运用：取 $a=1,b=0,c=1$ 即可，代入 $|a-b|+|a-c|+|b-c|=2$，故选 A.

常规解法：可以得出 $\begin{cases}|a-b|^{20}=1,\\|c-a|^{41}=0\end{cases}$ 或 $\begin{cases}|a-b|^{20}=0,\\|c-a|^{41}=1\end{cases}\Rightarrow$ $\begin{cases}a-b=1\text{ 或}-1,\\c-a=0\end{cases}$ 或 $\begin{cases}a-b=0,\\c-a=1\text{ 或}-1,\end{cases}$ 经过检验后结果都是 2.

6.(模考题)$\frac{a^3+b^3+c^3-3abc}{a+b+c}=3$，则 $(a-b)^2+(b-c)^2+(a-b)(b-c)=($　　$)$.

A. 1　　B. 2　　C. 3　　D. 4　　E. 5

【解析】 技巧运用：取 $a=0,b=0,c^2=3$，代入 $(a-b)^2+(b-c)^2+(a-b)(b-c)=c^2=3$，故选 C.

常规解法：

$$\frac{a^3+b^3+c^3-3abc}{a+b+c}=3$$

$$\Rightarrow\frac{(a+b)^3+c^3-3a^2b-3ab^2-3abc}{a+b+c}=3$$

$$\Rightarrow\frac{(a+b+c)[(a+b)^2-(a+b)c+c^2]-3ab(a+b+c)}{a+b+c}=3$$

$$\Rightarrow(a-b)^2+(b-c)^2+(a-b)(b-c)=3.$$

7.(2007－10)若方程 $x^2+px+q=0$ 的一个根是另一个根的2倍,则 p 和 q 应满足(　　).

A. $p^2=4q$　　B. $2p^2=9q$　　C. $4p=9q^2$

D. $2p=3q^2$　　E. 以上结论都不正确

【解析】 技巧运用:不妨设一个根是1,另一个根是2,则可得原方程为 $x^2-3x+2=0$,可知 $p=-3,q=2$,检验选项即可得出答案,故选B.

常规解法:利用韦达定理,$\begin{cases}x_1+x_2=-p,\\x_1x_2=q\end{cases}\Rightarrow\begin{cases}x_1+2x_1=-p,\\2x_1^2=q\end{cases}\Rightarrow$ $2p^2=9q$.

8.(2011－10)若三次方程 $ax^3+bx^2+cx+d=0$ 的三个不同实根 x_1,x_2,x_3 满足:$x_1+x_2+x_3=0$,$x_1x_2x_3=0$,则下列关系中恒成立的是(　　).

A. $ac=0$　　B. $ac<0$　　C. $ac>0$

D. $a+c<0$　　E. $a+c>0$

【解析】 技巧运用:显然有一实数根为0,另两个根互为相反数,可取三个根为0,1,－1,故设三次方程为 $x(x+1)(x-1)=0\Rightarrow x^3-x=0$,则取 $a=1,c=-1$,则 $ac<0$,故选B.

常规解法:显然有一个根为0. 不妨设 $x_3=0$,则 $x_1+x_2=0$,可以算出 $b=0,d=0$,即 $ax^2+c=0\Rightarrow-\frac{c}{a}>0\Rightarrow ac<0$,故选B.

名师小结

以上五题的解题方法是在题干的字母表达式范围中选择特殊值代入计算,可以找到解题的捷径.

9.(模考题)如果方程 $(x^2-2x+m)(x-1)=0$ 的三个根可作为一个三角形的三边长,则 m 的取值范围是(　　).

A. $m\geqslant\frac{3}{4}$　　B. $\frac{3}{4}<m\leqslant 1$

C. $\frac{3}{4}\leqslant m\leqslant 1$　　D. $m\leqslant\frac{3}{4}$

E. 以上都不正确

【解析】 技巧运用：此题直接解比较困难，则可采用特殊值法. 在 A,C,D 选项范围内取 $m=\frac{3}{4}$，代入方程得

$$(x-1)\left(x^2-2x+\frac{3}{4}\right)=0,$$

解得 $x_1=\frac{1}{2},x_2=\frac{3}{2},x_3=1$.

因为 $x_1+x_3=x_2$，所以不符合三角形的两边之和大于第三边的条件.

故选 B.

常规解法：

$$\begin{cases}\Delta\geqslant 0,\\ x_1+x_2>1,\\ |x_1-x_2|<1\end{cases}\Rightarrow\begin{cases}(-2)^2-4m\geqslant 0,\\ \frac{\sqrt{\Delta}}{|a|}<1\end{cases}$$

$$\Rightarrow\begin{cases}4-4m\geqslant 0,\\ \sqrt{4-4m}<1\end{cases}\Rightarrow\frac{3}{4}<m\leqslant 1.$$

10.(2007－1)如果方程 $|x|=ax+1$ 有一个负数根，那么实数 a 的取值范围是(　　).

A. $a<1$　　B. $a=1$　　C. $a>-1$

D. $a<-1$　　E. 以上都不正确

【解析】 技巧运用：先取 $a=0$，得 $|x|=1\Rightarrow x=\pm 1$，满足有一个负数解，排除 B, D, E 选项；然后取 $a=1$，得 $|x|=x+1\Rightarrow x=-\frac{1}{2}$，满足有一个负数根，排除选项 A，答案

只能选 C 了.

常规解法：设负数根为x_0，代入方程得 $|x_0|=ax_0+1\Rightarrow -x_0=ax_0+1\Rightarrow x_0=-\frac{1}{a+1}$，而 $x_0=-\frac{1}{a+1}<0\Rightarrow a>-1$.

11.（模考题）已知方程 $2|x|-k=kx-3$ 无负数解，那么 k 的取值范围是（　　）.

A. $2\leqslant k\leqslant 3$　　B. $2<k\leqslant 3$

C. $-2\leqslant k\leqslant 3$　　D. $-2\leqslant k<3$

E. $k\leqslant -2$ 或 $k\geqslant 3$

【解析】 技巧运用：取 $k=0$，代入方程后发现原方程无解，所以满足无负数解，因此能排除 A,B,E 选项；再取 $k=3$，计算方程的解为 $x=0$，也满足无负数解，就能排除选项 D，所以选 C.

常规解法：设有负数根为 x_0，代入方程得 $2|x_0|-k=kx_0-3\Rightarrow -2x_0-k=kx_0-3$

$\Rightarrow (k+2)x_0=3-k\Rightarrow x_0=\frac{3-k}{k+2}$，而

$$x_0=\frac{3-k}{k+2}<0\Rightarrow k>3\text{或 }k<-2,$$

取补集得 $-2\leqslant k\leqslant 3$.

名师小结

以上三题的解题方法是在选项字母参数的范围中选择特殊值代入题干进行计算，如果满足，就能排除其他不含有这个特殊值的选项，反复排除后就能得出正确的选项.

12.（2008－1）$ab^2<cb^2$.（　　）

（1）实数 a,b,c 满足 $a+b+c=0$

（2）实数 a,b,c 满足 $a<b<c$

【解析】 技巧运用:取特殊值 $a=-1,b=0,c=1$,显然既满足条件 (1),又满足条件(2),代入题干发现不正确,即可判断选 E.

13.(2007—10)$\sqrt{1-x^2}<x+1$.(　　)

(1)$x\in[-1,0]$　　　　(2)$x\in\left(0,\frac{1}{2}\right]$

【解析】 技巧运用:取特殊值 $x=0$,可否定条件 (1),再通过简单的取值判断可知条件(2)是充分的,故选 B.

常规解法:

$$\sqrt{1-x^2}<x+1\Leftrightarrow\begin{cases}x+1>0,\\1-x^2\geqslant 0,\\1-x^2<(x+1)^2\end{cases}\Rightarrow 0<x\leqslant 1,$$

条件(2)充分,故选 B.

14.(2008—10)$-1<x\leqslant\frac{1}{3}$.(　　)

(1)$\left|\frac{2x-1}{x^2+1}\right|=\frac{1-2x}{1+x^2}$　　　　(2)$\left|\frac{2x-1}{3}\right|=\frac{2x-1}{3}$

【解析】 技巧运用:取特殊值 $x=\frac{1}{2}$,显然该值对两个条件都是满足的,但并不满足题干,故选 E.

常规解法:由条件(1)有

$$\frac{2x-1}{1+x^2}\leqslant 0\Rightarrow x\leqslant\frac{1}{2},$$

不充分;由条件(2)有

$$\frac{2x-1}{3}\geqslant 0\Rightarrow x\geqslant\frac{1}{2},$$

不充分;

联合也不充分,故选 E.

15.(2003－1)$\frac{a+b}{a^2+b^2}=-\frac{1}{3}$.(　　)

(1)$a^2,1,b^2$ 成等差数列　　　(2)$\frac{1}{a},1,\frac{1}{b}$成等比数列

【解析】 技巧运用:显然可以取特殊值 $a=b=1$,既满足了条件 (1),又满足了条件(2),但代入题干后发现不满足,所以选 E.

常规解法:显然联合两个条件:

$$\begin{cases}a^2+b^2=2,\\ \frac{1}{a}\cdot\frac{1}{b}=1\end{cases}\Rightarrow\begin{cases}a+b=\pm 2,\\ a^2+b^2=2\end{cases}\Rightarrow\frac{a+b}{a^2+b^2}=\pm 1,$$

不充分,故选 E.

16.(2007－1)方程 $\sqrt{x-p}=x$ 有两个不相等的正根.(　　)

(1)$p\geqslant 0$　　　(2)$p<\frac{1}{4}$

【解析】 技巧运用:当 $p=0$ 时题干为 $\sqrt{x}=x\Rightarrow x=0$或 1,不满足两个不相等的正根,显然不成立,故立即选 E.

常规解法:题干等价于:

$$x-p=x^2\Rightarrow x^2-x+p=0,$$

由于有两个不相等的正根,可得

$$\begin{cases}\Delta>0,\\ x_1+x_2>0,\\ x_1x_2>0\end{cases}\Rightarrow\begin{cases}1-4p>0,\\ 1>0,\\ p>0\end{cases}\Rightarrow 0<p<\frac{1}{4}.$$

17.(2013－1)$mq+1$ 为质数.(　　)

(1)m 为正整数,q 为质数　　　(2)m,q 均为质数

【解析】 技巧运用:在两个条件的公共范围里取 $m=q=3$,代入后计算得 $mq+1=10$,不充分,故选 E.

名师小结

以上六题我们都采用在条件中选择一个不满足题干的值进行检验，这样就能迅速排除条件的充分性，从而大大提高解题速度.

类型二：几何问题

1.（模考题）等边△ABC 的边长为 2，点 P 是三角形内任意一点．过点 P 分别作 BC，CA，AB 的垂线，垂足分别为点 D，E，F，如图 2-1 所示．则 $PD+PE+PF$ 的值为（　　）.

A. 1　　B. 2　　C. $\sqrt{3}$

D. $\frac{\sqrt{3}}{2}$　　E. $2\sqrt{3}$

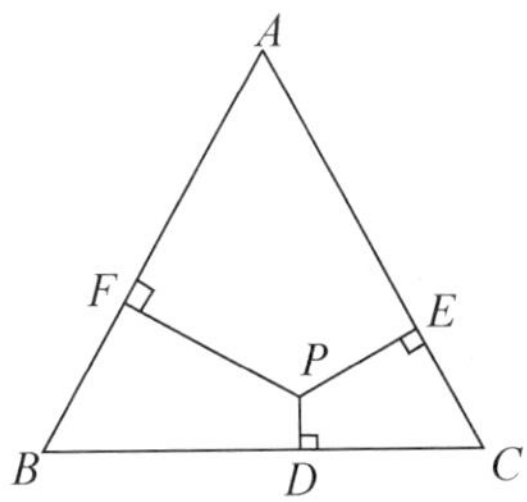

图 2-1

【解析】 技巧运用：将点 P 移到顶点 A，发现 $PD+PE+PF$ 的值为三角形的高 $\sqrt{3}$．故选 C.

常规解法：因为正三角形的边长为 2，所以高为 $2\times\sin 60°=\sqrt{3}$，故

$$S_{\triangle ABC}=\frac{1}{2}\times 2\times\sqrt{3}=\sqrt{3}.$$

又因为 PD，PE，PF 分别为 BC，AC，AB 边上的高，所以

$$S_{\triangle PBC}=\frac{1}{2}BC\cdot PD,$$

$$S_{\triangle PAC}=\frac{1}{2}AC\cdot PE,$$

$$S_{\triangle PAB}=\frac{1}{2}AB\cdot PF.$$

因为 $AB=BC=AC$，所以

$$\begin{aligned}&S_{\triangle PBC}+S_{\triangle PAC}+S_{\triangle PAB}\\&=\frac{1}{2}BC\cdot PD+\frac{1}{2}AC\cdot PE+\frac{1}{2}AB\cdot PF\\&=\frac{1}{2}\cdot 2(PD+PE+PF)=PD+PE+PF.\end{aligned}$$

由于 $S_{\triangle ABC}=S_{\triangle PBC}+S_{\triangle PAC}+S_{\triangle PAB}$，因此 $PD+PE+PF=\sqrt{3}$.

故选 C.

2.(模考题)在矩形 $ABCD$ 中，$AB=3$，$AD=4$，P 是 AD 上的动点，$PE\perp AC$ 于 E，$PF\perp BD$ 于 F，如图 2－2 所示，则 $PE+PF$ 的值为(　　).

A. $\frac{12}{5}$　　B. 2　　C. $\frac{5}{2}$　　D. $\frac{13}{5}$

E. 以上都不正确

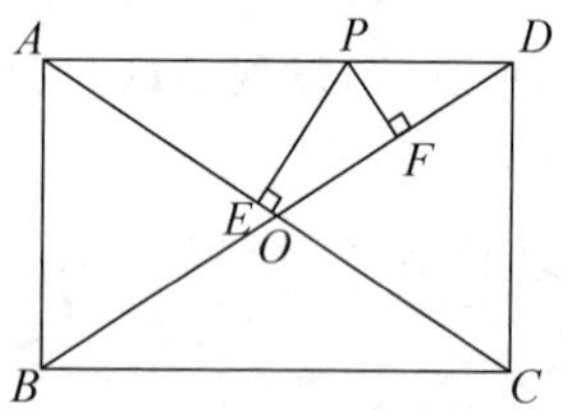

图 2－2

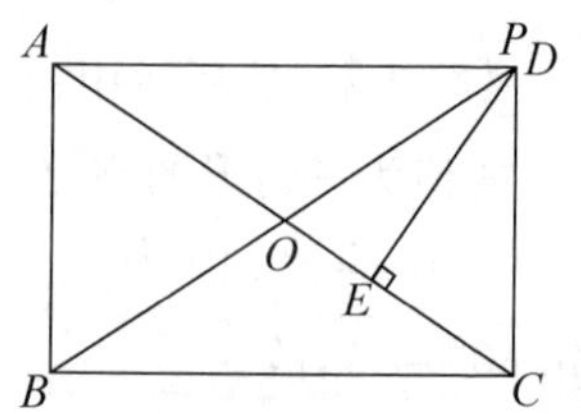

图 2－3

【解析】 技巧运用：将点 P 移动到点 D(见图 2－3). 此时，$PE+PF=h$，而 $AC\cdot h=AD\cdot CD$，即 $5h=4\cdot 3$，得 $h=\frac{12}{5}$. 故选 A.

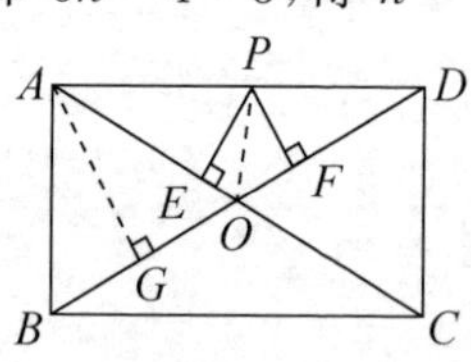

图 2－4

常规解法：如图 2－4 所示，过点 A 作 $AG\perp BD$ 于 G，连接 PO，因 $AB=3$，$AD=4$，则

$$BD=\sqrt{AB^2+AD^2}=\sqrt{3^2+4^2}=5,$$

所以 $$S_{\triangle ABD}=\frac{1}{2}BD\cdot AG=\frac{1}{2}AB\cdot AD,$$

即$\frac{1}{2}\cdot 5\cdot AG=\frac{1}{2}\cdot 3\cdot 4$,解得 $AG=\frac{12}{5}$.

在矩形 $ABCD$ 中,$AO=OD$,

$$S_{\triangle AOD}=\frac{1}{2}AO\cdot PE+\frac{1}{2}OD\cdot PF=\frac{1}{2}OD\cdot AG,$$

$$PE+PF=AG=\frac{12}{5}.$$

故选 A.

3.(模考题)已知 PQ 是圆 O 的直径,长为 4.弦 AB 平行于 PQ,弧 AB 的度数为 60°,C 是直线 PQ 上任意一点,连接 AC, BC,如图 2－5 所示.求阴影部分的面积.

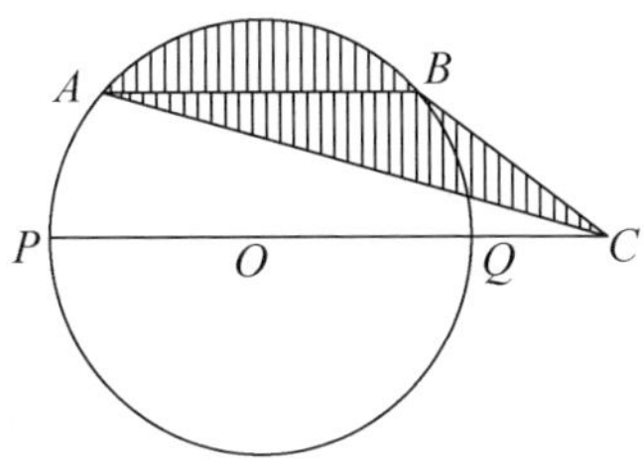

图 2－5

【解析】 技巧运用:将 C 移动到点 O 即可发现阴影部分面积等价于扇形 AOB 的面积,即 $S_{阴影}=\frac{1}{6}\pi\times 2^2=\frac{2}{3}\pi$.

名师小结

以上三题我们都运用了特殊化思想,将平面几何中普通的位置变换为特殊的位置来解决问题,简便高效.

4.(模考题)直角三角形的直角边长为 a 和 b,斜边长为 c,斜边上的高为 h,则下列结论中一定成立的是(　　).

A. $a+b=c+h$　　B. $a+b>c+h$　　C. $a+b<c+h$

D. $a+b=ch$　　E. $a+b>ch$

【解析】 技巧运用:取特殊值三角形的三边长为 $a=3,b=4,c=5$,那么高为 $h=\frac{12}{5}$,显然代入后只有 C 满足.故选 C.

常规解法:只需证明 $a+b<c+h$ 成立即可.

$$\begin{aligned} a+b<c+h &\Leftrightarrow (a+b)^2<(c+h)^2 \\ &\Leftrightarrow a^2+b^2+2ab<c^2+h^2+2ch \\ &\Leftrightarrow 2ab<h^2+2ch \\ &\Leftrightarrow h^2>0, \end{aligned}$$

显然成立.

5.(2015-12)设抛物线 $y=x^2+2ax+b$ 与 x 轴相交于 A,B 两点,点 C 坐标为 $(0,2)$,若$\triangle ABC$ 的面积等于 6,则(　　).

A. $a^2-b=9$　　B. $a^2+b=9$　　C. $a^2-b=36$

D. $a^2+b=36$　　E. $a^2-4b=9$

【解析】 技巧运用:只需要找出一个特殊的抛物线(函数图形),如 $y=x^2-9$,如图 2-6(a) 所示,$\triangle ABC$ 的面积为 6,此时可得 $a=0,b=-9$,验证选项后只有 A 是正确的.

常规解法:

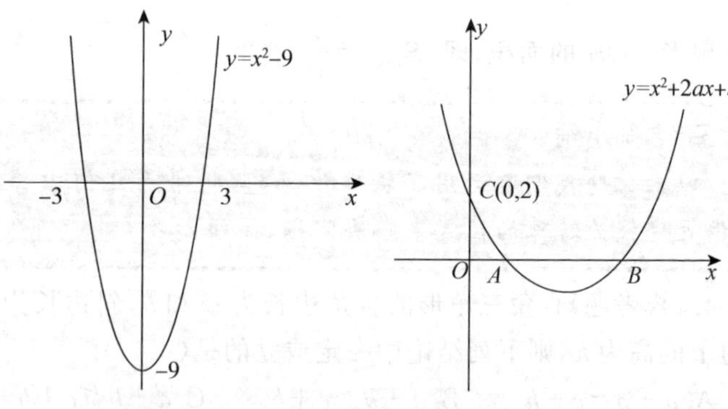

(a)　　(b)

图 2-6

如图 2-6(b)所示，三角形的底边是 $|AB|$，高是 2，则 $S=6\Rightarrow\frac{|AB|\cdot 2}{2}=6\Rightarrow|AB|=6$，令 $x^2+2ax+b=0$，由韦达定理，得 $x_1+x_2=-2a, x_1x_2=b$，所以

$$|AB|=\sqrt{(x_1+x_2)^2-4x_1x_2}=\sqrt{4a^2-4b}=6$$
$$\Rightarrow 4a^2-4b=36\Rightarrow a^2-b=9.$$

故选 A.

6.(2008—10)方程 $3x^2+[2b-4(a+c)]x+(4ac-b^2)=0$ 有相等的实根.(　　)

(1)a,b,c 是等边三角形的三条边

(2)a,b,c 是等腰直角三角形的三条边

【解析】 技巧运用：由条件(1)，取 $a=b=c=1$，代入成立，充分；由条件(2)，取 $a=b=1, c=\sqrt{2}$，代入不成立，故选 A.

常规解法：$\Delta=0\Leftrightarrow[2b-4(a+c)]^2-12(4ac-b^2)=0\Rightarrow a^2+b^2+c^2-ab-bc-ca=0\Rightarrow a=b=c$，可知条件(1)充分，故选 A.

名师小结

以上三题都是平面几何中的字母类型题，属于特殊值法共性的探究题，我们采用取特殊值的情况来进行验证，起到了事半功倍的效果.

类型三：应用题

1.(1997—10)某商品打九折会使销售量增加 20%，则这一折扣会使销售额增加的百分比是(　　).

A. 18%　　B. 10%　　C. 8%

D. 5%　　E. 2%

【解析】 技巧运用：采用特殊值法，假设原销售量为 100 件，每件 1 元，故原销售额为 100 元，现打九折，销售量增加到 120 件，每件为 0.9 元，销售额变为 $120\times0.9=108$(元)，故销售额比原来增加 8%. 选 C.

2.(2004－1) 某工厂生产某种新型产品，一月份每件产品销售的利润是出厂价的 25%（利润 ＝ 出厂价－ 成本)，二月份每件产品出厂价降低了 10%，成本不变，销售件数比一月份增加 80%，则利润增长(　　).

A. 6%　　B. 8%　　C. 15.5%

D. 25.5%　　E. 以上均不正确

【解析】 技巧运用：采用特殊值法，设出厂价为 100，列表如下：

	出厂价	成本	利润
一月	100	75	25
二月	90	75	15

二月利润：$(90-75)\times1.8=27$，$\frac{27-25}{25}\times100\%=8\%$，故选 B.

3.(2006－1) 某电子产品一月份按原定价的 80% 出售，能获利 20%，二月份由于进价降低，按同样原定价的 75% 出售，却能获利 25%，那么二月份进价是一月份进价的(　　).

A. 92%　　B. 90%　　C. 85%

D. 80%　　E. 75%

【解析】 技巧运用：采用特殊值法，设原定价为 100，则有：一月份进价为 $\frac{100\times0.8}{1+0.2}=\frac{200}{3}$，二月份进价为 $\frac{100\times0.75}{1+0.25}=60$，$60\div\frac{200}{3}=0.9=90\%$，故选 B.

4.(2009－1) 一艘轮船往返航行于甲、乙两码头之间.若船在静水中的速度不变,则当这条河的水流速度增加 50% 时,往返一次所需的时间比原来将(　　).

A. 增加　　B. 减少半个小时　　C. 不变

D. 减少 1 个小时　　E. 无法判断

【解析】 技巧运用:设甲、乙两地的路程为 1,船在静水中的速度为 2,水流速度为 1,则 $t_1==\frac{1}{2+1}+\frac{1}{2-1}=\frac{4}{3}$,$t_2=\frac{1}{2+1.5}+\frac{1}{2-1.5}=\frac{1}{3.5}+\frac{1}{0.5}=\frac{16}{7}\Rightarrow t_1<t_2$.故选 A.

常规解法:

设船在静水中的速度为 $V_{静}$,水流速度为 $V_{水}$;

$$t_1=\frac{S}{V_{静}+V_{水}}+\frac{S}{V_{静}-V_{水}}=\frac{2V_{静}}{(V_{静}+V_{水})(V_{静}-V_{水})}\cdot S$$

$$\Rightarrow t_1=\frac{2V_{静}}{V_{静}^2-V_{水}^2}\cdot S,$$

$$t_2=\frac{S}{V_{静}+1.5V_{水}}+\frac{S}{V_{静}-1.5V_{水}}$$

$$=\frac{2V_{静}}{(V_{静}+1.5V_{水})(V_{静}-1.5V_{水}}) \cdot S$$

$$\Rightarrow t_2=\frac{2V_{静}}{V_{静}^2-2.25V_{水}^2}\cdot S\Rightarrow t_1<t_2.$$

故选 A.

名师小结

应用题中比如折扣率等往往会有一些共性问题的研究,原始量可以设为“1”“100”等,这样,取了特殊值后问题可以很快得到解决.

类型四：数列

1. (2011－10)若等差数列 $\{a_n\}$ 满足 $5a_7-a_3-12=0$，则 $\sum\limits_{k=1}^{15}a_k=(\quad)$.

A. 15　　B. 24　　C. 30　　D. 45　　E. 60

【解析】 技巧运用：当条件只给一个等式的时候，就可以采用常数变易法，每项都设为常数 c，那么 $5a_7-a_3-12=0\Rightarrow 5c-c-12=0\Rightarrow c=3$，而 $\sum\limits_{k=1}^{15}a_k=15c=45$，故选 D.

常规解法：$5a_7-a_3-12=0\Rightarrow 5(a_8-d)-(a_8-5d)-12=0\Rightarrow a_8=3$，$\sum\limits_{k=1}^{15}a_k=S_{15}=\dfrac{(a_1+a_{15})\times 15}{2}=15a_8=45$.

故选 D.

2. (模考题)已知数阵 $\begin{bmatrix}a_{11} & a_{12} & a_{13}\\ a_{21} & a_{22} & a_{23}\\ a_{31} & a_{32} & a_{33}\end{bmatrix}$，每行、每列的三个数均成等比数列. 如果数阵中所有数的乘积等于 $\dfrac{1}{512}$，那么 $a_{22}=(\quad)$.

A. $\dfrac{1}{8}$　　B. $\dfrac{1}{4}$　　C. $\dfrac{1}{2}$

D. 1　　E. 以上都不正确

【解析】 技巧运用：让其中所有的项都取常数 c，即 $c^9=\dfrac{1}{512}\Rightarrow c=\dfrac{1}{2}\Rightarrow a_{22}=\dfrac{1}{2}$，故选 C.

常规解法：由题意可得数阵中所有数的乘积为

$$(a_{11}a_{12}a_{13})\times(a_{21}a_{22}a_{23})\times(a_{31}a_{32}a_{33})=a_{12}^3a_{22}^3a_{32}^3$$
$$=(a_{12}a_{32})^3a_{22}^3=(a_{22}^2)^3a_{22}^3=a_{22}^9=\frac{1}{512}\Rightarrow a_{22}=\frac{1}{2}.$$

故选 C.

3.(2008－1)如果数列 $\{a_n\}$ 的前 n 项和 $S_n=\frac{3}{2}a_n-3$,那么这个数列的通项公式是(　　).

A. $a_n=2(n^2+n+1)$　　　　B. $a_n=3\times 2^n$

C. $a_n=3n+1$　　　　D. $a_n=2\times 3^n$

E. 以上结果均不对

【解析】 技巧运用:可以采用特殊值法.当 $n=1$ 时,$S_1=\frac{3}{2}a_1-3$,即 $a_1=\frac{3}{2}a_1-3\Rightarrow a_1=6$;

当 $n=2$ 时,$S_2=\frac{3}{2}a_2-3\Rightarrow a_1+a_2=\frac{3}{2}a_2-3\Rightarrow a_2=18$,经选项验证可以得出答案.故选 D.

常规解法:由于 $a_n=S_n-S_{n-1}=\left(\frac{3}{2}a_n-3\right)-\left(\frac{3}{2}a_{n-1}-3\right)\Rightarrow a_n=3a_{n-1}$,故数列是公比为 3 的等比数列,又 $a_1=\frac{3}{2}a_1-3\Rightarrow a_1=6$,所以通项公式是 $a_n=2\times 3^n$,故选 D.

名师小结

一般数列运算中遇到含有 n 字样的时候,可以利用特殊值让 n 从 1,2,3,…开始取值即可,很容易找出正确选项;另外,当考试遇到等差、等比数列计算,而题目只给出一个计算式的时候,可以采用常数数列这样的特殊化思想来解决问题.

类型五:最值类问题

1.(2015－12) 如图 2－7,点 A,B,O 的坐标分别为 (4,0),(0,3),(0,0),若 (x,y) 是 $\triangle AOB$ 中的点,则 $2x+3y$ 的最大值

为(　　).

A. 6　　B. 7

C. 8　　D. 9

E. 12

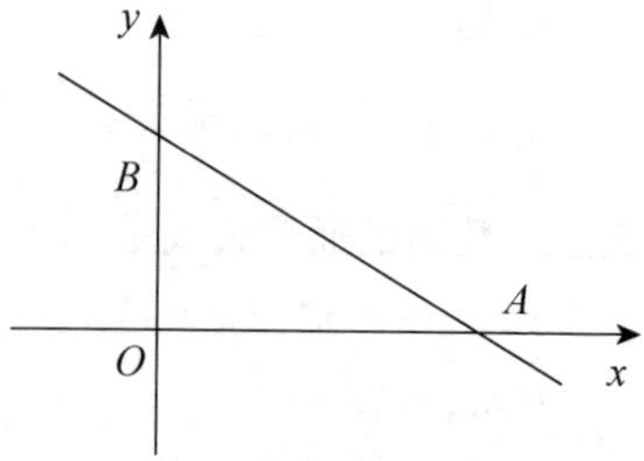

图 2－7

【解析】 技巧运用:通过将点 A,B,O 的坐标分别代入检验后发现,当点 B 代入后的值最大,故最大值就是 9,选 D.

常规解法:如图 2－8 所示,作出△AOB 与目标函数 $z=2x+3y$,求它的最大值. 而直线 $y=-\frac{2}{3}x+\frac{z}{3}$,明显直线平移到过点 (0,3)处为最大值,即 $z=9$ 为最大值,选 D.

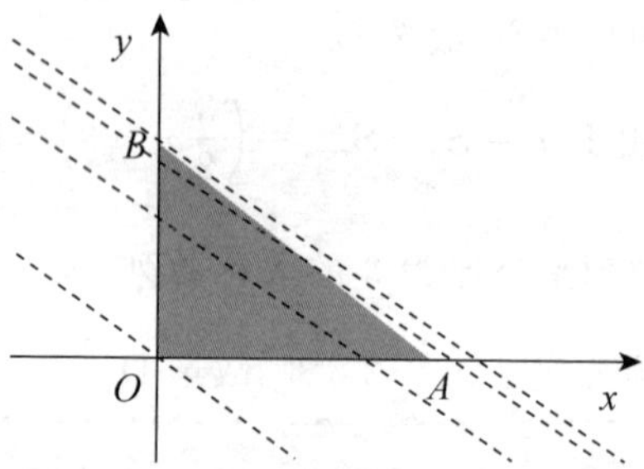

图 2－8

2. (2014—12) 如图 2－9 所示,设点 $A(0,2)$ 和 $B(1,0)$,在线段 AB 上取一点 $M(x,y)$ $(0<x<1)$,则以 x,y 为两边的矩形面积的最大值为(　　).

A. $\frac{5}{8}$　　B. $\frac{1}{2}$

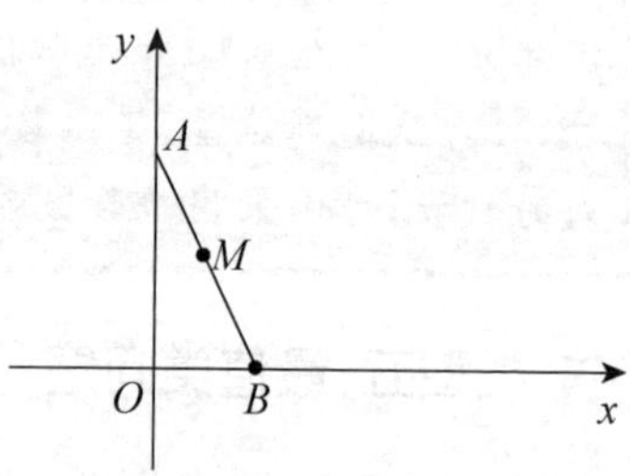

图 2－9

C. $\frac{3}{8}$　　　D. $\frac{1}{4}$　　　E. $\frac{1}{8}$

【解析】 技巧运用：显然点 M 取线段的中点坐标时，即取 $x=\frac{1}{2}$，$y=1$ 时，点 $M\left(\frac{1}{2},1\right)$ 为最值情况，那么面积为 $S=xy=\frac{1}{2}$，选 B.

常规解法：显然 AB 的直线方程为 $\frac{x}{1}+\frac{y}{2}=1\Rightarrow 2x+y=2$（截距式方程），则面积 $S=xy=x(2-2x)=2x(1-x)\leqslant 2\left(\frac{x+1-x}{2}\right)^2=\frac{1}{2}$，选 B.

3.（2015—12）设 x，y 是实数，则可以确定 x^3+y^3 的最小值.（　　）

（1）$xy=1$　　　（2）$x+y=2$

【解析】 技巧运用：显然这两个条件联合后 x，y 的值可以求出，不满足题干可以确定最小值的意思，而条件（1）只需要取 x，y 是负数的情况时，明显 x^3+y^3 的最小值无法确定，而条件（2），由于 $x+y=2$，取 $x=1$，$y=1$；$x=2$，$y=0$；$x=0$，$y=2$；$x=-1$，$y=3$，$x=3$，$y=-1$.

依次检验后发现只有 $x=1$，$y=1$ 时，x^3+y^3 的最小值等于 2，选 B.

常规解法：条件（1）：$x^3+y^3\geqslant 2\sqrt{x^3y^3}=2(x,y>0)$，而本题没有正数的限制，明显也可以取负数，不充分.

条件（2）：方法一：

$x^3+y^3=(x+y)[(x+y)^2-3xy]=2\times(4-3xy)$，

又 $xy\leqslant\left(\frac{x+y}{2}\right)^2=1$，所以，$x^3+y^3\geqslant 2\times(4-3)=2$. 充分.

方法二：由$x+y=2\Rightarrow y=2-x$，可得

$$\begin{aligned}x^3+y^3&=(x+y)(x^2-xy+y^2)\\&=2[x^2-x(2-x)+(2-x)^2]\\&=2(3x^2-6x+4),\end{aligned}$$

结合二次函数的图像，易知在对称轴处可取得最小值.

故选 B.

本方法真题梳理：真题篇中第三章第 14,68,78,79,87,89,95 题；第四章第 44,45,46,55 题；第五章第 9,18,22 题；第十一章第 57,74,88 题等.

技巧二　数形结合法

(运用范围：最值问题、方程不等式、平面几何)

应试策略

代数问题往往需要转化成对应的几何特征来解决，这个也应该是高中阶段大家所熟悉的技巧，俗称“以形助数”“以数助形”.

1.(模考题)已知 $f(x)=(x-a)(x-b)-2(a<b)$，α,β 是 $f(x)=0$ 的两个根，且 $\alpha<\beta$，则(　　).

A. $\alpha<a<b<\beta$　　　　B. $a<\alpha<\beta<b$

C. $a<\alpha<b<\beta$　　　　D. $\alpha<a<\beta<b$

E. 以上结论均不正确

【解析】 技巧运用：由于 a,b 是 $f(x)=(x-a)(x-b)=0$ 的两个根，而 α,β 是 $f(x)=(x-a)(x-b)-2=0$ 的两个根，显然由图像可知 $\alpha<a<b<\beta$，故选 A.

2.(2007－10)$\sqrt{1-x^2}<x+1$.(　　)

(1)$x\in[-1,0]$　　　　(2)$x\in\left(0,\frac{1}{2}\right)$

【解析】 技巧运用：分别画出 $y=\sqrt{1-x^2}$ 和 $y=x+1$ 的图象，如图 2-10 所示．由图象可知 $x\in(0,1]$，条件(2)充分，故选 B.

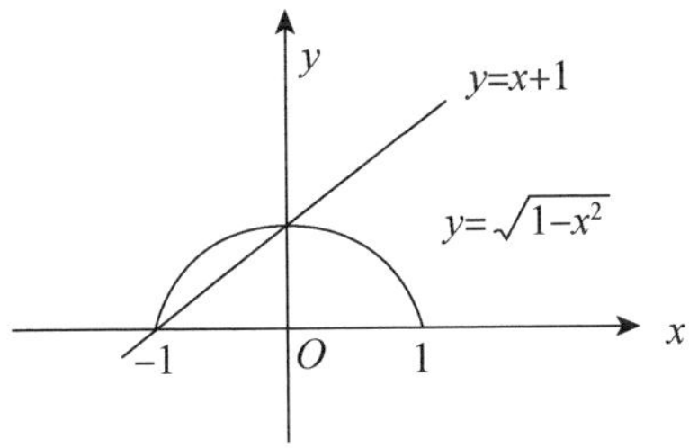

图 2-10

常规解法：$\sqrt{1-x^2}<x+1\Leftrightarrow\begin{cases}x+1>0,\\1-x^2\geqslant0,\\1-x^2<(x+1)^2\end{cases}\Rightarrow0<x\leqslant1$，

条件(2)充分，故选 B.

3.(模考题)若实数 x,y 满足条件：$x^2+y^2-2x+4y=0$，则 $x-2y$ 的最大值是(　　).

A. $\sqrt{\pi}$　　　B. 10　　　C. 9

D. $5+2\sqrt{\pi}$　　　E. $2+5\sqrt{2}$

变式 1. 求 x^2+y^2 的最大值.

变式 2. 求 $\dfrac{y+2}{x+2}$ 的最大值与最小值.

【解析】 技巧运用：令 $x-2y=t\Rightarrow x-2y-t=0$，用关系 $d=r\Rightarrow\dfrac{|1+4-t|}{\sqrt{1+4}}=\sqrt{5}\Rightarrow t=0$ 或 10，故选 B. 如图 2-11(a)所示.

变式 1.**【解析】** 技巧运用：$x^2+y^2=\left(\sqrt{(x-0)^2+(y-0)^2}\right)^2$，表示圆上一动点到原点的距离，则 $\left(\sqrt{(x-0)^2+(y-0)^2}\right)_{max}=$

$d+r=2\sqrt{5}$，$(x^2+y^2)_{max}=20$. 如图 2-11(b)所示.

变式 2.**【解析】** 技巧运用：设 $k=\dfrac{y+2}{x+2}$，可以看作是圆上一动点到定点$(-2,-2)$所连直线的斜率，$y+2=k(x+2)\Rightarrow kx-y+2k-2=0$，由 $d=r\Rightarrow\dfrac{|k+2+2k-2|}{\sqrt{1+k^2}}=\sqrt{5}\Rightarrow k=\pm\dfrac{\sqrt{5}}{2}$. 如图 2-11(c)所示.

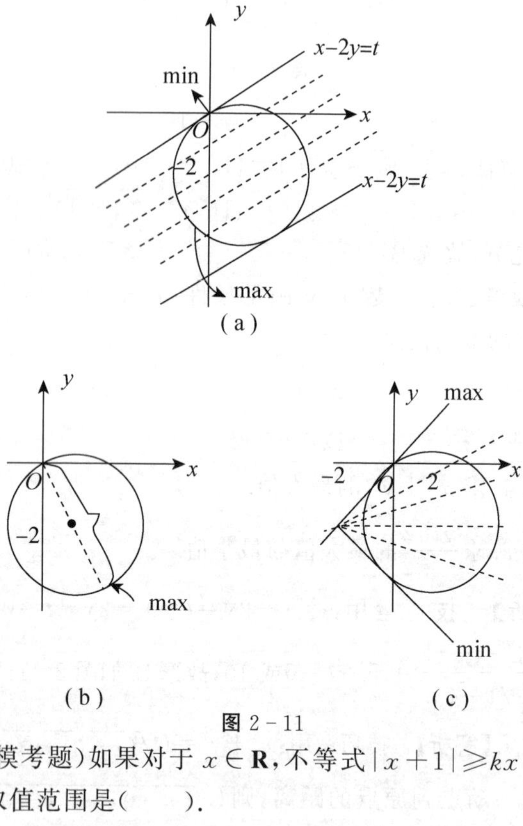

(a)　(b)　(c)

图 2-11

4.(模考题)如果对于 $x\in\mathbf{R}$，不等式 $|x+1|\geqslant kx$ 恒成立，则 k 的取值范围是(　　).

A. $(-\infty,0]$　　　B. $[-1,0]$

C. $[0,1]$　　　D. $[0,+\infty)$

【解析】 技巧运用：由于 $y=|x+1|$ 的图象是一个“V”字形，$y=kx$ 是经过原点的直线，如图 2－12 所示，观察直线斜率变化就可以发现 k 值最小取 0，最大取 1，故选 C.

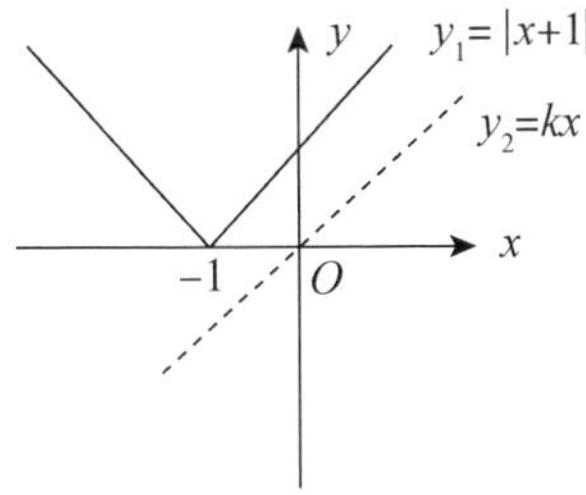

图 2－12

5.(2012－1)如图 2－13 所示，$\triangle ABC$ 是直角三角形，S_1，S_2，S_3 为正方形，已知 a，b，c 分别是 S_1，S_2，S_3 的边长，则(　　).

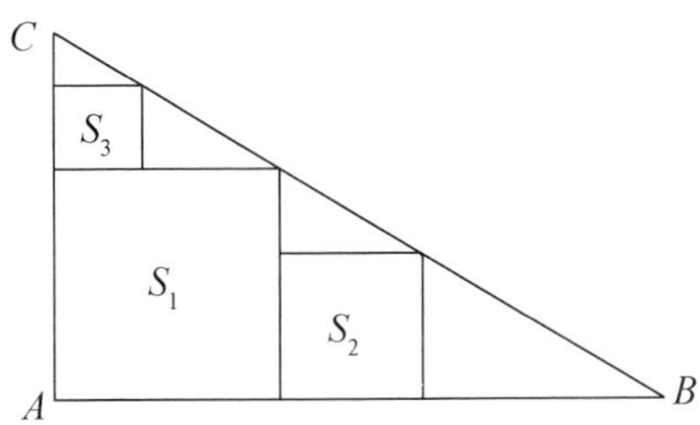

图 2－13

A. $a=b+c$　　B. $a^2=b^2+c^2$　　C. $a^2=2b^2+2c^2$

D. $a^3=b^3+c^3$　　E. $a^3=2b^3+2c^3$

【解析】 技巧运用：按图 2－14 所示建立直角坐标系，则点 D，E，F 的坐标分别为 $D(c,a+c)$，$E(a,a)$，$F(a+b,b)$，由于三点共线，可以利用两点斜率公式列式得 $k_{DE}=k_{EF}\Rightarrow$ $\frac{a-c}{a-(a+c)}=\frac{a+b-a}{b-a}\Rightarrow\frac{c-a}{c}=\frac{b}{b-a}\Rightarrow a=b+c$，选 A.

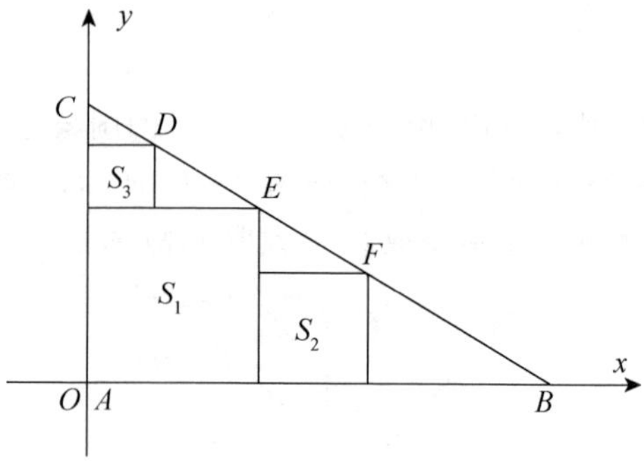

图 2-14

常规解法：

由于$\triangle DGE \backsim \triangle EHF$（见图 2-15），则

$$\frac{DG}{EH}=\frac{GE}{HF} \Rightarrow \frac{c}{a-b}=\frac{a-c}{b} \Rightarrow a=b+c.$$

故选 A.

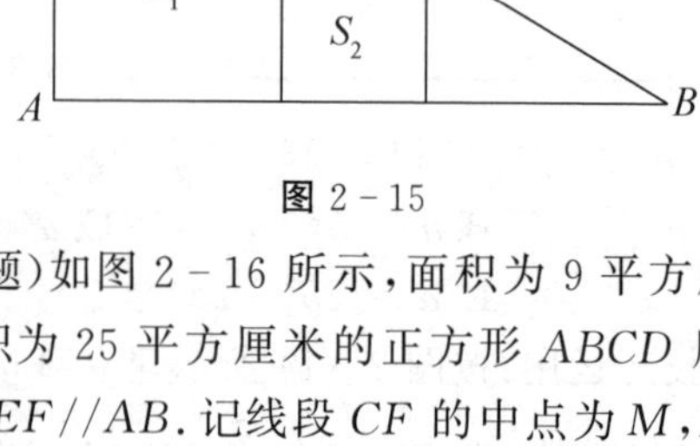

图 2-15

6.（模考题）如图 2-16 所示，面积为 9 平方厘米的正方形 $EFGH$ 在面积为 25 平方厘米的正方形 $ABCD$ 所在平面上移动，始终保持 $EF//AB$. 记线段 CF 的中点为 M，DH 的中点为 N，则线段 MN 的长度是（　　）.

A. $\frac{25}{4}$　　B. $\frac{73}{4}$　　C. $\frac{\sqrt{73}}{2}$　　D. $\frac{\sqrt{75}}{2}$

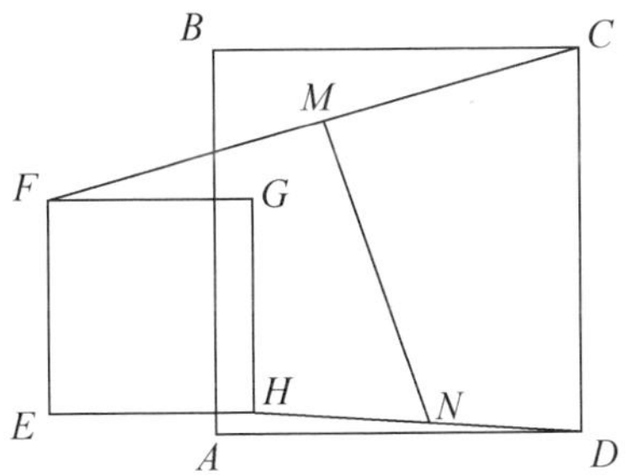

图 2 - 16

【解析】 技巧运用:本题用平面几何的方法解题比较困难,即使是使用特殊位置法计算也会比较麻烦,因此我们采用解析几何的方法来计算.建立一个平面直角坐标系,将 A 点设为坐标原点,AD 边和 AB 边分别落在 x 轴和 y 轴上,要使 $EF//AB$,只需要 EF 边所在的直线垂直于 x 轴即可,如图 2 - 17 所示.

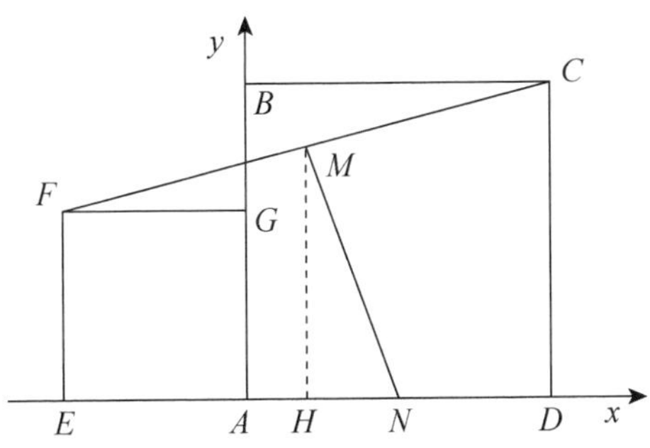

图 2 - 17

显然正方形 $ABCD$ 的边长是 5,而正方形 $EFGH$ 的边长是 3,根据图 2 - 17,可以得出如下坐标:$A(0,0)$,$B(0,5)$,$C(5,5)$,$D(5,0)$.

设 E 点的坐标是 $E(a,b)$,由于 EF 垂直于 x 轴,则 EH 平行于 x 轴,于是得到另外几点的坐标分别是 $H(a+3,b)$,

$F(a,b+3)$.

根据线段中点的坐标公式,可知 M 点和 N 点的坐标分别为 $M\left(\frac{a+5}{2},\frac{b+8}{2}\right)$, $N\left(\frac{a+8}{2},\frac{b}{2}\right)$,根据平面内两点间距离公式,可以算得: $|MN|=\sqrt{\left(\frac{a+5}{2}-\frac{a+8}{2}\right)^2+\left(\frac{b+8}{2}-\frac{b}{2}\right)^2}=\sqrt{\left(\frac{-3}{2}\right)^2+4^2}=\frac{\sqrt{73}}{2}$. 因此答案选 C.

名师小结

本节主要采用"以数助形""以形助数"的思想将代数题转化为几何图形来解决,将平面几何的图形进行代数化处理,放在直角坐标系平面中进行解决,利用解析几何的公式来处理.

本方法真题梳理:本书真题篇中第七章第 55,56,60 题.

技巧三　整体法(换元思想)

(运用范围:代数问题、平面几何)

应试策略

做代数题和几何题时,往往需要整体考虑问题,这样才会找到做题的突破口.

类型一:数与式中的整体思想

1.(模考题)如果 $a+b+c=0$, $\frac{1}{a+1}+\frac{1}{b+2}+\frac{1}{c+3}=0$,那么 $(a+1)^2+(b+2)^2+(c+3)^2=($　　$)$.

A. 36　　　　B. 16　　　　C. 14

D. 3　　　　E. 32

【解析】 技巧运用：采用整体思考方法. 令 $a+1=A$，$b+2=B$，$c+3=C$，即 $a=A-1$，$b=B-2$，$c=C-3$，则由题意可得 $A+B+C=6$，$\frac{1}{A}+\frac{1}{B}+\frac{1}{C}=0$，利用完全平方公式 $(A+B+C)^2=A^2+B^2+C^2+2(AB+BC+CA)=36$，那么 $A^2+B^2+C^2=36$，$(a+1)^2+(b+2)^2+(c+3)^2=36$. 故选 A.

2.（模考题）$\left(1+\frac{1}{2}+\frac{1}{3}+\cdots+\frac{1}{2\ 008}\right)\left(\frac{1}{2}+\frac{1}{3}+\frac{1}{4}+\cdots+\frac{1}{2\ 009}\right)-\left(1+\frac{1}{2}+\frac{1}{3}+\cdots+\frac{1}{2\ 009}\right)\left(\frac{1}{2}+\frac{1}{3}+\cdots+\frac{1}{2\ 008}\right)=$______.

【解析】 技巧运用：令 $\left(\frac{1}{2}+\frac{1}{3}+\cdots+\frac{1}{2\ 008}\right)=A$，则原式 $=(1+A)\left(A+\frac{1}{2\ 009}\right)-\left(1+A+\frac{1}{2\ 009}\right)A=\frac{1}{2\ 009}$.

3.（模考题）已知 $x^2-2x-1=0$，则 $2\ 001x^3-6\ 003x^2+2\ 001x-7=$（　　）.

A. $-2\ 008$　　　　B. 0　　　　C. 1

D. 2 008　　　　E. 2 009

【解析】 技巧运用：因为 $x^2-2x-1=0\Rightarrow x^2-2x=1$，

$$\begin{aligned}&2\ 001x^3-6\ 003x^2+2\ 001x-7\\=&2\ 001x(x^2-2x)-2\ 001x^2+2\ 001x-7\\=&-2\ 001x^2+4\ 002x-7=-2\ 008.\end{aligned}$$

故选 A.

4.（模考题）已知 $x=\frac{1}{\sqrt{3}-\sqrt{2}}$，则 $x^6-2\sqrt{2}x^5-x^4+x^3-2\sqrt{3}x^2+2x-\sqrt{2}=$（　　）.

A. $\sqrt{2}$　　　　B. $\sqrt{3}$　　　　C. 2

D. $\sqrt{5}$　　　　E. 以上都不正确

【解析】 技巧运用：

$$x=\frac{1}{\sqrt{3}-\sqrt{2}}$$
$$\Rightarrow x=\sqrt{3}+\sqrt{2}\Rightarrow x-\sqrt{3}=\sqrt{2}$$
$$\Rightarrow x^2-2\sqrt{3}x+3=2$$
$$\Rightarrow x^2-2\sqrt{3}x+1=0.$$

同理：

$$x=\frac{1}{\sqrt{3}-\sqrt{2}}$$
$$\Rightarrow x=\sqrt{3}+\sqrt{2}\Rightarrow x-\sqrt{2}=\sqrt{3}$$
$$\Rightarrow x^2-2\sqrt{2}x+2=3$$
$$\Rightarrow x^2-2\sqrt{2}x-1=0.$$

$$\text{原式}=x^4(x^2-2\sqrt{2}x-1)+x(x^2-2\sqrt{3}x+2)-\sqrt{2}$$
$$=x-\sqrt{2}=\sqrt{3},$$

故选 B.

5.（模考题）已知 $a^2+4a+1=0$，$\frac{a^4+ma^2+1}{3a^3+ma^2+3a}=5$，则 $m=$（　　）.

A. $\frac{33}{2}$　　B. $\frac{35}{2}$　　C. $\frac{37}{2}$

D. $\frac{39}{2}$　　E. $\frac{41}{2}$

【解析】 技巧运用：$a^2+4a+1=0\Rightarrow a^2+1=-4a$，$a=0$ 时，此式不能成立.

两边除以 a，得 $a+\frac{1}{a}=-4$，

$$\frac{a^4+ma^2+1}{3a^3+ma^2+3a}=\frac{a^2+m+\frac{1}{a^2}}{3a+m+\frac{3}{a}}$$

$$=\frac{\left(a+\frac{1}{a}\right)^2-2+m}{3\left(a+\frac{1}{a}\right)+m}=\frac{14+m}{m-12}=5,$$

得 $m=\frac{37}{2}$. 故选 C.

类型二:方程(组)与不等式(组)中的整体思想

1.(模考题)已知$\begin{cases}x+2y=4k+1,\\2x+y=k+2,\end{cases}$且 $0<x+y<3$,则 k 的取值范围是________.

【解析】 技巧运用:将方程组的两式相加,得:$3(x+y)=5k+3$,所以 $x+y=\frac{5}{3}k+1$,从而 $0<\frac{5}{3}k+1<3$,解得 $-\frac{3}{5}<k<\frac{6}{5}$.

2.(模考题)解方程 $2x^2+3x-4=\frac{5}{2x^2+3x}$.

【解析】 技巧运用:设 $2x^2+3x=y$,则原方程变形为 $y-4=\frac{5}{y}$,即 $y^2-4y-5=0$,解得 $y_1=5$,$y_2=-1$,所以 $2x^2+3x=5$ 或 $2x^2+3x=-1$,从而解得 $x_1=-\frac{5}{2}$,$x_2=1$,$x_3=-\frac{1}{2}$,$x_4=-1$,经检验 x_1,x_2,x_3,x_4 都是原方程的解.

3.(模考题)有甲、乙、丙三种货物,若购甲 3 件,乙 7 件,丙

1 件，共需 3.15 元；若购甲 4 件，乙 10 件，丙 1 件，共需 4.20 元. 现在计划购甲、乙、丙各 1 件，共需多少元？

【解析】 技巧运用：设购甲、乙、丙各 1 件分别需 x 元、y 元、z 元.

依题意，得 $\begin{cases}3x+7y+z=3.15,\\4x+10y+z=4.20,\end{cases}$ 即 $\begin{cases}2(x+3y)+(x+y+z)=3.15,\\3(x+3y)+(x+y+z)=4.20.\end{cases}$

解关于 $x+3y$，$x+y+z$ 的二元一次方程组，可得 $x+y+z=1.05$(元).

故购甲、乙、丙各 1 件共需 1.05 元.

类型三：几何中的整体思想

1.（2010—10）如图 2－18 所示，阴影甲的面积比阴影乙的

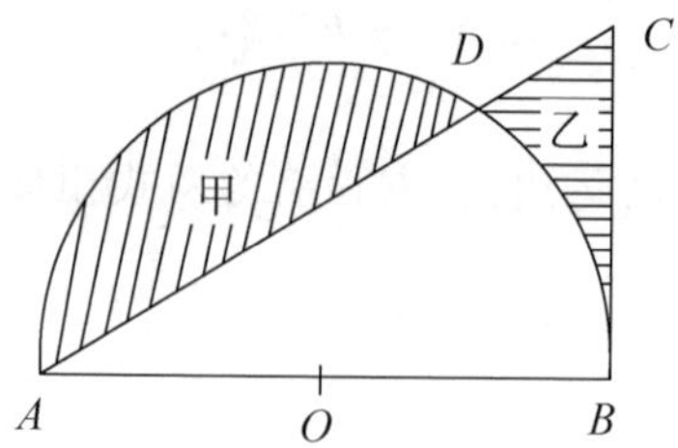

图 2－18

面积多 28 cm^2，$AB=40$ cm，则 BC 的长为（　　）cm.（π 取到小数点后两位）

A. 30　　B. 32　　C. 34　　D. 36　　E. 40

【解析】 技巧运用：由

$$S_{甲}-S_{乙}=28$$

$$\Rightarrow S_{半圆}-S_{\triangle ABC}=28$$

$$\Rightarrow S_{\triangle ABC}=\frac{\pi\cdot 20^2}{2}-28$$

$$\Rightarrow BC=10\pi-\frac{28}{20}=30,$$

故选 A.

2.(模考题)如图 2－19 所示，正方形 $ABCD$ 的边 $AB=1$，$\overset{\frown}{BD}$ 和 $\overset{\frown}{AC}$ 都是以 1 为半径的圆弧，则无阴影部分的两部分的面积之差是(　　).

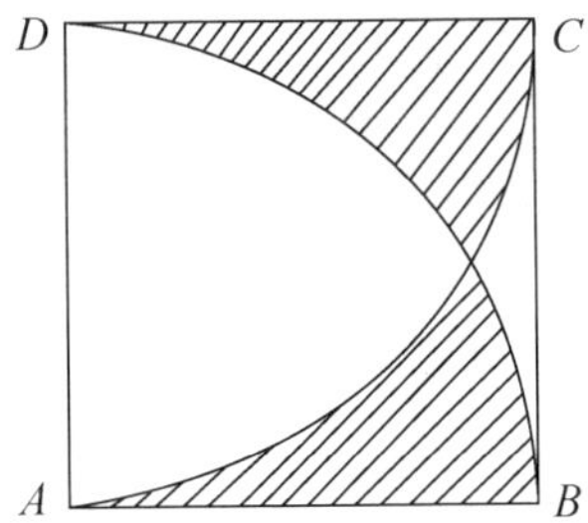

图 2－19

A. $\frac{\pi}{2}-1$　　B. $1-\frac{\pi}{4}$

C. $\frac{\pi}{3}-1$　　D. $1-\frac{\pi}{6}$

E. 以上都不正确

【解析】 技巧运用：其实两空白部分面积之差是两个扇形的面积之和与正方形的面积之差，即 $S_{扇形ACD}+S_{扇形ABD}-S_{正方形ABCD}=\frac{\pi}{2}-1$. 故选 A.

3.(模考题)如图 2－20 所示，在 $\triangle ABC$ 中，$\angle ACB=90^\circ$，$AB=12$ cm，$\angle ABC=60^\circ$，把 $\triangle ABC$ 绕点 B 顺时针旋转，使点 C 转到 AB 延长线上的点 D 处，试求边 AC 扫过的面积.

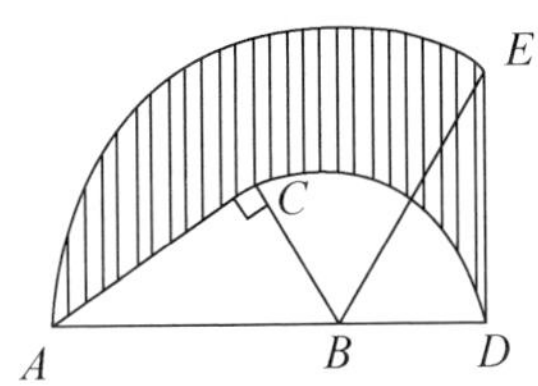

图 2－20

【解析】 技巧运用：因为

$$\angle ACB=90^\circ, AB=12\text{ cm}, \angle ABC=60^\circ,$$

所以

$$BC=AB\cdot\cos 60^\circ=6\text{ cm},$$

从而

$$\begin{aligned}S_{扫}&=S_{扇形BAE}+S_{\triangle BDE}-S_{\triangle ABC}-S_{扇形BCD}\\&=S_{扇形BAE}-S_{扇形BCD}\end{aligned}$$

$$=\frac{120\pi\times 12^2}{360}-\frac{120\pi\times 6^2}{360}=36\pi.$$

名师小结

本节主要利用整体的思想方法构造整体模型，通过题目所给的线索迅速找到突破口，起到了化繁为简的作用.

本方法真题梳理：真题篇中第二章第 25，26，27，28 题；第 4 章第 58，59，61，62，69，70 题.

技巧四　降幂法

（运用范围：代数求值）

应试策略

处理一些代数式的计算或代数式除法运算时常常可以用降幂法. 在代数式除法运算中，我们常常可以令除式为 0，然后得到降幂关系式，将此关系式反复代入被除式，则该被除式得到的最后结果即为余式.

1.（模考题）若 α 是 $x^2-5x+1=0$ 的一个根，求 $\alpha^2+\alpha^{-2}=$（　　）.

A. 22　　B. 23　　C. 24

D. 25　　E. 以上都不正确

【解析】 技巧运用：已知 $\alpha^2=5\alpha-1$，

$$\alpha^2+\alpha^{-2}=5\alpha-1+\frac{1}{5\alpha-1}=\frac{25\alpha^2-10\alpha+2}{5\alpha-1}$$

$$=\frac{115\alpha-23}{5\alpha-1}=23,$$

故选 B.

常规解法：利用韦达定理和乘法公式.

$\alpha_1+\alpha_2=5, \alpha_1\alpha_2=1$.

$\alpha_1^2+\alpha_1^{-2}=\alpha_1^2+\frac{1}{\alpha_1^2}=\left(\alpha_1+\frac{1}{\alpha_1}\right)^2-2=(\alpha_1+\alpha_2)^2-2=25-2=23$,故选 B.

2.(2009－1)$2a^2-5a-2+\frac{3}{a^2+1}=-1$.(　　)

(1)a 是方程 $x^2-3x+1=0$ 的根　　(2)$|a|=1$

【解析】 技巧运用:由条件(1)有 $a^2=3a-1$,

$$\begin{aligned}&2a^2-5a-2+\frac{3}{a^2+1}\\&=2(3a-1)-5a-2+\frac{3}{3a}\\&=a+\frac{1}{a}-4=-1,\end{aligned}$$

充分;而条件(2)显然不充分,故选 A.

3.(模考题)设 ax^3+bx^2+cx+d 能被 $x^2+h^2(h\neq 0)$ 整除,则以下正确的是(　　).

A. $ab=cd$　　B. $ac=bd$

C. $ad=bc$　　D. $a+b=cd$

E. 以上均不正确

【解析】 技巧运用:令 $x^2+h^2=0\Rightarrow x^2=-h^2$, $ax^3+bx^2+cx+d=ax(-h^2)+b(-h^2)+cx+d=x(-ah^2+c)+(-bh^2+d)\equiv 0x+0$ 得 $\begin{cases}-ah^2+c=0,\\-bh^2+d=0\end{cases}\Rightarrow\frac{c}{a}=\frac{d}{b}\Rightarrow ad=bc$,故选 C.

常规解法:$ax^3+bx^2+cx+d=(x^2+h^2)(ax+m)$,展开后系数对应相等得:

$$\begin{cases}b=m,\\c=ah^2,\\d=mh^2\end{cases}\Rightarrow\begin{cases}c=ah^2,\\d=bh^2\end{cases}\Rightarrow\frac{c}{d}=\frac{a}{b}\Rightarrow ad=bc.$$

4.(模考题)求多项式 x^9-1 除以 x^2+1 所得的余式.

【解析】 技巧运用:由降幂公式 $x^2+1=0$,得 $x^2=-1$,代入原式得 $x-1$,所以余式即为 $x-1$.

常规解法:利用多项式的除法,得:

$$
\begin{array}{r}
x^7+0x^6-x^5+0x^4+x^3+0x^2-x+0 \\
x^2+0x+1\ \overline{\big)\, x^9+0x^8+0x^7+0x^6+0x^5+0x^4+0x^3+0x^2+0x-1} \\
\underline{x^9+0x^8+x^7} \qquad\qquad\qquad\qquad\qquad\qquad\qquad\qquad \\
-x^7+0x^6+0x^5 \qquad\qquad\qquad\qquad\qquad\qquad \\
\underline{-x^7-0x^6-x^5} \qquad\qquad\qquad\qquad\qquad\qquad \\
x^5+0x^4+0x^3 \qquad\qquad\qquad\qquad \\
\underline{x^5+0x^4+x^3} \qquad\qquad\qquad\qquad \\
-x^3+0x^2+0x \qquad\qquad \\
\underline{-x^3-0x^2-x} \qquad\qquad \\
x-1 \qquad\qquad
\end{array}
$$

5.(模考题)试求 $x^{243}+x^{81}+x^{27}+x^9+x^3+x$ 被 x^2-1 除的余式.

【解析】 技巧运用:由 $x^2-1=0$,得 $x^2=1$,代入被除式得余式为 $6x$.

名师小结

降幂思想主要用于代数计算中,有时候无须求解出方程的根,只需要利用降次代入的手段即可起到化繁为简的作用.

技巧五 因式分解法

(运用范围:代数式化简)

应试策略

在解决二元变量的代数式问题时,可以使用因式分解的方法将两个变量分离，从而大大简化了解题过程.

1.（模考题）方程 $2(x+y)=xy+7$ 的整数解的个数是（　　）.

A. 1　　B. 2　　C. 3

D. 4　　E. 以上都不正确

【解析】 技巧运用：$2(x+y)=xy+7\Rightarrow xy-2x-2y+7=0\Rightarrow(x-2)(y-2)=-3\Rightarrow\begin{cases}x-2=3,\\y-2=-1\end{cases}$ 或 $\begin{cases}x-2=-3,\\y-2=1\end{cases}$ 或 $\begin{cases}x-2=1,\\y-2=-3\end{cases}$ 或 $\begin{cases}x-2=-1,\\y-2=3\end{cases}\Rightarrow\begin{cases}x=5,\\y=1\end{cases}$ 或 $\begin{cases}x=-1,\\y=3\end{cases}$ 或 $\begin{cases}x=3,\\y=-1\end{cases}$ 或 $\begin{cases}x=1,\\y=5,\end{cases}$ 共 4 组解. 故选 D.

2.（2009－10）曲线 $|xy|+1=|x|+|y|$ 所围成的图形的面积为（　　）.

A. $\frac{1}{4}$　　B. $\frac{1}{2}$　　C. 1　　D. 2　　E. 4

【解析】 技巧运用：$|xy|+1=|x|+|y|\Rightarrow|xy|-|x|-|y|+1=0\Rightarrow(|x|-1)(|y|-1)=0\Rightarrow|x|-1=0$ 或 $|y|-1=0$.

$x=\pm1$ 或 $y=\pm1$，表示四条直线，所围出的图形为正方形，面积为 4. 故选 E.

3.（模考题）a 与 b 的算术平均值为 8.（　　）

(1) a 与 b 为不相等的自然数，且 $\frac{1}{a}$，$\frac{1}{b}$ 的算术平均值为 $\frac{1}{6}$

(2) a 与 b 为自然数，且 $\frac{1}{a}$，$\frac{1}{b}$ 的算术平均值为 $\frac{1}{6}$

【解析】 技巧运用：$\frac{1}{a}+\frac{1}{b}=\frac{1}{3}\Rightarrow3a+3b=ab\Rightarrow(a-3)\cdot(b-3)=9\Rightarrow\begin{cases}a-3=3,\\b-3=3\end{cases}$ 或 $\begin{cases}a-3=9,\\b-3=1,\end{cases}$ 由条件(1) a 与 b 为不相等

的自然数，则$\begin{cases}a-3=9,\\b-3=1\end{cases}\Rightarrow\begin{cases}a=12,\\b=4\end{cases}\Rightarrow\frac{a+b}{2}=8$，充分，故选 A.

名师小结

因式分解主要是将两个变量进行分离，或者将高次转化为低次，这样可以很快找到题目的突破口.

本方法真题梳理：真题篇中第二章第 14，15，17，18，20，34 题；第三章第 48，76，81，82，83，87 题.

技巧六　配方法

（运用范围：代数式求值）

应试策略

该法的用途广泛，一般在二次代数式中用法最为常见，可以解决因式分解、方程的根、代数式的非负性等问题.

1.（模考题）已知 x,y 满足 $x^2+y^2+\frac{5}{4}=2x+y$，求代数式 $\frac{xy}{x-y}$ 的值.

【解析】　技巧运用：$x^2+y^2+\frac{5}{4}=2x+y\Rightarrow(x-1)^2+\left(y-\frac{1}{2}\right)^2=0\Rightarrow\begin{cases}x=1,\\y=\frac{1}{2},\end{cases}$ 则 $\frac{xy}{x-y}=\frac{\frac{1}{2}}{1-\frac{1}{2}}=1$.

2.（模考题）已知有理数 x,y,z 满足 $\sqrt{x}+\sqrt{y-1}+\sqrt{z-2}=\frac{1}{2}(x+y+z)$，那么 $(x-yz)^3$ 的值为________.

【解析】 技巧运用：$\sqrt{x}+\sqrt{y-1}+\sqrt{z-2}=\frac{1}{2}(x+y+z)\Rightarrow x-2\sqrt{x}+1+(y-1)-2\sqrt{y-1}+1+(z-2)-2\sqrt{z-2}+1=0\Rightarrow(\sqrt{x}-1)^2+(\sqrt{y-1}-1)^2+(\sqrt{z-2}-1)^2=0$.

因为$(\sqrt{x}-1)^2\geqslant0$，$(\sqrt{y-1}-1)^2\geqslant0$，$(\sqrt{z-2}-1)^2\geqslant0$，所以 $x=1$，$y=2$，$z=3$.

故$(x-yz)^3=(1-2\times3)^3=-125$.

3.（模考题）已知 $m^2+n^2+mn+m-n+1=0$，则$\frac{1}{m}+\frac{1}{n}=$（　　）.

A. -1　　B. 0　　C. 1　　D. 2　　E. 3

【解析】 技巧运用：$m^2+n^2+mn+m-n+1=0\Rightarrow2m^2+2n^2+2mn+2m-2n+2=0\Rightarrow(m+n)^2+(m+1)^2+(n-1)^2=0\Rightarrow m=-1,n=1,\frac{1}{m}+\frac{1}{n}=0$. 故选 B.

名师小结

本节主要通过配方法来找到一些代数求值的方法和技巧，一般遇到二次式很容易会想到配方法.

本方法真题梳理：真题篇中第一章第 2，3，4 题；第二章第 1，5，19 题；第三章第 3，5，7，10，11，12 题.

技巧七　方程法

（运用范围：不等式求解）

应试策略

在不等式的解法中，往往再结合方程法，将有出乎意料的事情发生,你会发现做题速度大大加快了,一般来说,不等式的解集的端点值即为对应方程的根.

1.(模考题)不等式 $ax^2+bx+2>0$ 的解集是 $\left(-\frac{1}{2},\frac{1}{3}\right)$,则 $a+b$ 的值是(　　).

A. 10　　B. -10　　C. 14

D. -14　　E. 以上都不正确

【解析】 技巧运用:把 $-\frac{1}{2}$ 和 $\frac{1}{3}$ 看作是方程 $ax^2+bx+2=0$ 的两个根,由韦达定理得 $-\frac{1}{2}+\frac{1}{3}=-\frac{b}{a}$,且 $\left(-\frac{1}{2}\right)\times\frac{1}{3}=\frac{2}{a}$,则 $a=-12$,$b=-2\Rightarrow a+b=-14$,故选 D.

2.(模考题)关于 x 的不等式 $\sqrt{x}>ax+\frac{3}{2}$ 的解集为 $(4,c)$,则 a,c 的值为(　　).

A. $a=8$,$c=36$　　B. $a=\frac{1}{8}$,$c=36$

C. $a=36$,$c=8$　　D. $a=\frac{1}{36}$,$c=8$

E. 以上都不正确

【解析】 技巧运用:把 4 和 c 看作是方程 $\sqrt{x}=ax+\frac{3}{2}$ 的两个根,则 $\sqrt{4}=4a+\frac{3}{2}\Rightarrow a=\frac{1}{8}$,再由 $\sqrt{c}=\frac{c}{8}+\frac{3}{2}\Rightarrow c=36$. 故选 B.

3.(模考题)解方程组:

$$\begin{cases}\left(\frac{1-\sqrt{2}}{2}\right)^2x+\left(\frac{1-\sqrt{2}}{2}\right)y+1=0,\\ \left(\frac{1+\sqrt{2}}{2}\right)^2x+\left(\frac{1+\sqrt{2}}{2}\right)y+1=0.\end{cases}$$

【解析】　技巧运用：可直接用消元法求解，但由于系数复杂使得运算难以进行. 若仔细观察，会发现 x 与 y 的系数有平方关系且常数项相同，进而把常数看成未知量，把 x，y 看作已知量构造一元二次方程. 于是有 $\frac{1\pm\sqrt{2}}{2}$ 是 $xa^2+ya+1=0$ 的两根. 由韦达定理，得 $\begin{cases}\frac{1+\sqrt{2}}{2}+\frac{1-\sqrt{2}}{2}=-\frac{y}{x},\\ \frac{1+\sqrt{2}}{2}\cdot\frac{1-\sqrt{2}}{2}=\frac{1}{x},\end{cases}$ 解得 $x=-4$，$y=4$.

4.（模考题）已知 $3(a-b)+\sqrt{3}(b-c)+(c-a)=0(a\neq b)$，求 $\frac{(c-a)(c-b)}{(a-b)^2}$ 的值.

【解析】　技巧运用：可以把 $\sqrt{3}$ 和 1 看作是方程 $(a-b)x^2+(b-c)x+(c-a)=0(a\neq b)$ 的两个根，利用韦达定理，则 $\frac{c-b}{a-b}=\sqrt{3}+1$，$\frac{c-a}{a-b}=\sqrt{3}\times1$，所以

$$原式=\frac{(c-a)(c-b)}{(a-b)^2}=(\sqrt{3}+1)\times\sqrt{3}=3+\sqrt{3}.$$

5.（模考题）不等式组 $\begin{cases}x>0,\\ \frac{3-x}{3+x}>\left|\frac{2-x}{2+x}\right|\end{cases}$ 的解集为（　　）.

A. $(0,\sqrt{6})$　　B. $(0,2.5)$　　C. $(0,2)$

D. $(0,3)$　　E. 以上均不正确

【解析】　技巧运用：因为发现只有 $\sqrt{6}$ 是方程 $\frac{3-x}{3+x}=\frac{2-x}{2+x}$ 的根. 所以很快找到答案，不用去求解不等式. 故选 A.

常规解法：$\begin{cases}x>0,\\ \frac{3-x}{3+x}>\left|\frac{2-x}{2+x}\right|\end{cases}\Rightarrow\frac{x-3}{x+3}<\frac{2-x}{2+x}<\frac{3-x}{3+x}\Rightarrow(x-3)\cdot$

$(x+2)<(2-x)(x+3)<(3-x)(x+2)\Rightarrow x^2-x-6<-x^2-x+6<-x^2+x+6\Rightarrow 0<x<\sqrt{6}$，选 A.

6.（2016－12）不等式$|x-1|+x\leqslant 2$的解集为（　　）.

A. $(-\infty,1]$　　B. $\left(-\infty,\frac{3}{2}\right]$　　C. $\left[1,\frac{3}{2}\right]$

D. $[1,+\infty)$　　E. $\left[\frac{3}{2},+\infty\right)$

【解析】 技巧运用：由于不等式的解集的端点即是对应方程的根，只需要先检验$x=1$，代入后不等式的左边和右边不相等，所以$x=1$就不是对应方程的根，所以排除 A，C，D，剩下 B 和 E，取$x=0$再次检验是否满足不等式，发现满足不等式，所以就排除了 E 选项，那么只有 B 选项是成立的. 此方法也称为“端点验证法”，与特殊值方法结合使用，可以衍生出很多美妙神奇的做题方法.

常规解法：对该不等式进行分类讨论求解，

$$|x-1|+x\leqslant 2\Rightarrow\begin{cases}2x-1\leqslant 2, x\geqslant 1,\\ 1\leqslant 2, \quad x<1\end{cases}\Rightarrow\begin{cases}1\leqslant x\leqslant\frac{3}{2},\\ x<1\end{cases}\Rightarrow\left(-\infty,\frac{3}{2}\right].$$

名师小结

在处理不等式、函数等问题时，有时候需要直接把它们看成是方程，不等式的解集的端点就是对应方程的根，函数图像交点的横坐标也是对应方程的根.

本方法真题梳理：真题篇中第三章第 77，78，79，80，81，89 题；第十一章第 205，207 题.

技巧八　统一比例法

(运用范围:比例式化简)

应试策略

遇到求解一些连比代数题时,我们往往直接设该比例式的值为 k,然后转换成整式去做,这样就简单多了.

1.(模考题)若 $\frac{b+c+d}{a}=\frac{a+c+d}{b}=\frac{a+b+d}{c}=\frac{a+b+c}{d}=m$,则 $m=$(　　).

A. 3　　B. $\frac{1}{3}$　　C. -1

D. 3 或 -1　　E. 以上均不正确

【解析】 技巧运用:由题意可得 $b+c+d=ma$, $a+c+d=mb$, $a+b+d=mc$, $a+b+c=md \Rightarrow 3(a+b+c+d)=m(a+b+c+d) \Rightarrow m=3$ 或 $a+b+c+d=0 \Rightarrow m=3$ 或 -1. 故选 D.

常规解法:利用等比定理. 当 $a+b+c+d\neq 0$ 时, $\frac{b+c+d}{a}=\frac{a+c+d}{b}=\frac{a+b+d}{c}=\frac{a+b+c}{d}=\frac{3(a+b+c+d)}{a+b+c+d}=3$,当 $a+b+c+d=0$ 时, $m=-1$.

故选 D.

2.(模考题)已知 x, y, z 都是实数,则有 $x+y+z=0$.(　　)

(1) $\frac{x}{a+b}=\frac{y}{b+c}=\frac{z}{c+a}$　　(2) $\frac{x}{a-b}=\frac{y}{b-c}=\frac{z}{c-a}$

【解析】 技巧运用:由条件(1) $\frac{x}{a+b}=\frac{y}{b+c}=\frac{z}{c+a}=k \Rightarrow x=(a+b)k$, $y=(b+c)k$, $z=(c+a)k$, $x+y+z=2(a+b+c)k$,不充分.

由条件(2) $\frac{x}{a-b}=\frac{y}{b-c}=\frac{z}{c-a}=k\Rightarrow x=(a-b)k, y=(b-c)k, z=(c-a)k, x+y+z=0$,充分.

故选 B.

3.(模考题)若 $x-1=\frac{y+1}{2}=\frac{z-2}{3}$,则 $x^2+y^2+z^2$ 可取得的最小值为________.

【解析】 技巧运用:设 $x-1=\frac{y+1}{2}=\frac{z-2}{3}=k$,则

$$x=k+1, y=2k-1, z=3k+2,$$

所以

$$\begin{aligned}x^2+y^2+z^2&=(k+1)^2+(2k-1)^2+(3k+2)^2\\&=14k^2+10k+6=14\left(k+\frac{5}{14}\right)^2+\frac{59}{14}.\end{aligned}$$

因为 $14\left(k+\frac{5}{14}\right)^2\geqslant 0$,所以 $14\left(k+\frac{5}{14}\right)^2+\frac{59}{14}\geqslant\frac{59}{14}$,

所以 $x^2+y^2+z^2$ 的最小值为 $\frac{59}{14}$.

名师小结

一般遇到连比式子的时候,直接设 k,统一比例值后很快能转化为方程进行解答.

技巧九 应用题解题方法归纳

(运用范围:可转化为线性方程的应用问题)

类型一:比较法

应试策略

常见比较法有假设比较法、盈亏比较法、纵向比较法.利用

比较法找出假设后的差值关系，从而求出未假设前的原始值.

1.（模考题）笼子里鸡兔共 100 只，脚 320 只，问鸡兔各几只？

【解析】 技巧运用：采用假设比较法. 假设兔子起立，每只兔子的脚只有 2 只了，那么笼子里一共有 200 只脚了，比较后发现少了 120 只脚，由于是每只兔子起立后少了 2 只脚，那么就有 120/2＝60 只兔子，鸡就是 40 只.

常规解法：设笼子里鸡有 x 只，兔子有 y 只，列方程如下：

$$\begin{cases}x+y=100,\\2x+4y=320\end{cases}\Rightarrow\begin{cases}x=40,\\y=60.\end{cases}$$

2.（模考题）某次数学竞赛共 20 题，每做对一题得 5 分，做错或不做扣 1 分，小明得了 64 分，问小明做对了几题？

【解析】 技巧运用：采用假设比较法. 假设每道题目都做对了，那么一共应该是 100 分，现在只有 64 分，少了 36 分，由于每题做对和做错（不做）之间相差 6 分，那么应该有 36/6＝6（道）题做错（不做），做对就应该是 14 道题.

常规解法：设做对的题目有 x 道，做错或不做的题目有 y 道，列方程如下：

$$\begin{cases}x+y=20,\\5x-y=64\end{cases}\Rightarrow\begin{cases}x=14,\\y=6.\end{cases}$$

3.（模考题）蜘蛛 8 条腿，蝉 6 条腿和一对翅膀，蜻蜓 6 条腿和两对翅膀，三种小虫共 16 只，110 条腿，14 对翅膀，问每种小虫各几只？

【解析】 技巧运用：采用假设比较法. 假设蜘蛛也是 6 条腿，那么这样每只昆虫都是 6 条腿了，总的腿数就是 96 条腿，而现在却少了 110－96－14 条腿，那么蜘蛛的只数就是 14/2＝7 只，蝉和蜻蜓之和就是 9 只，然后假设蜻蜓也都是一对翅膀，那么这样蝉和蜻蜓就有 9 对翅膀，少了 14－9＝5 对翅膀，说明蜻蜓就有 5 只,也就得到蝉有 4 只.

常规解法:设蜘蛛有 x 只,蝉有 y 只,蜻蜓有 z 只,列方程如下:

$$\begin{cases}x+y+z=16,\\8x+6y+6z=110,\\y+2z=14\end{cases}\Rightarrow\begin{cases}x=7,\\y=4,\\z=5.\end{cases}$$

4.(模考题)一项工程,由甲、乙两队合作 30 天可完成,甲队单独做 24 天后,乙队加入,两队合作 10 天后,甲队调走,乙队继续做 17 天才完成,若这项工程由甲队单独做,需要几天完工?

【解析】 技巧运用:采用纵向比较法.画出线段,如图得:

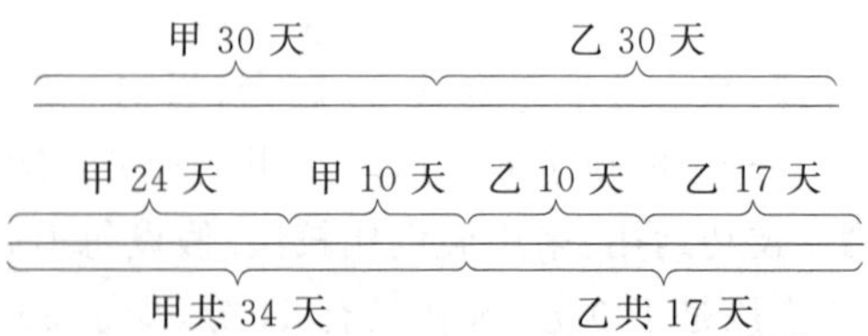

说明甲多做 4 天,乙少做 3 天.即甲 4 天工作量等于乙 3 天工作量.那么反向代入得乙 30 天工作量等价于甲 40 天工作量,即甲独做 70 天完工.

常规解法:设甲的工作效率为 x,乙的工作效率为 y,那么列方程如下:$\begin{cases}30x+30y=1,\\24x+10(x+y)+17y=1\end{cases}\Rightarrow\begin{cases}x=\dfrac{1}{70},\\y=\dfrac{2}{105}.\end{cases}$

5.(模考题)一艘轮船顺流航行 120 千米,逆流航行 80 千米共用时 16 小时;顺流航行 60 千米,逆流航行 120 千米也用时 16 小时,则水流速度为(　　)千米/小时.

【解析】 技巧运用:采用纵向比较法.根据两次时间是一样的可以对比出顺流 60 千米所用的时间就等价于逆流 40 千米所用的时间,那么通过代换可得顺流 240 千米用时 16 小时,则顺流速度为 15 千米/小时，从而逆流速度为 10 千米/小时，水流速度为 2.5 千米/小时.

常规解法：设船在静水中的速度为 x，水速为 y，列方程如下：

$$\begin{cases}\dfrac{120}{x+y}+\dfrac{80}{x-y}=16,\\ \dfrac{60}{x+y}+\dfrac{120}{x-y}=16\end{cases}\Rightarrow\begin{cases}x=12.5,\\ y=2.5.\end{cases}$$

类型二：统一比例法

应试策略

一般遇到变比例问题时，可以通过统一比例的方法，统一不变量后观察变化量之间的关系，与具体的数值对应起来就能解决题目.

1.（模考题）有含盐 8% 的盐水 40 千克，要配制成含盐 20% 的盐水，需要加盐多少千克？

【解析】 技巧运用：采用统一比例法.

盐：水＝8：92，增加盐后，盐：水＝1：4＝23：92，通过对比观察可以发现：增加的盐是 15 份，原来一共 100 份对应 40 千克，现在增加 15 份对应 6 千克盐，所以需加盐 6 千克.

常规解法：设需加盐 x 千克，列方程如下：

$$\frac{40\times8\%+x}{40+x}=20\%\Rightarrow x=6.$$

2.（模考题）袋里有若干球，其中红球占 5/12，后来又往袋里放了 6 只红球，这时红球占 1/2，问现在袋中有多少球？

【解析】 技巧运用：采用统一比例法. 原来的红球与非红球数量之比为 5：7，增加了 6 个红球后，比例变为 1：1，统一非红球后就变为 7：7，说明红球变化了 2 份，即为 6 个球，那么 1 份就是 3 个球，现在袋中一共有 14 份也就是 42 个球.

常规解法:设原来球的总数为 x,列方程如下:

$\dfrac{\frac{5}{12}x+6}{x+6}=\dfrac{1}{2}\Rightarrow x=36$,所以现在有 42 个球.

类型三:交叉法

应试策略

交叉法又称十字交叉法,是进行两组混合物平均量与组分计算的一种简便方法.基本使用方法如下.

第一部分的平均值为 a,第二部分的平均值为 b(这里假设 $a>b$,混合后的平均值为 r).

	平均值	交叉作差后	对应量
第一部分	a	$r-b$	A
总体平均值	r		
第二部分	b	$a-r$	B

得到等式:$\dfrac{r-b}{a-r}=\dfrac{A}{B}$.

十字交叉法解决的是两者之间的比例问题.

1.(模考题)把含盐 5% 的甲食盐水与含盐 8% 的乙食盐水混合制成含盐 6% 的盐水 600 克,分别应取两种食盐水各多少克?

【解析】 技巧运用:采用交叉法.

5%		2%
	6%	
8%		1%

$\dfrac{甲量}{乙量}=\dfrac{2}{1}=\dfrac{400\text{ 克}}{200\text{ 克}}$.

故甲食盐溶液的质量为 400 克,乙食盐溶液的质量为 200 克.

常规解法:设甲食盐溶液质量为 x 克,乙食盐溶液质量为 y

克，列方程如下：

$$\begin{cases}5\%x+8\%y=6\%(x+y),\\x+y=600\end{cases}\Rightarrow\begin{cases}x=400,\\y=200.\end{cases}$$

2.(2004－1) 车间有 40 人，某技术操作考核的平均成绩为 80 分，其中男工平均成绩 83 分，女工平均成绩为 78 分，问该车间有女工多少人？

【解析】 技巧运用：采用交叉法.

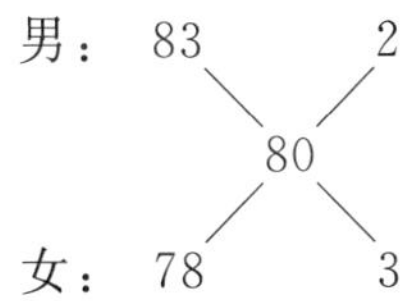

通过交叉得到男工∶女工＝2∶3，从而得到女工为 24 人.

常规解法：利用二元一次方程组，设女工有 x 人，男工有 y 人，列方程如下：

$$\begin{cases}x+y=40,\\78x+83y=80\times40\end{cases}\Rightarrow\begin{cases}x=24,\\y=16.\end{cases}$$

3.(2007－10) 王女士以一笔资金分别投入股市和基金，但因故需抽回一部分资金，若从股市中抽回 10%，从基金中抽回 5%，则其总投资额减少 8%，若从股市和基金的投资额中各抽回 15% 和 10%，则其总投资额减少 130 万元，其总投资额为(　　)万元.

A. 1 000　　B. 1 500　　C. 2 000

D. 2 500　　E. 3 000

【解析】 技巧运用：采用交叉法.

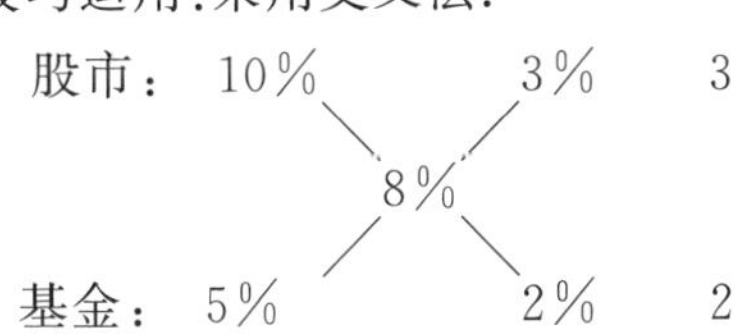

股市：　15%　　　　3%　　3

　　　　　　13%

基金：　10%　　　　2%　　2

130 万对应 13%，总的投资金额为 $\frac{130}{13\%}=1\ 000$（万元），选 A.

常规解法：利用二元一次方程组，设股市投资 x 万元，基金投资 y 万元，则

$$\begin{cases}0.1x+0.05y=0.08(x+y),\\0.15x+0.1y=130\end{cases}\Rightarrow\begin{cases}x=600,\\y=400.\end{cases}$$

故总投资额为 1 000 万元，选 A.

名师小结

应用题在解题过程中还是存在很多比较好的技巧和解法，考生在复习时可以适当多关注，另外，对于基础薄弱的考生，建议还是采用列方程的方法解决应用题，简单明了，更容易想到.

本方法真题梳理：本书真题篇中第十一章第 99，100，101，102，103，104，108，114，118，119 题.

技巧十　枚举（列举、归纳）法

应试策略

遇到某些最值问题或者数列问题时，如果常规解法不太能够想到的时候，可以用一些列表法、枚举法进行探索，从而找到解决问题的关键.

1.（2015－12）某商场将每台进价为 2 000 元的冰箱以

2 400 元销售时，每天销售 8 台，调研表明这种冰箱的售价每降低 50 元，每天就能多销售 4 台，若要每天销售利润最大，则该冰箱的定价应为(　　).

A. 2 200　　B. 2 250　　C. 2 300

D. 2 350　　E. 2 400

【解析】 技巧运用：通过一一列举，从而列表得：

单利润(元/台)	销量(台)	总利润(元)
400	8	3 200
350	12	4 200
300	16	4 800
250	20	5 000(最大值)
200	24	4 800
…	…	…

显然每件利润为 250 元时，总利润 5 000 元为最大值，选 B.

常规解法：

设降低 x 个降幅，每天的销售利润为 y. 根据题意，可得

$$\begin{aligned} y &= (400-50x)(8+4x)=50(8-x)\times 4(2+x) \\ &= 200(2+x)(8-x), \end{aligned}$$

显然，当 $2+x=8-x$，即 $x=3$ 时，y 有最小值，所以定价为 $2\ 400-3\times 50=2\ 250$(元)，选 B.

2. (2013—10)设数列 $\{a_n\}$ 满足 $a_1=1$，$a_{n+1}=a_n+\frac{n}{3}(n\geqslant 1)$，则 $a_{100}=$(　　).

A. 1 650　　B. 1 651　　C. $\frac{5\ 050}{3}$　　D. 3 300　　E. 3 301

【解析】 技巧运用：通过逐项列举，选 B.

项数	项值
$n=1$	$a_2=a_1+\frac{1}{3}=1+\frac{1}{3}$
$n=2$	$a_3=a_2+\frac{2}{3}=1+\frac{1}{3}+\frac{2}{3}$
$n=3$	$a_4=a_3+\frac{3}{3}=1+\frac{1}{3}+\frac{2}{3}+\frac{3}{3}$
…	…
$n=99$	$a_{100}=a_{99}+\frac{99}{3}=1+\frac{1}{3}+\frac{2}{3}+\frac{3}{3}+\cdots+\frac{99}{3}=1+\frac{(1+99)\times 99}{3\times 2}=1\ 651$

常规解法:(累加法)可得

$$\begin{cases} a_2-a_1=\frac{1}{3}, \\ a_3-a_2=\frac{2}{3}, \\ \qquad\cdots \\ a_n-a_{n-1}=\frac{n-1}{3}, \end{cases}$$

相加得

$$a_n-a_1=\frac{1}{3}+\frac{2}{3}+\cdots+\frac{n-1}{3}=\frac{(n-1)\left(\frac{1}{3}+\frac{n-1}{3}\right)}{2}$$

$$\Rightarrow a_n-1=\frac{n(n-1)}{6},$$

所以 $a_{100}=1+\frac{100\times 99}{6}=1\ 651$,选 B.

3.(2015－12)某学生要在 4 门不同课程中选修 2 门课程,这 4 门课程中的 2 门各开设一个班,另外 2 门各开设 2 个班,该学生不同的选课方式共有(　　).

A. 6 种　　B. 8 种　　C. 10 种

D. 13 种　　E. 15 种

【解析】 技巧运用:假设四门课分别是 A,B,C,D,对应开设的班级分别是 a_1,a_2,b_1,b_2,c,d,选 2 门课,列举如下,a_1b_1,a_1b_2,a_1c,a_1d,a_2b_1,a_2b_2,a_2c,a_2d,b_1c,b_1d,b_2c,b_2d,cd,显然只有 13 种,选 D.

常规解法如下。

方法一:分类讨论.

①开一个班的选择 2 门:1 种;

②开 2 个班的选择 2 门:$C_2^1C_2^1=4$(种);

③开一个班的选择 1 门,开两个班的选择 1 门:$C_2^1C_4^1=8$(种);

故该学生不同的选课方式共有 $N=1+4+8=13$(种).

方法二:反面排除.

$$N=C_6^2-C_2^2-C_2^2=13(种).$$

故选 D.

本方法真题梳理:真题篇中第 9 章 2,16,46;第 10 章 2,6,8,10,11,13,35,36,37,38,51,52,53 题.

第二节 非常规技巧(定性分析法)归纳

常见定性分析法

• 符号判断法:常运用在绝对值以及一些二次类的代数式问题中,通过此法可以很快确定出一些代数式或者字母的正负,从而找到解题的突破口.

• 整除(倍数)判断法:此法主要运用在应用题解题中,一般遇到比例或者百分比等应用题时此法更加适合使用.

• 估算判断法:常运用在数列和实数计算中,通过估算大致算出一个值或者范围,从而寻找答案.

• 约数(质数)判断法:此法主要运用在应用题和实数计算中,在运算中不必算出结果,尽量去保留一些质数就能大致得到答案.

• 分母、尾数判断法:常运用在概率计算中,在概率计算中分母一般会根据事件的运算次数逐渐增大,而且会以原来概率的分母作为因子.

• 作图分析法:此法常运用在解析几何中,通过作图可以确定出截距、坐标等大致范围,就能选择答案了.

• 模式结构法:此法主要运用在几何题目的求面积中,可以通过一些经验获得做题的突破口.

• 尺规测量法:此法常运用在平面几何中,通过用尺规作图、直尺测量等方法,再结合比例等知识就可以找到做题的突破口.

• 对称结构判断法:此方法主要运用于平面几何求面积等题目中,遇到对称图形往往选项中就会有倍数(2 倍)关系.

• 倍数关系判断法:一般在一些概率题目中,往往会出现序数词,诸如:第几次或者前几次或者直到第几次等口吻时,选项中也会产生倍数关系,我们可以通过具体特征来选择答案.

技巧一　符号判断法

应试策略

在求解一些算式或代数式时,可以先判断符号,初步判断其结果.

1.(模考题)$\dfrac{1-2+2-4+3-6+\cdots+98-196+99-198}{1-3+2-6+3-9+\cdots+98-294+99-297}=$( ).

A. 1　　B. -1　　C. 2　　D. $\dfrac{1}{2}$　　E. $-\dfrac{1}{2}$

【解析】 技巧运用:分子是负,分母也是负,结果为正数,而分子的绝对值要比分母小,所以选 D.

常规解法：$\frac{1-2+2-4+3-6+\cdots+98-196+99-198}{1-3+2-6+3-9+\cdots+98-294+99-297}$

$=\frac{-1+(-2)+(-3)+\cdots+(-99)}{-2+(-4)+(-6)+\cdots+(-198)}=\frac{1}{2}$.

2.(2003—1)可以确定$\frac{|x+y|}{x-y}=2$.(　　)

(1)$\frac{x}{y}=3$　　　　(2)$\frac{x}{y}=\frac{1}{3}$

【解析】　技巧运用：由于题干必须保证 $x>y$，而条件(1)和条件(2)都不能保证 $x>y$，又无法联合，所以选 E.

常规解法：由条件(1)$\frac{x}{y}=3\Rightarrow x=3y$，代入题干得$\frac{|3y+y|}{3y-y}=\frac{2|y|}{y}=\pm2$；由条件(2)$\frac{x}{y}=\frac{1}{3}\Rightarrow y=3x$，代入题干得$\frac{|x+3x|}{x-3x}=\pm2$；显然都不充分，又无法联合，故选 E.

名师小结

一般遇到绝对值和二次完全平方式时，需要尽量多考虑符号问题，这样会迅速找到解题的突破口.

技巧二　整除(倍数)判断法

应试策略

若遇到某个量是另一个量的 k 倍时，该量往往是 k 的倍数，即能被 k 整除，若遇到某两个量之比为 $a:b$，则往往前者是 a 的倍数，后者是 b 的倍数.

1.(2009—1)某国参加北京奥运会的男女运动员比例原为

19∶12.由于先增加若干名女运动员,使男女运动员比例变为20∶13,后又增加了若干名男运动员,于是男女运动员比例最终变为30∶19.如果后增加的男运动员比先增加的女运动员多3人,则最后运动员的总人数为(　　).

A. 686　　B. 637　　C. 700

D. 661　　E. 600

【解析】 技巧运用:根据男女运动员比例最终变为30∶19,所以总人数为49的倍数,只能选A或B了,然后再用选项代入的方法进行验证,只能选B了.

常规解法:设最初男运动员的人数为$19x$,女运动员的人数为$12x$,增加女运动员的人数为y,则增加的男运动员为$y+3$,则列式得

$$\begin{cases}\dfrac{19x}{12x+y}=\dfrac{20}{13},\\ \dfrac{19x+y+3}{12x+y}=\dfrac{30}{19}\end{cases}\Rightarrow\begin{cases}x=20,\\ y=7,\end{cases}$$

所以最后总人数为$(19x+y+3)+(12x+y)=637$.故选B.

2.(2001−1,2009−10)某班同学在一次测验中,平均成绩为75分,其中男同学人数比女同学多80%,而女同学平均成绩比男同学高20%,则女同学的平均成绩为(　　).

A. 83分　B. 84分　C. 85分　D. 86分　E. 87分

【解析】 技巧运用:分析题目发现,女同学平均成绩比男同学高20%,也就是女同学平均成绩是男同学的1.2倍,只有84是1.2的倍数,只能选B了.

常规解法:设女同学人数为x人,男同学为$1.8x$,女同学平均分为m分,则男同学平均分为$\frac{5}{6}m$分,$\dfrac{mx+1.8\times\frac{5}{6}mx}{x+1.8x}=$

75，得 $m=84$. 故选 B.

3.（模考题）学校工会为教工买来篮球、排球、足球各若干，其中篮球、排球、足球的单价之比为 5∶3∶4，篮球、排球、足球的个数之比为 4∶3∶5，则可以确定篮球、排球、足球这些球的平均单价为 147 元.（　　）

(1)篮球的单价为 142 元　　(2)篮球的单价为 180 元

【解析】 技巧运用：由于篮球、排球、足球的单价之比为 5∶3∶4，因此篮球的单价肯定能被 5 整除，而且发现条件(1)肯定不对，所以只能选条件(2)正确了，故选 B.

常规解法：由条件(2)篮球单价为 180 元，则排球单价为 108 元，足球单价为 144 元，那么平均单价为 $180\times\frac{4}{12}+108\times\frac{3}{12}+144\times\frac{5}{12}=147$ 元，充分，而条件(1)显然不充分，故选 B.

名师小结

以上三题采用了整除的技巧，在题目中迅速找到突破口，直接秒杀出答案.

技巧三　估算判断法

应试策略

在一些算式计算中，往往可以大致估算个结果，直接找答案，提高解题速度. 包括在平面几何求阴影部分面积时，也可与已知图形面积进行对比，从而估算所要求的阴影部分的面积.

1.（2007－10）$\dfrac{\frac{1}{2}+\left(\frac{1}{2}\right)^2+\left(\frac{1}{2}\right)^3+\cdots+\left(\frac{1}{2}\right)^8}{0.1+0.2+0.3+\cdots+0.9}=$（　　）.

A. $\frac{85}{768}$　　B. $\frac{85}{512}$　　C. $\frac{85}{384}$　　D. $\frac{255}{256}$

E. 以上结论都不正确

【解析】 技巧运用：由于分子的结果很接近 1，即 $\frac{\frac{1}{2}+\left(\frac{1}{2}\right)^2+\cdots+\left(\frac{1}{2}\right)^8}{0.1+0.2+\cdots+0.9}\approx\frac{1}{4.5}$，直接选最接近的 C 了.

常规解法：$\frac{\frac{1}{2}+\left(\frac{1}{2}\right)^2+\cdots+\left(\frac{1}{2}\right)^8}{0.1+0.2+\cdots+0.9}=\frac{\frac{1}{2}\left[1-\left(\frac{1}{2}\right)^8\right]}{1-\frac{1}{2}}\div\frac{(0.1+0.9)\times 9}{2}=\frac{255}{256}\times\frac{2}{9}=\frac{85}{384}$，故选 C.

2. $(2008-1)\frac{(1+3)(1+3^2)(1+3^4)(1+3^8)\cdots(1+3^{32})+\frac{1}{2}}{3\times 3^2\times 3^3\times 3^4\times\cdots\times 3^{10}}=$（　　）.

A. $\frac{1}{2}\times 3^{10}+3^{19}$　　B. $\frac{1}{2}+3^9$　　C. $\frac{1}{2}\times 3^{19}$

D. $\frac{1}{2}\times 3^9$　　E. 以上结果均不正确

【解析】 技巧运用：通过估算，分子每个括号里面的 1 可以忽略不计算，即 $\frac{(1+3)(1+3^2)(1+3^4)(1+3^8)\cdots(1+3^{32})+\frac{1}{2}}{3\times 3^2\times 3^3\times 3\times\cdots\times 3^{10}}\approx\frac{3^{1+2+4+\cdots+32}}{3^{1+2+\cdots+10}}=3^8$，直接选最接近的 D 了.

常规解法：

$$原式=\frac{(1-3)\left[(1+3)(1+3^2)(1+3^4)(1+3^8)\cdots(1+3^{32})+\frac{1}{2}\right]}{(1-3)\times 3\times 3^2\times 3^3\times\cdots\times 3^{10}}$$

$$=\frac{(1-3)(1+3)(1+3^2)(1+3^4)(1+3^8)\cdots(1+3^{32})+\frac{(1-3)}{2}}{(1-3)\times 3^{1+2+3+\cdots+10}}$$

$$=\frac{(1-3^2)(1+3^2)(1+3^4)(1+3^8)\cdots(1+3^{32})+\frac{(1-3)}{2}}{(1-3)\times 3^{55}}$$

$$=\frac{1-3^{64}-1}{(-2)\times 3^{55}}=\frac{1}{2}\times 3^9.$$

故选 D.

3.(2009－10)一个球从 100 米的高处自由落下，每次着地后又跳回前一次高度的一半再落下，当它第 10 次着地时，共经过的路程是(　　)米.(精确到 1 米且不计任何阻力)

A. 300　　B. 250　　C. 200

D. 150　　E. 100

【解析】 技巧运用：计算前 n 项的和，发现 $S=100+2\times 50+2\times 25+\cdots>250$，直接选 A.

常规解法：设小球从第 n 次落地到第 $n+1$ 次落地所经过的距离为 a_n，则 $\{a_n\}$ 是首项为 $a_1=100$，公比 $q=\frac{1}{2}$ 的等比数列，所经过的距离：$S=a_0+S_9=100+\frac{100\left[1-\left(\frac{1}{2}\right)^9\right]}{1-\frac{1}{2}}\approx 300$，故选 A.

4.(2008－1)$S_2+S_5=2S_8$.(　　)

(1)等比数列前 n 项的和为 S_n，且公比 $q=-\frac{\sqrt[3]{4}}{2}$

(2)等比数列前 n 项的和为 S_n，且公比 $q=\frac{1}{\sqrt[3]{2}}$

【解析】 技巧运用：$S_2+S_5=2S_8 \Rightarrow S_2+S_5=S_8+S_8 \Rightarrow a_3+a_4+\cdots+a_8+a_6+a_7+a_8=0$，所以公比 $q<0$，只能选 A 了.（有一点小风险）

常规解法：由于 $S_2+S_5=2S_8 \Rightarrow 1-q^2+1-q^5=2(1-q^8) \Rightarrow 1+q^3=2q^6$，得到 $q^3=-\dfrac{1}{2}$，或者 $q^3=1$（舍去），解得 $q=-\dfrac{\sqrt[3]{4}}{2}$. 故选 A.

5.（2008—1）如图 2－21 所示，长方形 $ABCD$ 中 $AB=10$ 厘米，$BC=5$ 厘米，以 AB 和 AD 分别为半径 $\dfrac{1}{4}$ 圆，则图中阴影部分的面积为（　　）.

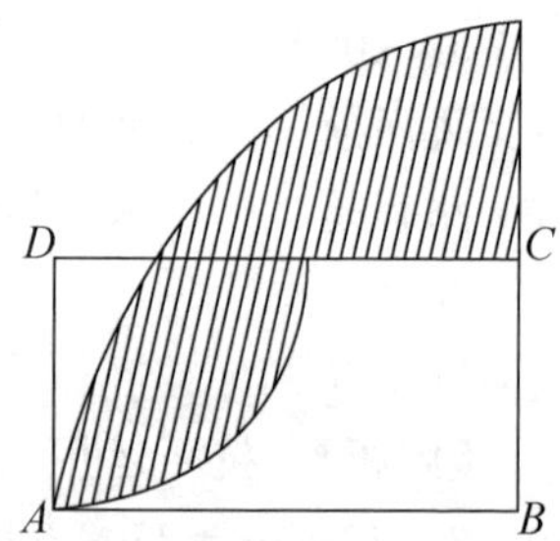

图 2－21

A. $25-\dfrac{25}{2}\pi\ \text{cm}^2$

B. $25+\dfrac{125}{2}\pi\ \text{cm}^2$

C. $50+\dfrac{25}{4}\pi\ \text{cm}^2$

D. $\dfrac{125}{4}\pi-50\ \text{cm}^2$

E. 以上结果均不正确

【解析】 技巧运用：由于阴影部分面积小于大扇形的面积，即面积小于 25π，通过逐个验证只有 D 选项最为可靠，选 D.

常规解法：方法一：割补法. 如图 2－22 所示，

$$S_{阴影}=S_1+S_2+S_3=\frac{125}{4}\pi-50.$$

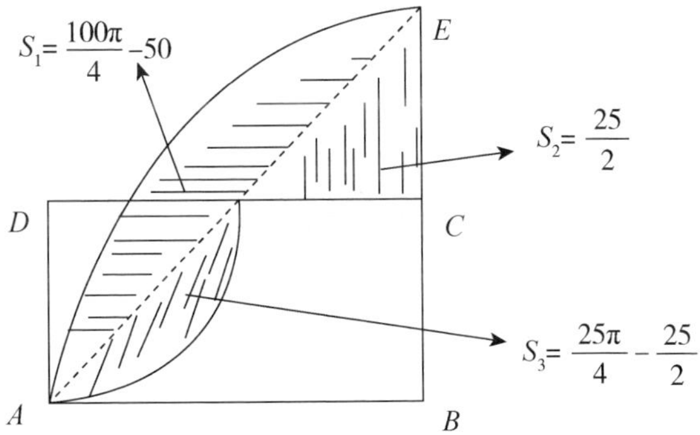

图 2－22

方法二：整体法. $S_{阴影}=S_{扇形ABE}+S_{扇形ADF}-S_{矩形ABCD}$

$$=\frac{125}{4}\pi-50.$$

方法三：标号法. 如图 2－23 所示，

$$\left\{\begin{array}{l}①+②+③=S_{扇形ABE},\\ ②+③+④=S_{矩形ABCD},\Rightarrow ①+③=S_{扇形ABE}+S_{扇形ADF}-S_{矩形ABCD}\\ ③+④=S_{扇形ADF}\qquad\qquad\qquad\quad =\frac{125}{4}\pi-50.\end{array}\right.$$

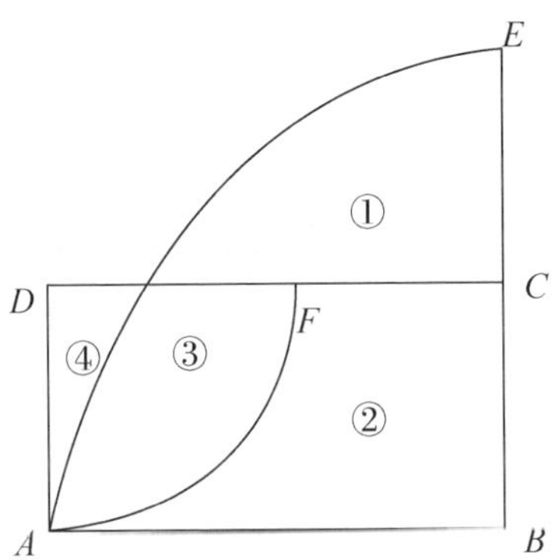

图 2－23

6.(2014—1)如图 2－24 所示,圆 A 与圆 B 的半径均为 1,则阴影部分的面积为(　　).

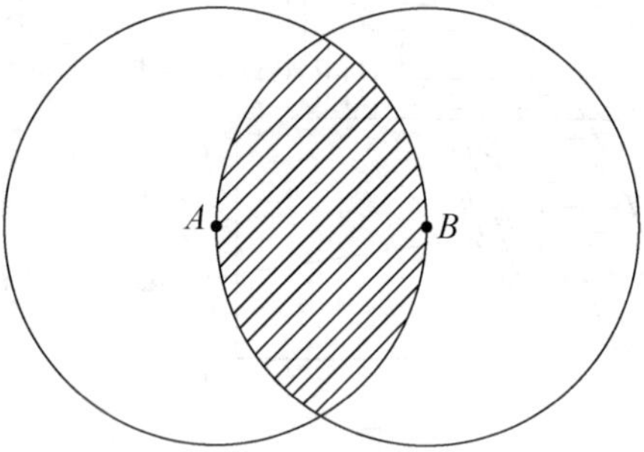

图 2－24

A. $\frac{2\pi}{3}$　　B. $\frac{\sqrt{3}}{2}$　　C. $\frac{\pi}{3}-\frac{\sqrt{3}}{4}$

D. $\frac{2\pi}{3}-\frac{\sqrt{3}}{4}$　　E. $\frac{2\pi}{3}-\frac{\sqrt{3}}{2}$

【解析】 技巧运用:显然估算出阴影部分的面积大致应该是 $\frac{1}{3}$圆的面积,而圆的面积为 π,所以阴影部分的面积应该与 1 比较接近,而通过常识我们知道 A 和 B 选项肯定是不对的,所以再逐个对 C,D,E 选项进行验证得出 E 选项与 1 最接近,选 E.

常规解法:连接 AB,CD,如图 2－25 所示.

$$S_{阴}=S_{扇形B-CAD}+S_{扇形A-CBD}-S_{菱形ADBC}$$
$$=2\times\frac{120}{360}\times\pi\times1^2-\frac{1}{2}\times1\times\sqrt{3}$$
$$=\frac{2\pi}{3}-\frac{\sqrt{3}}{2}.$$

故选 E.

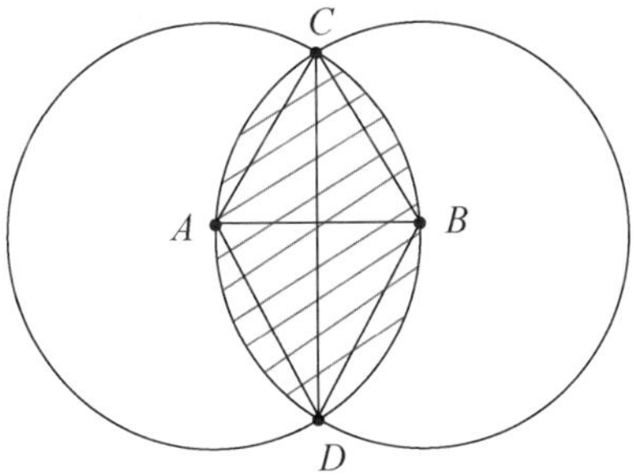

图 2-25

7.(2014—12)在某次考试中,甲、乙、丙三个班的平均成绩为 80,81,81.5,三个班的学生分数之和为 6 952,则三个班共有(　　)人.

A. 85　　B. 86　　C. 87　　D. 88　　E. 90

【解析】 技巧运用:显然答案应该在$\frac{6\ 952}{80}=86.9$和$\frac{6\ 952}{81.5}=85.3$之间. 故选 B.

名师小结

估算法是一种重要的思维模式,主要是通过估值找到一个最接近的数,从而寻找标准答案,经常应用于代数运算和数列运算.

技巧四　约数判断法

应试策略

这个方法可能有点悬,但有时候也是一种灵感,即在题目中若能发现某整数有一些约数(最好是质数),结果中也往往会有该约数.

1.(模考题)从甲地到乙地,客车行驶需要 12 小时,货车行驶需要 15 小时，如果两车从甲地开到乙地，客车到达乙地后立即返回，与货车相遇时又经过了(　　).

A. 1 小时　　B. $1\frac{1}{3}$小时　　C. $1\frac{1}{2}$小时

D. $1\frac{1}{4}$小时　　E. $1\frac{1}{5}$小时

【解析】 技巧运用：由于 12 和 15 的公约数为 3，显然 $1\frac{1}{3}$的可能性最大，故选 B.

常规解法：设两地路程为 1，则客车每小时行驶全路程的$\frac{1}{12}$，货车每小时行驶全路程的$\frac{1}{15}$. 则客车到达乙地时，货车行驶了全路程$\frac{12}{15}$，剩余 $1-\frac{12}{15}$.

这时两车相向而行，所以时间为 $\left(1-\frac{12}{15}\right)\div\left(\frac{1}{12}+\frac{1}{15}\right)=\frac{1}{5}\div\frac{3}{20}=1\frac{1}{3}$(小时)，故选 B.

2.(模考题)已知点 $A(1,2)$，则过 A 且与圆 O 相切的直线与两坐标轴围成的三角形的面积为$\frac{25}{4}$.(　　)

(1)圆 O 的方程为 $x^2+y^2=5$

(2)圆 O 的方程为 $x^2+(y-1)^2=2$

【解析】 技巧运用：显然由 25 发现 $x^2+y^2=5$ 的可能性很高，故选 A.

常规解法：条件(1)，由题意知，点 A 在圆上，切线斜率为

$$\frac{-1}{k_{OA}}=\frac{-1}{\frac{2}{1}}=-\frac{1}{2},$$

用点斜式可直接求出切线方程为 $y-2=-\frac{1}{2}(x-1)$，即 $x+2y-5=0$，从而求出在两坐标轴上的截距分别是 5 和 $\frac{5}{2}$，所以所求面积为 $\frac{1}{2}\times\frac{5}{2}\times5=\frac{25}{4}$. 显然充分.

同理条件(2)并不充分. 故选 A.

名师小结

通过公共数字中的公约数特征，从而在题目中寻找线索，迅速找到突破口.

技巧五　质数判断法

应试策略

质数可是个大宝贝，它很难在运算过程中消失，所以一旦发现它则要好好保留下来. 即在选项中就会含有这个质数的影子，也就是被这个质数整除.

1.(2001－1)一商店把某商品按标价的九折出售，仍可获利20%，若该商品的进价为每件 21 元，则该商品每件的标价为(　　).

A. 26 元　　B. 28 元　　C. 30 元　　D. 32 元

【解析】 技巧运用：由于本题中有数字 21，而 21 却含有 7 这个质数，所以答案很容易把 7 保留下来，所以可以直接秒杀 28，故选 B.

常规解法：$\frac{21\times(1+20\%)}{90\%}=28$，故选 B.

2.(2013－1)某工程由甲公司 60 天完成，由甲、乙两公司共同承包需要 28 天完成，由乙、丙两公司共同承包需要 35 天完成,则由丙公司承包该工程需要的天数为(　　).

A. 85　　B. 90　　C. 95　　D. 100　　E. 105

【解析】 技巧运用:由于本题中同时出现了数字 28 和 35,它们都含有 7 这个质数,所以答案很容易把 7 保留下来,故可以直接秒杀 105,选 E.

常规解法:设甲每天完成 x,乙每天完成 y,丙每天完成 z,

则$\begin{cases}\dfrac{1}{x}=60,\\ \dfrac{1}{x+y}=28,\\ \dfrac{1}{y+z}=35\end{cases}\Rightarrow\begin{cases}x=\dfrac{1}{60},\\ x+y=\dfrac{1}{28},\\ y+z=\dfrac{1}{35}\end{cases}\Rightarrow z=\dfrac{1}{35}-\dfrac{1}{28}+\dfrac{1}{60}=\dfrac{1}{105}\Rightarrow\dfrac{1}{z}=105.$

即丙单独做需要 105 天,故选 E.

3. (2010—10)在一条与铁路平行的公路上有一行人与一骑车人同向行进,行人速度为 3.6 千米/小时,骑车人速度为 10.8 千米/小时. 如果一列火车从他们的后面同向匀速驶来,它通过行人的时间是 22 秒,通过骑车人的时间是 26 秒,则这列火车的车身长为(　　)米.

A. 186　　B. 268　　C. 168

D. 286　　E. 188

【解析】 技巧运用:由于 22 中有 11 这个约数,而 11 这个质数很难在运算中消除,所以显然选 286 的可能性最高了. 故直接选 D.

常规解法:由于 3.6 千米/小时 =1 米/秒,10.8 千米/小时 = 3 米/秒,设这列火车的车身长为 x 米,$\dfrac{x}{22}-\dfrac{x}{26}=3-1\Rightarrow x=286$,故选 D.

4. (2012—1)某商店经营 15 种商品,每次在橱窗内陈列

5 种.若每两次陈列的商品不完全相同,则最多可陈列(　　).

A. 3 000 次　　B. 3 003 次　　C. 4 000 次

D. 4 003 次　　E. 4 300 次

【解析】 技巧运用:由于组合 C_{15}^{5} 的计算中很容易产生 7 和 11 这样的质数,所以经简单判断,答案应该是 3 003,故选 B.

常规解法:$C_{15}^{5}=\frac{15\times14\times13\times12\times11}{5\times4\times3\times2\times1}=3\ 003$,故选 B.

名师小结

以上四题都采用了质数的特性,容易在运算中保留下来,我们在解题中往往要关注 7,11,13 等常见的质数.

技巧六　分母判断法

应试策略

概率计算中会经常使用该法,分母中的数往往在运算结果中还会保留.

1.(模考题)甲、乙、丙三人各自去破译一个密码,则密码能被破译的概率为$\frac{3}{5}$.(　　)

(1)甲、乙、丙三人能破译的概率分别为$\frac{1}{3},\frac{1}{4},\frac{1}{7}$

(2)甲、乙、丙三人能破译的概率分别为$\frac{1}{2},\frac{1}{3},\frac{1}{4}$

【解析】 技巧运用:只要看分母,发现两个条件的分母都没有 5 这个约数,所以不成立,就可以断定选 E 了.

常规解法:对于条件(1)利用反面排除的方法,密码能被破译出来的概率对立面就是三个人都没破译出来的概率，则 $P=1-\left(1-\frac{1}{3}\right)\left(1-\frac{1}{4}\right)\left(1-\frac{1}{7}\right)=1-\frac{2}{3}\times\frac{3}{4}\times\frac{6}{7}=\frac{4}{7}$，不充分；同理条件(2)计算后也不充分，故选 E.

2.(2008－10)张三以卧姿射击 10 次，命中靶子 7 次的概率是$\frac{15}{128}$.(　　)

(1)张三以卧姿打靶的命中率是 0.2

(2)张三以卧姿打靶的命中率是 0.5

【解析】 技巧运用：由 $0.5=\frac{1}{2}$，$\frac{1}{128}=\left(\frac{1}{2}\right)^7$，说明$\frac{15}{128}$中含有$\frac{1}{2}$，故只能选 B.

常规解法：由条件(1)有 $P_{10}(7)=C_{10}^{7}\left(\frac{1}{5}\right)^{7}\left(\frac{4}{5}\right)^{3}$；由条件(2)有 $P_{10}(7)=C_{10}^{7}\left(\frac{1}{2}\right)^{7}\cdot\left(\frac{1}{2}\right)^{3}=\frac{120}{1\ 024}=\frac{15}{128}$，故选 B.

3.(模考题)$\frac{(2^2-1)(3^2-1)(4^2-1)\cdots(99^2-1)(100^2-1)}{1^2\times2^2\times3^2\times4^2\times\cdots\times99^2\times100^2}=$(　　).

A. 1　　　B. $\frac{1}{2}$　　　C. $\frac{51}{100}$

D. $\frac{101}{200}$　　　E. $\frac{49}{100}$

【解析】 技巧运用：由 $100^2-1=(100-1)(100+1)=99\times101$，有 101，显然选 D.

常规解法：原式$=\left(1-\frac{1}{2^2}\right)\times\left(1-\frac{1}{3^2}\right)\times\cdots\times\left(1-\frac{1}{100^2}\right)$

$$=\left(1-\frac{1}{2}\right)\times\left(1-\frac{1}{3}\right)\times\cdots\times\left(1-\frac{1}{100}\right)\times$$

$$\left(1+\frac{1}{2}\right)\times\left(1+\frac{1}{3}\right)\times\cdots\times\left(1+\frac{1}{100}\right)$$

$$=\frac{1}{2}\times\frac{2}{3}\times\frac{3}{4}\times\cdots\times\frac{99}{100}\times\frac{3}{2}\times\frac{4}{3}\times\cdots\times\frac{101}{100}$$

$$=\frac{101}{200}.$$

故选 D.

4.(2010—1)在一次竞猜活动中,设有 5 关,如果连续通过 2 关就算闯关成功,小王通过每关的概率都是$\frac{1}{2}$,他闯关成功的概率为(　　).

A. $\frac{1}{8}$　　B. $\frac{1}{4}$　　C. $\frac{3}{8}$　　D. $\frac{4}{8}$　　E. $\frac{19}{32}$

【解析】 技巧运用:由于本题共有 5 关,$\left(\frac{1}{2}\right)^5=\frac{1}{32}$,分母为 32 的可能性非常大,显然选 E.

常规解法:分类讨论.

按闯 2 关闯关成功:连续两次成功,概率为$\frac{1}{2}\times\frac{1}{2}=\frac{1}{4}$;

按闯 3 关成功:先失败,再连续两次成功,概率为$\frac{1}{2}\times\frac{1}{2}\times\frac{1}{2}=\frac{1}{8}$;按闯 4 关成功:第 1 次不确定,第 2 次失败,第 3,4 两次成功,概率为$\frac{1}{2}\times\frac{1}{2}\times\frac{1}{2}=\frac{1}{8}$;按闯 5 关成功:第 1,2 两次不能都成功,第 3 次失败,第 4、5 两次成功,概率为 $3\times\frac{1}{2}\times\frac{1}{2}\times\frac{1}{2}\times\frac{1}{2}\times\frac{1}{2}=\frac{3}{32}$.

最后的概率为 $P=\frac{1}{4}+\frac{1}{8}+\frac{1}{8}+\frac{3}{32}=\frac{19}{32}$,故选 E.

名师小结

在概率运算中,往往分母会保留以前分母的因子,所以做题时要多注意这个技巧.

技巧七　尾数判断法

应试策略

这个方法在概率中用得也比较多,可以大大提高运算速度.

1.(2000—1)某人将 5 个环一一投向木栓,直到有一个套中为止.若每次套中的概率为 0.1,则至少剩下一个环未投中的概率是(　　).

A. 0.000 1　　B. 0.656 1　　C. 0.734 1

D. 0.343 9　　E. 0.257 1

【解析】 技巧运用:从对立面考查,对立面为前 4 次都没套中,则 $1-(0.9)^4$,尾数为 9,显然选 D.

常规解法:分情况讨论.

第 1 次套中:$p_1=0.1$;

第 2 次套中:$p_2=0.9\times0.1=0.09$;

第 3 次套中:$p_3=0.9\times0.9\times0.1=0.081$;

第 4 次套中:$p_4=0.9\times0.9\times0.9\times0.1=0.0729$;

则至少剩下一个环未投中的概率是 $P=p_1+p_2+p_3+p_4=0.1+0.09+0.081+0.0729=0.3439$.故选 D.

2.(2012—1)如图 2-26 所示,一个储物罐的下半部分是底面直径与高均为 20 m 的圆柱形，上半部分（顶部）是半球形. 已知底面与顶部的造价是 400 元 $/m^2$，柱面的造价是 300 元$/m^2$，该储物罐的造价是（　　）.（$\pi=3.14$）

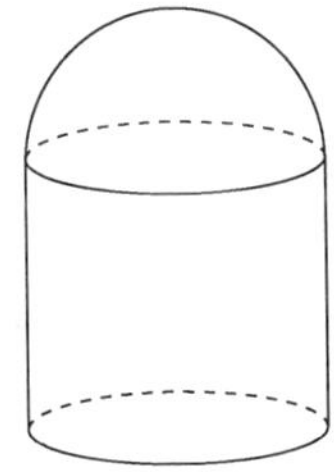

图 2 - 26

A. 56.52 万元　　B. 62.8 万元

C. 75.36 万元　　D. 87.92 万元

E. 100.48 万元

【解析】 技巧运用：总造价为$\left(\frac{1}{2}\times4\pi\times10^2+\pi\times10^2\right)\times400+2\pi\times10\times20\times300=24\pi$(万元)，根据尾数 6 的特性直接选 C.

3.（模考题）某工厂生产甲、乙两种产品，甲产品的一等品为 80%，二等品为 20%，生产 1 件甲产品，若是一等品则获得利润 4 万元，若是二等品则亏损 1 万元. 设生产各种产品相互独立，则生产 4 件产品所获得的利润不少于 10 万元的概率为（　　）.

A. 0.409 6　　B. 0.803 6　　C. 0.819 2

D. 0.820 8　　E. 0.865 4

【解析】 技巧运用：分析得出共分两种情况：4 件产品都是甲产品，即$(0.8)^4$；或 3 件产品是甲产品，1 件产品是乙产品，即$C_4^3(0.8)^3(0.2)^1$.

则最后概率为 $P=(0.8)^4+C_4^3(0.8)^3(0.2)^1=2\times(0.8)^4=0.819\ 2$.

此题的最后计算应该采用尾数法比较合适，由于 $2\times(0.8)^4$ 末尾是 2，所以直接选择了 C.

名师小结

在概率运算或数字运算中，如果出现小数运算，那么结果可以直接通过末尾的数字直接考查，使得解题简便.

技巧八　作图分析法

应试策略

在做解析几何试题时，先不要急着代入公式做题，可以先大致画个草图，在图象中分析往往会有出乎意料的结果发生.

1.(2009－1)若圆 $C:(x+1)^2+(y-1)^2=1$ 与 x 轴交于 A 点、与 y 轴交于 B 点，则与此圆相切于劣弧 AB 中点 M(注：小于半圆的弧称为劣弧)的切线方程是(　　).

A. $y=x+2-\sqrt{2}$　　　　B. $y=x+1-\dfrac{1}{\sqrt{2}}$

C. $y=x-1+\dfrac{1}{\sqrt{2}}$　　　　D. $y=x-2+\sqrt{2}$

E. $y=x+1-\sqrt{2}$

【解析】 技巧运用：作出图象，如图 2－27 所示，发现斜率为1，纵截距显然大约接近 0.5，比 0.5 稍微大一点，这样比较下来只能选 A 了.

常规解法：此题显然斜率为 1，只需求截距即可.

如图 2－27 所示，$OC=\sqrt{2}$，$OM=\sqrt{2}-1$，$OD=\sqrt{2}(\sqrt{2}-1)=2-\sqrt{2}$，所以切线方程为 $y=x+2-\sqrt{2}$.

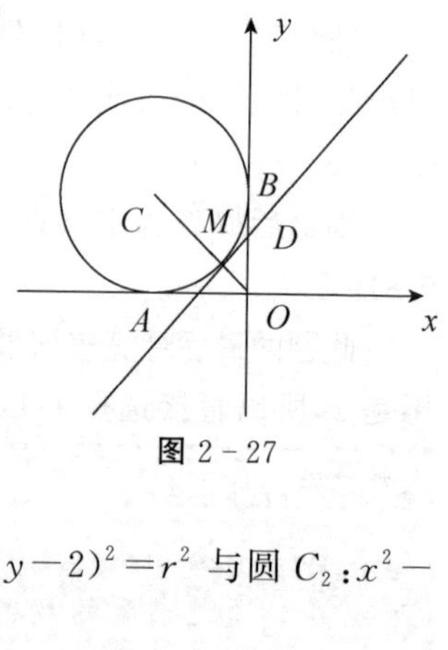

图 2－27

故选 A.

2.(2008－1)圆 $C_1:\left(x-\dfrac{3}{2}\right)^2+(y-2)^2=r^2$ 与圆 $C_2:x^2-6x+y^2-8y=0$ 有交点.(　　)

(1)$0<r<\frac{5}{2}$　　　　　(2)$r>\frac{15}{2}$

【解析】 技巧运用:因为圆 $C_2: x^2-6x+y^2-8y=0 \Rightarrow (x-3)^2+(y-4)^2=25$,所以圆心为(3,4),半径为5,显然这个圆是确定的,而圆 $C_1:\left(x-\frac{3}{2}\right)^2+(y-2)^2=r^2$,圆心为 $\left(\frac{3}{2},2\right)$,半径 r 不确定,可以发现当 r 很小时,不能满足两个圆有交点,当 r 很大时也不能满足,所以只能选 E 了.

常规解法:由题意 $C_2:(x-3)^2+(y-4)^2=25$, $|C_1C_2|=\sqrt{\left(3-\frac{3}{2}\right)^2+(4-2)^2}=\frac{5}{2}$,而两圆有交点的充分必要条件为 $|r_1-r_2|<|C_1C_2|<r_1+r_2 \Rightarrow \frac{5}{2}\leqslant r\leqslant\frac{15}{2}$,两者均不充分.故选 E.

3.(2009—1)点(s,t)落入圆$(x-a)^2+(y-a)^2=a^2$内的概率为$\frac{1}{4}$.(　　)

(1)s,t 是连续掷一枚骰子两次所得到的点数,$a=3$

(2)s,t 是连续掷一枚骰子两次所得到的点数,$a=2$

【解析】 技巧运用:由于所有的样本点(即样本空间)为处于第一象限的36个坐标点,当 $a=3$ 时,圆$(x-3)^2+(y-3)^2=9$所围住的坐标点显然比较多,概率当然也会比较大,而 $a=2$ 时,圆$(x-2)^2+(y-2)^2=4$所围住的坐标点差不多是$\frac{1}{4}$的数目了,所以直接选 B 了.(有一点小风险)

常规解法:

由条件(1):$a=3$,$(x-3)^2+(y-3)^2=9$,s,t 是连续掷一枚骰子两次所得到的点数,点(s,t)的所有可能取值有36种,点

(s,t)落入$(x-3)^2+(y-3)^2=9$内的情况比较复杂,可以考虑落在圆上或圆外的情况,有$(1,6)$,$(2,6)$,$(3,6)$,$(4,6)$,$(5,6)$,$(6,1)$,$(6,2)$,$(6,3)$,$(6,4)$,$(6,5)$,$(6,6)$,共11种情况,故落入$(x-3)^2+(y-3)^2=9$内的概率$P=1-\frac{11}{36}=\frac{25}{36}$,不充分.

由条件(2):$a=2$,$(x-2)^2+(y-2)^2=4$,点(s,t)落入$(x-2)^2+(y-2)^2=4$内的情况为$(1,1)$,$(1,2)$,$(2,1)$,$(2,2)$,$(2,3)$,$(3,2)$,$(3,3)$,$(3,4)$,$(4,3)$,共9种情况,$P=\frac{9}{36}=\frac{1}{4}$,充分,故选B.

名师小结

在做解析几何的题目时,遇到坐标和截距等问题,我们需要先画出图形,然后通过图形的大致位置选出比较接近的选项,可以起到事半功倍的效果.

技巧九　极限讨论法

应试策略

在做有些范围的题目时,我们往往可以用极端的情况来进行分析,从而得出结果.

1.(模考题)若三角形的两条边分别为3和4,则第三边中线长度的取值范围为多少?

【解析】 技巧运用:用极限的思想.设$AB=3$,$AC=4$,BC的中点为D,当A,B,C为一直线时,有两种情况(见图2-28):

当A在BC之间时:显然中线AD长为$\frac{1}{2}$;

当B在AC之间时:显然中线AD长为$\frac{7}{2}$.

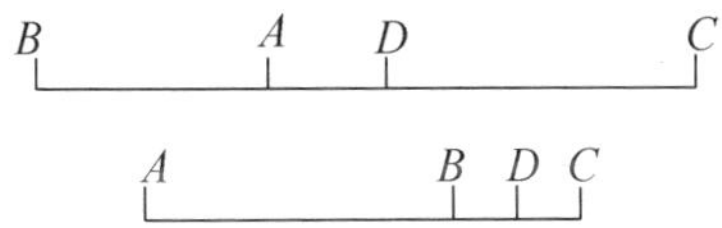

图 2-28

常规解法:如图 2-29 所示,取 AC 的中点 E,连接 DE,显然 DE 的长度为 $\frac{3}{2}$,AE 的长度为 2,那么 AD 的长度取值范围为 $\left(\frac{1}{2},\frac{7}{2}\right)$.

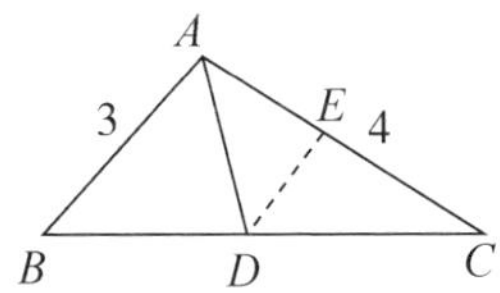

图 2-29

2.(模考题)如图 2-30 所示,在正方形 $ABCD$ 与正方形 $CEFG$ 中,$AB=6$,求三角形 BDF 的面积.

【解析】 技巧运用:若小正方形的边长为 0.则三角形 BDF 的面积为大正方形的一半,即为 18.

常规解法:三角形 BDF 的面积等于两个正方形的面积之和加上三角形 DGF 的面积,然后再减去三角形 ABD 的面积和三角形 BEF 的面积之和,设小正方形的边长为 a,得三角形 BDF 的面积为

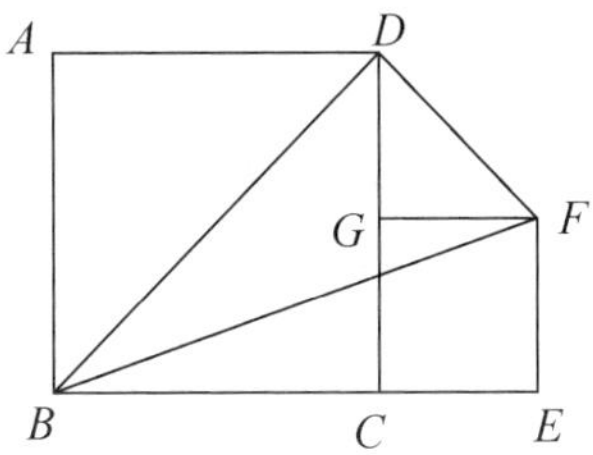

图 2-30

$$6^2+a^2+\frac{1}{2}\times a\times(6-a)-\frac{1}{2}\times 6^2-\frac{1}{2}\times(6+a)\times a=18.$$

3.(2009-1)一艘轮船往返航行于甲、乙两码头之间.若船在静水中的速度不变,则当这条河的水流速度增加 50% 时,往返一次所需的时间比原来将(　　).

A. 增加　　　　B. 减少半个小时

C. 不变　　　　D. 减少 1 个小时

E. 无法判断

【解析】 技巧运用:假设当水流速度增加 50% 时,水速已经超过船速,那么船就只能去不能回了,时间为无限大,直接选 A.

常规解法：设船在静水中的速度为 $V_{静}$，水流速度为 $V_{水}$；

$$t_1=\frac{S}{V_{静}+V_{水}}+\frac{S}{V_{静}-V_{水}}$$

$$=\frac{2V_{静}}{(V_{静}+V_{水})(V_{静}-V_{水})}\cdot S\Rightarrow t_1=\frac{2V_{静}}{V_{静}^2-V_{水}^2}\cdot S,$$

$$t_2=\frac{S}{V_{静}+1.5V_{水}}+\frac{S}{V_{静}-1.5V_{水}}$$

$$=\frac{2V_{静}}{(V_{静}+1.5V_{水})(V_{静}-1.5V_{水})}\cdot S\Rightarrow$$

$$t_2=\frac{2V_{静}}{V_{静}^2-2.25V_{水}^2}\cdot S\Rightarrow t_1<t_2.$$

故选 A.

4.(2009－10)一艘小轮船上午 8:00 起航逆流而上(设船速和水流一定)，中途船上一块木板落入水中，直到 8:50 船员才发现这块重要木板丢失，立即调转船头去追，最终于 9:20 追上木板.由上述数据可以算出木板落水的时间是(　　).

A. 8:35　　B. 8:30　　C. 8:25

D. 8:20　　E. 8:15

【解析】 技巧运用：极限思想.设水速为 0，马上选 D.

常规解法：设轮船在静水中的速度为 v，水速为 a；设木板从落水到发现丢失经历 t 分钟，$30[(v+a)-a]=t(v-a)+ta$，$30v=tv$，即 $t=30$.故选 D.

5.(模考题)如图 2－31 所示，长方形 $ABCD$ 中，$AB=a$，$BC=b(b>a)$.若将长方形 $ABCD$ 绕 A 点顺时针旋转 90°，则线段 CD 扫过的面积(阴影部分)等于(　　).

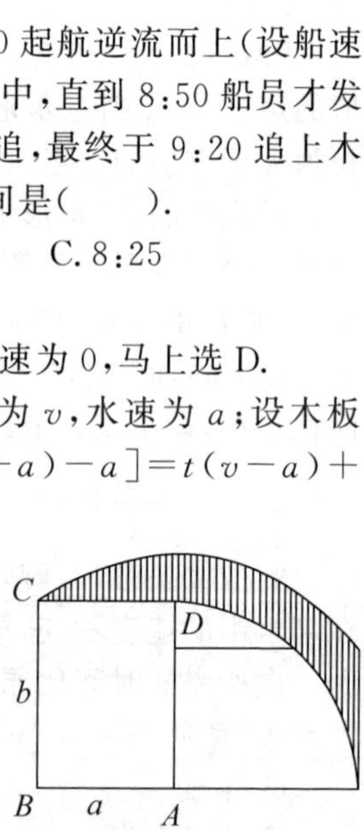

图 2－31

A. $\frac{\pi b^2}{4}$　　B. $\frac{\pi a^2}{4}$

C. $\frac{\pi}{4}(b^2-a^2)$　　　　D. $\frac{\pi}{4}(b-a)^2$

【解析】 技巧运用：当长方形的边长 a 逐渐向 0 趋近时，那么 CD 扫过的面积也逐渐趋向于 0，通过这一极限思想就可以很快断定只能选 B 了.

常规解法：整个图形的面积包括一个长方形还有一个以 AC 为半径，A 为圆心的 $\frac{1}{4}$ 圆 $=ab+\frac{1}{4}\cdot\pi\cdot(a^2+b^2)$，空白部分面积 $=ab+\frac{1}{4}\cdot\pi\cdot b^2$.

所以线段 CD 扫过的面积（阴影部分）$=ab+\frac{1}{4}\cdot\pi\cdot(a^2+b^2)-\left(ab+\frac{1}{4}\cdot\pi\cdot b^2\right)=\frac{1}{4}\pi a^2$，故选 B.

名师小结

利用极限思想，寻求图形或者某个问题背景的极端情况，这样可以从另一个角度来反映题目的本质，对解题尤为关键.

技巧十　模式结构法

应试策略

在做平面几何的阴影部分面积时，如果发现图形的面积是往外凸时，一般可以猜其结果为 $A\pi-B$；反之，如果发现图形的面积是往里凹时，一般可以猜其结果为 $A-B\pi$；遇到正方形面积则猜完全平方数；遇到正三角形面积则猜带 $\sqrt{3}$ 的数. 立体几何中若遇到球的表面积时，一般将结果除以 4π 后通常是一个平方数，若是遇到球的体积时，一般将结果除

图 2－32

以$\frac{4}{3}\pi$后通常是一个立方数. 另外,等差数列的前 n 项和为 $S_n=an^2+bn$ 形式,等比数列前 n 项和为 $S_n=c(1-q^n)$形式.

1.(2011—10)如图 2-32 所示,一块面积为 400 平方米的正方形土地被分割成甲、乙、丙、丁四个长方形区域,作为不同的功能区域,它们的面积分别为 128,192,48 和 32 平方米. 乙的左下角划出一块正方形区域(阴影面积)作为公共区域,这块小正方形的面积为(　　)平方米.

A. 16　　B. 17　　C. 18

D. 19　　E. 20

【解析】 技巧运用:由于题目要求一个正方形的面积,显然猜完全平方数可能性最高,可以直接秒杀选项 A.

常规解法:$\frac{\text{甲的宽}}{\text{乙的宽}}=\frac{S_{\text{甲}}}{S_{\text{乙}}}=\frac{128}{192}=\frac{2}{3}\Rightarrow$甲的宽$=8$,乙的宽$=12$,$\frac{\text{丙的宽}}{\text{丁的宽}}=\frac{S_{\text{丙}}}{S_{\text{丁}}}=\frac{48}{32}=\frac{3}{2}\Rightarrow$丙的宽$=12$,丁的宽$=8$,则 $S_{\text{小正方形}}=4^2=16$,故选 A.

2.(2012—1)如图 2-33 所示,三个边长为 1 的正方形所覆盖区域(实线所围)的面积为(　　).

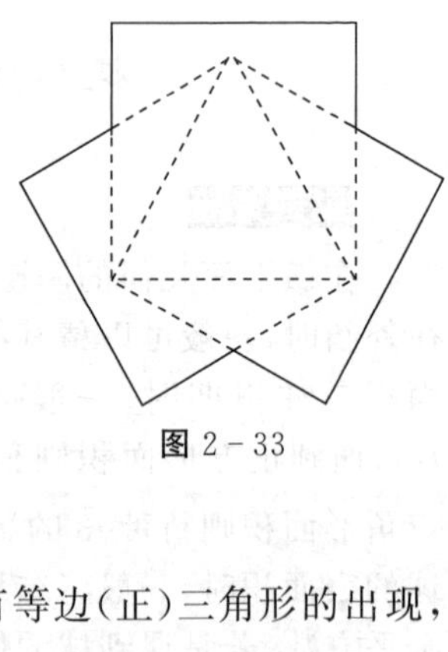

图 2-33

A. $3-\sqrt{2}$　　B. $3-\frac{3\sqrt{2}}{4}$

C. $3-\sqrt{3}$　　D. $3-\frac{\sqrt{3}}{2}$

E. $3-\frac{3\sqrt{3}}{4}$

【解析】 技巧运用:由于本题中有等边(正)三角形的出现,所以答案中很有可能是带有数字 $\sqrt{3}$,那么可以把答案锁定在

C,D,E 中,而 A 与 C 结构比较相似,B 和 E 结构比较相似,所以 D 选项就可以排除,所以答案只能在 C 和 E 中选择了.

常规解法:$S_{覆盖}=3S_{正方形}-3S_{小三}-2S_{大三}$,而 $S_{大三}=3S_{小三}$,$S_{覆盖}=3S_{正方形}-3S_{大三}=3-3\times\frac{\sqrt{3}}{4}\times1^2=3-\frac{3}{4}\sqrt{3}$. 故选 E.

3.(2008—1)如图 2-34 所示,长方形 $ABCD$ 中,$AB=10$ 厘米,$BC=5$ 厘米,以 AB 和 AD 分别为半径作$\frac{1}{4}$圆,则图中阴影部分的面积为(　　)平方厘米.

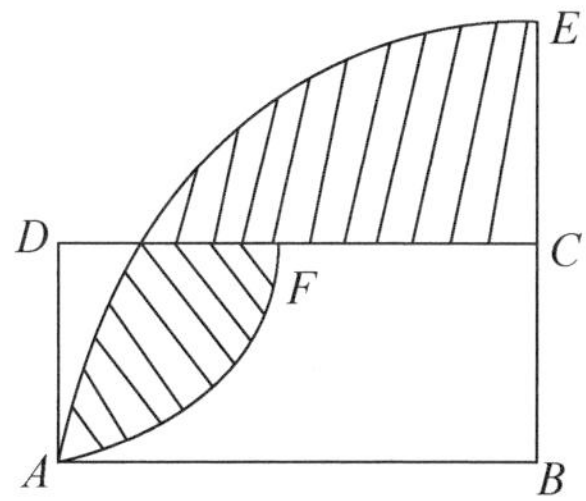

图 2-34

A. $25-\frac{25}{2}\pi$　　B. $25+\frac{125}{2}\pi$

C. $50+\frac{25}{4}\pi$　　D. $\frac{125}{4}\pi-50$

E. 以上结果均不正确

【解析】 技巧运用:由于所给阴影部分的面积是往外凸的,属于 $A\pi-B$ 结构,所以由模式判断法可以直接选 D.

常规解法:整体考虑法. $S_{阴影}=S_{扇形ABE}+S_{扇形ADF}-S_{矩形ABCD}=\frac{125}{4}\pi-50$(平方厘米).

4.(2011—1)如图 2-35 所示,四边形 $ABCD$ 是边长为 1 的正方形,弧 AOB,BOC,COD,DOA 均为半圆,则阴影部分的面积为(　　).

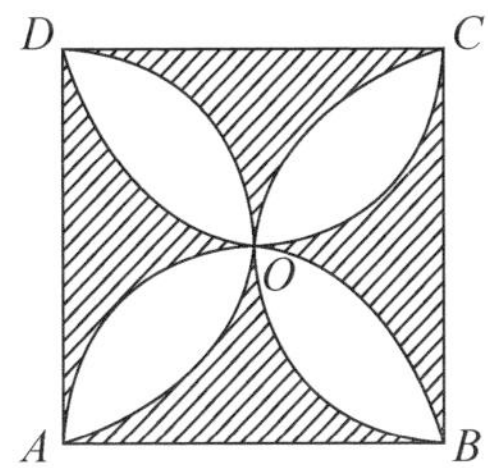

图 2-35

A. $\frac{1}{2}$　　B. $\frac{\pi}{2}$

C. $1-\frac{\pi}{4}$　　D. $\frac{\pi}{2}-1$

E. $2-\frac{\pi}{2}$

【解析】 技巧运用：通过平面图形面积结构特征分析可以知道，结果肯定是 $A-B\pi$ 的形式，显然只能在 C 和 E 中选择了，又因为 C 的结果偏小了点，只能是 E 比较适合.

常规解法：$S=2S_{正方形}-4S_{半圆}=2-2\pi\left(\frac{1}{2}\right)^2=2-\frac{\pi}{2}$，故选 E.

5.(2012－1)在直角坐标系中，若平面区域 D 中所有点的坐标(x,y)均满足：$0\leqslant x\leqslant 6$，$0\leqslant y\leqslant 6$，$|y-x|\leqslant 3$，$x^2+y^2\geqslant 9$，则 D 的面积是(　　).

A. $\frac{9}{4}(1+4\pi)$　　B. $9\left(4-\frac{\pi}{4}\right)$　　C. $9\left(3-\frac{\pi}{4}\right)$

D. $\frac{9}{4}(2+\pi)$　　E. $\frac{9}{4}(1+\pi)$

【解析】 技巧运用：由解析几何的知识可以画出图象，如图 2－36 所示，显然面积为往里凹的，则排除 A，D，E 选项，再判断该面积肯定要比 27 还要小点，那么只能选 C 了.

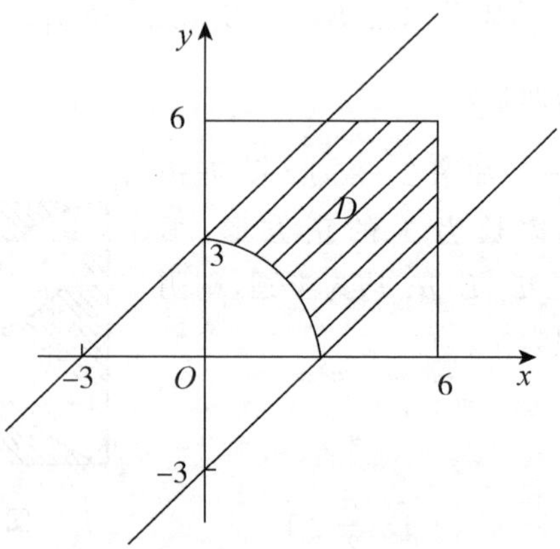

图 2－36

常规解法：阴影部分的面积为

$$36-2\times\frac{1}{2}\times3\times3-\frac{1}{4}\pi\times3^2=9\left(3-\frac{\pi}{4}\right).$$

6.(2011－1)现有一个半径为 R 的球体，拟用刨床将其加工成正方体，则能加工成的最大正方体的体积是(　　).

A. $\frac{8}{3}R^3$　　B. $\frac{8\sqrt{3}}{9}R^3$　　C. $\frac{4}{3}R^3$

D. $\frac{1}{3}R^3$　　E. $\frac{\sqrt{3}}{9}R^3$

【解析】　技巧运用：由于正方体的体积应该是一个立方数，那么显然只有 B 和 E 是一个数的立方，答案大大精确了.

常规解法：设正方体的棱长为 a，则当$\sqrt{3}a=2R\Rightarrow a=\frac{2R}{\sqrt{3}}=\frac{2}{3}\sqrt{3}R$ 时，正方体的体积最大，则正方体的体积为 $V=a^3=\left(\frac{2}{3}\sqrt{3}R\right)^3=\frac{8\sqrt{3}}{9}R^3$，故选 B.

7.(2012－1)将体积为 4π cm^3 和 32π cm^3 的两个实心金属球熔化后铸成一个实心大球，则大球的表面积为(　　)cm^2.

A. 32π　　B. 36π　　C. 38π

D. 40π　　E. 42π

【解析】　技巧运用：由于球的表面积为 $S=4\pi R^2$，明显只有 B 选项最为贴切.

常规解法：大球的体积为 $4\pi+32\pi=36\pi(\text{cm}^3)$，设大球的半径为 R，则 $\frac{4}{3}\pi R^3=36\pi$，解得 $R=3$.

所以表面积为 $4\pi R^2=4\times9\pi=36\pi$.

8.(2003－10)数列 $\{a_n\}$ 的前 n 项和为 $S_n=4n^2+n-2$，则

它的通项 a_n 是(　　).

A. $3n-2$　　B. $4n+1$

C. $8n-2$　　D. $8n-1$

E. 以上结论均不正确

【解析】 技巧运用:由于等差数列的前 n 项和公式中没有常数项,所以这个数列不是等差数列,那么只能选 E 了.

常规解法:当 $n=1$ 时,$a_1=S_1=3$,当 $n\geqslant 2$ 时,$a_n=S_n-S_{n-1}=4n^2+n-2-[4(n-1)^2+n-1-2]=8n-3$,所以通项 $a_n=\begin{cases}3, & n=1,\\ 8n-3, & n\geqslant 2,\end{cases}$ 故选 E.

9. (2009-1) 若 $(1+x)+(1+x)^2+\cdots+(1+x)^n=a_1(x-1)+2a_2(x-1)^2+\cdots+na_n(x-1)^n$,则 $a_1+2a_2+3a_3+\cdots+na_n=$(　　).

A. $\frac{3^n-1}{2}$　　B. $\frac{3^{n+1}-1}{2}$　　C. $\frac{3^{n+1}-3}{2}$

D. $\frac{3^n-3}{2}$　　E. $\frac{3^n-3}{4}$

【解析】 技巧运用:本题是一个等比数列的求和公式,显然只有 A 和 C 最为贴切,大大提高了正确率.

常规解法:取 $x=2$,$a_1+2a_2+3a_3+\cdots+na_n=(1+2)+(1+2)^2+\cdots+(1+2)^n=\frac{3^{n+1}-3}{2}$. 故选 C.

名师小结

本方法主要是几个比较常见的结构模式,通过直接对题目结论的结构进行识别,或者找到结果所包含的特征,立即可以选出正确答案.

技巧十一　尺规测量法

应试策略

在遇到一些复杂的平面几何求长度、角度问题时，我们可以使用直尺和圆规等工具直接进行测量，大大减少了做题的时间.

1.(2012—1)如图 2-37 所示，$\triangle ABC$ 是直角三角形，S_1，S_2，S_3 为正方形，已知 a，b，c 分别是 S_1，S_2，S_3 的边长，则(　　).

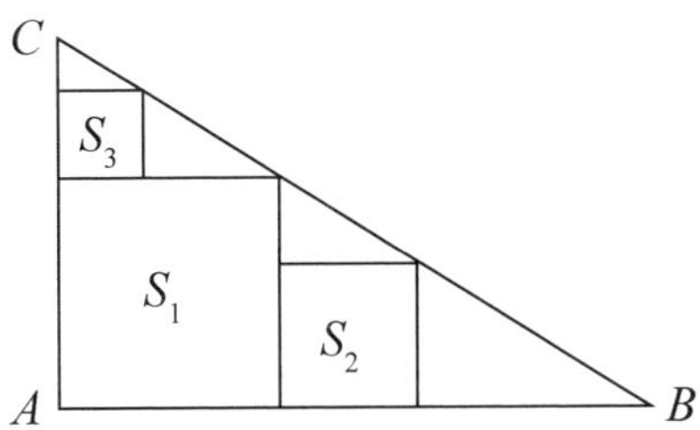

图 2-37

A. $a=b+c$　　B. $a^2=b^2+c^2$　　C. $a^2=2b^2+2c^2$

D. $a^3=b^3+c^3$　　E. $a^3=2b^3+2c^3$

【解析】 技巧运用：直接使用直尺测量，发现 a，b，c 的长度正好满足关系式 A.

常规解法：如图 2-38 所示，由于$\triangle DGE\backsim\triangle EHF$，故

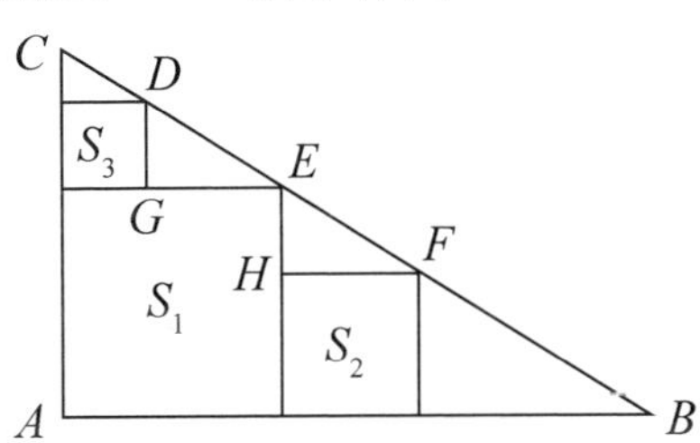

图 2-38

$$\frac{DG}{EH}=\frac{GE}{HF}\Rightarrow\frac{c}{a-b}=\frac{a-c}{b}\Rightarrow a=b+c.$$

名师小结

本方法主要是解决平面几何题目，可以直接利用直尺测量，通过比例尺的放缩就能很快找到答案了.

技巧十二　对称结构判断法

应试策略

此方法主要运用于平面几何求面积等题目中，遇到对称图形时，往往选项中会有倍数(2 倍)关系，标准答案往往是 2 倍的那个选项.

1. (2008－10) 过点 $A(2,0)$ 向圆 $x^2+y^2=1$ 作两条切线 AM 和 AN(见图 2－39)，则两切线和弧 MN 所围成的面积(图中阴影部分)为(　　).

A. $1-\frac{\pi}{3}$　　B. $1-\frac{\pi}{6}$　　C. $\frac{\sqrt{3}}{2}-\frac{\pi}{6}$

D. $\sqrt{3}-\frac{\pi}{6}$　　E. $\sqrt{3}-\frac{\pi}{3}$

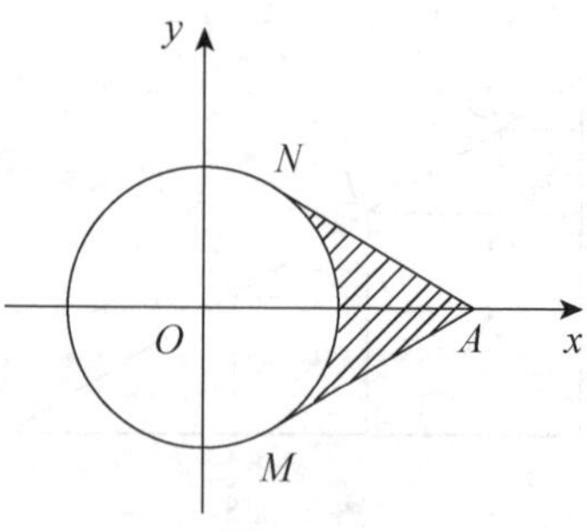

图 2－39

【解析】 技巧运用：由于该图形形成上下对称，选项中一般会有个 2 倍关系的，我们一般就直接选 2 倍的那个选项，明显 E 是 C 的 2 倍，直接选 E.

常规解法：连接 OM，ON（见图 2 - 40），则阴影部分为 $S_{AMO}+S_{ANO}-S_{扇形OMN}=\sqrt{3}-\frac{\pi}{3}$，选 E.

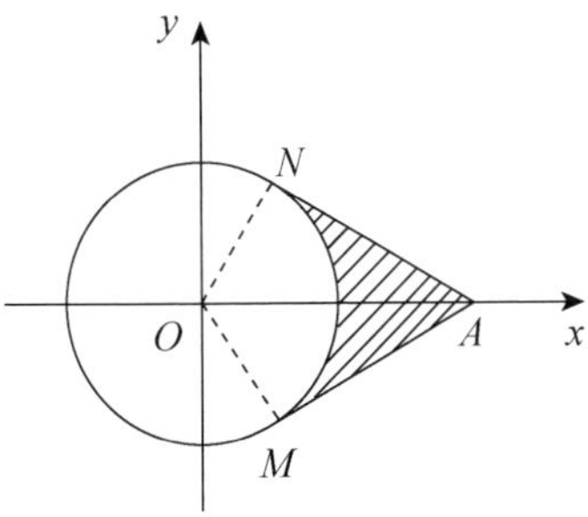

图 2 - 40

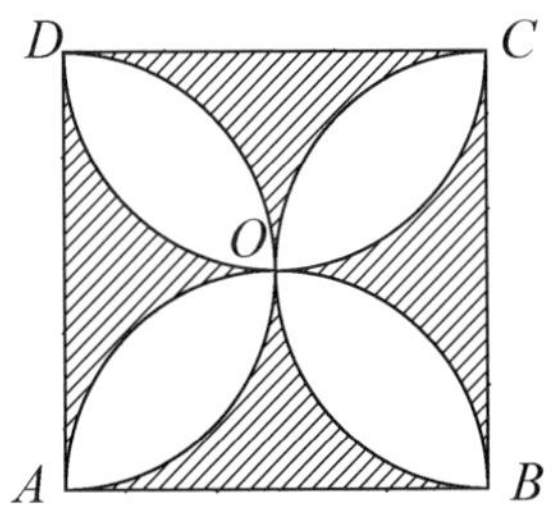

图 2 - 41

2.（2011－1）如图 2 - 41 所示，四边形 $ABCD$ 是边长为 1 的正方形，弧 AOB，BOC，COD，DOA 均为半圆，则阴影部分的面积为（　　）.

A. $\frac{1}{2}$　　B. $\frac{\pi}{2}$　　C. $1-\frac{\pi}{4}$

D. $\frac{\pi}{2}-1$　　E. $2-\frac{\pi}{2}$

【解析】 技巧运用：由于本题同样属于对称的类型，所以选项中一般存在倍数关系，通过观察明显发现 E 是 C 的两倍，直接选 E.

常规解法：$S=2S_{正方形}-4S_{半圆}=2-2\pi\left(\frac{1}{2}\right)^2=2-\frac{\pi}{2}$，选 E.

3.（2014－1）如图 2 - 42 所示，圆 A 与圆 B 的半径均为 1，

则阴影部分的面积为(　　).

A. $\frac{2\pi}{3}$　　　B. $\frac{\sqrt{3}}{2}$　　　C. $\frac{\pi}{3}-\frac{\sqrt{3}}{4}$

D. $\frac{2\pi}{3}-\frac{\sqrt{3}}{4}$　　　E. $\frac{2\pi}{3}-\frac{\sqrt{3}}{2}$

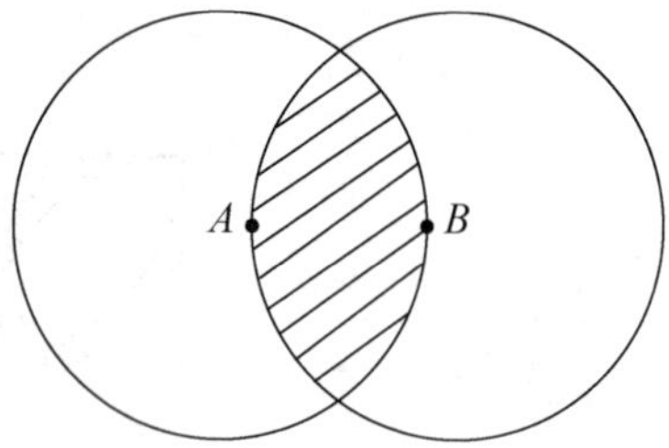

图 2-42

【解析】 技巧运用:本题同样属于对称的图形,发现选项仍旧存在着两倍的关系,明显 E 是 C 的两倍,直接选 E.

常规解法:连接 AB,CD,如图 2-43 所示:

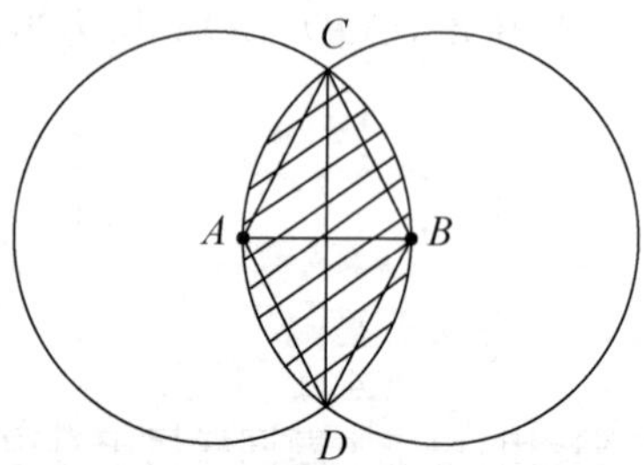

图 2-43

$$S_{阴影}=S_{扇形B-CAD}+S_{扇形A-CBD}-S_{菱形ADBC}$$
$$=2\times\frac{120°}{360°}\times\pi\times1^2-\frac{1}{2}\times1\times\sqrt{3}$$
$$=\frac{2\pi}{3}-\frac{\sqrt{3}}{2}.$$

名师小结

以上三题有着异曲同工之妙，只要发现对称结构，选项中又包含着倍数的关系，我们一般可以选择那个较大的选项作为答案.

技巧十三 倍数关系判断法

应试策略

一般在一些概率题目中，往往会出现序数词，诸如：第几次，或者前几次，或者直到第几次等，选项中也会产生倍数关系，我们可以通过具体特征来选择答案.

1. 10 名网球选手中有 2 名种子选手. 先将他们分成两组，每组 5 人，则两名种子选手不在同一组的概率为(　　).

A. $\frac{5}{18}$　　B. $\frac{4}{9}$　　C. $\frac{5}{9}$

D. $\frac{1}{2}$　　E. $\frac{2}{3}$

【解析】 技巧运用：由于本题中的两名种子选手不在同一组，就会产生出两种情况，即要么在 A 组，要么在 B 组，可以直接在具有 2 倍关系的选项中挑选，显然 A 和 C 满足 2 倍关系，那么我们一般倾向于选择较大的那个作为答案，选 C.

常规解法：分子为从 8 个人中选出 4 个人与种子选手进行搭配，即 $2\cdot C_8^4$，分母为 C_{10}^5，则概率为 $P=\frac{2\cdot C_8^4}{C_{10}^5}=\frac{5}{9}$.

2. (2000－1)某人忘记三位号码锁(每位均有 0 到 9 十个数码)的最后一个数码，因此在正确拨出前两个数码后，只能随机地试拨最后一个数码，每拨一次算作一次试开，则他在第 4 次试开时才将锁打开的概率是(　　).

A. $\frac{1}{4}$　　B. $\frac{1}{6}$　　C. $\frac{2}{5}$　　D. $\frac{1}{10}$

【解析】 技巧运用:由于出现序数词第 4 次,则选项中明显发现 C 又是 D 的 4 倍,而第四次打开锁的概率肯定是比较小的,所以直接选 D.

常规解法:第 4 次将锁打开,那么前三次没打开,所以概率为$\frac{9}{10}\times\frac{8}{9}\times\frac{7}{8}\times\frac{1}{7}=\frac{1}{10}$.

3.(2010—1)某装置的启动密码是由 0 到 9 中的 3 个不同数字组成,连续 3 次输入错误密码,就会导致该装置永久关闭,一个仅记得密码是由 3 个不同数字组成的人能够启动此装置的概率为(　　).

A. $\frac{1}{120}$　　B. $\frac{1}{168}$　　C. $\frac{1}{240}$

D. $\frac{1}{720}$　　E. $\frac{1}{1\ 000}$

【解析】 技巧运用:本题简单分析就能知道所谓能启动装置,其实就是在 3 次之内(即前 3 次)能将密码解开,那么应该选项中会有 2 个选项是 3 倍关系的,通过观察发现 C 是 D 的 3 倍,而前 3 次相对概率是比较大一点的,直接选 C.

常规解法:方法一:有三次试开的机会,第一次试开的概率为$\frac{1}{P_{10}^{3}}$,第二次试开的概率为$\frac{P_{10}^{3}-1}{P_{10}^{3}}\cdot\frac{1}{P_{10}^{3}-1}=\frac{1}{P_{10}^{3}}$,第三次试开的概率为 $\frac{P_{10}^{3}-1}{P_{10}^{3}}\cdot\frac{P_{10}^{3}-2}{P_{10}^{3}-1}\cdot\frac{1}{P_{10}^{3}-2}=\frac{1}{P_{10}^{3}}$,故能启动此装置的概率为 $P=\frac{3}{P_{10}^{3}}=\frac{1}{240}$;方法二:从反面考虑,由于连续 3 次输入错

误密码,就会导致该装置永久关闭,则能启动此装置的概率为 $P=1-\frac{P_{10}^{3}-1}{P_{10}^{3}}\cdot\frac{P_{10}^{3}-2}{P_{10}^{3}-1}\cdot\frac{P_{10}^{3}-3}{P_{10}^{3}-2}=\frac{3}{P_{10}^{3}}=\frac{1}{240}$. 选 C.

4.(1998－10)掷一枚不均匀的硬币,正面朝上的概率为 $\frac{2}{3}$,若将此硬币掷 4 次,则正面朝上 3 次的概率是(　　).

A. $\frac{8}{81}$　　B. $\frac{8}{27}$　　C. $\frac{32}{81}$

D. $\frac{1}{2}$　　E. $\frac{26}{27}$

【解析】 技巧运用:本题通过列举发现,正面朝上 3 次的情况一共包含有 4 种,即:正正正反,正正反正,正反正正,反正正正,而选项中明显发现 C 是 A 的 4 倍,而这个概率明显是比较大一些,所以直接选 C.

常规解法:由伯努利概率公式,得 $P=C_{4}^{3}\left(\frac{2}{3}\right)^{3}\left(\frac{1}{3}\right)^{1}=\frac{32}{81}$,选 C.

名师小结

解答此类概率题只要在题目中发现有一类机会均等的事件,而最终的概率可能是其中某一类的概率或者是几类概率的和,那么直接可以根据题目的意思找出对应的倍数关系,本小节与上一小节也有异曲同工之处.

定性分析法跟踪演练

1.若将 10 只相同的球随机放入编号为 1,2,3,4 的四个盒子中,则每个盒子不空的投放方法有(　　)种.

A. 72　　B. 84　　C. 96　　D. 108　　E. 120

2. 某商店经营 15 种商品，每次在橱窗内陈列 5 种. 若每两次陈列的商品不完全相同，则最多可陈列(　　)次.

A. 3 000　　B. 3 003　　C. 4 000　　D. 4 003　　E. 4 300

3. 菜园里的白菜获得丰收，收到$\frac{3}{8}$时，装满 4 筐还多 24 斤，其余部分收完后刚好装满了 8 筐，菜园人共收了白菜(　　)斤（1 斤＝500 克）.

A. 381　　B. 382　　C. 383　　D. 384

4. 奖金发给甲、乙、丙、丁四人，其中$\frac{1}{5}$发给甲，$\frac{1}{3}$发给乙，发给丙的奖金数正好是甲、乙奖金之差的 3 倍，已知发给丁的奖金为 200 元，则这批奖金为(　　)元.

A. 1 500　　B. 2 000　　C. 2 500

D. 3 000　　E. 以上都不正确

5. 甲、乙两仓库储存的粮食重量之比为 4∶3，现从甲仓库中调出 10 万吨粮食，则甲、乙两仓库库存粮食吨数之比为 7∶6，甲仓库原有粮食的吨数为(　　).

A. 70　　B. 78　　C. 80

D. 85　　E. 以上均不正确

6. 仓库中有甲、乙两种产品若干件，其中甲占总库存量的 45％，若再存入 160 件乙产品后，甲产品占新库存量的 25％，那么甲产品原有件数为(　　).

A. 80　　B. 90　　C. 100

D. 110　　E. 以上结论均不正确

7. 甲、乙两商店同时购进了一批某品牌电视机，当甲店售出 15 台时，乙售出了 10 台，此时两店的库存比为 8∶7，库存差为 5，则甲、乙两店的总进货量为(　　)台.

A. 85　　B. 90　　C. 95　　D. 100　　E. 125

8.银行的一年期定期存款利率为10%,某人于1991年1月1日存入10 000元,1994年1月1日取出,若按复利计算,他取出的本金和利息共计是(　　).

A.10 300元　　B.10 303元　　C.13 000元

D.13 310元　　E.14 641元

9.甲、乙、丙三个容器中装有盐水,现将甲容器中盐水的$\frac{1}{3}$倒入乙容器,摇匀后将乙容器中盐水的$\frac{1}{4}$倒入丙容器,摇匀后再将丙容器中盐水的$\frac{1}{10}$倒回甲容器,此时甲、乙、丙三个容器中盐水的含盐量都是9千克,则甲容器中原来的盐水含盐量是(　　)千克.

A.13　　B.12.5　　C.12　　D.10　　E.9.5

10.一项工程要在规定时间内完成.若甲单独做要比规定的时间推迟4天,若乙单独做要比规定的时间提前2天完成.若甲、乙合做了3天,剩下的部分由甲单独做,恰好在规定时间内完成,则规定时间为(　　)天.

A.19　　B.20　　C.21　　D.22　　E.24

11.车间工会为职工买来足球、排球和篮球共94只,按人数平均每3人一只足球,每4人一只排球,每5人一只篮球,该车间共有职工(　　)人.

A.110　　B.115　　C.120　　D.125

12.商店出售两套礼盒,均以210元售出,按进价计算,其中一套盈利25%,而另一套亏损25%,结果商店(　　).

A.不赔不赚　　B.赚了24元

C.亏了28元　　D.亏了24元

13.2007年,某市的全年研究与发展(R&D)经费支出300亿元,比2006年增长20%,该市的GDP为10 000亿元,比

2006 年增长 10%.2006 年,该市的 R&D 经费支出占当年 GDP 的(　).

A. 1.75%　B. 2%　C. 2.5%　D. 2.75%　E. 3%

14. 第一季度甲公司的产值比乙公司的产值低 20%,第二季度,甲公司的产值比第一季度增长了 20%,乙公司的产值比第一季度增长了 10%,第二季度甲、乙两公司的产值之比是(　　).

A. 96∶115　B. 92∶115　C. 48∶55
D. 24∶25　E. 10∶11

15. 某物流公司将一批货物的 60% 送到了甲商场,100 件送到了乙商场,其余的都送到了丙商场,若送到甲、丙两商场的货物数量之比为 7∶3,则该批货物共有(　　)件.

A. 700　B. 800　C. 900　D. 1 000　E. 1 100

16. 某公司今年第一季度和第二季度的产值分别比去年同期增长了 11% 和 9%,且这两个季度产值的同比绝对增加量相等,该公司今年上半年的产值同比增长了(　　).

A. 9.5%　B. 9.9%　C. 10%
D. 10.5%　E. 10.9%

17. 已知等差数列 $\{a_n\}$ 中,$a_2+a_3+a_{10}+a_{11}=64$,则 $S_{12}=$(　　).

A. 64　B. 81　C. 128　D. 192　E. 188

18. 若等比数列 $\{a_n\}$ 满足:$a_2a_4+2a_3a_5+a_2a_8=25$,且 $a_1>0$,则 $a_3+a_5=$(　　).

A. 8　B. 5　C. 3　D. 2　E. 1

解析

1. B

【解析】 技巧运用:由于在组合计算中很有可能会产生

7 这个质数,所以就猜答案为 84,故选 B.

2. B

【解析】 技巧运用:由于在 15 以内的组合计算中,很有可能产生 11 这个质数,直接答案猜 11 的倍数,即为 3 003,故选 B.

3. D

【解析】 技巧运用:显然答案要被 8 整除,那么只能选 D 了.

4. D

【解析】 技巧运用:显然答案要被 15 整除,那么只能选 A 和 D 了,而 A 显然太小,直接选 D 了.

5. C

【解析】 技巧运用:显然甲的数量要被 4 整除,只能选 C 了.

6. B

【解析】 技巧运用:甲产品数量显然是 45 的倍数,那么就直接选 B 了.

7. D

【解析】 技巧运用:验证选项减去 25 后应该是 15 的倍数,那么满足的只有 A 和 D 了.

8. D

【解析】 技巧运用:显然答案要能被 11 整除,也只有 D 和 E 选项满足了.

9. C

【解析】 技巧运用:显然答案要能被 3 整除,只能选 C 了.

10. B

【解析】 技巧运用:用选项验证发现,只有 20 天比较合适,推迟 4 天就是 24 天,提前 2 天就是 18 天,其他选项都会有明显的复杂数字出现.

11. C

【解析】 技巧运用:显然职工数量能被 3,4,5 的最小公倍数整除,那么只能选 C 了.

12. C

【解析】 技巧运用:210 显然含有 7 这个质数,选项 C 的可能性非常大.

13. D

【解析】 技巧运用:由于增长率中有 10%,结果很容易产生 11 的倍数,明显选 D 的可能性很大.

14. C

【解析】 技巧运用:乙公司中显然有 11 的倍数,那么就只能在 C 和 E 中选择了.

15. A

【解析】 技巧运用:题目的信息中显然有 7 这个质数,选项 A 的可能性非常大.

16. B

【解析】 技巧运用:显然本题中有 11 这个质数,选项 B 的可能性会很高.

17. D

【解析】 技巧运用:S_{12} 的计算中含有 6 这个因子,那么能被 6 整除的只有 D 了.

18. B

【解析】 技巧运用:题干中有 25 这样的数字,选项 B 中也含有 5,那么选 B 的可能性非常大.

第三章 条件充分性判断解题准则与实例

第一节 准则综述

一、四大准则

选项数量原则、条件范围原则、顺序性原则、选项特征原则.

二、原则综述

1. 选项数量原则

一般情况下，C,E 选项个数之和为 2 到 3 个；A,B,D 选项个数之和为 7 到 8 个，其中 C,E 每个选项至少一个(倾向于 2 个 C 和 1 个 E)，A,B,D 每个选项至少 2 个.

2. 条件范围(集合)原则

有矛盾型、互补型(对立型)、包含型、等价型、交集型.

3. 顺序性原则

不要一题一题做，挑出可以联合的选项先做，不是 C 就是 E;然后在剩下的矛盾性选项中尽量地去找碴，如果找到，另外的一个条件就是正确的;最后有时间就做完，没时间可以选 D.

4. 选项特征原则

(1)选 A,B 原则：a. 一长一短型，长的条件容易充分，短的条件不容易充分；b. 一难一易型，难的条件容易充分，简单的不容易充分；c. 一小一大型，小范围条件容易充分，大范围条件不容易充分；d. 互补型(对立型)；e. 两条件有相同的文字类描述；f. 两个条件是微弱(小)替换型(即两个条件绝大部分语言或结构是相同的,往往只是替换了一个数字或者字母而已).

(2)选 D 原则:a. 两条件完全等价;b. 两条件只差符号;c. 两条件具有对称结构;d. 两条件完全相对于题干不起作用;e. 两条件处于两个端点的外侧(两种不同情况的分类);f. 当题干已经给出一些已知的信息或者条件时.

(3)选 C,E 原则(倾向于 C):a. 当题干中的变量多于条件所给的变量时,也就是条件变量缺失时,应该联合两条件;b. 当两个条件中有一个条件是对问题的定性描述,而另一个条件是定量描述(主干)时;c. 当两个条件是可联合(有交集)的范围时,且联合后交集范围又很小时;d. 当两个条件一个是等式(等量)的关系,另一个是不等式的约束时;e. 当题干出现“且”字时.

(4)不选 C 的原则:a. 当两条件有相似的语言描述时;b. 当两条件联合后显得太容易时;c. 当题干已经给出一些已知的信息或者条件时;d. 当两个条件存在着相互包含的关系(子集关系)时;e. 当题干是在求最值时;f. 当题干出现“或”时;g. 题目只出现一个变量时.

第二节　实例与选项特征

特征一:选项为 A 或 B 的特征及做题套路

(一)当两条件矛盾(不可联合)时,由于选 A,B 和 D 的可能性要远远高于选 E 的可能性,所以大家在做题时应该先选择一个比较容易的选项下手,如果能成立,再去验证另一个选项;如果不成立,另一个条件成立的可能性很大.按照笔者的经验,如果一个条件简单,一个条件比较难时,我们选简单的先做,一般简单的都是不充分的,也就是说难的条件比较容易充分.

1.(2009-1)$2a^2-5a-2+\frac{3}{a^2+1}=-1$.(　　)

(1)a 是方程 $x^2-3x+1=0$ 的根

(2)$|a|=1$

【解析】 技巧运用:由条件(2)得 $a=\pm1$,代入题干不充分,所以条件 (1)充分,选 A.

常规解法:由条件 (1),a 是方程 $x^2-3x+1=0$ 的根,所以 $a^2+1=3a$,$a+\frac{1}{a}=3$,$2a^2-5a=a-2$,$2a^2-5a-2+\frac{3}{a^2+1}=a-2-2+\frac{1}{a}=-1$,条件 (1)充分.

条件(2)不充分.故选 A.

2.(2009-1)$a_1^2+a_2^2+a_3^2+\cdots+a_n^2=\frac{1}{3}(4^n-1)$.(　　)

(1)数列$\{a_n\}$的通项公式为 $a_n=2^n$

(2)在数列$\{a_n\}$中,对任意正整数 n,有 $a_1+a_2+a_3+\cdots+a_n=2^n-1$

【解析】 技巧运用:采用特殊值法,取 $n=1$ 时,由条件(1)得 $a_1=2$,不满足题干,故不充分.

再验证条件(2)发现 $a_1=1$ 满足题干,那么应该正确的可能性比较高了,直接可以选 B 了.

如果考试时实在来不及做,就选条件比较长的作为答案,本题即直接选 B.

常规解法:由条件(1),$a_1=2$,$a_1^2=4\neq\frac{1}{3}(4^1-1)=1$,故条件 (1)不充分.

由条件(2)$a_1+a_2+a_3+\cdots+a_n=S_n=2^n-1$,所以 $a_n=S_n-S_{n-1}=2^{n-1}$,$a_1=1$,公比 $q=2$,$\{a_n^2\}$也为等比数列,$a_1^2=1$,$q'=4$,$a_1^2+a_2^2+a_3^2+\cdots+a_n^2=\frac{1}{3}(4^n-1)$,条件(2)充分.故选 B.

3.(2007－10)$S_6=126$.(　　)

(1)数列$\{a_n\}$的通项公式是$a_n=10(3n+4)(n\in\mathbf{N}^*)$

(2)数列$\{a_n\}$的通项公式是$a_n=2^n(n\in\mathbf{N}^*)$

【解析】 技巧运用:显然由条件(1)得$a_6=220$,也就不充分了,故选B.

考试的时候来不及做的话可以判断出:由于条件(2)的计算明显要比条件(1)麻烦,可以直接倾向于(2)是充分的,直接选B.

常规解法:条件(1)显然是一个等差数列,$S_6=\frac{(a_1+a_6)\times 6}{2}=\frac{(70+220)\times 6}{2}=870$,不充分;

条件(2)为公比是2的等比数列,$S_6=\frac{2(1-2^6)}{1-2}=126$,充分,故选B.

4.(2007－10)$a>b$.(　　)

(1)a,b为实数,且$a^2>b^2$

(2)a,b为实数,且$\left(\frac{1}{2}\right)^a<\left(\frac{1}{2}\right)^b$

【解析】 技巧运用:明显条件(1)可以取$a=-2,b=1$这样的特殊值,也就不充分了,直接选B.考试的时候来不及做的话可以判断出:由于条件(2)的计算明显要比条件(1)麻烦,可以直接倾向于(2)是充分的,直接选B.

常规解法:由条件(1)可以考查二次函数$y=x^2$,a,b看成自变量,a^2,b^2看成函数值,由于这个函数不是严格单调的,也就不能充分了;由条件(2)可以考查二次函数$y=\left(\frac{1}{2}\right)^x$,$a,b$看成自变量,$\left(\frac{1}{2}\right)^4,\left(\frac{1}{2}\right)^6$看成函数值,由于这个函数是严格单调递减的,充分.故选B.

5.(2011－1)已知实数 a,b,c,d 满足 $a^2+b^2=1,c^2+d^2=1$,则 $|ac+bd|<1$.(　　)

(1)直线 $ax+by=1$ 与 $cx+dy=1$ 仅有一个交点

(2)$a\neq c,b\neq d$

【解析】 技巧运用:由于本题在题干信息中已经给出了比较多的已知条件,所以选 C 的可能性就比较小了,而条件(1)相对于条件(2)复杂得多,考试时候肯定倾向于选(1)充分,即选 A,那么如果有时间再通过简单分析不难发现,条件(2)中可以取反例 $a=\frac{\sqrt{2}}{2},c=-\frac{\sqrt{2}}{2},b=-\frac{\sqrt{2}}{2},d=\frac{\sqrt{2}}{2}$ 的情况,题干就等于1了,那么显然就不充分了,这样的话选 A 就更可靠了.

常规解法:题干为

$(a^2+b^2)(c^2+d^2)=1\Rightarrow a^2c^2+b^2d^2+a^2d^2+b^2c^2=1$,

又 $a^2c^2+b^2d^2+2abcd\leqslant 1\Rightarrow(ac+bd)^2\leqslant 1\Rightarrow|ac+bd|\leqslant 1$(等号当且仅当"$ad=bc$"时成立),条件(1):由于两直线不平行:$\frac{a}{c}\neq\frac{b}{d}\Rightarrow ad\neq bc$,则可推出 $|ac+bd|<1$;

对于条件(2)只需要取特殊值 $a=\frac{\sqrt{2}}{2},c=-\frac{\sqrt{2}}{2},b=-\frac{\sqrt{2}}{2}$,$d=\frac{\sqrt{2}}{2}\Rightarrow ad=bc\Rightarrow|ac+bd|=1$,矛盾,故选 A.

(二)当两个条件为微弱的替换型时,即两个条件变化很小很微弱的时候,一般也倾向于选一对一错(非 A 即 B),当然通过笔者对历年真题的反复研究发现,选 A 的可能性相对高于选 B 的可能性.

6.(2010－10)一元二次方程 $ax^2+bx+c=0$ 无实根.(　　)

(1)a,b,c 成等比数列,且 $b\neq 0$

(2)a,b,c 成等差数列

【解析】 技巧运用：显然两个条件为微弱的替换型，条件(2)为等差数列，条件(1)为等比数列，且 $b\neq0$ 把条件(1)的复杂程度提高了一些，变得更加“优秀”了，直接选 A.

常规解法：由条件(1)有 $b^2=ac$，则 $\Delta=b^2-4ac=-3b^2<0$，所以无实根；

条件(2)，$2b=a+c$，则 $\Delta=b^2-4ac=\left(\frac{a+c}{2}\right)^2-4ac=\frac{a^2+c^2-14ac}{4}$，无法判断，所以不充分；其实可以取特殊值 $a=-1,b=0,c=1$，得出 $-x^2+1=0\Rightarrow x^2=1\Rightarrow x=\pm1$，显然原方程有实根，不充分，就能得出矛盾，选 A.

7.(2013－10)设 a,b 为常数，则关于 x 的二次方程 $(a^2+1)x^2+2(a+b)x+b^2+1=0$ 具有重实根.(　　)

(1) $a,1,b$ 成等差数列

(2) $a,1,b$ 成等比数列

【解析】 技巧运用：本题也属于微替换型，应该在 A 和 B 中进行选择，而条件(1)只需要取 $a=0,b=2$，那么代入后发现题干为 $x^2+4x+5=0$，显然不充分，故选 B.

常规解法：条件(1)即 $a+b=2$，举反例 $\begin{cases}a=0,\\b=2,\end{cases}$ $x^2+4x+5=0$ 无重实根，不充分.

由题干，x 的二次方程 $(a^2+1)x^2+2(a+b)x+b^2+1=0$ 具有重实根，

$\Delta=4(a+b)^2-4(a^2+1)(b^2+1)=0\Rightarrow a^2b^2-2ab+1=0$，即 $(ab-1)^2=0$.

条件(2)即 $ab=1$，代入满足，条件(2)充分.故选 B.

8.(2016－12) $x^2+y^2-ax-by+c=0$ 与 x 轴相切，则能确定 c 的值.(　　)

(1)已知 a 的值

(2)已知 b 的值

【解析】 技巧运用:本题由于两个条件太容易感觉是联合了,故反而不应该去选 C(其实它属于微替换型),如果考试的时候实在来不及做的话,大家就可以直接选 A.

常规解法:方法一,$\left|\frac{b}{2}\right|=r=\frac{1}{2}\sqrt{a^2+b^2-4c}\Rightarrow c=\frac{1}{4}a^2$,显然条件 (1)充分,选 A.

方法二,联立方程组,则$\begin{cases}x^2+y^2-ax-by+c=0,\\y=0\end{cases}\Rightarrow x^2-ax+c=0\Rightarrow\Delta=0\Rightarrow a^2-4c=0$.

显然条件 (1)充分,选 A.

9. 设 a,b 是两个不相等的实数,则函数 $f(x)=x^2+2ax+b$ 的最小值小于零.

(1)1,a,b 成等差数列

(2)1,a,b 成等比数列

【解析】 技巧运用:本题初步判断就应该觉得属于微替换型,当然由于题干中出现了最值的字眼,那么选 C 的可能性就大大减少了,考试实在不会做的时候可以直接选 A.

常规解法:题干$\frac{4b-4a^2}{4}<0\Rightarrow b-a^2<0$.

条件(1)得$2a=b+1\Rightarrow b=2a-1$,从而题干 $b-a^2=2a-1-a^2=-(a-1)^2<0(a\neq1)$显然充分,条件(2)得 $a^2=b$,从而不充分.

(三)当两条件具备包含关系时,一般要倾向于选择范围小的条件成立,如果会做的话要选范围较大的条件先做,常用技巧为选择大范围包含而小范围却不包含的值进行验证.

10. (2008-10)ax^2+bx+1 与 $3x^2-4x+5$ 的积不含 x 的

一次方项和三次方项.（　　）

(1)$a:b=3:4$　　　　　(2)$a=\frac{3}{5}, b=\frac{4}{5}$

【解析】 技巧运用：由于条件(2)范围小，条件 (1)范围大，且属于一种包含关系，那么在条件(1)中取 $a=3, b=4$ 代入题干可以得$(3x^2+4x+1)\times(3x^2-4x+5)$.

显然 x 的一次方项为 $16x$，不充分，故可以选 B 了.

常规解法：$(ax^2+bx+1)(3x^2-4x+5)$，一次方项有$(5b-4)x$，三次方项$(3b-4a)x^3$，则 $b=\frac{4}{5}, a=\frac{3}{5}$，故选 B.

11.（模考题）设 m, n 均为正整数，则 m 与 n 的算术平均值为 18.（　　）

(1)$\frac{1}{m}$与$\frac{1}{n}$的算术平均值为$\frac{1}{10}$

(2)$m\neq n$，$\frac{1}{m}$与$\frac{1}{n}$算术平均值为$\frac{1}{10}$

【解析】 技巧运用：显然条件(2)包含于条件 (1)，我们取 $m=n$，这样就得到 $m=n=10$，那么 m 与 n 的算术平均值也为 10. 不充分，故可以直接选 B 了.

常规解法：$\frac{\frac{1}{m}+\frac{1}{n}}{2}=\frac{1}{10}\Rightarrow\frac{1}{m}+\frac{1}{n}=\frac{1}{5}\Rightarrow\frac{m+n}{mn}=\frac{1}{5}\Rightarrow mn-5m-5n=0\Rightarrow(m-5)(n-5)=25\Rightarrow\begin{cases}m-5=1,\\n-5=25\end{cases}\Rightarrow\begin{cases}m=6,\\n=30\end{cases}\Rightarrow\frac{m+n}{2}=18$ 或者 $\begin{cases}m-5=5,\\n-5=5\end{cases}\Rightarrow\begin{cases}m=10,\\n=10\end{cases}\Rightarrow\frac{m+n}{2}=10$，显然条件(2)能够充分. 故选 B.

(四)当两条件为对立时，只能选 A 或 B.

12.（2003—1）等式$|x-2|+|4-x|<s$ 无解.（　　）

(1)$s \leqslant 2$　　　　(2)$s > 2$

【解析】 技巧运用:由于两个范围正好是对立的,我们只要取 $s=3$ 代入题干验证,得 $|x-2|+|4-x|<3$,显然取 $x=3$ 满足不等式,那么也就是有解了,不充分.故直接选 A.

常规解法:由于 $|x-2|+|4-x|$ 的最小值为 2,则 $s \leqslant 2$ 才能保证不等式无解,故选 A.

【技巧】 由于两个条件对立,选项一般在 A,B 中选择,若取 $s=2$ 代入运算,$|x-2|+|4-x|<2$ 显然是无解的,那么选 A 的可能性非常大.

特征二:选项为 D 的特征及做题套路

(一)当两条件为等价命题时,必然选 D.

1.(模考题)两圆的面积之比为 9∶4.(　　)

(1)两圆周长之比为 3∶2

(2)两圆半径之比为 3∶2

【解析】 技巧运用:周长之比就是半径之比,显然两个条件完全等价,故直接选 D.

2.(2012－1)在某次考试中,3 道题中答对 2 道即为及格.假设某人答对各题的概率相同,则此人及格的概率是 $\frac{20}{27}$.(　　)

(1)答对各题的概率均为 $\frac{2}{3}$

(2)3 道题全部答错的概率为 $\frac{1}{27}$

【解析】 技巧运用:3 道题目全部答错的概率为 $\frac{1}{27}$,就等价于每个题目答错的概率为 $\frac{1}{3}$,即每个题目答对的概率为 $\frac{2}{3}$,显然两个条件完全等价，故选 D.

常规解法：两条件等价，及格的概率都为 $P=C_3^2\left(\frac{2}{3}\right)^2\cdot\left(\frac{1}{3}\right)+\left(\frac{2}{3}\right)^3=\frac{20}{27}$. 故选 D.

3.（2007－10）某公司得到一笔贷款共 68 万元，用于下属三个工厂的设备改造，结果甲、乙、丙三个工厂按比例分别得到 36 万元、24 万元和 8 万元.（　　）

（1）甲、乙、丙三个工厂按 $\frac{1}{2}:\frac{1}{3}:\frac{1}{9}$ 的比例贷款

（2）甲、乙、丙三个工厂按 $9:6:2$ 的比例贷款

【解析】 技巧运用：显然条件（1）化简后就是条件（2），完全等价，故选 D.

常规解法：甲厂获得的贷款为 $68\times\frac{9}{17}=36$（万元），乙厂获得的贷款为 $68\times\frac{6}{17}=24$（万元），丙厂获得的贷款为 $68\times\frac{2}{17}=8$（万元）. 故选 D.

（二）当两条件矛盾且互为相反数时（仅差一个负号），选 D 的可能性要高于 A 或 B.

4.（2008－10）方程 $x^2+mxy+6y^2-10y-4=0$ 的图形是两条直线.（　　）

（1）$m=7$　　　　（2）$m=-7$

【解析】 技巧运用：两个条件相差一个负号，选 D 的可能性很大.

常规解法：自下而上（双十字相乘）.

条件（1）：$m=7$，$x^2+7xy+6y^2-10y-4=0$，

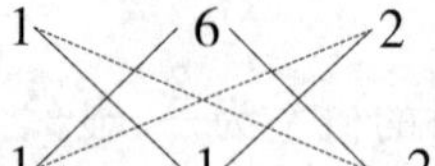

，分解为 $(x+6y+2)(x+y-2)=0$，显然满

足是两条直线，该条件充分，同理条件(2)也充分. 故选 D.

5.(2009－10)关于 x 的方程 $\frac{1}{x-2}+3=\frac{1-x}{2-x}$ 与 $\frac{x+1}{x-|a|}=2-\frac{3}{|a|-x}$ 有相同的增根.(　　)

(1) $a=2$　　　　(2) $a=-2$

【解析】 技巧运用：两个条件相差一个负号，选 D 的可能性很大.

常规解法：将分式方程转化为整式方程求出方程的根.

6.(2011－10)已知数列 a_n 满足 $a_{n+1}=\frac{a_n+2}{a_n+1}(n=1,2,3,\cdots)$，则 $a_2=a_3=a_4$.(　　)

(1) $a_1=\sqrt{2}$　　　　(2) $a_1=-\sqrt{2}$

【解析】 技巧运用：由于两个条件只相差一个负号，选 D 的可能性很大.

常规解法：条件(1)，$a_2=\frac{a_1+2}{a_1+1}=\frac{\sqrt{2}+2}{\sqrt{2}+1}=1+\frac{1}{\sqrt{2}+1}=\sqrt{2}$，同理 $a_3=a_4=\sqrt{2}$，充分；条件(2)，$a_2=\frac{a_1+2}{a_1+1}=\frac{-\sqrt{2}+2}{-\sqrt{2}+1}=1+\frac{1}{-\sqrt{2}+1}=-\sqrt{2}$，同理 $a_3=a_4=-\sqrt{2}$，也充分，故选 D.

(三)两条件具有对称等图形关系时，一般选 D.

7.(2008－10)直线 $y=x,y=ax+b$ 与 $x=0$ 所围成的三角形的面积等于 1.(　　)

(1) $a=-1,b=2$　　　　(2) $a=-1,b=-2$

【解析】 技巧运用：由于在图形上分析发现 $b=2$ 和 $b=-2$ 正好能关于原点对称，则选 D.

常规解法：条件(1)，如图 3－1 所示，$y=x,y=ax+b$

的交点为(1,1),两直线与 y 轴交点为(0,0),(0,2),围成的三角形面积为$\frac{1}{2}\times(2-0)\times1=1$,充分;条件(2)同理也充分,故选 D.

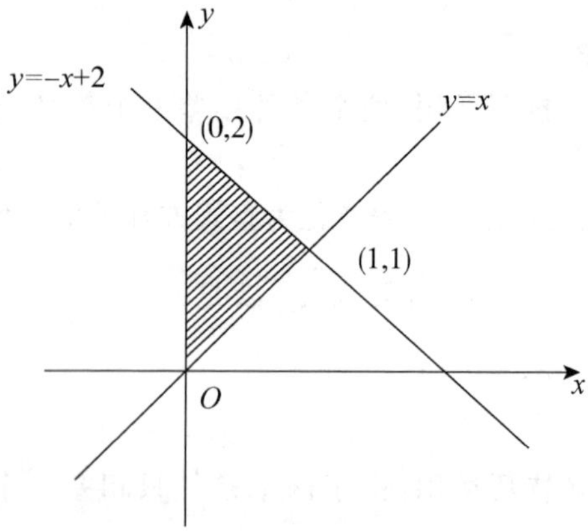

图 3-1

8.(2015-12)已知 $f(x)=x^2+ax+b$,则 $0\leqslant f(1)\leqslant1$.(　　)

(1)$f(x)$在区间 $[0,1]$ 中有两个零点

(2)$f(x)$在区间 $[1,2]$ 中有两个零点

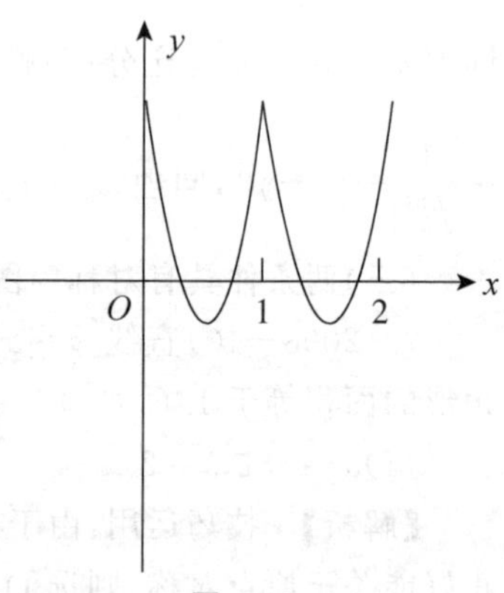

图 3-2

【解析】 技巧运用:通过作图(见图 3-2)分析得:函数 $f(x)=x^2+ax+b$ 在区间 $[0,1]$ 中有两个零点和在区间 $[1,2]$ 中有两个零点对于 $f(1)$所产生的结果是完全等价的,则应

该倾向于两个条件都充分，选 D.

常规解法：方法一：设函数 $f(x)=x^2+ax+b$ 与 x 轴的两个交点坐标分别为 $(x_1,0)$，$(x_2,0)$，那么 $f(x)=(x-x_1)(x-x_2)$，即 $f(1)=(1-x_1)(1-x_2)$.

条件(1)，$0\leqslant x_1\leqslant 1$，$0\leqslant x_2\leqslant 1\Rightarrow 0\leqslant 1-x_1\leqslant 1$，$0\leqslant 1-x_2\leqslant 1\Rightarrow 0\leqslant f(1)\leqslant 1$，充分.

条件(2)，$1\leqslant x_1\leqslant 2$，$1\leqslant x_2\leqslant 2\Rightarrow -1\leqslant 1-x_1\leqslant 0$，$-1\leqslant 1-x_2\leqslant 0\Rightarrow 0\leqslant f(1)\leqslant 1$，充分. 显然两个条件都充分，选 D.

方法二：条件(1)：由条件可得

$$\begin{cases}a^2-4b\geqslant 0,\\ 0\leqslant -\dfrac{a}{2}\leqslant 1,\\ 1+a+b\geqslant 0\end{cases}\Rightarrow\begin{cases}b\leqslant\dfrac{a^2}{4},\\ 0\leqslant\dfrac{a}{2}+1\leqslant 1,\\ 1+a+b\geqslant 0\end{cases}$$

$$\Rightarrow 0\leqslant a+b+1\leqslant\left(\frac{a}{2}+1\right)^2\leqslant 1.$$

故条件(1)充分.

条件(2)：由条件可得

$$\begin{cases}a^2-4b\geqslant 0,\\ 1\leqslant -\dfrac{a}{2}\leqslant 2,\\ 1+a+b\geqslant 0\end{cases}\Rightarrow\begin{cases}b\leqslant\dfrac{a^2}{4},\\ -1\leqslant\dfrac{a}{2}+1\leqslant 0,\\ 1+a+b\geqslant 0\end{cases}$$

$$\Rightarrow 0\leqslant a+b+1\leqslant\left(\frac{a}{2}+1\right)^2\leqslant 1.$$

故条件(2)也充分.

(四)两条件分别在两端点值之外时，一般选 D.

9.(2008－1)方程 $2ax^2-2x-3a+5=0$ 的一个根大于 1，另一个根小于 1.(　　)

(1)$a>3$　　　　　　　　(2)$a<0$

【解析】 技巧运用:两条件的范围处于数轴两端点的外侧,即比大的大,比小的小,则选 D 的可能性很大.

常规解法:当 $a>0$ 时,如图 3－3(a)所示,要一根大于 1,一根小于 1,则 $f(1)<0$,得 $a>3$,条件(1)充分;当 $a<0$ 时,如图 3－3(b) 所示,要一根大于 1,一根小于 1,则 $f(1)>0$,结合 $a<0$ 得 $a<0$,条件(2)充分. 故选 D.

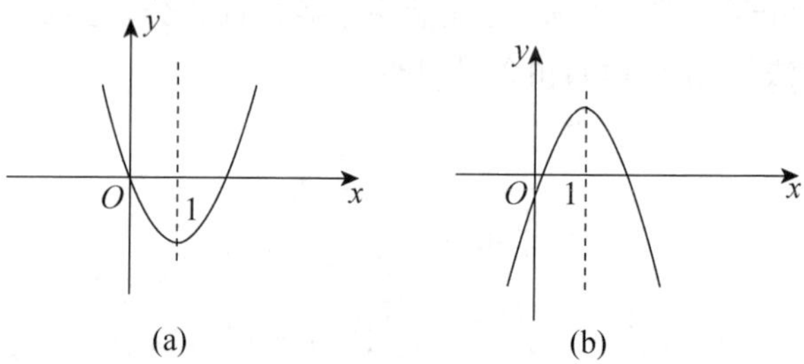

图 3－3

10. (2012－1)一元二次方程 $x^2+bx+1=0$ 有两个不同实根.(　　)

(1)$b<-2$.　　　　　　　　(2)$b>2$.

【解析】 技巧运用:两条件的范围处于数轴两端点的外侧,即比大的大,比小的小,故选 D 的可能性很大.

常规解法:$\Delta=b^2-4>0\Rightarrow b<-2$或 $b>2$,故选 D.

(五)当两个条件中一个很简单的条件也充分时,那么往往难的条件也充分.

11. (2008－10)$\alpha^2+\beta^2$ 的最小值是$\frac{1}{2}$.(　　)

(1)α 与 β 是方程 $x^2-2ax+(a^2+2a+1)=0$ 的两个实根

(2)$\alpha\beta=\frac{1}{4}$

【解析】 技巧运用：由于条件(2)是一个简单条件，通过简单分析，$\alpha^2+\beta^2\geqslant 2\alpha\beta=\frac{1}{2}$，显然是充分的，那么条件(1)相对于条件(2)更加复杂，也就更充分了，选 D.

常规解法：由条件(1)：$\alpha^2+\beta^2=(\alpha+\beta)^2-2\alpha\beta=2(a^2-2a-1)$，而判别式 $\Delta=4a^2-4(a^2+2a+1)=4(-2a-1)\geqslant 0\Rightarrow a\leqslant -\frac{1}{2}$，所以当 $a=-\frac{1}{2}$ 时，其最小值为 $\frac{1}{2}$，充分；由条件(2)，$\alpha\beta=\frac{1}{4}\Rightarrow\alpha^2+\beta^2\geqslant 2\alpha\beta=\frac{1}{2}$，也充分. 选 D.

名师小结

综上所述，当两个条件不可联合时，如果一个简单，一个复杂的话，复杂的一般都是充分的，考试时候只要选择简单的条件先做，简单的如果正确，就选 D，简单的如果不正确，就选 A 或 B.

(六)两个条件为包含关系时，若范围大的条件充分，则范围小的条件也充分.

12.(2012－10)某人用 10 万元购买了甲、乙两种股票，若甲种股票上涨 $a\%$，乙种股票下降 $b\%$ 时，此人购买的甲、乙两种股票总值不变，则此人购买甲种股票用了 6 万元.(　　)

(1) $a=2, b=3$

(2) $3a-2b=0(a\neq 0)$

【解析】 技巧运用：本题可以利用交叉法得出条件(2)是充分的，那么条件(1)也就充分了，故选 D.

常规解法：从题干分析得：甲种股票用了 6 万元，乙种股票用了 10－6＝4(万元)，则列式得 $6(1+a\%)+4(1-b\%)=10\Rightarrow 6\times a\%=4\times b\%\Rightarrow 3a-2b=0$，所以两个条件都充分. 选 D.

13.(2013－1)设 $a_1=1,a_2=k,\cdots,a_{n+1}=|a_n-a_{n-1}|(n\geqslant 2)$,则 $a_{100}+a_{101}+a_{102}=2$.(　　)

(1)$k=2$

(2)k 是小于 20 的正整数

【解析】 技巧运用:由于条件(1)是条件(2)的子集,而条件(2)明显比较复杂,那么倾向于两个条件都充分,选 D.

常规解法:条件(1),$a_1=1,a_2=2,a_3=|a_2-a_1|=1,a_4=|a_3-a_2|=1,a_5=|a_4-a_3|=0,a_6=1,\cdots$,可以发现下面就是 3 个循环了,得 $a_{100}=a_4=1,a_{101}=a_5=0,a_{102}=a_6=1$,那么 $a_{100}+a_{101}+a_{102}=2$,充分;条件(2),此数列为 $1,k,k-1,1,k-2,k-3,1,\cdots,1,1,0,1,1,0,\cdots$,当 $k=19$ 时,1,1,0 循环出现得较晚,从 a_{28} 开始出现,即从第 28 项开始每连续三项和均为 2,充分,故选 D.

(七)当题干中已经给出了已知的条件或者信息时,且两个条件是从两个不同的角度进行命题时,一般倾向于选 D.(此类题目考生容易误选成 C,其实考试只要初步判断一下做出题干需要几个量的话,就可以轻松确定出不选 C.)

14.(2010－1)已知数列 $\{a_n\}$ 为等差数列,公差为 d,$a_1+a_2+a_3+a_4=12$,则 $a_4=0$.(　　)

(1)$d=-2$　　　　(2)$a_2+a_4=4$

【解析】 技巧运用:由于本题题干中出现 $a_1+a_2+a_3+a_4=12$ 这样的已知信息,则一个数列只要有两个方程就可以确定了,那么两个条件就不需要联合了,所以就可以确定 C 不能选,而两个条件明显是从两个角度在进行命题,所以倾向于选 D.

常规解法:条件(1),$d=-2,a_1+a_2+a_3+a_4=4a_1+6d=12\Rightarrow a_1=6\Rightarrow a_4=0$,充分;条件(2),$a_2+a_4=4=2a_3,a_1+a_2+a_3+a_4=a_1+3a_3=12\Rightarrow a_1=6\Rightarrow a_4=0$,充分.

15.(2014－10)等比数列$\{a_n\}$满足$a_2+a_4=20$.则$a_3+a_5=40$.(　　)

(1)公比$q=2$　　　　(2)$a_1+a_3=10$

【解析】　技巧运用:本题与上题的分析完全相同,有异曲同工之妙,直接可以倾向于选 D.

常规解法:条件(1),$\begin{cases}a_2+a_4=20,\\q=2\end{cases}\Rightarrow a_3+a_5=q(a_2+a_4)=40$.条件(2),$\frac{a_2+a_4}{a_1+a_3}=\frac{(a_1+a_3)q}{a_1+a_3}=q=2$,发现和条件(1)等价,选 D.

特征三:选项为 C 的特征及做题套路

(一)当题干中的变量多于条件所给的变量时,也就是条件变量缺失时,应该联合两条件,一般选 C.

1.(2010－1)对于一项工程,丙的工作效率比甲的工作效率高.(　　)

(1)甲、乙两人合做,需 10 天完成该项工程

(2)乙、丙两人合做,需 7 天完成该项工程

【解析】　技巧运用:条件(1)说明了甲、乙两人的关系,条件(2)说明了乙、丙两人的关系,显然联合充分,故选 C.

常规解法:联合两个条件,$\begin{cases}甲+乙=\frac{1}{10},\\乙+丙=\frac{1}{7}\end{cases}\Rightarrow 丙-甲=\frac{1}{7}-\frac{1}{10}$,显然联合充分.

2.(模考题)若x,y,z互不相等,则$x^2y^2z^2=1$.(　　)

(1)$x+\frac{1}{y}=1$　　　　(2)$y+\frac{1}{z}=1$

【解析】 技巧运用：条件(1)说明了 x 和 y 的关系，条件(2)说明了 y 和 z 的关系，显然联合充分，故选 C.

常规解法：通分得 $\frac{xy+1}{y}=1$，$\frac{yz+1}{z}=1$，

$$xy+1=y, \quad ①$$

$$yz+1=z, \quad ②$$

①×②得，$xy^2z+xy+1=0 \Rightarrow (xyz+x)y+1=0 \Rightarrow xyz=-\frac{1}{y}-x$，再因为 $x+\frac{1}{y}=1$，得 $xyz=-1 \Rightarrow x^2y^2z^2=1$.

3.(2013－10)m^2n^2-1 能被 2 整除.(　　)

(1)m 是奇数　　　　(2)n 是奇数

【解析】 技巧运用：条件(1)和条件(2)显然只有联合后充分，故选 C.

常规解法：条件(1)与条件(2)单独显然不充分，考虑联合起来：$m^2n^2-1=(mn)^2-1$，只有当 m 和 n 均为奇数时，mn 为奇数，则 m^2n^2-1 为偶数，充分，故选 C.

4.(2013－1)设 x,y,z 为非零实数，则 $\frac{2x+3y-4z}{-x+y-2z}=1$.(　　)

(1)$3x-2y=0$　　　　(2)$2y-z=0$

【解析】 技巧运用：条件(1)中没有变量 z，条件(2)中没有变量 x，显然联合充分，故选 C.

常规解法：由条件(1)$3x-2y=0 \Rightarrow 3x=2y$，

取 $x=2$，$y=3$ 代入得 $\frac{2x+3y-4z}{-x+y-2z}=\frac{4+9-4z}{-2+3-2z}=\frac{13-4z}{1-2z}$，显然与 z 的取值有关，不充分；

由条件(2)$2y-z=0 \Rightarrow 2y=z$，取 $y=1$，$z=2$ 代入得

$\frac{2x+3y-4z}{-x+y-2z}=\frac{2x+3-8}{-x+1-4}=\frac{2x-5}{-x-3}$，与 x 的取值有关，也不充分；

联合条件(1)和条件(2)，$\begin{cases}3x=2y,\\2y=z\end{cases}\Rightarrow\begin{cases}x=\frac{2}{3}y,\\z=2y\end{cases}$代入得

$$\frac{2x+3y-4z}{-x+y-2z}=\frac{2\cdot\frac{2}{3}y+3y-4\cdot 2y}{-\frac{2}{3}y+y-2\cdot 2y}=1$$，充分. 故选 C.

(二)当两个条件中有一个条件是对问题的定性描述，而另一个条件是定量描述(主干)时，必然选择 C.

5.(2009-1) $\{a_n\}$的前 n 项和 S_n 与 $\{b_n\}$ 的前 n 项和 T_n 满足 $S_{19}:T_{19}=3:2$.(　　)

(1) $\{a_n\}$和$\{b_n\}$是等差数列

(2) $a_{10}:b_{10}=3:2$

【解析】 技巧运用：条件(1)为文字描述，条件(2)为数字描述，联合充分，故选 C.

常规解法：联合两个条件，则有$\frac{S_{19}}{T_{19}}=\frac{\frac{a_1+a_{19}}{2}\times 19}{\frac{b_1+b_{19}}{2}\times 19}=\frac{a_{10}}{b_{10}}=\frac{3}{2}$.

6.(2009-10) $\frac{1}{a}+\frac{1}{b}+\frac{1}{c}>\sqrt{a}+\sqrt{b}+\sqrt{c}$.(　　)

(1) $abc=1$　　　　(2) a,b,c 为不全相等的正数

【解析】 技巧运用：条件(1)为数字描述，条件(2)为文字描述，联合充分，故选 C.

常规解法：条件(1)与条件(2)联合，

$$\frac{1}{a}+\frac{1}{b}+\frac{1}{c}=\frac{1}{2}\left[\left(\frac{1}{a}+\frac{1}{b}\right)+\left(\frac{1}{b}+\frac{1}{c}\right)+\left(\frac{1}{c}+\frac{1}{a}\right)\right]\geqslant$$

$$\frac{1}{2}\left(2\sqrt{\frac{1}{a}\cdot\frac{1}{b}}+2\sqrt{\frac{1}{b}\cdot\frac{1}{c}}+2\sqrt{\frac{1}{c}\cdot\frac{1}{a}}\right)=\sqrt{a}+\sqrt{b}+\sqrt{c}.$$

7.(2007－10)若王先生驾车从家里到单位必须经过三个有红绿灯的十字路口，则他没有遇到红灯的概率为 0.125.(　　)

(1)他在每一个路口遇到红灯的概率都是 0.5

(2)他在每一个路口遇到红灯的事件相互独立

【解析】 技巧运用：条件(1)是数字描述，条件(2)是文字描述，直接选 C.

常规解法：显然联合条件(1)和条件(2)，他没有遇到红灯的概率为$(0.5)^3=0.125$，充分，故选 C.

(三)当两个条件是可联合(有交集)的范围时，且联合后交集范围又很小时，一般倾向于选 C.

8. $|1-x|-\sqrt{x^2-8x+16}=2x-5$.(　　)

(1)$2<x$　　　　(2)$x<3$

【解析】 技巧运用：条件(1)和条件(2)是可以联合的，有交集的，且交集中没有整数的特殊值，故选 C.

常规解法：题干$\Leftrightarrow|1-x|-|x-4|=2x-5\Leftrightarrow\begin{cases}1-x\leqslant 0,\\ x-4\leqslant 0\end{cases}\Leftrightarrow$ $1\leqslant x\leqslant 4$. 显然联合充分，故选 C.

9.(2005－1)方程 $4x^2+(a-2)x+a-5=0$ 有两个不等的负实根.(　　)

(1)$a<6$　　　　(2)$a>5$

【解析】 技巧运用：两个条件联合后范围很小，且无整数值，选 C.

常规解法：判别式

$\Delta=(a-2)^2-16(a-5)=a^2-20a+84=(a-6)(a-14)>0$，得到 $a>14$ 或 $a<6$，两个根之和 $x_1+x_2=\frac{2-a}{4}<0$，得到 $a>2$，两个根之积 $x_1x_2=\frac{a-5}{4}>0$，得到 $a>5$，综上得到 $5<a<6$ 或 $a>14$，故选 C.

(四)当两个条件中一个是关于等量关系的阐述(等式)，一个是关于不等式关系的约束(不等式)，一般倾向于选择 C.

10.(2014－1)已知袋中装有红黑白三色球若干，则红球数量最多.(　　)

(1)随机取出的一球是白球的概率是$\frac{2}{5}$

(2)随机取出的两球中至少有一个黑球的概率小于$\frac{1}{5}$

【解析】 技巧运用：条件(1)是等量关系的描述，条件(2)是不等式关系的约束，显然选 C.

常规解法：条件(1)，$P_{(白)}=\frac{2}{5}$，不充分；条件(2)，$P_{(至少一黑)}<\frac{1}{5}\Rightarrow 1-P_{(两个都不是黑)}<\frac{1}{5}\Rightarrow P_{(两个都不是黑)}>\frac{4}{5}$，不能确定白球的数量比例，也不充分.

联合条件(1)，(2)可得：白球占总球数的$\frac{2}{5}$，而取出两球中至少有一个黑球的概率一定会大于取一个球是黑球的概率，那么可得出取一个球是黑球的概率也一定小于$\frac{1}{5}$，即黑球占总球数不到$\frac{1}{5}$，则红球占总球数一定大于$\frac{2}{5}$，也就是红球数最多. 联合充分，故选 C.

11.(2012－1)已知$\{a_n\}$,$\{b_n\}$分别为等比数列与等差数列,$a_1=b_1=1$,则$b_2\geqslant a_2$.(　　)

(1)$a_2>0$.　　　　(2)$a_{10}=b_{10}$.

【解析】 技巧运用:条件(1)为不等式约束,条件(2)为等量关系,故选C.

常规解法:显然联合两个条件.

由条件(1):$q>0$,由条件(2):

$$a_{10}=b_{10}\Rightarrow q^9=1+9d\Rightarrow d=\frac{q^9-1}{9},$$

而
$$b_2-a_2=1+d-q=1+\frac{q^9-1}{9}-q=\frac{q^9-9q+8}{9}$$
$$=\frac{(q-1)(q^8+q^7+\cdots+q-8)}{9},$$

而无论$0<q<1$,$q=1$,$q>1$,都能保证$b_2-a_2\geqslant 0$,则$b_2\geqslant a_2$.联合充分,故选C.

12.(2011－10)抛物线$y=x^2+(a+2)x+2a$与x轴相切.(　　)

(1)$a>0$　　　　(2)$a^2+a-6=0$

【解析】 技巧运用:显然条件(1)是不等式约束,条件(2)是等量关系,那么直接选C了.

常规解法:题干等价于$\Delta=0\Rightarrow(a+2)^2-8a=0\Rightarrow a^2-4a+4=0\Rightarrow a=2$,条件(1)不充分;条件(2)$a=2$或$a=-3$,不充分;联合充分,故选C.

13.(2013－10)设直线$y=x+b$分别在第一和第三象限与曲线$y=\dfrac{4}{x}$相交于点A,B.则能确定b的值.(　　)

(1)已知以AB为对角线的正方形的面积

(2)点A的横坐标小于纵坐标

【解析】 技巧运用:条件(1)是等量关系描述,条件(2)是不等式的约束,故选 C.

常规解法:条件(1)由直线 $y=x+b$ 和曲线 $y=\frac{4}{x}$ 相交可得:$\frac{4}{x}=x+b\Rightarrow x^2+bx-4=0$.

设方程的两个根为 x_1,x_2,由韦达定理得 $\begin{cases}x_1+x_2=-b,\\x_1x_2=-4,\end{cases}$

设 $A(x_1,x_1+b)$,$B(x_2,x_2+b)$,则

$$|AB|=\sqrt{(x_1-x_2)^2+(x_1+b-x_2-b)^2}=\sqrt{2}\cdot\sqrt{(x_1-x_2)^2}$$
$$=\sqrt{2}\sqrt{(x_1+x_2)^2-4x_1x_2}=\sqrt{2}\cdot\sqrt{b^2+16},$$

由条件(1)可得 $|AB|$ 已知,但 b 有正负,不能确定 b 的值,不充分.

由条件(2),因为 $y_A=x_A+b$,$y_A-x_A=b>0$,显然不充分. 故选 C.

联合条件(1)与(2),取 $b>0$ 的那个根,充分,故选 C.

14.(2012—1)某户要建一个长方形的羊栏,则羊栏的面积大于 500 m^2.(　　)

(1)羊栏的周长为 120 m

(2)羊栏对角线的长不超过 50 m

【解析】 技巧运用:条件(1)是等量关系描述,条件(2)是不等式的约束,故选 C.

常规解法:设羊栏的长和宽分别为 a,b;

联合两个条件得

$\begin{cases}a+b=60,\\\sqrt{a^2+b^2}\leqslant 50\end{cases}\Rightarrow\begin{cases}a^2+b^2+2ab=3\ 600,\\a^2+b^2\leqslant 2\ 500\end{cases}\Rightarrow 3\ 600-2ab\leqslant 2\ 500\Rightarrow ab\geqslant 550>500$,联合充分,故选 C.

(五)当两个条件明显需要联合,但计算量又比较大时,一般倾向于选择C.

15.(2014－1)已知二次函数为 $f(x)=ax^2+bx+c$,则能确定 a,b,c.(　　)

(1)曲线 $y=f(x)$ 过 $(0,0)$ 和 $(1,1)$

(2)曲线 $y=f(x)$ 与直线 $y=a+b$ 相切

【解析】 技巧运用:通过列式子发现两个条件联合后的计算量非常大,一般倾向于选C.

常规解法:由条件(1)得 $c=0,a+b=1$,不充分;

由条件(2)得直线的截距正好是抛物线最小值.得 $\frac{4ac-b^2}{4a}=a+b$,也不充分.

联合条件(1),(2)得:$\begin{cases}c=0,\\a+b=1,\\\frac{4ac-b^2}{4a}=a+b\end{cases}\Rightarrow\begin{cases}c=0,\\a+b=1,\\(2a+b)^2=0\end{cases}\Rightarrow$

$\begin{cases}c=0,\\b=2,\\a=-1,\end{cases}$ 充分,故选C.

特征四:选项为E的特征及做题套路

(一)两条件为有部分可联合范围(区间)时,而且在交集中容易取到整数的特殊值,我们一般倾向于选择联合后不充分,考试时只需要将该特殊值代入题干检验即可,很容易就能发现不充分,此类题目一般容易出现在求解不等式中.

1.(2007－1)方程 $\sqrt{x-p}=x$ 有两个不相等的正根.(　　)

(1) $p\geqslant 0$　　　　(2) $p<\frac{1}{4}$

【解析】 技巧运用：只需要取 $p=0$，$\sqrt{x-0}=x\Rightarrow x^2=x\Rightarrow x=0$ 或 1，不满足题干有两个不相等的正根，故选 E.

常规解法：题干等价于 $x-p=x^2\Rightarrow x^2-x+p=0$，由于有两个不相等的正根，可得：

$$\begin{cases}\Delta>0,\\ x_1+x_2>0,\\ x_1x_2>0\end{cases}\Rightarrow\begin{cases}1-4p>0,\\ 1>0,\\ p>0\end{cases}\Rightarrow 0<p<\frac{1}{4}.$$

2.(2011－10)不等式 $ax^2+(a-6)x+2>0$ 对所有实数 x 都成立.(　　)

(1) $0<a<3$　　　　(2) $1<a<5$

【解析】 技巧运用：条件(1)和条件(2)明显可以联合，但联合后的交集中有特殊值 2，那么我们就选 $a=2$ 代入题干中，发现 $ax^2+(a-6)x+2>0\Rightarrow x^2-2x+1>0\Rightarrow(x-1)^2>0$，显然不是对所有的实数 x 都成立(可以取 $x=1$ 就不成立了).故选 E.

常规解法：由题干得：若 $a=0\Rightarrow -6x+2>0$，不满足；

若 $a\neq 0\Rightarrow\begin{cases}a>0,\\ \Delta<0\end{cases}\Rightarrow\begin{cases}a>0,\\ (a-6)^2-8a<0\end{cases}\Rightarrow\begin{cases}a>0,\\ a^2-20a+36<0\end{cases}\Rightarrow$

$2<a<18$，条件(1)不充分；条件(2)不充分；联合后也不充分；故选 E.

(二)两条件为文字可联合型，或者说很容易就能看出两条件是可以联合的情况.

3.(2008－10) 整个队列的人数是 57.(　　)

(1)甲、乙两人排队买票，甲后面有 20 人，而乙前面有 30 人

(2)甲、乙两人排队买票，甲、乙之间有 5 人

【解析】 技巧运用：由于两个条件特别像是联合，明显发现联合后有漏洞，甲后面可以把乙包含进去，乙前面把甲包含进去，那么总数应该是 45 人. 故直接选 E.

常规解法：单独肯定不充分，联合后发现有“$\underbrace{\text{人…人}}_{24}$甲$\underbrace{\text{人人人人人}}_{5}$乙$\underbrace{\text{人…人}}_{14}$”的情况，总数为 45 人，不充分. 故选 E.

名师小结

根据以上技巧，一般通过两个条件的范围结构可以得到两种不同类型：条件矛盾型和条件可联合型. 考试时，先利用几分钟时间迅速判断属于哪种类型，一般来说，前者 A，B，D 为主要备选选项，后者 C，E 为主要备选选项。

另外，最近几年条件充分性判断的命题动向是“能确定”字眼的出现，以及对两个条件的逻辑迷惑性会使得考生很难直接把握属于联合型还是矛盾型，做此类题目时，往往需要考生先分析一下要确定题干究竟需要几个量（几个方程），假设分析后需要两个量（方程）才能解出题干，那么再观察题干是否已经给出了一些信息或方程，如果题干有已知信息，往往单独条件就能将题干解出，那么 A，B，D 的可能性就比较大，再通过微替换或者其他准则进行再次判断；如果题干没有什么已知信息，这样选 C 的可能性就大大增加了.

附录A　数学经验结论、重要公式与思维模式归纳

一、算术部分

1. 实数计算

(1)等差：$S_n=\frac{(a_1+a_n)n}{2}$，$S_n=na_1+\frac{n(n-1)}{2}d$.

(2)等比：$S_n=\frac{a_1(1-q^n)}{1-q}(q\neq1)$，

特殊地：$\begin{cases}1+2+2^2+\cdots+2^n=2^{n+1}-1,\\ \frac{1}{2}+\left(\frac{1}{2}\right)^2+\cdots+\left(\frac{1}{2}\right)^n=1-\left(\frac{1}{2}\right)^n.\end{cases}$

(3)裂项：$a_n=\frac{1}{n(n+k)}=\frac{1}{k}\left(\frac{1}{n}-\frac{1}{n+k}\right)$.

(4)指数：$a^m\times a^n=a^{m+n}$，$a^m\div a^n=a^{m-n}$，$(ab)^n=a^n\times b^n$，

$$(a^m)^n=a^{mn},a^{-\frac{n}{m}}=\frac{1}{\sqrt[m]{a^n}}.$$

(5)对数：$\log_a m+\log_a n=\log_a mn$，$\log_a m-\log_a n=\log_a\frac{m}{n}$，$\log_a(m)^n=n\log_a m$.

2. 实数性质

(1)最小的质数为2，最大的两位数质数为97，最小的三位数质数为101.

(2)两质数之和为奇数，则其中必有一个是2.

(3)三质数之和为偶数,其中必有一个是 2.

(4)若干个非负代数式的和为 0,只能每一个都为 0.

(5)最大公约数×最小公倍数=两数之乘积.

(6)a,b 为有理数,r 为无理数,若$a+br=0\Rightarrow a=b=0$.

(7)$a+b+c=0$,$abc>0$,则其中必有两个为负数,一个为正数.

(8)$a+b+c>M$,则其中至少有一个大于$\frac{M}{3}$.

(9)$a>b$,$\frac{1}{a}<\frac{1}{b}\Rightarrow ab>0$.

(10)$a>b$,$\frac{1}{a}>\frac{1}{b}\Rightarrow a>0,b<0$.

(11)$|x+y|=|x|+|y|\Rightarrow xy\geqslant 0$.

(12)$|x-y|<|x|+|y|\Rightarrow xy>0$.

(13)$a|b|>b|a|\Rightarrow a>0,b<0$.

(14)$a|b|\leqslant b|a|\Rightarrow a\leqslant 0$或 $b\geqslant 0$.

3. **应用题**

(1)先增长 $p\%$,再降低 $p\%$,最后结果比原来少了$(p\%)^2$.

(2)先增长 $p\%$,再增长 $p\%$,最后结果大于一次增长 $2p\%$.

(3)先降低 $p\%$,再降低 $p\%$,最后结果也大于一次降低 $2p\%$.

(4)先增长 $p\%$,再降为原价,则降价率 $\frac{p\%}{1+p\%}$.

(5)先降低 $p\%$,再升回原价,则提高率 $\frac{p\%}{1-p\%}$.

(6)两件物品都用同样价格出售,一件亏了 $p\%$,一件赚了 $p\%$,最后结果是亏损了,亏了$(p\%)^2$.

(7)两件物品都用同样价格出售,一件亏了 $p\%$,结果不赔不赚，那么另一件赚了$\frac{p\%}{1-2p\%}$.

(8)两件物品都用同样价格出售，一件赚了 $p\%$，结果不赔不赚，那么另一件赔了$\frac{p\%}{1+2p\%}$.

(9)原价 a 元可以买 m 件商品，现在 a 元可以买 n 件商品($m<n$)，相当于打了$\frac{m}{n}$折.

(10)买了 a 元商品返给顾客 b 元购物券，相当于打了$\frac{a}{a+b}$折.

(11)买了 a 元商品返给顾客 b 元现金，相当于打了$\frac{a-b}{a}$折.

(12)成本增加 $p\%$，售价也增加 $p\%$，利润率没变化.

(13)浓度为 $p\%$ 的盐水加入原溶液 $m\%$ 的盐，则浓度为$\frac{p+m}{100+m}$.

(14)浓度为 $p\%$ 的盐水蒸发原溶液 $m\%$ 的水，则浓度为$\frac{p}{100-m}$.

(15)用 v_1 速度走了时间为 t 的路程，用 v_2 速度走了时间为 t 的路程，则平均速度为$\frac{v_1+v_2}{2}$.

(16)用 v_1 速度走了距离为 S 的路程，用 v_2 速度走了距离为 S 的路程，则平均速度为$\frac{2v_1v_2}{v_1+v_2}$.

(17)由均值不等式得上式$\frac{v_1+v_2}{2}\geqslant\frac{2v_1v_2}{v_1+v_2}$，等号当且仅当

$v_1=v_2$ 时取得.

(18)一般来说,等额购物的平均单位费用要小于等数量的购物的平均单位费用.

(19)上班时速度减少 $p\%$,下班时速度增加 $p\%$,来回总的时间比原来增加(假设来回速度一致).

(20)体积为 V 的纯酒精溶液分别倒出 $a_1,a_2,a_3,\cdots,a_n$,并都加满清水,则最终的浓度为 $\frac{(V-a_1)(V-a_2)\cdots(V-a_n)}{V^n}$.

二、代数部分

1.整式运算

(1)基本公式

$(a\pm b)^2=a^2\pm 2ab+b^2$.

$(a+b+c)^2=a^2+b^2+c^2+2ab+2ac+2bc$.

$a^2-b^2=(a-b)(a+b)$.

$(a\pm b)^3=a^3\pm 3a^2b+3ab^2\pm b^3$.

$a^3\pm b^3=(a\pm b)(a^2\mp ab+b^2)$.

(2)$f(x)$有 $x-a$ 这个因式(能被 $x-a$ 整除)$\Leftrightarrow f(a)=0$

(3)$f(x)$被 $x-a$ 除余数为$r\Leftrightarrow f(a)=r$.

2.绝对值

(1)$y=|x-a|+|x-b|(a<b)$,当且仅当 $a\leqslant x\leqslant b$ 时,y 有最小值$|b-a|$.

(2)$y=|x-a|-|x-b|(a<b)$,当且仅当 $x\leqslant a$ 时,y 有最小值 $a-b$;当且仅当 $x\geqslant b$ 时,y 有最大值 $b-a$.

(3)$y=|x-a|+|x-b|+|x-c|(a\leqslant b\leqslant c)$,当且仅当 $x=b$ 时,y 有最小值$|c-a|$.

3. **方程**

(1)关于 x 的方程 $ax^2+bx+c=0(a\neq0)$,若有二实根 x_1,x_2,则 $x_1+x_2=-\frac{b}{a}$,$x_1\cdot x_2=\frac{c}{a}$,$\frac{1}{x_1}+\frac{1}{x_2}=-\frac{b}{c}$,$|x_1-x_2|=\frac{\sqrt{\Delta}}{|a|}$.

(2)关于 x 的方程 $ax^2+bx+c=0(ac\neq0)$,若有二实根 x_1,x_2,则以 $\frac{1}{x_1}$,$\frac{1}{x_2}$ 为两根的方程为 $cx^2+bx+a=0(ac\neq0)$.

(3)关于 x 的方程 $ax^2+bx+c=0$(a,b,c 为有理数),其中有一个根为 $A+\sqrt{B}$,则另一个根为 $A-\sqrt{B}$.

(4)关于 x 的方程 $ax^2+bx+c=0$,其中有一个根大于 m,另一个根小于 m,则 $af(m)<0$.

4. **不等式**

(1)不等式解集的端点为对应方程的根.

(2)设方程 $ax^2+bx+c>0(a>0)$有两不等实根 x_1,x_2,且 $x_1<x_2$,$ax^2+bx+c>0(a>0)$的解集为 $x<x_1$ 或 $x>x_2$;则 $ax^2+bx+c<0$ 的解集为 $x_1<x<x_2$.

(3)若方程 $ax^2+bx+c>0$ 有两相等实根 $x_1=x_2$,则 $ax^2+bx+c>0$ 的解集为 $x\neq x_1$ 的任意实数,而 $ax^2+bx+c<0$ 的解集为空集$\varnothing$(其中 $a>0$).

(4)若方程无实根,即 $ax^2+bx+c<0$ 的解集为$\varnothing$,则 $ax^2+bx+c>0$ 的解集为全体实数 $\mathbf{R}$,而 $ax^2+bx+c<0$ 的解集仍为 $\varnothing$ (其中 $a>0$).

(5)$a\geqslant f(x)$恒成立,则 $a\geqslant[f(x)]_{\max}$.

(6)$a\leqslant f(x)$恒成立,则 $a\leqslant[f(x)]_{\min}$.

(7)$a\geqslant f(x)$有解,则 $a\geqslant[f(x)]_{\min}$.

(8)$a\leqslant f(x)$有解,则 $a\leqslant[f(x)]_{\max}$.

5.数列部分

(1)角标规律:若 $m+n=p+q$,则$\begin{cases}等差:a_m+a_n=a_p+a_q,\\等比:a_m\times a_n=a_p\times a_q.\end{cases}$

(2)分段性质

$\begin{cases}等差:S_m,S_{2m}-S_m,S_{3m}-S_{2m}\ 也成等差数列,\\等比:S_m,S_{2m}-S_m,S_{3m}-S_{2m}\ 也成等比数列.\end{cases}$

(3)中项性质:若等差数列$\{a_n\}$,$\{b_n\}$的前 n 项和为 S_n,T_n,则$\dfrac{S_{2k-1}}{T_{2k-1}}=\dfrac{a_k}{b_k}$.

(4)a,b,c 成等比数列$\Leftrightarrow\log_m a,\log_m b,\log_m c$成等差数列.

(5)a,b,c 成等差数列$\Leftrightarrow m^a,m^b,m^c$成等比数列.

(6)正奇数数列的前 m 项和为 m^2,正偶数数列的前 m 项和为 m^2+m.

(7)若 $S_n=kn^2+bn+c$,则 $a_n=2kn+b-k(n\geqslant 2)$.

(8)若 $S_n=kn^2+bn$,则$\{a_n\}$为等差数列.

(9)若 $S_n=k-kq^n$,则$\{a_n\}$为等比数列.

(10)若 $a_m=n,a_n=m(m\neq n)$,则 $a_{m+n}=0$.
若 $S_m=n,S_n=m(m\neq n)$,则 $S_{m+n}=-(m+n)$.

三、几何部分

1.平面几何

(1)等边三角形(a 为边长):高 $h=\dfrac{\sqrt{3}}{2}a$,面积 $S=\dfrac{\sqrt{3}}{4}a^2$,内切圆半径 $r=\dfrac{\sqrt{3}}{6}a$,外接圆半径 $R=\dfrac{\sqrt{3}}{3}a$.

(2)菱形面积:$S=\dfrac{1}{2}\times$对角线长度之积.

(3)梯形：$S=$中位线$\times$高$=\dfrac{1}{2}$(上底$+$下底)$\times$高.

(4)扇形：面积 $S=\dfrac{n}{360}\pi r^2$.

(5)多边形内切圆半径：$r=\dfrac{S}{p}$(p 为半周长).

(6)任意四边形对角线所分的四个小三角形满足：相对的小三角形面积乘积相等.

(7)同一个圆的内接等边三角形面积与外切等边三角形面积之比为 1∶4,同一个等边三角形的内切圆与外接圆面积之比也为 1∶4.

(8)勾股定理为 $a^2+b^2=c^2$,常见勾股数有：$3k,4k,5k$；$5k,12k,13k$；$7k,24k,25k$；$8k,15k,17k$.

(9)圆的内接四边形对角互补,圆的外切四边形对边之和相等.

(10)直角三角形 $30°$ 角所对的直角边为斜边的一半,斜边上的中线为斜边的一半.

(11)直角三角形内切圆的半径为两直角边之和减去斜边后的一半,外接圆的半径长为斜边的一半.

2. 解析几何

(1)基本公式

两点间的距离：$d=\sqrt{(x_2-x_1)^2+(y_2-y_1)^2}$,点到直线的距离：$d=\dfrac{|Ax_0+By_0+C|}{\sqrt{A^2+B^2}}$.

(2)圆上动点到圆外直线的距离的最小值：圆心到直线的距离$-$半径；最大值：圆心到直线的距离$+$半径.

(3)直线与圆所截弦长公式：$L=2\sqrt{r^2-d^2}$,其中 r 为圆的半径，d 为圆心到直线的距离.

(4)圆上一定点的切线方程：定点为 $P(x_0,y_0)$，圆方程为 $(x-a)^2+(y-b)^2=r^2$，则切线方程为：$(x-a)(x_0-a)+(y-b)(y_0-b)=r^2$.

(5)两直线平行：$k_1=k_2,b_1\neq b_2$ 或 $\frac{A_1}{A_2}=\frac{B_1}{B_2}\neq\frac{C_1}{C_2}$；两直线垂直：$k_1\cdot k_2=-1$，或 $A_1\cdot A_2+B_1\cdot B_2=0$.

(6)直线与圆的位置关系：相交$\Leftrightarrow d<r$；相切$\Leftrightarrow d=r$，相离$\Leftrightarrow d>r$(d 为圆心到直线的距离，r 为半径).

(7)圆与圆的位置关系：相交$\Leftrightarrow R-r<d<R+r$；相切$\Leftrightarrow d=|R\pm r|$($d$ 为两圆心的距离，R,r 为两圆半径).

(8)直线方程

一般式：$Ax+By+C=0$，斜率 $k=-\frac{A}{B}$.

斜截式：$y=kx+b$，k 为斜率，b 为截距.

点斜式：$y-y_0=k(x-x_0)$，通过点(x_0,y_0)，k 为斜率.

(9)圆的方程

标准方程：$(x-a)^2+(y-b)^2=r^2$，(a,b)为圆心，r 为半径.

一般方程：$x^2+y^2+Dx+Ey+F=0$，$D^2+E^2-4F>0$.

(10)点 $P(x_0,y_0)$关于直线 $x+y+m=0$ 或 $x-y+m=0$ 的对称点为 $P'(-y_0-m,-x_0-m)$或 $P'(y_0-m,x_0+m)$.

(11)直线 $Ax+By+C=0$ 关于直线 $x+y+m=0$ 或 $x-y+m=0$ 的对称直线为 $A(-y-m)+B(-x-m)+C=0$ 或 $A(y-m)+B(x+m)+C=0$.

3. 立体图形

(1)长方体的体对角线长 $l=\sqrt{a^2+b^2+c^2}$，满足$\left(\frac{\text{棱长之和}}{4}\right)^2=$

表面积+(体对角线)^2.

(2)圆柱侧面积公式为 $S=2\pi rh$,体积公式为 $V=\pi r^2h$.

(3)球的表面积公式为 $S=4\pi r^2$,体积公式为 $V=\frac{4}{3}\pi r^3$.

(4)等边圆柱侧面积为 $S=4\pi r^2$,体积为 $V=2\pi r^3$.

(5)同一个正方体的内切球半径与外接球半径之比为 $1:\sqrt{3}$.

(6)同一个球的内接正方体与外切正方体棱长之比为 $1:\sqrt{3}$.

(7)表面积相同时,体积关系:$V_{球}>V_{等边圆柱}>V_{正方体}$.

(8)体积相同时,表面积关系:$S_{球}<S_{等边圆柱}<S_{正方体}$.

(9)表面积相同的圆柱中,等边圆柱的体积最大.

(10)体积相同的圆柱中,等边圆柱的表面积最小.

四、数据分析

1. 概率

(1)至少有一个发生的概率=至多有 $n-1$ 个不发生的概率=1−全都不发生的概率

(2)至少有一个不发生的概率=至多有 $n-1$ 个发生的概率=1−全都发生的概率

(3)n 次试验发生 k 次的概率:$P_n(k)=C_n^k p^k(1-p)^{n-k}$.

(4)n 次试验直到第 n 次才发生 k 次的概率:

$$P=C_{n-1}^{k-1}p^k(1-p)^{n-k}.$$

(5)若首次成功即为成功,不成功就做到成功为止,则 n 次机会最终成功的概率为 $P=1-(1-p)^n$.

2. 统计

(1)若每个数都增加(减少)m,则平均值也增加(减少)m,而方差不变.

(2)若每个数都扩大 m 倍,则平均值也扩大 m 倍,而方差

扩大 m^2 倍.

(3)频率分布直方图中每个直方条的面积为频率,所有直方条的面积之和为 1.

(4)方差越大数据越不稳定,方差越小数据越稳定.

五、思维模板归纳

(1)遇到多个变量,马上取特殊值.

(2)遇到选择变量取值范围,马上采用特殊值排除法.

(3)遇到多项式除法问题,马上令除式为 0.

(4)遇到绝对值(根号、平方)问题,马上用非负性.

(5)遇到绝对值方程的解,马上用几何意义.

(6)遇到整式的乘法,马上用常数项和最高项.

(7)遇到百分比、利润率问题,马上就设基数为 100.

(8)遇到浓度、平均值等混合问题,马上就用交叉法.

(9)遇到分段计费问题,马上就先算出每段区间的有效值.

(10)遇到不等式应用题(线性规划)问题,马上就用方程解决.

(11)遇到顺水逆水(不知水流)问题时,马上就设特殊值水速为 0.

(12)遇到数列出现 n 时,对 n 马上就用 1,2,3…进行检验.

(13)遇到数列只有一个表达式时,马上设为常数(万能公式).

(14)遇到比例问题时,马上想到整除(倍数).

(15)遇到一些特殊质数(如 7,11,13)时,马上在答案中找质数.

(16)遇到一元二次方程根的问题时马上就用 Δ 和韦达定理或者抛物线图形.

(17)遇到和与积的关系时,马上用均值不等式.

(18)遇到 a_n 和 S_n 混合式,马上就用 $a_n=S_n-S_{n-1}(n\geqslant 2)$.

(19)遇到长度问题时,马上就用尺子量.

(20)遇到角度问题时,马上就用量角器量.

(21)遇到求等边三角形面积时,马上就想到$\sqrt{3}$这个数.

(22)遇到对称类面积时,马上就求出一部分面积.

(23)遇到平行线,马上就想到相似性.

(24)遇到直角问题,马上就用勾股定理.

(25)遇到与圆有关的组合图形面积时,就用 $A\pi-B$ 或 $A-B\pi$.

(26)遇到翻折问题,马上想到全等.

(27)遇到直线与圆相切(相交)时,马上想到圆心到直线的距离,以及连接圆心与切点.

(28)遇到解析几何最值问题时,马上就想到相切.

(29)遇到判断三角形形状问题时,马上就想到 $a=b=c$(等边)和 $a^2+b^2=c^2$(直角).

(30)遇到两圆位置问题时,马上先求出两圆圆心距离.

(31)遇到解析几何求坐标、求直线方程式、求圆的方程式时,马上就作图,丈量后直接找答案.

(32)遇到光线反射问题,马上就利用对称性.

(33)遇到特殊元素位置时,马上用限制法先考虑.

(34)遇到相邻问题时,马上就采用打包法.

(35)遇到不相邻问题时,马上就用插空法.

(36)遇到全错位排列问题,马上就记住 1,2,9,44.

(37)等量分组问题,切莫忘记要除顺序.

(38)有序就用排列,无序就用组合,先排列后组合,先分类后分步.

(39)遇到相同元素给不同对象就用隔板法.

(40)伯努利概率问题有两类,如果试验做完就用公式$C_n^k p^k \cdot (1-p)^{n-k}$,未做完则需要分类讨论.

(41)遇到"至多、至少"问题时,马上就用反面考虑.

(42)遇到有数字的概率问题时就想到古典概率,遇到已经有概率数字的概率问题时就想到伯努利概率.

(43)方差越小越稳定,越大越不稳定,若数据扩大,方差则是平方扩大.

(44)遇到最大值不会做猜"老二",遇到最小值不会做猜倒数"老二".

附录B　考前准备与勉励语

一、考前物品准备

身份证、准考证、手表(看时间)、签字笔(2 支)、2B 铅笔(2 支)、圆珠笔(打草稿)、计算器(放在包里,能用就拿出来)、量角器、直尺(最好有答题格)、圆规(度量用)、小刀(开封试卷)、考场路线图、保暖水壶、暖宝宝、雨伞(视天气而定)、巧克力.

二、考前饮食

最好一日三餐都能进食适量的主食(米饭、面食),切忌大鱼大肉、饮酒.

早餐要吃饱:营养占全天的 25%～30%,要保证每天早上有鸡蛋、牛奶、主食,干稀搭配、主副食兼顾.

午餐讲究营养:上午体内的热量和各种营养素大量消耗,午餐要吃饱吃好,保证充足的热量和营养素.

晚餐吃八分饱:以谷类食物和蔬菜为主,口味清淡易于消化,晚餐离睡前应为 3～4 小时,不宜吃得过饱.

加餐水果要新鲜:三餐之间可以加些爱吃的爽口水果,补充维生素,但要注意,水果要新鲜.

推荐食谱.

早餐:全麦面包、豆奶或牛奶、煮鸡蛋(1 个)、素炒三丝(青笋、香菇、胡萝卜).

午餐:米饭、素炒西兰花或黄瓜炒木耳、青椒炒鸡蛋或西芹瘦肉片、青菜豆腐汤或番茄紫菜蛋花汤.

晚餐:南瓜稀饭或紫菜小馄饨、花卷、香菇菜心、番茄炒鸡蛋.

水果:苹果1个或香蕉1根.

三、考前安排

如果要到外地考试,一定要提前一天入住附近旅馆,考试前一天晚上既不要看什么英语单词,也不要再去复习数学和逻辑.有时间可以看看写作模板,更重要的是可以和家人谈谈心、唠唠家常,尽量能让自己有个充足的睡眠,考试当天早上建议早点起床,留点时间可以去小跑10分钟再吃早饭,既可以热身,又可以缓解心理压力.上午考完综合后,不要去校对综合的答案,安心准备下午的英语考试.

四、心理调节

1.镇定是制胜的法宝.考试时不管遇到难题还是容易题,不管是自身,还是考场上出现任何意外,一定要保持镇定的心态,只有保持良好的心态,才能正常发挥甚至超水平发挥.如果题目难了,对于大家都难,保持好心态,能争取一个是一个.如果题目容易,一定要拼准确率,不能马虎大意.

2.时间是至关重要的环节.绝大部分考生时间都不够用,为了争取尽量多的分数,就要想办法多做题,建议一定带表,不是最后用,而是做完前5个题目看一下表,相信大家考试刚开始进入不了状态,那么通过看表有意识加速,增加获胜的筹码.数学建议55分钟或者60分钟完成,逻辑建议55分钟完成,写作建议65分钟完成.

3.放弃是最大的智慧.综合这张卷子绝大部分同学做不完,但千万不要放弃一个整块的数学、逻辑,更不能放弃写作,那怎么办呢?要学会放弃数学和逻辑中的难题,用最有效的时间,获得最多的分数，因为难题和容易题都是 3 分. 给大家一个建议，看完题，20 秒没有思路，就要蒙一个答案走人，千万不能恋战. 但作文一定要写完，这是考上的前提，切记.

4. 细节决定成败. 考前要准备好所有的证件、表、圆规、量角器、直尺等，千万不能丢三落四；发考卷的时候，一定要看一眼卷子和答题卡，看有没有残缺，简单浏览一下题量大小；做题过程中要胆大心细，防止出现失误导致的无谓丢分，更要有全局观念，学会跳出题目看题目，不仅是题干，选项也是很重要的信息；涂答题卡的时候一定要小心，千万别涂错位置，以免前功尽弃；答主观题的时候，一定要对准位置，否则会被记为零分；交卷前，再审一下名字、准考证号.

5. 技巧助推成功. 合理运用技巧，能达到事半功倍的效果，尤其是数学，比如应用题中的特值法、十字交叉法、杠杆原理、中值代入、纵向比较、还原法；整式和分式中的特值法、直接验证法；方程、不等式中的特殊点验证；数列中的求通项；几何很多题目可以直接用圆规、量角器、直尺量数据，等等. 一张卷子一般有 6～8 个题目可以用技巧，但是哪怕你用上 3～4 个就能节省宝贵的 10 分钟. 条件充分性判断题有猜答案的方法，比如联合型、等价型、矛盾型、包含型有固定的答案规律. 实在是比较难的题，没思路的也要蒙一个答案.

五、给力诗（原创：孙华明）

为了人生的梦想，你们终于踏上了战场.
多少次披星戴月，多少回风雨无阻，
多少次辗转反侧，多少回寒风刺骨，
你们都无怨无悔.
当你们迷惘时，
有的是老师们的赞扬；

当你们挫败时，

有的是同学们的勉励.

愿你们：

面对数学难题，止于至善；

面对逻辑干扰，心静如水.

驰骋考场、旗开得胜，

书写成功、必定成功.

潮平两岸阔，扬帆正当时，

吾将祈苍天，盼君凯旋归！

啊！亲爱的 MBA、MPA、MPAcc、MEM、EMBA、MTA、MLIS、MAud 考生们：

明天，你们将要走向这胜利的远方，

让这世界为你们激荡.